NSE 19

网络科学与工程丛书

网络图智能对抗

Adversarial Attacks on Graph Intelligence

■ 宣 琦 阮中远 俞山青 陈晋音 著

中国教育出版传媒集团
高等教育出版社 · 北京

图书在版编目(CIP)数据

网络图智能对抗 / 宣琦等著. -- 北京 : 高等教育出版社, 2025. 7. --(网络科学与工程丛书).

ISBN 978-7-04-063800-4

Ⅰ. O157.5

中国国家版本馆 CIP 数据核字第 20251LL393 号

Wangluotu Zhineng Duikang

策划编辑 刘 英　　责任编辑 刘 英　　封面设计 李卫青　　版式设计 明 艳

责任绘图 杨伟露　　责任校对 陈 杨　　责任印制 刘弘远

出版发行	高等教育出版社	网　　址	http://www.hep.edu.cn
社　　址	北京市西城区德外大街 4 号		http://www.hep.com.cn
邮政编码	100120	网上订购	http://www.hepmall.com.cn
印　　刷	唐山市润丰印务有限公司		http://www.hepmall.com
开　　本	787mm × 1092 mm　1/16		http://www.hepmall.cn
印　　张	27.25		
字　　数	500 千字	版　　次	2025 年 7 月第 1 版
购书热线	010-58581118	印　　次	2025 年 7 月第 1 次印刷
咨询电话	400-810-0598	定　　价	129.00 元

本书如有缺页、倒页、脱页等质量问题，请到所购图书销售部门联系调换

物 料 号　63800-00

作者简介

宣琦，浙江工业大学网络空间安全研究院院长、杭州市滨江区浙工大人工智能创新研究院院长、IET Fellow、教授、博士生导师。入选浙江省院士结对培养青年英才计划，浙江省高校中青年学科带头人，浙江省杰出青年基金获得者，主持国家自然科学基金联合重点项目、面上项目及青年项目多项。主要从事网络空间人工智能应用及其安全治理等领域的研究工作，在 TKDE、PRE、ICSE、FSE 等期刊及会议发表学术论文 100 余篇，授权发明专利 100 余项。曾赴卡内基梅隆大学、加利福尼亚大学戴维斯分校、香港城市大学从事博士后和访问学者合作研究。目前担任中国中文信息学会网络空间大搜索、中国人工智能学会社会计算与社会智能、中国指挥与控制学会网络科学与工程等专业委员会委员。

阮中远，浙江工业大学网络空间安全研究院副教授、硕士生导师。2013 年获华东师范大学理论物理专业博士学位，2013—2015 年于布达佩斯中欧大学从事博士后研究。主持参与多项国家级和省部级项目。目前主要从事复杂系统和复杂网络、社会物理学以及计算传播学等领域的研究工作，

在 *Physical Review Letters* 等期刊及会议发表学术论文 40 余篇。

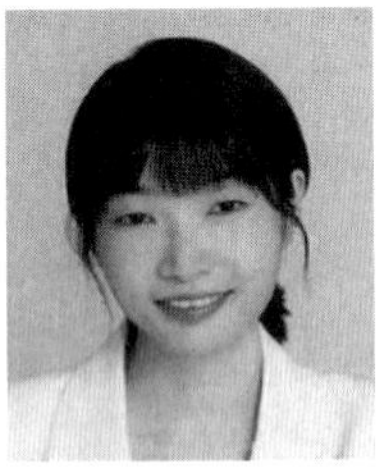

俞山青，浙江工业大学网络空间安全研究院副教授、博士生导师，杭州市滨江区浙工大人工智能创新研究院副院长。主持国家自然科学青年基金及多项国家级和省部级项目，主持横向项目 10 余项。主要从事智能计算、数据挖掘、知识图谱以及网络算法安全等领域的研究工作，在 TKDE、TCSS、ASC 等期刊及会议发表学术论文 40 余篇。目前担任中国指挥与控制学会大模型与决策智能专业委员会及青年委员会委员。

陈晋音，浙江工业大学网络空间安全研究院教授、博士生导师。入选浙江省杭州高新区海外高层次人才 5050 计划，主持国家自然科学青年基金项目及多项面上项目。主要从事人工智能安全、数据挖掘以及智能计算等领域的研究工作，在 ICSE、TDSC、TKDE、ECCV、IJCAI 等期刊或会议发表学术论文 80 余篇。目前担任中国人工智能协会社会计算与社会智能专业委员会委员。

序

随着以互联网为代表的网络信息技术的迅速发展，人类社会已经迈入了复杂网络时代。人类的生活与生产活动越来越多地依赖于各种复杂网络系统安全可靠和有效的运行。作为一个跨学科的新兴领域，“网络科学与工程”已经逐步形成并获得了迅猛发展。现在，许多发达国家的科学界和工程界都将这个新兴领域提上了国家科技发展规划的议事日程。在中国，复杂系统包括复杂网络作为基础研究也已列入《国家中长期科学和技术发展规划纲要（2006—2020年）》。

网络科学与工程重点研究自然科学技术和社会政治经济中各种复杂系统微观性态与宏观现象之间的密切联系，特别是其网络结构的形成机理与演化方式、结构模式与动态行为、运动规律与调控策略，以及多关联复杂系统在不同尺度下行为之间的相关性等。网络科学与工程融合了数学、统计物理、计算机科学及各类工程技术科学，探索采用复杂系统自组织演化发展的思想去建立全新的理论和方法，其中的网络拓扑学拓展了人们对复杂系统的认识，而网络动力学则更深入地刻画了复杂系统的本质。网络科学既是数学中经典图论和随机图论的自然延伸，也是系统科学和复杂性科学的创新发展。

为了适应这一高速发展的跨学科领域的迫切需求，中国工业与应用数学学会复杂系统与复杂网络专业委员会偕同高等教育出版社出版了这套“网络科学与工程丛书”。这套丛书将为中国广大的科研教学人员提供一个交流最新研究成果、介绍重要学科进展和指导年轻学者的平台，以共同推动国内网络科学与工程研究的进一步发展。丛书在内容上将涵盖网络科学的各个方面，特别是网络数学与图论的基础理论，网络拓扑与建模，网络信息检索、搜索算法与数据挖掘，网络动力学（如人类行为、网络传播、同步、控制与博弈），实际网络应用（如社会网络、生物网络、战争与高科技网络、无线传感器网络、通信网络与互联网），以及时间序列网络分析（如脑科学、心电图、音乐和语言）等。

"网络科学与工程丛书"旨在出版一系列高水准的研究专著和教材，使其成为引领复杂网络基础与应用研究的信息和学术资源。我们殷切希望通过这套丛书的出版，进一步活跃网络科学与工程的研究气氛，推动该学科领域知识的普及，并为其深入发展作出贡献。

金芳蓉（Fan Chung）院士
美国加州大学圣迭戈分校
二〇一一年元月

前言

我们的世界由大量的个体和它们之间复杂的关系交织而成，由此形成了从微观到宏观的大量复杂系统，通常可用复杂网络进行描述：包括单个生命体内部的分子网络、神经网络、蛋白质-蛋白质相互作用网络等；以及多个生命体之间的社交网络、合作网络、生态网络等；进一步地，由人类创造的各种工程化网络，包括通信网络、交通网络、金融网络、电力网络等。从地球历史的宏观视角，复杂的交互促成了生命和智能，而智能又推进了世界的进一步交互，形成了知识的积累，衍生出群体智能及人造智能，犹如一首生命交响乐，推动智能的演化滚滚向前。社会学创始人孔德认为，人们对客观世界的认识分为 3 个层次——描述、解释与预测。网络图本身是一种针对复杂系统的描述方法，从计算机科学家的视角，网络图也可以被认为是一种数据结构。爱因斯坦曾经说过："这个世界最不可理解的地方就是我们竟然可以理解它。"复杂系统也不例外。我们对复杂系统的认识起源于对其进行网络图描述和理解。在这个阶段，研究人员分析了众多复杂系统，用复杂网络对其进行描述，并提出了一系列网络结构特征，构建了对应的统计物理学模型对其进行解释。随后，我们希望进一步掌握复杂系统从微观到宏观层面的演化规律，并进行预测；在这个过程中，研究人员开发了一系列针对网络图数据的分析方法，结合图神经网络等人工智能技术，从微观、中观、宏观层面对网络进行系统化分析及预测，包括节点分类、链路预测、社团发现、图分类及回归等。与此同时，复杂网络也可以认为是一种基础设施，在其上可以进行大量的动力学模拟，帮助我们了解网络上的信息传播、同步、级联失效等行为。

同时，自然界存在大量的噪声，网络数据及网络动力学行为也会受其影响。在早期复杂网络领域的研究中，针对网络结构的随机故障和有目标攻击受到了不少关注，主要聚焦于移除部分节点、边对网络连通性的影响，可以认为是针对网络连通性的鲁棒性分析。鉴于网络连通性仅是复杂网络的一个宏观特征，该鲁棒性分析方法可以进一步推广到其他特征。与此同时，人工智能领域近年来聚焦对抗样本的研究，即在图像中加入合适的微量噪声，可以让智能决策算法失效，这一概念同样可以引入针对网络算法的对抗攻击研究中，即通过增删少量节点和边使得网络算法失效。同样地，也有学者提出通过改变网络结构来达到控制网络传播动力学的目的，不一而足。整体而言，鉴于复杂网络本身非常适合用于描述系统体系结构，上述针对网络特征、算法、动力学的鲁棒性分析及结构控制方法也可以给未来体系对抗、群体博弈等提供基础理论支撑。在特定领域，网络分析方法也是一种侦察手段，本书介绍的对抗攻击策略也可以为设计网络对抗领域的反侦察技术提供参考。

本书结合网络科学特色和人工智能安全研究思路，提出了网络图智能对抗体系，主要研究人为的、有目标的对抗攻击对网络特征、算法与动力学的影响。一定程度而言，网络特征决定了算法和动力学，算法可以用于预测动力学行为，动力学方法也可以用于设计算法，三者互为支撑。

本书共包含 11 章。第 1 章介绍了网络科学研究的 3 个关键阶段：理解、预测与模拟，分别对应网络特征、网络算法与网络动力学，并在此基础上详细阐述了三者的关系，同时引出针对网络图智能的对抗鲁棒性研究。第 2—4 章聚焦于网络特征的对抗鲁棒性，分别从微观、中观、宏观 3 个层面探讨了包括中心性、最短路径、节点相似性在内的微观特征，k 核结构、社团结构与模体结构等中观特征，以及网络连通性、同配系数、度分布等宏观特征的对抗鲁棒性。通过节点增删、边修改等拓扑扰动策略探究不同网络特征的抗干扰能力，进而揭示这些网络特征指标在对抗攻击下的脆弱性。第5—8章专注于网络算法的对抗鲁棒性。具体而言，第5、6、7章分别针对节点分类、链路预测、图分类等介绍了多种对抗攻击策略，并在真实数据集上对这些策略的攻击性能进行了分析与讨论；第8章介绍了基于节点层和链路层的网络拓扑扰动策略在典型网络算法推荐系统攻击上的应用。特别地，我们在第5章中从攻击的阶段、知识与目标等3个角度介绍了对抗攻击的类别，方便读者对不同攻击算法进行理解与比较。第9—11章主要介绍了网络动力学及其对抗鲁棒性分析，围绕电力、通信、社会等真实场景存在的网络鲁棒性问题分别阐述了级联失效、传播动力学、网络同步的概念及意义，然后围绕各研究角度挖掘真实网络中的机理特性，形成了诸如第9章中单层、多层网络的不同级联模型，第10章中针对疾病、意见扩散的不同传播模型，以及第11章中面向完全或有限时间特性的不同同步类型，进而探讨了网络渗流、免疫策略、同步控制等控制及引导策略。

本书聚焦于网络科学、人工智能、网络空间安全前沿交叉领域，延续人工智能领域对抗博弈的思想，将传统针对网络连通性对抗攻击的思路进一步扩展到针对网络微观、中观、宏观特征，网络算法，以及网络动力学，分析其对抗鲁棒性。对于网络科学领域的读者，我们期望建立统一的从下至上的对抗鲁棒性分析体系，帮助您了解人工智能及网络空间安全等领域的思想和理念；对于人工智能领域的读者，我们期望本书能够给您提供一个全新的应用领域，了解网络图数据的普适性，并激发您对图智能及其安全的探究兴趣；对于网络空间安全领域的读者，我们则希望本书可以作为网络空间安全理论体系的一部分，从网络图的视角为您在智能安全、体系对抗等方向提供新的启迪。

我要感谢近年来课题组从事网络科学、人工智能安全，特别是网络对抗攻防领域的各位同学，包括彭松涛、周波、王金焕、殳欣成、汪泽钰、蒋天依、邹硕、严秀迪、吕宇乾、赵玉真、黄则罡、杨曼、袁科佳、帅武、焦金文，以及我的同事阮中远、俞山青、陈晋音。很高兴与你们进行相关研究方向的深入探讨，梳理网络图智能对抗体系，以及一起整理本书的大部分材料，由衷感谢！

感谢我的导师吴铁军教授，跟您的讨论学习让我打下坚实的机器学习基础。感谢香港城市大学陈关荣教授，将我带入网络科学这个非常有趣的研究领域，前期跟您的合作确定了我在网络传播动力学结构控制、抗干扰最优网络结构设计的总体思路，您曾经提到的通过增加一条边来极大改变网络性能的研究思路也一直在影响着我，并最终促成了本书的撰写。特别感谢中国工程院杨小牛院士，将我带入网络空间安全这一关乎构建人类命运共同体的前沿领域，并促使我结合网络科学、人工智能，来思考网络空间安全，您在电磁空间安全领域的研究也深深启发了我，从而直接推动了课题组提出网络图智能对抗体系，并最终完成本书。

我也要感谢家人、朋友，以及浙江工业大学网络空间安全研究院/滨江区浙工大网络空间安全创新研究院各位同事的支持和帮助。特别是我的父母和妻子，你们的无私付出给我创造了最好的科研环境，也将此书献给最爱的俩宝，希望你们健康快乐成长！

特别感谢高等教育出版社刘英女士对本书的持续关注和大力支持，您专业的指导和帮助让本书得以通过最好的方式呈现给大家。

最后，感谢国家自然科学基金（U21B2001、61973273、62103374）、浙江省重点研发计划（2022C01018）等多个项目的资助，围绕这些资助展开的工作极大地促成了本书的撰写和成稿。感谢本书的每一位读者，希望本书能够给你们带来帮助。也希望未来有更多的研究人员从事网络科学、人工智能、网络空间安全前沿交叉研究领域，这一领域必将充满挑战和机遇，期待与你们同行！

宣琦

2024 年

目录

第 1 章　绪论

复杂网络(complex network)通常用于抽象刻画现实世界中的各种复杂系统(complex system),这些系统往往由巨大数量的个体组成,同时个体间存在错综复杂的交互关系。复杂网络将系统中的个体抽象为节点(node/vertex),而将个体间的关系抽象为边(edge/link)[1]。例如,分子网络通过化合键将不同原子连接在一起,呈现出不同的分子结构[2];蛋白质-蛋白质相互作用网络可以描述蛋白质之间的相互作用[3];通信网络将不同设备通过通信链路连接在一起,呈现出不同的通信架构[4];金融网络则可以描述不同银行账号之间的转账关系[5];生态网络将种群通过食物链连接在一起[6];而万维网则是一个由网页和超链接构成的巨大虚拟网络[7]等。这些复杂网络的局部微观行为往往呈现出无序性和随机性,然而在宏观尺度下却呈现出简洁,甚至具有对称性的有序结构和规律行为。理解复杂系统从微观无序到宏观有序的转变和演化机制,正是当前网络科学研究的核心目标。2021 年的诺贝尔物理学奖授予三位在复杂系统研究领域做出了杰出贡献的科学家:真锅淑郎(Syukuro Manabe)、克劳斯·哈塞尔曼(Klaus Hasselmann)和乔治·帕里西(Giorgio Parisi)。这一奖项的颁发肯定了复杂系统科学在揭示基本科学规律和改善人类福祉方面的重要贡献,同时标志着网络科学的研究进入一个崭新的历史阶段。近十年来,随着人们对复杂网络基本规律的理解愈发深入,如何利用这些规律预测和控制复杂网络的行为已成为前沿研究热点,学术界和工业界进一步期待网络科学的发展会带来更多科学突破和社会应用。

网络科学研究的源头大致可追溯到两个重要的学科,分别为图论和统计物理,其起源可以追溯到20世纪 Erdős 和 Rényi 在随机图理论方面的开创性工作[8,9],随机图理论通常与渗流理论(percolation theory)[10]共同使用来对随机网络进行建模。在过去的十几年里,随着各个领域科学技术,特别是计算机技术的快速发展,我们见证了这个方向的巨大进步。首先是**数据**,各个领域数据的快速采集和汇聚导致了各种类型图数据的出现。其次是**算力**,计算能力的增强使我们能够研究包含数百万个节点的网络,极大地拓展了研究边界。最后是**交叉**,学科之间的高度交叉为研究人员拓宽了思路,使他们能够揭示不同领域复杂网络的通用属性。通过实证研究,研究人员发现大量真实网络具有小世界现象、幂律分布、社团结构等特征,而简单的随机连接规则难以对真实数据进行建模,这促使 Watts 和 Strogatz(WS)对小世界网络进行研究[11]、Barabási 和 Albert 对无标度网络进行建模[12]以及 Newman 和 Girvan 对网络中存在的社团结构进行识别分析[13]等。通常而言,人类对世界的探索可以分为理解、预测、模拟三个阶段,网络科学也不例外(图1-1)。

理解:探索网络科学的第一步是将感兴趣的结构数据表示为网络,然后通过度量拓扑特征对网络数据进行分析。比如,社交网络中的互动是衡量用户黏性的最重要因素之一,而这种互动可以用网络的平均度来衡量;通信网络需要通过节点间多跳实现信息的传输,在此过程中,网络的平均最短路径在一定程度上可以代表通信网络的传输效率[14];许多生物系统和社会系统通常具有模块化结构[15],模块内部连接紧密,模块之间连接相对稀疏,即所谓的“物以类聚,人以群分”,从复杂网络的角度,该特性可以描述为模块度。通过对现实网络中诸多特征的刻画,可以帮助我们有效理解网络的特性,并对其进行建模。比如 WS 小世界网络模型[11]就是针对具有较高全局聚类系数和较短平均最短路径特征的现实网络进行建模得到的。随后,需要将模型生成的网络结构特征与真实网络结构特征进行比较,从而验证网络模型的有效性。随着网络规模的进一步扩大,以上基于统计特征量化大型网络的方法的确可以在一定程度上帮助研究人员更好地理解网络的各种特性。

预测:然而,上述人为定义的特征通常需要研究人员具备不同领域的专家知识,与此同时,不能全面刻画网络的结构特性。因此,用它们构建机器学习算法来对复杂网络进行相关预测时,容易产生较大的系统偏差。鉴于此,亟须提出一套自动化提取网络结构特征的方法,图嵌入技术[16]应运而生。该技术可以有效地将高维稀疏图转换为低维、稠密、连续的向量，最大限度地保留图结构属性，即我们可以使用标准度量在嵌入向量空间中轻松量化原始复杂不规则空间中的节点/子图/网络的相似性。基于此，图嵌入向量可以方便地用于解决不同的下游图分析任务如节点分类、链路预测、社团发现、可视化等。近年来，深度学习[17]极大地推动了模式识别和数据挖掘领域的研究。许多机器学习任务，如目标检测、机器翻译和语音识别，曾经严重依赖手工特征工程来提取信息特征集，最近已被各种端到端深度学习范式革命性地改变。由于网络图的不规则性，导致卷积、池化等操作在图像域中易于计算，但却很难应用到复杂网络领域。此外，由于每个节点通过各种类型的边与其他节点相关，现有算法的独立同分布假设亦不再适用于网络数据。基于此，研究人员提出了图神经网络（graph neural network，GNN）[18]，以处理复杂的图数据，图卷积从二维卷积推广而来，可以通过取节点邻域信息的加权平均值来执行。不同于图嵌入算法，GNN 是一种为各种任务设计的神经网络模型，旨在以端到端的方式解决与图相关的问题。

模拟：复杂网络描述了复杂系统中个体之间的交互情况，同时也为复杂系统动力学的研究提供了载体。鉴于集群动力学在自然界中的普遍性，描述并研究不同复杂系统动力学的演化现象至关重要。例如，在疾病防控领域，宿主或病原体的动态特征描述了疾病如何通过接触网络进行传播[19]，当流行病暴发时，通过复杂网络流行病建模方式可以预测疾病的暴发时间和传播规模等，从而帮助相关机构提前进行部署并有效控制疾病的肆意传播[20]；在社会科学领域，对跨社交网络的意见动力学建模需要引入一个认知过程，该过程决定一群个体如何形成他们的意见。通过构建意见动力学模型[21]，可以研究社会群体中的意见如何动态形成两极分化，以及在线社交平台背后的网络算法如何影响用户的意见。而在大量的基础设施系统中，网络级联失效模型[22]则可以用于刻画一个个体的失效可能会引发其他个体的进一步失效，最终导致整个系统崩塌的情况。最典型的例子便是电力网络，电力网络的级联失效可能会导致一个区域的大规模停电。

整体而言，特征理解能帮助研究人员更好地理解现实复杂网络的结构特性，进一步结合图嵌入技术，可以用特征向量较为完备地描述复杂网络，并对其进行相关预测。从这个层面，特征理解可以认为是算法预测的基础。基于特征理解，大量的物理学家构建了丰富多样的具有特定结构特征但不同规模的网络，这为后续在特定结构网络上进行动力学模拟奠定了基础，鉴于此，特征理解也可以认为是动力学模拟的基础。网络算法和网络动力学之间则互相促进，我们可以用网络算法进行流行病预测[23]、定位信息传播源头[24]等；我们也可以用网络动力学的思路来进行网络社团发现[25,26]等。三者的关系如图 1-1 所示。

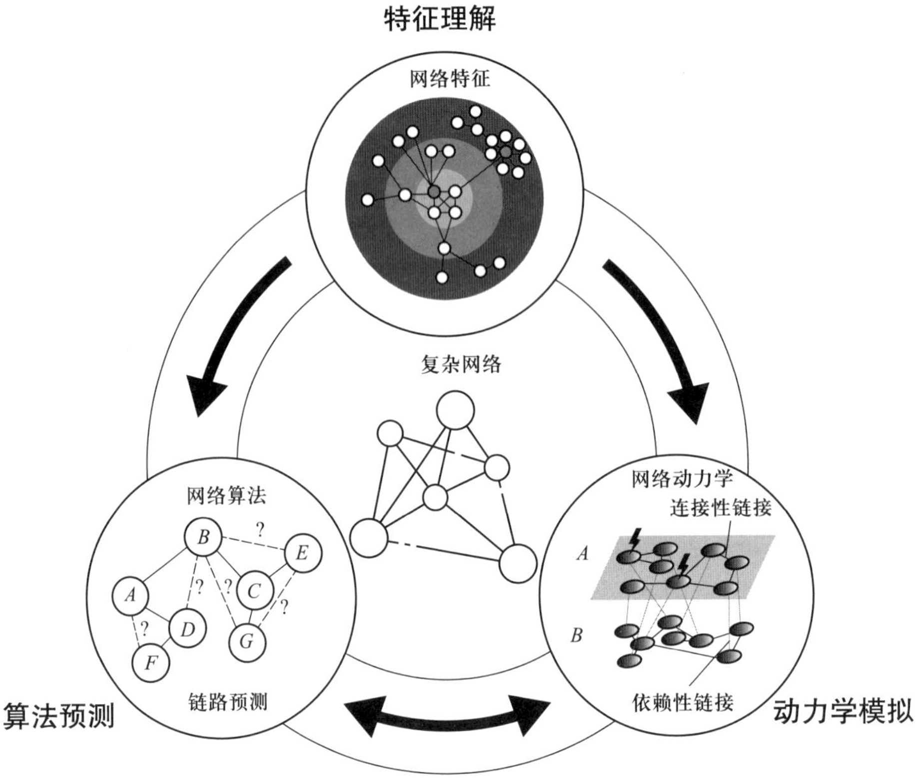

图 1-1 特征理解、算法预测与动力学模拟三者的关系

网络图智能对抗鲁棒性:遵循研究的内在逻辑,从网络特征理解、算法预测到动力学模拟,均取决于采集的数据能精准刻画真实网络本身。然而,网络数据天然存在噪声。不仅如此,在某些强对抗领域,这些噪声可以是人为针对性加入的(称为对抗攻击),在这种情况下,我们需要进一步研究网络图智能在干扰环境下的脆弱性或鲁棒性,对不同的网络算法进行评估,并在后续的研究中进行加固。本书的主旨就是模拟真实的强对抗环境,介绍针对网络特征、算法、动力学的多种对抗攻击方法[27-29],以探究和测试网络图智能的对抗鲁棒性。鉴于网络通常用于刻画复杂系统或复杂体系的结构,本书针对网络图智能对抗的研究也能给未来体系对抗提供具体思路。

1.1 网络特征及其对抗鲁棒性

过去二十年间,网络科学为探究复杂系统的结构和动力学提供了统一的理论框架,涵盖了数学、物理、社会、生物以及工程等多个学科领域[30-32]。网络特征作为衡量网络特性的重要指标,是描述网络性能和现实系统的基本定量参数。例如,利用中心性特征指标,可以评估节点在网络中的重要性,可以应用于社交网络中关键人物识别、恐怖分子甄别等场景(图 1-2);利用 PageRank 指标,除可以衡量网页重要性以外,还可以用来评估学术文章的影响力(图 1-3);利用最短路径特征指标,可以确定最优输送管道线路,还可以优化交通网络。此外,网络特征还是网络算法的基础,众多网络算法在设计过程中融入了网络特征,利用网络度中心性(degree centrality)、接近中心性(closeness centrality)和介数中心性(betweenness centrality)设计图卷积网络(graph convolution network,GCN),用于预测分子化学性质、分析蛋白质之间的相互作用和链路预测等[33,34]。

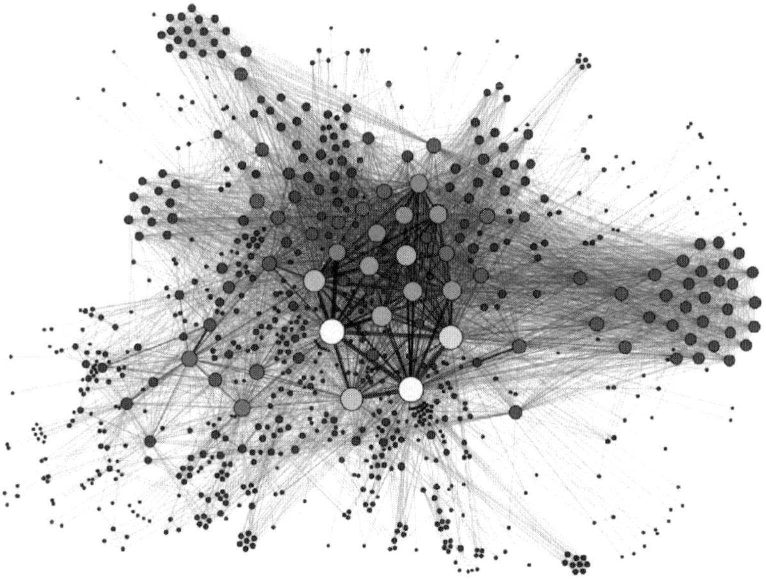

图 1-2 利用中心性特征指标识别网络中的关键节点

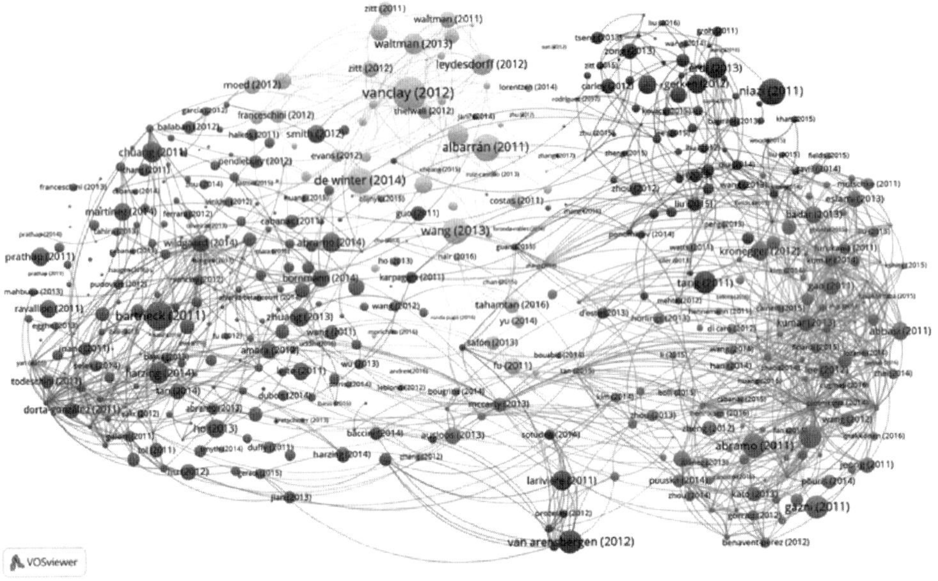

图 1-3 利用 PageRank 指标评估学术文章影响力(取自文献[35])

随着复杂网络在现实世界中的广泛应用,各类复杂网络特征相继被提出。部分研究人员将计算过程相近的指标归为一类,如表 1-1 所示[36,37]。据此,设计更具针对性的反映特定场景下网络特性的特征指标,作为常见网络特征指标的补充。例如,卢迪等[38]提出了时效环介数,用以评估空间信息网络在任务导向下的节点重要性。林培群等[39]在传统中心性特征指标基础上,提出了加权网络的中心性特征指标,以量化交通管控对高速公路网连通性的影响。通常,网络特征主要用于研究真实网络的特性,如利用三元组和相对熵指标探究国内航空网络与地铁网络的鲁棒性;运用网络中心性特征指标分析企业物流系统的脆弱性等。网络特征指标是定量刻画网络特性的基础工具,在网络分析过程中具有十分重要的价值。

表 1-1 特征划分

划分标准	特征名称
距离	平均最短距离、全局效率、网络脆弱性
聚类系数和圈	全局聚类系数、平均聚类系数、圈系数、富人俱乐部系数
度分布	度分布、度相关性

续表

划分标准	特征名称
网络熵	度分布熵、搜索信息
中心性指标	接近中心性、介数中心性、中心性距离
谱指标	谱密度
社团	模块度
子图	模体、子图中心性

本书在整体上将网络特征定义为微观、中观与宏观三类。微观特征涉及节点或边,衡量至多两个节点之间的关系特性,如节点度值、节点间路径及节点间相似性等。中观特征衡量多个节点及其连接关系的特性,体现网络中功能或性质相似的个体集合,如网络 k 核结构、模体结构等[30,36]。已有研究显示,包括社交网络、生物网络、信息网络在内的诸多网络系统具有显著的社团结构。宏观特征描述网络的整体特性,如网络直径、网络平均聚类系数及网络连通性等[30,36]。网络微观、中观和宏观特征三者之间既有联系又有区别,如节点聚类系数属微观特征,而网络平均聚类系数和全局聚类系数则为宏观特征;节点 k 核属微观特征,由多个相同 k 核节点组成的核结构是中观特征;节点间距离是微观特征,而网络平均最短路径和网络直径则为宏观特征。

鲁棒性(也被称为健壮性或者抗干扰性)是衡量系统在一定干扰下(比如攻击、异常、威胁等)维持其功能和结构的能力强弱,用来理解、预测、发现及优化复杂系统中的规律和异常[40]。近年来,针对网络特征的攻击逐渐引起人们的重视。2017 年,名为 WannaCry 的蠕虫病毒攻击了英国国家骨干网络服务器[41],短短 20 小时内,超过 40 家医院遭到大范围的网络黑客攻击,这表明针对网络中关键节点的攻击,可以导致整个网络瘫痪;2002 年,美国 SearchKing 公司利用 PageRank 指标帮助客户提升在谷歌搜索中的排序[42],并以此谋利;近年来,美国对华为等公司“脱钩断链”[43],以全球供应网络的视角,美国的行为相当于通过移除特定的供应链,增加我国公司的供应链路径长度,甚至基于此可以影响全球供应体系。反之,在一个复杂网络中,通过增加少量边,也可以迅速降低网络的平均最短路径和直径(图 1-4)。

对特征指标的对抗攻击在现实场景中有一些真实的案例。点对点(P2P)计算机网络无须中心服务器,每个终端设备如手机、电脑均可作为节点与其他节点进行通信与交互。其优势在于下载速度不再受服务器带宽及下载人数的限制,然而,这种去中心化特性亦带来了监管难题、安全隐患和版权问题。例如,若有不法分子将不良信息上传至网络并加以伪装,其他不明真相的用户下载后,该信

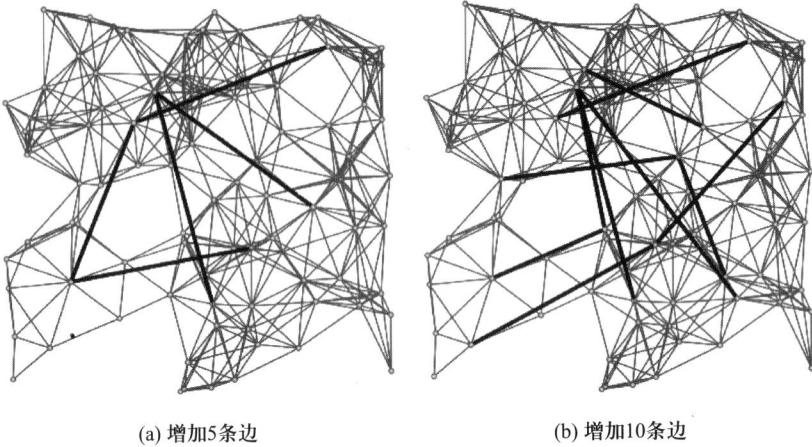

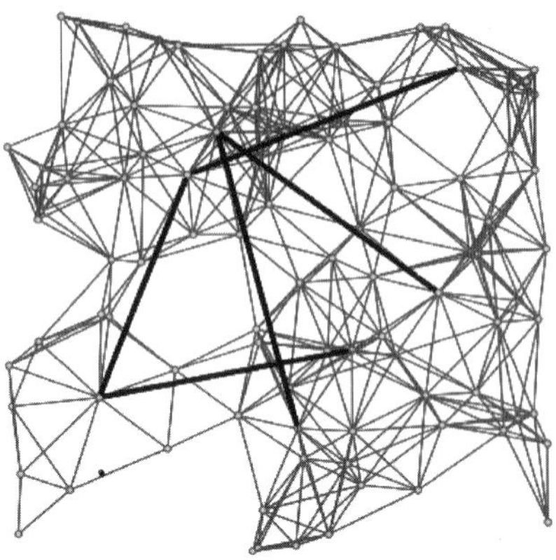

图 1-4　增加 5 条边平均最短路径降低 50.4%，增加 10 条边平均最短路径降低 70.3%
（取自文献[37]）

息便在全网范围内传播。当监管机构发现此严重事件时，试图采用传统互联网监管手段进行处理，却发现仅封禁源头节点对阻止不良信息传播并无成效。理论上，需封禁所有拥有该信息的节点，方能遏制传播。为尽量降低阻断不良信息传播的代价，监管者可以将问题转化为 k 核坍塌问题，即通过移除一定数量的边或节点，使得最内层的核结构坍塌[44]，从而可以以较小代价达到遏制传播的目的。

在情报机构中，部分情报人员社交圈子有限，却掌握着关键信息。2003 年，美军为抓捕萨达姆，梳理并构造了萨达姆的社交网络图，美军逐一审讯被捕的伊拉克士兵，引导他们揭示自己的社交关系。而这些士兵往往规避关键信息，仅透露一些次要的酒友等无关社交信息。美军据此构建起庞大的萨达姆与底层士兵关系网，进一步寻找萨达姆与底层士兵之间的中间人。通过计算节点的介数中心性，最终锁定 Rudman 兄弟为核心人物，他们正是萨达姆的贴身保镖。这两兄弟鲜少露面，亦不在美军公布的扑克牌名单之列。通过抓捕他们，顺利找到了萨达姆的藏身之处。伊拉克士兵的这种策略可视为针对节点中心性的对抗攻击，即通过移除关键节点或边，降低目标节点中心性[45]。

机场连通性是机场核心竞争力之一，有些机场彼此之间航线较多，可以认为是一个联盟体，机场联盟体在航空网络中通常可以建模为 k 核。机场运营方希望通过开通较少的航线，增加联盟体内部机场的可达性，提升区域的可达性。该需求可以认为是一个 k 核最大化问题，即增加一定数量的边使得 k 核最大[44,46]。全球机场网络如图 1-5 所示。

本书针对网络微观、中观和宏观特征指标阐述若干对抗攻击算法。针对具

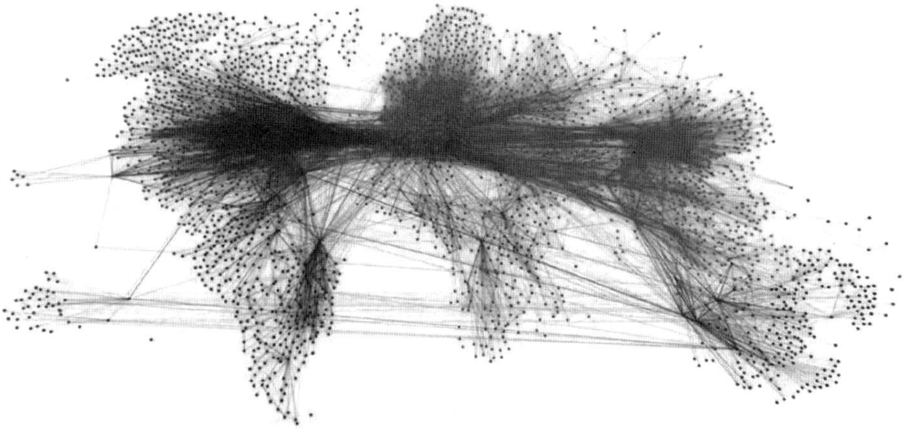

图 1-5 全球航空网络(取自文献[46])

体的特征目标,提出相应的攻击算法,实现对特征目标的最大化扰动。针对特征的攻击不区分特定的网络结构,确保攻击算法设计的可行性和一致性,通常是NP 问题。例如,Miller 等[47]提出了 PATHATTACK 来攻击网络的最短路径,攻击者通过移除部分边使得特定边组成的网络路径成为最短路径,这是一个 NP 问题,论文作者通过启发式的方法来解决。本书对网络特征的攻击只利用网络拓扑结构信息,不考虑节点或边的属性信息。由于网络特征是网络算法的基础,因此,对网络特征的攻击也会对网络算法产生影响。此外,网络特征与网络动力学也存在一定关系。例如,网络的代数连通性是反映网络连通性的特征指标,是邻接矩阵的第二大特征值,而邻接矩阵的特征谱也反映了网络同步能力等,因此,对网络特征的攻击同样也能在一定程度上干扰网络动力学。

1.2 网络算法及其对抗鲁棒性

当前,人工智能和网络科学两大领域正逐步融合,形成了网络图智能前沿方向,在互联网、区块链、生物信息、军事等领域开始发挥重要作用。在互联网领域,基于图推理的智能推荐系统应用广泛,极大地提升了用户体验[48];在区块链领域,对公链交易数据的分析可以帮助我们识别钓鱼账户[49]、庞氏骗局[50],从而实现对整个系统的有效监管;在生物信息领域,以网络算法为基础的化合物结构分析能够大大节约药物研发的经济和时间成本[51];在军事领域,以复杂网络拓扑分析为基础的作战体系优化已然成为信息化战争中的重要技术和制胜手段[52]。现实世界几种典型的网络图智能任务包括但不限于:节点分类、链路预测与图分类等。

具体而言,**节点分类**是一种利用已知节点的结构特征和属性特征来预测未知节点类别的机器学习任务。例如,节点分类可以预测引文网络中每篇文章所属的研究主题[53,54];在蛋白质-蛋白质相互作用网络中,每个节点可以被分配若干个基因本体类型[55,56]。作为应用场景最广泛的网络图智能任务之一,节点分类任务也面临着多种挑战。首先,现实中的图数据通常具有较大规模,包含数以百万计的节点和边。处理大规模图数据需要高效的算法。其次,节点的属性和连接模式可能非常复杂,而且通常存在噪声。这使得节点特征提取成为其中的关键。此外,不同的应用领域可能具有不同的任务和度量标准,因此需要设计多样化的节点分类算法。2014 年,在数据挖掘领域顶级国际会议 KDD 上提出的 DeepWalk[57]算法,在非结构化的网络数据与欧氏空间之间建立起桥梁;2017 年提出的图卷积网络[58]将卷积算子延伸到节点表征学习中,并成功应用到节点分类问题上;图注意力网络(graph attention network,GAT)[59]将注意力机制引入图神经网络,自动学习关键节点聚合的权重;GraphSAGE[60]则通过平均、加和、池化等算子学习对目标节点领域的聚合,避免了全图训练。图 1-6 展示了 FaceBook 社交网络中基于 GNN 的好友分类可视化,不同的节点颜色代表不同的节点标签。

随着网络图智能的快速发展,研究人员发现现有的节点分类算法对图中的噪声和扰动非常敏感。2018 年,Zügner 等[61]提出图对抗攻击算法,通过生成“不容易察觉”的微小扰动来降低 GNN 的性能。这里的微小扰动可以是基于增删节点和边的图结构扰动,也可以是基于修改节点或边属性值的图特征扰动。更为严重的一种攻击是针对图嵌入方法的攻击[63],也就是针对网络表征方法的攻击,会导致错误的嵌入向量,造成后续的一系列基于表征计算得到的结果出错。总体而言,针对节点分类的攻击[61,64],目的是使目标节点被错误分类,从而实现节点的信息隐藏。本书第 3 部分将通过节点、边和子图等不同的图结构层级扰动,对节点分类算法的鲁棒性进行探究与分析。

链路预测是图数据分析中的一个关键任务,可以通过已知的节点以及网络结构等信息预测网络中尚未存在边的两个节点之间产生边的可能性[65]。这种预测既包含了对未知链路(exist yet unknown links)的预测也包含了对未来链路(future links)的预测[66]。在生物网络中,链路预测可用于预测蛋白质之间的相

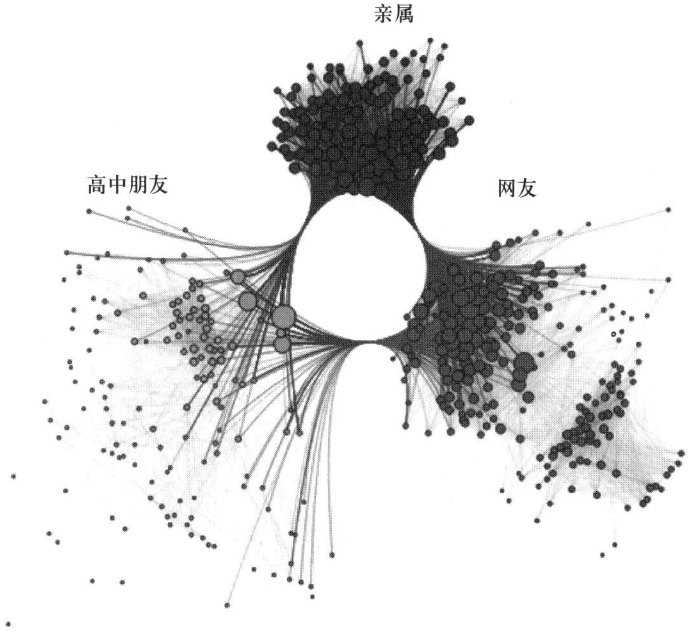

图 1-6 FaceBook 社交网络好友分类可视化(改编自文献[62])

互作用[67],提高实验成功率,降低实验成本,加速潜在药物靶标的发现;在推荐系统中,链路预测可以用于预测用户可能感兴趣的商品或内容[68],从而提供个性化的推荐,增强用户黏性;在物流网络中,链路预测有助于优化货物的运输路线[69],降低运输成本和缩短运输时间。Lopes 等[70]将犯罪网络中的同伙关系预测建模为链路预测问题。图 1-7(a)、图 1-7(b)和图 1-7(c)分别可视化了西班牙腐败网络、巴西腐败网络和巴西犯罪情报网络。在腐败网络中,节点表示卷入腐败案件的人,边表示两人参与了同一腐败案件。反过来,犯罪情报网络中的节点代表被巴西联邦警察调查的人,边表示警方调查发现的两个人之间非法或合法的共同参与行为。研究人员使用节点的 node2vec 嵌入和不同的二元算子来训练预测缺失边的逻辑分类器。图 1-7(d)中的柱状图表示 10 次实验的平均精度,误差条表示一个标准差,水平虚线表示基线精度(0.5)。图 1-7(e)给出了使用 Hadamard 算子实现嵌入表征时,每个犯罪网络在不同百分比的训练集下的预测准确性,阴影区域代表一个标准偏差带。当训练集百分比为 80%时,非法边的预测准确率达到了 98%。由此可以看出,链路预测是一项具有巨大研究潜力与广泛应用背景的网络图智能任务。

链路预测算法的核心是估算网络中任意两点之间存在边的可能性[71]。现有的链路预测方法,如极大似然方法[72-74]、矩阵分解方法[75-79]与深度学习方

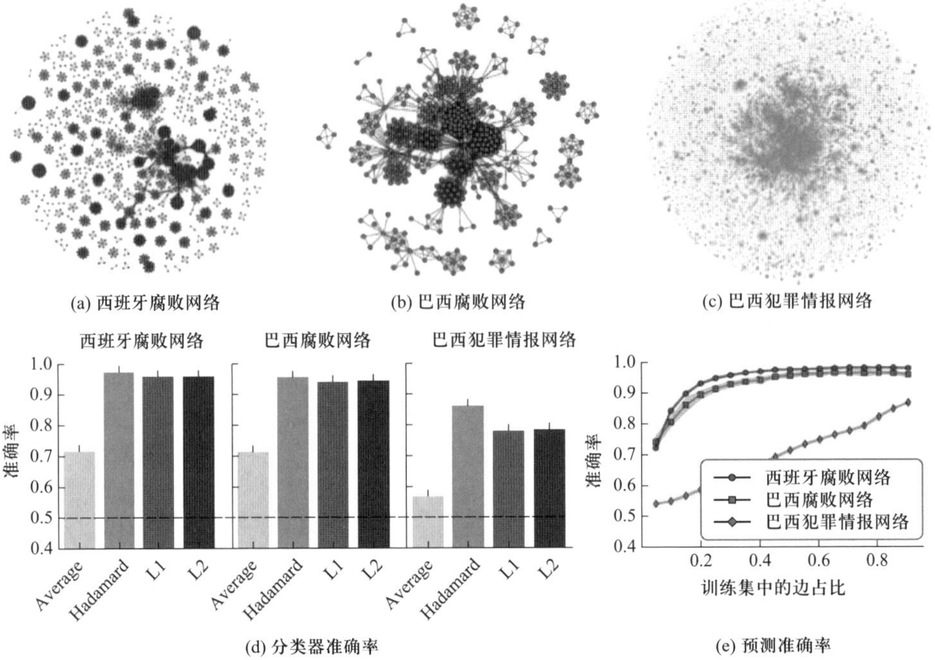

图 1-7　犯罪网络中同伙关系预测（改编自文献[70]）

法[80-82]等，利用节点属性等外部信息的确可以得到很好的预测效果，但是很多情况下这些信息的获得是非常困难的，甚至是不可能的，如很多在线系统的用户信息都是保密的。另外，即使获得了节点的属性信息也很难保证信息的可靠性，即这些属性是否反映了节点的真实情况，如在线社交网络中很多用户的注册信息都是虚假的。此外，在能够得到节点属性精确信息的情况下，如何鉴别哪些信息对网络的链路预测是有用的仍然是个问题。因此，在网络可观测的边信息不再准确的情况下，链路预测算法可靠性面临严重挑战。2015 年，Lü 等[83]在 PNAS 上发表了一种面向链路可预测性的研究方法，他们通过对邻接矩阵进行扰动来估计链路的可预测性；2020 年，Yu 等[84]首次提出了针对基于 RA（resource allocation）指标的链路预测的对抗攻击，并提出了基于进化扰动的攻击方法，取得了不错的攻击效果；Zhou 等[85]通过删除边对基于相似性的链路预测方法进行攻击。此外，针对链路预测的攻击，可以是针对静态网络中未知链路预测任务的攻击[86]，也可以是针对动态网络中下一时刻网络链路预测任务的攻击[87]，使得预测出错。这些攻击方法从不同角度探讨了链路预测的鲁棒性问题。

不同于节点分类和链路预测，**图分类**（也称图回归）是一种基于全局结构的网络图智能任务。它可以应用在很多领域，如在化学信息学中，通过对分子图进行分类来判断化合物分子的诱变性、毒性、抗癌活性等[88,89]；在生物信息学中，通过蛋白质-蛋白质相互作用网络分类判断蛋白质是否是酶，是否具有对某种疾病的治疗能力[90,91]。现有的图分类方法可以总结为两大类，一类是基于相似度计算的图分类方法，如图核方法[92-94]，这类方法不够灵活且通常计算代价较大，图的特征提取过程和图的分类是独立进行的，因此无法针对具体任务进行优化；另一类是基于图神经网络的图分类方法，如图卷积池化方法[95-98]。Wang 等[99]利用图神经网络构建了用于分子表征的自监督对比学习框架 MolCLR，可以在分子表征空间中区分化学上合理的分子相似性。该框架利用大量未标记数据构建分子图分类任务并有效地预测分子性质。该模型利用包含 100 000 个分子的数据集进行预训练，然后提取验证集的分子表征进行可视化。图 1-8 展示了使用 t-SNE 算法进行分子表征的可视化效果图。每个数据点根据其对应分子的分子量进行了着色。图 1-8 还展示了一些在表征空间中的分子，以更直观地呈现分子表征的分布情况。

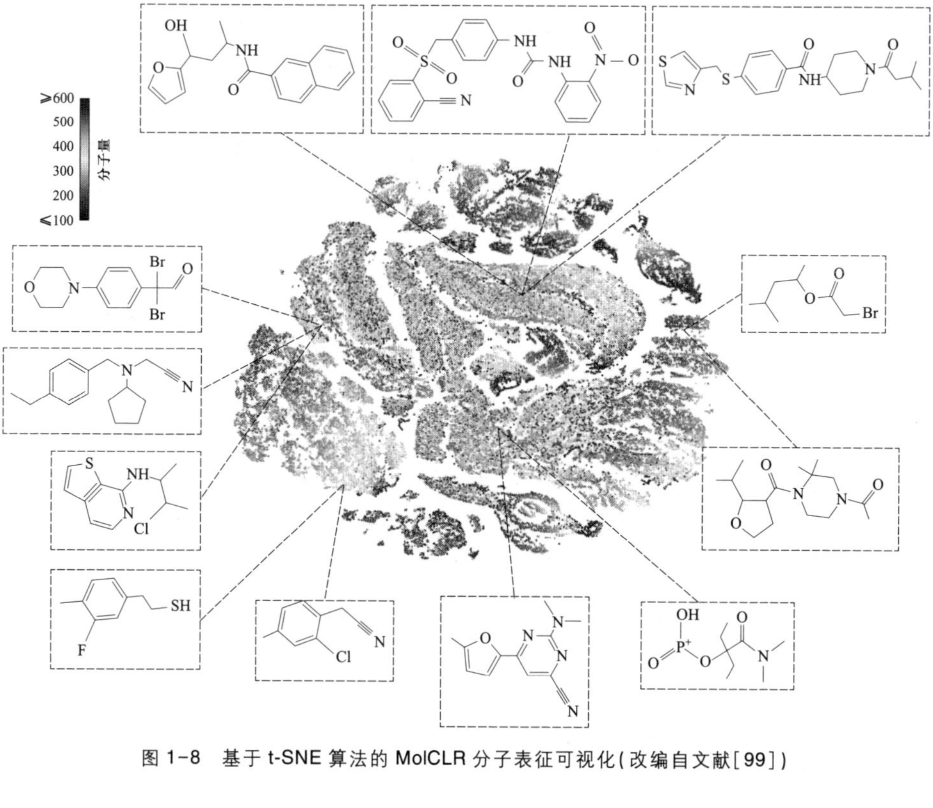

图 1-8　基于 t-SNE 算法的 MolCLR 分子表征可视化（改编自文献[99]）

图神经网络模型在节点级任务中的脆弱性已被证明，其在图级任务中的对抗攻击研究也逐渐受到人们的关注。与节点分类的扰动相比,将节点级对抗样本迁移到图级任务是一个棘手的问题,因为它们在从局部到全局的尺度上具有不同的优化目标。图分类对抗样本生成本质上是一个从全局到局部的问题。攻击者的目标是干扰 GNN 对图级标签的正确预测。由于图级预测阶段和节点/边级攻击阶段是通过 GNN 中的池化功能隐式桥接的,并且对抗攻击必须定位到节点/边级,因而全局到局部的转换是实现图级攻击必须要解决的问题。最近,许多研究人员提出了图分类对抗攻击方法[100-104],其中解决上述问题的一种有效策略[100]是通过量化局部节点对全局图分类任务的贡献,在局部反向进行有效的对抗攻击,从而破坏全局的分类性能。

网络算法的鲁棒性一直是一个不可忽视的议题。早期的图数据分析通常依赖于统计学方法,旨在通过假设检验等方法揭示自变量和因变量之间的相关性。这种方法的优点在于模型通常具有较强的可解释性,便于帮助了解网络系统的机理,而其不足则在于模型的精确度通常较低,不太适合对网络系统演化进行预测。逐渐兴起的机器学习方法通常加入大量的非线性函数来增强模型的预测能力,因此其优点在于可以以较高精度对网络系统演化进行预测;然而,也正是由于其高度的非线性特性,微小的扰动将有可能对模型性能造成极大的影响。

影响函数是一种基于鲁棒统计的方法,可以用于测量模型参数或与模型参数相关的某些函数在删除或修改训练样本时的变化。对于研究机器学习模型的可解释性,它是一种有效的事后归因方法,且不需要模型再训练过程。Chen 等[105]为简单图卷积(simple graph convolution,SGC)模型制定了一个影响函数来近似属性图中节点/边删除时模型参数的变化,从理论上分析了删除节点/边的影响函数估计值的误差范围,并通过实验验证了影响估计函数的准确性和有效性。图 1-9 可视化了删除节点/边对 Cora 数据集验证损失的估计影响。图 1-9(a)显示了 Cora 数据集的最大连通子图,大节点代表该节点包含在训练集内,小节点则相反。图 1-9(b)显示了训练集中边的影响值,每条边的颜色与其估计的影响值相对应,边颜色越深表示影响值越大。图 1-9(c)显示了训练集中节点的影响,通过该研究可以发现,删除具有较大影响值的节点/边不仅可以帮助改进模型的性能,也为攻击模型提供了潜在的方法。

由此可见,网络算法,特别是基于机器学习的网络算法本质上存在潜在的安全风险,容易遭到攻击。微小的扰动,如对目标网络中极少数节点和边的微小修改,就足以使得相应的网络算法失效。本书重点讨论了网络图领域中节点分类、链路预测以及图分类任务中的对抗攻击策略,分别从节点、边和子图 3 个层面进行阐述。随着对抗博弈的不断升级,我们认为针对网络算法的对抗攻击与鲁棒性的探讨必将成为未来体系对抗的热门话题之一。

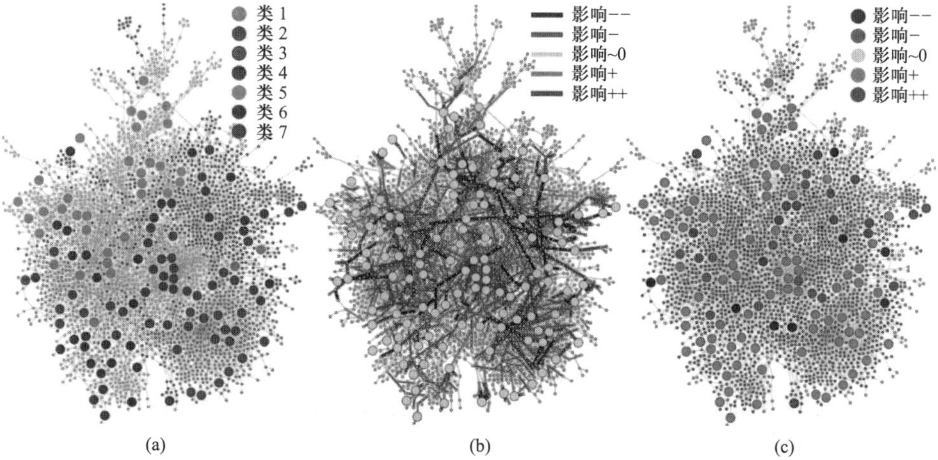

图 1-9 估计 Cora 数据集中单个训练节点/边对验证损失的影响(取自文献[105])

1.3 网络动力学及其对抗鲁棒性

现实中的复杂系统不仅有网络描述其基础结构,还有动力学描述其上的一系列现象,比如电力网络的大规模失效[106],社会网络的疾病传播[107]和舆情暴发[108],以及交通网络的大范围拥堵[109]等。研究并理解各种不同的网络动力学过程至关重要:在基础设施系统中,应用动力学原理有助于优化基础设施网络的性能,提高其可靠性,确保其可持续性,并能够应对不断变化的需求和环境;在社会系统中,利用网络动力学方法研究群体行为特别是流行病(或意见)的传播过程可以用来预测流行病的传播(或群体意见的演化)等。复杂网络上典型的动力学行为包括但不限于:级联失效、传播动力学与网络同步等。

级联失效是指在一个部件相互连接的复杂系统中,一个或多个部件故障(随机发生或遭到蓄意攻击)会引发其他部件故障,并产生级联效应的现象,如大面积的电力网络瘫痪、交通网络拥堵等。其中最为著名的是 2003 年意大利和欧洲多国的大面积停电事件,起因是意大利南部电力网络中的一条高压电缆发生故障,后续引发电力失衡并传播到整个国家的电力网络中,导致全国性的电力供给问题,甚至蔓延到了欧洲多个国家,包括瑞士、奥地利、克罗地亚等,最终导致大面积的停电,影响了数千万人,并造成铁路、地铁、电梯等基础设施停运。网络系统内部的互连性使得微小扰动就能引发大范围的损害,这一问题在几十年来已得到各领域工作者的广泛关注和研究。早期级联失效的研究主要集中在单层网络上,也就是只考虑在一种特定的网络内部的级联动力学变化过程,其中研究最多的是基于复杂网络的负载-容量模型[110],分别从拓扑结构(节点、边)与负载分布等角度展开了大量研究,如均匀分配[111]、随机分配[111]、全局负载重分配[110]、局部负载重分配[112]及可调负载重分配[113]等。

随着研究的不断深入,人们发现现实生活中的许多关键基础设施网络是相互作用、相互耦合的,正如上述停电事件中,交通网络、通信网络等都与电力网络紧密相连,其中一个网络的微小扰动一方面会通过网络内部连接迅速扩散,另一方面级联失效也会在耦合网络之间蔓延,进而对耦合网络产生影响。2010 年,Buldyrev 等[114]进一步探究了上述停电事件的原因,提出不能单纯地考虑电力网络,而是应当将电力网络和计算机网络相互耦合进行研究,开辟了有关耦合网络的研究先河。在此基础上,研究人员从不同耦合方式的角度构建了多层级联失效模型,例如一对一耦合连接的相依网络[115]、多对多耦合连接的相依网络[116]以及多网络之间的耦合[117]等,以求更精准地建模真实世界中的级联失效过程,并提出行之有效的应对策略。

网络级联失效动力学本身强调了复杂网络的对抗性,即当复杂网络遭到恶意攻击导致部分节点失效时,网络是否仍然能保持畅通(即网络是否会瓦解),这本身就体现了复杂网络的对抗鲁棒性。

传播动力学主要研究疾病、信息、意见等在网络和群体中的传播过程,探讨疾病或信息如何从少数个体传播至整个网络,以及在传播过程中涉及的各种因素的影响。对于疾病传播的系统性研究可以追溯到 20 世纪初期,Anderson 和 May 采用定量的方法研究了麻疹的传播。这一工作成为采用精确数学语言来研究流行病传播的先例[118]。1927 年,受到之前工作的启发,Kermack 和 McKendrick 首次建立了著名的"仓室模型",得到了流行病传播的阈值理论[119]。仓室模型通常假定个体在空间中是均匀混合的。20 世纪末,小世界网络[11]和无标度网络[12]的研究发现对于真实的社会系统,人群之间的接触模式并不是均匀混合的,而是展现出了一些复杂的网络特性,流行病传播研究迎来了新的时代。意见动力学研究是传播动力学中的另一大领域[120,121],主要研究意见如何通过个体间的相互作用而演化以及传播,其应用背景也极为广泛,例如 2016 年和 2020 年美国总统选举中,候选人和支持者利用多种手段在媒体平台来传播信息、动员选民,以及争夺选民的支持,使得 Twitter、Facebook 和 Instagram 等平台上的大量真实信息和虚假信息同时在选民之间迅速传播,影响了选民的意见和态度[122](图 1-10)。对意见动力学的建模可以追溯到 20 世纪 50 年代。1951 年,Asch 首次研究了群体压力对社会动态的影响[123]。1974 年,DeGroot 建立了 DeGroot 模型[124],目前已成为最广为人知的意见动力学模型之一。意见动力学模型在发展中可按照意见的表达方式分为离散意见动力学模型及连续意见动力学模型。离散意见动力学模型包括投票模型[125]、阈值模型[126]和 Sznajd 模型[127]等,在离散意见动力学模型中,个人选择有限,例如政治候选人、产品选择或调查中的预定义答案等。连续意见动力学模型包括 DeGroot 模型、Friedkin-Johnsen 模型[128,129]、Deffuant-Weisbuch 模型[130]、Hegselmann-Krause 模型[131]以及 Baumann 模型[132]等,在连续意见动力学模型中,通常使用实值状态变量来捕获个体对意见、态度或感兴趣主题的同意程度。

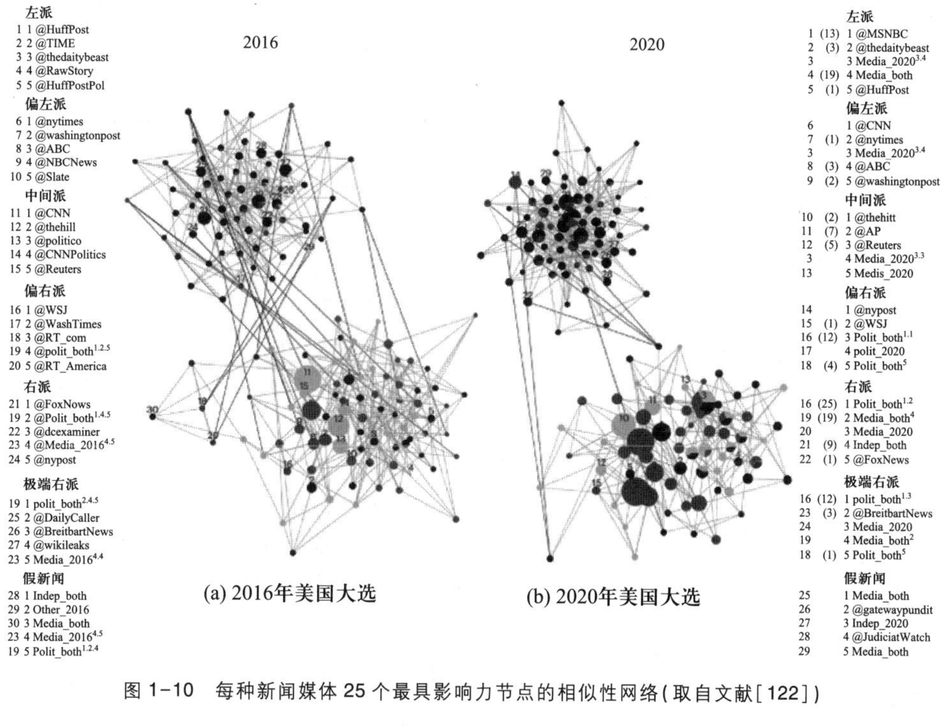

(a) 2016年美国大选　　(b) 2020年美国大选

图 1-10　每种新闻媒体 25 个最具影响力节点的相似性网络(取自文献[122])

针对网络传播动力学,有时需要对其进行促进,以扩大传播范围;有时需要对其进行抑制,以缩小传播范围。因此,当我们提到传播对抗,更多的是通过改变网络结构来达到控制传播动力学的目的。如目前关于复杂网络上流行病传播的控制策略研究主要包括基于中心性特征的控制策略(包括目标免疫[133]和熟人免疫[134]等)、基于有限信息的控制方法、基于不同网络拓扑下的控制研究以及基于前沿机器学习的控制策略等。在新冠肺炎疫情期间,研究人员通过构建真实场景的网络来研究 COVID-19 的传染性以及防控策略[135],真实网络考虑了单位、家庭等地点因素和白天、晚上等时间因素。在不同因素下网络结构及个体感染概率均有所不同。随着社交媒体以及人工智能算法的发展,回音室和观点极化现象日益增长,近年来的研究重点也转向了极化现象的形成机制、推荐算法对极化现象产生的影响以及去极化的策略研究等。Baumann 等[132]提出了一个基于活动驱动网络的极化模型,引入意见均质化、同质性聚集两种假设,探究了温和的初始条件演变为极端观点的强化机制。另外,推荐算法在塑造用户在线体验方面发挥着核心作用。一方面,它们有助于检索最符合用户需求的内容;但另一方面,它们可能会产生所谓的回音室效应,导致两极分化的加剧。Bellina 等[136]研究了协同过滤算法如何影响一组反复接触它的个体的行为,模型很好地再现了用户在音乐平台 Last. fm 上的行为,这为设计极化程度较低的推荐算法提供了可能。Currin 等[137]引入了一种随机动态引导(random dynamical nudge,RDN)机制,向每个个体提供随机选择的其他个体意见作为输入,并且无须监测每个个体的意见。结果表明,RDN 机制既能有效防止回音室的形成,又能有效消除现有回音室的极化,去极化策略就是一种典型的针对意见动力学的控制行为。

网络同步作为复杂系统中常见的一种动力学行为,也是复杂网络研究领域的重要方向之一。相关研究已在图像加密、信号处理和公共交通等领域得到了广泛应用,并得到了越来越多学者的关注和重视。同步现象的研究最早可以追溯到 1665 年,Huyghens 发现两个挂钟的钟摆经过一段时间后会逐渐趋于同步。1680 年,Kempfer 发现在湄南河顺流而下时,出现了成千上万只萤火虫同步闪烁的奇特现象。美国应用数学家 Norbert Wiener 在 *Nonlinear Problems in Random Theory*[138]一书中最早提出同步概念,并在很长的一段时间里,人们在物理、化学、生物等领域探索了很多复杂网络节点之间和不同复杂网络模型之间存在的不同类型的同步行为,如全局同步[139]、局部同步[140]、指数同步[141]、有限时间同步[142]、固定时间同步[143]及集群同步[144]等。

与传播动力学类似,复杂系统中的同步行为既可能带来危害,又可能带来好处。如大脑中神经元之间完全同步可能会导致癫痫、帕金森病等神经系统疾病;而在机器人编队控制中,机器人之间的同步协作是保证系统稳定、高效运行的基础。因此,当我们谈及对抗,其本意也是对复杂网络上的同步进行控制。关于同步控制的研究最早开始于 1990 年,Pecora 等[145]提出了有关混沌同步的概念。随后,Yang 等[146]提出了经典的驱动-响应同步控制方法。随着复杂网络领域研究的兴起,复杂网络上的同步控制也得到了广泛关注。目前,复杂网络同步控制的研究主要集中在两个方向:一是从动力学演化角度出发进行同步控制,这方面控制方法包括反馈控制[147]、自适应控制[148]、脉冲控制[149]、耦合控制[150]等;二是通过改变网络拓扑结构、设计自适应耦合强度等手段,提升网络的同步能力。

本书主要关注第二个方向。

总而言之,与网络特征和网络算法类似,网络动力学也容易受到外界干扰,相关研究的主要目的为对其进行控制和引导。本书重点关注复杂网络上的级联失效、传播动力学(包括流行病传播、意见演化和谣言传播)和网络同步 3 个子领域,探讨网络结构的扰动如何影响此类动力学行为。

参考文献

[1] Newman M E J. The structure and function of complex networks[J]. SIAM Review,2003,45(2):167-256.

[2] Quinn R A, Nothias L F, Vining O, et al. Molecular networking as a drug discovery, drug metabolism, and recision medicine strategy[J]. Trends in Pharmacological Sciences,2017,38(2):143-154.

[3] Wu Z,Liao Q,Liu B. A comprehensive review and evaluation of computational methods for identifying protein complexes from protein-protein interaction networks[J]. Briefings in Bioinformatics,2020,21(5):1531-1548.

[4] Donnet B, Friedman T. Internet topology discovery: A survey[J]. IEEE Communications Surveys & Tutorials,2007,9(4):56-69.

[5] Bardoscia M,Barucca P,Battiston S,et al. The physics of financial networks[J]. Nature Reviews Physics,2021,3(7):490-507.

[6] Guimaraes P R. The structure of ecological networks across levels of organization[J]. Annual Review of Ecology,Evolution,and Systematics,2020,51:433-460.

[7] Brin S,Page L. The anatomy of a large-scale hypertextual web search engine[J]. Computer Networks and ISDN Systems,1998,30(1):107-117.

[8] Erdős P, Rényi A. On random graphs I[J]. Publicationes Mathematicae-Debrecen,1959,6(3):290-297.

[9] Erdős P,Rényi A. On the evolution of random graphs[J]. Publ. Math. Inst. Hung. Acad. Sci,1960,5(1):17-60.

[10] Li M, Liu R R, Lü L, et al. Percolation on complex networks: Theory and application[J]. Physics Reports,2021,9(7):1-68.

[11] Watts D J,Strogatz S H. Collective dynamics of ‘small-world’ networks[J]. Nature,1998,393(6684):440-442.

[12] Barabási A L, Albert R. Emergence of scaling in random networks[J].

Science,1999,286(5439):509-512.

[13] Newman M E J, Girvan M. Finding and evaluating community structure in networks[J]. Physical Review E,2004,69(2):026113.

[14] Banerjee S, Misra A. Minimum energy paths for reliable communication in multi-hop wireless networks[C]//Proceedings of the 3rd ACM International Symposium on Mobile Ad Hoc Networking & Computing,2002:146-156.

[15] Girvan M, Newman M E J. Community structure in social and biological networks[J]. Proceedings of the National Academy of Sciences, 2002, 99(12):7821-7826.

[16] Cui P, Wang X, Pei J, et al. A survey on network embedding[J]. IEEE Transactions on Knowledge and Data Engineering,2018,31(5):833-852.

[17] LeCun Y,Bengio Y,Hinton G. Deep learning[J]. Nature,2015,521(7553):436-444.

[18] Wu Z,Pan S,Chen F,et al. A comprehensive survey on graph neural networks[J]. IEEE Transactions on Neural Networks and Learning Systems, 2020, 32(1):4-24.

[19] Zhang X, Ruan Z, Zheng M, et al. Epidemic spreading under mutually independent intra-and inter-host pathogen evolution [J]. Nature Communications,2022,13(1):6218.

[20] Rozhnova G, van Dorp C H, Bruijning-Verhagen P, et al. Model-based evaluation of school-and non-school-related measures to control the COVID-19 pandemic[J]. Nature Communications,2021,12(1):1614.

[21] Noorazar H. Recent advances in opinion propagation dynamics:A 2020 survey[J]. The European Physical Journal Plus,2020,135:1-20.

[22] Valdez L D,Shekhtman L,La Rocca C E,et al. Cascading failures in complex networks[J]. Journal of Complex Networks,2020,8(2):13.

[23] Panagopoulos G, Nikolentzos G, Vazirgiannis M. Transfer graph neural networks for pandemic forecasting[C]//Proceedings of the AAAI Conference on Artificial Intelligence,2021,35(6):4838-4845.

[24] Dong M,Zheng B,Quoc Viet Hung N,et al. Multiple rumor source detection with graph convolutional networks [C]//Proceedings of the 28th ACM International Conference on Information and Knowledge Management, 2019: 569-578.

[25] Peixoto T P. Network reconstruction and community detection from dynamics

[J]. Physical Review Letters,2019,123(12):128301.

[26] Wu J, Jiao L, Jin C, et al. Overlapping community detection via network dynamics[J]. Physical Review E,2012,85(1):016115.

[27] Freitas S, Yang D, Kumar S, et al. Graph vulnerability and robustness: A survey[J]. IEEE Transactions on Knowledge and Data Engineering, 2022, 35(6):5915-5934.

[28] Sun L,Dou Y,Yang C,et al. Adversarial attack and defense on graph data:A survey[J]. IEEE Transactions on Knowledge and Data Engineering,2022.

[29] Liu X,Li D,Ma M,et al. Network resilience[J]. Physics Reports,2022,971: 1-108.

[30] Albert R, Barabási A L. Statistical mechanics of complex networks[J]. Reviews of Modern Physics,2002,74(1):47.

[31] Chen D, Lü L, Shang M S, et al. Identifying influential nodes in complex networks[J]. Physica A: Statistical Mechanics and its Applications, 2012, 391(4):1777-1787.

[32] 池丽平. 遭袭复杂网络的修复策略与关联特征研究[D]. 武汉:华中师范大学,2006.

[33] Sserwadda A,Ozcan A,Yaslan Y. Structural and topological guided GCN for link prediction in temporal networks[J]. Journal of Ambient Intelligence and Humanized Computing,2023:1-9.

[34] Magner A, Baranwal M, Hero A O. Fundamental limits of deep graph convolutional networks for graph classification[J]. IEEE Transactions on Information Theory,2022,68(5):3218-3233.

[35] Zhang Y, Ma J, Wang Z, et al. Collective topical PageRank: A model to evaluate the topic-dependent academic impact of scientific papers[J]. Scientometrics,2018,114:1345-1372.

[36] Costa L F, Rodrigues F A, Travieso G, et al. Characterization of complex networks:A survey of measurements[J]. Advances in Physics,2007,56(1): 167-242.

[37] Oehlers M, Fabian B. Graph metrics for network robustness: A survey[J]. Mathematics,2021,9(8):895.

[38] 卢迪,赵忠文,张亰韬,等. 面向任务的空间信息网络关键节点分析模型[J]. 指挥控制与仿真,2024,46(4):1-10.

[39] 林培群,刘子豪,闫明月. 基于多元加权中心特征的高速公路网韧性研究

[J]. 重庆交通大学学报(自然科学版),2023,42(10):122-131.

[40] Cohen R, Havlin S. Complex Networks: Structure, Robustness and Function [M]. Cambridge:Cambridge University Press,2010.

[41] WannaCry[EB/OL].Wikipedia,2024-03-28[2024-05-07].

[42] 太平洋科技.Google 胜诉 SearchKing 质疑其偏向无理[EB/OL].新浪,2003-06-03[2024-05-07].

[43] 俞懋峰,张毅荣.美国“脱钩断链”威胁全球供应链安全[EB/OL].新华网,2023-05-15[2024-05-07].

[44] Chitnis R, Talmon N. Can we create large k-cores by adding few edges? [C]//International Computer Science Symposium in Russia,2018:78-89.

[45] 查蕴初. 论复杂网络在公安情报网络中的应用[J]. 网络安全技术与应用,2022(6):113-115.

[46] Burghouwt G. Airline Network Development in Europe and its Implications for Airport Planning[M]. London:Routledge,2007.

[47] Miller B A,Shafi Z,Ruml W,et al. PATHATTACK:Attacking shortest paths in complex networks[C]//Joint European Conference on Machine Learning and Knowledge Discovery in Databases,2021:532-547.

[48] Wu S,Sun F,Zhang W,et al. Graph neural networks in recommender systems: A survey[J]. ACM Computing Surveys,2022,55(5):1-37.

[49] Wu J,Yuan Q,Lin D,et al. Who are the phishers? Phishing scam detection on ethereum via network embedding[J]. IEEE Transactions on Systems, Man, and Cybernetics:Systems,2020,52(2):1156-1166.

[50] Jin C, Jin J, Zhou J, et al. Heterogeneous feature augmentation for ponzi detection in ethereum[J]. IEEE Transactions on Circuits and Systems II: Express Briefs,2022,69(9):3919-3923.

[51] Xiong J,Xiong Z,Chen K,et al. Graph neural networks for automated de novo drug design[J]. Drug Discovery Today,2021,26(6):1382-1393.

[52] 徐爽. 面向多任务的作战体系结构智能构建技术研究[D]. 南京:南京大学,2021.

[53] Sen P,Namata G,Bilgic M,et al. Collective classification in network data[J]. AI Magazine,2008,29(3):93-106.

[54] Tang J, Qu M, Wang M, et al. Line: Large-scale information network embedding[C]//Proceedings of the 24th International Conference on World Wide Web,2015:1067-1077.

[55] Subramanian A, Tamayo P, Mootha V K, et al. Gene set enrichment analysis: A knowledge-based approach for interpreting genome-wide expression profiles [J]. Proceedings of the National Academy of Sciences, 2005, 102(43): 15545-15550.

[56] Xu J, Li Y. Discovering disease-genes by topological features in human protein-protein interaction network[J]. Bioinformatics, 2006, 22: 2800-2805.

[57] Perozzi B, Al-Rfou R, Skiena S. DeepWalk: Online learning of social representations[C]//Proceedings of the 20th ACM SIGKDD International Conference on Knowledge Discovery and Data Mining, 2014: 701-710.

[58] Kipf T N, Welling M. Semi-supervised classification with graph convolutional networks[EB/OL]. arXiv: 1609.02907, 2016.

[59] Veličković P, Cucurull G, Casanova A, et al. Graph attention networks[EB/OL]. arXiv: 1710.10903, 2017.

[60] Hamilton W, Ying Z, Leskovec J. Inductive representation learning on large graphs[J]. Advances in Neural Information Processing Systems, 2017, 30: 1025-1035.

[61] Zügner D, Akbarnejad A, Günnemann S. Adversarial attacks on neural networks for graph data[C]//Proceedings of the 24th ACM SIGKDD International Conference on Knowledge Discovery & Data Mining, 2018: 2847-2856.

[62] Verma G, Sarkar M, Seth D. Visualization of online social dynamics for forensic investigation of user's behavior[C]//Proceedings of International Conference on Recent Trends in Computing, 2022: 173-186.

[63] Yu S, Zheng J, Wang Y, et al. Network embedding attack: An Euclidean distance based method[J]. MDATA: A New Knowledge Representation Model: Theory, Methods and Applications, 2021: 131-151.

[64] Dai H, Li H, Tian T, et al. Adversarial attack on graph structured data[C]//International Conference on Machine Learning, 2018: 1115-1124.

[65] Getoor L, Diehl C P. Link mining: A survey[J]. ACM SIGKDD Explorations Newsletter, 2005, 7(2): 3-12.

[66] 吕琳媛. 复杂网络链路预测[J]. 电子科技大学学报, 2010, 39(5): 651-661.

[67] Kovács I A, Luck K, Spirohn K, et al. Network-based prediction of protein interactions[J]. Nature Communications, 2019, 10(1): 1240.

[68] Huang Z, Li X, Chen H. Link prediction approach to collaborative filtering

[C]//Proceedings of the 5th ACM/IEEE-CS Joint Conference on Digital Libraries, 2005: 141-142.

[69] Zhang L, Lu J, Yue X, et al. An auxiliary optimization method for complex public transit route network based on link prediction[J]. Modern Physics Letters B, 2018, 32(5): 1850066.

[70] Lopes D D, Cunha B R, Martins A F, et al. Machine learning partners in criminal networks[J]. Scientific Reports, 2022, 12(1): 15746.

[71] Zhang M, Chen Y. Weisfeiler-lehman neural machine for link prediction [C]//Proceedings of the 23rd ACM SIGKDD International Conference on Knowledge Discovery and Data Mining, 2017: 575-583.

[72] Guimerà R, Sales-Pardo M. Missing and spurious interactions and the reconstruction of complex networks[J]. Proceedings of the National Academy of Sciences, 2009, 106(52): 22073-22078.

[73] Clauset A, Moore C, Newman M E J. Hierarchical structure and the prediction of missing links in networks[J]. Nature, 2008, 453(7191): 98-101.

[74] Pan L, Zhou T, Lü L, et al. Predicting missing links and identifying spurious links via likelihood analysis[J]. Scientific Reports, 2016, 6(1): 22955.

[75] Menon A K, Elkan C. Link prediction via matrix factorization[C]//Machine Learning and Knowledge Discovery in Databases: European Conference, 2011: 437-452.

[76] Wang W, Cai F, Jiao P, et al. A perturbation-based framework for link prediction via non-negative matrix factorization[J]. Scientific Reports, 2016, 6(1): 38938.

[77] Pech R, Hao D, Pan L, et al. Link prediction via matrix completion[J]. Europhysics Letters, 2017, 117(3): 38002.

[78] Wang Z, Liang J, Li R. A fusion probability matrix factorization framework for link prediction[J]. Knowledge-Based Systems, 2018, 159: 72-85.

[79] Wang W, Feng Y, Jiao P, et al. Kernel framework based on non-negative matrix factorization for networks reconstruction and link prediction[J]. Knowledge-Based Systems, 2017, 137: 104-114.

[80] Zhang M, Chen Y. Link prediction based on graph neural networks[J]. Advances in Neural Information Processing Systems, 2018, 31.

[81] Harada S, Akita H, Tsubaki M, et al. Dual convolutional neural network for graph of graphs link prediction[EB/OL]. arXiv: 1810.02080, 2018.

[82] Li T, Zhang J, Philip S Y, et al. Deep dynamic network embedding for link prediction[J]. IEEE Access, 2018, 6:29219-29230.

[83] Lü L, Pan L, Zhou T, et al. Toward link predictability of complex networks [J]. Proceedings of the National Academy of Sciences, 2015, 112(8): 2325-2330.

[84] Yu, S, Zhao, M, Fu, C, et al. Target defense against link-prediction-based attacks via evolutionary perturbations[J]. IEEE Transactions on Knowledge and Data Engineering, 2019, 33(2):754-767.

[85] Zhou K, Michalak T P, Rahwan T, et al. Attacking similarity-based link prediction in social networks[EB/OL]. arXiv:1809. 08368, 2018.

[86] Trappolini G, Maiorca V, Severino S, et al. Sparse vicious attacks on graph neural networks[J]. IEEE Transactions on Artificial Intelligence, 2023.

[87] Chen J, Zhang J, Chen Z, et al. Time-aware gradient attack on dynamic network link prediction[J]. IEEE Transactions on Knowledge and Data Engineering, 2021, 35(2):2091-2102.

[88] Smalter A, Huan J, Lushington G. Graph wavelet alignment kernels for drug virtual screening[J]. Journal of Bioinformatics and Computational Biology, 2009, 7(3):473-497.

[89] Mahé P, Vert J P. Graph kernels based on tree patterns for molecules[J]. Machine Learning, 2009, 75(1):3-35.

[90] Borgwardt K M, Kriegel H P, Vishwanathan S V N, et al. Graph kernels for disease outcome prediction from protein-protein interaction networks[J]. Biocomputing, 2007:4-15.

[91] Fout A, Byrd J, Shariat B, et al. Protein interface prediction using graph convolutional networks[J]. Advances in Neural Information Processing Systems, 2017, 30.

[92] Borgwardt K M, Kriegel H P. Shortest-path kernels on graphs[C]//Fifth IEEE International Conference on Data Mining, 2005:8.

[93] Shervashidze N, Vishwanathan S V N, Petri T, et al. Efficient graphlet kernels for large graph comparison[C]//Artificial Intelligence and Statistics, 2009: 488-495.

[94] Shervashidze N, Schweitzer P, van Leeuwen E J, et al. Weisfeiler-Lehman graph kernels[J]. Journal of Machine Learning Research, 2011, 12:2539-2561.

[95] Ma Y, Wang S, Aggarwal C C, et al. Graph convolutional networks with

eigenpooling [C]//Proceedings of the 25th ACM SIGKDD International Conference on Knowledge Discovery & Data Mining,2019:723-731.

[96] Ying R,You J,Morris C,et al. Hierarchical graph representation learning with differentiable pooling [J]. Advances in Neural Information Processing Systems,2018,31:4805-4815.

[97] Khasahmadi A H,Hassani K,Moradi P,et al. Memory-based graph networks [EB/OL]. arXiv:2002. 09518,2020

[98] Lee J, Lee I, Kang J. Self-attention graph pooling [C]//International Conference on Machine Learning. 2019:3734-3743.

[99] Wang Y, Wang J, Cao Z, et al. Molecular contrastive learning of representations via graph neural networks[J]. Nature Machine Intelligence, 2022,4(3):279-287.

[100] Wang X, Chang H, Xie B, et al. Revisiting adversarial attacks on graph neural networks for graph classification[J]. IEEE Transactions on Knowledge and Data Engineering,2023,36(5):2166-2178.

[101] Tang H, Ma G, Chen Y, et al. Adversarial attack on hierarchical graph pooling neural networks[EB/OL]. arXiv:2005. 11560,2020.

[102] Chen J,Zhang D,Ming Z,et al. GraphAttacker: A general multi-task graph attack framework [J]. IEEE Transactions on Network Science and Engineering,2021,9(2):577-595.

[103] Ma Y,Wang S,Derr T,et al. Graph adversarial attack via rewiring[C]// Proceedings of the 27th ACM SIGKDD Conference on Knowledge Discovery & Data Mining,2021:1161-1169.

[104] Xi Z, Pang R, Ji S, et al. Graph backdoor [C]//30th USENIX Security Symposium,2021:1523-1540.

[105] Chen Z,Li P,Liu H,et al. Characterizing the influence of graph elements [C]//International Conference of Learning Representation,2023.

[106] Guo H, Zheng C, Iu H H C, et al. A critical review of cascading failure analysis and modeling of power system [J]. Renewable and Sustainable Energy Reviews,2017,80:9-22.

[107] Dobson A, Ricci C, Boucekkine R, et al. Balancing economic and epidemiological interventions in the early stages of pathogen emergence[J]. Science Advances,2023,9(21):61-69.

[108] Guess A M,Malhotra N,Pan J,et al. How do social media feed algorithms

affect attitudes and behavior in an election campaign? [J]. Science, 2023, 381(6656):398-404.

[109] Saberi M, Hamedmoghadam H, Ashfaq M, et al. A simple contagion process describes spreading of traffic jams in urban networks [J]. Nature Communications, 2020, 11(1):1616.

[110] Motter A E, Lai Y C. Cascade-based attacks on complex networks [J]. Physical Review E, 2002, 66(6):065102.

[111] Moreno Y, Pastor-Satorras R, Vázquez A, et al. Critical load and congestion instabilities in scale-free networks [J]. Europhysics Letters, 2003, 62(2):292.

[112] Wang W X, Chen G. Universal robustness characteristic of weighted networks against cascading failure[J]. Physical Review E, 2008, 77(2):026101.

[113] 段东立,吴俊,邓宏钟,等. 基于可调负载重分配的复杂网络级联失效模型[J]. 系统工程理论与实践,2013,33(1):203-208.

[114] Buldyrev S V, Parshani R, Paul G, et al. Catastrophic cascade of failures in interdependent networks[J]. Nature, 2010, 464(7291):1025-1028.

[115] Buldyrev S V, Shere N W, Cwilich G A. Interdependent networks with identical degrees of mutually dependent nodes[J]. Physical Review E, 2011, 83(1):016112.

[116] Parshani R, Buldyrev S V, Havlin S. Interdependent networks: Reducing the coupling strength leads to a change from a first to second order percolation transition[J]. Physical Review Letters, 2010, 105(4):048701.

[117] Gao J, Buldyrev S V, Havlin S, et al. Robustness of a network of networks [J]. Physical Review Letters, 2011, 107(19):195701.

[118] Anderson R M, May R M. Infectious Diseases of Humans: Dynamics and Control[M]. Oxford: Oxford University Press, 1991.

[119] Kermack W O, McKendrick A G. A contribution to the mathematical theory of epidemics [J]. Proceedings of the Royal Society of London. Series A, Containing Papers of a Mathematical and Physical Character, 1927, 115(772): 700-721.

[120] Hassani H, Razavi-Far R, Saif M, et al. Classical dynamic consensus and opinion dynamics models: A survey of recent trends and methodologies[J]. Information Fusion, 2022, 88:22-40.

[121] Noorazar H. Recent advances in opinion propagation dynamics: A 2020

survey[J]. The European Physical Journal Plus,2020,135:1-20.

[122] Flamino J,Galeazzi A,Feldman S,et al. Political polarization of news media and influencers on Twitter in the 2016 and 2020 US presidential elections [J]. Nature Human Behaviour,2023:1-13.

[123] Asch S E. Effects of group pressure upon the modification and distortion of judgments[M]//Allen R W,Porter L W,Angle H L,et al. Organizational Influence Processes. London:Routledge,2016:295-303.

[124] DeGroot M H. Reaching a consensus[J]. Journal of the American Statistical Association,1974:118-121.

[125] Redner S. Reality-inspired voter models:A mini-review[J]. Comptes Rendus Physique,2019,20(4):275-292.

[126] Ruan Z,Iniguez G,Karsai M,et al. Kinetics of social contagion[J]. Physical Review Letters,2015,115(21):218702.

[127] Sznajd-Weron K, Sznajd J. Opinion evolution in closed community[J]. International Journal of Modern Physics C,2000,11(6):1157-1165.

[128] Friedkin N E,Johnsen E C. Social influence and opinions[J]. The Journal of Mathematical Sociology,1990,15(3):193-206.

[129] Friedkin N E,Johnsen E C. Social influence networks and opinion change [J]. Advances in Group Process,1999,16:1-29.

[130] Deffuant G, Neau D, Amblard F, et al. Mixing beliefs among interacting agents[J]. Advances in Complex Systems,2000,3(1):87-98.

[131] Hegselmann R, Krause U. Opinion dynamics and bounded confidence models,analysis and simulation[J]. Journal of Artificial Societies and Social Simulation,2002,5(3):26-58.

[132] Baumann F,Lorenz-Spreen P,Sokolov I M,et al. Modeling echo chambers and polarization dynamics in social networks[J]. Physical Review Letters, 2020,124(4):048301.

[133] Pastor-Satorras R, Vespignani A. Immunization of complex networks[J]. Physical Review E,2002,65(3):036104.

[134] Cohen R, Havlin S, Ben-Avraham D. Efficient immunization strategies for computer networks and populations[J]. Physical Review Letters, 2003, 91(24):247901.

[135] Meidan D, Schulmann N, Cohen R, et al. Alternating quarantine for sustainable epidemic mitigation[J]. Nature Communications, 2021,

12(1):220.

[136] Bellina A,Castellano C,Pineau P,et al. The effect of collaborative-filtering based recommendation algorithms on opinion polarization[EB/OL]. arXiv:2303. 13270,2023.

[137] Currin C B,Vera S V,Khaledi-Nasab A. Depolarization of echo chambers by random dynamical nudge[J]. Scientific Reports,2022,12(1):9234.

[138] Wiener N. Nonlinear Problems in Random Theory[M]. Cambridge: MIT Press,1966.

[139] Li Z,Chen G. Global synchronization and asymptotic stability of complex dynamical networks[J]. IEEE Transactions on Circuits and Systems II: Express Briefs,2006,53(1):28-33.

[140] Ao B,Zheng Z. Partial synchronization on complex networks[J]. Europhysics Letters,2006,74(2):229.

[141] Liu Y,Guo B Z,Park J H,et al. Nonfragile exponential synchronization of delayed complex dynamical networks with memory sampled-data control[J]. IEEE Transactions on Neural Networks and Learning Systems,2016,29(1):118-128.

[142] Zhang W,Yang X,Xu C,et al. Finite-time synchronization of discontinuous neural networks with delays and mismatched parameters[J]. IEEE Transactions on Neural Networks and Learning Systems, 2017, 29(8):3761-3771.

[143] Yang X,Lam J,Ho D W C,et al. Fixed-time synchronization of complex networks with impulsive effects via nonchattering control[J]. IEEE Transactions on Automatic Control,2017,62(11):5511-5521.

[144] Tong L, Liang J, Liu Y. Generalized cluster synchronization of Boolean control networks with delays in both the states and the inputs[J]. Journal of the Franklin Institute,2022,359(1):206-223.

[145] Pecora L M,Carroll T L. Synchronization in chaotic systems[J]. Physical Review Letters,1990,64(8):821.

[146] Yang L,Jiang J. Synchronization analysis of fractional order drive-response networks with in-commensurate orders[J]. Chaos,Solitons & Fractals,2018,109:47-52.

[147] Wan Y,Cao J,Wen G. Quantized synchronization of chaotic neural networks with scheduled output feedback control[J]. IEEE Transactions on Neural

Networks and Learning Systems,2016,28(11):2638–2647.

[148] Li X J, Yang G H. FLS-based adaptive synchronization control of complex dynamical networks with nonlinear couplings and state-dependent uncertainties [J]. IEEE Transactions on Cybernetics,2015,46(1):171–180.

[149] Chen W H, Luo S, Zheng W X. Impulsive synchronization of reaction-diffusion neural networks with mixed delays and its application to image encryption [J]. IEEE Transactions on Neural Networks and Learning Systems,2016,27(12):2696–2710.

[150] Han M, Zhang M, Qiu T, et al. UCFTS: A unilateral coupling finite-time synchronization scheme for complex networks [J]. IEEE Transactions on Neural Networks and Learning Systems,2018,30(1):255–268.

第 2 章　面向网络微观特征的攻击

在复杂网络研究中,网络微观特征为研究人员提供了深入理解网络内部结构和动态过程的工具。通过对这些特征进行分析,可以更全面地了解网络的特性,为解决实际问题和优化网络性能提供帮助。然而,网络微观特征也会受到对抗攻击的影响。网络微观特征对抗攻击的目的是对给定网络的微观特征,设计优化或者启发式的方法来微调网络局部结构,使得网络微观特征发生显著变化。这种针对微观特征的对抗攻击可以应用于很多现实场景。例如,在交通网络中,通过控制交通信号灯,引导车辆行驶在特定的路线,从而达到对车流量的实时调控[1];在社交网络中,社交个体可以通过和他人建立连接或删除连接的方式改变自身重要性指标的数值或排名,进而规避被恶意的社交网络挖掘算法发现的风险[2],达到隐私保护的目的。类似地,如果一些社交个体不希望彼此的关系被推荐系统或挖掘算法发现,也可以通过特定的策略构建其在社交网络中的连接关系,从而隐藏和特定社交个体之间的关系。对网络微观特征对抗攻击的研究还有助于找到不同网络微观特征的设计缺陷,为后续设计更鲁棒的微观特征指标提供借鉴。因此,针对网络微观特征对抗攻击的研究越来越重要。目前,研究人员已经提出了许多针对不同网络微观特征的对抗攻击方法。本章将简要介绍网络微观特征及其对抗攻击的基本概念,并具体分析几个典型的网络微观特征对抗攻击,如中心性攻击、最短路径攻击和节点相似性攻击等。

2.1　网络微观特征攻击的基本概念

2.1.1　网络微观特征的定义

通常而言,网络微观特征是利用网络拓扑结构,对单个节点或单条边的性质进行定量描述的一系列指标。本书对网络微观特征定义如下:即利用网络拓扑结构,对单个或两个节点的性质进行定量描述的特征。网络微观特征关注的是网络中的最小结构——节点或节点对的性质。如衡量节点重要性的指标(接近中心性和介数中心性等)、节点对的最短路径或节点对的相似性等。

在网络的实际应用中,微观特征有助于研究和分析节点或边在网络中的作用和重要性。例如,在互联网中,搜索引擎根据不同网页之间的连接关系计算网页的 PageRank 指标[3],从而更好地衡量网页的重要程度,这在网页排名和网页推荐中起到决定性作用;在网络数据传输中,数据包在路由网络中的传递就是寻找最短路径[4]的过程;在传播和影响力分析中,最短路径可以衡量节点之间信息传播的速度和传播路径,帮助分析信息传播和影响力扩散的过程和机制;在链路预测中,节点对的相似性可以表示节点对存在边的可能性[5]等。

2.1.2　网络微观特征攻击的问题描述

网络微观特征攻击是指攻击者通过操纵网络结构使得网络的微观特征指标最大化或最小化的过程。攻击者可以获取网络的结构信息,同时为了尽可能隐蔽,通常操纵节点或边有一定的限制,如增加边的数目不超过某个值。攻击者操纵网络结构的方式通常包括增删节点、增删边或重连边等。微观特征攻击的数学描述如下所示:

$$\max_{|\Delta|\leq k}/\min_{|\Delta|\leq k} \psi \tag{2-1}$$

式中,ψ 表示网络的微观特征或网络微观特征的值,Δ 表示攻击的次数,k 表示攻击次数的上限,如当攻击手段为增边操作时,k 表示允许增加边数的预算。

网络微观特征攻击有很多现实中的应用场景。在信息传播中,通常使用接近中心性来评估一个节点的传播效率,可以通过此类攻击来提高一组节点的接近中心性，从而有效提高整个网络的信息传播效率[6]。在谷歌搜索的网页排名中，攻击者利用女巫攻击[7]提升搜索引擎中基于 PageRank 指标的特定网页排名。SearchKings 是美国俄克拉何马州的一个提供网页检索和网络广告服务的企业，其在互联网上增加指向 SearchKings 或其合作伙伴的链接，以提高其在搜索引擎中的排名[8]。在航空网络中，机场的效率与介数中心性正相关[9]，增加有限次航班最大化机场的介数中心性可以有效地提高机场的效率。随着实时交通导航软件的广泛应用，导航系统会引导车辆行驶在当前路况最优的路线上。而随着自动驾驶技术的发展，集中控制多辆汽车成为可能，这就产生了基于替代路线的攻击。通过攻击导航系统，可以实现阻塞目标车辆会经过的最短路径或增加其流量，迫使导航软件不会选择这条路径转而选择攻击者期望的特定路径作为最短路径，如收费路段等[10]。在社交网络中，推荐系统通过节点相似性判断未直接相连的用户是否相识，一些用户不希望推荐系统识别彼此的关系，就可以使用针对节点相似性的对抗攻击方法，降低他们的相似性，从而实现隐匿特定关系的目的[11]。

对网络微观特征攻击的研究有两个方面的意义。一方面，**结构理解**。对网络微观特征的攻击可以揭示微观特征的本质和局限性，并有助于研究这些微观特征在网络中的作用，探究网络微观特征的鲁棒性，了解微观特征对网络整体结构和运作机制的影响程度，为后续设计更加鲁棒和全面的微观特征指标提供思路。另一方面，**隐私保护**。随着网络数据挖掘算法的广泛应用，某些特定个体的特定微观特征指标将成为非常重要的隐私信息，可以利用此类攻击方法在一定程度上实现微观特征信息的隐匿。

网络中的微观特征有很多，这些微观特征是后续章节相关概念的基础，如节点中心性广泛应用于识别关键节点，节点相似性是链路预测算法的基础等。本章重点关注的网络微观特征，包括接近中心性、介数中心性、信息中心性、PageRank 指标、最短路径和节点相似性等。针对这些特征，通常会建立对抗攻击的目标函数，并根据特征的性质和目标函数设计算法实现攻击。如针对接近中心性攻击和介数中心性攻击，先证明相应目标函数是单调和次模的，因此采用贪婪算法能够实现较优的攻击效果；最短路径攻击的目标函数是 NP 完全的，因此可以采用启发式算法实现攻击。本章介绍了针对不同网络微观特征的攻击方法，在不同的数据集上实施微观特征攻击，并给出攻击结果和分析，帮助读者较为全面地了解网络微观特征攻击的相关概念。

2.2　中心性攻击

网络中心性特征是用于衡量网络中节点重要性的一组特征，有助于理解节点在网络中的影响力、传播能力以及与其他节点的连接关系。下面将介绍一些流行的中心性特征指标。

(1) 接近中心性[12](closeness centrality)

接近中心性衡量节点与其他节点之间的距离，是判断节点在整个网络中是否处于关键位置的指标。节点的接近中心性越高，表示它与其他节点之间的平均距离越短，具有更大的影响力和传播能力。接近中心性可以通过节点到其他节点的平均最短路径长度来计算。节点 v 的接近中心性定义如下：

$$c_v = \sum_{u \in V \setminus \{v\}, d_{uv} < \infty} \frac{1}{d_{uv}} \tag{2-2}$$

式中，V 表示节点的集合；给定两个节点 u 和 v，d_{uv} 表示图 G 中从 u 到 v 的距离，对于无权网络即为从 u 到 v 的最短路径上的边数(如果没有从 u 到 v 的路径，则 $d_{uv} = \infty$)。

(2) 介数中心性[13](betweenness centrality)

介数中心性衡量节点在网络中作为桥梁或关键路径的能力。节点的介数中心性越高，表示其在节点之间信息传递中起到的中介作用越重要。介数中心性可以通过计算节点在最短路径中作为中介节点出现的频率来衡量。对于每个节点 v，v 的介数中心性定义为

$$b_v = \sum_{\substack{s,t \in V \\ s \neq t; s,t \neq v; \sigma_{st} \neq 0}} \frac{\sigma_{stv}}{\sigma_{st}} \tag{2-3}$$

式中，给定两个节点 s 和 t，σ_{st} 表示 s 到 t 的最短路径数，σ_{stv} 表示 s 到 t 的最短路径中包含节点 v 的数量。

(3) 信息中心性[13](information centrality)

信息中心性衡量节点在信息传播过程中的重要性。它关注的是节点在网络中接收和传递信息的能力和效率。信息中心性基于节点在网络中的位置和其对信息传播的贡献来评估节点的重要性，考虑了节点之间所有可能的路径。节点 v 的信息中心性定义如下：

$$I_v = \frac{n}{\sum_{u \in V} 1/I_{uv}} \tag{2-4}$$

式中，节点 u 和节点 v 之间传输的信息 I_{uv} 定义为

$$I_{uv}=\frac{1}{\boldsymbol{B}^{-1}(u,u)+\boldsymbol{B}^{-1}(v,v)-2\boldsymbol{B}^{-1}(u,v)} \tag{2-5}$$

式中，$\boldsymbol{B}=\boldsymbol{L}+\boldsymbol{J}$，$\boldsymbol{L}=\boldsymbol{D}-\boldsymbol{A}$，$\boldsymbol{L}$ 表示图的拉普拉斯矩阵，$\boldsymbol{J}$ 表示元素全为 1 的矩阵，$\boldsymbol{A}$ 表示图的邻接矩阵，$\boldsymbol{D}$ 表示图的度对角矩阵。因此，节点 v 的信息中心性 I_v 是对所有节点 u 上 I_{uv} 的调和均值[14]。信息中心性的等价定义如下[15]：

$$I_v=\frac{n}{R_v} \tag{2-6}$$

式中，R_v 表示阻力距离，可以用来衡量节点 v 向其他节点传递信息的效率，其表达式如下：

$$R_v=\mathrm{Tr}(\boldsymbol{L}_v^{-1}) \tag{2-7}$$

式中，$\boldsymbol{L}_v$ 表示拉普拉斯矩阵 $\boldsymbol{L}$ 的子矩阵，通过删除 $\boldsymbol{L}$ 中节点 v 对应的行和列得到。对于连通图 G，$\boldsymbol{L}_v$ 对于任何节点 v 都是可逆的。

（4）PageRank 指标[3]

PageRank 指标最初作为互联网网页重要性的评价指标，应用于谷歌搜索中的网页排序。PageRank 算法的基本思路是在有向图上定义一个随机游走模型，即一阶马尔可夫链。在游走时间无限大的情况下，每个节点游走的概率趋于收敛，这时各个节点的收敛值就是其 PageRank 指标。PageRank 指标考虑了节点的边数和相连节点的重要性。节点的 PageRank 指标越高，表示其在网络中越重要。PageRank 算法使用迭代方法计算节点的 PageRank 指标。对于简单有向图 $G=(V,E)$，V 表示节点集，E 表示边集，$N=|V|$ 表示节点数，$out(i)$ 表示节点 i 的出度。图 G 的转移矩阵表示为 $\boldsymbol{M}=[M_{ij}]_{1\leqslant i,j\leqslant N}$，其中

$$M_{ij}=\begin{cases}\dfrac{1}{out(j)}, & (i,j)\in E\\ 0, & \text{其他}\end{cases} \tag{2-8}$$

有向图上随机游走模型的状态转移矩阵设为 $\boldsymbol{M}$，从一个节点到其连接的所有节点的转移概率相等。节点以 $1-c$ 的概率随机跳转到任意节点。此时，转移矩阵可以表示为 $\overline{\boldsymbol{M}}=c\boldsymbol{M}+\dfrac{1-c}{n}\boldsymbol{I}$，其中 $\boldsymbol{I}$ 为单位矩阵。节点的 PageRank 指标定义如下：

$$\boldsymbol{R}=\left(c\boldsymbol{M}+\frac{1-c}{n}\boldsymbol{I}\right)\boldsymbol{R}=c\boldsymbol{M}\boldsymbol{R}+\frac{1-c}{n}\mathbf{1} \tag{2-9}$$

式中，$\mathbf{1}$ 表示元素全为 1 的 n 维向量。

2.2.1 接近中心性攻击

针对接近中心性的攻击定义为攻击者向简单无向图或有向图中添加一组不

属于 E 的边集 S，使目标节点 v 的接近中心性最大化[16]，使用 $G(S)$ 表示添加集合 S 中所有边后的图，即 $G(S)=(V,E\cup S)$。$x(\cdot)$ 表示某种特征的计算，$x(S)$ 表示图 G 在添加集合 S 中的边后计算的特征，如 $G(S)$ 中计算节点 v 的接近中心性表示为 $c_v(S)$。

一个节点的接近中心性显然取决于图的结构，如果向图中添加一组边集 S，那么图中节点的中心性可能就会改变。通常添加与某个节点 v 相关的边只能增加节点 v 的接近中心性，接近中心性攻击的目标是寻找一组特定的边集 S，从而最大化目标节点 v 的接近中心性。因此，将接近中心性的攻击定义为最大化接近中心性（maximum closeness improvement，MCI）。

对于每个节点 v，函数 c_v 对于 MCI 的任何可行解都是单调且次模的。

证明：先证明 c_v 是单调增加的，可以观察到对于 MCI 的每一个解 S，每个 $(u,v)\notin E\cup S$ 的节点 u，每个 $s\in V\setminus\{v\}$ 且 $d_{sv}(S\cup\{(u,v)\})\neq\infty$ 的节点 s，有 $d_{sv}(S\cup\{(u,v)\})\leqslant d_{sv}(S)$，因此 $\dfrac{1}{d_{sv}(S\cup\{(u,v)\})}\geqslant\dfrac{1}{d_{sv}(S)}$，即 c_v 是单调增加的。

若 c_v 是次模的，则对于 MCI 的每一对 $S\subseteq T$ 的解 S 和 T，每个 $(u,v)\notin T\cup E$ 的节点 u，需证明 $c_v(S\cup\{(u,v)\})-c_v(S)\geqslant c_v(T\cup\{(u,v)\})-c_v(T)$。为了简化符号，对于任意 MCI 的解 X，若 $d_{st}(X)=\infty$ 则设 $\dfrac{1}{d_{st}(X)}=0$。要证明 c_v 的每一项都是次模的，也就是说对于 $s\in V\setminus\{v\}$ 且 $d_{sv}(T\cup\{(u,v)\})\neq\infty$ 的节点 s，需满足下列不等式：

$$\frac{1}{d_{sv}(S\cup\{(u,v)\})}-\frac{1}{d_{sv}(S)}\geqslant\frac{1}{d_{sv}(T\cup\{(u,v)\})}-\frac{1}{d_{sv}(T)} \tag{2-10}$$

考虑在 $G(T\cup\{(u,v)\})$ 中从节点 s 到节点 v 的最短路径，可能会出现如下两种情况：

(1) 在 $G(T\cup\{(u,v)\})$ 中从节点 s 到节点 v 的最短路径的最后一条边是 (u,v) 或属于 $S\cup E$。这种情况下，因为它不属于 $T\setminus S$，所以这样的路径在 $G(S\cup\{(u,v)\})$ 中也是最短路径。即 $d_{sv}(S\cup\{(u,v)\})=d_{sv}(T\cup\{(u,v)\})$，$\dfrac{1}{d_{sv}(S\cup\{(u,v)\})}=\dfrac{1}{d_{sv}(T\cup\{(u,v)\})}$，又因为 $d_{sv}(S)\geqslant d_{sv}(T)$，因此 $-\dfrac{1}{d_{sv}(S)}\geqslant-\dfrac{1}{d_{sv}(T)}$。

(2) 在 $G(T\cup\{(u,v)\})$ 中从节点 s 到节点 v 的最短路径的最后一条边属于 $T\setminus S$。这种情况下，$d_{sv}(T)=d_{sv}(T\cup\{(u,v)\})$，即 $\dfrac{1}{d_{sv}(T\cup\{(u,v)\})}-\dfrac{1}{d_{sv}(T)}=0$。

因为$\frac{1}{d_{sv}(S)}$是单调增加的，所以$\frac{1}{d_{sv}(S\cup\{(u,v)\})}-\frac{1}{d_{sv}(S)}\geqslant 0$。

这两种情况满足不等式(2-10)，因此 c_v 是次模的。求解 MCI 的过程就转化为一个次模优化的过程，因此可以使用贪婪算法近似求解接近中心性攻击问题，且贪婪算法是 MCI 问题的$\left(1-\frac{1}{\mathrm{e}}\right)$近似解[17]。值得注意的是，在实际应用中贪婪算法的近似效果通常优于其理论值。

对接近中心性的贪婪攻击可以描述为在预算 k 内，每一次添加与目标节点 v 相连的边时，计算每种可能的添加方式对目标节点 v 的接近中心性提升的数值，添加使目标节点接近中心性增加最大的边，重复操作直到添加 k 条边。如图 2-1 所示，当 $k=2$ 时，经过两次贪婪攻击，分别向图中添加了边(v,u_1)和(v,u_2)，使得

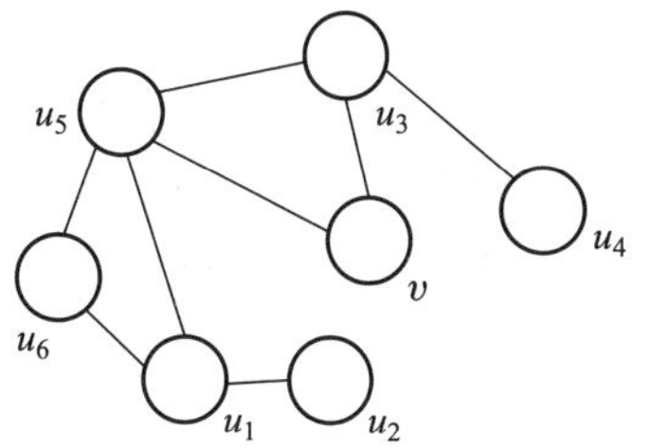

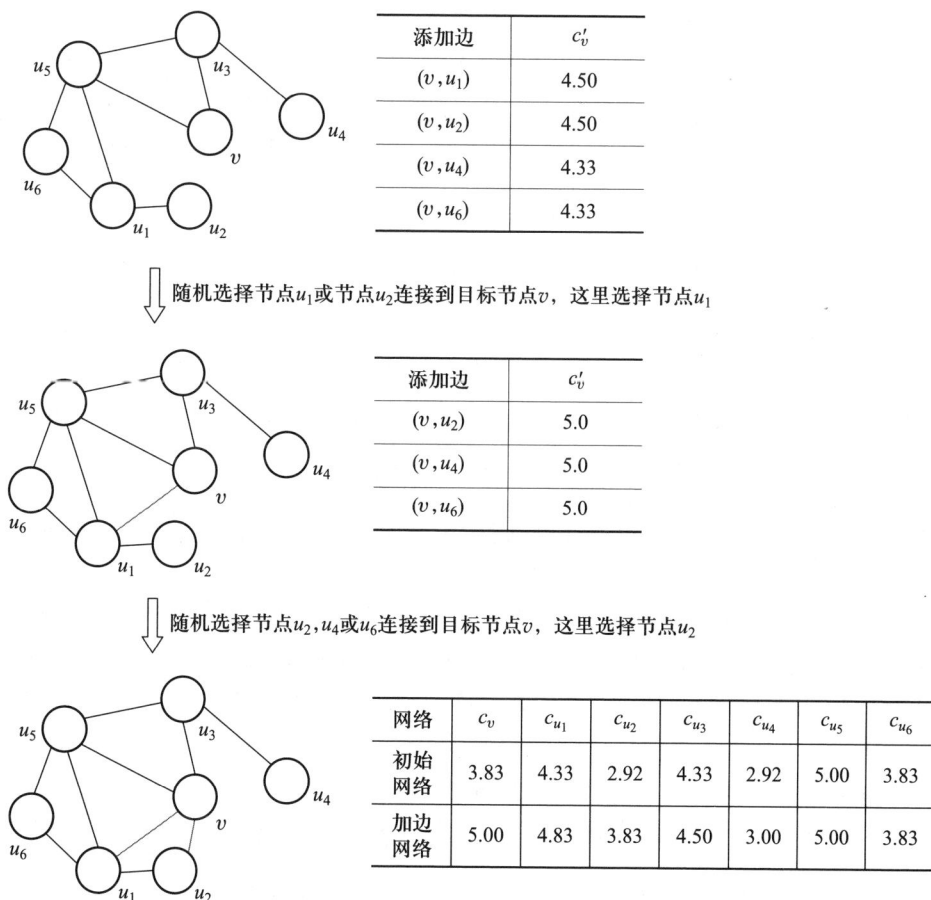

添加边	c_v'
(v,u_1)	4.50
(v,u_2)	4.50
(v,u_4)	4.33
(v,u_6)	4.33

随机选择节点u_1或节点u_2连接到目标节点v，这里选择节点u_1

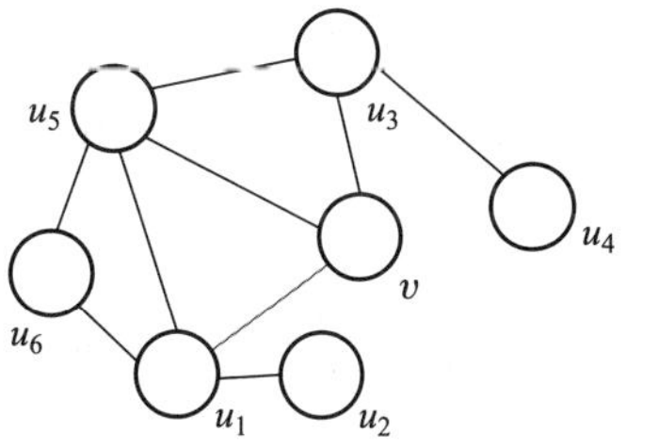

添加边	c_v'
(v,u_2)	5.0
(v,u_4)	5.0
(v,u_6)	5.0

随机选择节点u_2，u_4或u_6连接到目标节点v，这里选择节点u_2

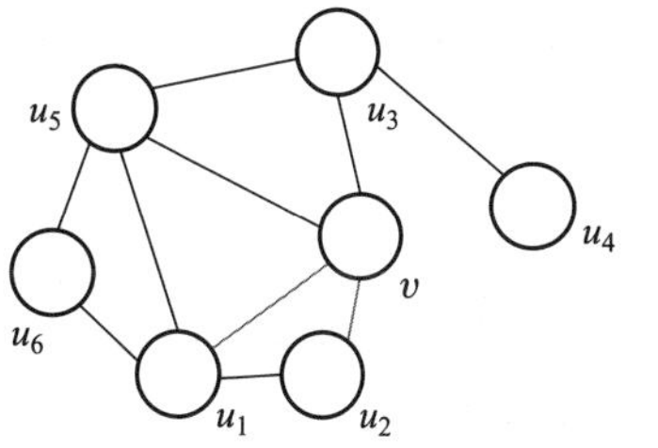

网络	c_v	c_{u_1}	c_{u_2}	c_{u_3}	c_{u_4}	c_{u_5}	c_{u_6}
初始网络	3.83	4.33	2.92	4.33	2.92	5.00	3.83
加边网络	5.00	4.83	3.83	4.50	3.00	5.00	3.83

图 2-1　贪婪攻击提高目标节点 v 的接近中心性

目标节点 v 的接近中心性从 3.83 提升到了 5.00。通过枚举所有可能的边添加组合，很容易证明 5.00 就是目标节点 v 能提升的最大值。贪婪接近中心性攻击可以用算法 2-1 所示伪代码表示。

算法 2-1　贪婪接近中心性攻击

输入：无向图 $G=(V,E)$，节点 $v\in V$，整数 k

输出：边集 $S\subseteq\{(u,v)\mid v\in V\backslash N_u\}$ 且 $|S|\leqslant k$

$S\leftarrow\varnothing$
for $i=1,2,\cdots,k$ do
    for each $u\in V\backslash N_v(S)$ do
        计算 $c_v(S\cup(u,v))$
    end
    $u_{\max}\leftarrow\operatorname{argmax}\{c_v(S\cup(u,v))\mid u\in V\backslash N_v(S)\}$
    $S\leftarrow S\cup(u_{\max},v)$
    $G\leftarrow G\{V,E\cup(u_{\max},v)\}$
end
return S

2.2.2　介数中心性攻击

介数中心性也是衡量复杂网络中节点重要性的一个指标。下文对介数中心性攻击的讨论针对的是简单有向网络，攻击者可以向图中添加有限条指向目标节点的边，最大化目标节点的介数中心性。

节点的介数中心性显然也取决于图的结构，在预算 k 下，尽可能增加目标节点 v 的介数中心性就是向图中添加一组与节点 v 相连的边集 S，其中 $S\subseteq\{(u,v)\mid u\in V\backslash N_v\}$，且 $|S|\leqslant k$。寻找出一组特定的边集 S，最大化目标节点 v 的介数中心性可以定义为最大化介数中心性（maximum betweenness improvement，MBI）。

对于每个节点 v，函数 b_v 对于 MBI 的任何可行解都是单调且次模的。

证明：对于 MBI 的任意解集 X，每个节点对 $(s,t)\in V,s\neq t$ 且 $s,t\neq v$，$b_{stv}(X)=\dfrac{\sigma_{stv}(X)}{\sigma_{st}(X)}$。下面给出将用于证明的两个观察结果。设 X,Y 是 MBI 的两个解，且$X\subseteq Y$。

(1) 在 $G(X)$ 中，从节点 s 到 t 的任何最短路径都存在于 $G(Y)$ 中。因此

$d_{st}(Y) \leqslant d_{st}(X)$。

(2) 如果 $d_{st}(Y)<d_{st}(X)$,则 $G(Y)$ 中从节点 s 到 t 的任何最短路径都通过 $Y \backslash X$ 中的边。因此,所有这些路径都通过节点 v。由此可见,如果 $d_{st}(Y)<d_{st}(X)$,则 $b_{stv}(Y)=1$。

首先证明 b_v 是单调递增的,即对于 MBI 中的每个解 S,对于每个满足 $(u,v)<S \cup E$ 的节点 u,有

$$b_{stv}(S \cup \{(u,v)\}) \geqslant b_{stv}(S) \tag{2-11}$$

如果 $d_{st}(S \cup \{(u,v)\})<d_{st}(S)$,则 $b_{stv}(S \cup \{(u,v)\})=1$,并且根据定义 $b_{stv}(S) \leqslant 1$,不等式成立;如果 $d_{st}(S \cup \{(u,v)\})=d_{st}(S)$,则一种情况是 (u,v) 不属于从节点 s 到 t 的任何最短路径,即 $b_{stv}(S \cup \{(u,v)\})=b_{stv}(S)$,另一种情况是 (u,v) 在 $G(S \cup \{(u,v)\})$ 中增加了 δ 条最短路径,这些经过 (u,v) 的最短路径与 $G(S)$ 中的距离相同,即 $b_{stv}(S \cup \{(u,v)\})=\dfrac{\sigma_{stv}(S)+\delta}{\sigma_{st}(S)+\delta}>\dfrac{\sigma_{stv}(S)}{\sigma_{st}(S)}=b_{stv}(S)$,其中 $\delta \geqslant 1$。证毕。

其次证明 b_{stv} 是次模的,即对于 MBI 的每一对满足 $S \subseteq T$ 的解,对于每个满足 $(u,v) \notin T \cup E$ 的节点 u,有

$$b_{stv}(S \cup \{(u,v)\})-b_{stv}(S) \geqslant b_{stv}(T \cup \{(u,v)\})-b_{stv}(T) \tag{2-12}$$

有以下情况:

(1) $d_{st}(S)>d_{st}(T)$。

这种情况下 $b_{stv}(T \cup \{(u,v)\})=b_{stv}(T)=1$,即 $b_{stv}(T \cup \{(u,v)\})-b_{stv}(T)=0$。又因为 b_{stv} 是单调递增的,所以 $b_{stv}(S \cup \{(u,v)\})-b_{stv}(S) \geqslant 0$,即不等式成立。

(2) $d_{st}(S)=d_{st}(T)$。

① $d_{st}(S)>d_{st}(S \cup \{(u,v)\})$。这种情况下,在 $G(S \cup \{(u,v)\})$ 中的最短路径通过 (u,v) 且长度小于 $d_{st}(S)$。因为 $d_{st}(S)=d_{st}(T)$,所以这样的路径也在 $G(T \cup \{(u,v)\})$ 中且长度小于 $d_{st}(T)$。由此可知,$d_{st}(T)>d_{stv}(T \cup \{(u,v)\})$ 且 $b_{stv}(T \cup \{(u,v)\})=b_{stv}(S \cup \{(u,v)\})=1$。又因为 $b_{stv}(T) \geqslant b_{stv}(S)$,所以 $b_{stv}(S \cup \{(u,v)\})-b_{stv}(S) \geqslant b_{stv}(T \cup \{(u,v)\})-b_{stv}(T)$。

② $d_{st}(S)=d_{st}(S \cup \{(u,v)\})$。这种情况下,$d_{st}(T)>d_{st}(T \cup \{(u,v)\})$。这里使用 $b_{stv}(S)=\dfrac{\alpha}{\beta}$,有 $b_{stv}(T)=\dfrac{\alpha+\gamma}{\beta+\gamma}$,$b_{stv}(S \cup \{(u,v)\})=\dfrac{\alpha+\delta}{\beta+\delta}$ 和 $b_{stv}(T \cup \{(u,v)\})=\dfrac{\alpha+\gamma+\delta}{\beta+\gamma+\delta}$。其中 γ 和 δ 分别是 $G(T)$ 中节点 s 和节点 t 之间通过 $T \backslash S$ 和 (u,v) 的最短路径数。对于任意 $\alpha \leqslant \beta$,如 $\sigma_{stv}(S) \leqslant \sigma_{st}(S)$,有 $\dfrac{\alpha+\delta}{\beta+\delta}-\dfrac{\alpha}{\beta} \geqslant \dfrac{\alpha+\gamma+\delta}{\beta+\gamma+\delta}-\dfrac{\alpha+\gamma}{\beta+\gamma}$。证毕。

求解 MBI 的过程就转化为一个次模优化的过程。可以使用贪婪算法近似求

解介数中心性攻击问题[18]，且贪婪算法是 MBI 问题的$\left(1-\frac{1}{e}\right)$近似解。需要指出的是，MBI 问题是在有向网络中讨论的，对于无向网络，贪婪算法并不能得到理论上的近似解，但大量的实验表明贪婪算法在无向网络中的性能也显著优于其他启发式方法。

对介数中心性的贪婪攻击可以描述为在每次添加指向目标节点 v 的边时，计算每种可能的边添加后对目标节点 v 介数中心性的增加大小，选择增加最大的边添加到图中，重复该操作直到添加 k 条边。如图 2-2 所示，当 $k=2$ 时，经过两次贪婪攻击，分别向图中添加了边(u_6,v)和(u_1,v)，使得目标节点 v 的介数中心性

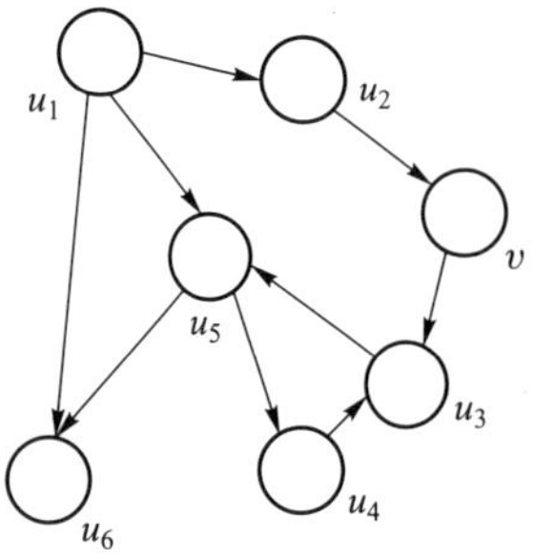

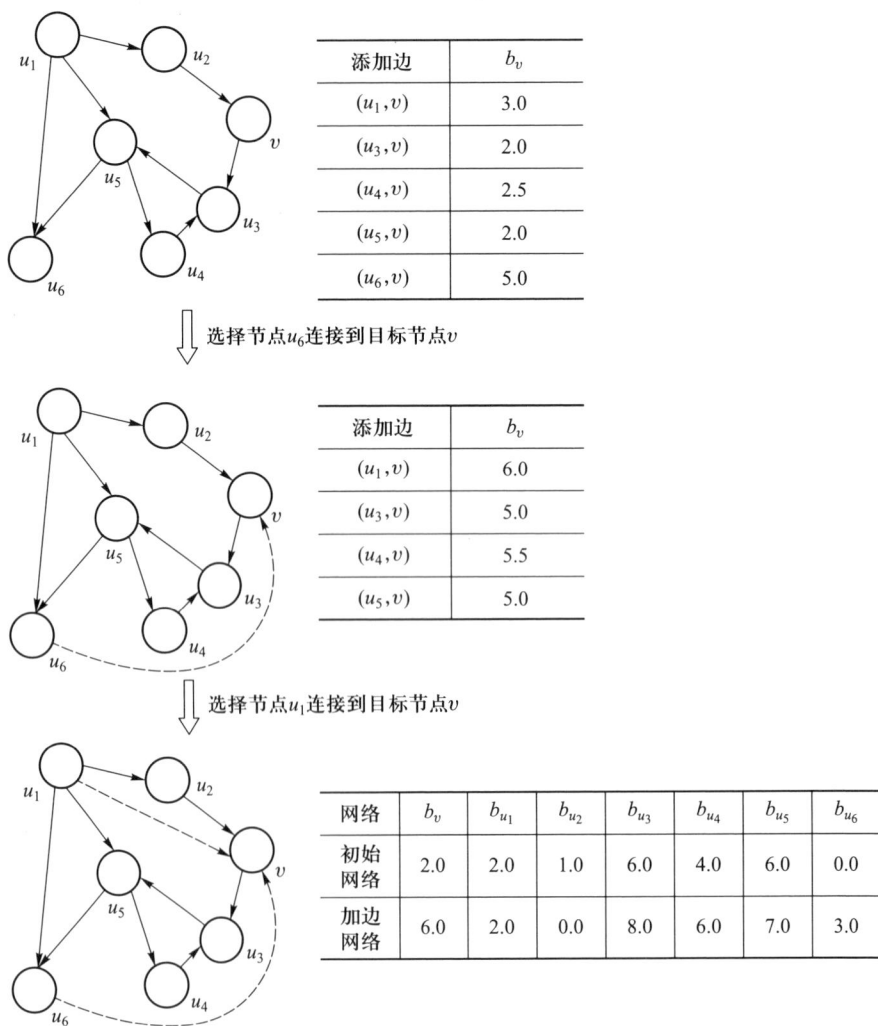

添加边	b_v
(u_1,v)	3.0
(u_3,v)	2.0
(u_4,v)	2.5
(u_5,v)	2.0
(u_6,v)	5.0

⇓ 选择节点u_6连接到目标节点v

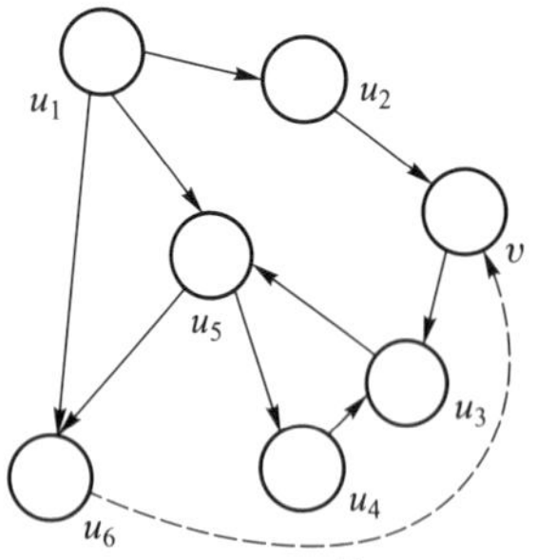

添加边	b_v
(u_1,v)	6.0
(u_3,v)	5.0
(u_4,v)	5.5
(u_5,v)	5.0

⇓ 选择节点u_1连接到目标节点v

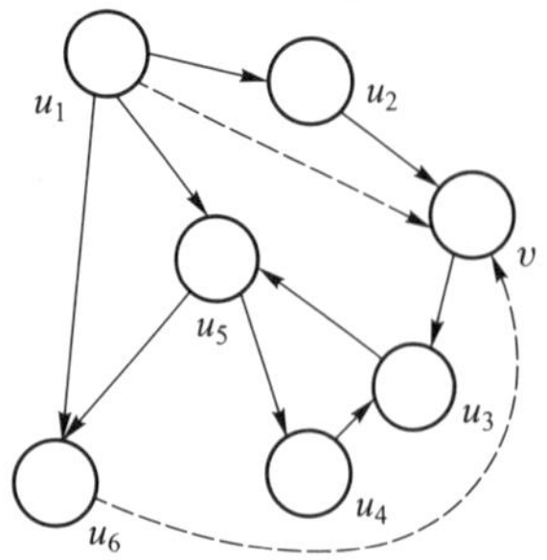

网络	b_v	b_{u_1}	b_{u_2}	b_{u_3}	b_{u_4}	b_{u_5}	b_{u_6}
初始网络	2.0	2.0	1.0	6.0	4.0	6.0	0.0
加边网络	6.0	2.0	0.0	8.0	6.0	7.0	3.0

图 2-2　贪婪攻击提高目标节点 v 的介数中心性

从 2.0 提升到了 6.0。通过枚举所有可能的边添加组合，很容易证明 6.0 就是目标节点 v 能提升的最大值。该过程的伪代码见算法 2-2。

算法 2-2 贪婪介数中心性攻击

输入：无向图 $G=(V,E)$，节点 $v\in V$，整数 k

输出：边集 $S\subseteq\{(u,v)\mid v\in V\backslash N_u\}$ 且 $|S|\leqslant k$

$S\leftarrow\varnothing$

for $i=1,2,\cdots,k$ do

  for each $u\in V\backslash N_v(S)$ do

    计算 $b_v(S\cup(u,v))$

  end

  $u_{\max}\leftarrow\operatorname{argmax}\{b_v(S\cup(u,v))\mid u\in V\backslash N_v(S)\}$

  $S\leftarrow S\cup(u_{\max},v)$

  $G\leftarrow G\{V,E\cup(u_{\max},v)\}$

end

return S

2.2.3 信息中心性攻击

针对信息中心性的攻击可以描述为攻击者向图中添加一组不属于 E 的边集 S，使目标节点 v 的信息中心性最大化。对于连通无向加权图 $G(V,E,\omega)$，给定一组不属于 E 的加权边集 S，使用 $G+S$ 表示向图 G 中添加边集 S，即 $G+S=(V,E\cup S,\omega')$，其中 ω'表示新的权重函数 $\omega':E\cup S\rightarrow\mathbb{R}^+$。设 $\boldsymbol{L}(S)$表示 $G+S$ 的拉普拉斯矩阵。E_v 表示候选边集，候选边集中的每条边都被赋予权值。攻击者从候选边集 E_v 中选择 k 条边组成集合 S 添加到图中，从而使节点 v 的信息中心性最大化。设 $I_v(S)$表示添加边集 S 后节点 v 的信息中心性。因此，将信息中心性的攻击定义为如下目标函数：

$$\max_{S\subset E_v,\ |S|=k} I_v(S) \tag{2-13}$$

由于节点 v 的信息中心性 I_v 与阻力距离 R_v 的倒数成正比，因此式(2-13)等价于如下目标函数：

$$\min_{S\subset E_v,\ |S|=k} R_v(S) \tag{2-14}$$

利用瑞利单调性定律[13]可以证明 $R_v(S)$ 是关于边集 S 的单调递减函数，任意一对节点间的阻力距离只有在增加边时才能减小，即对于任意边集 $S\subset T\subset E_v$，$R_v(T)<R_v(S)$。阻力距离 $R_v(S)$ 是次模的，即对于任意边集 $S\subset T\subset E_v$，任意边 $e\in E_v\backslash T$，$R_v(T)-R_v(T\cup\{e\})\leqslant R_v(S)-R_v(S\cup\{e\})$。

证明：设 e 为连接节点 u 和节点 v 的边，$\boldsymbol{L}(S\cup\{e\})_v=\boldsymbol{L}(S)_v+\omega(e)\boldsymbol{E}_{uu}$，其中 $\boldsymbol{E}_{uu}$ 为第 u 个对角线元素为 1，其他元素为 0 的方阵。根据式(2-7)，需要证明

$$\mathrm{Tr}(\boldsymbol{L}(T)_v^{-1})-\mathrm{Tr}((\boldsymbol{L}(T)_v+\omega(e)E_{uu})^{-1})\leqslant \mathrm{Tr}(\boldsymbol{L}(S)_v^{-1})-\mathrm{Tr}((\boldsymbol{L}(S)_v+\omega(e)E_{uu})^{-1}) \tag{2-15}$$

式中，集合 S 是集合 T 的子集，$\boldsymbol{L}(T)_v=\boldsymbol{L}(S)_v+\boldsymbol{P}$，其中 $\boldsymbol{P}$ 是一个非负对角矩阵。为简化起见，用 $\boldsymbol{M}$ 表示矩阵 $\boldsymbol{L}(S)_v$，则证明上式转换为证明

$$\mathrm{Tr}((\boldsymbol{M}+\boldsymbol{P})^{-1})-\mathrm{Tr}(\boldsymbol{M}^{-1})\leqslant \mathrm{Tr}((\boldsymbol{M}+\boldsymbol{P}+\omega(e)\boldsymbol{E}_{uu})^{-1})-\mathrm{Tr}((\boldsymbol{M}+\omega(e)\boldsymbol{E}_{uu})^{-1}) \tag{2-16}$$

定义函数 $f(t)$，$t\in[0,\infty)$，令

$$f(t)=\mathrm{Tr}((\boldsymbol{M}+\boldsymbol{P}+t\boldsymbol{E}_{uu})^{-1})-\mathrm{Tr}((\boldsymbol{M}+t\boldsymbol{E}_{uu})^{-1}) \tag{2-17}$$

如果 $f(t)$ 在 $t=0$ 处取得最小值，则式(2-16)成立。使用矩阵导数公式

$$\frac{\mathrm{d}}{\mathrm{d}t}\mathrm{Tr}(\boldsymbol{A}(t)^{-1})=-\mathrm{Tr}\left(\boldsymbol{A}(t)^{-1}\frac{\mathrm{d}}{\mathrm{d}t}\boldsymbol{A}(t)\boldsymbol{A}(t)^{-1}\right) \tag{2-18}$$

可以得到 $f(t)$ 关于 t 的导数形式

$$\frac{\mathrm{d}f(t)}{\mathrm{d}(t)}=-((\boldsymbol{M}+\boldsymbol{P}+t\boldsymbol{E}_{uu})^{-2})_{uu}+((\boldsymbol{M}+t\boldsymbol{E}_{uu})^{-2})_{uu} \tag{2-19}$$

设 $\boldsymbol{N}=\boldsymbol{M}+t\boldsymbol{E}_{uu}$，可以得到 $\boldsymbol{N}^{-1}\geqslant(\boldsymbol{N}+\boldsymbol{P})^{-1}$ 是一个正矩阵[19,20]，因此

$$\frac{\mathrm{d}f(t)}{\mathrm{d}(t)}=-((\boldsymbol{N}+\boldsymbol{P})^{-2})_{uu}+(\boldsymbol{N}^{-2})_{uu}\geqslant 0 \tag{2-20}$$

所以 $f(t)$ 是递增的，证毕。

目标函数式(2-14)是单调且次模的，可以将信息中心性攻击问题转化为次模优化问题，使用贪婪算法近似求解信息中心性攻击问题[21]，且贪婪算法实现了 $\left(1-\frac{1}{\mathrm{e}}\right)$ 近似因子。

在贪婪算法中，边集 S 最初是空的，从候选边集 E_v 中迭代地将 k 条边添加到图中。在每次迭代中，在候选边集中选择一条边 e_i，其对应的 $R_v(S)-R_v(S\cup\{e_i\})$ 最大。如图 2-3 所示，考虑每条边的权重为 1，即转换为无向无权图，当 $k=2$ 时，经过两次贪婪攻击，分别向图中添加了边 (u_2,v) 和边 (u_4,v)，使得目标节点 v 的阻力距离从 8.00 降低至 4.10，对应的信息中心性从 0.125 提升至 0.244。通过枚举所有可能的边添加组合，很容易得到 0.244 就是在添加两条边后，目标节

点 v 信息中心性能提升的最大值。

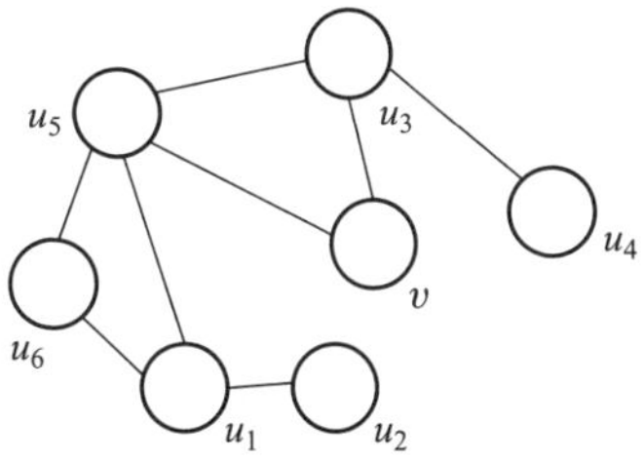

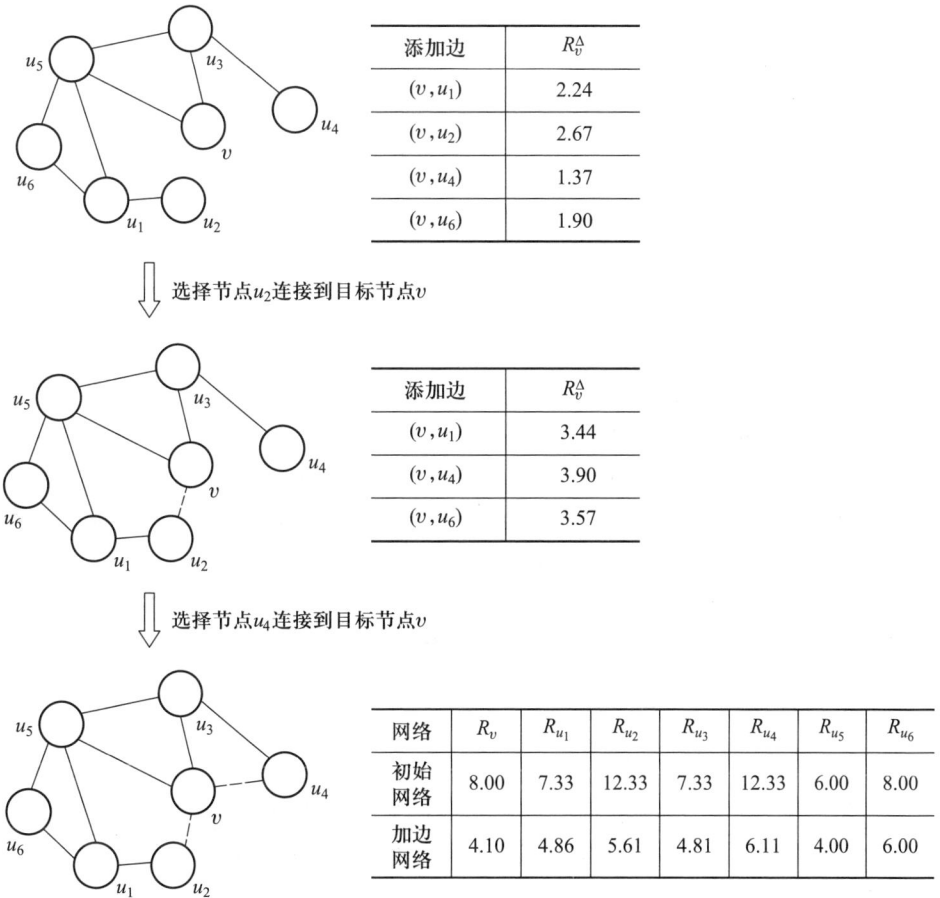

添加边	R_v^{Δ}
(v,u_1)	2.24
(v,u_2)	2.67
(v,u_4)	1.37
(v,u_6)	1.90

选择节点 u_2 连接到目标节点 v

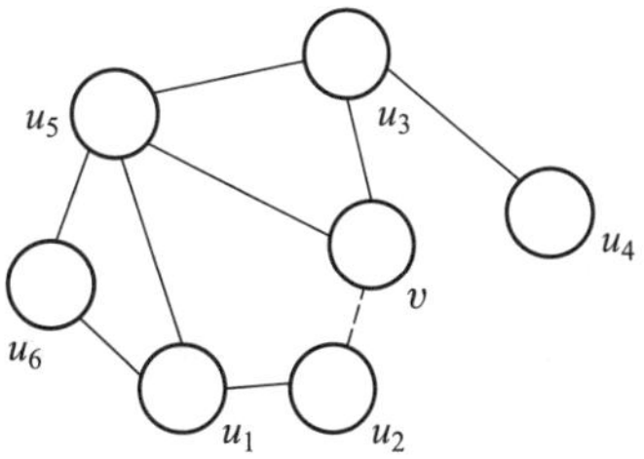

添加边	R_v^{Δ}
(v,u_1)	3.44
(v,u_4)	3.90
(v,u_6)	3.57

选择节点 u_4 连接到目标节点 v

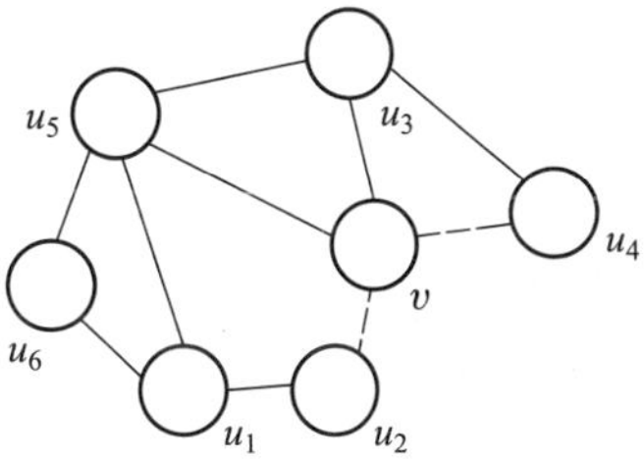

网络	R_v	R_{u_1}	R_{u_2}	R_{u_3}	R_{u_4}	R_{u_5}	R_{u_6}
初始网络	8.00	7.33	12.33	7.33	12.33	6.00	8.00
加边网络	4.10	4.86	5.61	4.81	6.11	4.00	6.00

图 2-3 贪婪攻击提高目标节点 v 的信息中心性

该过程可以用算法 2-3 所示伪代码表示。

算法 2-3 贪婪信息中心性攻击

输入:	连通图 G,节点 $v\in V$,候选边集 E_v,整数 $k\leqslant\|E_v\|$
输出:	子集 $S\subset E_v$ 且 $\|S\|=k$
	$S\leftarrow\varnothing$
	for $i=1,2,\cdots,k$ do
	for each $e\in E_v\backslash S$ do

　　　计算 $R_v^{\Delta}(e)$
　　end
　　$e_i \leftarrow \underset{e \in E_v \setminus S}{\operatorname{argmin}} R_v^{\Delta}(e)$
　　$S \leftarrow S \cup \{e_i\}$
　　$G \leftarrow G\{V, E \cup \{e_i\}\}$
end
return S

2.2.4 PageRank 攻击

对于 PageRank 攻击,当攻击者只能控制自己的节点时,这类似于网页的所有者可以控制自己的网页链接到其他页面,研究表明这种方式并不能显著地增加其 PageRank 指标,并且此时最优的攻击方式是目标节点只有一条出边,且该边所指向的节点只指向目标节点[22]。本小节主要考虑两种攻击方式:一种是可以控制一组节点的出边来最大化这组节点的 PageRank 指标之和;另一种是考虑攻击者可以控制网络中的一组节点作为攻击节点,操控这些攻击节点的出边,使目标节点的 PageRank 指标提高,这种方式也称为链接炸弹(link bomb)。下面将对这两种攻击进行介绍。

(1) 提高一组节点的 PageRank 指标

考虑一组目标节点,攻击者只能控制这些节点的出边。例如在网页中,网页的所有者只能控制自己的网页链接到其他网页,攻击者的目的是最大化这些节点的 PageRank 指标之和[23]。

$G=(V,E)$ 表示一个有向图,节点集 $V=\{1,2,\cdots,n\}$,边集 $E \subseteq V \times V$。对于目标节点集 $F \subseteq V$,有如下定义:

$$
\begin{aligned}
E_F &= \{(i,j) \in E \mid i,j \in F\} \\
E_{\mathrm{out}(F)} &= \{(i,j) \in E \mid i \in F, j \notin F\} \\
E_{\mathrm{in}(F)} &= \{(i,j) \in E \mid i \notin F, j \in F\} \\
E_{\bar{F}} &= \{(i,j) \in E \mid i,j \notin F\}
\end{aligned} \tag{2-21}
$$

对于目标节点集的 PageRank 指标之和,定义为

$$
\boldsymbol{R}^{\mathrm{T}} \boldsymbol{e}_F = \sum_{i \in F} R_i \tag{2-22}
$$

式中,$\boldsymbol{R}$ 表示有向图对应的 PageRank 向量;$\boldsymbol{e}_F$ 表示一个向量,其中对应第 i 个节点在目标节点集中则值为 1,否则值为 0;R_i 表示节点 i 的 PageRank 指标。结合

PageRank 指标的定义，$\boldsymbol{R}^{\mathrm{T}}\boldsymbol{e}_F=(1-c)\frac{1}{n}\boldsymbol{1}^{\mathrm{T}}(\boldsymbol{E}-c\boldsymbol{M})^{-1}\boldsymbol{e}_F$，定义向量

$$\boldsymbol{v}=(\boldsymbol{E}-c\boldsymbol{M})^{-1}\boldsymbol{e}_F \tag{2-23}$$

可得目标节点集的 PageRank 指标之和为

$$\boldsymbol{R}^{\mathrm{T}}\boldsymbol{e}_F=(1-c)\frac{1}{n}\boldsymbol{1}^{\mathrm{T}}\boldsymbol{v} \tag{2-24}$$

对于 $\overline{F}$ 中的节点，令 $V=\underset{j\in\overline{F}}{\operatorname{argmax}}\, v_j$ 表示在 $\overline{F}$ 中对应式(2-23)取值最大的节点集合。对于一个节点集 $F\subseteq V$，如果对应的子图 $G=(F,E_F)$ 是强连通的且 $E_{\mathrm{out}(F)}=\varnothing$，则称该节点集是图 $G=(V,E)$ 的一个终类(final class)。如果一个节点只有一条边连接到外部节点，则称该节点是一个泄露(leaking)节点。

在考虑最优的攻击策略之前需要先关注边集 E 的约束条件。如果不对边集 E 施加任何约束，那么最大化 $\boldsymbol{R}^{\mathrm{T}}\boldsymbol{e}_F$ 的问题是非常简单的。在这种情况下，只需要设置 $E_{\mathrm{out}(F)}=\varnothing$，$E_F$ 为 $F\times F$ 的任意子集。这种情况下，相当于随机游走到目标节点集后，只能在目标节点集中游走。因此，假设目标节点集中的每个节点都可以访问到至少一个属于 $\overline{F}$ 的节点。

最优出边结构：给定 E_F、$E_{\mathrm{in}(F)}$ 和 $E_{\overline{F}}$，令 $F_1,F_2,\cdots,F_r$ 表示子图(F,E_F)的终类。$E_{\mathrm{out}(F)}$ 满足如下结构，则对应的 PageRank 指标 $\boldsymbol{R}^{\mathrm{T}}\boldsymbol{e}_F$ 是最大的

$$E_{\mathrm{out}(F)}=E_{\mathrm{out}(F_1)}\cup E_{\mathrm{out}(F_2)}\cup\cdots\cup E_{\mathrm{out}(F_r)} \tag{2-25}$$

其中，对于每个 $s=1,2,\cdots,r$，

$$E_{\mathrm{out}(F_s)}\subseteq\{(i,j)\mid i\in\underset{k\in F_s}{\operatorname{argmin}}\, v_k, j\in V\} \tag{2-26}$$

此外，对于每个 $s=1,2,\cdots,r$，如果 $E_{F_s}\neq\varnothing$，则 $|E_{\mathrm{out}(F_s)}|=1$。

如图 2-4 所示，给定 E_F、$E_{\mathrm{in}(F)}$ 和 $E_{\overline{F}}$，子图(F,E_F)有两个终类，分别是 F_1 和 F_2。设置阻尼系数 $c=0.85$，这个网络有 6 个最优的出边结构，每一个都可以表示为 $E_{\mathrm{out}(F)}=E_{\mathrm{out}(F_1)}\cup E_{\mathrm{out}(F_2)}$，其中 $E_{\mathrm{out}(F_1)}=\{(4,6)\}$ 或 $\{(4,7)\}$，$E_{\mathrm{out}(F_2)}\subseteq\{(5,6),(5,7)\}$。值得注意的是，由于 $E_{F_1}\neq\varnothing$，终类 F_1 在每个最优出边结构中都只有一个连接到 $\overline{F}$ 的出边；而终类 F_2 可能有几个连接到 $\overline{F}$ 的出边，因为它是由一个唯一的节点组成的，且该节点没有一个自链接，对应的 $E_{F_2}=\varnothing$。请注意，在这 6 个最优配置中，集合 V 不能先验地确定，因为它依赖于所选择的出边结构。

最优内部结构：给定 $E_{\mathrm{out}(F)}$，$E_{\mathrm{in}(F)}$ 和 $E_{\overline{F}}$，设 $L=\{i\in F\mid(i,j)\in E_{\mathrm{out}(F)},j\in\overline{F}\}$ 表示泄露节点的集合，$n_L=|L|$。若 E_F 使得对应 $\boldsymbol{R}^{\mathrm{T}}\boldsymbol{e}_F$ 最大，对于 $F=\{1,2,\cdots,n_F\}$，$L=\{n_F-n_L+1,n_F-n_L+2,\cdots,n_F\}$，有

$$v_1>v_2>\cdots>v_{n_F-n_L}>v_{n_F-n_L+1}\geqslant\cdots\geqslant v_{n_F} \tag{2-27}$$

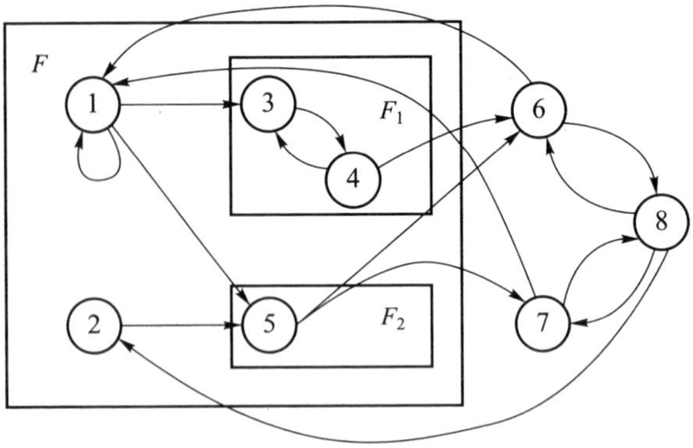

图 2-4　最优出边结构(取自文献[23])

E_F 的结构如下：

$$E_F^L \subseteq E_F \subseteq E_F^U \tag{2-28}$$

式中

$$E_F^L = \{(i,j) \in F \times F \mid j \leqslant i\} \cup \{(i,j) \in (F \backslash L) \times F \mid j = i + 1\}$$
$$E_F^U = E_F^L \cup \{(i,j) \in L \times L \mid i < j\} \tag{2-29}$$

如图 2-5 所示，对于这两种情况，都给出了具有两个泄露节点的 $E_{\text{out}(F)}$、$E_{\text{in}(F)}$ 和 $E_{\bar{F}}$。当 $c=0.8$ 时，最优内部结构图 2-5(a)对应 $E_F=E_F^L$，图 2-5(b)对应

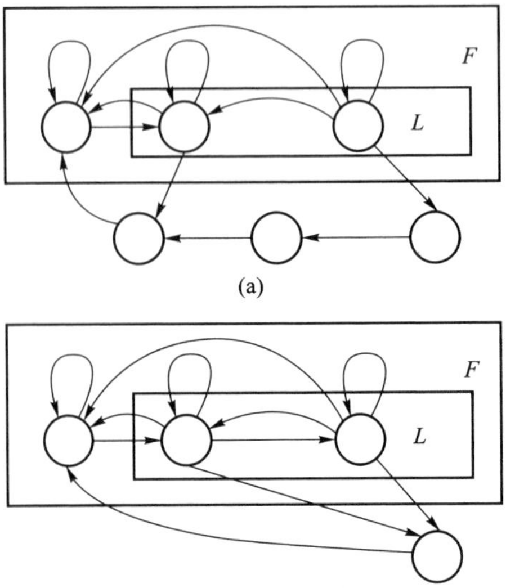

图 2-5　最优内部结构(取自文献[23])

$E_F = E_F^U$。

结合最优出边结构和最优内部结构，可以得到最优连边结构如图 2-6 所示，具体定义如下。

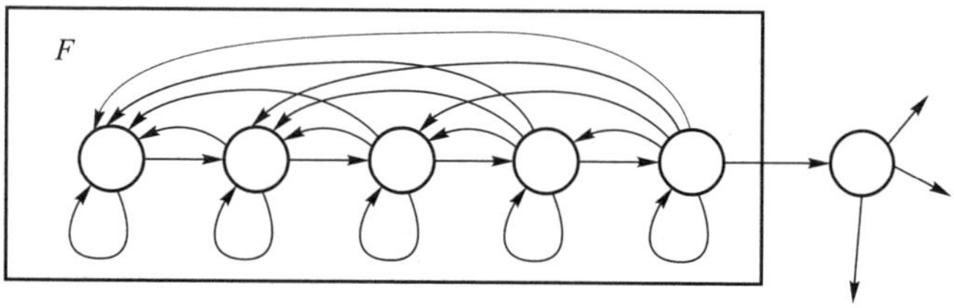

图 2-6　最优连边结构（取自文献[23]）

最优连边结构：给定 $E_{in(F)}$ 和 $E_{\overline{F}}$，若 E_F 和 $E_{out(F)}$ 使得对应的 PageRank 指标 $\boldsymbol{R}^{\mathrm{T}}\boldsymbol{e}_F$ 最大，对于 $F=\{1,2,\cdots,n_F\}$，有

$$v_1 > v_2 > \cdots > v_{n_F} > v_{n_F+1} \geqslant \cdots \geqslant v_n \qquad (2-30)$$

E_F 和 $E_{out(F)}$ 的结构如下：

$$\begin{aligned} E_F &= \{(i,j) \in F \times F, j \leqslant i \text{ 或 } j = i+1\} \\ E_{out(F)} &= \{(n_F, n_F+1)\} \end{aligned} \qquad (2-31)$$

值得注意的是，具有上述结构是获得一个最大 PageRank 指标之和的必要条件，而不是充分条件。如图 2-7 所示，当 $c=0.85$ 时，两条边结构都满足上述条件，$v_{(a)}=[6.484\quad 6.42\quad 6.224\quad 5.457]^{\mathrm{T}}$ 和 $v_{(b)}=[6.432\quad 6.494\quad 6.227\quad 5.52]^{\mathrm{T}}$。但图 2-7(a) 中的结构并不是最优的，对应的 $\boldsymbol{R}_{(a)}^{\mathrm{T}}\boldsymbol{e}_F=0.922$ 小于 $\boldsymbol{R}_{(b)}^{\mathrm{T}}\boldsymbol{e}_F=0.926$。

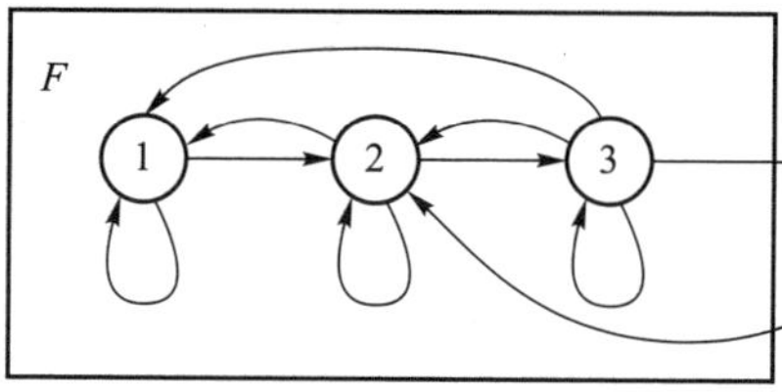

(a)

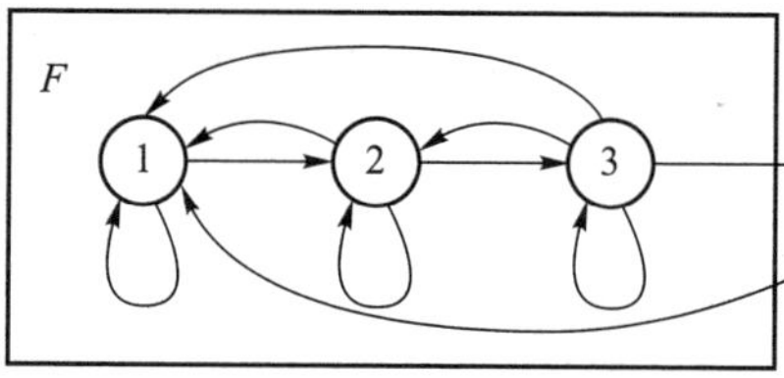

(b)

图 2-7　最优结构的必要条件（取自文献[23]）

上述讨论都允许节点产生自环，但可以很容易扩展到不允许自环的网络。

(2) 操纵一组节点提高单个节点的 PageRank 指标

攻击者通过操纵一组节点的出边来提升一个目标节点 PageRank 指标的攻击方式通常称为链接炸弹[24]。具体而言，可以分为两种不同的攻击策略，分别是攻击节点与目标节点直接连接的直接攻击和攻击节点与目标节点间接连接的伪装攻击[24]。

① PageRank 直接攻击

PageRank 直接攻击是最常见的攻击方式，通过操纵攻击节点直接与目标节点相连来改变目标节点的 PageRank 指标。使目标节点的 PageRank 指标最大化的直接攻击是攻击节点只有一条出边指向目标节点，而攻击节点之间的连接不会增加攻击的效果。因此，最好的攻击方式是攻击节点伪装成一组不相连的“随机”节点，它们都指向同一个目标节点。

如图 2-8 所示，图中 v_0 是目标节点，v_1、v_2、v_3 和 v_4 是攻击节点，初始时节点之间都没有连接。根据攻击节点之间的连接关系给出了 4 种不同的直接攻击方式，分别是攻击节点之间没有任何连接的攻击；攻击节点之间呈树形的攻击；攻击节点之间呈环形的攻击和攻击节点之间完全连接的攻击。文献[24]给出了 4 种连接方式下目标节点 v_0 的 PageRank 指标，并证明了攻击节点之间无连接，直

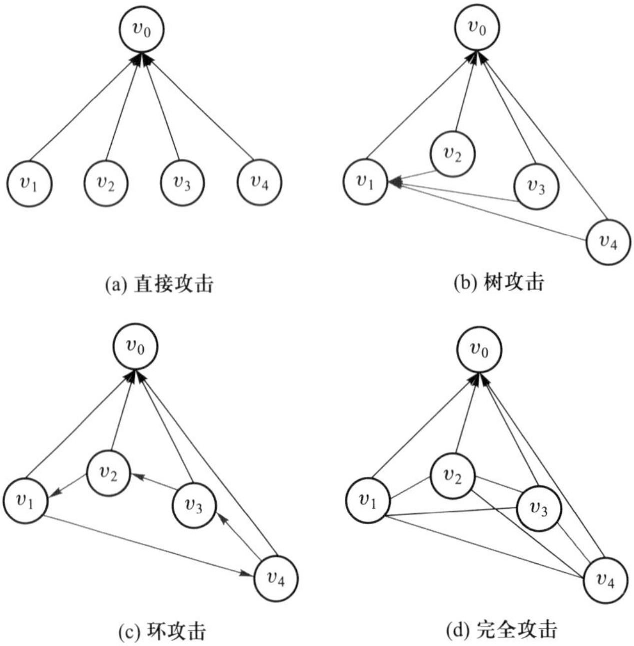

图 2-8 孤立图攻击（取自文献[24]）

接连接目标节点的方式对目标节点 PageRank 指标的提升是最优的。同时将上述 4 种情况应用于任意图中,攻击节点间无连接的直接攻击同样是最优的。

② PageRank 伪装攻击

PageRank 伪装攻击希望最大限度地提高目标节点的 PageRank 指标,同时通过攻击节点不直接连接目标节点的方式掩盖攻击行为。下面考虑的具体伪装攻击约束条件是每个攻击节点到目标节点的最短路径长度至少为 $\ell \geqslant 1$。对于攻击节点 v_i,任何方式的边添加都会有部分 PageRank 指标从 v_i 流向目标节点 v_0。在有向图中,定义 $f(u;v)$ 表示从节点 u 的 PageRank 指标流向节点 v 的部分。对于每个节点 u,当攻击节点 v_i 有唯一的出边连接 u 时,用 $V_i(u)=f_u(v_i;v_0)$ 表示当前攻击节点 v_i 流向目标节点 v_0 的 PageRank 指标。对于单个攻击节点的最优伪装攻击,在满足伪装前提的情况下可能有多种最优攻击情况,但对于与目标节点的距离为 $\ell-1$ 的节点中,一定存在最优攻击,即攻击节点唯一指向一个与目标节点的距离为 $\ell-1$ 的某个节点,可以实现最优攻击。进一步可以证明当指向的节点可以最大化 $V_i(u)$ 时即为最优攻击[24]。对于多个攻击节点的最优伪装攻击,每个攻击节点应该唯一指向同一个与目标节点的距离为 $\ell-1$ 的节点,需要指出的是,这种情况并不能直接确定指向节点,但确定了指向节点就是与目标节点的距离为 $\ell-1$ 的节点,显著缩小了最优伪装攻击的搜索范围。

如图 2-9 所示,对于单节点最优攻击,节点 v_2 的最优攻击是指向了节点 u,而节点 v_3 的最优攻击是指向节点 w。然而,当两个节点同时攻击时,那么它们都应该指向节点 u。

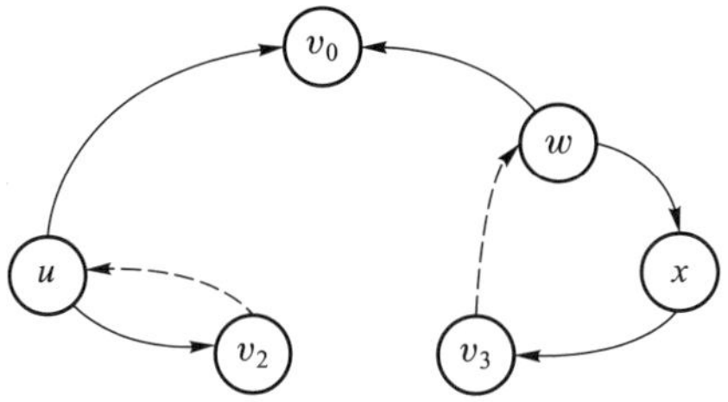

(a) 单节点最优攻击

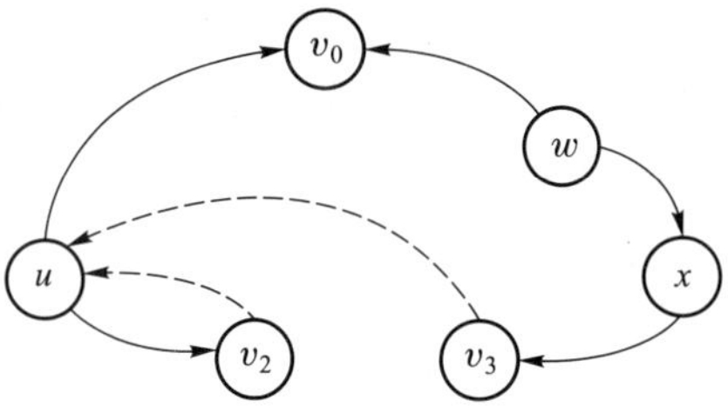

(b) 多节点最优攻击

图 2-9 最优节点攻击(取自文献[24])

2.2.5 攻击实验与结果分析

本章微观特征攻击主要应用到如表 2-1 所示数据集,包括合成网络(ER 网络、WS 网络、BA 网络)和真实网络(NetScience、Football、Arenas-Meta、Munmun-Digg 与 Linux)。对于合成网络,为了表明实验的合理性,同一网络模型生成 50

个网络进行实验,实验中使用网络的最大连通子图。

表 2-1　数据集信息表

数据集名称	网络类型	节点数	边数
ER 网络	无向网络	200	400
WS 网络	无向网络	200	400
BA 网络	无向网络	200	396
NetScience	无向网络	379	914
Football	无向网络	115	613
Arenas-Meta	无向网络	453	2025
Munmun-Digg	有向网络	30 398	85 247
Linux	有向网络	30 837	213 424

(1) 接近中心性攻击实验

实验将贪婪接近中心性攻击方法同几个基线方法比较,来评估贪婪算法的攻击效果。对于合成网络,根据模型生成 50 个网络进行实验。对于每个网络,随机选择 20 个节点作为目标节点,对于每个目标节点 v,候选边集由所有与之不相连的节点组成。对于每个指定的 $k=1,2,\cdots,10$,添加 k 条连接到目标节点 v 的边,然后计算每个 k 对应 20 个目标节点的平均接近中心性,使用如下基线方法进行比较:

random:每次从候选边集中随机选择边进行连接。

top-degree:每次从候选边集中选择对应度最大的边进行连接。

top-closeness:每次从候选边集中选择对应接近数中心性最大的边进行连接。

实验结果如图 2-10 所示,横坐标表示攻击节点添加边的数量,纵坐标表示目标节点的接近中心性。可以发现基于 top-degree 和基于 top-closeness 的方法攻击效果相似,这是因为网络中度大的节点通常接近中心性也很大,它们有一定的相关性。同时可以发现对于异配网络如 BA 网络和 Arenas-Meta,基于 top-degree 和基于 top-closeness 的方法与贪婪算法(greedy)的攻击效果相近,且相较于基于 random 的方法提升较大,这是因为异配网络中枢纽节点通常更具影响力,在攻击中通常对目标节点的接近中心性有较高的提升。对比不同的网络,不同的攻击节点数,可以发现相较于其他攻击策略,贪婪攻击均能更好地提升目标节点的接近中心性。

(2) 介数中心性攻击实验

将贪婪算法与如下 3 个基线方法进行比较,在两个真实的有向网络中进行

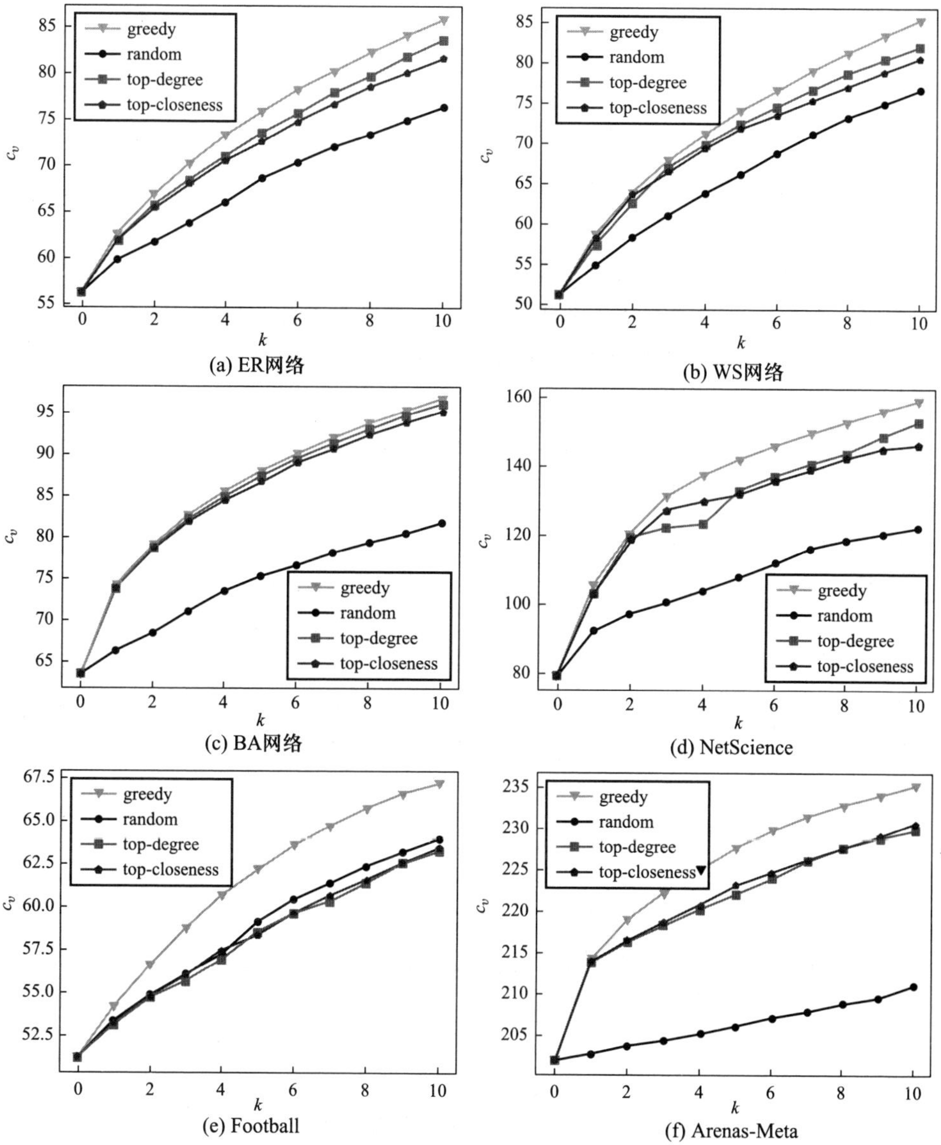

图 2-10 接近中心性攻击效果图

实验。对于每个网络，随机选择一个节点作为目标节点 v，使用不同攻击方法提高它的介数中心性。在每个实验中，添加 $k=1,2,\cdots,10$ 条边，并计算每次添加后目标节点的介数中心性。为了实验的合理性，随机选择 10%的节点分别作为目标节点，并取其在攻击过程中介数中心性的平均值。

random：随机选择 k 个节点连接到目标节点 v。

top-degree：选择节点度最大的 k 个节点连接到目标节点 v。

top-betweenness：选择节点介数中心性最大的 k 个节点连接到目标节点 v。

实验结果如图 2-11 所示，定义节点 v 的百分比介数中心性为 $\frac{100b_v}{(n-1)(n-2)}$，其中 b_v 是节点 v 的介数中心性，$(n-1)(n-2)$ 是一个节点在具有 n 个节点的图中可以具有的最大理论介数中心性。对于 k 的每个值，图 2-11 中显示了插入 k 条边后目标节点的百分比介数中心性（每个点代表 10 个随机选择目标节点之间的平均值）。显然，节点介数中心性是关于 k 的非递减函数，因为一条边的插入只能增加（或保持不变）目标节点的介数中心性。实验结果表明，对于两个真实网络，贪婪算法的表现都优于其他启发式方法。

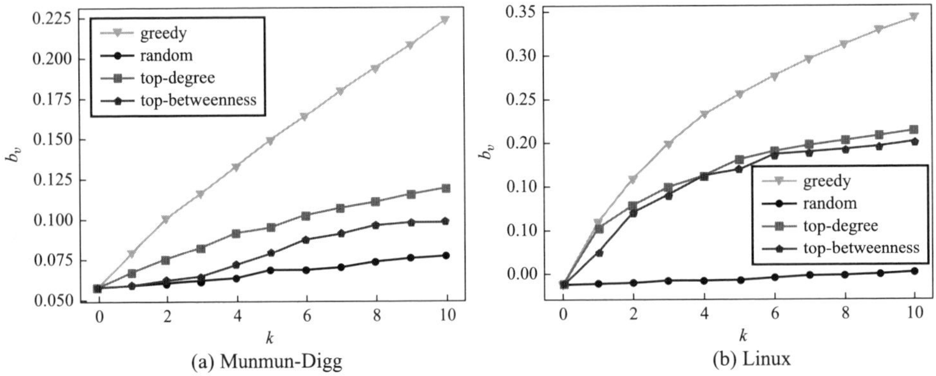

图 2-11　介数中心性攻击效果图（取自文献[18]）

（3）信息中心性攻击实验

信息中心性的实验要求网络是连通的，因此要对数据集进行处理，实验中取数据集的最大连通子图。对于合成网络，随机生成 50 个网络进行实验；对于每个网络，随机选择 20 个目标节点；对于每个目标节点 v，候选边集由所有与之不相连的节点组成。对于每个指定的 $k=1,2,\cdots,20$，添加 k 条连接到目标节点 v 的边，然后计算每个 k 对应 20 个目标节点的平均信息中心性，使用如下基线方法进行比较：

random：每次从候选边集中随机选择边进行连接。

top-degree：每次从候选边集中选择对应度最大的边进行连接。

top-information：每次从候选边集中选择对应信息中心性最大的边进行连接。

实验结果如图 2-12 所示，横坐标表示攻击节点数，纵坐标表示目标节点的信息中心性。可以发现除 NetScience 以外，4 种攻击方式的攻击效果相似，这说

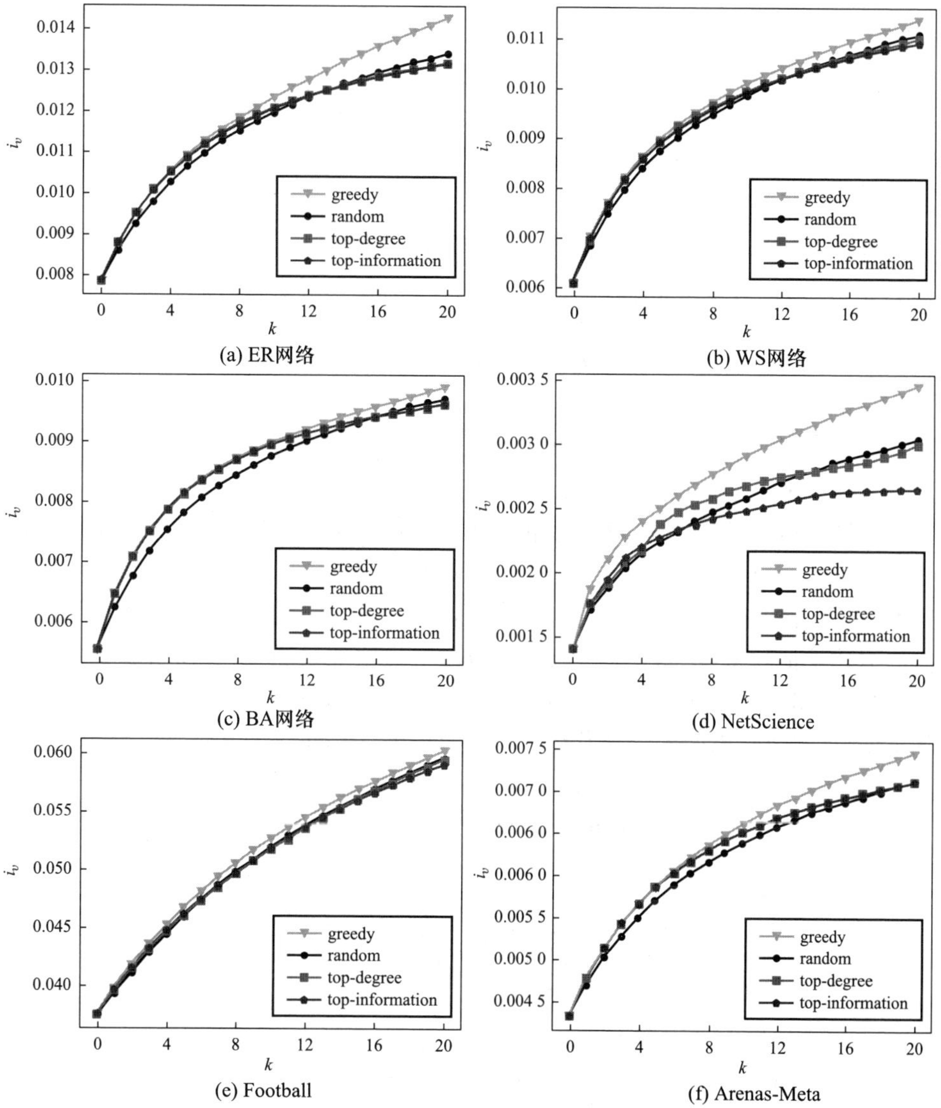

图 2-12　信息中心性攻击效果图

明在信息中心性的攻击中，大度值节点和高信息中心性的节点并不能更好地提升目标节点的信息中心性，多数节点对信息中心性的影响相似，这是因为信息中心性不仅考虑了最短路径的影响，还考虑其他路径的影响，向图中添加少量不同方式选择的边对信息中心性的影响差异不大，这种现象在连接边很少的情况下更加明显，如添加边少于 8 条，除 NetScience 以外，其他网络 4 种攻击方法效果非常接近。在 NetScience 中贪婪算法有更好的表现,可能是由网络的特殊拓扑结构导致的。

通过上述实验可以发现,贪婪攻击对目标节点的信息中心性的提升要优于其他方法,但在多数网络中这种策略的提升与其他策略相比优势并不明显,这也间接说明信息中心性更具鲁棒性。

(4) PageRank 攻击实验

实验验证直接攻击对 PageRank 指标的影响,使用 ER 随机网络模型生成 $N=1000$ 个节点,连接概率为 $p=\frac{\log N}{N}$ 的有向随机网络。为了确保实验的可靠性,实验中随机网络多次生成,重复实验。具体的实验过程可以描述为:在网络中随机选择一个节点作为目标节点,随机选择 5,6,…,10 个节点作为攻击节点,攻击开始前删除攻击节点的所有出边,攻击方式包括直接攻击、树攻击、环攻击和完全攻击。树攻击中随机选择一个攻击节点作为其他节点共同指向的节点。

如图 2-13 所示,横坐标为攻击节点数,纵坐标为目标节点的 PageRank 指标。可以看出直接攻击对目标节点 PageRank 指标的攻击效果最好,并且相较于其他攻击,直接攻击改变的边是最少的,这符合攻击中尽量少改动原始网络的需求。对比其他攻击方式,完全攻击使得攻击节点之间全连接,在网络中添加最多的边,但可以看出这种攻击方式是 4 种攻击中效果最差的,这说明在 PageRank 攻击中,攻击节点之间的边不利于对目标节点 PageRank 指标的提升。

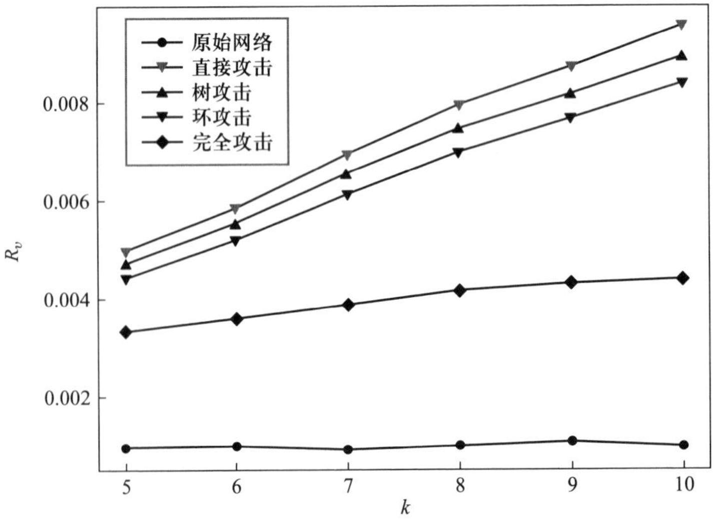

图 2-13 PageRank 攻击

2.3 最短路径攻击

网络中的最短路径是指从一个节点到另一个节点所需的最小边数或边的权重之和。给定无向图 $G=(V,E)$，图 G 中的一条路径是指一个节点序列 $P=[v_1, v_2,\cdots,v_k]$，其中每一对相邻的节点 v_i 和 v_{i+1}之间都有一条边，P 称为从 v_1 到 v_k 的一条路径。对于无权图，路径的长度定义为这条路径所包含的边数。若图 G 中每一条边都存在非负的权值，即 $w:E\to\mathbb{R}_{\geqslant 0}$，图中任意两个节点 $s,t\in V$，s 和 t 之间的路径长度定义为其路径包含的边的权重之和，则长度最小的路径即为 s 和 t 之间的最短路径。

最短路径攻击定义为攻击者通过对图的扰动，使得节点 s 和 t 之间的特定路径 p^* 成为最短路径。在最短路径攻击方法中，本节主要介绍两种方法：一种是通过最小的代价删除边来实现攻击，另一种是通过增加网络中边的权重来实现攻击。

2.3.1 基于边删除的最短路径攻击

PATHATTACK 算法[25]对网络中的边进行删除，使得目标节点对的特定路径成为最短路径。该算法的核心在于将最短路径攻击问题转化为集合覆盖问题，提出了启发式的攻击方法寻找要删除的边。需要注意的是集合覆盖问题是 NP 完全问题，因此枚举所有可能的删除边组合来实现攻击将导致组合爆炸，有必要使用启发式或优化方法完成攻击。

攻击者删除边需要付出一定的代价，因此每条边除了有权重之外，还赋予其被删除时攻击者需要付出的代价 $\boldsymbol{c}:E\to\mathbb{R}_{\geqslant 0}$，给定限制条件 b，攻击者通过删除一部分边 $E'\subset E$，使得节点 s 到 t 的特定路径 p^* 成为最短路径，攻击代价需满足限制条件 $\sum\limits_{e\subseteq E'}\boldsymbol{c}(e)\leqslant b$。基于边删除的最短路径攻击可以转化为集合覆盖问题，如图 2-14 所示。

图 2-14(a)为一个权重图，从节点 s 到 t 的路径共有 4 条，加粗的路径为目标路径，即攻击者希望节点 s 和 t 之间的最短路径变为(s,v_1,v_5,t)。p_1、p_2、p_3 和 p_4 对应于集合覆盖中的全集 U。图 2-14(b)的边集可以看成是覆盖，例如，删除边(s,v_2)可以让路径 p_1 失效，相当于覆盖了集合中的元素 p_1。

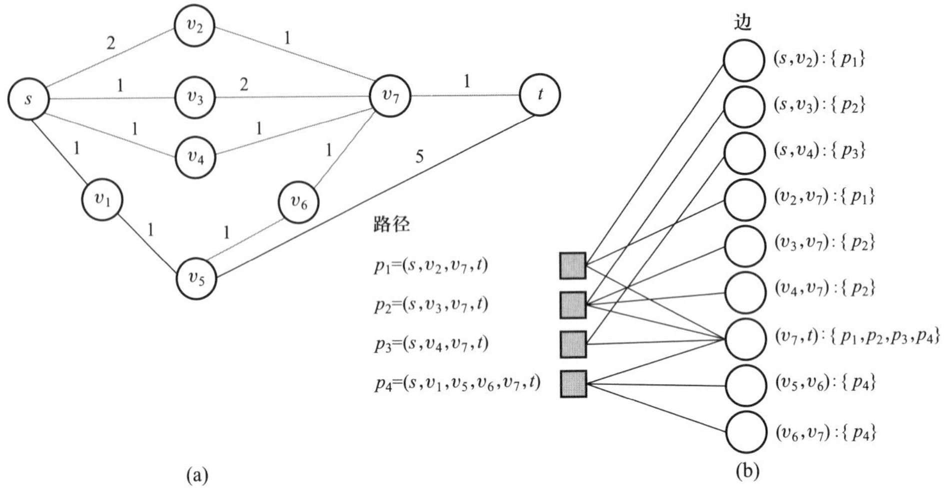

图 2-14　路径使用集合覆盖(取自文献[25])

令 $\boldsymbol{c}\in R^{M}_{\geqslant 0}$表示删除每条边的代价;$\boldsymbol{\Delta}\in\{0,1\}^{M}$ 用于标记对应边是否删除,0 表示对应边未删除,1 表示对应边已删除。根据最短路径攻击的定义,对应的约束条件包括:(1) p^{*} 中的边不能删除;(2) 路径长度小于 p^{*} 的边全部删除。令 $\boldsymbol{x}_{p}\in\{0,1\}^{M}$ 表示路径 p,1 表示路径 p 包含对应边,0 表示路径 p 不包含对应边,$P_{p^{*}}$ 表示不大于 p^{*} 的全部路径。因此,基于边删除的最短路径攻击目标函数和约束条件如下所示:

$$
\hat{\boldsymbol{\Delta}}=\underset{\Delta}{\operatorname{argmin}}\ \boldsymbol{c}^{\mathrm{T}}\boldsymbol{\Delta}
$$

$$
\text{s. t.}\begin{cases}\boldsymbol{\Delta}\in\{0,1\}^{M} \\ \boldsymbol{x}_{p}^{\mathrm{T}}\boldsymbol{\Delta}\geqslant 1, & \forall p\in P_{p^{*}}\backslash\{p^{*}\} \\ \boldsymbol{x}_{p^{*}}^{\mathrm{T}}\boldsymbol{\Delta}=0\end{cases}\tag{2-32}
$$

基于边删除来攻击最短路径,需先设计一个贪婪算法,即贪婪路径覆盖(GreedyPathCover)算法,贪婪迭代添加子集,添加子集的贪婪条件是单位代价中覆盖的路径数。在最短路径攻击中,这相当于迭代删除单位代价破坏最多路径的边。该算法的具体过程如算法 2-4 所示。

算法 2-4　GreedyPathCover 算法

输入:	权重图 $G=(V,E)$,边删除的代价集 $c(e)$,目标路径 p^{*},攻击路径集 P
输出:	删除的边集 E'

1	$T_P \leftarrow$ 空哈希表（每条边对应一个路径集）
2	$T_E \leftarrow$ 空哈希表（每个路径对应一个边集）
3	$N_P \leftarrow$ 空哈希表（每条边的路径数）
4	for $e \in E$ do
5	$T_P[e] \leftarrow \varnothing$
6	$N_P[e] \leftarrow 0$
7	end
8	for $p \in P$ do
9	$T_E[p] \leftarrow \varnothing$
10	for all $e \in p$ and $\notin p^*$ do
11	$T_P[e] \leftarrow T_P[e] \cup \{p\}$
12	$T_E[p] \leftarrow T_E[p] \cup \{e\}$
13	$N_P[e] \leftarrow N_P[e] + 1$
14	end
15	end
16	$E' \leftarrow \varnothing$
17	while $\max\limits_{e \in E} N_P[e] > 0$ do
18	$e' \leftarrow \underset{e \in E}{\arg\max} N_P[e]/c(e)$（寻找攻击代价最合适的边 e'）
19	$E' \leftarrow E' \cup \{e'\}$
20	for all $p \in T_P[e']$ do
21	for all $e_1 \in T_E[p]$ do
22	$N_P[e_1] \leftarrow N_P[e_1] - 1$（该边所属的路径统计个数减少）
23	$T_P[e_1] \leftarrow T_P[e_1] \backslash p$（该边所属的路径移除）
24	end
25	$T_E[p] \leftarrow \varnothing$（清空该路径所包含的边）
26	end
27	end
28	return E'

根据基于边删除来攻击最短路径的目标函数式（2-32），可以构建整数规划

求解这个问题,但整数规划计算复杂,时间成本高,可以考虑将整数规划松弛为线性规划,即 LP-PathCover 算法。该算法将 Δ 的值松弛到 $[0,1]$ 之间,使用线性规划算法得到非整数的 $\hat{\Delta}$,对其按一定的要求取整,得到 $\{0,1\}$ 的 Δ,即表示需要删除的边。该过程如算法 2-5 所示。

算法 2-5　LP-PathCover 算法

输入:	权重图 $G=(V,E)$,边删除的代价集 $c(e)$,目标路径 p^*,攻击路径集 P
输出:	指标向量 Δ(其元素为 1 表示对应边删除;元素为 0 表示对应边保留)
1	$\hat{\Delta}\leftarrow$ 指标向量 Δ 的松弛
2	$P\leftarrow\varnothing$
3	$c\leftarrow$ 由 $c(e)$ 构建边删除的代价向量
4	not_cut 为真
5	while $c^{\mathrm{T}}\Delta>c^{\mathrm{T}}\hat{\Delta}(4\ln4\,|P|)$ or not_cut do
6	$\quad E'\leftarrow\varnothing$
7	$\quad$ for $i\leftarrow1$ to $\lceil\ln4\,|P|\rceil$ do
8	$\quad\quad E_1\leftarrow\{e\in E$ with probability $\hat{\Delta}_e\}$(依概率 $\hat{\Delta}_e$ 选择边 e)
9	$\quad\quad E'\leftarrow E'\cup E_1$
10	$\quad$ end
11	end
12	for $i\leftarrow1$ to $\lceil\ln4\,|P|\rceil$ do
13	$\quad T_E[p]\leftarrow\varnothing$
14	$\quad$ for all $e\in p$ and $\notin p^*$ do
15	$\quad\quad T_P[e]\leftarrow T_P[e]\cup\{p\}$
16	$\quad\quad T_E[p]\leftarrow T_E[p]\cup\{e\}$
17	$\quad\quad N_P[e]\leftarrow N_P[e]+1$
18	$\quad$ end
19	$\Delta\leftarrow$ 依据 E' 更改 Δ 中对应位置的值
20	$not\_cut\leftarrow$ 若存在 $p\in P$ 且 p 所包含的边不属于待删除边集 E',则 not_cut 为真
21	end
22	return Δ

通常来说,节点对之间的最短路径数量可能非常大,直接使用上述两种方式去覆盖这些路径将会非常困难。可以使用约束缩小需要覆盖的路径集。具体操作是优先考虑节点对的最短路径 p,若路径 p 的长度小于等于目标路径 p^*,则需要为它添加约束,就是选择特定的边删除从而破坏路径 p,在改变后的图上重新选择节点对的最短路径作为 p,若其长度仍小于等于目标路径 p^* 则需要重复上述操作直到没有最短路径长度小于等于目标路径 p^*。这种方式将GreedyPathCover 算法与 LP-PathCover 算法相结合,便是 PATHATTACK 算法。具体过程如算法 2-6 所示。

算法 2-6　PATHATTACK 算法

输入:	权重图 $G=(V,E)$,边删除的代价集 $c(e)$,目标路径 p^*,攻击路径集 P,算法标志 l($l=1$ 执行 LP_PathCover 算法,否则执行 GreedyPathCover 算法)
输出:	删除的边集 E'
1	$E'\leftarrow\varnothing$
2	$P\leftarrow\varnothing$
3	$c\leftarrow$由 $c(e)$ 构建边删除的代价向量
4	$G'\leftarrow(V,E\backslash E')$
5	$s,t\leftarrow$目标路径 p^* 的源节点和目标节点
6	$p\leftarrow s$ 与 t 在图 G' 中比 p^* 短的路径
7	while $p\leqslant p^*$ do
8	$P\leftarrow P\cup\{p\}$
9	if $l=1$ do
10	$\Delta\leftarrow LP\_PathCover(G,c(e),p^*,P)$
11	$E'\leftarrow$基于 Δ 选择要删除的边
12	else
13	$E'\leftarrow GreedyPathCover(G,c(e),p^*,P)$
14	end
15	$G'\leftarrow(V,E\backslash E')$
16	$p\leftarrow$重新计算 G' 中 s 和 t 之间的最短路径
17	end
18	return E'

2.3.2 基于权重扰动的最短路径攻击

在某些情况下，攻击者不能删除边，只能更改边的权重，这也符合一些实际情况。如一些导航软件可以刻意引导其他车辆走某些线路，形成道路拥堵，从而使目标车辆绕行特定的道路等。由此，本小节提出了基于权重扰动的 PATHPERTURB 攻击[26]，攻击者通过对边的权重进行扰动，增加其他边的权重，使特定路径成为最短路径。

给定权重图 $G=(V,E)$，边的权重 $w:E\rightarrow\mathbb{R}_{\geqslant 0}$，攻击者通过更改边的权重，使得 V 中的节点 s 和 t 之间的特定路径 p^* 成为最短路径，这一过程定义为基于权重扰动的最短路径攻击。攻击者的攻击手段是扰动边的权重，扰动后的权重记为 w'，扰动上限记为 b，因此，攻击者扰动限制的条件为

$$\sum_{e\in E}(w'(e)-w(e))\leqslant b \tag{2-33}$$

基于权重扰动的最短路径攻击示意图如图 2-15 所示，网络中目标路径 p^* 为 s-3-t，路径长度为 5。s 和 t 之间的路径还包括 s-1-t、s-1-4-t、s-2-4-t 及 s-2-4-1-t，其中长度小于等于目标路径的有 s-1-t、s-1-4-t 及 s-2-4-t，因此攻击者需要对其边增加扰动，使得目标路径 p^* 成为 s 和 t 之间的最短路径。攻击者通过在节点 s 和 1 之间增加权值 1，节点 1 和 t 之间增加权值 1.1，节点 4 和 t 之间增加权值 1.1，目标路径 p^* 成为 s 和 t 之间的最短路径。

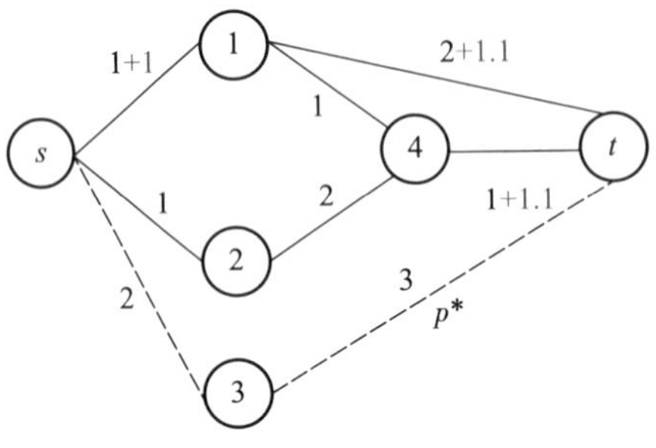

图 2-15　基于权重扰动的最短路径攻击

基于权重扰动的最短路径攻击基于两个关键的约束条件：首先，任何不大于 p^* 的路径 p 必须被扰动，使之超过 p^*；其次，路径扰动不得干扰目标路径 p^*。则基于权重扰动的最短路径攻击的目标函数如下：

$$\hat{\boldsymbol{\Delta}} = \underset{\boldsymbol{\Delta}}{\operatorname{argmin}}\ \mathbf{1}^{\mathrm{T}}\boldsymbol{\Delta}$$

$$\text{s.t.} \begin{cases} \boldsymbol{\Delta}_i \geqslant 0, & 1 \leqslant i \leqslant M \\ (\boldsymbol{w} + \boldsymbol{\Delta})^{\mathrm{T}}\boldsymbol{x}_p \geqslant \ell + \delta, & \forall p \in P_{\ell+\delta} \setminus \{p^*\} \\ \boldsymbol{x}_{p*}^{\mathrm{T}}\boldsymbol{\Delta} = 0 \end{cases} \tag{2-34}$$

式中，$\hat{\boldsymbol{\Delta}}$ 为边权重的扰动向量，$\boldsymbol{w}$ 为原始图 G 中边权重向量。对于 G 中从 s 到 t 的任何路径 p，设 $\boldsymbol{x}_p \in \{0,1\}^M$ 为路径 p 的边指示向量，$\boldsymbol{w}^{\mathrm{T}}\boldsymbol{x}_p$ 为原始图中 p 的长度，$(\boldsymbol{w}+\boldsymbol{\Delta})^{\mathrm{T}}\boldsymbol{x}_p$ 为在扰动后图中 p 的路径长度，δ 为权重阈值。

基于权重增加的最短路径攻击转化为线性规划问题，其中每个约束都与从 s 到 t 的长度不大于 p^* 的路径相关联。对于这些路径，必须向图中的某些边添加权重，这些路径的长度将变得足够长，从而使得目标路径成为最短路径。与 PATHATTACK 算法类似，路径扰动以迭代的方式构建要覆盖的路径集。在每次迭代中，选择目标节点对的最短路径，若其长度小于等于 p^* 的长度，则将其添加到线性规划中，通过权重扰动使其路径长度大于 p^* 的长度。具体流程的伪代码如算法 2-7 所示。

算法 2-7　基于权重扰动的最短路径攻击

输入：	权重图 $G=(V,E)$，边权重向量 $\boldsymbol{w}$，攻击的目标路径 p^*，权重阈值 δ
输出：	边权重扰动向量 $\hat{\boldsymbol{\Delta}}$

$\ell \leftarrow p^*$ 的长度
$s \leftarrow p^*$ 的第一个节点
$t \leftarrow p^*$ 的最后一个节点
$G' \leftarrow (V, E \setminus E')$
$s, t \leftarrow$ 目标路径 p^* 的源节点和目标节点
$p \leftarrow s$ 与 t 在图 G' 中比 p^* 小的路径
$P_{\ell+\delta} \leftarrow \varnothing$
$\boldsymbol{w}' \leftarrow \boldsymbol{w}$
while 1 do
　　$p \leftarrow$ 最短路径 s 到 t，基于权重 $\boldsymbol{w}'$
　　if $p = p^*$ do
　　　　$p \leftarrow s$ 到 t 的第二短路径
　　end

14	if $length(p) \geqslant length(p^{*}) + \delta$ do
15	$\qquad p \leftarrow \varnothing$
16	end
17	if $p = \varnothing$ do
18	$\qquad$ break(跳出循环)
19	end
20	$P_{\ell+\delta} \leftarrow P_{\ell+\delta} \cup \{p\}$
21	$\hat{\boldsymbol{\Delta}} \leftarrow$ 求解式(2-34)
22	$\boldsymbol{w}' \leftarrow \boldsymbol{w} + \hat{\boldsymbol{\Delta}}$
23	end
24	return $\hat{\boldsymbol{\Delta}}$

2.3.3 攻击实验与结果分析

本节主要列举合成网络中的实验效果,数据集如表 2-2 所示。随机网络(ER)、无标度网络(BA)、小世界网络(WS)、规则网格网络(LAT)和完全图(COMP)的源节点和目标节点随机选取,将路径长度从小到大排列,选择攻击目标路径排序第 100 的路径。规则网格网络源节点随机选取,目标节点从其 50 阶邻居节点中随机选择。合成网络都是非加权网络,有 3 种方式对其进行边权重初始化,分别为泊松分布:每条边的权重为 $1-w_e'$,其中 w_e' 从参数为 20 的泊松分布采样;均匀分布:每条边的权重从 1 到 41 的离散均匀分布中采样;相同权重:每条边的权重相等。

表 2-2 最短路径特征攻击数据集

数据集名称	节点数	边数	平均度	全局聚类系数
ER	16 000	159 880	19.985	0.001
BA	16 000	159 900	19.987	0.007
WS	16 000	160 000	20.000	0.668
LAT	81 225	161 880	3.985	0.000
COMP	565	159 330	564.000	1.000

（1）基于边删除的攻击实验

实验中基于边删除攻击的代价等于边的权重，并与如下基线方法进行比较。

GreedyCost：迭代地计算 s 和 t 之间的最短路径 p；如果 p 不大于 p^*，则以最小的代价删除边使 p 大于 p^*，直到 s 和 t 之间的最短路径 p 都大于 p^*。

GreedyEigenscore：迭代地计算 s 和 t 之间的最短路径 p；如果 p 不大于 p^*，则删除特征分数/代价最大的边使 p 大于 p^*，直到 s 和 t 之间的最短路径 p 都大于 p^*。

多次重复独立进行攻击，攻击结果如图 2-16 所示。

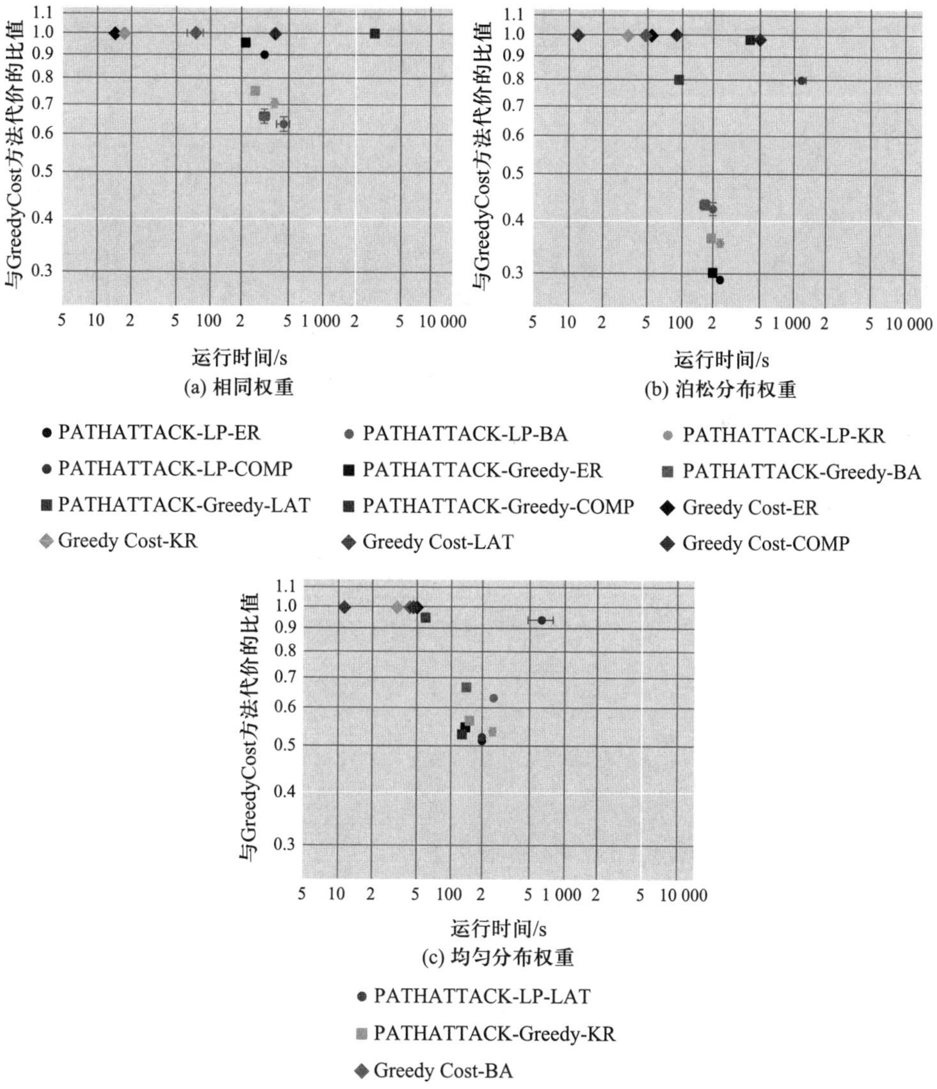

图 2-16　边删除攻击实验（取自文献[25]）

图 2-16 中不同形状代表不同的算法,不同灰度代表不同的数据集。横轴表示运行时间,纵轴表示边删除代价占 GreedyCost 基线方法所需代价的比例。纵轴和横轴数值越低,表明攻击效率越高。可以看出,PATHATTACK 算法大大降低了对 ER 网络和 BA 网络的攻击代价,PATHATTACK-LP 方法则可以实现最优的攻击效果。

　　（2）基于权重增加的攻击实验

　　实验与如下基线方法进行比较,实验结果如图 2-17 所示。

(a) 相同权重　　　　　　　　　　　　(b) 泊松分布权重

- ● PATHPERTURB-ER　　● PATHPERTURB-BA　　● PATHPERTURB-WS　　● PATHPERTURB-KR
- ● PATHPERTURB-COMP　　■ GreedyFirst-ER　　■ GreedyFirst-BA　　■ GreedyFirst-WS
- ■ GreedyFirst-LAT　　■ GreedyFirst-COMP

(c) 均匀分布权重

- ● PATHPERTURB-LAT
- ■ GreedyFirst-KR

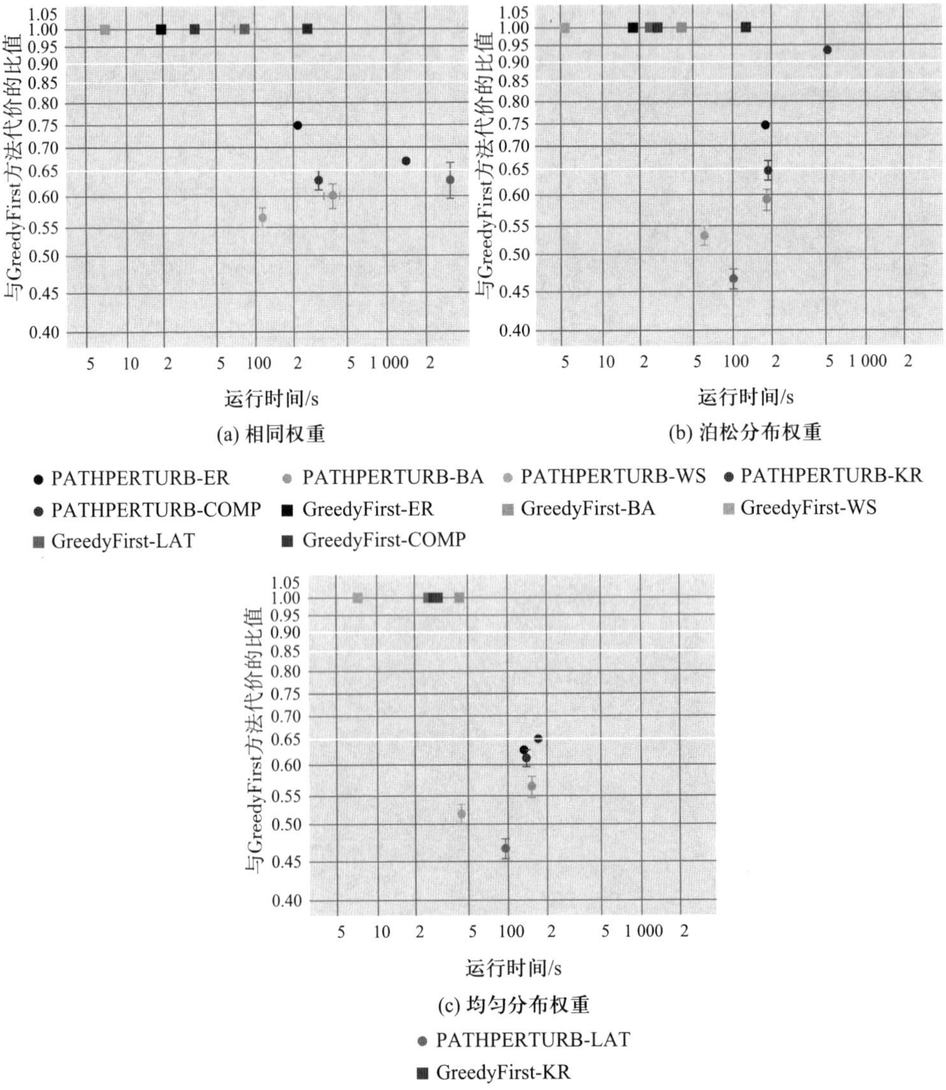

图 2-17　扰动边攻击实验（取自文献［26］）

GreedyFirst:迭代地计算 s 和 t 之间的最短路径 p;如果 p 不大于 p^*,则按路径遍历顺序扰动第一条边使 p 大于 p^*。

GreedyMin:迭代地计算 s 和 t 之间的最短路径 p,如果 p 小于 p^*,则选择 p 中权重最小的边进行扰动,增加其权值,重新计算最短路径,直到最短路径变为 p^*。

图 2-17 中○表示 PATHPERTURB 方法,□表示 GreedyFirst 方法,不同的灰度表示不同的数据集。可以看出,相较于 GreedyFirst 方法,PATHPERTURB 方法有着显著的提升,其所需的扰动预算降低了 25%以上。PATHPERTURB 方法在 WS 网络和 BA 网络上的效果比在 ER 网络上有着更大的改进,这可能是因为大度值节点存在的影响,大度值节点往往是枢纽节点,有助于形成最短路径,从而导致贪婪算法获得低预算变得更加困难。另外,当所有边的权重相等时,GreedyFirst 方法和 PATHPERTURB 方法的攻击具有近似的代价。

2.4 节点相似性攻击

节点相似性指标量化给定网络中节点对之间的相似性。对于任何网络,以及该网络中没有连接的任何一对节点,节点相似性用来估计这两个节点之间存在尚未发现的边的可能性,或者未来两个节点之间形成边的可能性,该特征是后续链路预测算法的基础。

节点相似性可以通过节点的基本属性定义,如果两个节点具有许多共同的特征,则认为它们是相似的。然而,节点的属性通常是隐藏的,因此本节关注结构相似性指标,它仅基于网络结构。结构相似性可以通过多种方式进行分类定义,如局部与全局、无参数与参数依赖、节点依赖与路径依赖等。除此之外,相似性指数也可以分为结构等价和正则等价,前者体现了边本身表示两个节点之间的相似性,而后者假设如果两个节点的邻居相似,则两个节点相似。本节主要介绍局部相似性指标并对其攻击方法进行简要描述。

大部分局部相似性指标都和节点周围的一阶邻居、二阶邻居相关。表 2-3 列举了常见的 10 种基于局部信息的相似性指标,$N(v)$为节点 v 的邻居节点集,$d(v)$为节点 v 的度。其中最简单的是指标①共同邻居(CN),就是考虑两个节点共同邻居的数量;指标②—⑦是在共同邻居的基础上考虑使用不同的规范化,如利用节点度;指标⑧基于无标度网络的优先连接;指标⑨通过分配较少连接的邻居更多的权重来细化共同邻居的简单计数；指标⑩从网络资源分配的角度考虑。

表 2-3　基于局部信息的相似性指标

序号	名称	定义
①	共同邻居(CN)[27]	$s^{\mathrm{CN}}(v,w)=\lvert N(v,w)\rvert$
②	Salton 指标[28]	$s^{\mathrm{Sal}}(v,w)=\dfrac{\lvert N(v,w)\rvert}{\sqrt{d(v)d(w)}}$
③	Jaccard 指标[29]	$s^{\mathrm{Jac}}(v,w)=\dfrac{\lvert N(v,w)\rvert}{\lvert N(v)\cup N(w)\rvert}$
④	Sørensen 指标[30]	$s^{\mathrm{Sør}}(v,w)=\dfrac{2\lvert N(v,w)\rvert}{d(v)+d(w)}$
⑤	HPI 指标[31]	$s^{\mathrm{HPI}}(v,w)=\dfrac{\lvert N(v,w)\rvert}{\min(d(v),d(w))}$
⑥	HDI 指标[31]	$s^{\mathrm{HDI}}(v,w)=\dfrac{\lvert N(v,w)\rvert}{\max(d(v),d(w))}$
⑦	LHN 指标[32]	$s^{\mathrm{LHN}}(v,w)=\dfrac{\lvert N(v,w)\rvert}{d(v)d(w)}$
⑧	PA 指标[33]	$s^{\mathrm{PA}}(v,w)=d(v)d(w)$
⑨	AA 指标[34]	$s^{\mathrm{AA}}(v,w)=\dfrac{1}{\log(d(u))}$
⑩	RA 指标[35]	$s^{\mathrm{RA}}(v,w)=\sum_{u\in N(v,w)}\dfrac{1}{d(u)}$

对节点相似性的攻击是指降低目标节点对之间的相似性或增加其他节点对之间的相似性，等价于降低目标节点对在链路预测中被发现的可能。对于这个问题，可以根据对网络的操作方式将攻击分成两种，一种是基于边删除的节点相似性攻击，另一种是基于删边重连的节点相似性攻击，不同的攻击方式适用于不同的应用场景。如基于边删除的节点相似性攻击在社交媒体上很容易实现，通过取消关注等操作即可实现类似边删除的行为。而对于一些对边数或网络结构敏感的应用场景，基于删边重连的节点相似性攻击方式可能更适合。

2.4.1 基于边删除的节点相似性攻击

通过删除一定数量的边来减少目标节点对之间的相似性，是一个典型的组合优化问题。具体而言，攻击者的目标是通过从网络中删除有限数量的边来最小化一组目标节点对的总加权相似分数[36]。

网络 $G=(V,E)$ 并不是完全已知的，通常通过一组查询边集 Q 来获取。其中对于每条查询边 $(u,v)\in Q$，通过查询确定其是否存在于边集 E。基于查询边集 Q 可以部分构造 G：$G_Q=(V_Q,E_Q)$，然后在 G_Q 上计算任何潜在边 $(u',v')\notin Q$ 对应节点对之间的相似性。攻击者希望通过在 $E_Q=E\cap Q$ 中删除最多 k 条边的子集，隐藏目标节点对之间可能的边集 H。令 $U=\{u_i\}$ 表示 H 中节点的并集，设 $|U|=n$。$W=\{w_1,w_2,\cdots,w_m\}$ 为目标节点的共同邻居集，每个 $w_i\in W$ 至少与 U 中两个节点相连。令 $N(u_i,u_j)$ 表示节点对 u_i 和 u_j 的共同邻居集，对于任意节点 $u_i\in V$，$d(u_i)$ 表示 u_i 的度。决策矩阵 $\boldsymbol{X}\in\{0,1\}^{m\times n}$ 表示 W 和 U 中节点之间的连接状态，如果 w_i 和 u_j 之间存在边，则决策矩阵的第 i 行第 j 列的元素 x_{ij} 等于 1，否则 x_{ij} 等于 0。攻击者删除 x_{ij} 表示删除 w_i 和 u_j 之间的边（即将 x_{ij} 由 1 置为 0）。可以用下式表示攻击者的攻击目标：

$$\begin{gathered}\min_{E_a\in E_Q} f_t(E_a)\equiv\sum_{(u,v)\in H} w_{uv}\mathrm{Sim}(u,v;E_a)\\ \mathrm{s.t.}\quad |E_a|\leqslant k\end{gathered}\tag{2-35}$$

式中，w_{uv} 表示需要隐藏节点对之间边的相对重要性，该式明确了相似性指标对移除边集 E_a 的依赖关系。

在本小节中主要考虑的局部相似性指标可以划分为两类：共同邻居程度（CND）指标和加权共同邻居（WCN）指标，这取决于它们的结构。如果总相似性 f_t 可以表示为

$$\sum_{r=1}^{m} W_r\frac{\sum_{i,j|(u_i,u_j)\in H} x_{ri}x_{rj}}{f_r(S_r)}\tag{2-36}$$

式中，f_r 表示一个关于 S_r 的增函数，S_r 表示决策矩阵 $\boldsymbol{X}$ 第 r 行的总和，W_r 表示相关权重，则对应的相似性度量属于 CND。AA 指标、RA 指标和共同邻居（CN）都是 CND 指标。

局部相似性指标属于 WCN，若其形式可以表示为 $\mathrm{Sim}(u_i,u_j)=\dfrac{|N(u_i,u_j)|}{g(d(u_i),d(u_j),|N(u_i,u_j)|)}$，其中 g 关于 $d(u_i)$ 和 $d(u_j)$ 严格递增，Sim 关于 $|N(u_i,u_j)|$ 严格递增。WCN 包括许多常见的指标，如 Jaccard 指标、Sørensen 指

标、Salton 指标、HPI 指标、HDI 指标和 LHN 指标等。

根据上述定义，攻击者只需删除 W 中节点和 U 中节点之间的边，因为删除其他边会降低 $d(u_i)$ 或 $d(w_i)$，从而导致相似性增加。因此，攻击者只需要考虑决策矩阵 $\boldsymbol{X}$ 就可以实现最优的攻击。攻击局部相似性可以表述为如下优化问题（称为 Prob-local）：

$$\begin{gathered}\min_{X} f_t(\boldsymbol{X}) \\ \text{s.t.}\ \ \mathrm{Sum}(\boldsymbol{X}^0 - \boldsymbol{X}) \leqslant k\end{gathered} \tag{2-37}$$

式中，$\boldsymbol{X}^0$ 表示原始决策矩阵，$\mathrm{Sum}(\cdot)$ 表示矩阵元素求和。

攻击局部相似性指标是 NP 困难的[30]，但可以使用近似算法近似求解，使用次模松弛得到一般情况下的近似算法。具体地，将 f_t 每项的分母限定为常数，从而得到 f_t 的上限 f_{tu}。

对于 WCN 度量，g_{ij} 表示 $\mathrm{Sim}(u_i,u_j)$ 的分母。对于每个 g_{ij}，其大小为 $L_{ij} \leqslant g_{ij} \leqslant U_{ij}$。其中，$L_{ij}$ 由删除 k 条边得到，U_{ij} 由不删除任何边得到。以 Sørensen 度量为例，$\mathrm{Sim}(u_i,u_j)=\dfrac{2|N(u_i,u_j)|}{d(u_i)+d(u_j)}$，$d_i^0+d_j^0-k \leqslant d(u_i)+d(u_j) \leqslant d_i^0+d_j^0$，其中 d_i^0 和 d_j^0 分别表示u_i 和u_j 的原始度。这样，每个相似性都有界：

$$\frac{|N(u_i,u_j)|}{U_{ij}} \leqslant \mathrm{Sim}(u_i,u_j) \leqslant \frac{|N(u_i,u_j)|}{L_{ij}} \tag{2-38}$$

令 $f_{tu}^{\mathrm{WCN}} = \sum\limits_{ij} \dfrac{|N(u_i,u_j)|}{L_{ij}}$，$f_{tl}^{\mathrm{WCN}} = \sum\limits_{ij} \dfrac{|N(u_i,u_j)|}{U_{ij}}$。即 $f_{tl}^{\mathrm{WCN}} \leqslant f_t^{\mathrm{WCN}} \leqslant f_{tu}^{\mathrm{WCN}}$。

类似地，对于 CND 度量，每个 $f_r(S_r)$ 有 $f_r(S_r^0)-k \leqslant f_r(S_r) \leqslant f_r(S_r^0)$，其中 S_r^0 为原始决策矩阵 $\boldsymbol{X}^0$ 的第 r 行元素之和。令 $f_{tl}^{\mathrm{CND}} = \sum\limits_{r=1}^{m} W_r \dfrac{\sum\limits_{i,j} x_{ri} \cdot x_{rj}}{f_r(S_r^0)}$，$f_{tu}^{\mathrm{CND}} = \sum\limits_{r=1}^{m} W_r \dfrac{\sum\limits_{i,j} x_{ri} \cdot x_{rj}}{f_r(S_r^0) - k}$，即 $f_{tl}^{\mathrm{CND}} \leqslant f_t^{\mathrm{CND}} \leqslant f_{tu}^{\mathrm{CND}}$。由于 f_t^{WCN} 和 f_t^{CND} 的结构相似，接下来的分析将重点放在 f_t^{WCN} 上，省略上标 WCN，所提出的近似算法也适用于 f_t^{CND}。

对于最小化 f_{tu}，设 S' 是攻击者选择删除的边集，集合 S' 与决策矩阵 $\boldsymbol{X}'$ 相关联。对于任何 $S \subset S'$，有 $\boldsymbol{X} \geqslant \boldsymbol{X}'$，其中 $\boldsymbol{X}$ 是与 S 相关的矩阵。定义集合函数 $F(S)=f_{tu}(\boldsymbol{X}^0)-f_{tu}(\boldsymbol{X})$，明显 $F(\varnothing)=0$。因此，最小化 f_{tu} 等价于

$$\begin{gathered}\max_{S \subset E_Q} F(S) \\ \text{s.t.}\ \ |S| \leqslant k\end{gathered} \tag{2-39}$$

$F(S)$是一个单调递增的次模函数,贪婪算法求解这类问题可以实现达到$\left(1-\frac{1}{e}\right)$的近似最优解。贪婪算法将逐步删除导致$F(S)$增长最大的边,直到删除$k$条边,并得到一个近似解,这种算法称为局部近似。

2.4.2 基于 CTR 启发式的节点相似性攻击

第2.4.1小节从理论上分析了基于边删除的节点相似性攻击,并通过近似方法实现攻击。本小节将介绍一种基于边删除的启发式算法[11]。

封闭三角形去除(CTR)算法的核心是选择满足如下条件的边$(v,w)\in E$:

$$\exists x \in V:((v,x) \in E) \wedge ((x,w) \in H) \tag{2-40}$$

这意味着边(v,x),(x,w)和(v,w)可以构成一个封闭三角形。算法通过删除边(v,w)来去除节点v,w和x之间的封闭三角形。对于局部相似性指标,去除边(v,w)只能降低节点x和w之间的相似性指标值。如果去除边(v,w)可以去除多个封闭的三角形,且每个三角形都包含H中1个节点对,那么该算法就更有效。如图2-18所示,去除边(v,w)降低了H中3个节点对的相似性,即边(x,w),(y,w)和(z,w)。基于此,CTR算法通过检查所有可能的边(v,w)并选择影响H中最多节点对组成封闭三角形的边进行删除。

CTR算法可以很容易地应用到社交网络中。例如,在图2-18中,如果w希望隐藏它与x、y和z的关系,那么CTR算法只要w尽可能多地取消与x,y和z的共同好友之间的关系。

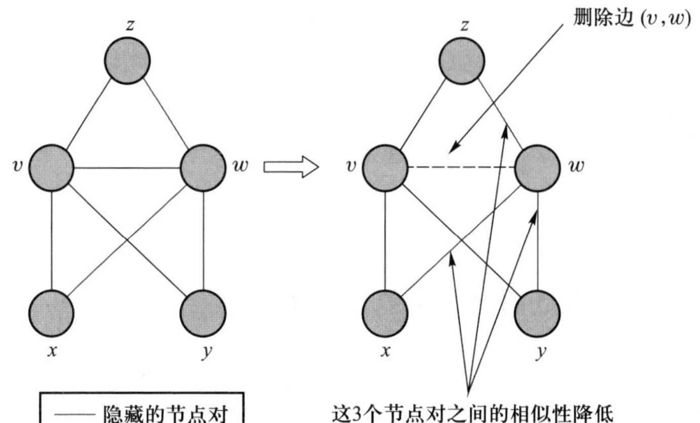

图2-18 CTR算法示例(改编自文献[11])

CTR算法的伪代码如算法2-8所示。

算法 2-8　CTR 算法

输入：	无向图 $G=(V,E)$，预算 $b \in \mathbb{N}$，可以删除的边集 $\hat{R} \subseteq E$，隐藏的目标节点对集 $H \subset \overline{E}$
输出：	攻击图 G'

1	$R' \leftarrow \{(v,w) \in \hat{R}, (\exists x \in N(v):(x,v) \in H) \lor (\exists x \in N(w):(x,w) \in H)\}$
2	for $i=1$ to b do
3	$\quad$ for $(v,w) \in R'$ do
4	$\quad\quad \sigma_{(v,w)} \leftarrow 0$
5	$\quad$ end
6	$\quad$ for $(x,w) \in H$ do
7	$\quad\quad$ for $v \in N(x,w)$ do
8	$\quad\quad\quad$ if$((v,w) \in E) \land ((v,x) \in E)$ do
9	$\quad\quad\quad\quad$ if$(v,w) \in R'$ do $\sigma_{(v,w)} \leftarrow \sigma_{(v,w)}+1$
10	$\quad\quad\quad\quad$ if$(v,w) \in R'$ do $\sigma_{(v,x)} \leftarrow \sigma_{(v,x)}+1$
11	$\quad\quad\quad$ end
12	$\quad\quad$ end
13	$\quad$ end
14	$\quad (v^*,w^*) \leftarrow \underset{(x,w) \in R'}{\arg\max}\ \sigma_{(v,w)}$
15	$\quad$ if $\sigma_{(v^*,w^*)} > 0$ do
16	$\quad\quad E' \leftarrow E \backslash (v^*,w^*)$
17	$\quad$ end
18	end
19	$\quad G' = (V,E')$
20	$\quad$ return G'

2.4.3　基于删边重连的节点相似性攻击

上文主要介绍了边删除的节点相似性攻击，在一些场景下，需要保持网络中的边数不变，因此本节将介绍基于删边重连的节点相似性攻击[37]。

对于无向网络 $G=(V,E)$，其中 V 和 E 分别表示节点集和边集。网络中所有节点对的集合 $\Omega = \{(i,j)\ |\ \{i,j\} \in V, i \neq j\}$，$\Omega$ 包含 $\binom{k}{2} = \dfrac{|V|(|V|-1)}{2}$ 个可能的

节点对。所有可观察到的边 E 分为两组：训练集 E^{T} 和验证集 E^{V}，显然两个集合的并集为 E，且交集为空。进一步，定义未知节点对集合 $U=\Omega-E^{\mathrm{T}}$ 和不存在的节点对集合 $N=\Omega-E$。

基于局部信息的节点相似性指标计算效率高且性能良好，而 RA 指标是基于局部信息的相似性指标中较流行的，其定义如下：

$$RA_{ij}=\sum_{k\in\Gamma(i)\cap\Gamma(j)}\frac{1}{d_k} \tag{2-41}$$

式中，$\Gamma(i)$ 表示节点 i 的一阶邻居，d_k 表示节点 k 的度。要降低某一节点对的 RA 指标，可以减少它们之间共同邻居的数量，或者增加它们之间共同邻居的度。

在目标节点对相似性攻击中，考虑网络中删除和添加的边数不变，即保持网络的边数不变，以及删除和添加的边数控制在一个较低水平，以确保原始图结构变化不明显。因此，这种攻击方式可以定义为如下形式：

$$\begin{aligned}&\min_{\hat{E}}\mathcal{L}(E^{\mathrm{T}}+\tilde{E},E^{\mathrm{V}})\\&\text{s.t.}\begin{cases}|\tilde{E}|=|E_{\mathrm{add}}|+|E_{\mathrm{del}}|=2|E_{\mathrm{del}}|\ll|E^{\mathrm{T}}|\\E_{\mathrm{del}}\subset E^{\mathrm{T}},E_{\mathrm{add}}\subset N\end{cases}\end{aligned} \tag{2-42}$$

经过攻击后，原始网络的 E^{T}、U、N 分别变为 $\tilde{E}^{\mathrm{T}}$、$\tilde{U}$、$\tilde{N}$，其中

$$\begin{aligned}\tilde{E}^{\mathrm{T}}&=E^{\mathrm{T}}-E_{\mathrm{del}}+E_{\mathrm{add}}\\\tilde{U}&=\Omega-(E^{\mathrm{T}}+\tilde{E})=U+E_{\mathrm{del}}-E_{\mathrm{add}}\\\tilde{N}&=\Omega-(E^{\mathrm{T}}+\tilde{E})-E^{\mathrm{V}}=N+E_{\mathrm{del}}-E_{\mathrm{add}}\end{aligned} \tag{2-43}$$

攻击示意图如图 2-19 所示，想要降低节点对 (i,j) 之间的相似性，通过删除边 (i,q) 和添加边 (p,v)，使得节点对 (i,j) 之间的 RA 指标从 5/6 降低到 1/3，如果是用于链路预测，在攻击前 (i,j) 是网络中最有可能存在边的节点对，通过上述

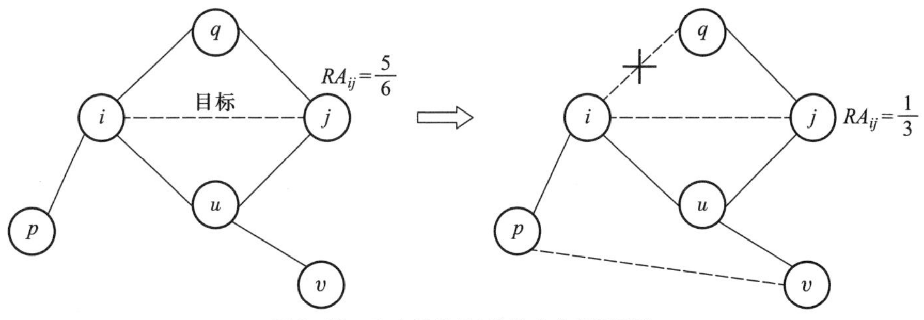

图 2-19 攻击示意图(改编自文献[37])

操作后(i,j)不再是最可能的节点对,这相当于在网络中隐藏了节点对(i,j)之间的潜在边。

（1）启发式攻击方法

删边重连启发式攻击(heuristic attack,HA)的基本思路是通过删除特定边降低E^V中节点对的相似性指标值,然后添加特定边提高其他节点对的相似性指标值,从而隐藏E^V中的节点对。在这里,采用贪心策略删边重连。首先,利用RA指标计算Ω中节点对的相似性指标值,然后根据它们的值降序排序。对每条边而言,有3种情况。第一种是边$(i,j) \in E^T$,则直接删除该边。第二种是边$(i,j) \in E^V$,选择度值最小的共同邻居k,删除边(i,k)或者边(j,k);或者选择两个度值最小的共同邻居k和l,添加边(k,l)来减小节点对(i,j)的RA指标。最后一种是边$(i,j) \in N$,选择i和j的一阶邻居中除了它们的共同邻居外度最小的节点k,添加边(i,k)或者边(j,k)从而增加当前节点对(i,j)的RA指标。算法2-9对启发式攻击的操作步骤进行了详细介绍。

算法 2-9　启发式攻击方法

输入：	训练集E^T,验证集E^V,不存在节点对集N,预算m,所有节点对集Ω
输出：	删边集E_{del},增边集E_{add}

1	初始化E_{del}和E_{add}
2	计算所有节点对的RA指标并进行降序排序得到$\hat{\Omega}$
3	for each$(i,j) \in \hat{\Omega}$ do
4	if$(i,j) \in E^T \cup E^V$ then
5	if $\left| E_{del} \right| < m$ then
6	$\ell_{del} = $ Delete Link$((i,j))$
7	$E_{del} = E_{del} \cup \ell_{del}$
8	continue
9	end
10	end
11	if$(i,j) \in E^V \cup N$ then
12	if $\left| E_{add} \right| < m$ then
13	$\ell_{add} = $ Add Link$((i,j))$
14	$E_{add} = E_{add} \cup \ell_{add}$

```
    |   | end
    | end
    | if |E_add| = m and |E_del| = m then
    |   | break
    | end
end
return E_del, E_add
```

（2）进化算法攻击方法

攻击节点对的相似性是一个典型的组合优化问题，在候选边集中选择 m 条边进行添加和删除，对于这种组合优化问题，一种有效的解决方式就是进化算法。

进化算法通过迭代地执行进化操作，如选择、交叉和变异，来找到最优解。本节介绍两种进化算法，分别是遗传算法（genetic algorithm，GA）和分布估计算法（estimation of distribution algorithm，EDA）。

染色体由两部分组成，一部分是删除边，$\ell_{del}^{i} \in E^{T}$；另一部分是添加边，$\ell_{add}^{i} \in N$，其中 $i=1,2,\cdots,m$。染色体如图 2-20 所示且两部分长度相等。

删除边	ℓ_{del}^{1}	ℓ_{del}^{2}	ℓ_{del}^{3}	ℓ_{del}^{4}
添加边	ℓ_{add}^{1}	ℓ_{add}^{2}	ℓ_{add}^{3}	ℓ_{add}^{4}

图 2-20　染色体

适应度函数的设计考虑了链路预测的两个指标：精度和 AUC[37]。适应度函数表示如下：

$$\max_{\ell \in E^{V}, n \in \tilde{N}} Fitness = \alpha \sum_{n \in \tilde{N}} \delta\left(RA_{n} > \max_{\ell \in E^{V}} \{RA_{\ell}\}\right) + \left(\frac{1}{|\tilde{N}|} \sum_{n \in \tilde{N}} RA_{n} - \frac{1}{|E^{V}|} \sum_{\ell \in E^{V}} RA_{\ell} \right) \tag{2-44}$$

式中，$\delta(x)$ 是一个指示函数，$\delta(x)=1$ 表示 x 为真，否则为 0。适应度函数由两部分组成：（1）表示相似性高于目标节点对的不存在边的数量，其对精度影响更大；（2）表示不存在节点对和目标节点对之间平均相似性的差异，这对 AUC 影响更大。

选择操作使用轮盘赌算法，对适应度函数应用指数变换，使其值为正。同时根据适应度值保留 n_{elite} 个适应度最大的精英个体。

变异操作，根据适应度值选择 $n_{mutation}$ 条染色体进行变异操作。遍历染色体上的每一条边，根据变异概率 p_m 对其进行变异。具体而言，将一个删除的边 ℓ_{del} 随机替换为 E^T 中的另一条边，将一个添加的边 ℓ_{add} 随机替换为 N 中的另一条边。如果染色体中存在重复边，则继续上述操作，直到不存在重复边。

遗传算法中的交叉操作采用单点交叉，根据适应度和交叉概率 P_c 值选择第 $n_{crossover}$ 条染色体位置开始进行交叉。如果发生冲突，则撤销操作。具体操作如图 2-21 所示。

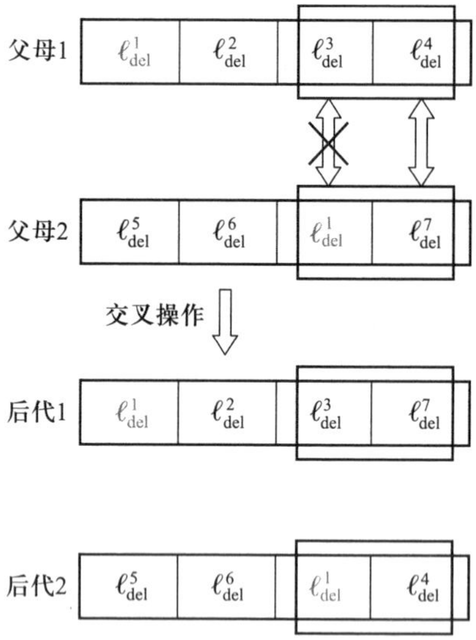

图 2-21　交叉操作

遗传算法的具体方法执行过程如算法 2-10 所示。

算法 2-10　遗传算法

输入：	染色体长度 m，精英个体数 n_{elite}，单点交叉位置 $n_{crossover}$，染色体变异数 $n_{mutation}$，迭代次数 $n_{iteration}$，交叉概率 P_c 和突变概率 P_m
输出：	种群 *population*
1	初始化种群
2	while 未达到迭代次数 $n_{iteration}$ or 未收敛 do

　　计算种群的适应度值

　　保留 n_{elite} 个精英个体

　　$Cro = Selection\ Operation(n_{crossover})$

　　$\widehat{Cro} = Crossover\ Operation(P_c, Cro)$

　　$Mut = Selection\ Operation(n_{mutation}, \widehat{Cro})$

　　$\widehat{Mut} = Mutation\ Operation(P_m, Mut)$

　　$population = elite \cup \widehat{Cro} \cup \widehat{Mut}$

end

return *population*

EDA 是一种基于统计学理论的新型随机优化算法，与遗传算法有着明显差异。遗传算法通过交叉操作产生新的个体，而 EDA 通过偏好抽样和统计学习来搜索更好的个体。具体而言，根据适应度值对 $n_{estimation}$ 条染色体进行采样，然后基于统计数据估计删除边和添加边的概率分布 $P(\ell_{del})$ 和 $P(\ell_{add})$。最后，根据各自的分布生成 n_{eda} 条染色体。

2.4.4　攻击实验与结果分析

（1）基于边删除的节点相似性攻击实验

实验使用了两类网络：① 随机生成的无标度网络，② Facebook 网络[38]。实验将上文中的近似算法、CTR 启发式算法和随机删除（随机删除连接到目标节点的边）相比较。对于基于局部信息的相似性进行度量，设置目标集的大小为 20，使用较为常见的 RA 指标（CND 度量）和 Sørensen 指标（WCN 度量）进行实验。

实验结果如图 2-22 所示，当没有删除边时，所有相似性指标值都为 1.0。近似算法可以有效地降低目标节点对之间的相似性指标值，并且效果要优于基于 CTR 的启发式算法和随机删除策略。同时可以看出删除相对较少的边就可以显著地减小一组目标节点的相似性。

（2）基于删边重连的节点相似性攻击实验

实验在 6 个真实网络上进行，每个网络中所有的边随机分为 10 个不相交的集合。选择其中一个集合作为验证集 E^V，即作为需要攻击的节点对，其余集合作为训练集 E^T。分别将上述 3 个方法与如下 2 个随机方法相比较。为了保证攻击不被发现，对删除和添加边的比例进行限制，该比例定义为已删除/添加

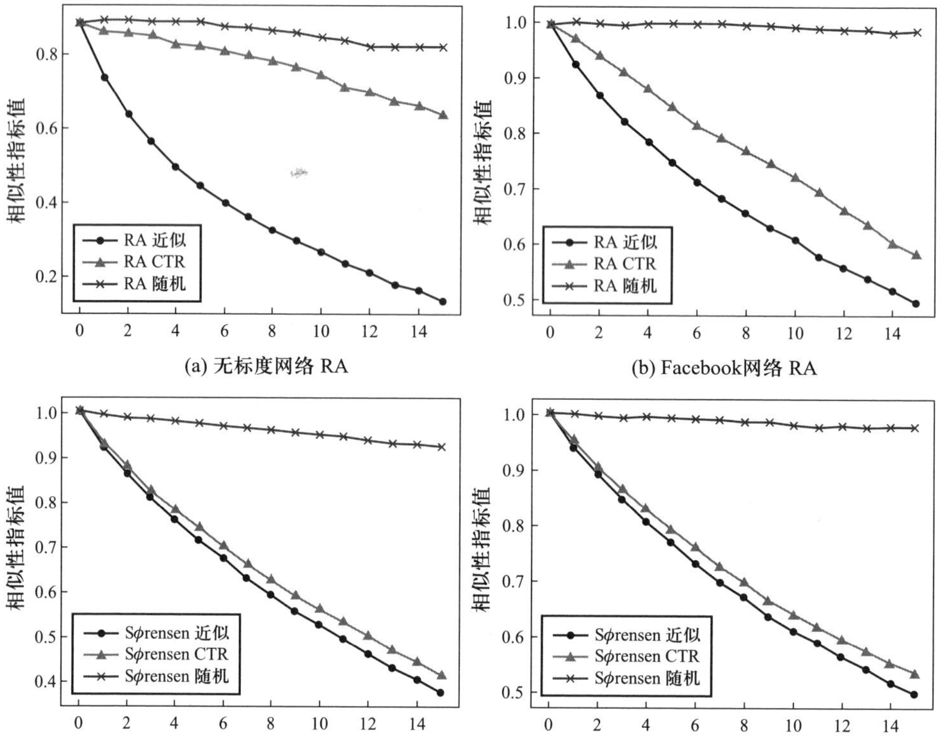

(a) 无标度网络 RA　(b) Facebook网络 RA

(c) 无标度网络 Sφrensen　(d) Facebook网络 Sφrensen

图 2-22　局部相似性攻击实验(改编自文献[36])

的边与训练集中所有边的比例。例如,如果该比例等于 0.1,则意味着删除和添加的边分别占训练集的 10%。使用如下基线方法,更详细的实验设置可参考文献[37]。

随机重连边策略(RLR):从 E^{T} 中随机删除边,然后添加相同数量的边。

随机交换边策略(RLS):从网络中随机选择一对边 (i,j) 和 (u,v),若边 (i,u) 和 (j,v) 在网络中不存在,则将边 (i,j) 和 (u,v) 重连为边 (i,u) 和 (j,v)。

实验结果如图 2-23 所示,可以发现,在大多数网络上基于进化算法的攻击尤其是 EDA 攻击,优于 RLR、RLS 和 HA。结果还表明,随着删除/添加边比例的增加,HA 的效果越来越好。特别是对于更大规模的网络,HA 在精确度上甚至优于进化方法,因为 HA 的设计有利于提高精确度。

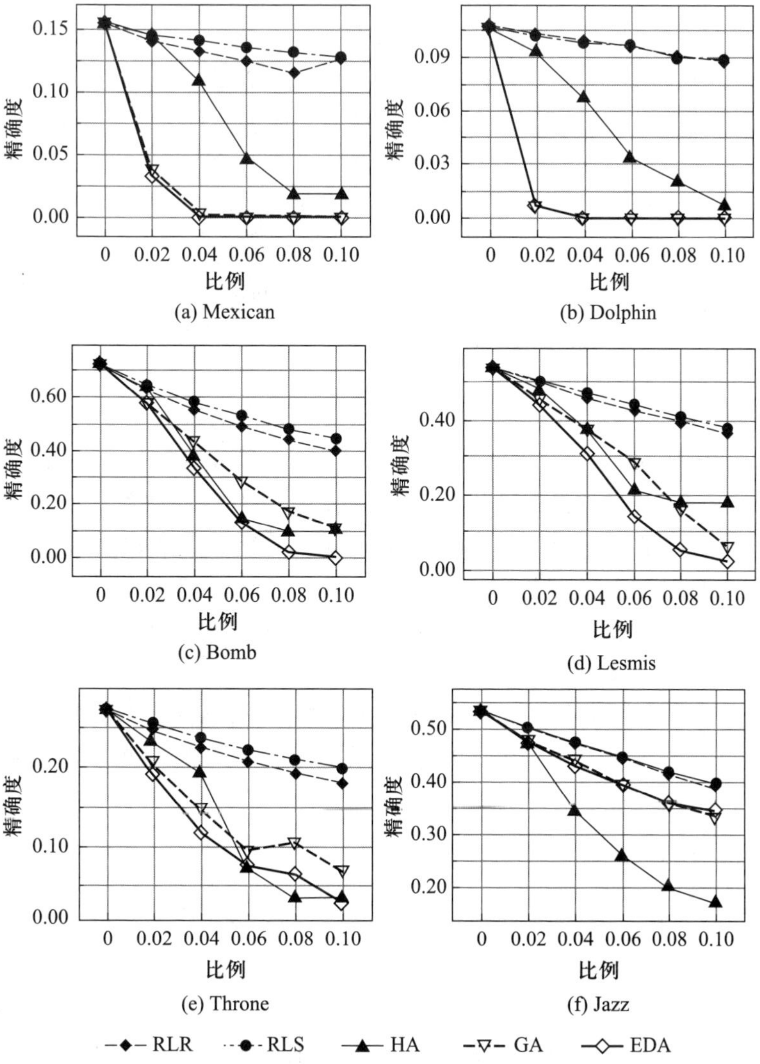

图 2-23　基于边重连的节点相似性攻击实验(取自文献[37])

2.5　本章小结

本章主要介绍了针对网络微观特征的对抗攻击方法。网络微观特征在网络研究中有着重大的意义和价值,它们提供了关于网络结构和节点行为的详细信息,有助于深入理解网络的复杂性和动态性。网络微观特征在节点重要性评估、社团结构识别、网络动力学和网络优化等方面都有着重要的应用。近年来,针对网络微观特征的鲁棒性得到了广泛的研究。本章主要从节点中心性指标、节点间最短路径和节点相似性这 3 个类型的微观特征出发,分别讨论了针对它们的对抗攻击方法。对于中心性指标,本章主要考虑了通过增加边的攻击方式使得目标节点中心性指标最大化的问题;对于最短路径,本章考虑了通过边删除或权重扰动使得目标路径成为节点对之间最短路径的问题;对于节点相似性,本章主要考虑了边删除和删边重连两种攻击方式降低目标节点对或目标节点集之间的相似性。

对于不同的微观特征,本章首先建立了对抗攻击的目标函数,然后具体分析了特定微观特征的性质,设计针对性的攻击方法。多数情况下,本章讨论的部分微观特征攻击可以转换为次模优化问题,贪婪算法就能有较好的表现。另外针对不同的微观特征,一些启发式方法也能有较优的性能。例如,本章证明了接近中心性和介数中心性的攻击是单调且次模的,并验证了贪婪算法相较于其他基线方法的优越性。最短路径攻击目标函数是 NP 完全的,因此采用启发式的算法实现较优的攻击效果。

本章在不同的数据集上实施微观特征攻击,针对不同的微观特征对提出的攻击方法进行了对比实验,并针对攻击结果进行了具体分析,可帮助读者更为全面地了解网络微观特征的对抗攻击。

参考文献

[1] Rodriguez M, Fathy H. Vehicle and traffic light control through gradient-based coordination and control barrier function safety regulation [J]. Journal of Dynamic Systems, Measurement, and Control, 2022, 144(1): 011104.

[2] Waniek M, Michalak T P, Wooldridge M J, et al. Hiding individuals and communities in a social network [J]. Nature Human Behaviour, 2018, 2(2): 139-147.

[3] Brin S, Page L. The anatomy of a large-scale hypertextual web search engine [J]. Computer Networks and ISDN Systems, 1998, 30(1): 107-117.

[4] Dijkstra E W. A note on two problems in connexion with graphs [M]//Apt K R, Hoare T. Edsger Wybe Dijkstra: His Life, Work, and Legacy. New York: ACM Books, 2022: 287-290.

[5] Lü L, Zhou T. Link prediction in complex networks: A survey[J]. Physica A: Statistical Mechanics and its Applications, 2011, 390(6): 1150-1170.

[6] Crescenzi P, D'angelo G, Severini L, et al. Greedily improving our own centrality in a network[C]//International Symposium on Experimental Algorithms, Paris, 2015: 43-55.

[7] Bianchini M, Gori M, Scarselli F. Inside pagerank[J]. ACM Transactions on Internet Technology, 2005, 5(1): 92-128.

[8] United States District Court, Oklahoma W D. Search King, Inc. v. Google Technology, Inc. , Case No. CIV-02-1457-M[EB/OL]. Cosetext, 2003-05-27 [2024-11-01].

[9] Malighetti G, Martini G, Paleari S, et al. The impacts of airport centrality in the EU network and inter-airport competition on airport efficiency[J]. Munich Personal RePEc Archive, 2009.

[10] La Fontaine S, Muralidhar N, Clifford M, et al. Alternative route-based attacks in metropolitan traffic systems[C]//2022 52nd Annual IEEE/IFIP International Conference on Dependable Systems and Networks Workshops, Piscataway: IEEE, 2022: 20-27.

[11] Waniek M, Zhou K, Vorobeychik Y, et al. Attack tolerance of link prediction algorithms: How to hide your relations in a social network[EB/OL]. arXiv: 1809. 00152, 2018.

[12] Boldi P, Vigna S. Axioms for centrality[J]. Internet Mathematics, 2014, 10(3): 222-262.

[13] Doyle P G, Snell J L. Random Walks and Electric Networks[M]. Washington: Mathematical Association of America, 1984.

[14] Stephenson K, Zelen M. Rethinking centrality: Methods and examples[J]. Social Networks, 1989, 11(1): 1-37.

[15] Brandes U, Fleischer D. Centrality measures based on current flow[C]//Annual Symposium on Theoretical Aspects of Computer Science, Berlin: Springer, 2005: 533-544.

[16] Crescenzi P, D'angelo G, Severini L, et al. Greedily improving our own closeness centrality in a network[J]. ACM Transactions on Knowledge Discovery from Data, 2016, 11(1): 1-32.

[17] Nemhauser G L, Wolsey L A, Fisher M L. An analysis of approximations for maximizing submodular set functions—I[J]. Mathematical Programming,

1978,14:265-294.

[18] Bergamini E, Crescenzi P, D'angelo G, et al. Improving the betweenness centrality of a node by adding links[J]. Journal of Experimental Algorithmics, 2018,23:1-32.

[19] Meyer,Jr C D. Generalized inversion of modified matrices[J]. Siam Journal on Applied Mathematics,1973,24(3):315-323.

[20] Plemmons R J. M-matrix characterizations. I—nonsingular M-matrices[J]. Linear Algebra and Its Applications,1977,18(2):175-188.

[21] Shan L,Yi Y,Zhang Z. Improving information centrality of a node in complex networks by adding edges[EB/OL]. arXiv:1804. 06540,2018.

[22] Avrachenkov K,Litvak N. The effect of new links on Google PageRank[J]. Stochastic Models,2006,22(2):319-331.

[23] de Kerchove C,Ninove L,Van Dooren P. Maximizing PageRank via outlinks [J]. Linear Algebra and its Applications,2008,429(5):1254-1276.

[24] Adalı S, Liu T, Magdon-Ismail M. An analysis of optimal link bombs[J]. Theoretical Computer Science,2012,437:1-20.

[25] Miller B A,Shafi Z,Ruml W,et al. PATHATTACK:Attacking shortest paths in complex networks[C]//Machine Learning and Knowledge Discovery in Databases,Berlin:Springer,2021:532-547.

[26] Miller B A, Shafi Z, Ruml W, et al. Optimal edge weight perturbations to attack shortest paths[EB/OL]. arXiv:2107. 03347,2021.

[27] Newman M E J. Clustering and preferential attachment in growing networks [J]. Physical Review E,2001,64(2):025102.

[28] Salton G. Modern information retrieval[J]. McGraw-Hill,1983.

[29] Jaccard P. Étude comparative de la distribution florale dans une portion des Alpes et des Jura [J]. Bulletin de la Société Vaudoise des Sciences Naturelles,1901,37:547-579.

[30] Pan Y, Li D H, Liu J G, et al. Detecting community structure in complex networks via node similarity [J]. Physica A: Statistical Mechanics and its Applications,2010,389(14):2849-2857.

[31] Ravasz E, Somera A L, Mongru D A, et al. Hierarchical organization of modularity in metabolic networks[J]. Science,2002,297(5586):1551-1555.

[32] Leicht E A, Holme P, Newman M E J. Vertex similarity in networks[J]. Physical Review E,2006,73(2):026120.

[33] Barabási A L, Albert R. Emergence of scaling in random networks[J]. Science,1999,286(5439):509-512.

[34] Adamic L A, Adar E. Friends and neighbors on the Web[J]. Social Networks, 2003,25(3):211-230.

[35] Zhou T, Lü L, Zhang Y C. Predicting missing links via local information[J]. The European Physical Journal B,2009,71(10):623-630.

[36] Zhou K, Michalak T P, Rahwan T, et al. Attacking similarity-based link prediction in social networks[EB/OL]. arXiv:1809.08368,2018.

[37] Yu S, Zhao M, Fu C, et al. Target defense against link-prediction-based attacks via evolutionary perturbations[J]. IEEE Transactions on Knowledge and Data Engineering,2019,33(2):754-767.

[38] Kunegis J. Konect: The Koblenz network collection[C]//Proceedings of the 22nd International Conference on World Wide Web. 2013:1343-1350.

第3章 面向网络中观特征的攻击

与微观特征不同,网络的中观特征聚焦于描述节点簇及簇内边所构成的局部子图所具有的拓扑性质。常见的网络中观特征包括 k 核结构、社团结构、模体结构等。网络中观特征被广泛应用于互联网、社交网络、金融网络、生态网络等多个领域。然而,近年来的许多研究工作表明,网络中观特征在遭受对抗攻击扰动时表现出明显的脆弱性,即网络中某些边或节点的缺失可能会导致网络的拓扑特性发生巨大改变。例如,社交网络中的核心用户对网络的运作和维护发挥着重要作用,攻击者通过散播谣言、利益诱导等手段使得这些核心用户脱离该网络,就可能导致社交网络中的用户大量流失[1,2];在交通网络中,交通枢纽的损坏或堵塞往往会导致大范围的交通瘫痪,攻击者通过锁定这些重要交通节点进行破坏或阻塞操作就可能严重干扰交通系统的稳定运行[3,4]。研究网络中观特征的脆弱性可以帮助网络的监管者和维护者快速锁定网络中的脆弱部分并进行针对性的防护,有利于降低网络维护的成本,能够更好地维护社会的和谐稳定与人民的生命财产安全。基于此,本章将介绍网络中观特征的基本概念,并对几种典型的网络中观特征及其相应的对抗攻击策略进行深入讨论。

3.1　网络中观特征的基本概念

在复杂网络中，存在着一些由节点簇和簇内边所构成的具有高内聚性、低耦合性的子图结构。在现实生活中，例如在社交网络中，关系紧密的用户间会形成一个个规模较小的社交团体(即社团)，这些社团的内部成员间往往有着更频繁的交流，并且在对外交流时表现出强烈的集体特性[5-8]；在蛋白质-蛋白质相互作用网络中，蛋白质分子就是一种内部结合紧密且具有特定构造的空间拓扑结构，并且具有不同拓扑结构的蛋白质分子往往表现出不同的功能特性[9-12]。基于此，人们将网络中的这些特殊子图结构称作网络中观特征(mesoscopic feature of network)。

通过以上例子可以认识到，网络中观特征就是网络中一批由多个节点构成的、具有特殊拓扑结构的局部子图。与网络微观特征(在第 2 章中介绍)和网络宏观特征(将在第 4 章中介绍)不同，针对网络中观特征的研究旨在发现网络中具有显著意义和特定功能的子图，从而揭示网络的内部模式、局部结构和动态演化[13-15]。对于网络中观特征的探索不仅有助于提高对各类网络系统的认识，还对社交网络、生物网络、互联网等复杂系统的建模、分析和改进提供了有益的信息[16-18]，它们在揭示网络内部构成、检测异常行为、优化信息传播策略以及增强网络鲁棒性和安全性等方面具有广泛应用[19-22]，进而为解决现实中的复杂问题提供了帮助。

下面是对常见的几种网络中观特征的简单概述，以便读者进行快速查阅，更加具体的定义和描述会在后续小节里进行详细介绍。

(1) k 核结构[23](k-core structure)：k 核是网络中的最大子图，子图中的每个节点都拥有至少 k 个邻居节点。k 核是一种典型的网络中观特征，它可以有效描述网络中节点的密度和连接情况，也可以衡量节点在网络中的重要性和影响力。

(2) 社团结构[24](community structure)：在实际网络中，节点间的连接往往是不均匀的，一些节点之间连接紧密，一些节点之间连接稀疏，连接紧密的一批节点所构成的子结构被称为一个社团。同一社团内部的节点往往会具有相似的结构与特性，而分属不同社团的节点往往会存在比较明显的差异。

(3) 模体结构[25](motif structure)：在复杂网络中，存在着一些出现频率较高且具有特定拓扑结构的子图，这些特殊子图被称为模体。网络中的模体通常由一组相互连接的节点和边组成，可以用来描述网络在拓扑层面上的重复模式与层级结构，揭示网络拓扑组成的一般规律与重要性质。

在本章的后续内容中，以无权无向的简单图作为研究目标，用 $G=(V,E)$ 表示一个简单图，其中 $V=\{v_1,v_2,\cdots,v_{|V|}\}$ 表示图 G 的节点集，E 表示图 G 的边集。为了便于描述，用 $N_{(u,G)}$ 表示节点 u 在图 G 中的一阶邻居节点，用 $deg(u,G)$ 表示节点 u 在图 G 中的度值。

3.2 对 k 核结构的攻击

本节将对 k 核结构的基本概念进行描述。同时，将介绍两种针对 k 核结构的对抗攻击方法，它们使用不同的攻击策略对 k 核结构进行扰动，结果显示 k 核结构在对抗攻击扰动场景下表现出明显的脆弱性。

3.2.1 k 核及 k 核攻击的基本概念

1. k 核的基本概念

k 核是一种描述网络拓扑集聚程度的关键特征，是网络中的一种特殊子图。k 核的基本概念简述如下。

定义 3-1：k 核。 网络 $G=(V,E)$ 中的 k 核，是 G 中的一个子图，记作 $G_k=(V_k,E_k)$。该子图满足以下两个条件：(1) G_k 内任意节点的度值均不小于正整数 k；(2) G_k 的规模是极大的，即任意其他子图 $\widetilde{G}\supset G_k$ 均不满足条件(1)。

算法 3-1 对 k 核分解算法的具体步骤进行了描述。对给定的输入网络 G 和度值约束 k，通过迭代剔除不符合定义 3-1 约束条件的节点，最终返回对应的 k 核 G_k。

算法 3-1　k 核分解(G,k)算法

输入：	输入网络 G，度值约束 k
输出：	k 核 G_k
1	while 存在 $u\in G$ 满足 $deg(u,G)<k$ do
2	$G=G\setminus\{u\}$

	end while
	$G_k := G$
	return G_k

为了便于理解,图 3-1 展示了一个 k 核分布示意图。在图中,点划线内部的子图表示 1 核,即包含节点 v_1—v_{20}的子图构成了 G_1;虚线内部表示 2 核,即包含节点 v_9—v_{20}的子图构成了 G_2;实线内部表示 3 核,即包含节点 v_{14}—v_{20}的子图构成了 G_3。

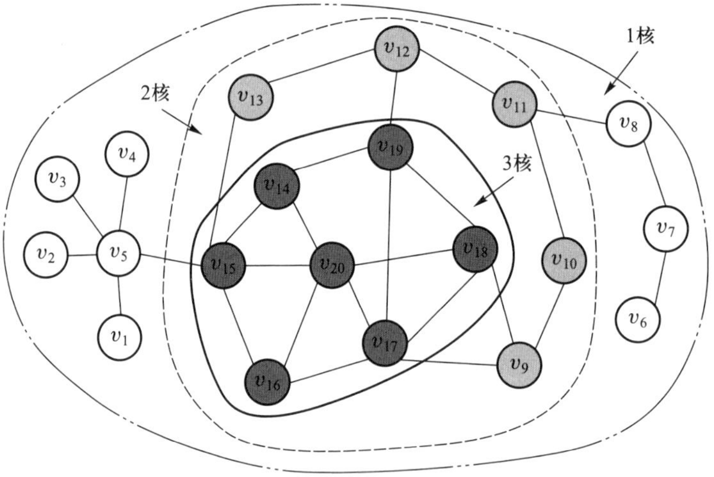

图 3-1　k 核分布示意图(改编自文献[34])

在复杂网络的研究中,一般认为,k 值越大,k 核的拓扑集聚程度越高,k 核内节点的结构连接关系越紧密并且这些节点在网络中的重要性也越高。由于 k 核的特殊拓扑性质,近年来越来越多的研究人员将 k 核应用于实际场景中。例如,Qu 等[26]发现位于类依赖网络内层 k 核中的程序节点出现故障的概率更大,并使用 k 核对故障程序预测模型的输出结果进行重排序,他们提出的算法对故障程序的预测准确率有进一步提升;Liu 等[27]将 k 核嵌入时序图卷积网络(temporal graph convolutional network,TGCN)的训练过程当中,利用 k 核的拓扑集聚特性改善了 TGCN 的消息聚合过程并提出了 CTGCN(core-based TGCN),并证明了改进的 CTGCN 模型在动态图链路预测任务上具有更高的准确率。Morone 等[28]发现在生态共生网络中 k 核与物种数之间存在着强烈的动态联系,他们给出了这种动态关系的解析表达式,并证明关注生态共生网络的 k 核变化可以更高效地监测网络的崩溃预兆从而防止灾难性的生态后果。正是由于 k 核在多个领域中有着广泛的应用，越来越多的研究工作聚焦于 k 核本身的抗扰动能力。近来的许多研究工作表示，在遭受对抗攻击扰动(如增删节点、增删边)时，k 核表现出了明显的脆弱性[29-34]。基于此，本节将在后续小节中介绍两种针对 k 核结构的对抗攻击方法，并通过实验结果对这两种方法进行比较分析。

2. k 核攻击的基本概念

在介绍具体的攻击方法之前，本节将先介绍什么是针对 k 核结构的攻击。在设计针对 k 核结构的攻击时，通常会考虑使用对抗扰动使目标 k 核 G_k 的规模减小(在本节中主要指 G_k 中节点数的减少)。一般来说，针对网络拓扑层面的攻击手段主要包括增删节点、增删边和重连边。回顾算法 3-1 的描述，在删除 G_k 中的节点/边后，可能会使得某一节点 $u \in G_k$ 不满足 $deg(u, G_k) \geqslant k$，从而在迭代过程中被删除；同样地，节点 u 的删除可能会导致 G_k 中的其他节点也在迭代过程中被删除；依次类推，删除节点/边可能会导致一系列节点被剔除出 G_k，这样的连锁反应被称为 k 核的级联坍塌效应(亦称为多米诺效应)[35]，并将删除操作后脱离原本所属 k 核的节点称为坍塌节点。举例来说，回顾图 3-1 中的 3 核子图，删除节点 v_{14} 会导致所有原本属于 3 核内的节点全部从 3 核脱离，使得示例图中不再存在 3 核子图，其中节点 v_{15}—v_{20} 就是本次操作中的坍塌节点。反观向 G_k 中增加节点/边的操作，由于在此过程中没有使 G_k 中任何节点的度值下降，所以不会有任何节点脱离 G_k。基于以上描述，本节将主要关注基于节点删除策略和边删除策略的 k 核攻击方法。

本节使用 $G'=(V', E')$ 表示被攻击之后产生的对抗图。同样地，对于给定正整数 k，使用 $G'_k=(V'_k, E'_k)$ 表示图 G' 中的 k 核。由于攻击目标各有不同，每个方法的攻击目标函数将在各自的小节进行介绍和定义。

3.2.2 基于节点删除的 k 核攻击

在一个社团中，人们对于社团的认可程度很大程度上会受到其好友(邻居节点)的影响。当某一用户在该社团中的好友数少于一定数值 k 时，他就有可能脱离该社团。假设有如图 3-2 所示的一个社团，网络的 3 核包含 15 名用户。倘若用户 u_{11} 因为某些原因(如听信谣言、受人利诱等)脱离了该社团，他的离开将会降低部分用户继续留在该社团中的意愿，导致 u_2、u_5、u_6 等 7 名用户脱离了该社团的核心群体，使得该社团的整体凝聚力下降。Zhang 等[33]对这一现象进行了探讨，并提出了 k 核坍塌问题(collapsed k-core problem)：给定图 G 和正整数度值约束 k，找到一个大小为 b 的待删除节点集 A，使得从 G 中删除 A 后，G'_k 中包含的节点数最小化。

k 核坍塌问题的攻击目标如下所示：

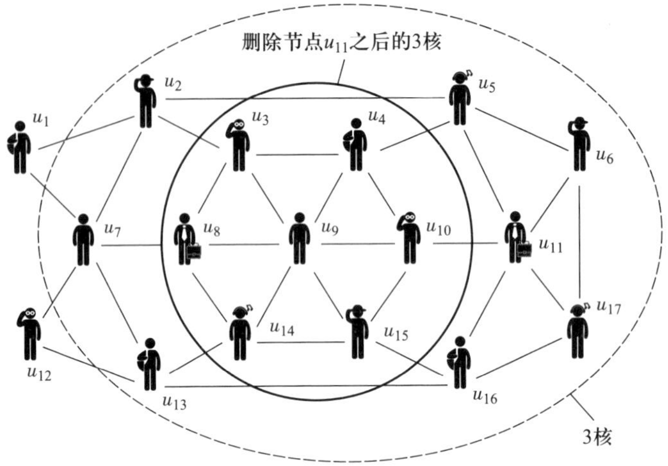

图 3-2　k 核坍塌问题示意图(改编自文献[33])

$$\min_{G'} |V'_k| \quad \text{s.t.} \begin{cases} G' = G \backslash A \\ |A| = b \end{cases} \tag{3-1}$$

由于 k 核的级联效应,若节点集 $A \in G$ 被删除,则可能会导致 G_k 中的节点也被剔除,这些跟随节点集 A 被删除而从 G_k 中被剔除的节点称为跟随节点,记作 $\mathcal{F}(A,G)=G_k \backslash \{G'_k \cup A\}$。若没有特殊说明,可以将 $\mathcal{F}(A,G)$ 简写为 $\mathcal{F}(A)$。显然,解决 k 核坍塌问题的最直接方法是穷举所有可能的节点集,并从中挑选出最优解。算法 3-2 展示了一种使用贪婪策略对所有节点进行遍历的搜索方法。每轮迭代都需要对当前 k 核 G_k 中的所有节点进行遍历,并选择删除后可以产生最多跟随节点的一个节点u^* 进行删除,重复上述步骤直至满足攻击预算 b,终止迭代过程并返回待删除的节点集 A。

算法 3-2　Greedy(G,k,b)算法

输入:	给定网络 G,度值约束 k,攻击预算 b
输出:	待删除节点集 A
	G_k :=k 核分解(G,k)
	A :=$\varnothing$,i :=0
	while $i<b$ do

```
    for each u ∈ G_k do
        计算跟随节点 F(A∪u, G_k)
    end for
    u* := 本轮中最佳的删除节点
    A = A∪{u*}, i = i+1, G_k = k 核分解(G_k\{u*}, k)
end while
return A
```

然而,由于 k 核坍塌问题是一个 NP 困难问题[33],在大型网络中,穷举所有的可能性会导致计算成本快速增长,难以在有限的时间内完成计算。因此,为了在每轮迭代中更高效地找到最佳的删除节点,Zhang 等提出了基于启发式搜索的 collapsed k-core(CKC)算法[33]。为了有效降低算法的时间复杂度,CKC 算法先对候选节点集进行筛选,以排除对不必要节点的搜索。以下两条定理被用于实现候选节点集的筛选。

定理 3-1:给定图 G 和节点集 $P=\{u:u\in G_k \wedge deg(u,G_k)=k\}$。假如节点 x 的删除可以至少产生一个跟随节点,那么 x 必定包含于节点集 $T=p\cup\{u:u\in G_k\wedge N_{(u,G)}\cap P\neq\varnothing\}$,亦即 $|F(x,G)|>0$ 与 $x\in T$ 等价。

证明:这里使用反证法来证明。若节点 $x\in G\backslash T$,则删除节点 x 不会在 G_k 中产生任何跟随节点。(1) 假设节点 $x\in G\backslash G_k$,节点 x 会在 k 核分解算法中被删除使得 $|\mathcal{F}(x)|=0$;(2) 假设节点 $x\in G_k\backslash T$,x 不会在 k 核分解算法中被剔除。对于 x 在 G_k 中的每个邻居节点 u,由于 $x\notin T$,可以知道 $deg(u,G_k)>k$。基于此,如果 x 被删除,那么 $deg(u,G_k)\geqslant k$。这意味着,删除 x 并不能使与其相邻的节点脱离 k 核,更遑论其他节点,也就是说删除 x 不会产生跟随节点。并且由于 $(G\backslash G_k)\cup(G_k\backslash T)\cup T=G$,可以得到 $|\mathcal{F}(x,G)|>0$ 与 $x\in T$ 等价。证毕。

定理 3-2:给定图 G 中的两个节点 u 和 x。若 $x\in\mathcal{F}(u)$,则 $\mathcal{F}(x)\subset\mathcal{F}(u)$。

证明:$x\in\mathcal{F}(u)$ 意味着 x 会在 u 被删除后跟随着脱离 k 核。并且由于 x 脱离 k 核,$\mathcal{F}(x)$ 的所有节点也会跟随脱离 k 核。因此,可以得到 $\mathcal{F}(x)\subseteq\mathcal{F}(u)$。由于 $x\in\mathcal{F}(u)$ 且 $x\notin\mathcal{F}(x)$,可以进一步得到 $\mathcal{F}(x)\subset\mathcal{F}(u)$。证毕。

根据定理 3-2,若删除节点 x 可以使得节点 u 脱离当前 k 核,则不必再对节点 u 进行重复搜索。算法 3-3 给出了 CKC 算法的计算细节。首先,对于给定的度值约束 k,从图 G 中提取 k 核。其次,根据定理 3-1,在每轮迭代计算中,只需要将候选节点集限定在 $T:=P\cup\{u\mid u\in G_k\wedge N_{(u,G)}\cap P\neq\varnothing\}$ 中即可。因此,在第 2 行和第 3 行中分别计算节点集 P 与节点集 T 来对候选节点进行筛选。接下来

是对候选节点集 T 中的节点进行遍历，在第 5 行中计算当前被访问节点 u 的跟随节点 $\mathcal{F}(u,G)$。根据定理 3-2，若删除节点 u 可以使得节点 x 脱离当前 k 核，则不必再对节点 x 进行重复遍历。因此，在第 6 行中，将 $\mathcal{F}(u,G)$ 中的节点从候选集 T 中去除以减少计算量。最终，CKC 算法返回一个具有最多跟随节点数的节点 u^* 作为最佳删除节点。

算法 3-3 CKC 算法

输入：	给定网络 G，度值约束 k
输出：	最佳删除节点 u^*
1	$G_k := k$ 核分解(G,k)
2	$P := \{u \mid u \in G_k \wedge deg(u,G_k) = k\}$
3	$T := P \cup \{u \mid u \in G_k \wedge N_{(u,G)} \cap P \neq \varnothing\}$
4	for each $u \in T$ do
5	计算跟随节点 $\mathcal{F}(u,G)$
6	更新候选节点 $T = T \setminus \mathcal{F}(u,G)$
7	end for
8	return u^*

由于 CKC 算法一次返回一个待删除的节点，若想要满足攻击预算 b，则可以将算法 3-1 中第 4 行至第 7 行的计算过程用算法 3-3 进行替换，并将当前迭代轮次中的 k 核 G_k 和度值约束 k 作为 CKC 算法的输入，直至满足攻击预算。

3.2.3 基于边删除的 k 核攻击

CKC 算法使用基于节点删除的启发式攻击策略，在有限的攻击预算下，可以使得目标 k 核的规模最大限度地减小。然而，节点删除操作意味着将该节点从网络中完全剔除，与其相连的众多边也会被一并删除。在平均度值较大的网络或是层级较高的 k 核中执行节点删除操作，会使得攻击代价直线上升，且造成的影响令人难以忽视，这有悖于设计对抗攻击策略时的初衷——施加令人难以察觉的扰动。为了解决这个问题，COREATTACK 利用日冕图（corona graph）的概念设计了一种基于边删除策略的 k 核攻击方法[34]，该攻击方法在不进行节点增删操作的情况下，通过启发式策略仅对边进行小规模的删除操作就可以使最内层 k 核（innermost k-core）完全消失。其中，网络的最内层 k 核 $G_I = G_{k_{\max}}$ 满足以下两个条件：(1) $\forall k<k_{\max}, G_{k_{\max}} \subseteq G_k$；(2) $\forall k>k_{\max}, G_k=\varnothing$。

在 k 核坍塌问题的基础上，COREATTACK 提出目标 k 核攻击问题(targeted k-core attack problem)：对于给定正整数约束 k，旨在找到一个包含最少数量边的集合 $\hat{E}$ 进行删除，使得图 G 的最内层 k 核 $G_I=(V_I,E_I)$ 完全坍塌。进一步地，目标 k 核攻击问题的攻击目标如下所示：

$$\hat{\boldsymbol{\Delta}} = \underset{\boldsymbol{\Delta}}{\operatorname{argmin}}\ \mathbf{1}^{\mathrm{T}}\boldsymbol{\Delta}$$
$$\text{s.t.}\quad \begin{cases} \boldsymbol{\Delta} \in \{0,1\}^{|E_I|} \\ \hat{E} = \boldsymbol{\Delta} \odot E_I \\ \Phi_I(G(V, E \backslash \hat{E})) = \varnothing \end{cases} \tag{3-2}$$

式中，向量 $\boldsymbol{\Delta} \in \{0,1\}^{|E_I|}$ 表示待删除的边，若 $\boldsymbol{\Delta}[\cdot]=\mathbf{1}$，表示该边需要删除；$\odot$ 表示点乘运算；Φ_I 表示从图 G 中提取出 G_I 的操作；$\mathbf{1}$ 表示一个单位列向量。在实现攻击目标的过程中，越少的边被删除就意味着越低的攻击代价以及越低的被检出风险。

此外，与 k 核坍塌问题相同，目标 k 核攻击同样也是一个 NP 困难问题[34]，这就意味着穷举算法无法在有限的时间和计算能力下解决该问题。为了尽可能地减小候选边集的大小以压缩动作空间，COREATTACK 利用日冕图对边进行筛选，日冕图的概念如下所述。

定义 3-2：日冕图。给定图 G 和正整数 k，日冕图是 k 核 G_k 中的一个最大子图，记作 $G_k^C=\{V_k^C, E_k^C\}$，该子图中的节点满足以下条件：$\forall u \in G_k^C, deg(u, G_k)=k$。

图 3-3 展示了提取 G_3 中的日冕图 G_3^C 的过程。在该示例中，日冕图内共包含 5 个节点，分别为节点 v_1、v_2、v_4、v_5和 v_6。从图 3-3 中可以发现，日冕图不一定是连通图，它可能包含多个彼此互不相连的连通分量，例如节点 v_1、v_2 构成了一个连通分量，节点 v_4、v_5、v_6 构成了另一个连通分量。

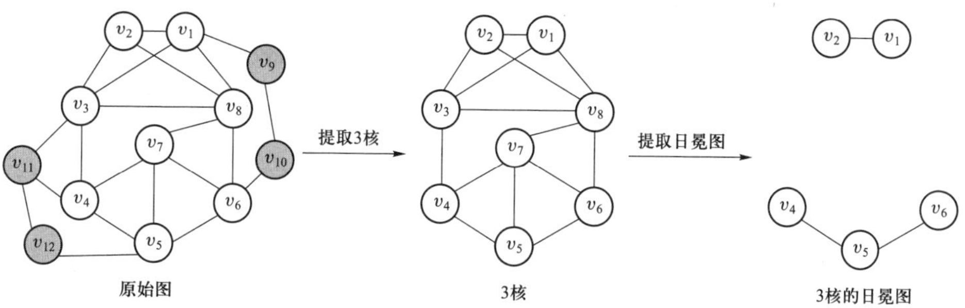

图 3-3 提取 3 核中的日冕图(改编自文献[34])

不难看出，定理 3-1 中使用的节点集 P 就是日冕图 G_k^C 中所包含的节点，即 $P=V_k^C$。回顾定义 3-1 和定义 3-2 的描述，对于日冕图 G_k^C 中的一个节点 u，由于 $deg(u,G_k)=k$，当 u 与其在 G_k 中的一个邻居断开连接之后，u 会被剔除出 G_k。进而，由于 k 核的级联效应，随着 u 脱离 G_k，与 u 在 G_k^C 中同属于一个连通分量的所有节点也会随着脱离 G_k。

根据上面讨论的日冕图的特点，COREATTACK 将候选边集缩减为 G_k 中与日冕图 G_k^C 相连的边，即 $\{(u,v)\mid(u,v)\in E_k, u\in G_k^C \wedge v\in G_k\}$。图 3-4 展示了 COREATTACK 攻击方法的主要流程。算法 3-4 给出了 COREATTACK 算法的详细步骤。具体来说，对于给定图 G 和度值约束 $k_{\max}$，先从图 G 中提取出最内层 k 核 $G_I=G_{k_{\max}}$。在这之后，执行迭代式边删除的操作，在每轮迭代过程中，对当前 G_I 的日冕图 G_I^C 进行提取，而后在 G_I^C 的每个连通分量中随机选取一个节点 u，找到 u 在 G_I 中的一个邻居节点 v，将边 (u,v) 从 G_I 中删除并重新提取新的 G_I。重复上述操作直至 G 中不存在 G_I。

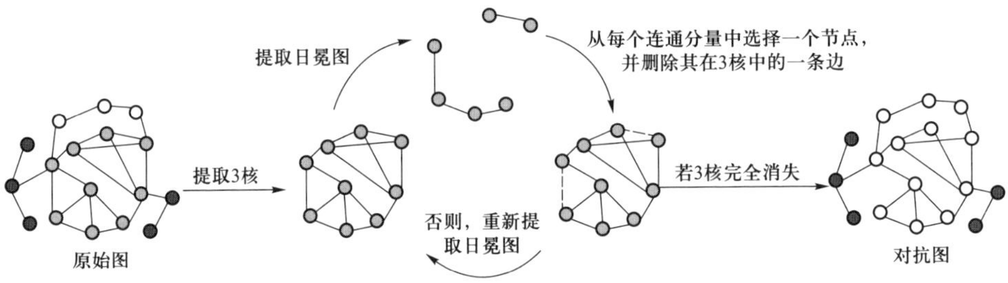

图 3-4　COREATTACK 算法流程示意图（改编自文献[34]）

算法 3-4　COREATTACK 算法	
输入：	原始网络 G，度值约束 $k_{\max}$
输出：	待删除边集 $\hat{E}$
	$\hat{E}:=\varnothing$，$G_I:=k$ 核分解$(G,k_{\max})$
	while $G_k\neq\varnothing$ do
	$G_I^C:=$提取 G_I 的日冕图
	$Components:=$提取 G_I^C 中所有的连通分量
	for each $component\in Components$ do
	$u:=$从 $component$ 连通分量中随机选择一个节点

7	$v :=$ 从 $N_{(u,G_l)}$ 中随机选择一个节点
8	$\hat{E} = \hat{E} \cup \{(u,v)\}$
9	end for
10	$G_l = k$ 核分解$(G_l \backslash \hat{E}, k_{\max})$
11	end while
12	return $\hat{E}$

3.2.4 攻击实验与结果分析

本小节选用了 4 个真实网络数据集对 CKC 算法和 COREATTACK 算法的攻击效果进行验证,分别是 LastFM、Facebook、DeezerEU 以及 Gowalla。这些数据集来自开源数据集网站 SNAP[36],参数信息如表 3-1 所示。

表 3-1　k 核攻击实验数据集信息

数据集名称	节点数	边数	最内核	平均度
LastFM	7624	27 806	20	7.29
Facebook	22 470	170 823	56	15.20
DeezerEU	28 281	92 752	12	6.56
Gowalla	196 591	950 327	51	9.67

为了便于对比,在后续的实验中会使用前文介绍的两种对抗攻击算法(即 CKC 算法和 COREATTACK 算法)分别对网络的最内层 k 核 $G_l = G_{k_{\max}}$ 进行攻击,并且将两种算法的终止条件均设置为不断添加对抗扰动直到网络的最内层 k 核 G_l 从图 G 中完全坍塌。也就是说,两种攻击算法的度值约束均设置为 $k_{\max}$ 且不限制攻击预算 b。

表 3-2 展示了两种攻击方法在不同数据集上的实验结果,记录了使用两种攻击方法分别让网络中最内层 k 核全部坍塌所需要删除的节点数以及边数。需要注意的是,尽管 CKC 算法没有直接删除网络中的边,但其在删除节点的同时会使得所有与该节点相连的边一同被删除。在实际网络中,最内层 k 核中的节点往往具有较高的度值,节点删除的操作会导致大量边一并被删除。从实验结果中可以看到,尽管 CKC 算法仅需要删除个位数的节点就可以使得目标 k 核全部坍塌,然而其所连带删除的边数可能会是删除节点数的几十倍甚至几千倍。与

之形成鲜明对比的是，COREATTACK 算法可以在删除少量边的情况下就完成对目标 k 核的攻击，该方法不会对网络中的节点数产生任何影响，且删除的边数也远远少于 CKC 算法，使其产生的攻击扰动不易被察觉。

表 3-2　k 核攻击实验结果

数据集名称	CKC 算法		COREATTACK 算法	
	删除节点数	删除边数	删除节点数	删除边数
LastFM	1	44	0	1
Facebook	1	59	0	1
DeezerEU	3	111	0	4
Gowalla	1	1344	0	2

综上所述，CKC 算法和 COREATTACK 算法均可以在较低的攻击预算下对 k 核结构产生显著的对抗攻击效果。同时，相比于基于节点删除策略的 CKC 算法，基于边删除策略的 COREATTACK 算法在不损失攻击效率的情况下能够兼具更高的攻击隐蔽性，使其具有良好的可实施性。

3.3　对社团结构的攻击

在本节中，将对社团结构的基本概念给出具体的描述，同时也会介绍两种衡量社团划分质量优劣的指标——模块度和归一化互信息。进一步地，为了探究社团结构的脆弱性，本节将介绍两种针对社团结构的对抗攻击方法，揭示社团结构在对抗攻击扰动场景下具有不可忽视的脆弱性。

3.3.1　社团及社团攻击的基本概念

1. 社团的基本概念

在复杂网络研究中，如果一个网络中的节点可以根据拓扑连接的疏密程度被分为不同的节点子集，则称该网络具有社团结构，并且每一个被划分出来的节点子集被称为一个社团。社团结构是复杂网络中的一个重要的中观特征，它表示网络中一个内部连接紧密而外部连接疏松的子图结构，这些结构常常对应着网络中具有一定功能性和同质性的节点群体。如图 3-5 所示,该网络中共包含 3 个社团,每个社团内部的节点彼此之间连接非常紧密,而不同社团的节点之间连接较为稀疏。

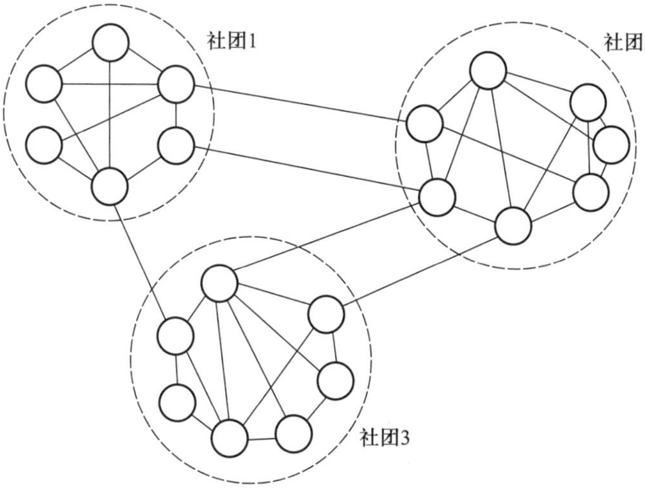

图 3-5 社团结构示例图

随着对网络性质研究的持续推进,在许多真实网络中人们都发现了较为明显的社团结构,并且越来越多的研究工作将社团结构应用于不同领域的下游任务中。例如,Weng 等[37]将社团结构应用于网络模因传播分析预测问题上,相较于对比的其他方法,基于社团结构的预测方法能够取得更好的预测效果。Cao 等[38]聚焦于将社团结构应用于协同过滤推荐算法当中,他们对用户相似度矩阵进行社团划分,通过划分结果对这些用户进行定向推荐挑选出的 Top N 个商品,并且证明基于社团的协同推荐方法具有更好的推荐精度与广度。此外,脑科学领域中通常认为脑网络的各个功能单元往往表现出内部连接紧密而外部连接稀疏的特点,这和社团结构的特点不谋而合。因此,Garcia 等[39]利用了脑网络的这一特性,将社团结构引入脑网络功能分析任务中。他们提出的方法揭示了神经成像数据中的网络动力学行为,并且能够更好地描述伴随人类行为的大脑协调活动模式。

由于网络中社团的数量、位置、大小都是未知的,不同的社团发现算法往往会得到不同的社团划分结果。为了对社团发现算法划分出来的社团结构的质量进行评估,常常使用以下几项指标。

① 模块度(modularity)[40],也称模块化度量,是一种衡量网络社团结构强度的方法,其基本思想是将社团划分后的网络与相应的零模型(null model)进行比

较,以度量社团划分的质量。模块度一般用 Q 来表示,目前常用的模块度计算方法如下:

$$Q = \frac{1}{2M}\sum_{i,j}\left[A_{ij} - \frac{k_i k_j}{2M}\right]\delta(C_i, C_j) \tag{3-3}$$

式中,M 表示网络中的总边数;$\boldsymbol{A} = (A_{ij})^{|V|\times|V|}$ 表示网络的邻接矩阵;k_i 和 k_j 分别表示节点 v_i 与节点 v_j 在网络中的度值;C_i 与 C_j 分别表示节点 v_i 与节点 v_j 在网络中所属的社团;若节点 v_i 与节点 v_j 属于同一个社团,则 $\delta(C_i, C_j)$ 取值为 1,否则取值为 0。

模块度值的大小主要取决于网络中节点的社团分配情况,也就是网络的社团划分情况,如果模块度越高,即 Q 值越接近 1,那么说明划分出来的社团内部连接越紧密,而社团与社团之间连接越稀疏,社团划分的质量越好;反之,社团划分的质量越差。根据模块度的这个特性,可以通过最大化模块度的方法来获得最优的网络社团划分策略。

② 归一化互信息(normalized mutual information, NMI)[41],它是一种基于信息论的网络社团划分质量评价指标,常用于度量社团划分结果与真实社团分布的相近程度,NMI 值越高表示社团划分结果越接近于真实社团分布,说明社团划分的质量越好;反之,社团划分的质量越差。NMI 的计算方法如下:

$$\mathrm{NMI}(Y, C) = \frac{2 \times I(Y;C)}{H(Y) + H(C)} \tag{3-4}$$

式中,Y 表示真实的社团分布;C 表示社团发现算法获得的社团划分结果;$H(\cdot)$ 表示信息熵,其计算公式如下:

$$H(Y) = -\sum_{y\in Y} p(y)\log p(y) \tag{3-5}$$

式中,$p(y)$ 表示网络中一个随机节点属于社团 y 的概率。

式(3-4)中 $I(Y;C)$ 表示 Y 和 C 的互信息,它可以看成一个随机变量中包含的关于另一个随机变量的信息量,其计算过程展开如下:

$$I(Y;C) = \sum_{u\in Y}\sum_{c\in C} p(y,c)\log\frac{p(y,c)}{p(x)p(y)} \tag{3-6}$$

式中,$p(y,c)$ 表示随机变量 Y 和 C 的联合分布;$p(x)$ 与 $p(y)$ 分别表示随机变量 Y 和 C 的边缘分布。可以认为,互信息 $I(Y;C)$ 就是联合分布 $p(y,c)$ 与边缘分布 $p(x)p(y)$ 的相对熵。

2. 社团攻击的基本概念

在设计针对社团结构的对抗攻击时,攻击者的攻击目标是扰乱原始网络中的社团结构分布,也就是使原本彼此连接紧密的节点变得稀疏,以及使原本彼此连接稀疏的节点变得紧密。从这个角度出发,针对社团结构的对抗攻击一般会使用增加边与删除边相结合的攻击方式。基于此,对于给定原始网络 $G=(V,E)$,针对社团结构的对抗攻击的攻击目标函数可以表示如下:

$$\min_{E_{\text{add}},E_{\text{del}}} \psi(G')$$
$$\text{s.t.} \begin{cases} G' = G \cup E_{\text{add}} \backslash E_{\text{del}} \\ |E_{\text{add}}| + |E_{\text{del}}| = b \end{cases} \tag{3-7}$$

式中,E_{add} 和 E_{del} 分别表示需要增加和删除的边集;$\psi(G')$ 表示计算网络 G' 中的社团结构特征指标的操作,根据需要可以替换为计算网络社团划分的模块度、归一化互信息等操作;$G'=G\cup E_{\text{add}}\backslash E_{\text{del}}=(V,E\cup E_{\text{add}}\backslash E_{\text{del}})$ 表示被攻击后的对抗网络。

基于以上描述,下面将基于增删边的攻击策略介绍几种针对社团结构的对抗攻击方法。

3.3.2 基于图自动编码器的社团攻击

由于网络中不同边在维护网络的社团结构方面发挥着不同的作用,那么改变边的局部分布将会显著影响网络的社团结构。很自然地,如何挑选需要修改的边成为一个亟待解决的问题。为了解决这个问题,本小节将介绍一种基于图自动编码器(graph auto-encoder,GAE)的社团隐匿(graph community hiding,GCH)算法[42]。

在介绍 GCH 算法的相关细节之前,需要对后续将会用到的一些符号与概念进行声明。在本小节中,用 $G=(V,E,\boldsymbol{X})$ 表示一个网络图,其中 V 和 E 分别表示网络的节点集和边集,$\boldsymbol{X}=[\boldsymbol{x}_1,\boldsymbol{x}_2,\cdots,\boldsymbol{x}_{|V|}]^{\mathrm{T}}\in\mathcal{R}^{|V|\times F}$ 表示网络中节点的特征矩阵,$\boldsymbol{x}_i\in\mathcal{R}^F$ 表示节点 v_i 的特征向量,F 表示每个节点特征向量的维数。网络的邻接矩阵 $\boldsymbol{A}\in\{0,1\}^{|V|\times|V|}$ 包含了网络中所有节点之间的连接信息,$A_{ij}=1$ 表示节点 v_i 与节点 v_j 之间存在一条边,否则不存在边。为了符号的简洁性,可以用 $G=(\boldsymbol{A},\boldsymbol{X})$ 来表示一个无权无向的简单网络。

图自动编码器(GAE)[43]是一种面向图数据类型的无监督学习方法,它将自动编码器(auto-encoder,AE)的思路迁移到了图数据领域,利用已知的原始网络信息来获取节点向量的低维嵌入,而后将获得的节点嵌入向量构建成重构网络。GAE 主要包含两个组成部分:编码器(encoder)和解码器(decoder)。图 3-6 对 GAE 的整体流程进行了描述。

GAE 中的编码器旨在对原始网络中的结构信息与特征信息进行映射操作以获得网络中每个节点的低维嵌入表征。一般地,GAE 使用图卷积网络作为编码器来获得节点的低维嵌入,这个过程可以用下式来表示:

$$Z = GCN(\boldsymbol{X},\boldsymbol{A}) = \tilde{\boldsymbol{A}}\mathrm{ReLU}(\tilde{\boldsymbol{A}}\boldsymbol{X}\boldsymbol{W}_0)\boldsymbol{W}_1 \tag{3-8}$$

式中，$\tilde{\boldsymbol{A}}=\boldsymbol{D}^{-\frac{1}{2}}\boldsymbol{A}\boldsymbol{D}^{-\frac{1}{2}}$表示归一化的邻接矩阵；$\boldsymbol{D}$ 表示邻接矩阵 $\boldsymbol{A}$ 的度矩阵，它是一个对角矩阵，满足 $D_{ii}=\sum_{j} A_{ij}$；ReLU(·)表示 ReLU 激活函数；$\boldsymbol{W}_0$ 和 $\boldsymbol{W}_1$ 表示可训练权重参数矩阵。GCN 的输出 $\boldsymbol{Z}$ 就是节点的低维嵌入特征矩阵。

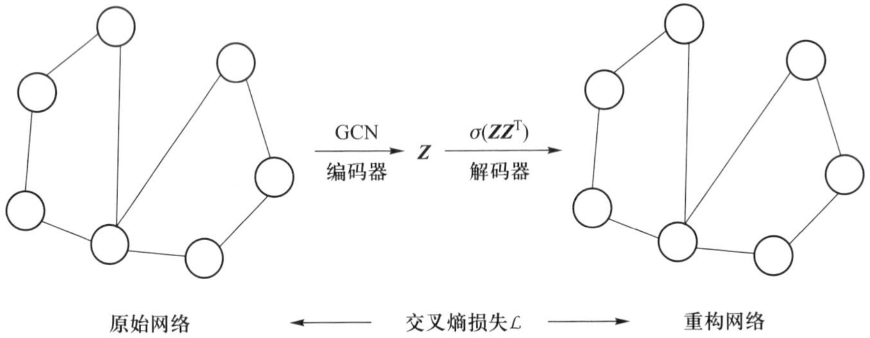

图 3-6　GAE 的整体流程

在获得原始网络中节点的低维表征后，就可以使用解码器对原始网络进行重构操作，以获得与原始网络近似相等的重构网络。式(3-9)对网络重构的计算过程进行了表述：

$$\hat{\boldsymbol{A}}=\sigma(\boldsymbol{Z}\boldsymbol{Z}^{\mathrm{T}}) \tag{3-9}$$

式中，$\sigma(\cdot)$表示 Sigmoid 激活函数；$\hat{\boldsymbol{A}}$ 表示通过低维嵌入矩阵 $\boldsymbol{Z}$ 重构出来的邻接矩阵。

为了比较重构的邻接矩阵 $\hat{\boldsymbol{A}}$ 与原始网络的邻接矩阵 $\boldsymbol{A}$ 之间的差异以方便对模型参数进行更新优化，GAE 使用交叉熵损失函数来量化这种差异，计算过程如下：

$$\mathcal{L}=-\frac{1}{|V|}\sum_{i,j\in V} A_{ij}\log\hat{A}_{ij}+(1-A_{ij})\log(1-\hat{A}_{ij}) \tag{3-10}$$

可以看出，重构的邻接矩阵 $\hat{\boldsymbol{A}}$ 与原始网络的邻接矩阵 $\boldsymbol{A}$ 越接近，损失越小；反之，损失越大。根据损失函数对模型参数进行更新优化，就可以获得与矩阵 $\boldsymbol{A}$ 最相似的重构矩阵 $\hat{\boldsymbol{A}}$。

事实上，可以将重构的邻接矩阵 $\hat{\boldsymbol{A}}$ 理解成一个表示节点之间连接强度的矩阵，$\hat{A}_{ij}$的值越大，说明节点 v_i 和节点 v_j 的连接强度越高，那么这两个节点之间越可能存在一条边。基于此，为了干扰原始网络的社团结构，可以断开那些具有高连接强度的边并添加具有低连接强度的边。这也是 GCH 算法的核心思想。算法 3-5 对 GCH 算法的操作步骤进行了介绍。

首先,假设已经获得了一个训练好的 GAE 模型并用其生成一个重构邻接矩阵 $\hat{\boldsymbol{A}}$。其次,在算法 3-5 中遍历 $\hat{\boldsymbol{A}}$ 的第 3 行至第 8 行的每个元素 $\hat{A}_{ij}$,若 $0<\hat{A}_{ij}<\eta$ 且节点 v_i 和节点 v_j 不在同一个社团内,则将边(v_i,v_j)添加入候选边集 $\hat{E}$;此外,若 $0<|\hat{A}_{ij}-1|<\eta$ 且节点 i 与节点 j 在同一个社团内,对 $\hat{A}_{ij}$的值进行更新并将边(v_i,v_j)添加入候选边集 $\hat{E}$。在获得了全部的候选边之后,在第 9 行中将 $\hat{E}$ 中的所有边按照 $|\hat{A}_{ij}|$ 进行降序排序,根据攻击预算选取出具有最大权重的 b 条边 $\hat{E}_b$。最后,在第 10 行至第 13 行,根据 $\hat{E}_b$ 中每条边的权重 $\hat{A}_{ij}$决定该条边应该被添加还是被删除。

算法 3-5　GCH 算法

输入:	原始网络 G,攻击预算 b,概率阈值 η
输出:	对抗网络 G'
1	$\hat{\boldsymbol{A}}$:= 用训练好的 GAE 模型生成重构邻接矩阵
2	$\hat{E}:=\varnothing, G':=G$
3	for each $\hat{A}_{ij}\in\hat{\boldsymbol{A}}$ do
4	if $0<\hat{A}_{ij}<\eta$ 且 $C_i\neq C_j$ then
5	$\hat{E}=\hat{E}\cup\{(i,j)\}$
6	else if $0<|\hat{A}_{ij}-1|<\eta$ 且 $C_i=C_j$ then
7	$\hat{A}_{ij}=\hat{A}_{ij}-1$
8	$\hat{E}=\hat{E}\cup\{(v_i,v_j)\}$
9	end for
10	$\hat{E}_b$:= 根据 $|\hat{A}_{ij}|$ 的值对 $\hat{E}$ 中的边降序排序并取前 b 条边
11	for each $(v_i,v_j)\in\hat{E}_b$ do
12	if $\hat{A}_{ij}>0$ then
13	$G'=G'\setminus\{(v_i,v_j)\}$
14	else
15	$G'=G'\cup\{(v_i,v_j)\}$
16	end for
17	return G'

GCH 算法可以对大多数主流的社团发现算法产生显著的影响。此外,GAE 中的编码器也可以使用其他形式的图神经网络来替代原本的 GCN,如 GAT、SAGE 等,也可以达到同样的攻击效果,本小节对此不再赘述。

3.3.3　基于遗传算法的社团攻击

从前两小节的叙述中可以了解到,基于增删边的社团攻击本质上是解决一个组合优化问题,即选择一组边 E_{add} 进行添加和另一组边 E_{del} 进行删除来使得被攻击指标最小化。而解决组合优化问题的一种常用方法就是遗传算法(genetic algorithm,GA),因此本小节将介绍一种基于遗传算法的模块度攻击方法——Q-Attack[44]。

遗传算法是一种基于进化论原理的优化算法,它通过模拟自然界的生物进化过程来搜索最优解。遗传算法的基本思想是将问题的解表示为个体的形式,然后通过交叉、变异等遗传操作,不断生成新的个体,从而实现优化目标。在遗传算法中,每个个体都代表了问题的一个可行解,可以通过个体的适应度来评估解的优劣。适应度越高的个体在进化过程中具有更高的生存概率和更多的繁殖机会,从而更有可能产生优秀的后代。通过不断地进行遗传操作和选择,遗传算法可以不断地搜索解空间,直到找到最优解或达到预定的停止条件。与传统的遗传算法一样,Q-Attack 算法包含基因编码、种群初始化、适应度计算、选择运算、交叉运算、变异运算及终止条件等部分。图 3-7 给出了 Q-Attack 算法的流程框架。

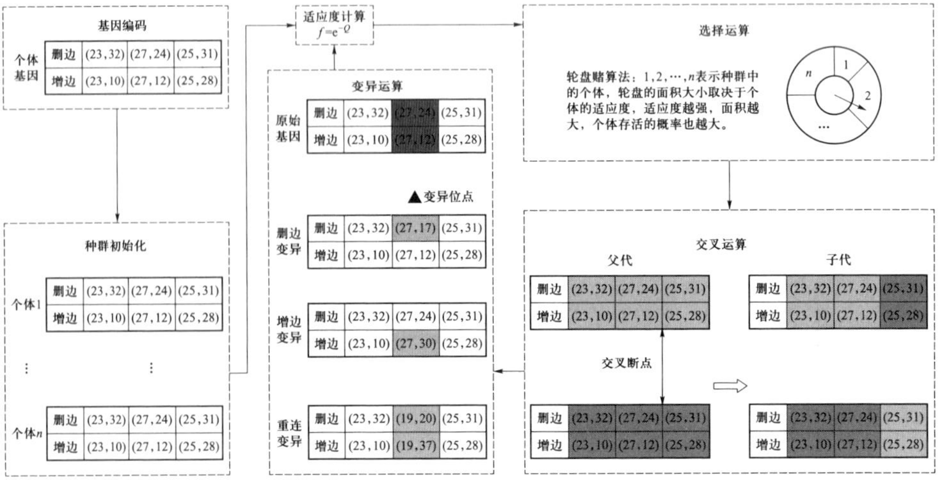

图 3-7　Q-Attack 算法的流程框架

（1）**基因编码**。在进行遗传算法之前，首要的问题就是如何对解空间进行编码。编码的结果将会直接影响后续的交叉、变异等操作以及最终获得的解的质量。为了增强攻击隐蔽性，Q-Attack 算法采用的是重连边的攻击策略，即删除一条边的同时添加一条边，因此可以将一次增删边的操作作为一个基因，例如，对于节点 v_i，删除包含该节点的一条边 (v_i, v_j)，然后增加一条原本不存在的边 (v_i, v_k)，那么 $[(v_i, v_j), (v_i, v_k)]$ 就构成了一个基因。在 Q-Attack 算法中，每个个体都由一条染色体构成，而每条染色体都由若干基因组成。染色体的长度就代表了重连边的次数。由于本算法中同一个体中不存在多条染色体，因此后续内容对个体和染色体的称呼不加区分。

（2）**种群初始化**。种群是包含有若干个个体的集合，可以根据编码的规范对种群进行初始化以启动遗传算法。种群以固定的大小 n 进行随机初始化，即随机选取 n 个符合以下两个要求的合法个体：① 个体中的每个基因都符合基因编码的规范；② 个体中的基因互相不冲突，即不存在增加同一条边或删除同一条边的情况。每个合法个体内包含的重连边组合都是社团攻击问题的一个可行解。

（3）**适应度计算**。进化论中的适应度表示某一个体对环境的适应能力，也表示该个体繁殖后代的能力。遗传算法的适应度函数也叫评价函数，是用来判断群体中的个体的优劣程度的指标，它是根据所求问题的目标函数来进行评估的。在 Q-Attack 算法中，使用模块度 Q 作为适应度评估指标，适应度 f 的计算如下：

$$f = e^{-Q} \tag{3-11}$$

（4）**选择运算**。选择是一种适者生存的机制，适应度越高的个体越有可能存活下来，而适应度较低的个体往往容易被淘汰。Q-Attack 算法设计了一个基于轮盘赌思维的个体选择方法，即将归一化的个体适应度作为概率值，按照概率值大小随机选择能够存活下来的个体。个体的存活概率计算如下：

$$p_i = \frac{f(i)}{\sum_{j=1}^{n} f(j)} \tag{3-12}$$

（5）**交叉运算**。在自然界中，生物通过交叉染色体来将父代的优秀基因传递给子代，使得子代对环境能够具有更好的适应性。常见的交叉方法包括单点交叉、多点交叉以及洗牌交叉等。这里使用最容易实现的单点交叉方法：随机选择两个存活下来的个体作为父代，并随机产生一个交叉断点，然后将断点前后的父代基因片段进行交换，产生子代个体。需要注意的是，产生的子代个体也必须是合法个体。交叉运算由交叉概率 P_c 控制。

（6）**变异运算**。变异运算的引入是为了防止算法陷入局部最优解。变异运算可以产生新的基因，并对个体中原有的基因进行修改。这里使用 3 种变异策略：删边变异、增边变异和重连边变异。其中，删边变异和增边变异都只是修改基因中的删除或增加边的部分，而重连边变异可以修改整个基因。变异运算由变异概率 P_m 控制。

由于交叉运算和变异运算都存在随机性，可能会使优秀的父代基因在交叉和变异的过程中消失，为了减少优秀基因的损失，*Q*-Attack 算法引入了精英主义机制，即在每次进化过程中，从父代中选择适应性前 10%的个体替换后代中适应性后 10%的个体。

（7）**终止条件**。对上述过程不断重复迭代，直至达到迭代次数后终止算法。*Q*-Attack 攻击方法的执行过程如算法 3-6 所示。

算法 3-6 *Q*-Attack 算法

输入：	原始网络 G，种群大小 *Popsize*，迭代次数 *Iters*，交叉概率 P_c，变异概率 P_m，染色体长度 L
输出：	最优的个体

```
ParentPop := 根据 Popsize 和 L 参数从 G 中初始化种群
while i<Iters do
    SelectedPop := 根据适应度从 ParentPop 选择个体
    CrossoverPop := 以概率 P_c 执行交叉运算
    MutationPop := 以概率 P_m 执行变异运算
    OffspringPop := 通过精英主义机制产生后代
    ParentPop = OffspringPop
    i = i+1
end while
return 最优的个体
```

3.3.4 攻击实验与结果分析

本小节挑选了 3 个真实网络数据集对前文所介绍的两种社团攻击算法的攻击效果进行测试。这 3 个数据集是 Karate、Dolphins 以及 Football，它们可以从开源数据集网站 Network Repository[45] 上获得，数据集的参数信息如表 3-3 所示。

表 3-3 社团攻击实验数据集信息

数据集名称	节点数	边数	平均度	模块度
Karate	34	78	4.59	0.395
Dolphins	62	159	5.13	0.519
Football	115	613	10.66	0.605

本小节使用 Louvain 算法[40]在网络上进行社团划分，并将在原始网络上的划分结果视作网络的真实社团划分，同时计算真实社团划分结果的模块度 Q。此外，由于每个数据集的边数各有不同，为了在同一测量尺度下比较不同攻击方法的实验结果，本节用边改变率（edge change rate，ECR）表示修改的边数相对于总边数的比例，其定义如下：

$$ECR = \frac{|E_{\text{add}}| + |E_{\text{del}}|}{|E|} \tag{3-13}$$

在 GCH 算法中，概率阈值 $\eta = 0.2$。在 Q-Attack 算法中，由于一个基因内包含对两条边的操作，为了与 GCH 算法中的攻击预算 b 保持一致，本小节实验中将染色体长度设定为 $L=[b/2]$，其中 $[\cdot]$ 表示取整操作。此外，将 Q-Attack 算法中的其他超参数设置为 $Popsize=100$，$Iters=500$，P_c 与 P_m 的设置如表 3-4 所示。

表 3-4 *Q*-Attack 参数设置

参数	Karate	Dolphins	Football
P_c	0.7	0.8	0.8
P_m	0.1	0.1	0.1

对上面介绍的 3 个数据集分别使用 GCH 算法和 Q-Attack 算法进行社团结构攻击扰动。攻击实验结果如图 3-8 所示。

从实验结果中可以看到，两种攻击算法均可以对社团结构特征实现可观的攻击效果。随着攻击预算的逐渐增加，两种社团结构评价指标——模块度 Q 和归一化互信息 NMI，均出现了明显的下降。相对于 GCH 算法，Q-Attack 算法在 3 个数据集上均表现出了对模块度 Q 的更好的攻击效果，这是由于 Q-Attack 算法引入了对模块度 Q 的针对性优化，从而获得能够令模块度 Q 最小化的对抗扰动。然而，正如实验设置中所描述的，基于遗传算法的 Q-Attack 攻击在规模较大的网络中具有非常高的时间复杂度，在实施本实验时不得不减少 Q-Attack 算法的迭代次数以降低其时间复杂度。若增加迭代次数和种群大小，Q-Attack 算法可以取

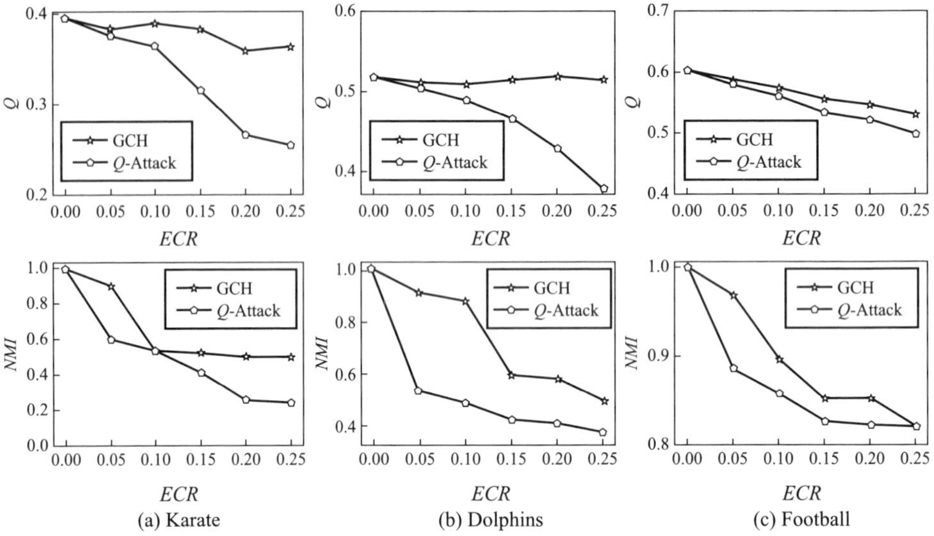

图 3-8　社团攻击实验结果图

得更好的攻击效果，但其时间消耗也是难以忽视的。与之相对的是，GCH 算法使用 GAE 获得的重构矩阵 $\hat{\boldsymbol{A}}$ 来设计对抗扰动，避免了多轮迭代的过程，因此 GCH 算法的时间复杂度远小于 Q-Attack 算法的时间复杂度，使其可以被部署在大规模网络中。

综上，本节所介绍的两种攻击算法——GCH 算法和 Q-Attack 算法均可以对网络中的社团结构产生有效的攻击扰动。在相同的攻击预算下，Q-Attack 算法具有更好的攻击效果，而 GCH 算法具有更低的时间复杂度，使其可以在大型网络中执行攻击任务。

3.4　对模体结构的攻击

在本节中，将对模体的基本概念进行阐述，同时介绍几种常见的描述网络中模体构成的指标。而后，本节将介绍两种针对模体结构的对抗攻击方法，并通过实验对这两种攻击方法的攻击效果进行比较分析。

3.4.1 模体及模体攻击的基本概念

1. 模体的基本概念

模体是一种特殊的网络子图,是复杂系统中的"小系统",其大小介于节点与社团之间,是网络中的一种典型中观特征。相比于具有相同节点数和边数的随机网络,模体在真实网络中会出现得更加频繁,对网络中模体的识别和分析有助于了解网络的局部拓扑连接特点。模体一般由少量节点和边组成,大多是以 3 节点模体和 4 节点模体的形式存在,即包含 3 个节点和 4 个节点的局部子结构。图 3-9 展示了无向网络中 3 节点模体和 4 节点模体的具体结构示例。从中可以看到,在无向网络中,3 节点模体共有两种不同的拓扑连接方式,而 4 节点模体共有 6 种不同的拓扑连接方式。在本节的后续内容中,为了方便表述,会使用 M_n 表示 n 节点模体,并用 $M_{n,i}$ 表示 n 节点模体中的第 i 种拓扑连接方式(简称为 i 型 n 节点模体)。值得注意的是,有些研究工作将非连通的 n 节点子图也视为模体结构[46],这部分内容在本节不做考虑。因此,本节的研究内容主要关注连通的 n 节点模体,而不包括非连通的 n 节点模体,即由 n 个节点构成的模体结构必须是一个连通子图。

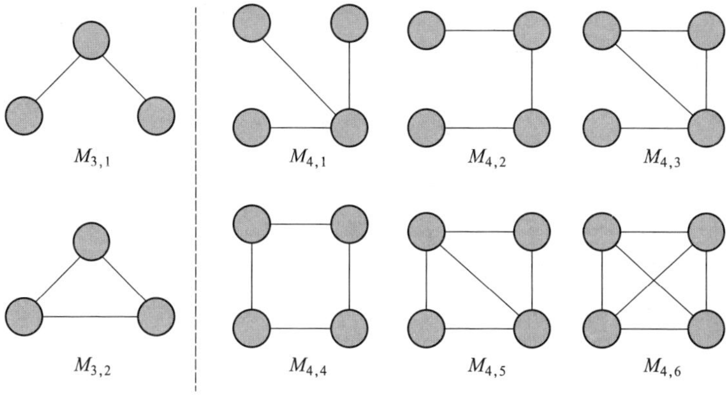

图 3-9　3 节点模体和 4 节点模体示例

随着网络科学研究的不断深入,在近来的许多工作中,越来越多的研究人员将网络的模体结构纳入考量,提出了大量基于模体结构的算法和应用。在分子化学领域,复杂网络理论在分子结构预测和性能分析方面发挥了重要的作用。因此,Zhang 等[47]在分子属性预测任务中引入模体结构。他们提出了基于模体的图自监督学习(motif-based graph self-supervised learning,MGSSL),MGSSL 使用模体生成任务对模型进行预训练。实验结果表明,MGSSL 可以有效捕获分子网络中丰富的模体信息并具有更好的预测准确率。同样地,Wang 等[48]在分子化学的图表示学习任务中引入了模体结构，设计出了基于模体的卷积模块（motif convolution module，MCM）。充分的实验表明，MCM 可以有效捕获分子节点的初始上下文感知表征，并能够使用神经网络对高维表征进行嵌入和学习。此外，Wen 等[49] 提出了一种基于模体的稀疏图卷积网络（sparse motif-based graph convolutional network，SMotif-GCN），并将其应用于骨架动作预测任务。SMotif-GCN 可以利用非物理连接关节之间的样本潜在依赖关系引入高阶局部信息，并将不同的语义角色分配给关节的物理邻居来编码层次结构。在进行时序推荐任务的研究过程中，Cui 等[50] 提出了基于模体感知的时序推荐方法（motif-aware sequential recommendation，MoSeR）。MoSeR 可以捕获行为序列中的隐藏模体信息并对相应的子结构特征进行建模，进而提取出包含在前置行为与目标之间的模体语义。实验表明 MoSeR 可以提供更加准确的推荐服务。

正是由于模体结构在多个领域中发挥了重要作用，越来越多的研究人员将目光投向模体结构本身的量化分析方式上并提出了一系列的衡量指标。对于给定的无权无向网络 $G=(V,E)$，本节主要介绍以下几种典型的统计量指标，对网络中的模体结构进行量化分析。

① **模体频率（frequency）**表示在网络 G 内所有可能的 n 节点子图中 n 节点模体 M_n 所占的比例，该比例越高，说明模体结构在网络 G 中出现的次数越多。模体频率的计算过程可以表述如下：

$$F(M_n)=\frac{N_n^G}{N_n^{\text{sub}}} \tag{3-14}$$

式中，N_n^G 表示 n 节点模体 M_n 在网络 G 中出现的次数；N_n^{sub} 表示网络 G 中由 n 个节点构成的子图数，即 $N_n^{\text{sub}}=\binom{|V|}{n}$。

② **模体 Z 分数（Z-score）**是衡量 n 节点模体 M_n 在给定网络 G 中重要性的指标，Z 分数越高说明模体 M_n 在网络中越重要，其计算方法如下：

$$Z(M_n)=\frac{N_n^G-\langle N_n^{\text{rand}}\rangle}{\sigma_n^{\text{rand}}} \tag{3-15}$$

式中，$\langle N_n^{\text{rand}}\rangle$ 和 σ_n^{rand} 分别表示在与网络 G 具有相同节点数和边数的一系列随机网络中 n 节点模体 M_n 出现次数的平均值和标准差。一般来说，若存在 $Z(M_n)>2$，则认为 n 节点模体 M_n 在网络 G 中的重要性在统计意义上是比较显著的。

③ **模体浓度（concentration）**衡量了网络 G 中 i 型 n 节点模体 $M_{n,i}$ 在网络 G 所有的 n 节点模体 M_n 中所占的比例。具体来说，如果在网络 G 中存在 k 种不同的 n 节点模体 $M_n=\{M_{n,1},M_{n,2},\cdots,M_{n,k}\}$，那么 i 型 n 节点模体 $M_{n,i}$ 在所有 n 节点模体中的浓度 $C(M_{n,i})$ 可用下式表示：

$$C(M_{n,i}) = \frac{N_{n,i}^{G}}{\sum_{j=1}^{k} N_{n,j}^{G}} \tag{3-16}$$

式中，$N_{n,i}^{G}$表示 i 型 n 节点模体 $M_{n,i}$在网络 G 中出现的次数。

2. 模体攻击的基本概念

与传统的针对网络拓扑结构的攻击方法一致，针对模体特征的攻击方法一般包括：增删节点、增删边以及重连边。本节将主要介绍基于删除节点的模体特征攻击算法。对于给定的网络图 $G=(V,E)$，可以用 $G'=(V',E')$表示被攻击之后的网络图，其中 V 和 E 分别表示原始网络的节点集与边集。假设 $\hat{V}$ 和 $\hat{E}$ 分别表示被删除的节点集与边集，那么 $V'=V\setminus\hat{V}$ 和 $E'=E\setminus\hat{E}$ 分别表示被攻击后的节点集与边集。模体攻击的根本目的是让模体结构失效，进而使得模体特征指标发生变化。如图 3-10 所示，其中包含 4 个 1 型 3 节点模体 $M_{3,1}$和一个 2 型 3 节点模体 $M_{3,2}$，在删除白色节点之后，与该节点相连的边全部失效，导致网络中仅剩下一个 1 型 3 节点模体 $M_{3,1}$，进而对该网络中的模体结构特征产生显著影响，网络的综合性能发生改变。

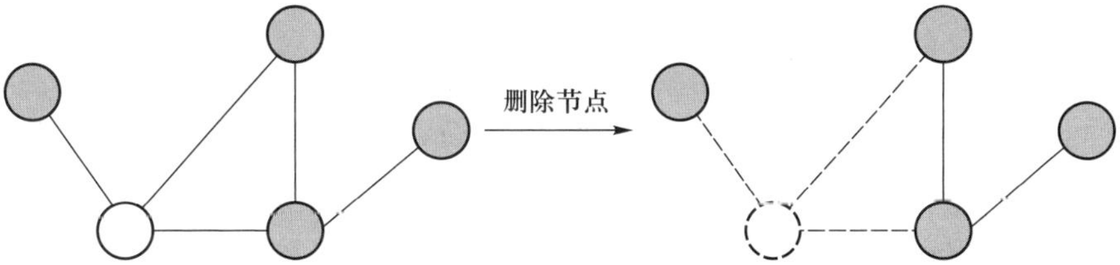

图 3-10　模体攻击示意图

基于以上描述，本节将在后续内容中基于节点删除策略介绍两种针对模体结构的对抗攻击方法。

3.4.2　基于启发式算法的模体攻击

从第 3.4.1 小节的描述中，可以知道删除网络中的节点可能会对网络中的模体结构产生影响。然而，删除不同的节点造成的影响是不尽相同的。为了确定需要删除的节点集，使用网络中的节点重要性信息进行启发式搜索无疑是最便捷的。常用的节点重要性衡量指标主要包括：度中心性、介数中心性和接近中心性。就度中心性而言，节点的度值越大，其与网络中其他节点的连接越紧密，删除该节点可以使得大量邻接节点受到影响。介数中心性则是指一个节点担任其他两个节点之间最短路径桥梁的次数，介数较大的节点往往具有较强的“桥接”作用。而接近中心性则体现了一个节点与其他节点的邻近程度,网络中的中心节点往往与其他节点在空间上更加接近且具有较大的接近中心性。因此,在这里使用基于节点中心性指标的启发式模体攻击(centrality-based motif attack,CMA)算法对模体结构进行攻击。

给定网络 G 和攻击代价 b,CMA 算法的具体流程包括以下两个步骤:(1) 计算网络 G 中每个节点的中心性值 ϕ_i;(2) 删除一个具有最大中心性的节点。重复这两个步骤直至满足攻击代价 b。节点中心性指标可以为度中心性、介数中心性或接近中心性。根据使用的中心性指标的不同,可以将 CMA 分为基于度中心性的攻击(degree-based CMA,DCMA)、基于介数中心性的攻击(betweenness-based CMA,BCMA)以及基于接近中心性的攻击(closeness-based CMA,CCMA)。算法 3-7 给出了 CMA 算法的细节介绍。

算法 3-7　CMA 算法

输入:	给定网络 G,攻击预算 b
输出:	待删除节点集 $\hat{V}$
	$\hat{V} := \varnothing, G' := G = (V, E)$
	for 1 to b do
	$\psi :=$ 计算 V 中每个节点的中心性 $\{\phi_i \mid \forall i \in V\}$
	$u :=$ 选择一个具有最大中心性的节点
	$\hat{V} = \hat{V} \cup \{u\}$
	$G' = G' \setminus \{u\}$
	end for
	return $\hat{V}$

3.4.3　基于模拟退火算法的模体攻击

尽管启发式算法具有简单便捷的优势,但其实质上并不能对攻击目标有目的地进行优化。也就是说,通过启发式算法依次删除网络中的节点,无法保证在删除节点之后一定能够使得目标模体特征指标出现稳定下降,这就导致攻击未必能够达到预期的效果。为了解决这个问题,本节引入模拟退火(simulated annealing,SA)算法[51]对基于节点删除的模体攻击问题进行求解。

模拟退火算法是一种基于蒙特卡罗方法的随机寻优算法,其设计思路来源于物理中固体物质的退火过程。模拟退火算法也是一种贪婪算法，区别于传统贪婪算法，它在计算过程中使用了 Metropolis 接受准则，也就是会以一定的概率接受一个比当前解更差的新解，因此模拟退火算法可以有效避免陷入局部最优解并最终趋近于全局最优解。

基于模拟退火算法的模体攻击（SA-based motif attack，SAMA）算法的攻击目标可用下式表示：

$$\begin{aligned} &\min_{\hat{V}} \varphi(G') \\ &\text{s.t.} \quad |\hat{V}| = b \end{aligned} \tag{3-17}$$

式中，$\varphi(\cdot)$表示计算输入网络中模体指标的操作，根据需要可以替换为模体频率、模体 Z 分数、模体浓度等指标的计算操作。SAMA 算法的攻击目标就是通过删除节点使模体指标 $\varphi(\cdot)$ 最小化来实现对模体结构的攻击，其执行过程如算法 3-8 所示。SAMA 算法通过 b 轮模拟退火来获取最终需要删除的节点集。下面将对一轮模拟退火迭代的过程进行简单介绍。

（1）设定模拟退火的初始温度 $T:=T_0$，终止温度 T_f，内循环次数 L，温度衰减率 r，其中为了保证温度能够持续从高温衰减到低温，要求 $T_0>T_f$ 且 $r\in(0,1)$。

（2）当 $T>T_f$ 时，从图中随机选择一个节点 u，计算删除节点 u 后新的模体指标 θ_{temp}。若删除节点 u 可以使模体指标下降，即 $\theta_{temp}<\theta$，则记录下该节点作为新解；反之，则会以 $p=\mathrm{e}^{-|\theta-\theta_{temp}|/T}$的概率接受该节点作为新解。

（3）根据温度衰减率 r 对温度 T 进行更新，$T=Tr$。

（4）重复执行上述步骤 L 次，最后返回待删除节点集。

算法 3-8　SAMA 算法

输入：	输入网络 G，攻击预算 b，初始温度 T_0，终止温度 T_f，内循环次数 L，温度衰减率 r
输出：	待删除节点集 $\hat{V}$

```
V̂ := ∅, G' := G
计算原始图的指标 θ := φ(G)
for 1 to b do
  T := T_0, n := ∅
  while T>T_f do
    for 1 to L do
      u := 随机从 G'中选择一个节点
```

```
            重新计算指标 θ_temp := φ(G'\{u})
            if θ_temp<θ then
                接受新解 θ=θ_temp, n=u
            else
                以概率 p=e^(-|θ-θ_temp|/T) 接受新解
        end for
        温度衰减 T=Tr
    end while
    V̂=V̂∪{n}
    G'=G'\{n}
end for
return V̂
```

3.4.4 攻击实验与结果分析

本实验选取了 3 个真实网络数据集用作测试，分别是 Karate、Dolphins 以及 USAir。这些数据集来自于开源数据集网站 Network Repository[45]，数据集的部分参数信息如表 3-5 所示。

表 3-5　模体攻击实验数据集

数据集名称	节点数	边数	平均度	$F(M_3)$	$C(M_{3,1})$	$C(M_{3,2})$
Karate	34	78	4.59	0.073	0.897	0.103
Dolphins	62	159	5.13	0.019	0.870	0.130
USAir	332	2 126	12.81	0.011	0.820	0.180

由于提取网络中的模体结构具有较高的计算复杂度且复杂度随着模体子图包含的节点数增加呈指数级上升，本节的实验主要关注网络的 3 节点模体 M_3 及其相关特征指标。为了比较不同攻击预算下攻击算法对模体结构特征产生的影响，使用节点改变率（node change rate，NCR）表示删除的节点数占网络总节点数的比例，NCR 指标的计算方式如下：

$$NCR=\frac{|\hat{V}|}{|V|} \tag{3-18}$$

此外，在进行基于模拟退火算法的模体攻击实验时，模拟退火算法的各个超参数统一设置为 $T_0 = 10^{-4}$，$T_f = 10^{-5}$，$L = 100$，$r = 0.9$。

这里使用基于启发式算法的 DCMA、BCMA、CCMA 方法以及基于模拟退火算法的 SAMA 方法进行攻击实验。实验结果如图 3-11 所示，随着被删除的节点数逐渐增加，各个数据集中的 3 节点模体频率 $F(M_3)$ 与 1 型 3 节点模体浓度 $C(M_{3,1})$ 均发生变化。

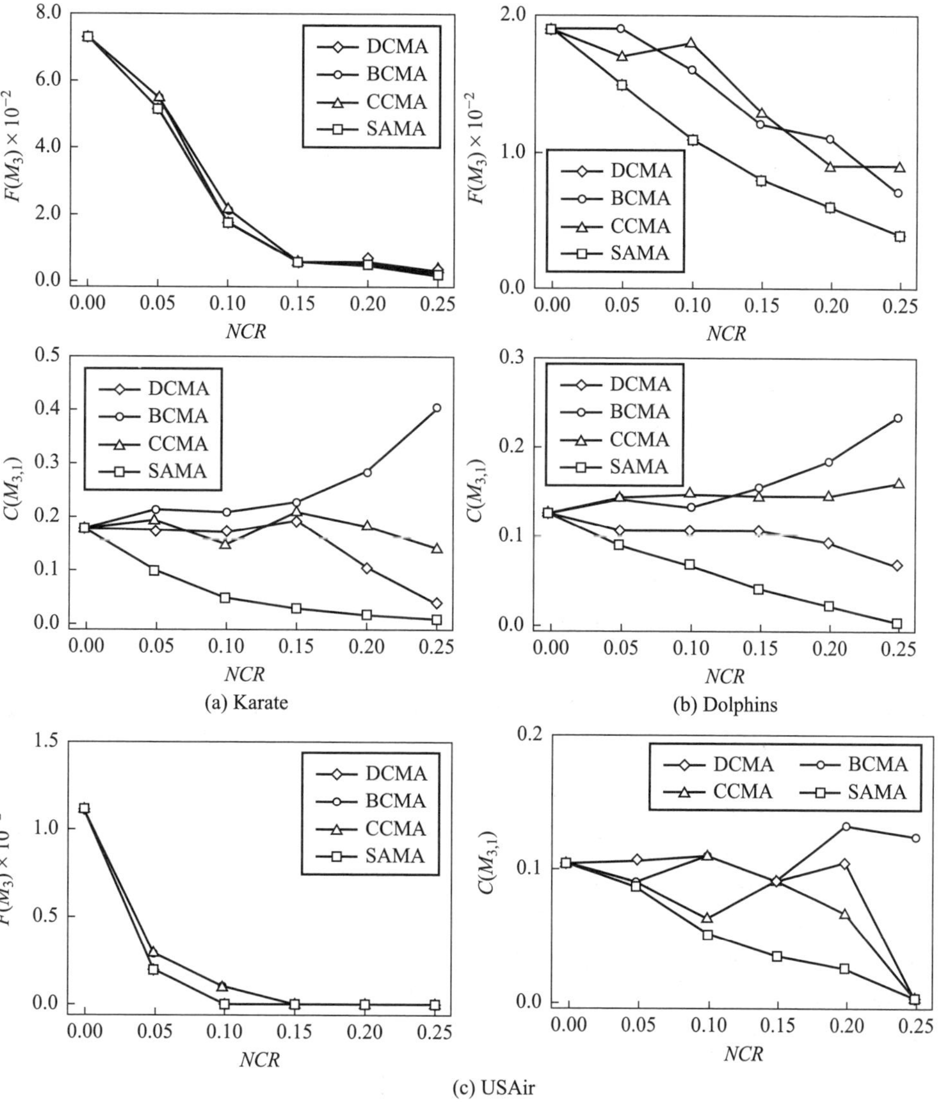

图 3-11 模体攻击实验结果图

从实验结果中可以看到，随着 NCR 增加，被测试的 4 种攻击方法 DCMA、BCMA、CCMA 和 SAMA 均可以有效使得网络中 3 节点模体频率 $F(M_3)$ 下降。然而，在对网络中 1 型 3 节点模体浓度 $C(M_{3,1})$ 进行攻击时，3 种基于启发式攻击策略的算法并不能使得浓度指标稳定下降，甚至可能出现随着攻击的进行，被攻击的指标不断上升的情况，如在 Karate 和 Dolphins 数据集上 BCMA 方法的表现。这是由于启发式攻击方法并不具有对攻击效果的反馈，无法对攻击目标进行定向优化。由于引入了对攻击目标的反馈和优化过程，随着攻击预算的不断增加，基于模拟退火算法的 SAMA 方法可以有效使得被攻击的指标稳定下降。

综上，本节所使用的两类攻击方法——CCMA 与 SAMA，均可以对网络的模体结构进行有效攻击。相较而言，CCMA 直接使用网络中的现成属性对节点进行筛选，其算法复杂度较低；SAMA 需要进行多轮迭代，算法复杂度较高，但其引入了对攻击目标的优化机制，能够保证攻击效果相比于 CCMA 更加稳定。

3.5 本章小结

本章对网络中观特征相关的对抗攻击算法进行了介绍，并揭示了网络中观特征的脆弱性。本章对网络中观特征的定义进行了描述。网络中观特征描述了节点簇及簇内边所构成的局部子图所具有的拓扑性质。在现实世界中，网络中观特征在多个应用领域中发挥了重要的作用。基于此，研究针对网络中观特征的对抗攻击算法在设计鲁棒性算法和预防恶意攻击等方面都具有重要意义。本章主要以 3 种典型的网络中观特征（即 k 核结构、社团结构和模体结构）作为切入点，介绍了基于不同设计思路的多种对抗攻击算法。通过实验数据和实验分析，本章揭示了网络中观特征在面对蓄意攻击时具有显著的脆弱性。

随着对网络拓扑与网络特征研究的逐步深入，针对网络中观特征的攻击算法层出不穷，但这些方法依然存在一定的局限性，比如基于高计算复杂度的优化算法的攻击方法很难迁移到大型网络，基于启发式的攻击方法由于缺乏针对性的目标优化较难取得良好的攻击效果等。通过对所介绍的对抗攻击算法进行研究，可以帮助研究人员更好地了解网络中观特征更深层的拓扑规律，进而设计出更加优秀的算法。结合上述研究工作以及现有的研究成果，在未来的研究工作中，可进一步挖掘网络中观特征的底层规律，提出更具鲁棒性的中观特征算法；将中观特征应用在更多的现实场景当中，并使用更完备的算法来增强其在实际使用时的鲁棒性;设计基于网络中观特征的网络鲁棒性评价指标,用以对网络的鲁棒性进行先验估计。

参考文献

[1] Wang S N, Cheng L, Zhou H J. Vulnerability and resilience of social engagement: Equilibrium theory[J]. Europhysics Letters, 2021, 132(6): 60006.

[2] Garcia D, Mavrodiev P, Schweitzer F. Social resilience in online communities: The autopsy of friendster[C]//Proceedings of the First ACM Conference on Online Social Networks, 2013: 39-50.

[3] Berche B, Von Ferber C, Holovatch T, et al. Resilience of public transport networks against attacks[J]. The European Physical Journal B, 2009, 71: 125-137.

[4] von Ferber C, Holovatch T, Holovatch Y. Attack vulnerability of public transport networks[C]//Traffic and Granular Flow'07, Berlin: Springer, 2009: 721-731.

[5] Mishra N, Schreiber R, Stanton I, et al. Clustering social networks[C]// International Workshop on Algorithms and Models for the Web-Graph, Berlin: Springer, 2007: 56-67.

[6] Hoffman M, Steinley D, Gates K M, et al. Detecting clusters/communities in social networks[J]. Multivariate Behavioral Research, 2018, 53(1): 57-73.

[7] Newman M E J, Park J. Why social networks are different from other types of networks[J]. Physical Review E, 2003, 68(3): 036122.

[8] Handcock M S, Raftery A E, Tantrum J M. Model-based clustering for social networks[J]. Journal of the Royal Statistical Society: Series A (Statistics in Society), 2007, 170(2): 301-354.

[9] Bu D, Zhao Y, Cai L, et al. Topological structure analysis of the protein-protein interaction network in budding yeast[J]. Nucleic Acids Research, 2003, 31(9): 2443-2450.

[10] Heo M, Maslov S, Shakhnovich E. Topology of protein interaction network shapes protein abundances and strengths of their functional and nonspecific interactions[J]. Proceedings of the National Academy of Sciences, 2011, 108(10): 4258-4263.

[11] Holland D O, Shapiro B H, Xue P, et al. Protein-protein binding selectivity and network topology constrain global and local properties of interface binding

networks[J]. Scientific Reports,2017,7(1):5631.

[12] Schwikowski B,Uetz P,Fields S. A network of protein-protein interactions in yeast[J]. Nature Biotechnology,2000,18(12):1257-1261.

[13] Lei J,Li Z,Xu S,et al. A mesoscopic network mechanics method to reproduce the large deformation and fracture process of cross-linked elastomers[J]. Journal of the Mechanics and Physics of Solids,2021,156:104599.

[14] Iacovacci J, Wu Z, Bianconi G. Mesoscopic structures reveal the network between the layers of multiplex data sets[J]. Physical Review E, 2015, 92(4):042806.

[15] Lozano S, Arenas A, Sanchez A. Mesoscopic structure conditions the emergence of cooperation on social networks [J]. PLoS One, 2008, 3(4):1892.

[16] Gordon I R,McCann P. Industrial clusters:Complexes, agglomeration and/or social networks? [J]. Urban Studies,2000,37(3):513-532.

[17] Pavlopoulos G A,Secrier M,Moschopoulos C N,et al. Using graph theory to analyze biological networks[J]. BioData Mining,2011,4:1-27.

[18] Ortiz A M,Hussein D,Park S,et al. The cluster between internet of things and social networks:Review and research challenges[J]. IEEE Internet of Things Journal,2014,1(3):206-215.

[19] Lambiotte R, Rosvall M, Scholtes I. From networks to optimal higher-order models of complex systems[J]. Nature Physics,2019,15(4):313-320.

[20] Rabbani M, Wang Y, Khoshkangini R, et al. A review on machine learning approaches for network malicious behavior detection in emerging technologies [J]. Entropy,2021,23(5):529.

[21] Zola F,Segurola-Gil L,Bruse J L,et al. Network traffic analysis through node behaviour classification:A graph-based approach with temporal dissection and data-level preprocessing[J]. Computers & Security,2022,115:102632.

[22] Laishram R,Sariyüce A E,Eliassi-Rad T,et al. Measuring and improving the core resilience of networks[C]//Proceedings of the 2018 World Wide Web Conference,2018:609-618.

[23] Dorogovtsev S N,Goltsev A V,Mendes J F F. k-core organization of complex networks[J]. Physical Review Letters,2006,96(4):040601.

[24] Newman M E J, Girvan M. Finding and evaluating community structure in networks[J]. Physical Review E,2004,69(2):026113.

[25] Freedman W. The literary motif: A definition and evaluation[J]. NOVEL: A Forum on Fiction, 1971, 4(2): 123-131.

[26] Qu Y, Zheng Q, Chi J, et al. Using k-core decomposition on class dependency networks to improve bug prediction model's practical performance[J]. IEEE Transactions on Software Engineering, 2019, 47(2): 348-366.

[27] Liu J, Xu C, Yin C, et al. k-core based temporal graph convolutional network for dynamic graphs[J]. IEEE Transactions on Knowledge and Data Engineering, 2020, 34(8): 3841-3853.

[28] Morone F, Del Ferraro G, Makse H A. The k-core as a predictor of structural collapse in mutualistic ecosystems[J]. Nature Physics, 2019, 15(1): 95-102.

[29] Adiga A, Vullikanti A K S. How robust is the core of a network? [C]//Bifet A, Davis J, Krilavičius T, et al. Machine Learning and Knowledge Discovery in Databases: European Conference, Berlin: Springer, 2013: 541-556.

[30] Medya S, Ma T, Silva A, et al. A game theoretic approach for k-core minimization[C]// Proceedings of the 19th International Conference on Autonomous Agents and MultiAgent Systems, 2020: 1922-1924.

[31] Zhou B, Lv Y, Mao Y, et al. The robustness of graph k-shell structure under adversarial attacks[J]. IEEE Transactions on Circuits and Systems II: Express Briefs, 2021, 69(3): 1797-1801.

[32] Chen C, Zhu Q, Sun R, et al. Edge manipulation approaches for k-core minimization: Metrics and analytics[J]. IEEE Transactions on Knowledge and Data Engineering, 2021, 35(1): 390-403.

[33] Zhang F, Zhang Y, Qin L, et al. Finding critical users for social network engagement: The collapsed k-core problem[C]//Proceedings of the AAAI Conference on Artificial Intelligence, 2017: 245-251.

[34] Zhou B, Lv Y, Wang J, et al. Attacking the core structure of complex network [J]. IEEE Transactions on Computational Social Systems, 2022: 1428-1442.

[35] Dorogovtsev S N, Goltsev A V, Mendes J F F. k-core architecture and k-core percolation on complex networks[J]. Physica D: Nonlinear Phenomena, 2006, 224(1-2): 7-19.

[36] Leskovec J, Krevl A. SNAP Datasets: Stanford large network dataset collection [EB/OL]. Stanford[2014-06]2022-12-01.

[37] Weng L, Menczer F, Ahn Y Y. Predicting successful memes using network and community structure[C]//Proceedings of the International AAAI Conference

on Web and Social Media, 2014: 535-544.

[38] Cao C, Ni Q, Zhai Y. An improved collaborative filtering recommendation algorithm based on community detection in social networks[C]//Proceedings of the 2015 Annual Conference on Genetic and Evolutionary Computation, 2015: 1-8.

[39] Garcia J O, Ashourvan A, Muldoon S, et al. Applications of community detection techniques to brain graphs: Algorithmic considerations and implications for neural function[J]. Proceedings of the IEEE, 2018, 106(5): 846-867.

[40] Blondel V D, Guillaume J L, Lambiotte R, et al. Fast unfolding of communities in large networks[J]. Journal of Statistical Mechanics: Theory and Experiment, 2008, 10: 10008.

[41] Estévez P A, Tesmer M, Perez C A, et al. Normalized mutual information feature selection[J]. IEEE Transactions on Neural Networks, 2009, 20(2): 189-201.

[42] Liu D, Chang Z, Yang G, et al. Community hiding using a graph autoencoder[J]. Knowledge-Based Systems, 2022, 253: 109495.

[43] Kipf T N, Welling M. Variational graph auto-encoders[EB/OL]. arXiv: 1611.07308, 2016.

[44] Chen J, Chen L, Chen Y, et al. GA-based Q-attack on community detection[J]. IEEE Transactions on Computational Social Systems, 2019, 6(3): 491-503.

[45] Rossi R, Ahmed N. The network data repository with interactive graph analytics and visualization[C]//Proceedings of the AAAI Conference on Artificial Intelligence, 2015: 4292-4293.

[46] Milo R, Shen-Orr S, Itzkovitz S, et al. Network motifs: Simple building blocks of complex networks[J]. Science, 2002, 298(5594): 824-827.

[47] Zhang Z, Liu Q, Wang H, et al. Motif-based graph self-supervised learning for molecular property prediction[J]. Advances in Neural Information Processing Systems, 2021, 34: 15870-15882.

[48] Wang Y, Chen S, Chen G, et al. Motif-based graph representation learning with application to chemical molecules[C]//Informatics, 2023, 10(1): 8.

[49] Wen Y H, Gao L, Fu H, et al. Motif-GCNs with local and non-local temporal blocks for skeleton-based action recognition[J]. IEEE Transactions on Pattern Analysis and Machine Intelligence, 2022, 45(2): 2009-2023.

[50] Cui Z, Cai Y, Wu S, et al. Motif-aware sequential recommendation[C]// Proceedings of the 44th International ACM SIGIR Conference on Research and Development in Information Retrieval, 2021: 1738-1742.

[51] Bertsimas D, Tsitsiklis J. Simulated annealing[J]. Statistical Science, 1993, 8(1): 10-15.

第4章 面向网络宏观特征的对抗攻击

网络宏观特征是一类衡量网络整体拓扑特性的指标，网络宏观特征的对抗攻击是关于其鲁棒性研究的重要方向之一。类似于网络的微观特征与中观特征，宏观特征也会受到对抗攻击的干扰而发生变化。例如，在计算机网络中，若攻击某个重要的用户，则会切断该用户与其他用户的联系，从而导致整个网络效率下降[1]；在交通网络中，若街道间距设置不合理，则会使得行人及机动车通行效率低下，严重时会造成交通堵塞[2]。针对网络宏观特征的攻击，在现实世界中也可发挥积极的作用。例如，在社交网络中，通过控制平均路径长度，可以防止谣言的广泛传播，进而降低负面影响[3]；在蛋白质-蛋白质相互作用网络中，可以使用加权聚类系数检测蛋白质复合物[4]。

本章将对几个典型的网络宏观特征进行简要描述，如网络连通性、平均路径长度、全局聚类系数等特征，对网络宏观特征的对抗攻击是指通过攻击网络中的节点或边，使得网络宏观特征的值发生预期的变化。

4.1 网络宏观特征攻击的基本概念

4.1.1 问题描述

网络宏观特征是对整个网络全局特性进行描述和分析的指标。与微观特征和中观特征不同的是,宏观特征更多关注网络的某种整体特性,例如:网络连通性描述网络是否连通;平均路径长度描述网络中各节点对之间的平均路径情况;全局聚类系数描述网络的聚集程度;同配系数描述网络中相连节点的度之间的关系,是对度相关性的量化表示;网络嵌入描述如何将节点映射到低维空间转换为低维度的潜在表示。

网络宏观特征在现实网络中有广泛的应用,例如在世界贸易网络中,只要将少数重要贸易大国从贸易网络中删除,整个世界贸易网络基本就处于瘫痪状态[5];在社交网络信息传播中,增大平均路径长度,信息传播速度变慢,信息传播范围变小[6];在交通网络中,距离紧密的站点间建立少量连接有利于交通的畅通,但太多的近距离连接不利于交通的畅通[7];网络的同配性与网络的鲁棒性也有很大的关系,增加网络的同配性可以提升网络对恶意攻击的鲁棒性,而减少网络的同配性可以提升网络对随机攻击的鲁棒性[8];在专利引用网络中,研究网络度分布动态变化特征,揭示网络形成原因,能够有效识别技术的跨领域应用[9];在蛋白质-蛋白质相互作用网络中,网络嵌入可以更好地预测新的蛋白质链接[10]。

在网络图上对网络宏观特征进行对抗攻击的方式主要有两种,一种是基于节点层的扰动,即添加或删除图中的某些节点;另一种是基于链路层的扰动,即添加或删除节点之间的边以及重连节点之间的边(本章统称为重连边)。

4.1.2 相关指标

删除节点比例(delete node rate,DNR)是删除的节点数占网络总节点数的比例,计算公式为

$$DNR = \frac{n_{\text{delete}}}{N} \tag{4-1}$$

式中,n_{delete}表示删除的节点数,N 表示网络总节点数。

删除边比例(delete edge rate,DER)是删除的边数占网络总边数的比例,计算公式为

$$DER = \frac{m_{\text{delete}}}{M} \tag{4-2}$$

式中,m_{delete}表示删除的边数,M 表示网络总边数。

重连边比例(rewiring edge rate,RER)是重连的边数占网络总边数的比例,计算公式为

$$RER = \frac{m_{\text{rewiring}}}{M} \tag{4-3}$$

式中,m_{rewiring}表示重连的边数,M 表示网络总边数。

全局聚类系数提升比例(clustering coefficient increase rate,CCIR)为重连后的全局聚类系数与重连前的全局聚类系数的比值,计算公式为

$$CCIR = \frac{C(G') - C(G)}{C(G)} = \frac{\dfrac{3N_t(G')}{N_p(G')}}{\dfrac{3N_t(G)}{N_p(G)}} - \frac{3N_t(G)}{N_p(G)} \tag{4-4}$$

式中,$N_t(G)$是网络 G 中三角形数,$N_p(G)$是网络 G 中三元组数。

4.2　对网络连通性的攻击

网络连通性主要描述网络的连通情况,对于网络连通性的对抗攻击可以聚焦于增删节点和增删边。增加孤立节点网络会产生更多不连通子图。通常而言,删除边会导致连通性变差,增加边会导致连通性变好。本节将详细介绍网络连通性和网络连通性攻击的基本概念以及 3 种针对网络连通性的攻击策略。

4.2.1　网络连通性和网络连通性攻击的基本概念

定义 4-1:网络连通性。对于一个无向图,如果每一对节点之间都至少存在一条路径,则称该图是连通的,否则就称该图是不连通的。连通片是网络的一个子图,其满足任意两个节点之间都存在路径且其他子图的任意节点与该子图中的任意节点之间不存在路径。

定义 4-2:最大连通子图相对大小。网络中包含节点数最多的连通片称为最

大连通子图，在本书中，最大连通子图也称巨分支。如图 4-1 所示，其中最大连通子图是左边包含节点 $v_1 \sim v_6$ 的连通片。

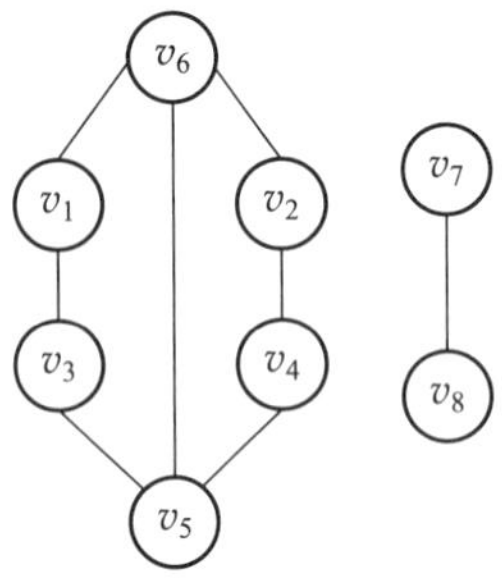

图 4-1　包含两个连通片的不连通网络示意图

最大连通子图相对大小 S 是衡量网络连通性的一个重要指标。当网络被攻击后，最大连通子图相对大小的变化可反映网络拓扑结构的鲁棒性和网络的破碎程度。S 的计算公式为

$$S = \frac{N'}{N} \tag{4-5}$$

式中，N' 为最大连通子图中的节点数，N 为网络节点数。最大连通子图相对大小也可以用来表示从网络中随机选取一个节点属于最大连通子图的概率。

考虑节点删除策略，关注的指标为网络中删除节点的比例（即第 4.1.2 小节中的 DNR）。对于攻击者而言，通过删除临界阈值 f_C 及以上的节点会使网络破碎为多个连通子图，且这些连通子图中至少存在一个最大连通子图。考虑一种简单情况，给定格子网络，图 4-2（a）是 DNR 小于阈值 f_C 时，格子网络还是一个巨大连通图；图 4-2（b）是 DNR 等于阈值 f_C 时，格子网络中最大连通子图的规模不断缩小；图 4-2（c）是 DNR 大于阈值 f_C 时，格子网络持续破碎直到完全破碎。

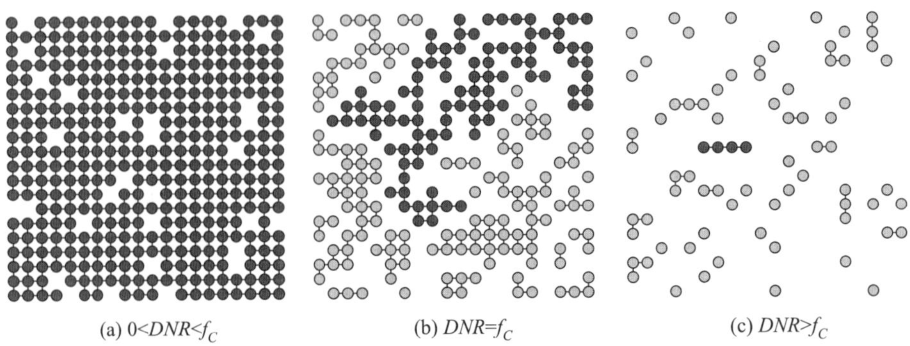

图 4-2　临界阈值情况下攻击效果图（改编自文献[11]）

定义 4-3:连通子图数。连通子图数指网络中连通子图的个数。

定义 4-4:网络连通度[12]。连通度指标反映网络节点的连通状况,也反映网络的结构特征,连通度是网络中实际总边数和最大理论总边数的比值,其计算公式为

$$\gamma = \frac{M}{3N - 6} \tag{4-6}$$

式中,M 为网络边数,N 为网络节点数。

定义 4-5:网络连通系数。通常使用最大连通子图的节点数和平均路径长度来测量复杂网络的连通性,但随着删除节点比例的增大,最大连通子图的规模逐渐减小,平均路径长度先变大后变小,这种差异性给定量分析网络连通性带来了不便,因此文献[5]定义网络连通系数为

$$C = \frac{1}{\omega \sum_{i=1}^{\omega} \frac{N_i}{N} l_i} \tag{4-7}$$

式中,ω 为网络连通子图数;N_i 为第 i 个连通子图中的节点数;N 为网络节点数;l_i 为第 i 个连通子图的平均路径长度,即该连通子图中任意两个节点之间最短路径的平均值。

图 4-3 为网络连通性攻击示意图。添加节点 v_{11} 后,生成 1 个单节点子图,网

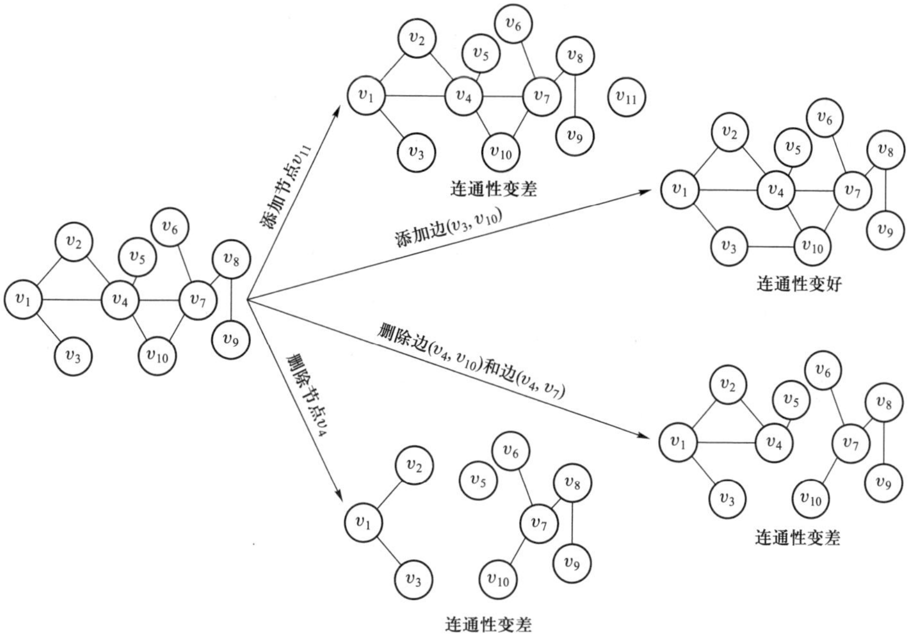

图 4-3 网络连通性攻击示意图

络连通性变差；添加边（v_3，v_{10}）后，网络连通性变好；删除边（v_4，v_{10}）与边（v_4，v_7）后，网络分解为两个子图，网络连通性变差；删除节点 v_4 后，网络分解为两个子图，网络连通性变差。

4.2.2　基于随机策略的网络连通性攻击

衡量网络连通性攻击效果的指标是随机删除节点或边后随机选择一个节点属于最大连通子图的概率，即最大连通子图相对大小的变化。

以节点删除策略为例，当删除一定比例的节点后，网络结构恰好完全破碎，此时将删除节点比例称为网络瓦解的临界阈值。本节实验将会阐述删除一定比例的节点导致最大连通子图相对大小、网络连通系数和网络连通度的变化情况。

4.2.3　基于特征引导的网络连通性攻击

对于普通节点和中心节点来说，随机攻击和蓄意攻击对它们造成的影响是不同的。例如，无标度网络在随机攻击下，当 *DNR* 较小时，网络中节点度值较小的节点占据很大比例，随机删除这些节点并不会对网络的连通性造成严重的后果。如果删除少量连通性很强的中心节点，那么可以使网络连通性破坏得更严重。

图 4-4 为基于度中心性删除节点的攻击示意图。删除度中心性最小的节点 v_5后连通性没有改变；删除度中心性第二大的节点 v_7后连通性变差；当删除度中心性最大的节点 v_4 后连通性变差，若在删除节点 v_4 后重新计算度中心性，继续删除度中心性最大的节点 v_7后连通性变得更差。

基于节点或边中心性特征的蓄意攻击包含两种：计算原始网络各节点或边的中心性，按从大到小顺序依次删除；删除最大值的节点或边后重新计算中心性并继续删除最大值的节点。在基于节点或边中心性特征的蓄意攻击中，针对节点的中心性特征包括度中心性、介数中心性、紧密度中心性和特征向量中心性；针对边的中心性特征包括介数中心性和度中心性。其中，边的度中心性为两个节点度值的乘积。

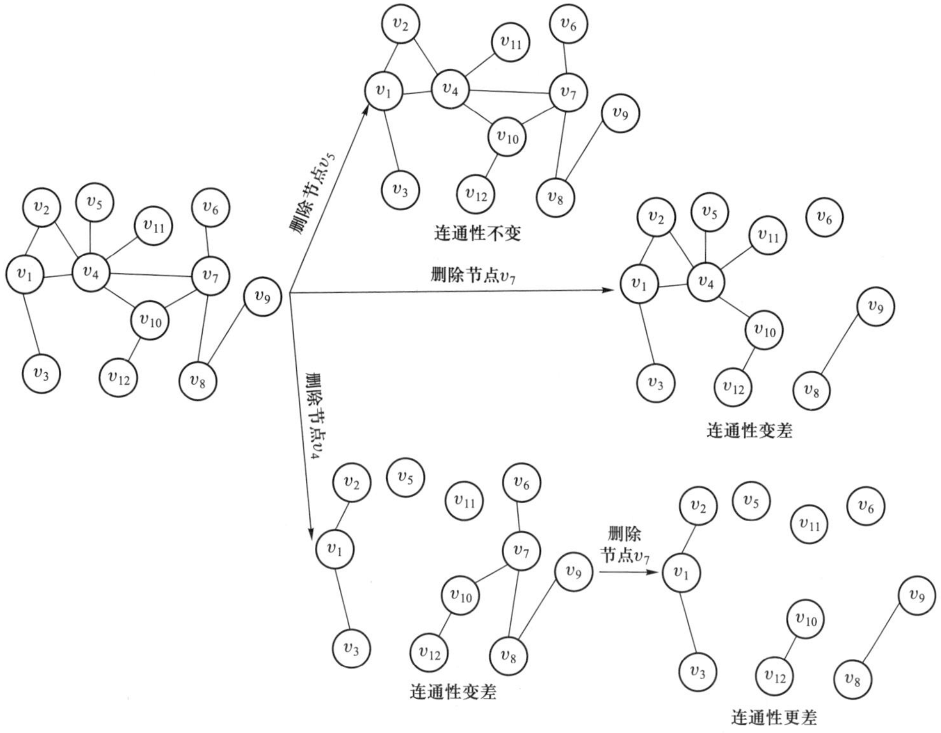

图 4-4　依据度中心性删除节点的攻击示意图

4.2.4　基于拉普拉斯矩阵特征值的网络连通性攻击

网络的连通性还可以由拉普拉斯矩阵特征值衡量。拉普拉斯矩阵特征值通过拉普拉斯矩阵得来,拉普拉斯矩阵定义为图 G 的度矩阵与邻接矩阵之差

$$\boldsymbol{L}=\boldsymbol{D}-\boldsymbol{A} \tag{4-8}$$

$\boldsymbol{L}$ 的元素 L_{ij} 可定义为

$$L_{ij}=\begin{cases} d(v_i), & i=j \\ -A_{ij}, & i\neq j \text{ 且 } v_i \text{ 与 } v_j \text{ 之间有边} \\ 0, & \text{其他} \end{cases} \tag{4-9}$$

式中,$d(v_i)$ 是节点 v_i 的度值,A_{ij} 是邻接矩阵的元素。

代数连通性是图的拉普拉斯矩阵的第二小特征值 λ_2,用于测量图的连通程度[13]。对于代数连通性的攻击方法可以对边进行攻击,下面将介绍重连边和添加边的攻击策略。

设 $u_i^{(2)}$ 为对应于第二小特征值 λ_2 的特征向量中的第 i 个元素,网络中节点

对包括 $w_{ij}(v_i, v_j) \notin E$ 和 $e_{ij}(v_i, v_j) \in E$，计算所有 w_{ij} 和 e_{ij} 的特征差异 $\alpha = |u_i^{(2)}(G) - u_j^{(2)}(G)|$，采取两种重连策略：(1) 删除具有最小 α 的边，再添加具有最大 α 的边；(2) 删除具有最大 α 的边，再添加具有最小 α 的边。算法 4-1 是重连边策略(1)中的详细描述。

算法 4-1　重连边最大增加 $\boldsymbol{\lambda}_2(G)$

输入：	图 G 以及邻接矩阵 $\boldsymbol{A}$，重连次数 ψ，已连接节点对 e 的 α_e，未连接节点对 w 的 α_w
输出：	具有 $\alpha_{\min}$ 的节点对 e，具有 $\alpha_{\max}$ 的节点对 w，$\lambda_2(G \backslash e)$

for $i=1$ to ψ then
　　$flag=0$
　　计算 $\boldsymbol{L}$
　　提取对应于 $\lambda_2(G)$ 的特征向量 $\boldsymbol{u}^{(2)}$ 并计算 $\alpha_{\min}$ 和 $\alpha_{\max}$
　　while $flag=0$ do
　　　　if $\alpha_e=\alpha_{\min}$、$\alpha_w=\alpha_{\max}$ 和 $\lambda_2(G \backslash e)>0$
　　　　　　$A(e)=0$
　　　　　　$A(w)=1$
　　　　　　$flag=1$
　　　　else
　　　　　　找到 e、w 和 $\lambda_2(G \backslash e)$ 的替代
　　　　end
　　end
end
return $e, w, \lambda_2(G \backslash e)$

添加边的攻击策略是通过选择拥有 m_c 条边的候选边集中有限数量的边添加至图中[14]，目的是最大化网络的代数连通性，然后，将该问题转换为一个组合优化问题，进而提出一个贪婪的启发式算法近似目标函数的最优解。攻击策略是一次添加一个候选边集中 $(u_i^{(2)} - u_j^{(2)})^2$ 最大的边 $e_{ij}=(v_i, v_j)$，迭代 m_c 次。

在同步网络中，拉普拉斯矩阵第二小特征值也有一定的应用。《网络科学导论》[15]一书中提到网络关于拓扑结构的同步化能力可以用 λ_2 来刻画。λ_2 越大，

实现同步所需的耦合强度 c 越小，网络的同步化能力越强。还有一种网络拓扑结构的同步化能力可以用最大非零特征值和最小非零特征值的比值 $R=\lambda_N/\lambda_2$ 来刻画。R 值越小，网络的同步化能力越强。关于同步网络相关内容详见第10章。

4.2.5 攻击实验与结果分析

这里采用4个常用且公开的真实网络数据集[16]，分别是 Karate、Dolphins、Football 和 NetScience，数据集参数信息如表4-1所示。

表4-1 数据集参数信息

数据集名称	节点数	边数	最大连通子图相对大小	网络连通度	网络连通系数	连通子图数
Karate	34	78	34	0.812 500	0.415 248	1
Dolphins	62	159	62	0.833 333	0.297 889	1
Football	115	613	115	1.808 259	0.398 698	1
NetScience	1589	2742	379	0.575 929	0.001 059	396

本实验主要探究随机策略以及特征引导攻击对于最大连通子图相对大小、网络连通度、网络连通系数和连通子图数的影响。

1. 基于随机策略的网络连通性攻击

随着 *DNR* 和 *DER* 的增加，各数据集中最大连通子图相对大小、网络连通度和网络连通系数的变化情况如图4-5所示。

从实验结果中可以看到，随着 *DNR* 和 *DER* 逐渐增加，4个数据集的最大连通子图相对大小和网络连通度均逐渐下降。在随机删除边实验中，网络连通度呈线性下降，这是由于删除边的过程不会导致节点的数量发生变化，根据式(4-6)，实验结果应该呈线性变化。在随机删除节点实验中，随着 *DNR* 和 *DER* 的增大，连通子图逐渐变多，根据式(4-7)，平均路径长度先变大后变小，因此网络连通系数呈先减小后增大的现象。

2. 基于特征引导的网络连通性攻击

随着 *DNR* 逐渐增加，各个数据集中最大连通子图相对大小、连通子图数、网络连通度和网络连通系数的变化情况如图4-6所示。

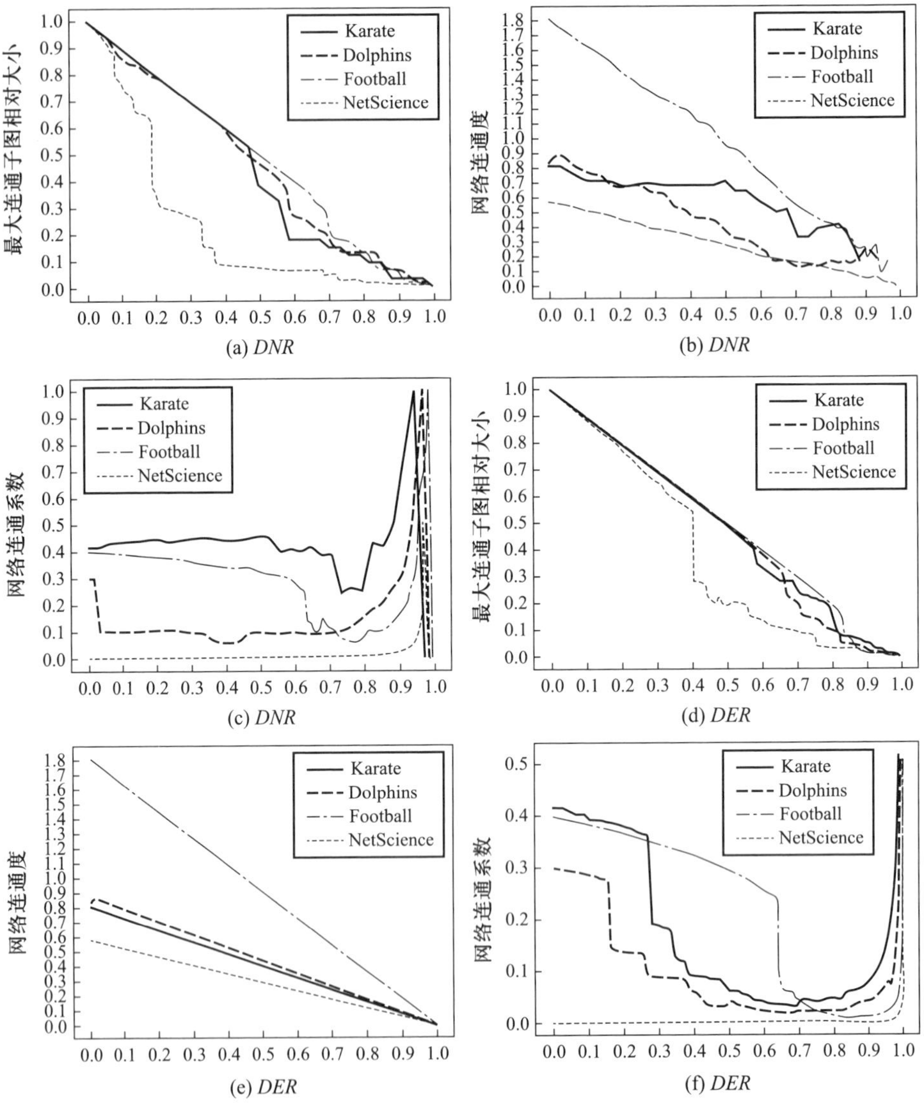

图 4-5　基于随机删除节点或边策略网络连通性指标的变化情况

从实验结果中可以看到随着 *DNR* 逐渐增加，4 个数据集的最大连通子图相对大小下降情况均先快后慢，连通子图数均先增加后减少。Karate 和 Dolphins 数据集在度中心性的攻击策略下影响最大；Football 数据集连通子图数在 *DNR* = 0.5 前不变，这是因为最大连通子图在此之前一直是原始网络；NetScience 数据集与其他数据集表现不一样，因为原始网络连通子图数非常多。

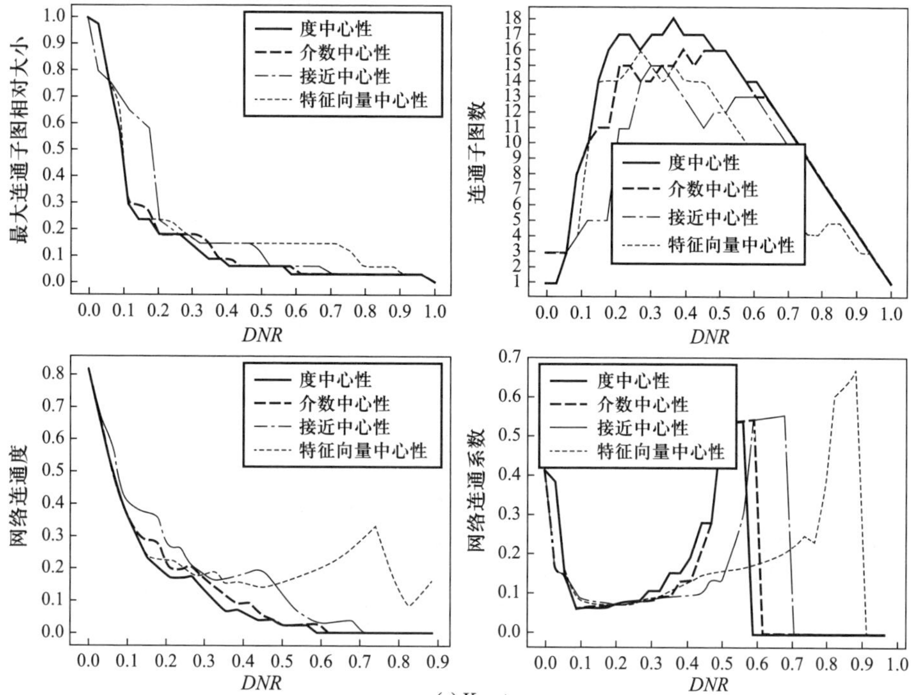

(a) Karate

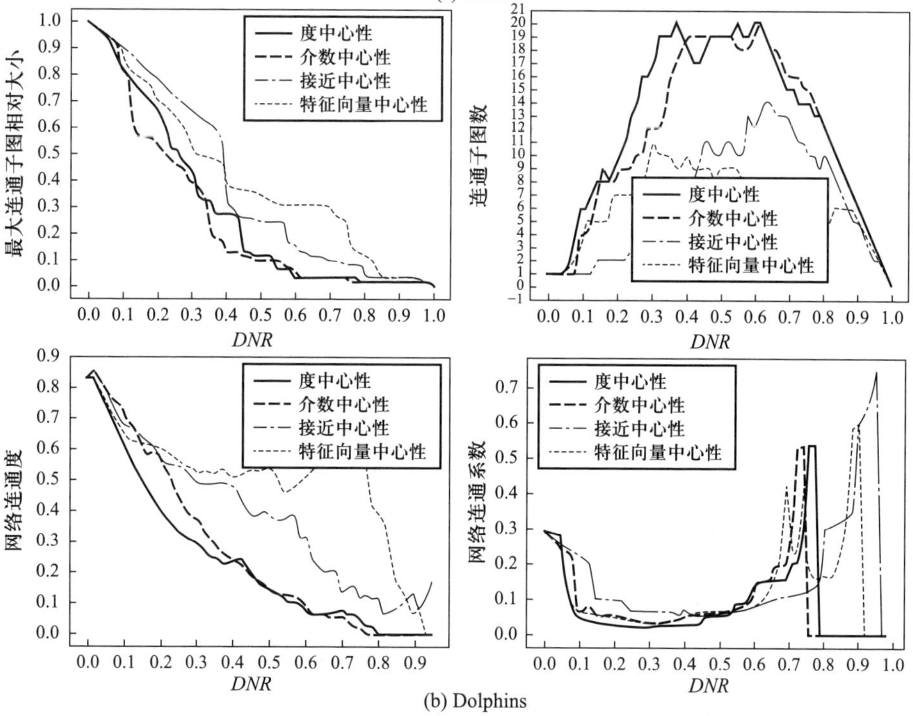

(b) Dolphins

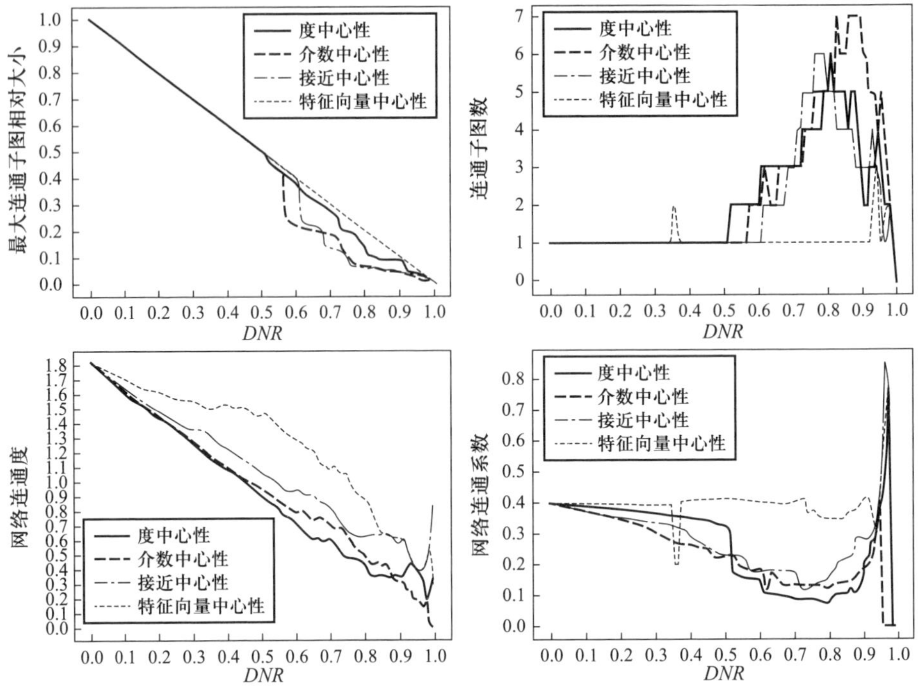

(c) Football

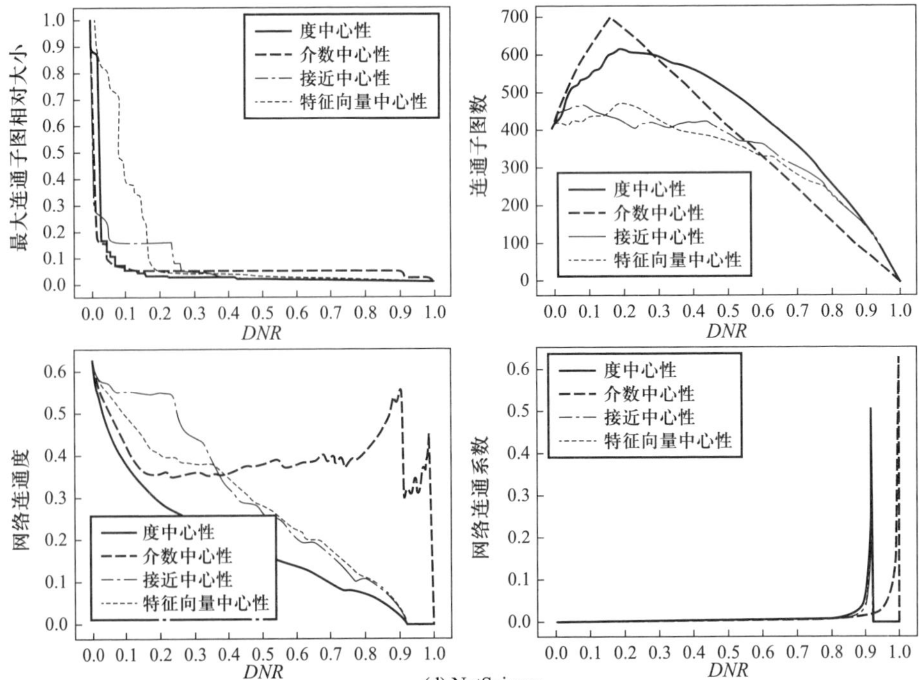

(d) NetScience

图 4-6　基于中心性特征删除节点的网络连通性衡量指标实验变化图

网络连通度均逐渐降低。在随机删除实验中，Karate、Dolphins 和 NetScience 的网络连通度下降一半需要删除 $DNR=0.6$ 的节点。在中心性特征删除实验中，Karate 的网络连通度下降一半只需要删除 $DNR=0.1$ 的节点，Dolphins 和 NetScience 的网络连通度下降一半只需要删除 $DNR=0.2$ 的节点。除 NetScience 外，网络连通系数均先下降再升高。在 Karate 和 Dolphins 中，4 个攻击策略使得网络连通系数下降更快。而在 NetScience 中，4 个攻击策略的攻击效果基本一致，这因为原始网络连通系数较小，因此网络越大，其连通子图数可能越多，平均路径长度越长，从而导致较小的网络连通系数，那么 NetScience 的网络连通系数变化程度便不会很明显。

3. 基于拉普拉斯矩阵特征值的网络连通性攻击实验

(1) 对代数连通性的重连边攻击实验

本次实验所采用的数据集是 Watts-Strogatz(WS)、Gilbert stochastic(Gi)、Barabási-Albert(BA)3 个网络模型，表 4-2 所示为 3 个网络模型的拓扑结构信息。

表 4-2　3 个网络模型的节点数和对应的边数(改编自文献[13])

网络模型	节点数为 100 时的边数	节点数为 400 时的边数
Watts-Strogatz	1000	2000
Gilbert stochastic	2940	3925
Barabási-Albert	451	1923

依据不同网络节点数进行实验，随着 RER 的增加探究代数连通性 $\lambda(G)$ 的变化。以两种方法进行实验：一种是先添加边再删除边，另一种是先删除边再添加边。

图 4-7(a)显示当网络中节点数 $N=100$ 时，重连边后图的代数连通性会持续增加，基本在 $RER=20\%$ 之后不再发生变化，其中 Gi 网络的代数连通性最高。图 4-7(b)显示当网络中节点数 $N=400$ 时，通过重连边后图的代数连通性也会持续增加，但增加效果没有 $N=100$ 时明显。

(2) 对代数连通性的增边攻击实验

图 4-8 为一个随机生成的具有 1000 个节点和 5517 条边的图，且候选边数 $m_c=2341$。本实验使用启发式和随机增边的方法作对比实验。

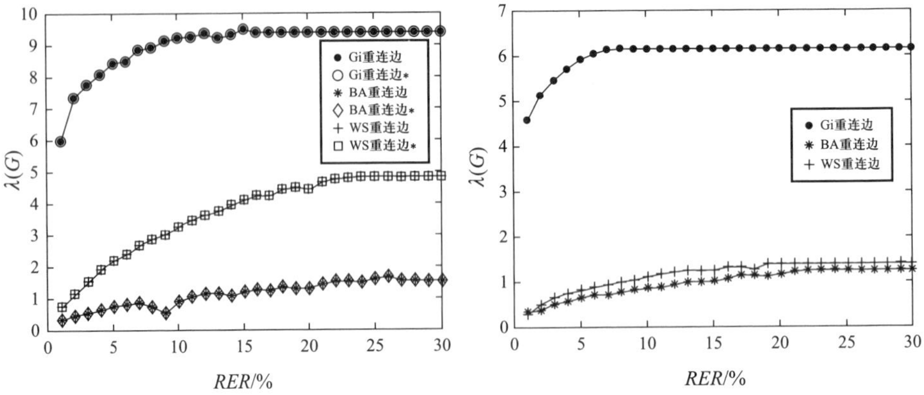

(a) N=100　　(b) N=400

图 4-7　重连边策略代数连通性的变化实验结果图(“ * ”代表不同的攻击顺序,改编自文献[13])

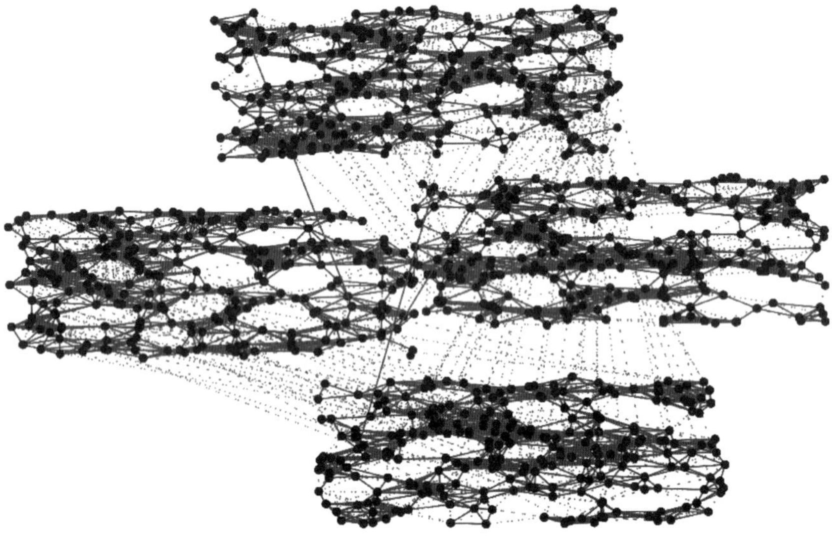

图 4-8　一个随机生成的图(取自文献[14])

图 4-9 为对比实验结果图。可以看出,与启发式方法相比,随机增边方法的性能非常差。使用启发式方法添加 150 条边后,代数连通性提升到 0.041,而添加所有候选边后,代数连通性仅提升到 0.051。实验结果表明只需通过启发式方法添加有限条边,代数连通性即可实现显著增加。

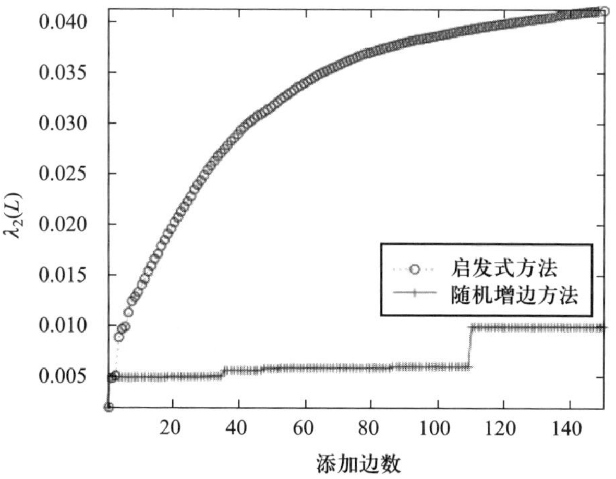

图 4-9　启发式与随机增边方法的对比实验结果图(改编自文献[14])

4.3　对平均路径长度的攻击

衡量网络宏观特征的指标还有网络的平均路径长度,平均路径长度是衡量网络中信息传输效率的指标。平均路径长度主要基于节点对之间路径的边数,本节主要着眼于攻击边,例如增边和重连边,从而探讨平均路径长度的变化情况。本节将介绍平均路径长度和平均路径长度攻击的基本概念以及两种针对平均路径长度的攻击策略。

4.3.1　平均路径长度和平均路径长度攻击的基本概念

定义 4-6:平均路径长度。网络的平均路径长度 L 定义为任意两个节点之间最短路径之和的平均值,平均路径长度也称为特征路径长度或平均距离

$$L = \frac{1}{\frac{1}{2}N(N-1)} \sum_{v_j \in V} \sum_{v_j \neq v_i \in V} d(v_i, v_j) \tag{4-10}$$

式中,$d(v_i,v_j)$是节点 v_i 和节点 v_j 之间最短路径的长度。

图 4-10 为增删节点、增删边和重连边 3 种常用的攻击方法对网络造成的平均路径长度变化情况示意图。添加节点 v_{11}后,因为网络不连通,所以无法计算平均路径长度;添加边(v_3,v_{10})后,平均路径长度从 2.31 变为 2.18;重连边(v_1,v_3)

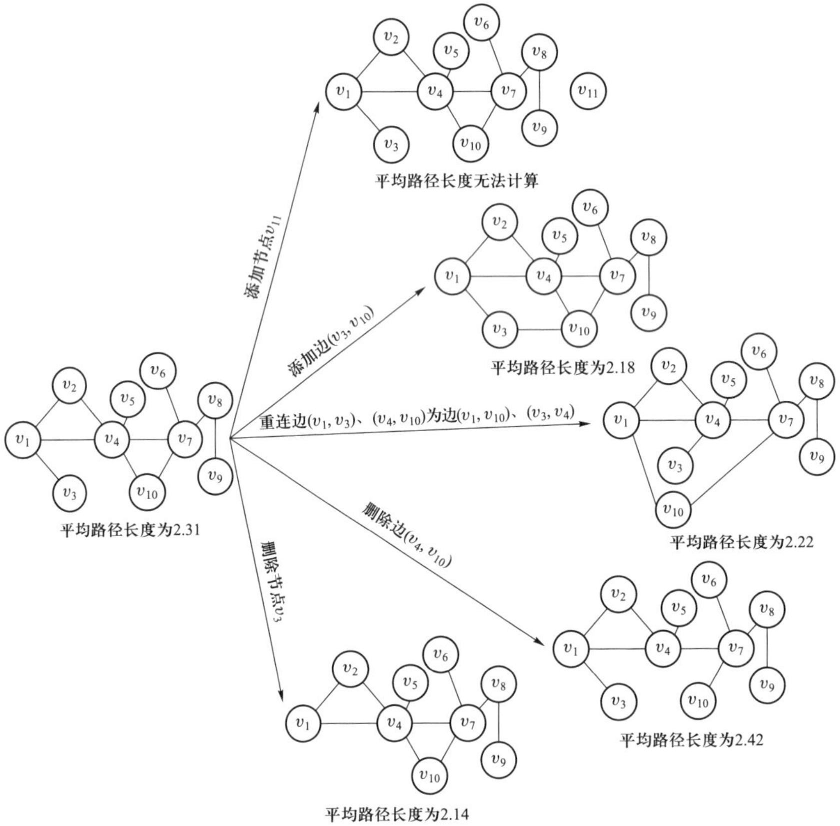

图 4-10　平均路径长度攻击情况示意图

与边(v_4,v_{10})为(v_1,v_{10})与边(v_3,v_4)后，平均路径长度从 2.31 变为 2.22；删除边(v_4,v_{10})后，平均路径长度从 2.31 变为 2.42；删除节点 v_3 后，平均路径长度从 2.31 变为 2.14。而对于平均路径长度可以偏向选择对边进行适当攻击，因为路径的本质就是节点对之间的距离。

4.3.2　基于增边的平均路径长度攻击

本小节将介绍增边攻击策略[17]。选择一些对图 G 影响最大的边添加到图中，将使得平均路径长度的减少程度达到最大。设 $G'=G\cup S$ 表示图 G 添加一组边集 S 后生成的图，候选边集 $\mathcal{E}$ 不属于图 G，$R_G(S)=L(G)-L(G\cup S)$ 为添加边集 S 前后平均路径长度的变化量。寻找一个拥有 k 条边的候选边子集 $S(S\in\mathcal{E})$，将候选边子集中的边添加到图 G 中，使得增边前后的平均路径长度差 $R_G(S)$ 最大。

如图 4-11 所示，考虑由 11 个节点组成的循环图，实线边为原始图中的边，虚线边为候选边。考虑节点 v_1 和节点 v_7，当不添加候选边时，它们之间的最短距离为 5，如果添加一个候选边 (v_4, v_6)，节点 v_1 和节点 v_7 之间的最短距离保持不变；若继续添加候选边 (v_2, v_4)，节点 v_1 和节点 v_7 之间的最短距离减少 1，则会使全图的平均路径长度变小。

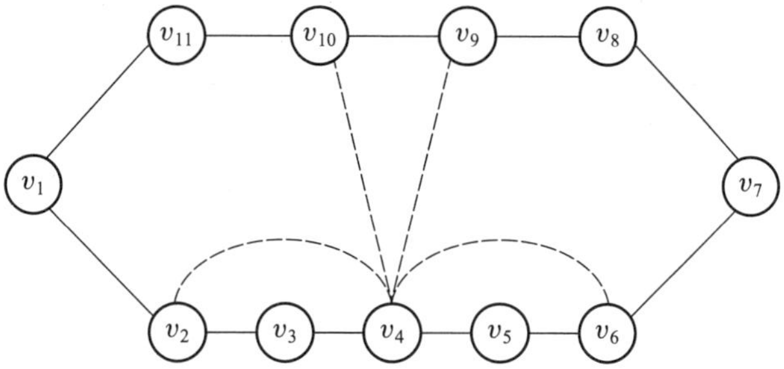

图 4-11　平均路径长度减小的示意图(改编自文献[17])

在选好候选边集后，需要确定哪两个节点之间的最短距离减少，并计算减少的值[17]。设 $d_{\text{old}}(v_m, v_n)$ 为添加 $e_{ij}=(v_i, v_j)$ 之前节点对 (v_m, v_n) 之间的最短距离。定义集合 $A_{v_i}=\{v_m \in V: d_{\text{old}}(v_m, v_j)+1<d_{\text{old}}(v_m, v_i)\}$，$A_{v_j}=\{v_n \in V: d_{\text{old}}(v_n, v_i)+1<d_{\text{old}}(v_n, v_j)\}$。

如图 4-12 所示，$A_{v_i}=\{y, v_8, v_9\}$，$A_{v_j}=\{x, v_1, v_2, v_3, v_4, v_5, v_{11}\}$，其中 v_i 为图中的 x，v_j 为图中的 y。当节点 $v_n \in A_{v_j}$ 时，添加边 e_{ij} 后会创建一条长度为 $d_{\text{old}}(v_n, v_i)+1$ 的新的最短路径，比添加边 e_{ij} 前的最短距离更小。则可以得出节点对 $(v_m, v_n) \in A_{v_i} \times A_{v_j}$，在添加候选边之后新的最短距离为 $d_{\text{new}}(v_m, v_n)=d_{\text{old}}(v_m, v_j)+d_{\text{old}}(v_n, v_i)+1$。

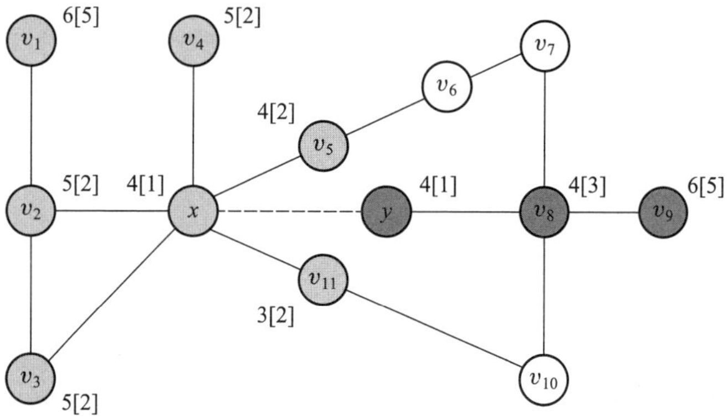

图 4-12　添加候选边前后各节点对最短距离示意图(改编自文献[17])

算法 4-2 是添加候选边后计算更新 $R_G(e_{ij})$ 的 EdgeEffect 算法。首先，对节点 v_i 和节点 v_j 分别执行广度优先搜索（breadth first search，BFS），存储 $T(v_i)$ 和 $T(v_j)$。遍历 $T(v_i)$，对于节点 v_m 保证 $d_{\text{old}}(v_m,v_j)+1<d_{\text{old}}(v_m,v_i)$，$T(v_j)$ 同理。其次，BFS 所有节点 $v_m \in A_{v_i}$ 并存储 $T(v_m)$。再次，在节点 v_m 的 BFS 树中访问每个节点 v_n，如果 $d_{\text{new}}(v_m,v_n)<d_{\text{old}}(v_m,v_n)$，说明节点对 (v_m,v_n) 之间的最短距离变小，并更新 $R_G(e_{ij})$。最后，选择 k 条边效应 $R_G(e_{ij})$ 最大的边添加到图中。

算法 4-2　EdgeEffect 算法

输入：图 G，边 $e_{ij}=(v_i,v_j)$

输出：边效应 $R_G(e_{ij})$

计算 BFS 树 $T(v_i)$ 和 $T(v_j)$

$A_{v_i} \leftarrow \{v_m \in T(v_j) : d_{\text{old}}(v_m,v_j)+1<d_{\text{old}}(v_m,v_i)\}$

$A_{v_j} \leftarrow \{v_n \in T(v_i) : d_{\text{old}}(v_n,v_i)+1<d_{\text{old}}(v_n,v_j)\}$

$R_G(e_{ij})=0$

for v_m in A_{v_i} do

　计算 BFS 树 $T(v_m)$

　for v_n in $T(v_m)$ do

　　$d_{\text{new}}(v_m,v_n)=d_{\text{old}}(v_n,v_i)+d_{\text{old}}(v_m,v_j)+1$

　　if $d_{\text{new}}(v_m,v_n)<d_{\text{old}}(v_m,v_n)$

　　　$R_G(e) += d_{\text{old}}(v_m,v_n)-d_{\text{new}}(v_m,v_n)$

　　end

　end

end

return $R_G(e_{ij})$

EffectEstimation 算法为每一条候选边 $e_{ij} \in \mathcal{E}$ 都计算一个估计边效应 $\tilde{R}_G(e_{ij})$，（即 $R_G(e_{ij})$ 的近似），详细过程如算法 4-3 所示。首先，计算 $d_{\text{old}}(v_i,v_j)$ 和当 $1 \leqslant k$ 且 $l<d_{\text{old}}(v_i,v_j)$ 时的集合 $A_{v_i}[k]$ 与 $A_{v_j}[l]$。设节点 $v_m \in A_{v_i}[k]$ 为与节点 v_i 之间的

最短距离减少 k 的节点，$v_n\in A_{v_j}[l]$ 为与节点 v_j 之间的最短距离减少 l 的节点，得到 $d_{\text{old}}(v_m,v_n)-d_{\text{new}}(v_m,v_n)\leqslant\min\{k,l\}$。其次，当 $d_{\text{old}}(v_i,v_j)>2$ 时，遍历 $1\leqslant k<d_{\text{old}}(v_i,v_j)$ 和 $d_{\text{old}}(v_i,v_j)-k\leqslant l<d_{\text{old}}(v_i,v_j)$，通过添加 $|A_{v_i}[k]|\times|A_{v_j}[l]|\times\min\{k,l\}$ 来估计边效应 $\widetilde{R}_G(e_{ij})$。如果 $d_{\text{old}}(v_i,v_j)=2$，则给边 (v_i,v_j) 分配分数 $|N_{v_i}\cap A_{v_j}|\times|N_{v_j}\cap A_{v_i}|$，这个分数是受 v_i 和 v_j 影响的邻居数的乘积，其中 N_v 由 v 和 v 的邻居组成。

算法 4-3　EffectEstimation 算法

输入：图 G，边 $e_{ij}=(v_i,v_j)$

输出：估计边效应 $\widetilde{R}_G(e_{ij})$

$\widetilde{R}_G(e_{ij})=0$
计算 $d_{\text{old}}(v_i,v_j)$，$A_{v_i}[k]$，$A_{v_j}[l]$，$1\leqslant k,l<d_{\text{old}}(v_i,v_j)$
if $d_{\text{old}}(v_i,v_j)>2$ then
　　for k in $[1,d_{\text{old}}(v_i,v_j))$ do
　　　　for l in $[d_{\text{old}}(v_i,v_j)-k,d_{\text{old}}(v_i,v_j))$ do
　　　　　　$\widetilde{R}_G(e_{ij})+=|A_{v_i}[k]|\times|A_{v_j}[l]|\times\min\{k,l\}$
　　　　end
　　end
end
if $d_{\text{old}}(v_i,v_j)=2$ then
　　$\widetilde{R}_G(e_{ij})=|N_{v_i}\cap A_{v_j}|\times|N_{v_j}\cap A_{v_i}|$
end
return $\widetilde{R}_G(e_{ij})$

4.3.3 基于重连边的平均路径长度攻击

基于模拟退火（simulated annealing，SA[18]）的平均路径长度攻击算法——attacking simulated annealing（简称 ASA）算法的目标是最小化当前平均路径长度和目标平均路径长度之间的差异。ASA 算法的描述如算法 4-4 所示。

算法 4-4　ASA 算法

输入：	图 G, 平均路径长度的期望值 f', 最大迭代次数 $max_t = 100\ 000$, 阈值 $\varepsilon = 0.0001$, 初始系统温度：$Temp = 10$, 退火策略：每搜索 200 次最大全局聚类系数降低 10% 的温度
输出：	平均路径长度值近似等于 f' 的图 G'

1	设 $t = 0, G_0 = G$
2	计算 $f(G_t)$, 即近似为 G_0 的平均路径长度
3	计算 $E(APL) = \lvert f(G_t) - f' \rvert$
4	while($\lvert f(G_t) - f' \rvert \geqslant \varepsilon$) and ($t < max_t$) do
5	$\quad t \leftarrow t + 1$
6	$\quad$ 从满足 $v_i v_j \notin E\ (i \in \{1, 2\}$ 且 $j \in \{3, 4\})$ 和 $N_G(v_i) \cap N_G(v_j) = \varnothing\ (i, j \in \{1, 2, 3, 4\})$ 的 G 中随机选择边对 $\{(v_1, v_2), (v_3, v_4)\}$
7	$\quad$ 让 $G'_t = G \cup \{(v_1, v_3), (v_2, v_4)\} - \{(v_1, v_2), (v_3, v_4)\}$
8	$\quad$ 计算 $E(APL') = \lvert f(G'_t) - f' \rvert$
9	$\quad$ if ($E(APL') < E(APL)$)
10	$\qquad G_t = G'_t$
11	$\quad$ else
12	$\qquad$ 计算概率 $e^{\frac{E(APL') - E(APL)}{Temp}}$
13	$\qquad$ if (随机数 < 概率)
14	$\qquad\quad G_t = G'_t$
15	$\qquad$ else
16	$\qquad\quad G_t = G'_t - \{(v_1, v_3), (v_2, v_4)\} \cup \{(v_1, v_2), (v_3, v_4)\}$
17	$\qquad$ end
18	$\quad$ end
19	$\quad$ 根据退火策略降低初始系统温度, $G' = G_t$
20	end
21	return G'

　　但因为 ASA 算法对于网络平均路径长度的计算成本过高且存在局部极值的情况, 所以接下来主要介绍重连边 (edge rewiring strategy, ERS[19]) 算法。

　　为了节省计算成本和避免出现局部极值, 该算法通过构造局部效率函数, 选

择局部效率最高的边对，局部效率函数 $LP((v_1,v_2),(v_3,v_4))$ 定义为

$$LP((v_1,v_2),(v_3,v_4)) = \sum_{i\neq j;v_i,v_j\in N_1}(l_G(v_i,v_j) - l_{G'}(v_i,v_j)) \quad (4-11)$$

式中，(v_1,v_2) 和 (v_3,v_4) 是 G 中的两条边，G' 是重连边后的图，$N_1=\bigcup_{i=1}^{4}N_{G'}(v_i)$。

算法 4-5 对于 $i\in\{1,2\}$ 且 $j\in\{3,4\}$，从满足 $(v_i,v_j)\notin E$ 的 G 中随机选择 10 个并行的边对 $\{(v_1,v_2),(v_3,v_4)\}$，再选择具有最大局部效率的边对进行重连，然后不断迭代，直至达到平均路径长度 L 的期望值。

算法 4-5　ERS 算法

输入：	图 G，平均路径长度 L 的期望值 f'，最大迭代次数 $max_t=100\,000$，阈值 $\varepsilon=0.0001$
输出：	平均路径长度 L 近似等于 f' 的图 G'
	设 $t=0, G_0=G$
	计算 $f(G_t)$，G_0 的 TP 值
	while ($\lvert f(G_t)-f' \rvert \geqslant \varepsilon$) and ($t<max_t$) do
	$t=t+1$
	for $iter=1$ to 10 do
	对于 $i\in\{1,2\}$ 和 $j\in\{3,4\}$，从满足 $(v_i,v_j)\notin E$ 的 G 中随机选择一个边对 $\{(v_1,v_2),(v_3,v_4)\}$
	让 $G'_{iter}=G\cup\{(v_1,v_3),(v_2,v_4)\}-\{(v_1,v_2),(v_3,v_4)\}$
	end
	$G'=G_t$，设 $G_t=G'_m$，其中 $G'_m=\text{argmax}\{f(G'_y) \mid y=1,2,\cdots,10\}$
	end
	return G'

4.3.4 攻击实验与结果分析

1. 基于增边的平均路径长度攻击实验

在此实验中采用 Facebook[20]、DBLP[21] 和 Internet[22] 3 个数据集。表 4-3 是数据集的相关信息。

表 4-3　实验数据集相关信息

数据集名称	节点数	边数	候选边数	直径大小
Internet	17 474	31 579	5250	12
Facebook	41 212	342 584	12 921	19
DBLP	31 422	69 428	2444	26

实验从效率和有效性两方面进行研究并增加 5 个对比攻击方法，分别是贪婪(Greedy)算法、PBG 算法、距离(Distance)算法、度(Degree)算法和随机(Random)算法。

对于有效性的度量定义为一组候选边集 S 的 $R_G(S)$ 与全部候选边集 $\mathcal{E}$ 的 $R_G(\mathcal{E})$ 的比值，即 $R_G(S)/R_G(\mathcal{E})$。候选边数的百分比设置为 $\gamma=|S|/|\mathcal{E}|$，$\gamma=1\%,2\%,3\%,4\%,5\%$。

图 4-13 显示在候选边数不同的情况下，所有算法在 3 个数据集上的实验结果。从图中可以看出，效果排名前 3 名依次是 Greedy、EdgeEffect、EffectEstimation

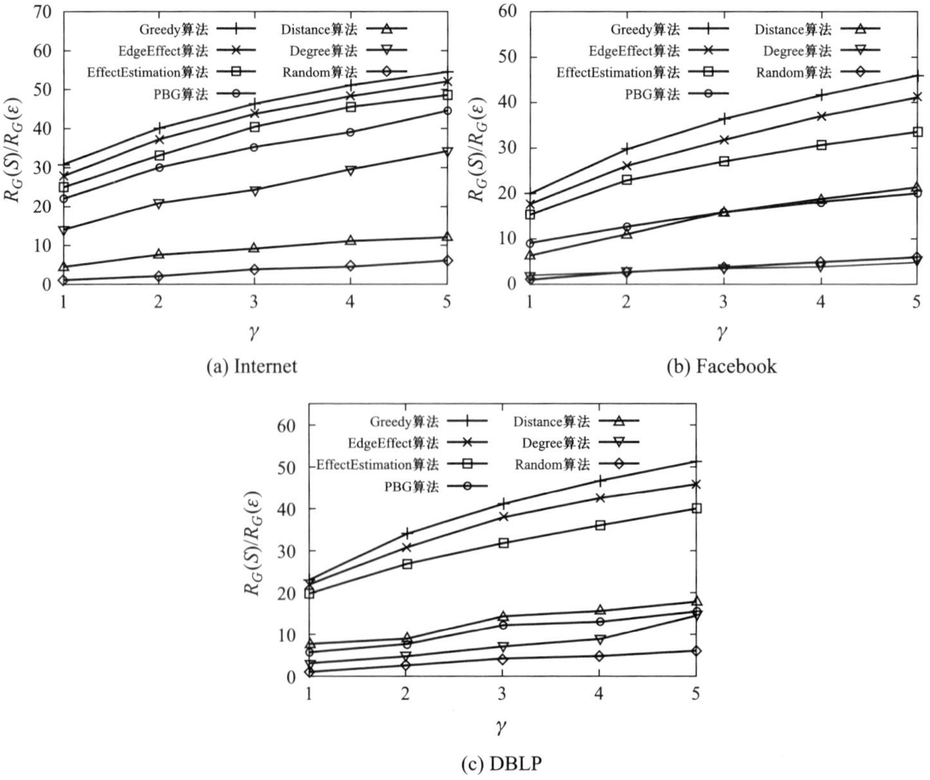

图 4-13　候选边数变化的有效性实验结果图(改编自文献[17])

算法。对于 DBLP 和 Facebook，EffectEstimation 算法的有效性与下一个最佳算法之间存在相当大的差距。PBG 算法在 Internet 上表现较好，在 Facebook 和 DBLP 上表现优于 Distance 算法。

图 4-14 为 EdgeEffect、EffectEstimation、PBG 和 Distance 4 个算法在数据集大小变化的有效性实验结果图，选择边数固定为候选边的 5%。从图中可以看出，通过添加一小部分候选边，可以实现有效性的度量值总减少量达到约 50%。

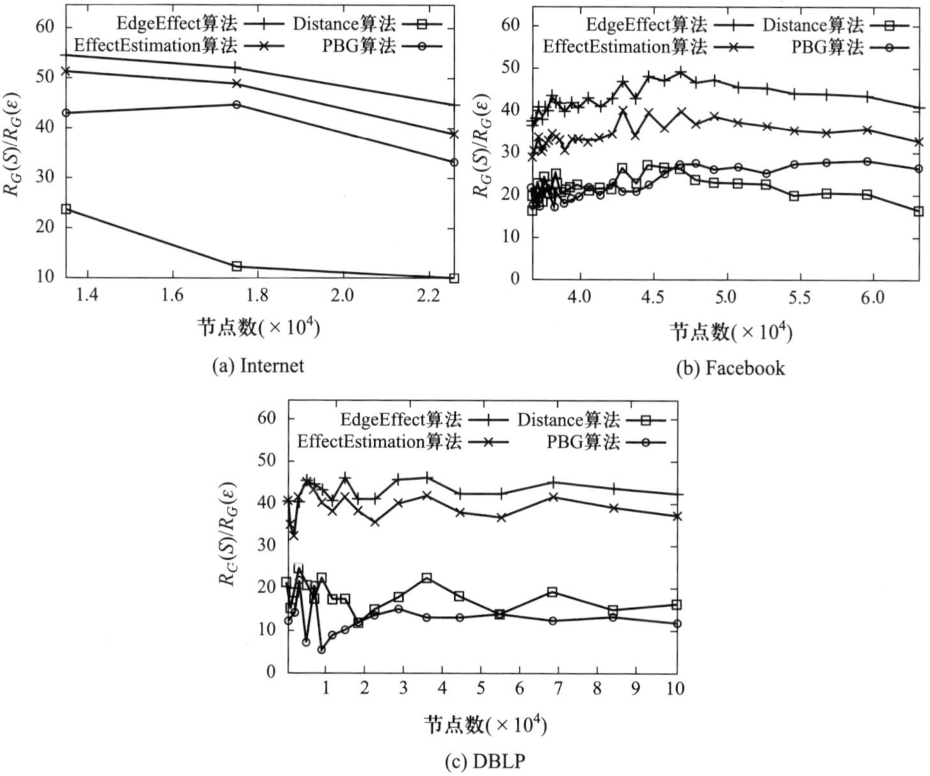

图 4-14　数据集大小变化的有效性实验结果图（改编自文献[17]）

图 4-15 展示了运行时间作为攻击评价的实验结果。EdgeEffect 算法是效率最低的方法。EffectEstimation 算法在 Internet 上比 EdgeEffect 算法快 1 个数量级，在 Facebook 和 DBLP 上快 2 个数量级；在大多数情况下，它也比 PBG 算法快；它的运行时间增长速率与 Distance 算法相同。

2. 基于重连边的平均路径长度攻击实验

构建具有社团结构的人工网络模型——HH（Havel-Hakimi）网络模型[23]，HH 网络模型是在生成度序列之后，利用 HH 算法在社团内构造边。在生成模型

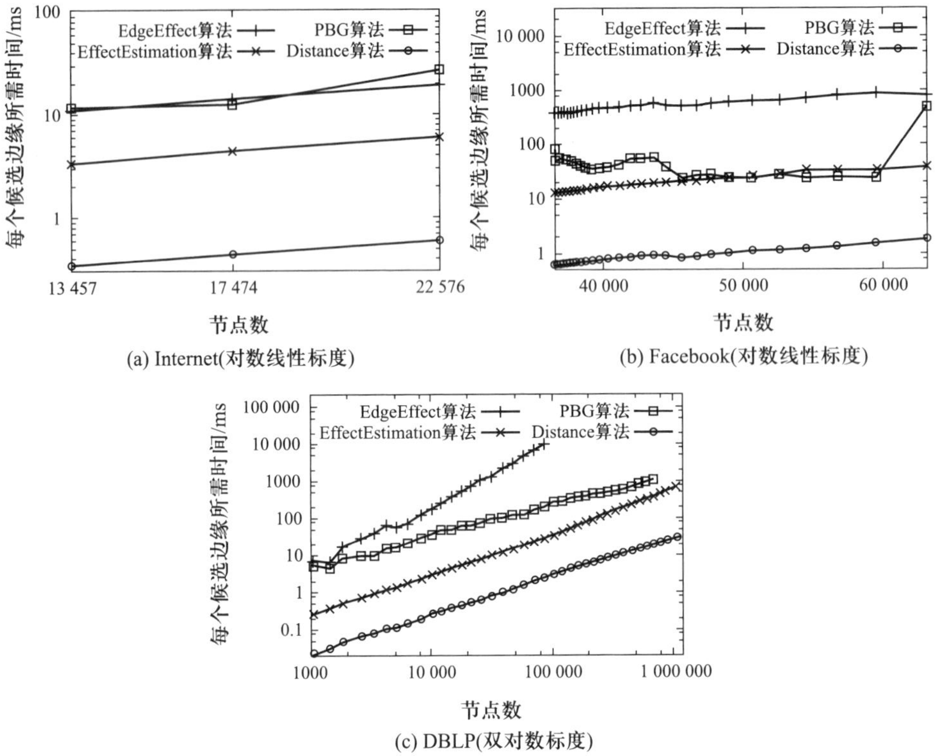

图 4-15　运行时间效率实验结果图(改编自文献[17])

的时候,HH 网络模型的拓扑参数依赖于网络的平均度和混合参数,实验设置节点数为 $N=5000$。图 4-16 展示了在不同平均度的情况下,多种混合参数与 HH 网络平均路径长度的关系。

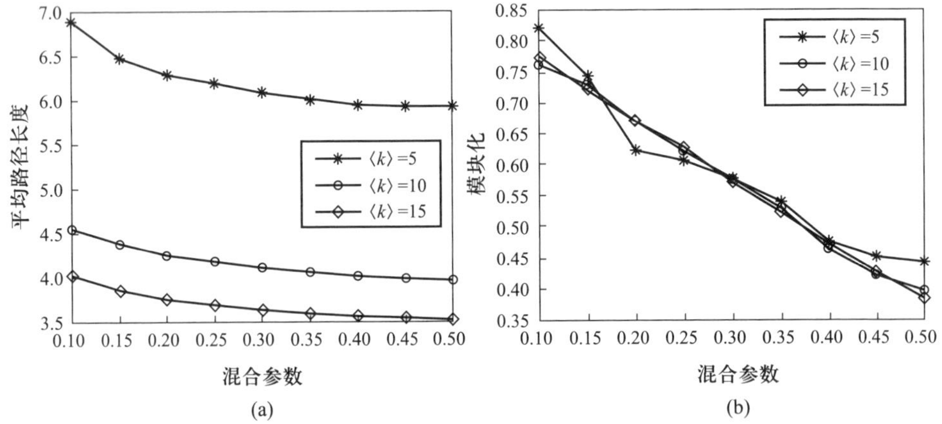

图 4-16　HH 网络模型的结构属性(改编自文献[19])

图 4-17 显示了在平均度 $\langle k\rangle=5$、10 与 15 时平均路径长度增加所需的时间，可以看出 ERS 算法在与 ASA 算法提升相同的平均路径长度大小幅度的情况下，所需的时间更少。

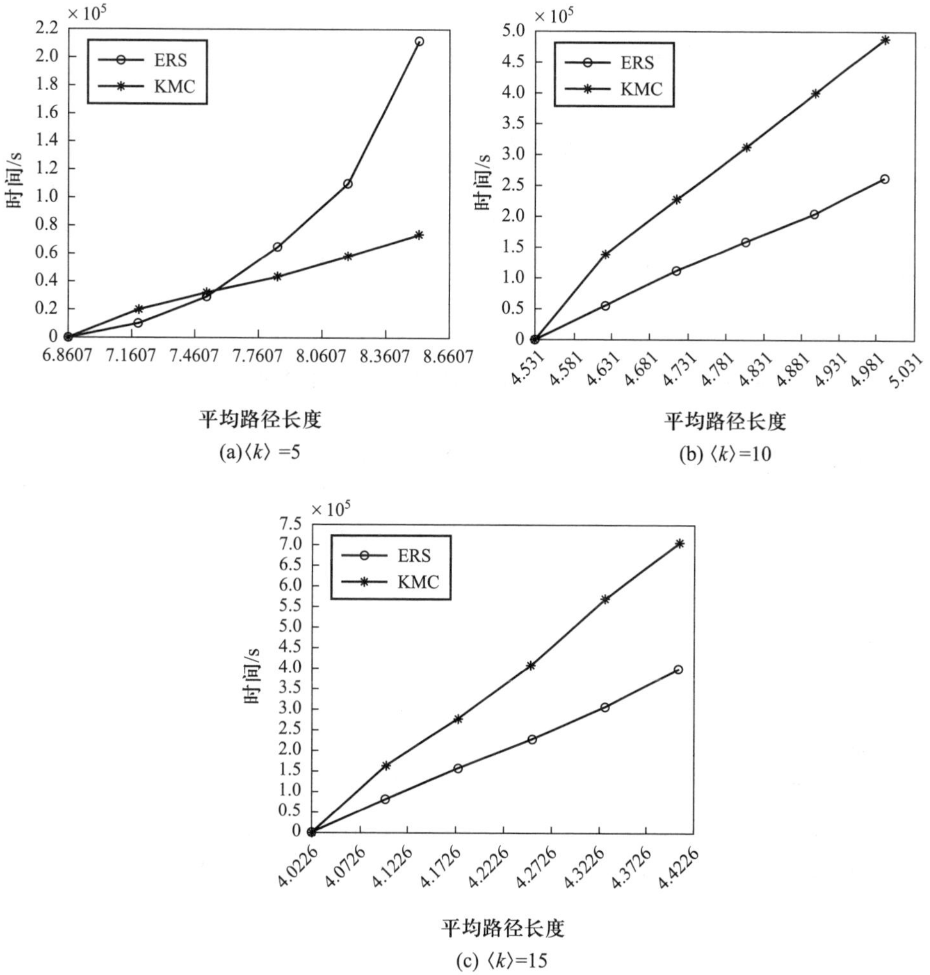

图 4-17 ERS 和 KMC 算法对 HH 网络模型的平均路径长度增加时时间变化实验结果图（改编自文献[19]）

4.4　对全局聚类系数的攻击

全局聚类系数是整个网络集群聚集程度的表征。对于全局聚类系数同样可以通过对节点或边进行攻击探究其变化情况。而通过对全局聚类系数的计算公式分析,如何改变图中三角形个数是改变全局聚类系数的关键,而边是构建三角形的关键。基于此,本节将介绍全局聚类系数和全局聚类系数攻击的基本概念以及两种针对全局聚类系数的攻击策略。

4.4.1　全局聚类系数和全局聚类系数攻击的基本概念

定义 4-7:全局聚类系数。针对无向无权和无自环的复杂网络,其聚类系数包括节点聚类系数、全局聚类系数和平均聚类系数 3 类。网络的聚类系数表示网络连接程度和社团结构情况。本节只对全局聚类系数作介绍,全局聚类系数的计算公式为

$$T = 3\frac{triangles}{triads}$$

式中,*triangles* 表示封闭三角形的个数,*triads* 表示三元组的个数,三元组包括封闭三角形和开环三角形。

图 4-18 为攻击全局聚类系数各种方法的攻击情况示意图。添加节点 v_{11}后,全局聚类系数不变;添加边(v_3,v_{10})后,全局聚类系数从 0.27 变为 0.24;重连边(v_1,v_3)、(v_4,v_{10})为(v_1,v_{10})、(v_3,v_4)后,全局聚类系数从 0.27 变为 0.14;删除边(v_4,v_{10})后,全局聚类系数从 0.27 变为 0.18;删除节点 v_3 后,全局聚类系数从 0.27 变为 0.30。

全局聚类系数可以分析网络的结构特征,如果聚类系数较高,那么三角形个数也会存在较多的可能,节点与节点之间互为邻居的可能性也越高,这意味着网络的拓扑结构越紧密。

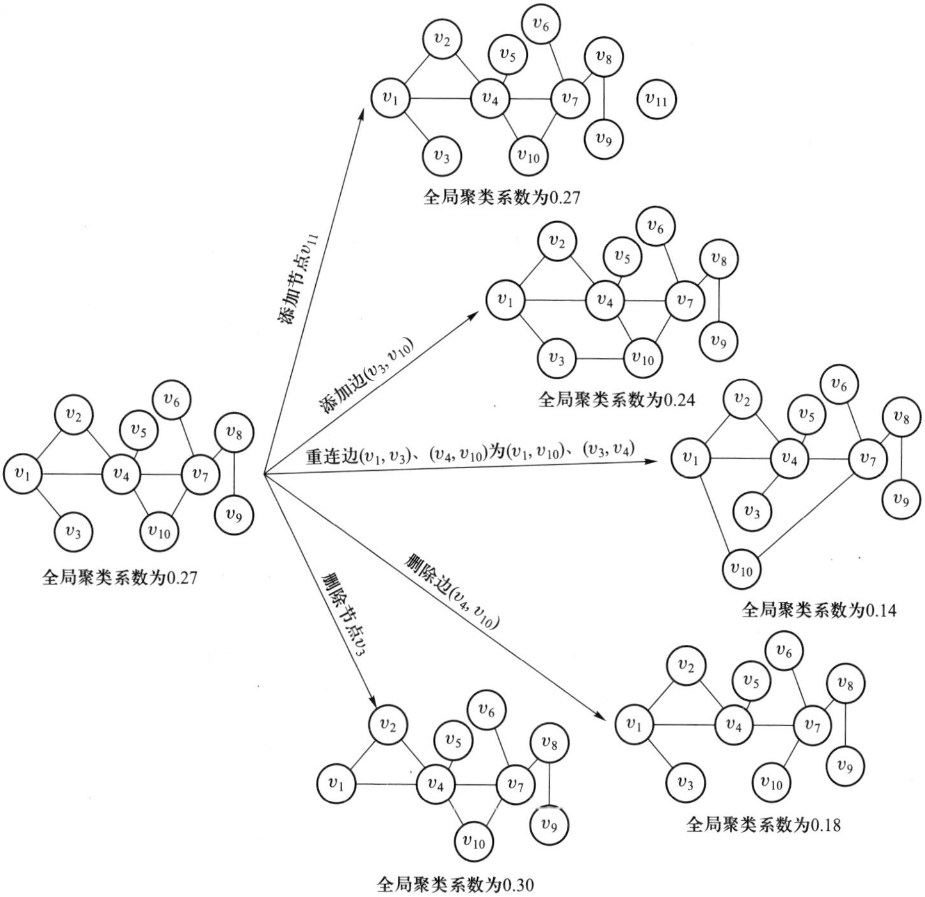

图 4-18　全局聚类系数攻击情况示意图

4.4.2　基于度变更重连的全局聚类系数攻击

重连边策略不改变网络的边数，但影响网络的度分布，通过贪婪地执行重连边策略，攻击者可以将随机网络变成一个具有高全局聚类系数的网络。它可以用最小的攻击代价影响网络的其他特征并增大网络的全局聚类系数。度变更的重连边策略包括两种方式：一种是先考虑不存在的边，使得该边的添加能够尽可能多地增加封闭三角形的个数，这类算法被称为“最优关门算法”[24]；另一种是先考虑存在的边，使得该边的删除能够尽可能小地减少封闭三角形的个数，这类算法被称为“最差开门算法”[24]。

1. 最优关门(swing toward best,STB)算法

首先,选择一组不存在的节点对(v_i,v_j),将节点 v_i 和 v_j 相连能够尽可能多地增加图 G 中的封闭三角形个数。其次,选择一条存在的边(v_i,v_l),将这条边删除能够尽可能少地减小图 G 中的封闭三角形个数。对抗图 G'通过断开边(v_i,v_l)并添加边(v_i,v_j)形成。攻击前后的图结构如图 4-19 所示。

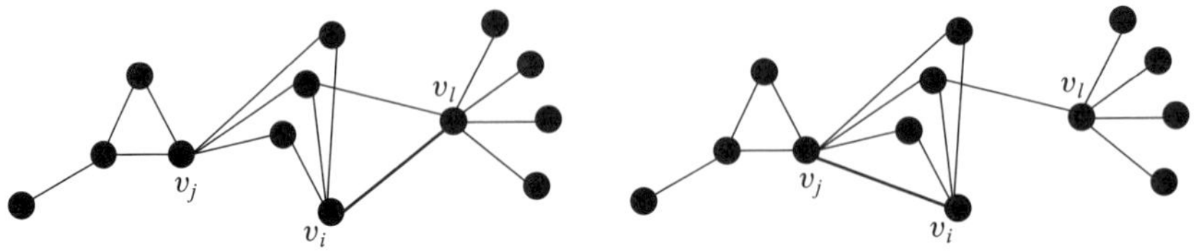

(a) 攻击前　　(b) 攻击后

图 4-19　攻击前后图结构示意图(改编自文献[24])

最优关门算法的伪代码如算法 4-6 所示。

算法 4-6　最优关门算法

输入:	图 G,全局聚类系数的期望值 f',最大迭代次数 $max_t=100\ 000$,阈值 $\varepsilon=0.0001$
输出:	全局聚类系数的值近似等于 f' 的图 G'
1	寻找无连边的节点对,并有最大的共同邻居个数,即$(v_i,v_j)\in\overline{E}$,且 $\max\|N(v_i,v_j)\|$
2	对于 $v_l\in N(v_i)$,定义 $f_{v_l}=\|N(v_i,v_l)\|$,对于 $v_l\in N(v_j)$,定义 $f_{v_l}=\|N(v_j,v_l)\|$,选取 $v_l\in N(v_i)\Delta N(v_j)$,且 f_{v_l} 最小,若有多个满足此条件的 v_l,则选择度值最大的节点 v_l,不失一般性,设 v_l 与 v_i 相连
3	if $\|N(v_i,v_l)\|\geqslant\|N(v_i,v_j)\|$
4	返回步骤 1 并删除边(v_i,v_j)
5	end
6	if $d_{v_l}>d_{v_j}$
7	重连边(v_i,v_l)为(v_i,v_j),形成攻击图 G'
8	else
9	返回步骤 2 并删除节点 v_l
10	end
11	if $\varnothing=N(v_i)\Delta N(v_j)$

12	则返回步骤 1 并重新选择一对非相邻节点对
13	end
14	return G'

2. 最差开门(swing away from worst,SAW)算法

首先,选择一组相连的节点对(v_i,v_l),这组节点对拥有较少的共同邻居个数,因此断开这条边可以尽可能少地减小图 G 中的封闭三角形个数。其次,选择一组不相连的节点对(v_i,v_j),这个节点对的相连能够尽可能多地增加图 G 中的封闭三角形个数。对抗图 G'通过断开边(v_i,v_l)并重连(v_i,v_j)形成。攻击前后的图结构如图 4-20 所示。

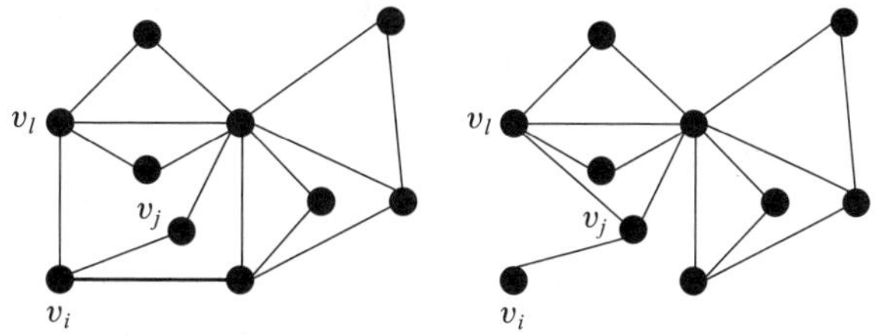

(a) 攻击前　　(b) 攻击后

图 4-20　攻击前后图结构示意图(改编自文献[24])

最差开门算法的伪代码如算法 4-7 所示:

算法 4-7　最差开门算法

输入:	图 G,全局聚类系数的期望值 f',最大迭代次数 $\max_t = 100\ 000$,阈值 $\varepsilon = 0.0001$
输出:	全局聚类系数的值近似等于 f' 的图 G'
1	寻找有连边的节点对,并有最小的共同邻居个数,即$(v_i, v_l) \in E$,且 $\min\lvert N(v_i,v_l)\rvert$
2	对于 $v_j \in \overline{N}(v_i)$,定义 $f_{v_j} = \lvert N(v_i,v_j)\rvert$,对于 $v_j \in \overline{N}(v_l)$,定义 $f_y = \lvert N(v_j,v_l)\rvert$,选取 $v_j \in \overline{N}(v_i)\Delta\overline{N}(v_l)$,且 f_{v_j} 最小,若有多个满足此条件的 v_j,则选择度值最小的节点 v_j,不失一般性,设 v_j 与 v_i 相连
3	if $\lvert N(v_i,v_j)\rvert < \lvert N(v_i,v_l)\rvert$
4	返回步骤 1 并删除边(v_i,v_l)
5	end

6	if $d_{v_j}<d_{v_l}$
7	重连(v_i,v_l)为(v_i,v_j)，形成攻击图 G'
8	else
9	返回步骤 2 并删除节点 v_j
10	end
11	if $\varnothing=\overline{N}(v_i)\Delta\overline{N}(v_j)$
12	返回步骤 1 并重新选择一对相邻节点对
13	end
14	return G'

定理 4-1：度变更的重连策略使得全局聚类系数单调增加。

证明：定义图 G 中存在节点 v_i 和 v_j，$|N(v_i,v_j)|$为节点 v_i 和 v_j 的共同邻居数。假设$(v_i,v_j)\in\overline{E}$，$(v_i,v_l)\in E$，$|N(v_i,v_j)|>|N(v_i,v_l)|$，$d_{v_l}>d_{v_j}$，考虑到三角形个数，属于图 G 但不属于图 G'的三角形有一条边(v_i,v_l)；同理，属于图 G'但不属于图 G 的三角形有一条边(v_i,v_j)，则 $N_t(G')=N_t(G)-|N(v_i,v_l)|+|N(v_i,v_j)|>N_t(G)$。考虑到三元组个数，属于图 G 但不属于图 G'的三元组包括边(v_i,v_l)，这类三元组的个数为$(d_{v_l}-1)+(d_{v_i}-1)$；同理，属于图 G'但不属于图 G 的三元组包括边(v_i,v_j)，这类三元组个数为$(d_{v_i}-1)+d_{v_j}$。因此，$N_p(G')=N_p(G)-(d_{v_l}-1)-(d_{v_i}-1)+(d_{v_i}-1)+d_{v_j}=N_p(G)+d_{v_j}-d_{v_l}+1\leqslant N_p(G)$，所以全局聚类系数单调递增。最终，重连后的全局聚类系数与重连前的全局聚类系数对比如下：

$$C(G')=\frac{3N_t(G')}{N_p(G')}>\frac{3N_t(G)}{N_p(G)}=C(G)$$

4.4.3 基于保度重连的全局聚类系数攻击

保度重连策略不改变网络的度分布，即不改变节点的度值，攻击者对全局聚类系数的操作将更加隐蔽。保度重连策略算法如算法 4-8 所示。

算法 4-8	保度重连攻击策略
输入：	图 G，全局聚类系数的期望值 f'，最大迭代次数 $max_t=100\ 000$，阈值 $\varepsilon=0.0001$
输出：	全局聚类系数的值近似等于 f'的图 G'
1	寻找无连边的节点对(v_i,v_j)，并有最大的共同邻居个数，即$(v_i,v_j)\in\overline{E}$，且 $\max|N(v_i,v_j)|$

2	寻找无连边的节点对(v_l,v_m)，且v_l与v_i相连，v_m与v_j相连，这类节点构成的边集$F\subset\overline{E}$。选取边(v_l,v_m)满足 $\max\lvert N(v_l,v_m)\rvert$
3	if $\lvert N(v_l,v_m)\rvert+\lvert N(v_i,v_j)\rvert>\lvert N(v_i,v_l)\rvert+\lvert N(v_m,v_j)\rvert$ and $\lvert N(v_l,v_m)\rvert+\lvert N(v_i,v_j)\rvert>\lvert N(v_l,v_j)\rvert+\lvert N(v_i,v_m)\rvert$
4	删除边(v_i,v_l)，(v_m,v_j)；添加边(v_i,v_j)，(v_l,v_m)
5	else if $\lvert N(v_l,v_j)\rvert+\lvert N(v_i,v_m)\rvert>\lvert N(v_i,v_l)\rvert+\lvert N(v_m,v_j)\rvert$
6	删除边(v_i,v_l)，(v_m,v_j)；添加边(v_l,v_j)，(v_m,v_i)
7	else
8	返回步骤 2，重新执行
9	end
10	return G'

对于保度重连，Zhou 等[25]通过研究重连两条边的局部结构变化情况提出快捷计算全局聚类系数以及基于 SA 算法最大化全局聚类系数的两个算法来探究通过重连边如何使得全局聚类系数最大。

4.4.4 攻击实验与结果分析

实验用到的数据集相关信息如表 4-4 所示。

表 4-4 实验数据集相关信息

数据集名称	节点数	边数	全局聚类系数
Dolphin	62	159	0.258 96
Gene_fusion[26]	291	279	0.000 58
Powerbus	494	586	0.041 97

在保度重连算法中采用局部贪婪(Localgreedy)算法、模拟退火(SA)算法、贪婪(greedy)算法和随机(random)策略进行实验，并对度变更和保度重连这两种重连策略进行对比实验。

1. 保度随机重连攻击算法实验

图 4-21 为实验随机选择符合重连的一组边执行重连，探究多次完全随机的情况下，全局聚类系数随着重连边比例的变化情况。曲线表示独立 100 次实验

的平均值，阴影表示标准偏差。从图中可以看出，不同性质的网络在完全随机重连攻击策略下，全局聚类系数的变化趋势并不一样，变化的幅度范围也不一致。此外，Dolphin 的全局聚类系数快速下降，Powerbus 下降幅度较小，而 Gene_fusion 变化情况相反，随机重连下全局聚类系数会增大。

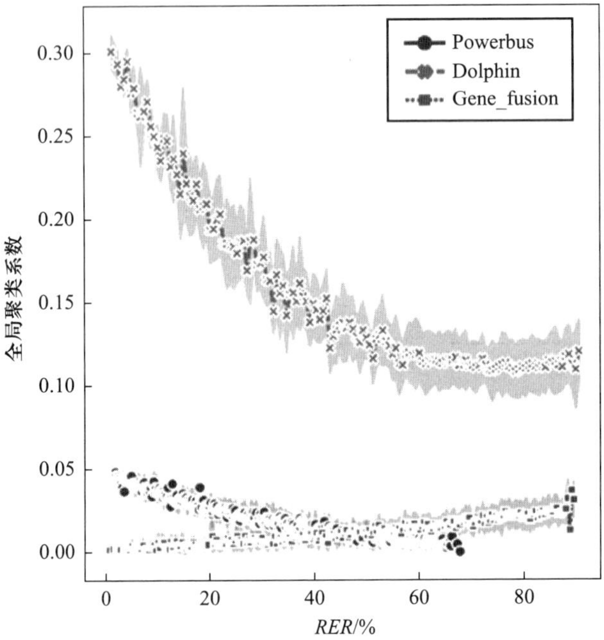

图 4-21　完全随机重连攻击效果图

2. 度变更重连和保度重连对比实验

图 4-22 为度变更重连和保度重连算法的实验对比结果图，可以发现 STB 在增加全局聚类系数的效果是最好的，接下来依次是 greedy、Localgreedy、SA、SAW 和 random。对于 STB 和 SAW 改变比例不高的原因是达到一定的程度后，网络将不存在符合重连条件的情况，所以在一定比例后，全局聚类系数不再发生变化。SA 运行速度较快，同时在攻击效果方面也可以取得与 greedy 同等的效果，在攻击代价较少即重连边比例较小时，与 greedy 的效果是一致的。Localgreedy 容易陷入局部最优，即边更改到一定比例时，网络中将不存在符合重连规则的边，陷入局部最优。random 中全局聚类系数变化也呈现出一定的随机性，总而言之，随机重连不会出现偏离全局原始聚类系数较大的值。

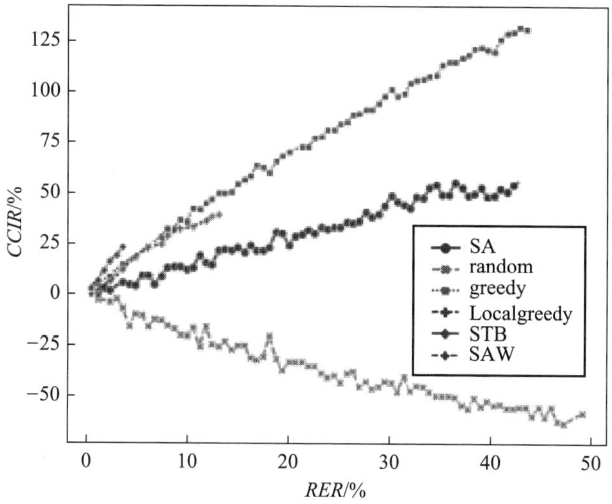

图 4-22　度变更重连和保度重连实验效果图

4.5　对同配系数的攻击

同配系数是衡量网络内在连通性的重要指标,是网络中度相似的节点趋向于彼此相连的特性[27]。本节针对网络的同配系数的攻击策略进行描述,即通过一定的重连攻击策略使网络的同配系数发生变化,其目的是改变网络中不同度值节点间的连接结构,最终使网络表现出不同的性质。基于此,本节将介绍同配系数和同配系数攻击的基本概念,并主要讨论在度分布不变的情况下,通过 4 种重连的方式攻击网络改变网络的同配系数。

4.5.1　同配系数和同配系数攻击的基本概念

根据网络中节点连接的倾向,可以将网络分成如下 3 种形式:

(1) 中性网络:节点之间的连接没有倾向性,即每个节点都以相同概率连接。

(2) 同配网络:大度值节点倾向于与大度值节点连接,同时小度值节点倾向于与小度值节点连接。这种模型的一个极端表现是完全同配网络,即度值为 k 的节点只连接到度值为 k 的节点。

（3）异配网络：大度值节点倾向于彼此不相连，而是连接到小度值节点。

度相关性刻画网络中节点度之间的关系，一种量化方式是计算皮尔逊相关系数。皮尔逊相关系数是用于度量两个变量 X 和 Y 之间的线性相关性，其值在 -1 到+1 之间。计算的变量分布是边两端节点对应的度之间的相关性。当其值大于 0 时，网络趋于同配，表现出同配网络的性质；当其值在 0 附近时，网络趋于中性，表现出中性网络的性质；当其值小于 0 时，网络趋于异配，表现出异配网络的性质。那么可以在皮尔逊相关系数的基础上加上节点度的概念延展到同配系数，通过研究同配系数的大小来衡量网络是否同配。

定义 4-8：同配系数。同配系数的计算公式如下：

$$r = \frac{M^{-1}\sum_{e_{ij}} d_i d_j - \left[M^{-1}\sum_{e_{ij}} \frac{1}{2}(d_i + d_j)\right]^2}{M^{-1}\sum_{e_{ij}} \frac{1}{2}(d_i^2 + d_j^2) - \left[M^{-1}\sum_{e_{ij}} \frac{1}{2}(d_i + d_j)\right]^2} \tag{4-12}$$

式中，M 是网络总边数，e_{ij} 是选择的边，d_i、d_j 分别是边两端节点的度值。若 r 为正值，网络中大度值节点倾向于连接大度值节点，则网络表现出同配性；若 r 为负值，大度值节点倾向于与小度值节点相连则倾向于异配性；如果 r 接近于零，这意味着该网络似乎是不相关的。

根据式（4-12），当网络中节点度在重连后不发生变化时，r 的值只依赖于 $\sum d_i d_j$ 的值，与其他项无关，因此在改变同配系数时，只需要考虑重连来改变 $\sum d_i d_j$ 的值即可。在选择两条边 (v_i, v_j)，(v_k, v_l) 重连为 (v_i, v_k)，(v_j, v_l) 时，可以使用 $value_{(v_i,v_j),(v_k,v_l)} = (d_i d_j + d_k d_l) - (d_i d_k + d_j d_l)$ 表示 $\sum d_i d_j$ 的变化值。这样同配系数直接与重连的边对相关，只需要计算重连前后的变化值，不用重新计算同配系数，从而提高计算效率。

同配系数的攻击可以分为通过任意次重连下最大化或最小化网络的同配系数和在有限重连预算下改变同配系数。目前最好的方法是随机重连，因为随机重连可以对网络进行全局搜索。

在相关工作中，Winterbach 等[28]通过随机选择节点和边互换在度分布不变的情况下提高同配系数；Mussmann[29]在相同同配系数下探究不同度分布对于网络中其他参数的影响。

4.5.2　基于随机重连的同配系数攻击

网络的度序列是网络的重要性质，随机重连可以在不改变网络度序列的前提下改变网络的同配系数[30]。其具体步骤如下：① 从图中随机选择两条边，对边对应的节点按其度值重新排序,并给予标签 v_i、v_j、v_k、v_l,使得 $d_i \geqslant d_j \geqslant d_k \geqslant d_l$。② 当需要使网络更加同配时,将大度值节点相连接,即 v_i,v_j 相连,v_k,v_l 相连,将网络向同配方向改变;当需要使网络更加异配时,将大度值节点与小度值节点相连接,即 v_i 与 v_l 相连,v_j 与 v_k 相连,使网络向异配方向改变。在重连的过程中,如果边已存在或导致网络不连通,则返回①后重新选择两条边。

只要保持仅往一个方向进行重连,则根据同配系数变化趋势,最终必然会得到具有同配性质或异配性质的网络,重连过程如图 4-23 所示。

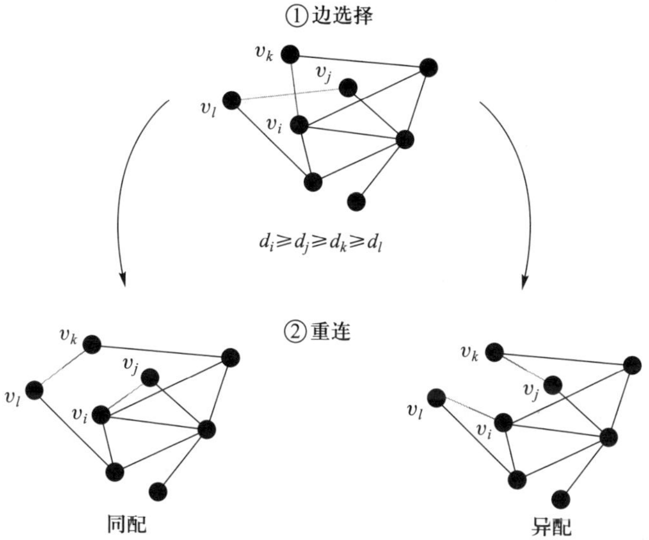

图 4-23 随机重连同配异配示意图(改编自文献[31])

上述攻击方式存在缺陷,即最终得到的是转为近似最大同(异)配性的网络结果,但有时我们希望网络处于两者之间的一种中间状态。该状态可以利用随机化的重连边来调整网络。具体而言,设置一个参数 p 为重连概率,在随机选择重连边后生成一个概率,当该概率小于 p 时进行同配或异配重连操作,当概率大于 p 时进行随机重连,上述操作如图 4-24 所示。通过设置不同的 p 值,可以使网络趋向于不同的中间状态。

当目标是通过重连攻击网络最大化或最小化网络的同配系数时,通常采取的方法是采用随机同配或异配重连,因为随机重连可以进行全局搜索,在一定程度上可以避免陷入局部最优解。文献[28]中通过分析说明随机重连可以很好地近似达到最大同配或最大异配。下面以最大化网络同配系数为例介绍这种随机算法存在的一个问题以及解决方法。当开始重连时,网络中满足重连要求的边对很多,通过随机选择有很大的机会找到这些边对进行重连。但随着重连的不

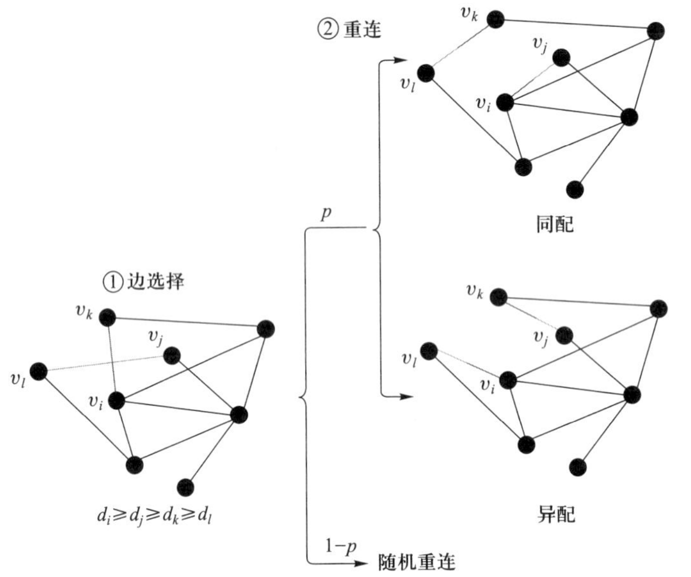

图 4-24　带概率的随机重连同配异配示意图(改编自文献[31])

断迭代,网络逐渐趋于同配,网络中满足重连要求的边对减少,这使得随机选择的边对满足重连的可能性越来越小,最终要找到满足要求的边对可能需要进行多次随机采样,这将大大增加随机重连的执行时间。

一个有效的解决方案是在最初选择可用边对时设置采样上限 s,当 s 次随机选择仍不能找到可用边对时,说明网络中可用边对已经很少,这时可以通过构建 R 图来采样获得可用的边对。R 图是将重连网络中的边当作节点,可用的边对之间构建边的网络。通过这种方式可以有效地找到满足重连要求的边对进行重连,在重连后 R 图随之变化,删除对应两条边的节点,最终 $|R|=0$。该算法示意图如图 4-25 所示。

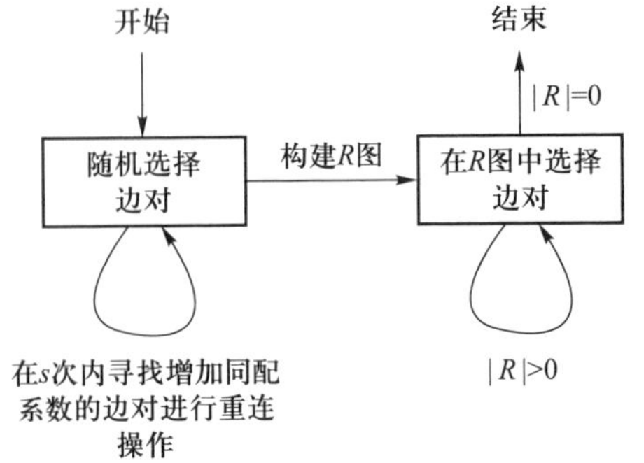

图 4-25　优化后的随机重连最大化同配系数示意图

4.5.3 基于目标重连的同配系数攻击

基于目标重连的同配系数攻击算法的基本思路是将大度值节点作为目标节点,优先满足大度值节点的连接。在预算有限的情况下,这是一种表现较好的方法。在使网络同配时,优先满足大度值节点与其他大度值节点相连;在使网络异配时,优先满足大度值节点与小度值节点相连。如果将 $\sum d_i d_j$ 看作两个序列的乘积,这种重连策略就是优先考虑满足序列头部同序或异序排列。

该算法首先对节点的度 $D=\{d_1,d_2,\cdots,d_n\}$ 进行降序排列,d_i 表示对应节点的度值。其次,将最大度值节点表示为 v_i,将进行同配攻击时选择的次大度值节点表示为 v_k,v_j 和 v_l 应该满足如下两个要求:(1) (v_i,v_j),(v_k,v_l) 可以在网络中重连为 (v_i,v_k),(v_j,v_l),且不改变网络的连通性;(2) 在 v_i 和 v_k 的邻居中,$value_{(v_i,v_j),(v_k,v_l)}$ 的值为正且最大。如果 v_k 没有重连要求的邻居,则选择下一个大度值节点作为 v_k,进行相同操作。对于节点 v_i,重连次数为其度值,这可以保证其每条边都与其他大度值节点相连,当节点 v_i 重连完成,选择次大度值节点作为 v_i 重复操作。将进行异配攻击时选择的最小度值节点表示为 v_k,v_j 和 v_l 应该满足如下两个要求:(1) (v_i,v_j),(v_k,v_l) 可以在网络中重连为 (v_i,v_k),(v_j,v_l);(2) 在 v_i 和 v_k 的邻居中,$value_{(v_i,v_j),(v_k,v_l)}$ 的值为负且最小。如果 v_k 没有重连要求的邻居,则选择次小度值节点作为 v_k,进行相同操作,其他过程与同配攻击相同。

4.5.4 基于概率重连的同配系数攻击

基于概率重连的同配系数攻击主要应用于使网络趋于同配[32]。对于一个同配网络,度相似的节点倾向于彼此相连接。因此,当想要提高网络同配系数时,就应当以更大的概率选择度相似的节点使其通过重连边彼此相连。

对于提高网络同配性,计算每个节点的度值 d_i,每个节点被随机选择的概率为 $p_i = d_i / \sum_{n\in N} d_n$,从而得到对每个节点选择的概率分布,其中度值越大的节点选择的概率越大。通过概率分布选择两个节点 v_i,v_j,然后从对应邻居节点随机选择两个节点 v_k,v_l 组成两条边 (v_i,v_k),(v_j,v_l),若满足重连条件(避免重连边和自环且不破坏网络连通性)且 $value_{(v_i,v_k),(v_j,v_l)}$ 为正,则重连为 (v_i,v_j),(v_k,v_l)。

4.5.5 基于贪婪重连的同配系数攻击

当目标是通过有限次重连操作增加或减小同配系数时,先想到的就是贪婪重连策略。给定重连预算 m,当增加网络同配系数时,每次重连时计算网络中所

有可重连边对的 *value* 值并选择 *value* 值为正且最大的边对进行重连。需要注意的是，对于边对 (v_i, v_j)，(v_k, v_l)，可能重连为 (v_i, v_k)，(v_j, v_l) 或 (v_i, v_l)，(v_j, v_k)，分别对应 $value_{(v_i,v_k),(v_j,v_l)}$ 和 $value_{(v_i,v_l),(v_j,v_k)}$。

重连 m 次最大化或最小化同配系数是一个复杂的组合优化问题，每次重连都产生新边并影响下次重连边对的选择。可以通过如下实例验证贪婪重连并不能找到最优解。如图 4-26 所示，重连预算为 $m=2$，当贪婪重连时，依次对 (v_3, v_7)，(v_4, v_9) 和 (v_1, v_5)，(v_4, v_8) 进行重连操作，对应 $value_{(v_3,v_7),(v_4,v_9)}=9$ 和 $value_{(v_1,v_5),(v_4,v_8)}=6$，同配系数从 -0.325 增加到 0.278；通过枚举所有可能的重连边对组合可知最优的重连方式是重连 (v_1, v_5)，(v_4, v_9) 和 (v_2, v_5)，(v_3, v_7)，对应 $value_{(v_1,v_5),(v_4,v_9)}=8$ 和 $value_{(v_2,v_5),(v_3,v_7)}=8$，同配系数从 -0.325 增加到 0.318。

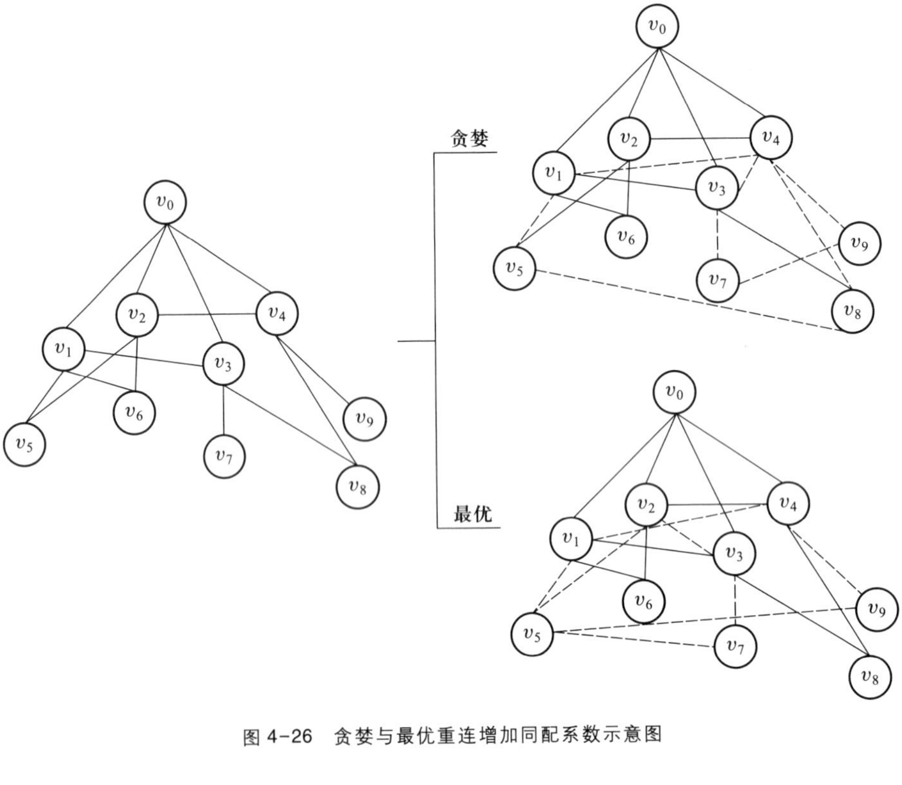

图 4-26　贪婪与最优重连增加同配系数示意图

4.5.6　攻击实验与结果分析

考虑在第 2 章已介绍过本节实验所采用的 6 个网络，所以在本节实验中不对其作介绍，详细内容请见第 2 章。考虑在有限攻击预算下增加网络同配系数，分别对 6 个网络进行随机重连、目标重连、概率重连和贪婪重连攻击，攻击预算为网络边数的 10%。

如图 4-27 所示，横坐标为重连边的比例，纵坐标为同配系数。可以看出贪婪攻击优于其他攻击，而目标攻击的效果远优于随机攻击和概率攻击，同时对于

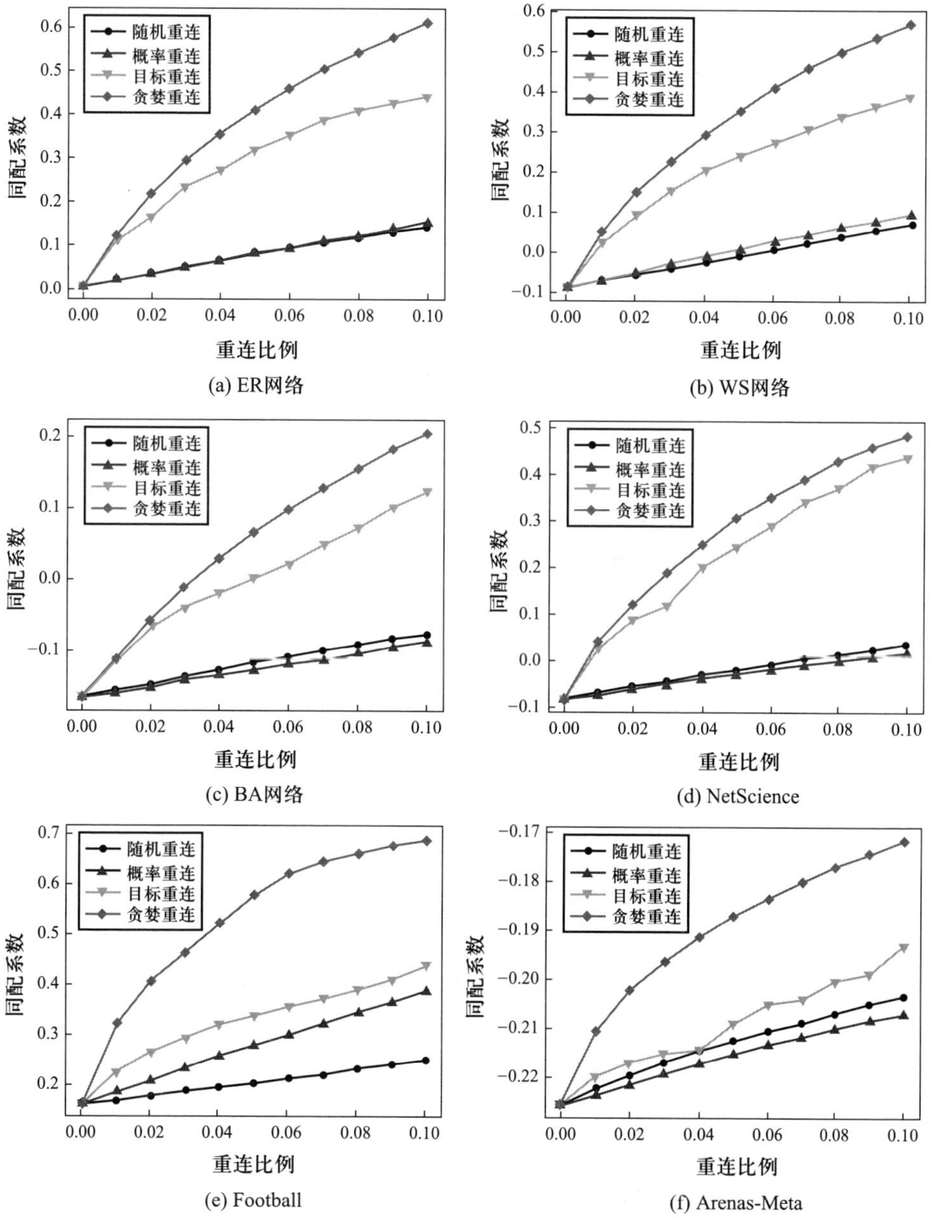

(a) ER网络 (b) WS网络 (c) BA网络 (d) NetScience (e) Football (f) Arenas-Meta

图 4-27 同配攻击实验结果

多数网络,贪婪同配攻击和目标同配攻击中网络的同配系数有较大的变化,如在 ER 网络中贪婪同配攻击可以使其同配系数从 0 增加到 0.62 左右,目标同配攻击可以使其同配系数增加到 0.45 左右。目标同配攻击对其同配系数的影响较小,如 Arenas-Meta 目标同配攻击只能使网络的同配系数从 -0.225 变为 -0.195 左右,这是因为它的度分布属于幂律分布且幂律指数小于 3,具有结构异配限制使其趋于异配,使得同配攻击很难改变同配系数。

4.6 对度分布的攻击

4.6.1 度分布和度分布攻击的基本概念

定义 4-9:度分布。在无向无权网络中,节点度值为对应节点的边数。度分布是包含所有节点度值的概率分布,如果网络中有 N 个节点,且有 N_k 个度值为 k 的节点,则网络中度值为 k 的节点在整个网络中所占的比例为

$$P(k) = \frac{N_k}{N} \tag{4 - 13}$$

有向网络的出度分布 $P(k^{\text{out}})$ 定义为网络中随机选取的一个节点出度为 k^{out} 的概率,入度分布 $P(k^{\text{in}})$ 定义为网络中随机选取的一个节点入度为 k^{in} 的概率。

真实世界中的绝大多数网络,如互联网、万维网和社交网络等,其度分布近似遵循幂律分布,通常称这种网络为无标度网络。其特殊的结构和动力学性质引起人们的广泛关注[33-36]。然而,Broido 和 Clauset 提出一种用于评估网络无标度属性强度的分类算法[37](简称 BC 分类)。本节主要讨论这种测试无标度网络分类方法(即 BC 分类算法)的鲁棒性,并提出了两种启发式对抗攻击策略。实验结果表明,只需对少量边进行修改,就能有效误导 BC 分类,这表明 BC 分类方法面对攻击非常脆弱。下面介绍 BC 分类的核心思想:

第一步,对真实世界的网络数据进行预处理。研究人员通常基于无标度假设来确定一个网络是否具有无标度属性。该假设指出,如果网络的度分布遵循幂律分布,则该网络是无标度的。这里只考虑了节点的度值,而现实世界的网络携带许多其他属性如边权重、连接方向等。因此,BC 分类建议先将原始网络转换为一组简单图,再对每个简单图应用无标度假设,得到若干个度序列,最后将

所有度序列放在一个集合 S 中。图 4-28 展示了从一个有向网络得到一个入度序列和一个出度序列的例子。

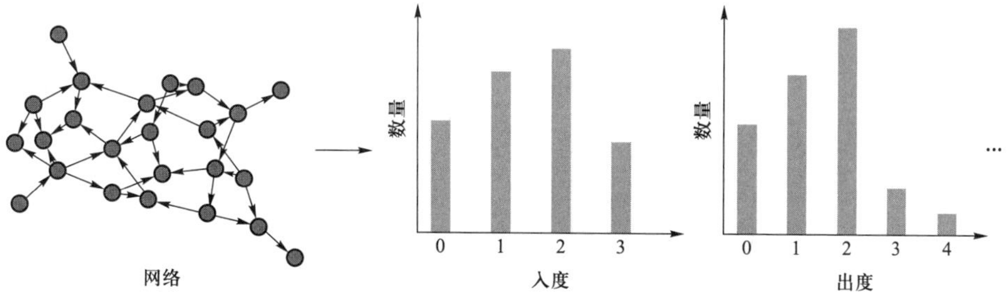

图 4-28 BC 分类框架下真实网络的预处理示意图(改编自文献[38])

第二步,估计每个度序列的无标度属性强度。BC 分类使用了多个指标来估计给定网络的无标度属性强度,这些指标列在表 4-5 中。

第三步,对网络进行分类。根据上述两个步骤,可基于无标度属性强度对网络进行分类。真实网络被分为 6 类:最强、强、弱、最弱、超弱和非无标度网络,如图 4-29 所示。其中,最强、强、弱和最弱类是嵌套的,表明无标度属性的强度逐渐减弱;超弱类表明网络在无标度属性上极弱,仅要求最优分布服从幂律分布;不属于上述 5 类的网络则被认为是非无标度网络。

表 4-5 BC 分类中无标度属性指标(改编自文献[38])

指标	描述
α	通过拟合幂律度分布模型得到幂律指数
n_{tail}	用于拟合的尾节点数
p	$p\geqslant 0.1$:接受无标度假设 $p<0.1$:拒绝无标度假设
R[35]	$R>0$:幂律模型更有利 $R=0$:数据不允许区分(幂律或替代)模型 $R<0$:替代模型(如指数模型)更有利

Broido 和 Clauset 分析了来自不同领域的近 1000 个网络,发现只有少数网络可以被认为是最强或强无标度网络;即使是通过 BA 模型生成的无向无权网络(简单网络)也不完全属于强无标度网络。因此他们得出无标度网络是罕见的结论。

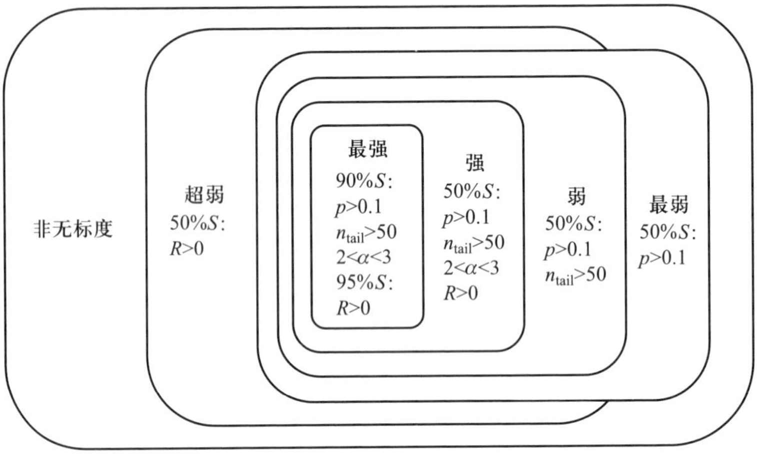

图 4-29　测试中的真实网络的强弱类别示意图(改编自文献[38])

4.6.2　基于度加和的边重连攻击策略

无标度网络中的边大致可以分为 3 种：hub-hub 边(连接两个枢纽的边)、hub-normal 边(连接一个枢纽和一个正常节点的边)和 normal-normal 边(连接 2 个正常节点的边)。由此，可以得到基于度加和的攻击策略(degree-addition-based link rewiring, DALR)。

(1) **删除 hub-hub 边**。由于无标度网络中 hub-hub 边的数量通常很小，因此可以将此条件放宽为：设计一个指标 $d_{(i+j)}$ 来度量边的度值

$$d_{(i+j)} = d_i + d_j \tag{4-14}$$

式中，d_i 和 d_j 分别表示节点 v_i 和 v_j 的度。然后根据 $d_{(i+j)}$ 的值对边进行从大到小排序，删除排名最高的边。

(2) **添加 normal-normal 边**。为了在不改变网络密度的情况下弱化无标度属性，可以添加一条 normal-normal 边，这样可以弱化网络的异构性。具体而言，将节点按照度值由小到大进行排序，选择度值和最小的一对未连接节点连接在一起。

4.6.3　基于度区间的边重连攻击策略

强弱类别的主要指标是幂律指数 α 和拟合节点数 n_{tail}，它们是由拟合过程决定的。根据拟合过程将节点度分布分为两部分：分布尾部用于拟合，其余部分用于其他目的。幂律指数 α 是由曲线的(平均)斜率决定的。因此，如果曲线尾部

更陡、更短，它将很容易脱离强弱类别。

如图 4-30 所示，可以将节点大致分为 3 组：大度值节点（$\gamma=20\%$ 以内）、中度值节点（γ 和 β 之间，β 在 35%～70%之间）和小度值节点（其余节点）。V_L 和 V_M 分别为大度值节点和中度值节点。以下是基于度区间的边重连攻击策略（degree-interval-based link rewiring，DILR）：

（1）**删除两个连接的 hub 节点之间的边**。首先选择一个节点 $v_i \in V_L$，然后选择 $v_j \in N_{v_i}$，其中 N_{v_i} 是 v_i 的邻居集，使得 v_j 在 v_i 的所有邻居中度最大，最后删除 v_i 与 v_j 之间的边。

（2）**在两个未连接的中度节点之间添加一条边**。随机选择两个未连接的节点 v_n 和 v_m，$v_n, v_m \in V_M$，并在它们之间添加一条边。

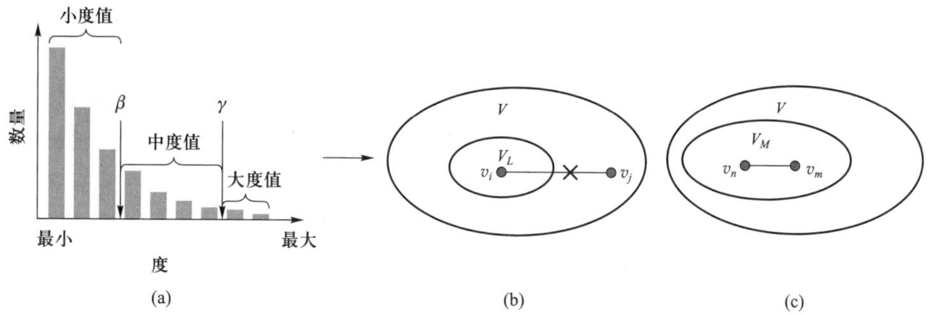

图 4-30 DILR 攻击策略示意图（改编自文献[38]）

4.6.4 攻击实验与结果分析

本节实验采用著名的 BA 模型和 UCM 模型生成简单网络。所有生成的网络中每个简单网络只有一个度序列。对于一个简单的网络，将不存在强类和最强类的区别，将这 2 个类别合并为一个。换言之，这里只考虑以下 5 个类别：强、弱、最弱、超弱和非无标度，其中前三者是嵌套的，如图 4-31 所示。为了检验 BC 分类方法的鲁棒性，对不同规模的 BA 模型和 UCM 模型生成的网络进行攻击，节点数分别设置为 $n=500$、1000、2000。对于 BA 模型网络，将边数 m 设置为 $2n$。对于 UCM 模型网络，每个网络中的边数可能不同，对每种大小的网络总边数取平均值：$m=895$、$m=1688$、$m=3870$。

衡量本节实验的指标可以分为有效性度量。有效性度量是通过改变无标度的强类别考虑成功欺骗 BC 分类方法所需的最小重连边比例 ΔM，其表达式为

$$\Delta M = \frac{M_R}{M} \tag{4-15}$$

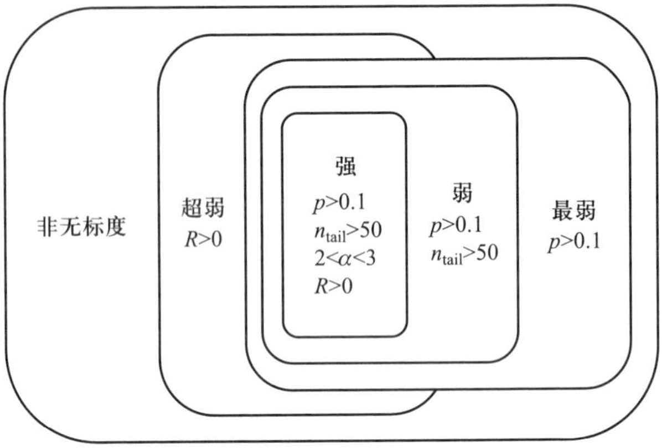

图 4-31　根据无标度属性对 BA 模型生成的简单网络分类示意图(改编自文献[38])

式中,M_R 为实现攻击成功的最小重连边数,M 为整个网络的总边数。如果一个(强)无标度网络引入较大扰动后仍处于强类别,即重连很大一部分边后仍处于强类别,则认为该分类算法攻击效果较差。

如图 4-32 所示,综合考虑所有情况(不同规模网络上的 3 种攻击策略),对抗网络最可能处于弱范畴(概率为 62.92%),但最难处于最弱范畴(概率为 1.75%)。相比之下,对抗网络更容易处于超弱范畴,而不是非无标度范畴,其性质分别为 23.96% 和 11.37%。这是因为使 $n_{tail}<50$ 是需要重连大量的边,特别是对于那些大型网络,其中 $n_{tail}\leqslant 50$ 是定义最弱类别的阈值。相反,其他 3 个参数 α、R 和 p 对攻击更敏感,因为它们是由度分布的整体曲线决定的,特别是对于 α 和 p。不同类别的对抗网络分数由于采用不同的攻击策略而略有不同。例如,弱类别的大多数对抗网络是由随机重连(random link rewiring,RLR)生成的,而其他 3 个类别(最弱、超弱、非无标度)的大多数对抗网络是由 DILR 生成的。

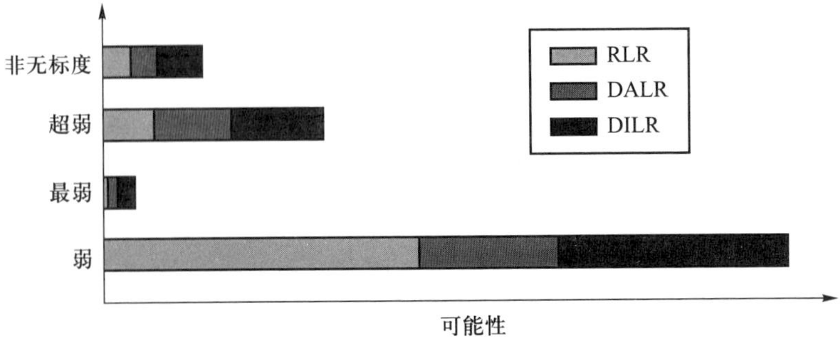

图 4-32　属于不同类别的对抗网络概率图(改编自文献[38])

表4-6和表4-7分别表示BA网络和UCM网络在重连后的强弱无标度网络概率表。RLR可视为随机噪声,通常BA原始网络中超过15%的边重连后才能成功攻击(从强到弱、最弱或超弱),UCM原始网络中超过10%的边重连后才能成功攻击。当网络受到攻击时,只有大约5%的边重连后变为非无标度。这一结果表明,BC分类可以对小的随机噪声具有鲁棒性。当扰动是有意设计时,BC分类将是相当脆弱的;如果使用DILR攻击具有500个节点的网络,重连边比例只需为3.89%(平均每10 000条边中有389条),远低于RLR攻击17.30%的值。

表4-6 属于不同类别的BA网络的概率表(改编自文献[38])

网络节点数	攻击策略	强→弱/%	强→最弱/%	强→超弱/%	强→非无标度/%	总体/%
N=500	RLR	17.70	15.60	17.40	5.40	17.30
	DALR	6.40	6.00	6.20	5.40	6.33
	DILR	**3.40**	7.80	**4.10**	**4.00**	**3.89**
N=1000	RLR	17.00	17.00	16.72	4.46	16.19
	DALR	7.56	7.56	7.16	7.60	7.68
	DILR	5.83	5.83	**4.47**	**3.95**	**5.51**
N=2000	RLR	16.23	**16.38**	16.78	**5.13**	16.07
	DALR	**8.28**	—	7.94	7.60	**8.16**
	DILR	10.35	20.20	**5.50**	6.02	8.71

表4-7 属于不同类别的UCM网络的概率表(改编自文献[38])

网络节点数	攻击策略	强→弱/%	强→最弱/%	强→超弱/%	强→非无标度/%	总体/%
N=500	RLR	4.87	12.84	10.61	2.99	7.83
	DALR	**1.34**	—	2.57	**0.80**	**1.57**
	DILR	1.40	—	**2.12**	1.47	1.67
N=1000	RLR	7.66	7.92	16.01	3.59	8.80
	DALR	2.03	—	4.34	**0.70**	2.36
	DILR	**1.97**	**3.92**	**3.29**	1.37	**2.10**

续表

网络节点数	攻击策略	强→弱/%	强→最弱/%	强→超弱/%	强→非无标度/%	总体/%
N = 2000	RLR	16.23	—	25.23	4.96	15.48
	DALR	**3.26**	—	5.97	3.36	**4.19**
	DILR	27.05	—	**4.01**	**1.83**	10.96

4.7　对网络嵌入的攻击

嵌入算法将网络信息转化为低维向量，作为机器学习算法的输入。文献[39]中将 node2vec 作为 DeepWalk 的扩展，利用有偏随机游走将 BFS 和 DFS 邻域探索相结合，以反映网络结构的等价性和同质性。对于网络嵌入可以通过对边进行扰动来探究嵌入向量的变化。基于此，本节将介绍网络嵌入和网络嵌入攻击的基本概念以及 2 种针对网络嵌入的攻击策略。

4.7.1　网络嵌入和网络嵌入攻击的基本概念

定义 4-10：网络嵌入。 学习网络 $G=(V,E)$ 中节点到低维空间特征的映射：$v_i \to y_i \in \mathcal{R}^d$。一般情况下，每个节点的维数 d 远小于节点数 N。网络嵌入的中心思想就是找到一个映射函数，使得网络中的所有节点转换为低维度的潜在表示。

定义 4-11：网络嵌入攻击。 添加未连接节点对 (v_i,v_j)。在扰动过程中，将添加的边集记为 $E^+ \subseteq \overline{E}$，将删除的边集记为 $E^- \subseteq \overline{E}$，其中 E 为 G 中所有未连接节点对的集合，则更新后的边集 $\hat{E}$ 满足下式，得到对抗网络 $\hat{G}=(V,\hat{E})$。

$$\max D(Emb(G), Emb(\hat{G}))$$
$$\text{s.t.} \begin{cases} \hat{E} = E \cup E^+ - E^- \\ |E^+| = |E^-| \\ |E^+| + |E^-| \ll |E| \end{cases} \tag{4-16}$$

式中，$D(Emb(G),Emb(\hat{G}))$ 分别表示 G 与 $\hat{G}$ 的嵌入之差。

研究网络嵌入的攻击,就是研究每个节点的嵌入向量之间的关系,进一步研究如何改变这种关系,通过增删节点和增删边都可以改变其向量状态,那么在整个网络中便是所研究的向量空间。网络嵌入很多用于分类、回归、聚类等机器学习任务中,相关内容详见第 5 章、第 6 章与第 7 章。

4.7.2 基于遗传算法的欧氏距离的网络嵌入攻击

本节攻击方法是在 DeepWalk 的基础上介绍欧氏距离攻击(Euclidean distance attack,EDA)算法。其攻击问题是一个组合优化问题,然后使用遗传算法(genetic algorithm,GA)。

本节不对 DeepWalk 作介绍,主要介绍欧氏距离。嵌入空间中节点 v_i 和节点 v_j 之间的欧氏距离如下:

$$d_{ij} = dist(r_i, r_j) = | r_i - r_j |_2 = \sqrt{(r_i - r_j)^2} \tag{4-17}$$

由此可以得到整个网络的欧氏距离矩阵 $\boldsymbol{D} = [d_{ij}]_{|V|\times|V|}$,每一行用 D_i 表示节点 v_i 与网络中其他所有节点之间的欧氏距离。

将通过 EDA 算法攻击后的对抗网络记为 $\hat{G}$,其在嵌入空间中对应的欧氏距离矩阵记为 $\hat{\boldsymbol{D}}$。原始网络中对应节点的欧氏距离与对抗网络之间的皮尔逊相关系数结合的函数 φ 为

$$\varphi(G, \hat{G}) = \sum_{i=1}^{|v|} | \rho(D_i, \hat{D}_i) | \tag{4-18}$$

式中,ρ 表示皮尔逊相关系数。

然后通过改变网络一定数量的边来最小化 φ,目标函数如下:

$$\min \varphi(G, \hat{G}) \tag{4-19}$$

通过添加或删除边来执行网络扰动,$\hat{E} = E \cup E^+ - E^-$。EDA 旨在以最小的代价降低网络嵌入算法的性能,这意味着扰动应尽可能小,再采用遗传算法来搜索最优解。算法 4-9 给出了 EDA 算法的具体实现过程。

算法 4-9 EDA 算法

输入:	原始网络 $G = (V, E)$
输出:	对抗网络 $\hat{G}^*$
1	初始化节点向量 $\boldsymbol{R}^{|V|\times n}$ 和距离矩阵 $\boldsymbol{D}$,计算 $d_{ij} = dist(r_i, r_j)$
2	while 未收敛 do

$\hat{\boldsymbol{R}}^{|V|\times n}=DeepWalk(\hat{A},n)$;
for i in $[1,|V|]$ do
　for j in$[1,i)$ do
　　$\hat{d}_{ij}=\sqrt{\sum_{q=1}^{n}(\hat{r}_i^q-\hat{r}_j^q)^2}$
　end
end
for i in $[1,|V|]$ do
　$\rho_\tau+=\rho(D_i,\hat{D}_i)$
end
适应度 $=1-\frac{\rho_\tau}{|V|}$
$\hat{G}$=遗传算法(G,适应度)
end
return $\hat{G}^*$

使用遗传算法来寻找 EDA 算法的最优翻转边集。典型的算法包括网络编码、适应度选择、交叉和变异操作 3 部分。

网络编码:直接选择翻转的边作为基因,包括删除的边集 E^- 和添加的边集 E^+。每条染色体的长度等于添加或删除的边的数量。图 4-33 为网络编码的示意图。个体是翻转边的组合,代表对抗性扰动的不同解,一个种群由 h 个个体组成。

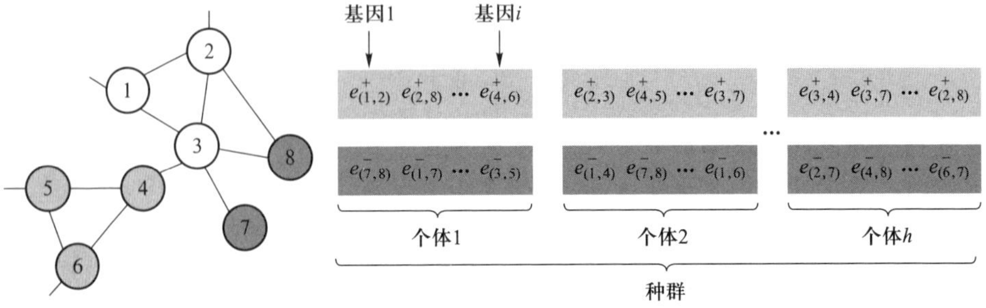

图 4-33　网络编码示意图(改编自文献[40])

适应度选择:使用如下函数作为 GA 中个体 k 的适应度函数,通过攻击捕获嵌入空间中向量距离的相对变化:

$$f(k) = 1 - \frac{\varphi(G,\hat{G})}{N} \qquad (4-20)$$

式中，$\varphi(G,\hat{G})$是目标函数，N是网络节点数，$\hat{G}$是通过翻转个体 k 中的边后生成的新图。

那么，选择个体 k 为下一代亲本基因的概率为适应度占整个适应度总和的比例

$$p(i) = \frac{f(i)}{\sum_{i=1}^{h} f(j)} \qquad (4-21)$$

交叉与变异： 假设在交叉与变异过程中可以遗传到较好的基因，然后将选择的适应度较高的个体作为亲本，通过交叉与变异操作产生新的个体。其中，对于交叉，选择两个个体当作父母，然后在父母中选择同一位置的基因进行交换，概率为 p_c，如图 4-34 所示；而对于变异，从群体中随机选择一个个体，随机改变其中一个基因，概率为 p_m，如图 4-35 所示。

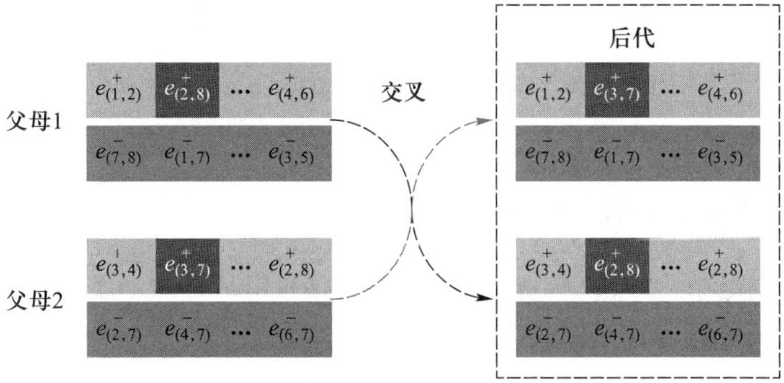

图 4-34 交叉示意图（改编自文献[40]）

图 4-35 变异示意图（改编自文献[40]）

在图 4-36 中，将整个框架分为拓扑层和欧几里得空间层两部分。在拓扑层，通过添加或删除边来扰动原始网络。在欧几里得空间层，通过图嵌入算法获得节点的位置。EDA 算法利用遗传算法对初始扰动进行迭代，最后对预测算法进行盲化。原始网络中的黑色节点通过网络嵌入算法划分为黑色社团。然而经

过 t 次进化迭代后，通过翻转一些边，错误地将黑色区域中的一些节点划分为灰色社团。

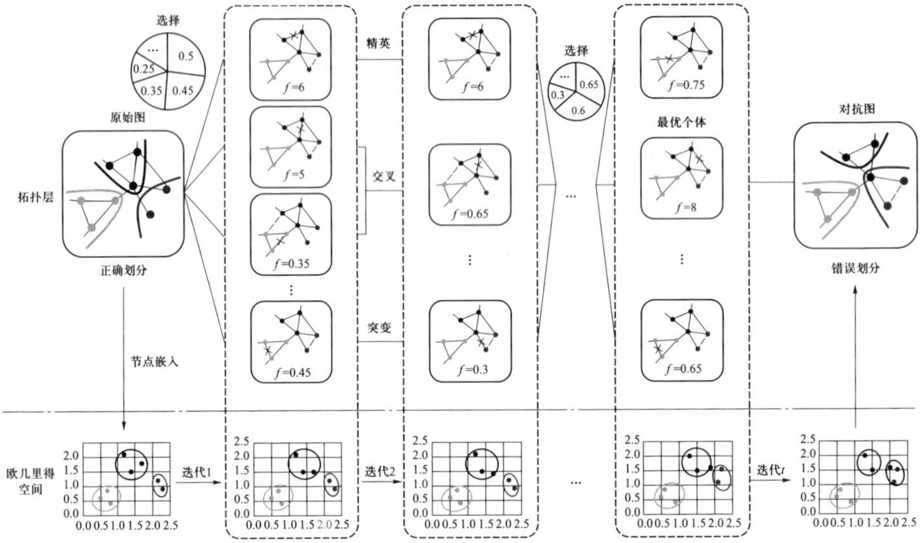

图 4-36　EDA 在网络上的攻击框架示意图（改编自文献[40]）

4.7.3　基于隐私攻击的网络嵌入攻击

在社交网络中，节点表示用户，边表示用户和用户之间的关系，如果用户要求删除自己的数据，需要删除这个节点以及嵌入中节点对应的向量表示，并且相关节点信息要求不能留在剩余节点嵌入向量中。图 4-37 为社交网络场景，删除节点 v_7 后，节点 v_7 的相关信息可能会存在邻域节点的嵌入向量中。

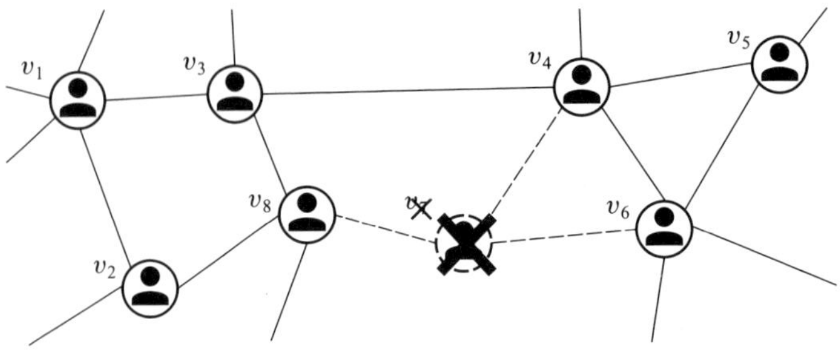

图 4-37　社交网络场景示意图（改编自文献[41]）

假设根据各自用户的请求，从网络中删除节点 v_i（删除相应所有关联边），并从嵌入向量空间 $E(G)$ 中删除该节点对应的向量。将剩余的网络表示为 $G'=G_{/\{v_i\}}=(V_{/\{v_i\}},E_{/\{(v_i,v_j)\mid v_j\in V\}})$，将该节点信息中不含向量表示的嵌入表示为 $\mathcal{E}_{/\{v_i\}}=\mathcal{E}(G)_{/\{v_i\}}$。攻击者希望恢复用户请求删除的节点与其他节点的关联信息。

恢复已删除的节点 v_i 与其他节点关联信息的方法的主要思想是开发一个攻击分类器，该分类器根据原始嵌入 $\mathcal{E}_{/\{v_i\}}$ 与新图计算节点对嵌入的余弦距离之差来预测剩余的每个节点是否连接到已删除的节点 v_i。攻击图解如图 4-38 所示，具体步骤如下：

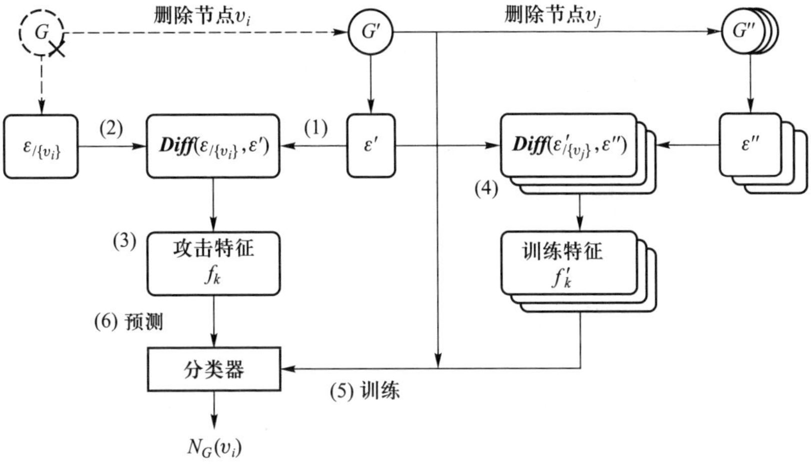

图 4-38 基于隐私攻击的网络嵌入攻击图解（改编自文献[41]）

（1）在新图 G' 上计算新的嵌入 $\mathcal{E}'$，从嵌入 $\mathcal{E}'$ 和原始图的可用嵌入 $\mathcal{E}_{/\{v_i\}}$ 中，分别计算新图和原始图每个节点对的距离矩阵 $\boldsymbol{\Delta}_{/\{v_i\}}$ 和 $\boldsymbol{\Delta}'$。

（2）通过元素差分矩阵计算这两个嵌入距离的变化：$\boldsymbol{Diff}(\mathcal{E}_{/\{v_i\}},\mathcal{E}')=\boldsymbol{\Delta}_{/\{v_i\}}-\boldsymbol{\Delta}'$。元素 $diff_{k,l}$ 描述了节点 v_k 和 v_l 嵌入距离的变化，$diff_{k,l}=diff_{l,k}$。

（3）为每个节点 $v_k\in G'$ 构建一个特征向量 $\boldsymbol{f}_k$，该特征向量以类似直方图的方式表征该节点的距离变化分布。通过等频率离散将矩阵 $\boldsymbol{Diff}(\mathcal{E}_{/\{v_i\}},\mathcal{E}')$（不包括对角线）中所有值的范围拆分，即创建包含相同数值的 $b_1,b_2,\cdots,b_m$。取 v_k 到所有其他节点的距离变化 $\{diff_{k,l}\mid v_l\in G',v_k\neq v_l\}$。对于每个 b_m，这些距离变化的数量定义特征向量 $\boldsymbol{f}_k$ 的一个节点特征。该特征作为附加特征，在新图 G' 上附加了 v_k 的度，实现了对所有特征的归一化。

（4）创建一个训练集来学习哪些特征和特征组合预测一个节点是已删除节点的邻居。从图 G' 中（暂时）删除第二个节点 v_j，得到新图 $G''=G'_{/\{v_j\}}$ 并计算相应

的嵌入 $\mathcal{E}''$。然后比较嵌入 $\mathcal{E}'_{/\{v_j\}}$ 和 $\mathcal{E}''$ 之间的距离变化 $\boldsymbol{Diff}(\mathcal{E}'_{/\{v_j\}},\mathcal{E}'')$，并按照步骤(2)—(4)为这些变化生成节点特征 $\boldsymbol{f}$。给予每个节点 v_k 一个标记，表明相应的节点是否为图 G' 中已删除节点 v_j 的邻居。为了获得更多的训练数据，对每个图 G' 中的节点重复这个过程。

(5) 使用步骤(4)获得的数据训练机器学习分类器，根据图 G'' 中节点 v_k 的特征向量 $\boldsymbol{f}'_k$(具有距离变化分布和度)预测标签 y_k(已删除节点的一个邻居节点)。

(6) 最后，使用该分类器对从图 G' 中得到的训练特征和嵌入 $\mathcal{E}_{/\{v_i\}}$ 来预测哪些节点与原始图中已删除的节点存在边。

此类攻击的衡量效果是在下游任务中进行的，例如节点分类、链路预测与图分类等，所以本节不对其实验作介绍，有关下游任务的实验详见第 5 章、第 6 章和第 7 章。

4.7.4 攻击实验与结果分析

选择基准社交网络扎卡里空手道俱乐部(Karate)、权力的游戏(Game)和 Dolphins 来评估攻击策略的效果，表 4-8 为 3 个网络的基本结构特征。

表 4-8 3 个网络的基本结构特征表(改编自文献[40])

数据集名称	节点数	边数	平均度	平均聚类系数	平均距离
Karate	34	78	6.686	0.448	2.106
Game[42]	107	352	6.597	0.259	2.904
Dolphins	62	159	5.129	0.309	3.357

为了更好地理解 EDA 算法在现实中是如何工作的，可将添加和删除边的扰动可视化，以查看它们中有多少位于相同社团内或不同社团之间。为了显示 EDA 算法对网络嵌入的影响，在攻击后通过 t-SNE 算法可视化节点嵌入向量。

图 4-39 为 EDA 算法的网络可视化结果图，图 4-39(a)是原来的 Karate，图 4-39(b)是 EDA 算法生成的对抗网络，添加了节点 4 和 19 之间的一条边，删除了节点 23 和 29 之间的一条边，不同的灰度代表不同的社团。从图中可以看到添加的边在两个不同的社团之间，而删除的边在同一个社团内。考虑网络中所有的重连边，并分别计算社团内或社团间添加边和删除边的百分比，如图 4-40 所

示,发现大部分添加的边都在社团之间,而大部分删除的边都在同一个社团内。因为 EDA 算法专注于在没有任何社团先验知识的情况下从嵌入空间扰动网络,所以可能社团是影响嵌入结果的关键结构属性。

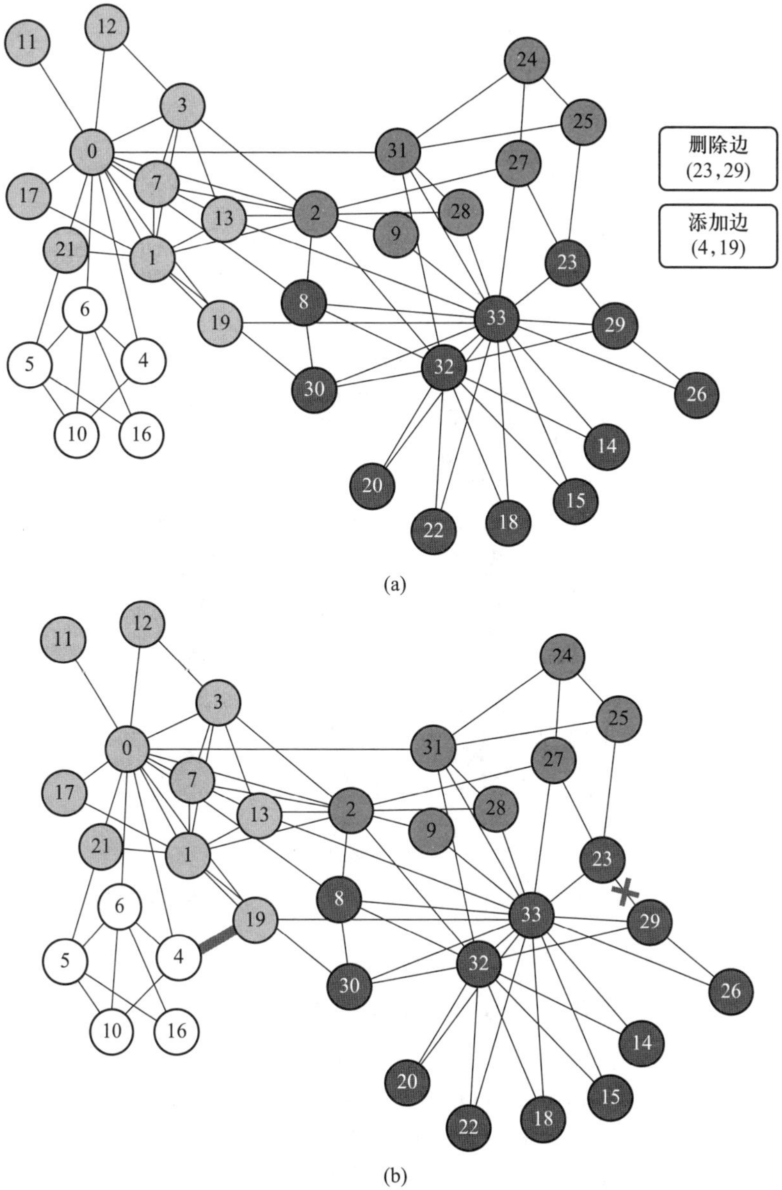

图 4-39　EDA 攻击的网络可视化结果图(改编自文献[40])

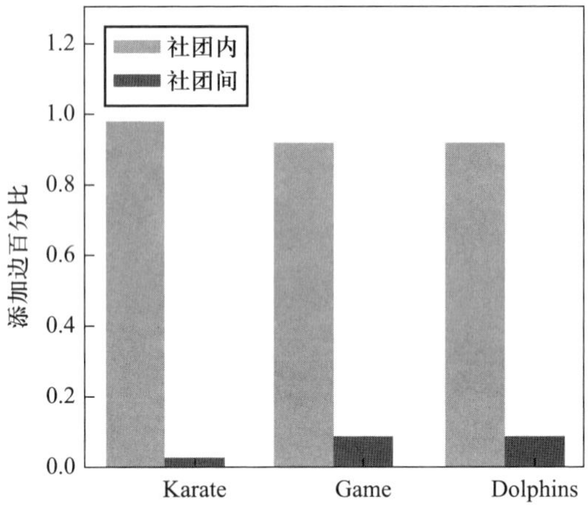

(a) 添加边

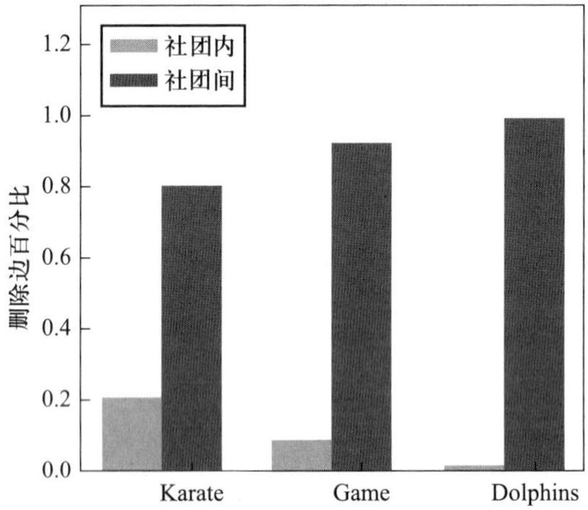

(b) 删除边

图 4-40　社团内和社团间添加边和删除边的百分比结果图(改编自文献[40])

图 4-41 显示了 EDA 算法对网络嵌入的影响。对于 Karate 中 1%~7%的不同重连边百分比,使用 DeepWalk 获得原始网络和对抗网络的节点向量,然后在二维空间中显示结果,4 个社团用不同的灰度代表。当没有攻击扰动时,将不同社团的节点向量分开,如图 4-41(a)所示。随着重连边数量的增加,不同社团的节点向量逐渐混合,最终变得不可分割,如图 4-41(h)所示。这一结果表明 EDA 算法确实对网络嵌入有显著的影响,并且可以进一步有效地干扰后续的社团发现或节点分类。

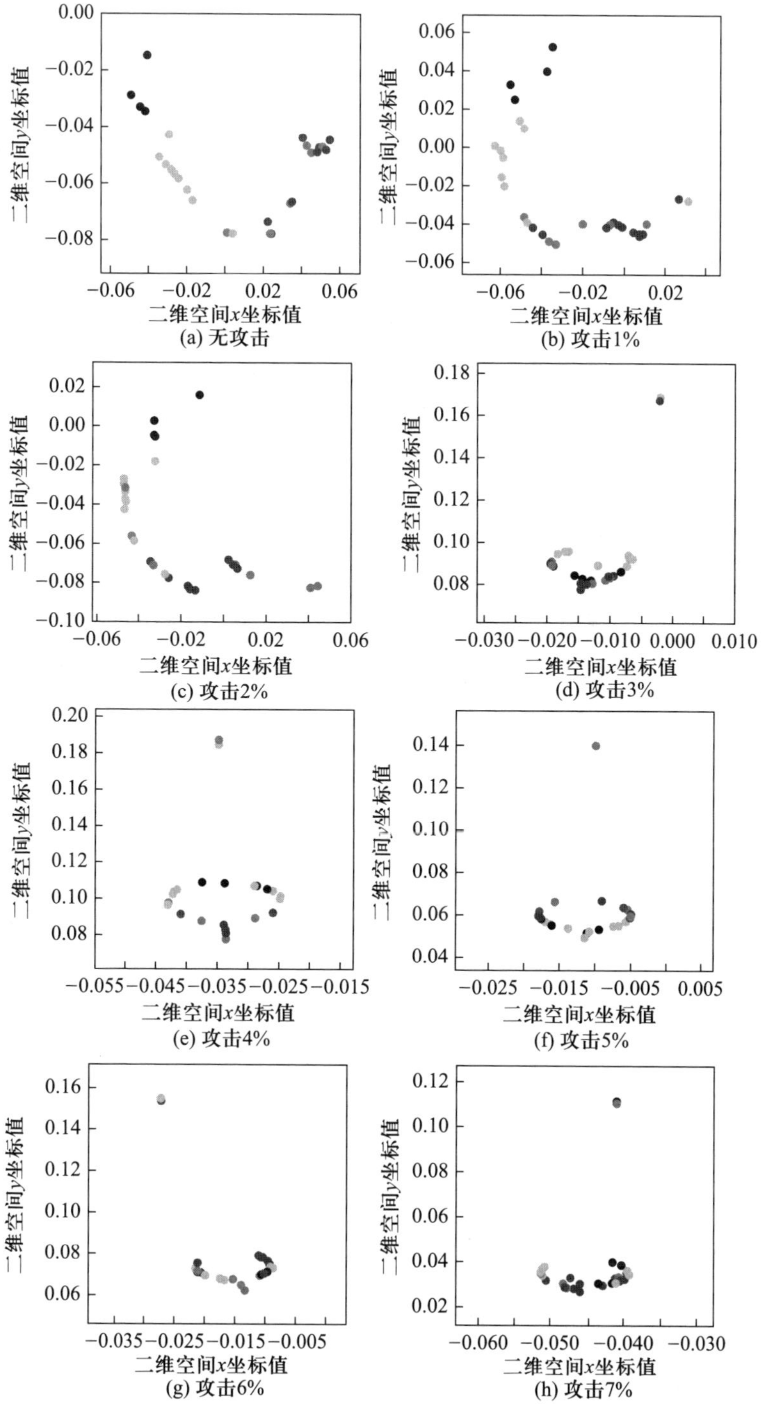

图 4-41　通过攻击一定百分比的边在二维嵌入空间中实现节点向量的可视化（改编自文献[40]）

4.8　本章小结

本章主要介绍面向网络宏观特征的对抗攻击算法。首先介绍什么是网络宏观特征，并且阐述面向网络宏观特征的对抗攻击以及本章所要用到的相关指标。然后在每一节中分别介绍网络连通性、平均路径长度、全局聚类系数、同配系数、度分布和网络嵌入 6 种网络宏观特征，对这 6 种网络宏观特征的对抗攻击算法也进行详细介绍，主要采用以增删节点、增删边以及重连边为基础的对抗攻击方法。最后主要围绕特定攻击策略分别对这 6 种网络宏观特征进行对抗攻击实验并分析宏观特征的变化情况。

通过实验可以发现几种针对网络宏观特征的对抗攻击算法有优势也有缺陷，如同第 3 章所言，基于高计算复杂度的优化算法的攻击方法很难迁移到大型网络，基于启发式的攻击方法由于缺乏针对性的目标优化较难取得良好的攻击效果等。基于此，还需要研究更多更深层次的面向网络宏观特征的对抗攻击算法。

参考文献

[1]　刘锋，任勇，山秀明. 互联网络数据包传输的一种简单元胞自动机模型[J]. 物理学报，2002，51(6)：1175-1180.

[2]　乔建刚，张馨，陈春燕等. 运用小世界理论的过街设施网络布局优化[J]. 福州大学学报(自然科学版)，2020，48(3)：382-387.

[3]　Zanette D H. Dynamics of rumor propagation on small-world networks [J]. Physical Review. E, Statistical, Nonlinear, and Soft Matter Physics, 2002, 65 (4):041908.

[4]　Zaki N, Efimov D, Berengueres J. Protein complex detection using interaction reliability assessment and weighted clustering coefficient [J]. BMC Bioinformatics, 2013, 14(1): 1-9.

[5]　吴俊，谭跃进. 复杂网络抗毁性测度研究[J]. 系统工程学报，2005(2)：128-131.

[6]　崔允松，吴晔，许小可. 网络结构影响传播效果的解耦分析[J]. 计算机科

学,2023,50(07):368-375.
[7] 罗聪,刘威,郑曙光. 聚类系数对小世界交通网络搜索路径的影响[J]. 数字技术与应用,2012,9:40.
[8] Trajanovski S, Martín-Hernández J, Winterbach W, et al. Robustness envelopes of networks[J]. Journal of Complex Networks, 2013, 1(1): 44-62.
[9] 吴菲菲,张辉,黄鲁成等. 基于专利引用网络度分布研究技术跨领域应用[J]. 科学学研究,2015,33(10):1456-1463.
[10] Cannistraci C V, Alanis-Lobato G, Ravasi T. Minimum curvilinearity to enhance topological prediction of protein interactions by network embedding[J]. BMC Bioinformatics, 2013, 29(13): 199-209.
[11] Barabási A-L. Network Science[M]. Cambridge: Cambridge University Press, 2016.
[12] 赵国锋,苑少伟,慈玉生. 城市路网的复杂网络特性和鲁棒性研究[J]. 公路交通科技,2016,33(01):119-124.
[13] Sydney A, Scoglio C, Gruenbacher D. Optimizing algebraic connectivity by edge rewiring[J]. Applied Mathematics and Computation, 2013, 219(10): 5465-5479.
[14] Ghosh A, Boyd S. Growing well-connected graphs[C]. Proceedings of the 45th IEEE Conference on Decision and Control. IEEE, 2006: 6605-6611.
[15] 汪小帆,李翔,陈关荣. 网络科学导论[M]. 北京:高等教育出版社,2012.
[16] Newman M E J. Network data[EB/OL]. University of Michigan, 2013-04-19[2024-05-07].
[17] Parotsidis N, Pitoura E, Tsaparas P. Selecting shortcuts for a smaller world[C]. SIAM International Conference on Data Mining, 2015, 1:28-36.
[18] Reppas A I, Spiliotis K, Siettos C I. Tuning the average path length of complex networks and its influence to the emergent dynamics of the majority-rule model[J]. Mathematics and Computers in Simulation, 2015, 109: 186-196.
[19] Mu J, Zheng W, Wang J, et al. A novel edge rewiring strategy for tuning structural properties in networks[J]. Knowledge-Based Systems, 2019, 177: 55-67.
[20] Mislove A, Koppula H S, Gummadi K P, et al. Growth of the flickr social network[C]. Proceedings of the First Workshop on Online Social Networks. 2008: 25-30.
[21] Ley M. The DBLP computer science bibliography: Evolution, research issues,

perspectives [C]//International Symposium on String Processing and Information Retrieval, 2002: 1-10.

[22] Viswanath B, Mislove A, Cha M, et al. On the evolution of user interaction in facebook [C]//Proceedings of the 2nd ACM Workshop on Online Social Networks, 2009: 37-42.

[23] Kim H, Toroczkai Z, Erdös P L, et al. Degree-based graph construction[J]. Journal of Physics A: Mathematical and Theoretical, 2009, 42(39): 392001.

[24] Alstott J, Klymko C, Pyzza P B, et al. Local rewiring algorithms to increase clustering and grow a small world[J]. Journal of Complex Networks, 2019, 7(4): 564-584.

[25] Zhou B, Yan X, Lv Y, et al. Adversarial attacks on clustering coefficient in complex networks[J]. IEEE Transactions on Circuits and Systems II: Express Briefs, 2024, 71(4): 2199-2203.

[26] Höglund M, Frigyesi A, Mitelman F. A gene fusion network in human neoplasia[J]. Oncogene, 2006, 25(18): 2674-2678.

[27] 李静, 张洪欣, 王小娟, 等. 确定度分布条件下可变同配系数的算法构造与影响分析[J]. 物理学报, 2016, 65(9): 176-185.

[28] Winterbach W, de Ridder D, Wang H J, et al. Do greedy assortativity optimization algorithms produce good results? [J]. The European Physical Journal B, 2012, 85: 1-9.

[29] Mussmann S, Moore J, Pfeiffer J, et al. Incorporating assortativity and degree dependence into scalable network models[C]//2015 Proceedings of the 29th AAAI Conference on Artificial Intelligence, 2015.

[30] Xulvi-Brunet R, Sokolov I M. Changing correlations in networks: Assortativity and dissortativity[J]. Acta Physica Polonica B, 2005, 36(5): 1431-1455.

[31] Barabási A L. Network science[J]. Philosophical Transactions of the Royal Society A: Mathematical, Physical and Engineering Sciences, 2013, 371(1987): 20120375.

[32] Li J, Zhang H X, Wang X J, et al. Algorithm design and influence analysis of assortativity changing in given degree distribution[J]. Acta Physica Sinica, 2016, 65(9): 1-10.

[33] Barabási A L, Albert R. Emergence of scaling in random networks[J]. Science, 1999, 286(5439): 509-512.

[34] Albert R, Barabási A L. Topology of evolving networks: Local events and

universality[J]. Physical Review Letters,2000,85(24):5234.

[35] Dorogovtsev S N, Mendes J F F, Samukhin A N. Size-dependent degree distribution of a scale-free growing network[J]. Physical Review E,2001,63(6):062101.

[36] Pachon A, Sacerdote L, Yang S. Scale-free behavior of networks with the copresence of preferential and uniform attachment rules[J]. Physica D: Nonlinear Phenomena,2018,371:1-12.

[37] Xuan Q,Shan Y,Wang J,et al. Adversarial attack on BC classification for scale-free networks[J]. Chaos: An Interdisciplinary Journal of Nonlinear Science,2020,30(8):083102.

[38] Perozzi B, Al-Rfou R, Skiena S. Deepwalk: Online learning of social representations[C]//Proceedings of the 20th ACM SIGKDD International Conference on Knowledge Discovery and Data Mining. 2014:701-710.

[39] Su C,Tong J,Zhu Y,et al. Network embedding in biomedical data science [J]. Briefings in Bioinformatics,2020,21(1):182-197.

[40] Ellers M, Cochez M, Schumacher T, et al. Privacy attacks on network embeddings[EB/OL]. arXiv:1912. 10979,2019.

[41] Ghosh R,Lerman K. Community detection using a measure of global influence [C]//International Workshop on Social Network Mining and Analysis,Berlin: 2008:20-35.

[42] Beveridge A,Shan J. Network of thrones[J]. Math Horizons,2016,23(4):18-22.

第 5 章　面向节点分类的对抗攻击

节点分类是网络图上的核心任务之一，其目标是预测图中未标记节点的类别。网络图的一个关键过程是迭代式地聚合邻居节点的信息以学习节点表示。然而，这一过程已被发现容易遭受对抗攻击，这些攻击可以显著扰乱节点分类的准确性。针对节点分类的攻击主要涉及图数据的隐私与安全问题。例如，在社交系统中，攻击者可能利用节点分类模型推断用户的个人信息，从而侵犯用户隐私；在引文网络中，攻击者可能通过对抗攻击来修改或伪造引用关系，导致论文被错误地分类。对节点分类的对抗攻击的研究有助于研究人员更深入地理解节点分类算法的脆弱性，进而促进算法的改进。本章将重点讨论针对节点分类的攻击策略，这些攻击包括对图中的节点或边进行微小修改，或尝试注入虚假节点，以误导目标模型并错误分类目标节点。攻击可以针对单个节点、多个节点甚至整个图，从而影响节点分类的整体性能。本章将从节点层面和链路层面介绍几种具有代表性的节点分类对抗攻击方法，并简要描述其效果。

5.1　基本概念

本节将首先阐述针对节点分类的对抗攻击的基本概念和定义。继而将详细分析不同类型的对抗攻击策略，以及用于评估这些攻击有效性和影响的关键评价指标。这些内容的探讨对于深入理解和应对节点分类中的安全威胁至关重要。

5.1.1　问题描述

在本章中，网络的拓扑结构用 $G=(V,E)$ 表示，其中 $V=(v_1,v_2,\cdots,v_N)$ 表示图上的节点集，$E=(e_1,e_2,\cdots,e_M)$ 表示图上的边集，N 和 M 分别表示节点数和边数。图中的每个节点 $v\in V$ 都有一个关联的标签 y_v。在节点分类任务中，部分节点的标签是已知的，目标是根据节点的特征及其相互关系预测未标记节点的类别，并为其分配标签。攻击者则通过改变网络的拓扑结构或节点特征，影响目标模型对未标记节点类别的预测，从而降低分类性能。

具体地，针对节点分类的对抗攻击主要分为两大类：一是基于节点层的扰动，包括在原始图中注入新节点或修改现有节点及其特征；二是基于链路层的扰动，即改变图中节点间的连接关系。总结现有针对节点分类攻击的算法，将节点分类攻击定义为

$$\begin{aligned} &\max \sum_i \mathcal{L}(f_{\theta'}(G_i'),y_i) \\ &\text{s.t.}\ \ \underset{\theta}{\operatorname{argmin}} \sum_j \mathcal{L}(f_\theta(\hat{G}_j),y_j) \end{aligned} \tag{5-1}$$

式中，y 表示目标模型的预训练标签，$f_{\theta'}(\cdot)$ 表示攻击模型。当 $\hat{G}=G$ 时，攻击类型为中毒攻击；当 $\hat{G}=G'$ 时，攻击类型为逃逸攻击。为确保攻击难以被察觉，通过设定扰动量 ε 进行约束。假设扰动预算为 Δ，图结构的变化程度定义为

$$D(G',G)=\|\boldsymbol{A}'-\boldsymbol{A}\|_0+\|\boldsymbol{X}'-\boldsymbol{X}\|_0=\mathcal{E}\leqslant\Delta \tag{5-2}$$

式中，$D(\cdot)$ 表示衡量扰动图与原始图差异的度量函数。

在节点层扰动的范畴中，节点注入攻击（node injection attack，NIA）是一种常见的手段。NIA 的优点在于其实施的可行性，这种方法无须直接修改原始图的

邻接矩阵 $\boldsymbol{A}$ 或特征矩阵 $\boldsymbol{X}$。相反，它通过向原始图中注入虚假节点，并为这些节点生成特征，再将它们与原始图中的节点相连，以此来实现攻击。采用 NIA 攻击所产生的对抗图结构定义如下：

$$\boldsymbol{A}' = \begin{bmatrix} \boldsymbol{A} & \boldsymbol{B}^{\mathrm{T}} \\ \boldsymbol{B} & \boldsymbol{C} \end{bmatrix} \tag{5-3}$$

$$\boldsymbol{X}' = \begin{bmatrix} \boldsymbol{X} \\ \boldsymbol{X}_{\text{fake}} \end{bmatrix} \tag{5-4}$$

式中，矩阵 $\boldsymbol{B}$ 和 $\boldsymbol{B}^{\mathrm{T}}$ 分别表示虚假节点和原始节点之间的邻接矩阵和相应的转置矩阵；$\boldsymbol{X}_{\text{fake}}$ 表示虚假节点的特征；矩阵 $\boldsymbol{C}$ 表示虚假节点之间的连接关系。

在链路层扰动的范畴中，目前主要采用基于梯度的策略。这种策略已成为对图结构的边进行扰动的主流方法。与计算机视觉领域中基于梯度的攻击不同，图数据的离散结构特性意味着梯度矩阵不能被直接添加到邻接矩阵中。在网络图的背景下，梯度矩阵 $\boldsymbol{A}^{\text{grad}}$ 被用来识别最适合进行扰动的边。梯度矩阵可以通过下式得出：

$$\theta^{*} = \underset{\theta}{\operatorname{argmin}}\ \mathcal{L}_{\text{ce}}(f_{\theta}(G), \boldsymbol{y}) \tag{5-5}$$

$$\boldsymbol{A}^{\text{grad}} = \nabla_{\boldsymbol{A}} \mathcal{L}_{\text{atk}}(f_{\theta^{*}}(G)) \tag{5-6}$$

式中，G 表示原始图，$\mathcal{L}_{\text{atk}}$ 表示攻击损失函数，$\mathcal{L}_{\text{ce}}(\cdot)$ 表示交叉熵损失函数，$f_{\theta^{*}}$ 表示经过适当训练的代理模型，$\boldsymbol{y}$ 表示节点的标签向量。对于节点 v_i 和 v_j 之间的连边，如果在邻接矩阵中 $A_{i,j}=1$ 且相应的梯度小于 0，或者 $A_{i,j}=0$ 且相应的梯度大于 0，则对该边的翻转被认为是一种潜在的扰动，可能对目标模型产生不利影响。

5.1.2 对抗攻击类型

根据对抗攻击发生的阶段来划分，对抗攻击可分为中毒攻击（poisoning attack）和逃逸攻击（evasion attack）两种攻击类型。中毒攻击发生在模型的训练阶段。在这种攻击下，攻击者通过插入、修改或删除训练数据中的样本，影响模型的训练过程。这些恶意的扰动会导致模型学习到错误的模式，使得模型在预测中产生错误的结果。中毒攻击的主要挑战在于如何设计隐蔽性强的对抗样本，这种攻击在对目标模型工作原理有较深了解的情况下更为有效。逃逸攻击发生在模型的测试或应用阶段。在这种攻击下，攻击者不直接影响模型的训练过程，而是通过输入设计特殊的样本来欺骗已经训练好的模型。逃逸攻击的主要挑战在于如何创建能够在模型决策过程中引入误差的样本，并且这些样本看起来与正常样本无异。

根据攻击者对目标模型的了解程度，对抗攻击可分为白盒攻击（white-box attack）、灰盒攻击（gray-box attack）和黑盒攻击（black-box attack）。白盒攻击指在攻击者完全了解目标模型的情况下进行的攻击。灰盒攻击中，攻击者无法获取目标模型的结构和参数，因此利用训练数据构建一个代理模型，对该代理模型进行攻击。而黑盒攻击指在攻击者对目标模型了解有限甚至一无所知的情况下进行的攻击。

根据攻击者的目标，对抗攻击可分为定向攻击（targeted attack）和非定向攻击（non-targeted attack）两种类型。定向攻击旨在使目标模型输出攻击预设值。非定向攻击指攻击后使目标模型输出任意错误值，前者注重影响目标模型对特定类别节点的分类性能，后者注重影响目标模型整体的分类性能。

5.1.3　评价指标

攻击成功率（attack successful rate，ASR）是一种常用指标，用于评价算法的攻击强度。其计算公式为

$$ASR = \frac{n_{\text{success}}}{n_{\text{atk}}} \times 100\% \tag{5-7}$$

式中，n_{success}表示攻击成功的样本数，n_{atk}表示所有攻击的样本数。攻击成功率越高，表明该攻击方法越有效，可以使得该模型对尽可能多的样本分类失效。

分类准确率（accuracy）是一种衡量分类模型性能的常用指标，用于评估模型分类正确性的比例。其计算公式为

$$Accuracy = \frac{n_{\text{accuracy}}}{n_{\text{all}}} \tag{5-8}$$

式中，n_{accuracy}表示正确分类样本数，n_{all}表示所有样本数。

5.2　基于节点层扰动的节点分类攻击

本节将介绍基于节点层的扰动在图对抗攻击中的应用，这种攻击旨在通过引入扰动使得网络图模型错误分类节点。基于节点层的扰动方法包括删除、添加或修改节点，以此影响模型的预测性能。扰动方法具体包括：随机删除节点，此方法在图中随机选取并删除特定节点，以破坏图的结构完整性；添加虚假节

点,在此方法中,攻击者可能在如社交网络这类图中注入虚假用户节点,这些虚假节点虽无实际社交关系,但能通过模拟用户间的关系来影响社交影响力的评估,进而扰乱模型对节点的正确分类;修改节点特征,通过改变图中特定节点的特征,攻击者可以误导模型,导致错误分类。这些策略的效果依赖于选择的节点和施加的扰动类型。本节将重点介绍基于节点注入的攻击方法,这是一种在实际应用中常见的策略。

5.2.1 基于贪婪策略的 Fake Node Attack 攻击方法

Fake Node Attack[1]是最早提出的采用节点注入形式对节点分类进行攻击的方法。此方法在白盒场景下通过生成虚假节点来干扰模型,它涉及两种关键算法:Greedy-Attack[1]和 Greedy-GAN,Greedy-Attack 算法采用贪婪策略,与图像领域的方法如快速梯度符号法[2]和投影梯度下降攻击[3]不同,Greedy-Attack 算法首先扩展邻接矩阵和特征矩阵,随后在每轮迭代中贪婪地选择最优化目标函数的边和特征,最终将虚假节点注入原始图以削弱分类器的准确性。而 Greedy-GAN[1]算法是基于生成对抗网络(generative adversarial network,GAN)的进阶算法,该算法考虑到在图上添加虚假节点的"不可察觉性"要求,在结构和特征层面添加了更严格的约束。Greedy-GAN 算法通过模拟分类器的梯度来识别难以检测的干扰节点。此算法在 Greedy-Attack 算法基础上引入判别器,以区分虚假节点和真实节点,同时更新判别器和虚假节点,生成更难被察觉的虚假节点。

Greedy-Attack 算法的主要优势在于其操作简便性和快速生成干扰的能力,这有助于迅速降低分类器的准确率。然而,该算法在灵活性和处理复杂分类问题方面存在局限。对此,Greedy-GAN 算法在 Greedy-Attack 算法的基础上增加了生成对抗网络的组件,使其更适合处理复杂的分类任务,并能生成更难以被检测的干扰节点,Greedy-GAN 算法有助于更有效地降低分类器的准确度,并可适应多种分类任务。

尽管如此,Greedy-GAN 算法的计算复杂度较高,这主要是因为基于贪婪算法的优化过程通常代价昂贵,每一次更新都需要进行成本较高的梯度计算。此外,该算法还涉及生成模型的训练,增加了其实施的复杂性。

Greedy-GAN 算法能够有效地应用于非定向攻击和定向攻击两种场景,并展现出较好的攻击效果。在非定向攻击场景中,该算法包括设计并注入虚假节点到原始图中,目的是降低图卷积网络(graph convolution network,GCN)在节点分类任务上的整体准确率。该算法旨在最大化整体的分类错误率,其目标函数可以定义为

$$J(\boldsymbol{A}',\boldsymbol{X}')=\sum_{i\in S}(\max([f(\boldsymbol{X}',\boldsymbol{A}')]_{i,:})-[f(\boldsymbol{X}',\boldsymbol{A}')]_{i,y_i})\tag{5-9}$$

式中，y_i 表示节点 i 的正确标签；S 表示一组由 m 个目标节点组成的集合 $S=\{v_1, v_2,\cdots,v_m\}$。在该目标函数框架下，当节点的预测结果与其正确标签不符时，目标函数的值为正数。反之，若预测结果正确，则目标函数的值为零。基于这一目标函数来引导虚假节点的生成，该问题因此转化为以下优化问题，即最大化目标函数的值，通过虚假节点的注入最大限度地干扰和误导模型的分类判断。其数学表达式定义如下：

$$\begin{gathered}\underset{\boldsymbol{B},\boldsymbol{C},\boldsymbol{X}_{\text{fake}}}{\operatorname{argmax}}\ J(\boldsymbol{A}',\boldsymbol{X}')\\ \text{s.t.}\ |\boldsymbol{B}|_0+|\boldsymbol{C}|_0+|\boldsymbol{X}_{\text{fake}}|_0\leqslant T\end{gathered}\tag{5-10}$$

式中，$|\cdot|_0$表示矩阵中非零元素的个数，而 $\boldsymbol{B},\boldsymbol{C},\boldsymbol{X}_{\text{fake}}$ 均表示二元矩阵。

在定向攻击场景中，目标是使 GCN 将特定目标节点的预测标签更改为预设的错误标签，从而削弱 GCN 在节点分类上的性能。具体而言，如果攻击的目标是一个节点子集 S，且每个节点 i 的预设目标标签为 y_i^*，该算法旨在最大化错误分类的数量或概率，特别是针对子集 S 中的节点。那么相应的目标函数可被设计为

$$J(\boldsymbol{A}',\boldsymbol{X}')=\sum_{i\in S}([f(\boldsymbol{X}',\boldsymbol{A}')]_{i,y_i^*}-\max([f(\boldsymbol{X}',\boldsymbol{A}')]_{i,:}))\tag{5-11}$$

定向攻击中的损失函数与非定向攻击中的损失函数的主要区别在于，定向攻击的目标函数以目标标签与节点预测标签之间的差异为驱动因素。具体而言，如果对节点 i 的预测标签不是其预设的目标标签 y_i^*，则目标函数的值为负数，表示预测结果与目标标签不一致；如果预测正确，则目标函数的值为零。

Greedy-Attack 算法详见算法 5-1，如图 5-1 所示，初始将 $\boldsymbol{B}$ 和 $\boldsymbol{X}_{\text{fake}}$ 设置为零，其核心步骤是确保在没有现有边或特征的前提下，逐步添加新的特征和边。具体操作是利用反向传播算法，找出目标函数 $\nabla_{\boldsymbol{X}_{\text{fake}}}J(\boldsymbol{A}',\boldsymbol{X}')$ 中的最大元素，将其设为非零，从而添加新特征。同理，通过找出 $\nabla_{\boldsymbol{B},\boldsymbol{C}}J(\boldsymbol{A}',\boldsymbol{X}')$ 的最大元素来确定

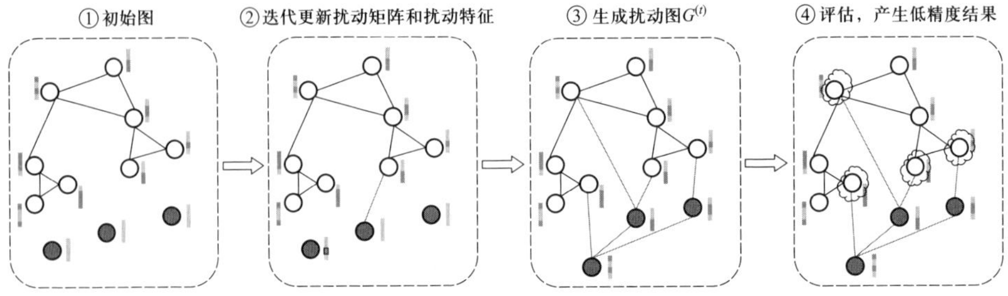

图 5-1　Greedy-Attack 算法示意图(改编自文献[1])

新边的添加位置。新边的添加可以是虚假节点之间,或虚假节点与原始节点之间。该算法在实际应用中,还可以根据数据分布调整边和特征的更新频率,例如在每次迭代中更新邻接矩阵的两个元素和特征矩阵的一个元素。

算法 5-1 Greedy Attack 算法

输入:	原始图 G,邻接矩阵 $\boldsymbol{A}$,特征矩阵 $\boldsymbol{X}$,具有目标函数 J 的分类器 f,迭代次数 T
输出:	对抗图 G'

for $t=0$ to $T-1$ do

    let 目标函数对 $\boldsymbol{B},\boldsymbol{C}$ 的偏导最大值 $\mathrm{argmax}\nabla_{\boldsymbol{B},\boldsymbol{C}}J(\boldsymbol{A}',\boldsymbol{X}')$ 的边 (u^*,v^*) 为 e^*

        更新图 $G_{\boldsymbol{B},\boldsymbol{C}}^{(t+1)} \leftarrow G_{\boldsymbol{B},\boldsymbol{C}}^{(t)}+e^*$

    let 目标函数对 $\boldsymbol{X}_{\text{fake}}$ 的偏导最大值 $\mathrm{argmax}\nabla_{\boldsymbol{X}_{\text{fake}}}J(\boldsymbol{A}',\boldsymbol{X}')$ 的边 (u^*,i^*) 为 f^*

        更新 $G_{\boldsymbol{X}_{\text{fake}}}^{(t+1)} \leftarrow G_{\boldsymbol{X}_{\text{fake}}}^{(t)}+f^*$

end

return G'

Greedy-GAN 算法的核心在于引入一个判别器,而判别器的任务是区分虚假节点和真实节点,以此来优化虚假节点的生成,使其更难被识别。该判别器由两层神经网络构成,其数学表达式可以表示为

$$D(\boldsymbol{X}') = \mathrm{Softmax}(\sigma(\boldsymbol{X}'\boldsymbol{W}^{(0)})\boldsymbol{W}^{(1)}) \tag{5-12}$$

式中,Softmax(·)函数作用于输出矩阵的每一行,以确保输出的归一化。判别器 $D(\cdot)$能够识别每个节点是真实节点还是注入的虚假节点。GAN 网络的关键目标是生成与真实节点特征相似的虚假节点,进而欺骗判别器。由此,问题转化为如何优化生成过程

$$\underset{\boldsymbol{B},\boldsymbol{C},\boldsymbol{X}_{\text{fake}}}{\mathrm{argmax}}\ \min_{D}(\underbrace{J(\boldsymbol{A}',\boldsymbol{X}') + cL(D(\boldsymbol{X}'),\boldsymbol{y})}_{Q}) \tag{5-13}$$

式中,$L(\cdot)$表示交叉熵损失函数,用于评估节点的真实性(真/假);$\boldsymbol{y}$ 表示节点的真实性;而参数 c 取决于判别器的权重以及 GCN 的性能,例如当 c 的值较大时,目标函数将更多地受到判别器的影响,这意味着生成的虚假节点特征会更加接近真实节点,但这可能导致攻击成功率降低。

Greedy-GAN 算法,详见算法 5-2,主要包括以下步骤:对特征矩阵、邻接矩阵和判别器的参数进行训练。该算法是对 Greedy-Attack 算法的进一步扩展,不仅支持添加边和特征,还支持它们的删除。在算法中,元素的调整(增加或减少)是基于其梯度绝对值来决定的,梯度绝对值较大的元素将优先被选中进行调整。

算法 5-2	Greedy-GAN 算法
输入：	邻接矩阵 A,特征矩阵 X,具有目标函数 J 的分类器 f,具有损失函数 L 的判别器 D,外部迭代次数 T_{outer},内部迭代次数 T_{inner}
输出：	扰动图 $G_{X_{\text{fake}}}$

1	for $t_1 = 0$ to $T_{\text{outer}} - 1$ do
2	for $t_2 = 0$ to $T_{\text{inner}} - 1$ do
3	令 Q 对 B,C 偏导数的最大值 $\text{argmax}\nabla_{B,C}Q$ 添加边 $(u_{\text{add}}^*, v_{\text{add}}^*)$ 为 e_{add}^*
4	令 Q 对 B,C 偏导数的最大值 $\text{argmax}\nabla_{B,C}Q$ 删减边 $(u_{\text{drop}}^*, v_{\text{drop}}^*)$ 为 e_{drop}^*
5	if $\vert\nabla_{B,C}Q_{e_{\text{add}}^*}\vert > \vert\nabla_{B,C}Q_{e_{\text{drop}}^*}\vert$ //选择梯度绝对值最大的操作
6	更新图 $G_{B,C} \leftarrow G_{B,C} + e_{\text{add}}^*$
7	else
8	更新图 $G_{B,C} \leftarrow G_{B,C} - e_{\text{drop}}^*$
9	令 Q 对 X_{fake} 偏导数的最大值 $\text{argmax}\nabla_{X_{\text{fake}}}Q$ 中增加的特征 $(u_{\text{add}}^*, i_{\text{add}}^*)$ 为 f_{add}^*
10	令 Q 对 X_{fake} 偏导数的最大值 $\text{argmax}\nabla_{X_{\text{fake}}}Q$ 中删减的特征 $(u_{\text{drop}}^*, i_{\text{drop}}^*)$ 为 f_{drop}^*
11	if $\vert\nabla_{X_{\text{fake}}}Q_{f_{\text{add}}^*}\vert > \vert\nabla_{X_{\text{fake}}}Q_{f_{\text{drop}}^*}\vert$ //选择梯度绝对值最大的操作
12	更新图 $G_{X_{\text{fake}}} \leftarrow G_{X_{\text{fake}}} + f_{\text{add}}^*$
13	else
14	更新图 $G_{X_{\text{fake}}} \leftarrow G_{X_{\text{fake}}} - f_{\text{add}}^*$
15	end
16	更新判别器 u 次
17	end
18	return $G_{X_{\text{fake}}}$

　　Greedy-Attack 和 Greedy-GAN 算法都通过添加虚假节点来攻击 GCN,而不改变现有边或特征。这两种方法的差别在于,Greedy-GAN 算法引入了判别器,以增加攻击的隐蔽性,生成难以区分的虚假节点。Greedy-Attack 算法依靠贪婪策略添加边或特征,而 Greedy-GAN 算法则采用基于生成对抗网络的方法,更有效地伪装虚假节点。这两种方法都能有效影响 GCN 的分类性能。

5.2.2 基于模型的 G-NIA 攻击方法

G-NIA[4]是一种在灰盒场景下采用单节点注入的逃逸攻击方法。该方法专注于更现实的攻击场景,即通过注入单个虚假节点降低图神经网络的分类性能。与上文提到的 Fake Node Attacks[1]方法以及 NIPA[5]方法等多节点注入方法相比,G-NIA 因其较低的节点注入量而具有较高的隐蔽性。区别于中毒攻击,该方法无须获取样本标签或对模型进行再训练,使其更适用于现实场景下的攻击。

为探索单节点注入攻击的最大化性能,研究中引入了基于优化的 OPTI 方法[4],此方法通过 Gumbel-Top-k[5]技术扩展处理属性和边的优化问题。OPTI 方法的局限在于每次攻击均需重新优化,未能有效利用先前学习的信息,导致计算成本高且泛化能力不足。相较之下,G-NIA 方法通过利用恶意属性引导边生成,避免了重复优化,大幅提升了攻击效率和速度(约为 OPTI 方法的 500 倍),且首次能够处理连续与离散属性图。

采用节点注入形式的逃逸攻击具有高效能力的关键在于,通过特征聚合方式将恶意属性传递到关键节点[4]。此过程强调注入节点生成的属性和边的有效性,尤其重视属性生成。由目标节点和类别信息为攻击提供指导,最终将它们的预测标签从 y_t 改为 k_t[4]。注入节点属性的生成基于目标节点 r_t 的表示及相关类别 u_t表示,其中 u_t形式化为$u_t=\{u_{yt},u_{kt}\}$。r_t 由代理 GNN 计算,u_t 通过特征转换权重 $\boldsymbol{W}$ 的相应列确定。最终,利用双层神经网络 $\mathcal{F}^a$和映射函数 $\mathcal{G}^a$来生成恶意节点 a_{inj}的属性:

$$
\begin{gathered}
a_{\text{inj}} = \mathcal{G}^a(\mathcal{F}^a(V_{\text{tar}},f,G;\theta^*)),\\
\mathcal{F}^a(V_{\text{tar}},f,G;\theta^*) = \sigma([r_t \mid u_t]\boldsymbol{W}_0^a + b_0^a)\boldsymbol{W}_1^a + b_1^a)
\end{gathered}
\tag{5-14}
$$

式中,$\theta=\{\boldsymbol{W}_0^a,\boldsymbol{W}_1^a,b_0^a,b_1^a\}$表示可训练的权值。映射函数 $\mathcal{G}^a$ 负责将双层神经网络 $\mathcal{F}^a$输出的特征映射到原始图的特定属性空间内,确保生成的属性与现有节点特征相似。对于连续属性,$\mathcal{G}^a$ 结合了 Sigmoid 函数和一个缩放器,以适配特定的属性范围。而对于离散属性,该函数使用了 Gumbel-Top-k 技术来实现属性的映射和选择。这样的设计使得 G-NIA 方法能够有效处理不同类型的属性,增强了攻击的隐蔽性和有效性。

图 5-2 说明了模型 G-NIA 方法的总体框架。其中训练阶段的工作流程主要包括属性生成、边生成和优化 3 个环节。这一阶段旨在生成注入节点的属性和边,然后基于攻击损失对 G-NIA 进行优化。而在推理阶段,则是将带有恶意属性的虚假节点及其边插入原始图中,目的是使得经过扰动的图 G'引导 GNN 对目标节点做出错误预测。

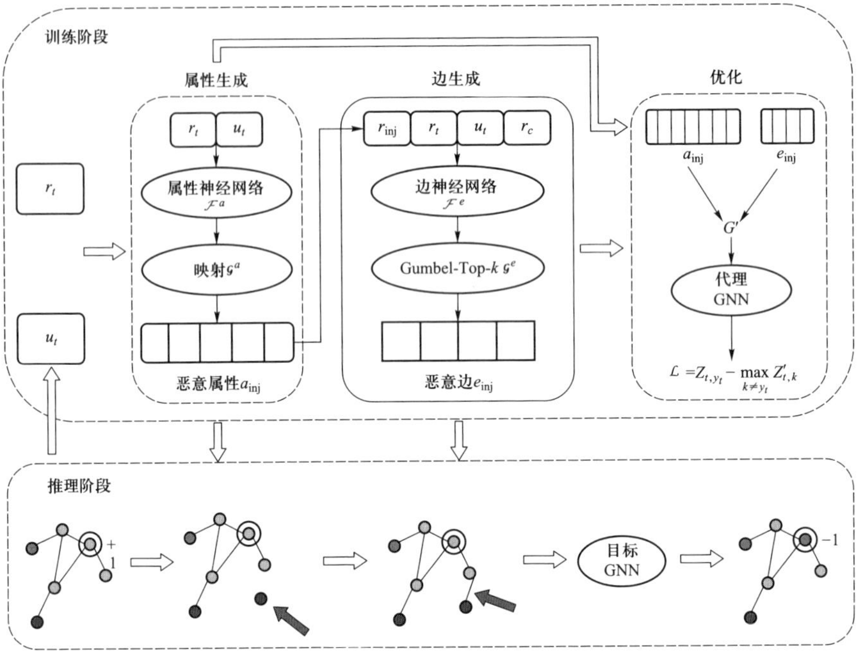

图 5-2　G-NIA 方法的总体框架(取自文献[4])

在 G-NIA 攻击过程中,生成的恶意边负责将恶意节点的属性传递给目标节点的二阶邻居。由于存在边数的限制,故需要精心选择候选节点。这一选择过程基于候选节点对目标节点影响程度的评分。具体而言,通过候选节点和恶意节点的表示计算得分。因注入节点初期无结构,必须借助代理 GNN 获取其表示 r_{inj}。结合目标节点的表示 r_t 和属性 u_t,通过双层神经网络 $\mathcal{F}^e$ 计算候选节点分数,并采用 Gumbel-Top-k 技术 $\mathcal{G}^e$ 进行离散化处理。具体如下:

$$
\begin{aligned}
e_{inj} &= \mathcal{G}^e(\mathcal{F}^e(a_{inj}, V_{tar}, f, G; \theta^*)), \\
\mathcal{F}^e(a_{inj}, V_{tar}, f, G; \theta^*) &= \sigma([r_{inj} | r_t | u_t | r_c] \boldsymbol{W}_0^e + b_0^e) \boldsymbol{W}_1^e + b_1^e
\end{aligned} \tag{5-15}
$$

式中,$\theta = \{\boldsymbol{W}_0^e, \boldsymbol{W}_1^e, b_0^e, b_1^e\}$ 是可训练的参数。

上述提到的 Gumbel-Top-k 技术是解决离散边优化问题的随机采样方法,从一组数值中选取前 k 个最大值。该技术基于 Gumbel 分布,该分布用于模拟极端值。具体而言,Gumbel 分布的一个样本 G_i 表达为 $G_i = -\log(-\log U_i)$,其中 U_i 是均匀分布的样本。通过给神经网络 $\mathcal{F}^e$ 的输出分数添加 Gumbel 分布样本,此技术可探索最优边选择,选取得分最高的前 k 个值,然后将这些得分转化为概率分布。其计算公式为

$$\text{Gumbel-Softmax}\ (z,\epsilon)_i = \frac{\exp\left(\dfrac{z_i + \epsilon G_i}{\tau}\right)}{\sum_{j=1}^{n} \exp\left(\dfrac{z_j + \epsilon G_j}{\tau}\right)} \tag{5-16}$$

$$\mathcal{G}^e(z) = \sum_{j=1}^{k} \text{Gumbel-Softmax}(z \odot mask_j, \epsilon)$$

式中,z 表示神经网络 $\mathcal{F}^e$ 的输出分数,ϵ 表示探索强度,τ 表示平滑度控制参数。$mask_j$ 用于确保已选边或属性不被重复选择。虽然最终结果非完全离散,但这有利于训练过程,使 G-NIA 方法有效处理高维离散属性。

最后生成的恶意节点及其属性和边被注入原始图 G 中,形成扰动图 G'。接下来,将 G' 输入代理 GNN 模型中,以计算攻击损失 $\mathcal{L}_{\text{atk}}$。其计算公式为

$$\min_{G'} \mathcal{L}_{\text{atk}}(f_{\theta^*}(G'), V_{\text{tar}}) = \sum_{t \in V_{\text{tar}}} (Z'_{t,y_t} - \max_{k \neq y_t} Z'_{t,k}) \tag{5-17}$$

综上所述,G-NIA 方法专注于有限的单节点注入逃逸攻击场景,通过参数化模型保留和重用攻击策略。G-NIA 方法的实现效果与基于优化的 OPTI 方法相当,且成本更低。此外,G-NIA 方法还具备黑盒攻击的能力。虽然 G-NIA 方法是一种高效的攻击方法,但其在防御手段识别和对抗鲁棒 GNN 的适用性方面仍有待进一步研究。

5.2.3 基于遗传算法的 GANI 攻击方法

GANI[6]是一种在灰盒场景下采用节点注入的中毒攻击方法,它专注于实际场景并强调攻击的隐蔽性,确保虚假节点在实现有效攻击的同时难以被检测。相比传统 NIA 方法,GANI 方法更全面地考量了结构和特征方面的隐蔽性,并通过统计信息、遗传算法和节点度采样技术克服了 NIA 中特征不一致性和预算限制所带来的挑战。

节点注入攻击性能依赖于虚假节点的特征和邻居选择。由于 GNN 通过聚合邻域信息来优化节点表示,邻居节点的标签通常与中心节点相同。这种现象称为节点同质性(node homophily, NH),通常通过计算与中心节点标签相同的邻居节点所占比例来衡量。节点同质性揭示了中心节点与其邻居之间的关系,对于 GNN 的攻击策略设计至关重要。其计算公式为

$$NH = \frac{\text{标签相同的邻居节点数}}{\text{邻居节点总数}} \tag{5-18}$$

GANI 的目标是通过改变图神经网络的节点同质性来降低其整体分类精度。为确保攻击难以被发现,GANI 方法在设计中适度限制了攻击范围。它采用了一

种度采样操作确定注入节点的链路攻击策略,解决了传统方法中特征不一致和攻击易被识别的问题。通过这种方式,GANI 方法有效保留了原始图的结构相似性,同时实现了对 GNN 分类的有效干扰。

在特征生成方面,GANI 方法采用统计学方法来创建难以被察觉的对抗性特征。在具体过程中,GANI 方法首先为注入节点随机分配一个目标标签 L',然后基于该标签对应的所有原始节点的 d 维特征进行统计分析。它计算每个维度中非零特征值的个数,并选择个数最多的前 ΔF 个维度作为注入节点的非零特征。这种方法旨在保持注入节点的特征与目标类别节点在统计特征上的一致性,从而降低被检测出的风险。其计算公式为

$$X'[k,\Delta F_i] = \frac{\sum_{Y[v]=L'} X[v,\Delta F_i]}{\sum_{Y[v]=L'} \mathbb{1}\,(X[v,\Delta F_i] \neq 0)},\quad k \in [n, n+n_{\text{in}}) \tag{5-19}$$

式中,$Y[\ ]$表示标签,$X[\ ]$表示原始特征,$\mathbb{1}(\cdot)$表示示性函数。此方法适用于二进制特征和连续特征。对于二进制特征,将注入节点相应索引处的特征值设为 1。

在 GANI 方法中,邻居节点的选择等价为一种组合优化问题,因此采用了经典的遗传算法(genetic algorithm,GA)来寻找每个注入节点的最佳邻居[7],该算法的适应度函数以预训练代理模型的错误分类数量作为评估标准。这种方法使得遗传算法能够有效地评估不同邻居选择方案对 GNN 分类性能的影响,并通过迭代寻找到最优解。通过这种方式,GANI 方法不仅解决了邻居选择问题,也提高了攻击的效率和有效性。其计算公式为

$$f_{\text{fit}} = \sum_{v \in V_{\text{test}}} \mathbb{1}(\operatorname{argmax} \ln f'(\boldsymbol{A}',\boldsymbol{X}')_v \neq c_v) \tag{5-20}$$

式中,$f'(\boldsymbol{A}',\boldsymbol{X}')$表示在代理模型 M_s 下得到的概率输出。为了应对不同的 $\boldsymbol{A}'$可能导致相同的适应度函数值 f_{fit} 的问题,增加了一个额外的指标——节点同质性的降低(decrease in node homophily,DNH)。这一指标有助于提升方法的稳定性,使得算法不仅考虑了分类错误数量,还考虑了结构性变化,以综合评估邻居选择的效果。通过这种方式,GANI 方法有效地平衡了攻击效果和算法稳定性。其计算公式为

$$DNH_i = NH_i^{\text{before}} - NH_i^{\text{after}} \tag{5-21}$$

式中,NH_i^{before} 和 NH_i^{after} 分别表示节点 i 在被攻击前后的节点同质性。一个特定的个体 $I=\{(n_v,n_a),(n_v,n_b),\cdots,(n_v,n_k)\}$,由 GA 中的 k 个注入边构成,该个体的节点同质性总降低(TDNH)的计算公式为

$$TDNH_I = DNH_{n_a} + DNH_{n_b} + \cdots + DNH_{n_k} \tag{5-22}$$

式中，对于特定节点 $n(\cdot)$，首先定义个体 $I=\{(n_v,n_a),(n_v,n_b),\cdots,(n_v,n_k)\}$，$(n_v,n_{(\cdot)})$ 表示虚假节点 n_v 与正常节点 $n_{(\cdot)}$ 的边。种群 $P=\{I_1,I_2,I_3,\cdots\}$ 包含所有个体。对于目标标签 L' 的节点 n_v，删除具有相同标签的节点，以减少节点同质性。其次，在 f_{fit} 和 $TDNH$ 的指导下进行单链路攻击，仅保留前 α 的节点作为候选节点。通过随机选择，生成初始群体，并在交叉概率 P_c 和变异概率 P_m 的控制下执行交叉和变异操作。适应度计算后，记录每个 f_{fit} 和 $TDNH$，得到适应度列表 F_{fit}。最后，为保持种群 P 的规模，使用锦标赛选择机制挑选更优个体。拥有较高 f_{fit} 和 $TDNH$ 的个体更有可能被保留。此过程会持续迭代，直至达到设定的最大迭代次数，以确保优化攻击策略的效果和效率。GANI 算法具体内容见算法 5-3。

算法 5-3　GANI 算法

输入：模型权重 $\boldsymbol{W}$，原始图 $G=(\boldsymbol{A},\boldsymbol{X})$，目标节点 v，目标标签 t，预算 q，注入节点数 n_{in}，候选概率 α，交叉概率 P_c，变异概率 P_m

输出：对抗图 G'

在原始 G 的基础上训练一个代理模型 M_s
$\Delta L \leftarrow$ 根据度采样操作生成 n_{in} 的链路攻击预算
for 每个 $i \in [0, n_{\text{in}}-1]$ do
　$L' \leftarrow$ 随机分配目标标签给当前节点 v_i
　$\boldsymbol{X}_{pi} \leftarrow$ 计算 v_i 的对抗特征向量
　$t \leftarrow 0$
　$candidates \leftarrow$ 候选节点选择(L',α)
　$P_t \leftarrow P$ 种群初始化$(candidates, \Delta L_i)$
　while $t <$ 最大迭代次数 do
　　$P_t \leftarrow$ 交叉(P_t, P_c)
　　$P_t \leftarrow$ 变异(P_t, P_m)
　　$F_{\text{fit}}^t \leftarrow$ 适应度计算(P_t, M_s)
　　$P_{t+1} \leftarrow$ 精英选择(P_t, F_{fit}^t)
　　$t \leftarrow t+1$
　end while

	$\boldsymbol{A}_{pi}$←将 P_t 中的最优链路攻击解转换为矩阵形式
	从 $\boldsymbol{A}_{pi}$、$\boldsymbol{X}_{pi}$ 更新 $\boldsymbol{A}'$、$\boldsymbol{X}'$
end for	
return G'	

如图 5-3 所示,GANI 方法的总框架分为攻击阶段和评估阶段。在攻击阶段,通过度采样为注入节点分配链路预算,特征预算基于原始节点的平均非零特征。特征生成步骤按照提出的统计方法生成特征,然后利用遗传算法选择最优邻居。这个过程顺序进行直至所有虚假节点注入完成。评估阶段中,将对抗图输入 GNN 以验证中毒攻击的效果。GANI 方法强调注入的灵活性,能够有效评估其对 GNN 的影响。

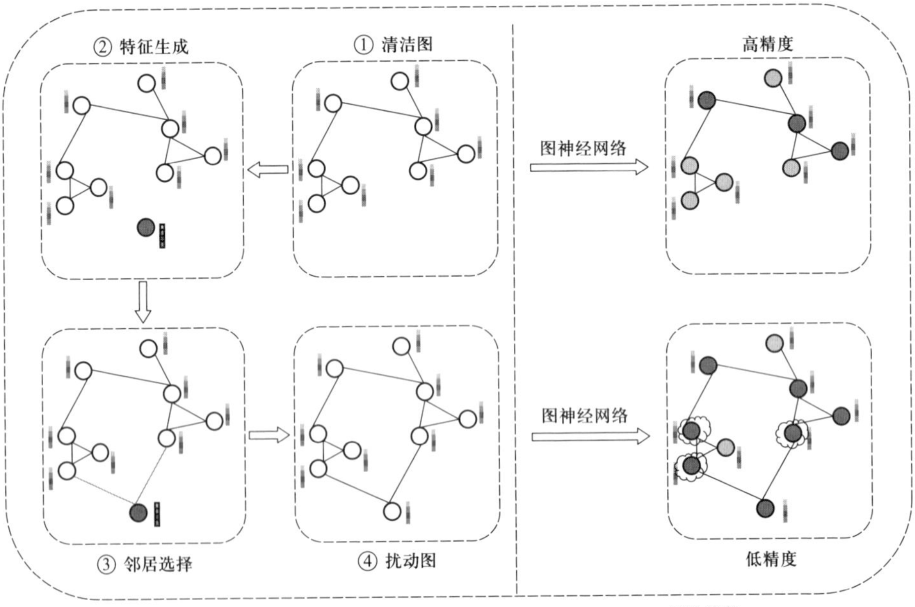

图 5-3 GANI 攻击框架(取自文献[6])

GANI 方法在能够不明显改变图结构和特征的情况下有效降低图神经网络的分类准确性。这一发现提示研究人员在保护图神经网络安全时,应考虑采取相应的防御措施。防御措施包括增加数据集的多样性、检测及过滤注入节点、提高模型鲁棒性以及加强节点安全性等。

5.2.4 基于查询的 Cluster Attack 攻击方法

Cluster Attack[8]是一种在黑盒场景下基于查询的逃逸攻击方法，该方法巧妙地将节点注入攻击问题转化为图聚类问题，实现了邻接矩阵的有效离散优化。此策略旨在特定节点上降低 GNN 的分类精确度，同时注意限制攻击范围以减少对非目标节点的不利影响，目标函数可以写为

$$\min_{G^+} \mathcal{L}(G^+) \triangleq \sum_{v \in \Phi_A} \mathcal{L}(G^+, v) + \lambda \sum_{v \in \mathcal{N}_A(\Phi_A)} \mathcal{L}_{\mathcal{N}}(G^+, v) \tag{5-23}$$

式中，$\mathcal{L}(G^+, v)$和 $\mathcal{L}_{\mathcal{N}}(G^+, v)$分别表示目标节点和受保护节点的损失函数，它们取最小值意味着目标节点被错误分类，同时邻居节点保持正确分类。与其他攻击方法相比，Cluster Attack 更贴近实际情况，即攻击者能力有限，采用基于查询的攻击方式，表明对模型知识的了解有限。攻击者仅观察目标节点及其邻居和注入的虚假节点。此方法在现实中的适用性和限制条件下的有效性方面具有显著优势。

在基于查询的对抗攻击中，攻击者的扰动决策依赖于对历史查询结果和当前图状态的分析。这意味着，在特定时刻 t，攻击者的决策反映了之前的查询结果和当前图的状态。这种策略使得攻击者能够根据图的动态变化和模型的响应来调整其攻击策略，增强了对抗攻击的针对性和有效性。其在 t 时刻的表述为

$$\Delta G_{(t)} \sim p(\Delta G_{(t)} \mid \{f(G_i) \mid i = 1, 2, \cdots, q_t\}, G_t) \tag{5-24}$$

该方法利用图的独特结构来考虑图相关的先验因素，其中生成的聚类作为邻接矩阵的图依赖性先验。该方法的关键是定义节点间的相似性度量，因此引入了“对抗性弱点”作为新的聚类指标。这一指标关联了目标节点受注入节点影响的程度，反映了节点间的相互作用和潜在的攻击目标。它的定义为

$$AV(v) = \underset{x_u}{\operatorname{argmin}}\, \mathcal{L}(G^+) \tag{5-25}$$

式中，x_u表示对抗性弱点，即连接目标节点 v 的虚假节点 u 的特征。对于虚假节点，其对抗性弱点定义为节点自身的特征。此外，该方法使用欧氏距离作为目标节点的对抗性弱点之间的距离度量。节点 v 和 k 之间的对抗性距离通过 $d(v,k) = \|AV(v) - AV(k)\|_2^2$ 来定义。对于离散属性，采用类似于基于查询的图像分类攻击的零阶优化方法来近似对抗性弱点，伪代码如算法 5-4 所示。其过程可以表示为

$$\Delta \boldsymbol{X}_{\text{fake}} = \mathbb{I}\left(\mathcal{L}(\boldsymbol{A}^+, \boldsymbol{X}^+) > \mathcal{L}\left(\boldsymbol{A}^+, \begin{bmatrix} \boldsymbol{X} \\ \boldsymbol{X}_{\text{fake}} + \delta X_{ij} \end{bmatrix}\right)\right) \times \delta X_{ij} \tag{5-26}$$

式中，δX_{ij}表示第 i 个虚假节点的特征在维度 j 上的试探性扰动。使用指示函数 $\mathbb{I}(\cdot)$来判断是否采用这个扰动，仅当该扰动能减少对抗性损失时才会采用。

算法 5-4　具有离散特征的对抗脆弱性的近似计算

输入：图 $G^{+}=(\boldsymbol{A}^{+},\boldsymbol{X}^{+})$，目标节点 v，队列数 K_t

输出：每个目标节点 v 的对抗性弱点的近似 $AV(v)$

选择一个虚假节点 u 并将其连接到且仅连接到目标节点 v，随机初始化虚假节点的特征 x_u，并隔离其他虚假节点
从 $\{1,2,\cdots,D\}$ 中随机抽取一个长度为 K_t 的序列 I_t。D 是节点特征的维度。
for $i \in I_t$ do
    if $x_u[i] \leftarrow 1-x_u[i]$ 使 $\mathcal{L}(G^{+})$ 更小 then
        $x_u[i] \leftarrow 1-x_u[i]$
    end
end
$AV(v) \leftarrow x_u$
return $AV(v)$

对于连续特征的处理，该方法采用了自然演化策略（natural evolution strategy，NES）来估计梯度。然后通过估算的梯度来优化连续特征的扰动，以提升攻击的有效性。NES 作为一种优化算法，能够在不直接计算梯度的情况下，有效地搜索最优解，特别适用于连续特征的对抗性攻击场景，其过程可以表示为

$$\nabla_{X_{\text{fake}}} E\mathcal{L}(\boldsymbol{A}^{+},\boldsymbol{X}^{+})=\frac{1}{\sigma n}\sum_{i=1}^{n} Z_i\mathcal{L}\left(\boldsymbol{A}^{+},\begin{bmatrix}\boldsymbol{X}\\ \boldsymbol{X}_{\text{fake}}+\sigma Z_i\end{bmatrix}\right) \tag{5-27}$$

式中，σ 表示大于零的标准方差，n 表示 NES 种群的大小，$Z_i \sim \mathcal{N}(0, I_{N_{\text{fake}}\times D})$ 表示针对 $\boldsymbol{X}_{\text{fake}}$ 的扰动。完成梯度估计后，可以采用基于梯度的优化方法，例如投影梯度下降（PGD），来优化 $\boldsymbol{X}_{\text{fake}}$。这种方法有助于有效调整连续特征，以增强攻击的效果。计算连续特征的对抗性弱点的伪代码如算法 5-5 所示。

使用 K-means 聚类来最小化聚类间的距离。目标节点集 $\boldsymbol{\Phi}_A$ 被划分为 N_{fake} 个簇 $C=\{C_1,C_2,\cdots,C_{N_{\text{fake}}}\}$，满足 $\cup_{C_i\in C} C_i=\boldsymbol{\Phi}_A$。实际上，簇 C 与注入节点和原始节点之间的邻接矩阵 $\boldsymbol{B}$ 存在一一映射关系

$$v_j\begin{cases}\in C_i, & B_{ij}=1\\ \notin C_i, & B_{ij}=0\end{cases} \tag{5-28}$$

由于该方法限定每个目标节点只与一个注入节点相连，并确保每个簇之间互不重叠。这样，簇 C 成为目标节点集 $\boldsymbol{\Phi}_A$ 的有效划分，使得节点注入攻击问题可以转化为聚类问题。

算法 5-5 具有连续特征的对抗脆弱性的近似计算

输入：	图 $G^{+}=(\boldsymbol{A}^{+},\boldsymbol{X}^{+})$，目标节点 v，队列数 K_t，查询次数 $K_t=nT$，NES 种群的大小 n，迭代次数 T，搜索方差 σ，优化步长 η
输出：	每个目标节点 v 的对抗性弱点的近似 $AV(v)$

选择一个虚假节点 u 并将其连接到且仅连接到目标节点 v，随机初始化虚假节点的特征 x_u。$l(x_u)$ 是相应的损失，并隔离其他虚假节点

for $t = 1$ to T do

 $g \leftarrow 0$

 for $i=1,2,\cdots,\left[\dfrac{n}{2}\right]$ do

  $u_i \leftarrow \mathcal{N}(0,I)$

  $g \leftarrow g+l(x_u+\sigma u_i)u_i$

  $g \leftarrow g-l(x_u-\sigma u_i)u_i$

 end

 $grad \leftarrow \dfrac{1}{n\sigma}g$

 $x_u \leftarrow x_u - grad\ \eta$

 在 $[\min X, \max X]$ 之间选取 x_u

end

$AV(v) \leftarrow x_u$

return $AV(v)$

详细的 Cluster Attack 攻击的过程如图 5-4 所示。首先，是使用有限数量的查询来计算每个目标节点的对抗性弱点，并根据这些弱点对目标节点进行聚类，其次，注入相应的虚假节点。最后，对这些虚假节点的特征进行优化以增强攻击效果。其伪代码如算法 5-6 所示。

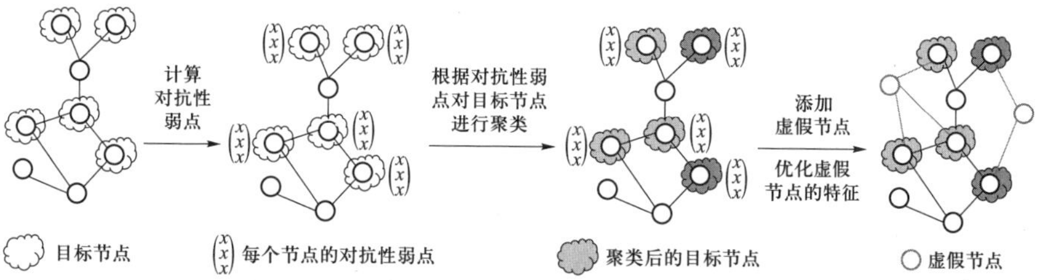

图 5-4 集群攻击示意图（取自文献[8]）

算法 5-6　Cluster Attack 算法

输入：图 $G^+=(\boldsymbol{A}^+,\boldsymbol{X}^+)$，目标节点集 $\boldsymbol{\Phi}_A$，虚假节点数 N_{fake}，队列数 $K=K_t|\boldsymbol{\Phi}_A|+K_f|\boldsymbol{\Phi}_{\text{fake}}|$

输出：修改图 G^+

```
for all v ∈ Φ_A do
    使用算法 5-4 或算法 5-5 计算带有 K_t 查询的 AV(v)
end
根据它们的对抗性弱点对目标者节点进行聚类，并得到等效的邻接矩阵 B
将 X_fake 设置为聚类中心
for all v ∈ Φ_fake do
    优化虚假节点 v 的特征
end
G+ = (A+, X+)
return G+
```

Cluster Attack 算法为基于查询的对抗性攻击提供了一个统一框架。该方法将节点注入攻击转化为聚类问题，解决了邻接矩阵离散优化的难题。这一方法不仅增进了理论认知，也为实际应用提供了有效的策略。

5.3　基于链路层扰动的节点分类攻击

基于链路层扰动的对抗攻击，作为一类破坏网络图节点分类性能的方法，涵盖了添加、删除或修改边等策略。本节将介绍如何通过随机删除边、添加虚假边、重连边等方式实现针对节点分类的对抗攻击。虽然此类方法多数面临一些限制，但通过对图修改攻击（graph modification attack，GMA）方法的研究，可以更好理解可能存在的安全威胁和隐私风险，这有助于对图数据的敏感性和易受攻击的特性有更深入的认识。本节通过介绍基于对抗网络及元梯度的增删边方法，以及由隐私问题启发而来的基于模型反转的方法来帮助读者进一步了解基于链路层扰动的节点分类攻击。

5.3.1 基于生成对抗网络的 FGA 攻击方法

FGA[9]攻击方法是一种在白盒场景下基于 GCN 中的梯度信息生成对抗网络模型。由于嵌入方法的效果将直接决定下游应用的性能,故该方法通过修改少量边来扰乱网络嵌入,进而影响目标网络的节点分类性能。攻击过程包括选择梯度绝对值最大的节点对,增加或删除边,直至达到预定攻击效果。实验表明 FGA 方法的攻击性能优于 NETTACK[10]方法和 DICE[11]方法。

网络嵌入是将网络 $G=(V,E)$ 中的节点特征映射到低维空间中:$\boldsymbol{v}_i \rightarrow \boldsymbol{y}_i \in R^d$,以便进行节点分类或聚类等下游任务。在网络嵌入攻击中,给定网络 G,目标是选择关键边作为攻击目标,构建扰动网络 $\overline{G}=(V,\overline{E},M)$,其中 $M_{ij} \in \{-1,0,1\}$ 表示修改策略。被攻击后的网络 $\hat{G}=(V,\hat{E})$ 的边 $\hat{E}$ 是根据 $\overline{G}$ 中的修改定义的,其数学表达式为

$$\hat{E}_{ij} = E_{ij} + M_{ij}\overline{E}_{ij} \tag{5-29}$$

在目标网络中,通过对抗攻击,有效地隐藏了目标节点。尤其在节点分类任务中,这些节点错误分类的概率相对较高。这种策略即使在涉及少量边的情况下,目标节点的嵌入表示和分类准确性都可能受到显著影响。

在原始网络作为输入的情况下,通过网络嵌入方法学习节点的向量,选择目标节点后,生成对抗网络。对抗网络作为输入时,大部分节点的向量与原始网络中的向量保持一致,因而这些节点分类结果不会受到影响。但是,目标节点的向量由于受到扰动,会发生变化,导致其离群并分类错误。这种攻击方式可以有效地隐藏或改变目标节点在网络中的表示。

图 5-5 为 FGA 攻击框架。在原始网络中,通过特定的网络嵌入方法学习节点向量,选择目标节点,并生成对抗网络以隐藏它们,使得这些节点在分类任务中被错误分类。对抗网络与原始网络的差异较小。FGA 方法分为对抗网络生成和对抗攻击两个阶段。在对抗网络生成阶段,基于 GCN 的梯度信息生成对抗网络,通过计算目标损失函数的部分导数来更新网络。对抗攻击阶段涉及将生成的对抗图输入目标网络,以致目标节点被错误分类。

在 FGA 方法中,模型的损失函数使用交叉熵误差,通过梯度下降算法更新模型的权重参数,从而实现模型的优化。交叉熵误差的输入 $Y'(\boldsymbol{A})$ 来自 GCN 模型的输出,而邻接矩阵 $\boldsymbol{A}$ 是损失函数中的关键变量之一。利用邻接矩阵的梯度信息,FGA 方法可以有效实施攻击,导致节点分类错误。因此将损失函数定义为

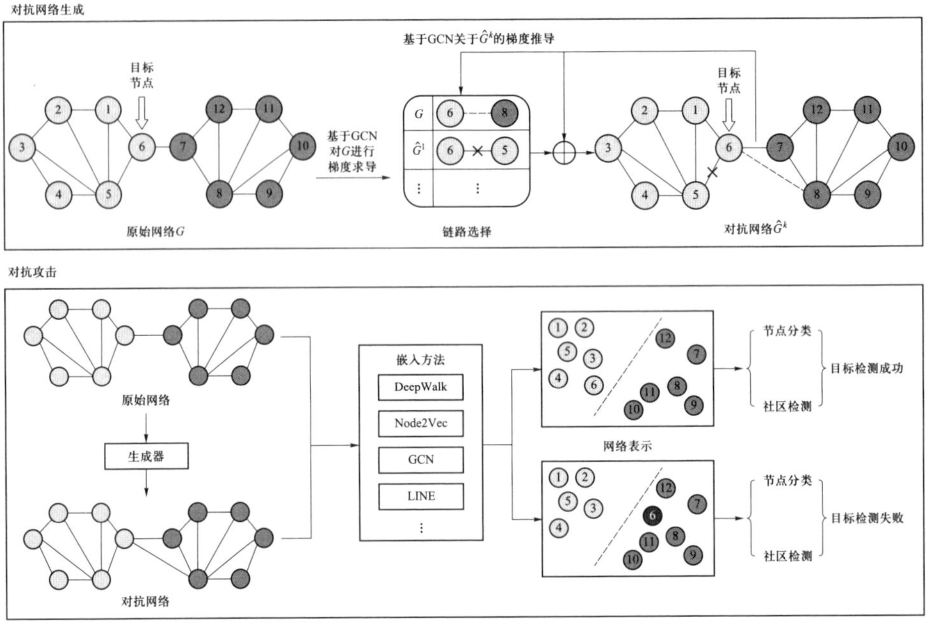

图 5-5　网络嵌入方法的 FGA 框架(取自文献[9])

$$\mathcal{L}_t = -\sum_{k=1}^{|F|} Y_{lk} \ln(Y'_{lk}(\boldsymbol{A})) \tag{5-30}$$

式中,损失函数反映了预测标签与目标节点 v_t 的真实标签之间的差异。损失函数值越大,预测结果越差。目标是最大化损失函数 $\mathcal{L}_t$,其中梯度方向上的边变化能够在局部最快增加目标损失。通过这种方式,经过训练的 GCN 模型能够迅速对目标节点进行错误分类,实现攻击目的。

生成对抗网络的过程如下:首先,构建边梯度网络(link gradient network, LGN),利用扰动网络邻接矩阵 $\hat{\boldsymbol{A}}^{h-1}$ 生成第 $h-1$ 个 LGN:$\hat{g}^{h-1}$,初始扰动矩阵 $\hat{\boldsymbol{A}}^0=\boldsymbol{A}$。其次,选择目标节点对,基于 $\hat{g}^{h-1}$,选择绝对边梯度最大的节点对(v_i,v_j)。若节点对的梯度与原始网络状态冲突,则忽略该对节点。最后,利用选定的节点对(v_i,v_j)更新扰动网络 $\hat{G}^h$,生成新的邻接矩阵 $\hat{\boldsymbol{A}}^h$。而第 h 个扰动网络的邻接矩阵 $\hat{\boldsymbol{A}}^h$ 定义为

$$\hat{A}_{ij}^h = \hat{A}_{ij}^{h-1} + \theta(\hat{g}_{ij}) \tag{5-31}$$

式中,$\hat{A}_{ij}^h$和 $\hat{A}_{ij}^{h-1}$分别是 $\hat{\boldsymbol{A}}^h$ 和 $\hat{\boldsymbol{A}}^{h-1}$的元素,$\theta(\hat{g}_{ij})$代表所选的一对节点$(v_i,v_j)$的梯度符号。梯度生成器算法详细如算法 5-7 所示。

算法 5-7 通过 GCN 的对抗网络生成器

输入： 原始图 G，训练迭代次数 K

输出： 修改图 $\hat{G}$，对抗图 $\hat{\boldsymbol{A}}^{K}$ 的邻接矩阵 $\hat{\boldsymbol{A}}^{h}$

在原始网络 G 上训练 GCN 模型，通过梯度计算公式获得 $\hat{g}^{0}$
通过 $\boldsymbol{A}^{0}=\boldsymbol{A}$ 初始化对抗网络的邻接矩阵
  for $h-1$ to K do
    基于 $\hat{\boldsymbol{A}}^{h-1}$ 构造 $\hat{g}^{h-1}$
    选择 $\hat{g}^{h-1}$ 中最大绝对边梯度的一对节点 (v_i, v_j)
    通过式(5-31)更新邻接矩阵 $\hat{\boldsymbol{A}}^{h}$
  end
return $\hat{G}, \hat{\boldsymbol{A}}^{h}$

FGA 方法通过基于对抗网络节点对的梯度来执行攻击，优先选择绝对边梯度最大的节点对。攻击迭代进行，直至达到预设的边修改次数。这种方法对网络嵌入的节点分类性能有显著影响。

5.3.2 基于元梯度的 Meta Attack 攻击方法

Meta Attack[12] 是首个针对节点分类的中毒攻击方法。它在灰盒场景下通过两种方式降低未标记节点的泛化能力：一种是最大化训练节点的损失；另一种是利用已标记节点训练的模型预测未标记节点的类别，以最大化其损失。该方法的核心在于使用元梯度解决双重优化问题，将图结构的邻接矩阵视为超参数，通过元梯度进行优化。这是一种灰盒无差别攻击，可利用的信息包括所有节点的属性、图结构及部分节点标签。该方法提出了两种攻击损失函数，第一种为 $\mathcal{L}_{\text{atk}}=-\mathcal{L}_{\text{train}}$，即

$$\begin{gathered}\min_{\hat{G}\in\Phi(G)} \mathcal{L}_{\text{atk}}(f_{\theta^*}(\hat{G}))\\ \text{s.t. } \theta^{*}=\operatorname{argmin}\mathcal{L}_{\text{train}}(f_{\theta}(\hat{G}))\end{gathered} \tag{5-32}$$

式中，$\mathcal{L}_{\text{atk}}$ 表示攻击损失函数，$\mathcal{L}_{\text{train}}$ 表示训练损失函数，θ 表示模型参数。由于测试数据标签不可用，无法直接优化攻击损失 L_{atk}。但是，高训练误差通常意味着模型的泛化能力较差。因此，通过令 $\mathcal{L}_{\text{atk}}=-\mathcal{L}_{\text{train}}$ 并尽量增大 $\mathcal{L}_{\text{train}}$，可间接实现降低泛化能力的目的。这种方法有效地利用了可用信息来实现对模型性能的降低，伪代码见算法 5-8。

算法 5-8　具有元梯度和自训练的图神经网络中毒攻击

输入：	原始图 $G(\boldsymbol{A},\boldsymbol{X})$，修改预算 Δ，训练迭代次数 T，训练类标签 C_L
输出：	修改图 $\hat{G}$

$\theta \leftarrow$ 使用已知标签 C_L 在输入图上训练代理模型
$\hat{C}_U \leftarrow$ 使用 $\hat{\theta}$ 预测未标记节点的标签
$\hat{\boldsymbol{A}} \leftarrow \boldsymbol{A}$
while $|\hat{\boldsymbol{A}}-\boldsymbol{A}|_0<2\Delta$ do
随机初始化 θ_0
　for $t=0$ to $T-1$ do
　　$\theta_{t+1} \leftarrow step(\theta_t, \nabla_{\theta_t}\mathcal{L}_{\text{train}}(f_{\theta_t}(\boldsymbol{A},\boldsymbol{X});C_L))$ //更新，通过梯度下降
　end
　$\nabla_{\hat{A}}^{\text{meta}} \leftarrow \nabla_{\hat{A}}\mathcal{L}_{sl}(f_{\theta_T}(\hat{\boldsymbol{A}},\boldsymbol{X});\hat{C}_U)$　//训练过程，通过反向传播计算元梯度
　$S \leftarrow \nabla_{\hat{A}}^{\text{meta}} \odot (-2\hat{\boldsymbol{A}}+1)$　//用边翻转节点对的梯度符号
　$e' \leftarrow S$ 中满足约束 $\Phi(G)$ 的最大边 (u,v)
　$\hat{\boldsymbol{A}} \leftarrow$ 在 $\hat{\boldsymbol{A}}$ 中添加或删除边 e'
end
$\hat{G} \leftarrow (\hat{\boldsymbol{A}},\boldsymbol{X})$
return $\hat{G}$

Meta Attack 的第二种攻击损失函数的形式为 $\mathcal{L}_{\text{atk}}=-\mathcal{L}_{\text{self}}$，其中 $\mathcal{L}_{\text{self}}=L(V_U, C^U)$。这里，通过已知标签训练的分类器预测未知标签节点的标签，然后计算未知标签节点集的损失 $\mathcal{L}_{\text{self}}$。攻击者的目标是使 $\mathcal{L}_{\text{self}}$ 尽可能大，等价于使 $\mathcal{L}_{\text{atk}}$ 尽可能小。这种方法利用自身预测的损失来间接影响模型的泛化能力。伪代码见算法 5-9。

算法 5-9　对具有近似元梯度和自训练的 GNN 的中毒攻击

输入：	原始图 $G(\boldsymbol{A},\boldsymbol{X})$，修改预算 Δ，训练迭代次数 T，梯度权重 λ，训练类标签 C_L
输出：	修改图 $\hat{G}$

$\theta \leftarrow$ 使用已知标签 C_L 在输入图上训练代理模型
$\hat{C}_U \leftarrow$ 使用 $\hat{\theta}$ 预测未标记节点的标签

$\hat{\boldsymbol{A}} \leftarrow \boldsymbol{A}$

while $|\hat{\boldsymbol{A}}-\boldsymbol{A}|_0<2\Delta$ do

随机初始化 θ_0

  $\nabla_{\hat{A}}^{\text{meta}} \leftarrow \lambda \nabla_{\hat{A}} \mathcal{L}_{\text{train}}(f_{\theta_0}(\hat{\boldsymbol{A}};\boldsymbol{X});\boldsymbol{C}_L)+(1-\lambda)\nabla_{\hat{A}}\mathcal{L}_{\text{self}}(f_{\theta_0}(\hat{\boldsymbol{A}};\boldsymbol{X});\hat{C}_U)$

  for t in 0 to $T-1$ do

    $\theta_{t+1} \leftarrow step(\theta_t, \nabla_{\theta_t}\mathcal{L}_{train}(f_{\theta_t}(\hat{\boldsymbol{A}},\boldsymbol{X}));\boldsymbol{C}_L)$ //更新，通过梯度下降

    $\tilde{\theta}_{t+1} \leftarrow stop\_gradient(\theta_{t+1})$ //训练没有反向传播

    $\nabla_{\hat{A}}^{\text{meta}} \leftarrow \nabla_{\hat{A}}^{\text{meta}}+\lambda \nabla_{\hat{A}}\mathcal{L}_{\text{train}}(f_{\tilde{\theta}_{t+1}}(\hat{\boldsymbol{A}};\boldsymbol{X});C_L)+(1-\lambda)\nabla_{\hat{A}}\mathcal{L}_{\text{self}}(f_{\tilde{\theta}_{t+1}}(\hat{\boldsymbol{A}};\boldsymbol{X});\hat{\boldsymbol{C}}_U)$

  end

  $S \leftarrow \nabla_{\hat{A}}^{\text{meta}} \odot (-2\hat{\boldsymbol{A}}+1)$ //用边翻转节点对的梯度符号

  $e' \leftarrow S$ 中满足约束 $\boldsymbol{\Phi}(G)$ 的最大边 (u,v)

  $\hat{\boldsymbol{A}} \leftarrow$ 在 $\hat{\boldsymbol{A}}$ 中添加或删除边 e'

end

$\hat{G} \leftarrow (\hat{\boldsymbol{A}},\boldsymbol{X})$

return $\hat{G}$

将图的邻接矩阵 $\boldsymbol{A}$ 视为超参数，计算攻击损失函数相对于这一超参数的梯度。攻击的训练过程涉及更新 $\boldsymbol{A}$ 以最大化损失函数。这种方法允许攻击者在保持其他图属性不变的情况下，通过微调邻接矩阵来优化攻击效果。以学习率为 α 的批梯度下降算法为例，假设初始模型参数为 θ_0，其训练过程可以表示为

$$\theta_{t+1} = \theta_t - \alpha \nabla_{\theta_t} \mathcal{L}_{\text{train}}(f_{\theta_t}(G)) \tag{5-33}$$

等号两边同时对 G 求梯度：

$$\nabla_G \theta_{t+1} = \nabla_G \theta_t - \alpha \nabla_G \nabla_{\theta_t} \mathcal{L}_{\text{train}}(f_{\theta_t}(G)) \tag{5-34}$$

式中，$\nabla_G \theta_{t+1}$不仅与参数 θ_t 有关，而且会随着网络结构变化而变化，因此攻击可以通过原元梯度修改网络结构的同时影响模型参数，直至攻击损失最小。为衡量每个潜在扰动的攻击效果，故采用 $S(u,v)=\nabla_{a_{uv}}^{\text{meta}}(-2a_{uv}+1)$ 的值作为评价指标。为了确保扰动从 1 变为 0 时 $S(u,v)$ 保持正值，扰动的选择基于评分从高到低，采用贪婪策略，并将初始权重向局部最优的方向进行更新，通过迭代更新权重以快速收敛，其计算公式为 $\nabla_{\theta_0}^{\text{meta}} \approx \sum_{t=1}^{T} \nabla_{\hat{\theta}_t} \mathcal{L}_{\text{train}}(f_{\hat{\theta}_t}(\boldsymbol{A},\boldsymbol{X}))$ 。攻击损失函数的

两种形式被整合以优化攻击效果，即

$$\nabla_G^{\text{meta}} \approx \sum_{t=1}^{T} \lambda \nabla_G \mathcal{L}_{\text{train}}(f_{\hat{\theta}_t}(\boldsymbol{A},\boldsymbol{X})) + (1-\lambda) \nabla_G \mathcal{L}_{\text{self}}(f_{\hat{\theta}_t}(\boldsymbol{A},\boldsymbol{X})) \tag{5-35}$$

Meta Attack 是一种基于元梯度的图对抗攻击算法，它有效解决了中毒攻击中的双层优化问题。该方法即使在小幅度扰动的情况下，也能显著降低图卷积模型的分类性能，甚至对无监督学习模型也有明显的影响。进一步地，元梯度的近似值可使其计算成本降低，在许多情况下，对节点分类模型的训练有类似的破坏性影响。

5.3.3　基于搜索策略的 EpoAtk 攻击方法

EpoAtk[13]是一种在白盒场景下采用增删边的中毒攻击方法，该方法提出的目的是继承基于梯度攻击的高效优势，并克服其潜在不足（陷入局部最大值）。相较于 Fan 等[14]提出的在黑盒场景下的中毒攻击方法，EpoAtk 避免使用复杂的强化学习框架，而采用启发式策略以平衡成本和有效性。EpoAtk 方法通过 3 个阶段生成扰动：首先生成一系列候选扰动，其次评估这些扰动，最后通过重组过程提高评估有效性。该过程连续修改图结构，每次只添加或删除一条边，以此来减少被发现的风险。

在 EpoAtk 方法的生成阶段，对于每条边，将计算其关于训练损失的梯度并输入生成模块。在该模块中，会生成一个候选集合 $S=\{G_1^{(k+1)},G_2^{(k+1)},\cdots,G_\Delta^{(k+1)}\}$。$\boldsymbol{A}^{(k)}$ 表示上一次修改时的扰动矩阵。给定 $\boldsymbol{A}^{(k)}$ 和其对应的 one-hot 标签矩阵 $\boldsymbol{C}_L$，分类器的训练损失如下：

$$\mathcal{L}_{\text{tra}} = Loss(\boldsymbol{C}_L, f_{W^*}(\boldsymbol{A}^{(k)},\boldsymbol{X})) \tag{5-36}$$

式中，损失函数可以是交叉熵损失或基于边界的损失。此处的 W^* 表示在当前扰动下，分类器在有标签数据上训练出的最优参数。为了成为候选扰动必须满足条件：若$A^{(k)\,\text{grad}}_{u,v}>0$ 且 $A^{(k)}_{u,v}=0$ 或者若$A^{(k)\,\text{grad}}_{u,v}<0$ 且 $A^{(k)}_{u,v}=1$，即如果梯度大于零但边不存在，或梯度小于零但边存在，则加入候选队列，直至达到预设的攻击预算 Δ。

在 EpoAtk 方法的评估阶段，确定候选队列中最有效扰动的关键在于评价函数的使用。EpoAtk 方法提出了 3 种不同的评价函数——Ev_A、Ev_B 和 Ev_C，这些评价函数分别基于不同的标准来衡量扰动的潜在影响力和有效性，每个评价函数都有其独特的定义和应用场景，分别定义如下：

$$Ev_A(G_i^{(k+1)}) = -\sum_{v\in V_u}\sum_{c=1}^{C} \hat{C}_{v,c} \ln Z_{v,c} \tag{5-37}$$

$$Ev_B(G_i^{(k+1)}) = \sum_{v \in V_u} (\max_{j \neq t_v} Z_{v,j} - Z_{v,t_v}) \tag{5-38}$$

$$Ev_C(G_i^{(k+1)}) = \sum_{v \in V_U} (\min_{j \neq t_v} Z_{v,j} - Z_{v,t_v}) \tag{5-39}$$

式中，评价函数 Ev_A 评估节点预测标签与无扰动情况下的预测标签的相似度，Ev_B 基于 one-hot 标签向量的非零元素索引值是否相同进行判断，而 Ev_C 测试真实类与最小类预测之间的差异。这些评价函数帮助确定哪种扰动最有效。最终，效果最佳的扰动将被选中，表示为

$$G_a^{(k+1)} = \underset{G^{(k+1)}}{\mathrm{argmax}}(Ev(G_1^{(k+1)}), Ev(G_2^{(k+1)}), \cdots, Ev(G_\Delta^{(k+1)})) \tag{5-40}$$

在 EpoAtk 方法的重组阶段，为解决顺序修改过程中的局部最大值问题，该阶段以概率 $\dfrac{k\beta}{M-1}$发生，其中 β 是一个超参数。如果重组阶段不发生，则使用评估阶段选出的 $G_a^{(k+1)}$ 作为 $G^{(k+1)}$。如果进入重组阶段，搜索空间扩大，除了保留 $G_a^{(k+1)}$，还会从原始候选序列中除去 $\{G_a^{(k+1)}\}$ 并依照下述概率分布进行采样：

$$P_i = \frac{\exp(Ev(G_i^{(k+1)}))}{\sum_{j \in \{1,2,\cdots,\Delta\} \setminus \{a\}} \exp(Ev(G_j^{(k+1)}))} \tag{5-41}$$

式中，除了选出的 $G_a^{(k+1)}$ 外，从剩余候选中选取评估分数最高的 $G_b^{(k+1)}$。同时，确保u_a, v_a, u_b, v_b 各不相同，否则进行重新采样。此外，方法还引入了两种新的变体 $G_c^{(k+1)}$，$G_d^{(k+1)}$，并依照下式进行选取：

$$G_c^{(k+1)} = \begin{cases} (V, E^{(k)} \cup \Gamma(u_a, v_b)), & (u_a, v_b) \notin E^{(k)} \\ (V, E^{(k)} \setminus \Gamma(u_a, v_b)), & (u_a, v_b) \in E^{(k)} \end{cases} \tag{5-42}$$

$$G_d^{(k+1)} = \begin{cases} (V, E^{(k)} \cup \Gamma(u_b, v_a)), & (u_b, v_a) \notin E^{(k)} \\ (V, E^{(k)} \setminus \Gamma(u_b, v_a)), & (u_b, v_a) \in E^{(k)} \end{cases} \tag{5-43}$$

两种新的操作 $G_c^{(k+1)}$ 和 $G_d^{(k+1)}$ 用于提供每轮更多的选择，并且这些操作不计入攻击预算。新的候选集 $S^m = \{G_i^{(k+1)} \mid i = a, b, c, d\}$ 提供了更多选择。在此基础上，对参数$w_i^{(*)} = \underset{w}{\mathrm{argmin}}\, Loss(C_L, f_w(G_i^{(k+1)}))$进行优化，以选择最大化扰动的图作为攻击结果。

如图 5-6 所示，EpoAtk 攻击流程包括 3 个阶段：生成、评估和重组。在生成阶段，先产生 Δ 个扰动，然后通过评价函数对这些扰动进行排序。在重组阶段，EpoAtk 生成新的候选集 S^m，以确定最终的扰动图 $G^{(k+1)}$。如果不进入重组阶段，则直接采用评估阶段选出的 $G_a^{(k+1)}$ 作为 $G^{(k+1)}$。EpoAtk 算法伪代码如算法 5-10 所示。

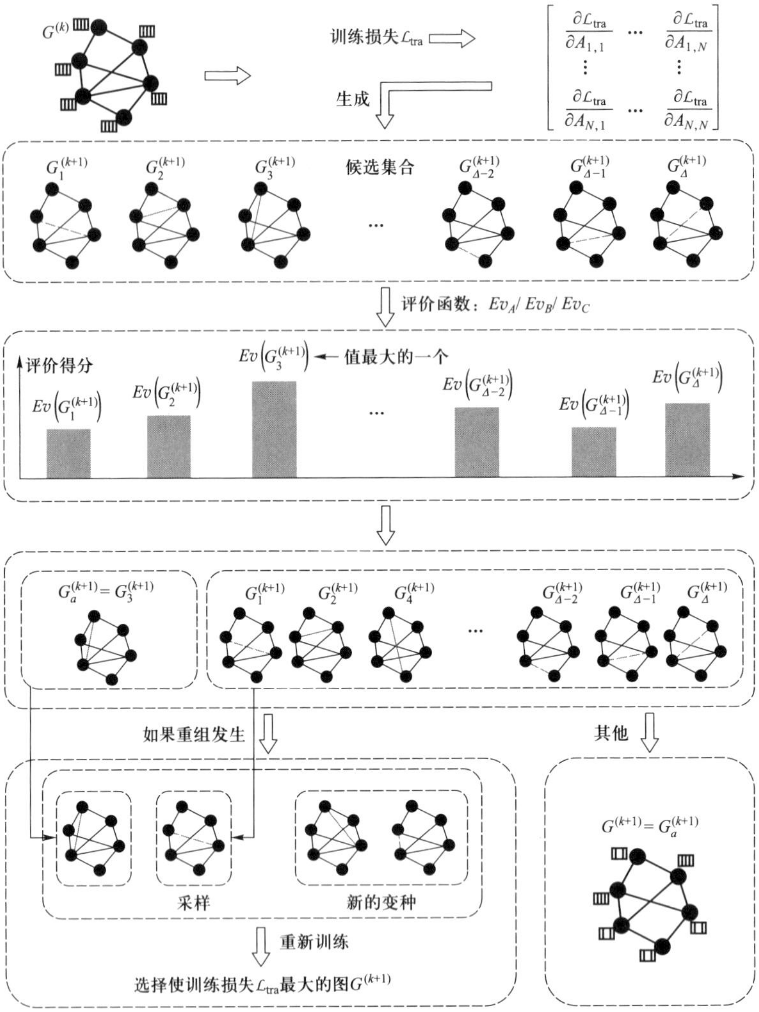

图 5-6　EpoAtk 流程图(取自文献[13])

算法 5-10　EpoAtk 算法	
输入:	原始图 G,属性矩阵 $\boldsymbol{X}$,one-hot 标签矩阵 $\boldsymbol{C}_L$,目标可控模型 f_w,扰动数 M,候选集大小 Δ,重组阶段的超参数 β
输出:	扰动图 $G^{(M)}$
1	$G^{(0)} := G$
2	for $k=0$ to $M-1$ do

通过 $G^{(k)}$，$\boldsymbol{X}$ 和 $\boldsymbol{C}_L$ 训练可控模型 f_{w^*}

获得训练损失 $\mathcal{L}_{\text{tra}}$

通过 $\mathcal{L}_{\text{tra}}$ 生成梯度矩阵 $\boldsymbol{B}^{(k)}$

通过不同条件过滤 $\boldsymbol{B}^{(k)}$

根据经过不同操作后的修改图来构建 $\boldsymbol{\Delta}$ 大小的候选集 S

通过评价函数 $Ev(\cdot)$ 评价 S 中的每个元素 $G_i^{(k+1)}$

if 重组发生 then

  生成新的候选集 S^m

  for $i=a,b,c,d$ do

    在 $G^{(k+1)}$ 上训练优化后的 f_{w^*}

  end

  从具有最大训练损失的 S^m 确定 $G^{(k+1)}$

else

  根据对应的评价函数 $Ev(\cdot)$ 从 S 确定 $G^{(k+1)}$

end

end

return $G^{(M)}$

EpoAtk 方法通过一种搜索策略来解决在离散的图拓扑结构上最大梯度并不总是攻击 GNN 的最佳策略的问题，促进了在图数据上基于梯度来进行扰动的研究。EpoAtk 方法基于贪婪框架，允许在修改过程中灵活选择被扰动的图，充分利用了未标记节点信息。

5.3.4 基于模型反转的 GraphMI 攻击方法

GraphMI[15]是一种重建输入网络拓扑结构并进行增删边的逃逸攻击方法。它针对 GNN 应用中处理敏感数据的隐私问题，利用 GNN 输出的信息来提取训练图中的敏感信息。该方法旨在提取 GNN 中的私有图数据，特别是在已知输出标签和部分非敏感特征的情况下，恢复训练数据的敏感特征。GraphMI 通过投影梯度模块、图自动编码器模块以及随机采样模块实现边推断和恢复，最终实现对 GNN 节点分类性能的有效攻击。

GraphMI 方法主要应用于白盒场景，其中攻击者可以完全访问目标模型以推导邻接矩阵。在黑盒场景中，攻击者只能通过查询 GNN 并接收分类结果，RL-GraphMI[15] 方法，可作为 GraphMI 方法场景环境下的扩展形式。

在 GraphMI 方法的白盒设置中，攻击者可以完全访问目标模型 f_θ，包括其结构和所有参数 θ。攻击者可能还拥有额外信息，如节点标签、属性、ID 或边密度等，来协助模型反转。目标模型 f_θ 在训练集上训练，以获得最小化训练损失的参数 θ^*。攻击者的目标是利用这些信息和模型参数重建私有训练数据，尤其是训练数据中的敏感信息，如图结构或节点属性。攻击者目标 $\tilde{\boldsymbol{A}}$ 可表示为

$$\begin{aligned} &\max\ s(\tilde{\boldsymbol{A}},\boldsymbol{A}) \\ &\text{s.t.}\ \ \tilde{\boldsymbol{A}}=\mathcal{A}(\boldsymbol{X},\boldsymbol{Y},f_\theta) \end{aligned} \tag{5-44}$$

式中，$\boldsymbol{Y}$ 表示节点标签的向量，$s(\cdot,\cdot)$ 是衡量邻接矩阵相似性的相似性函数，例如 Weisfeiler-Lehman 核[16]。$\tilde{\boldsymbol{A}}$ 是攻击者 $\mathcal{A}$ 重建的邻接矩阵。

实际上，GNN 上的模型反转问题被视为一个优化问题，即在给定节点特征或节点 ID 的情况下，通过最小化真实标签 y_i 和目标 GNN 模型 f_θ 预测标签 $\hat{y}_i$ 之间的交叉熵损失来重构邻接矩阵。这个优化过程旨在使重构的邻接矩阵与原始邻接矩阵尽可能相似，以此达成模型反转的目标。因此，攻击的目标函数还可以表示为

$$\begin{aligned} &\min_{A\in\{0,1\}^{N\times N}}\mathcal{L}_{\mathrm{GNN}}(\boldsymbol{A})=\frac{1}{N}\sum_{i=1}^{N}\ell_i(\boldsymbol{A},f_\theta,\boldsymbol{x}_i,\boldsymbol{y}_i) \\ &\text{s.t.}\ \ \boldsymbol{A}=\boldsymbol{A}^{\mathrm{T}} \end{aligned} \tag{5-45}$$

式中，针对节点 i 的攻击损失表示为 $\ell_i(\boldsymbol{A},f_\theta,\boldsymbol{x}_i,\boldsymbol{y}_i)$。考虑到许多真实世界图（如社交网络、引文网络）中连接的节点往往具有相似的特征[17]，GraphMI 在损失函数中添加了特征平滑损失项 $\mathcal{L}_s$。这一损失项通过两个节点间的特征差异来衡量，则 $\mathcal{L}_s$ 可以表示为

$$\mathcal{L}_s=\mathrm{tr}(\boldsymbol{X}^{\mathrm{T}}\hat{\boldsymbol{L}}\boldsymbol{X})=\frac{1}{2}\sum_{i,j=1}^{N}A_{i,j}\left(\frac{\boldsymbol{x}_i}{\sqrt{d_i}}-\frac{\boldsymbol{x}_j}{\sqrt{d_j}}\right)^2 \tag{5-46}$$

式中，$\boldsymbol{X}$ 表示特征矩阵，$\hat{\boldsymbol{L}}$ 表示归一化的拉普拉斯矩阵 $\boldsymbol{D}^{-\frac{1}{2}}\boldsymbol{L}\boldsymbol{D}^{-\frac{1}{2}}$，用来保持特征的平滑性，而 $\boldsymbol{L}=\boldsymbol{D}-\boldsymbol{A}$ 表示图的拉普拉斯矩阵。最近的一些研究表明[18,19]，某些异质性图的特征平滑性并不明显，但为了应对特征平滑性不明显的异质图，该方法考虑节点度 d_i 和 d_j 对特征平滑损失 $\mathcal{L}_s$ 的影响。为保持图结构的稀疏性，将邻接矩阵 $\boldsymbol{A}$ 的 Frobenius 范数作为正则化项加入损失函数。故最终的目标函数可以表示为

$$\underset{A \in \{0,1\}^{N \times N}}{\operatorname{argmin}} \mathcal{L}_{\text{attack}} = \mathcal{L}_{\text{GNN}} + \alpha \mathcal{L}_{\mathcal{S}} + \beta \|A\|_2 \\ \text{s.t. } A = A^{\mathrm{T}} \tag{5-47}$$

式中，α 和 β 表示超参数，分别用于控制特征平滑性和图形稀疏性的权重。由于边的离散性，为了便于梯度计算和更新，将邻接矩阵 $\boldsymbol{A}$ 用矢量形式的 $\boldsymbol{a}$ 替代，并将 $\boldsymbol{a}$ 从离散的 $\{0,1\}^n$ 转换到凸空间 $[0;1]^n$，这使得原本的离散优化问题转化为连续优化问题，可通过 PGD 方法解决：

$$\boldsymbol{a}^{t+1} = P_{[0,1]}[\boldsymbol{a}^t - \eta_t \boldsymbol{g}_t] \tag{5-48}$$

式中，t 表示 PGD 的迭代指数，η_t 表示学习率，$\boldsymbol{g}_t$ 表示 $\boldsymbol{a}^t$ 在式(5-47)中损失 $\mathcal{L}_{\text{attack}}$ 的梯度，$P_{[0,1]}$ 表示投影算子：

$$P_{[0,1]}[x] = \begin{cases} 0, & x < 0 \\ 1, & x > 1 \\ x, & \text{其他} \end{cases} \tag{5-49}$$

经过投影梯度模块处理后，产生重建图的邻接矩阵的矢量形式 $\boldsymbol{a}$。接着，使用图自动编码器(GAE)[20]对优化后的邻接矢量进行后处理，其中编码器的部分参数来自目标模型 f_θ。这一步骤生成了节点的嵌入矩阵 $\boldsymbol{Z}=H_\theta(\boldsymbol{a},\boldsymbol{X})$。然后，通过解码器将 $\boldsymbol{Z}$ 的内积与逻辑斯谛函数结合，重建邻接矩阵 $\boldsymbol{A}$。该过程可以表述为

$$\boldsymbol{A} = \text{Sigmoid}(\boldsymbol{Z}\boldsymbol{Z}^{\mathrm{T}}), \quad \boldsymbol{Z} = H_\theta(\boldsymbol{a},\boldsymbol{X}) \tag{5-50}$$

解决优化问题后，由图自动编码器重建的邻接矩阵 $\boldsymbol{A}$ 可以视为概率矩阵，代表每条边存在的可能性。接下来，通过随机采样模块恢复二元的邻接矩阵。首先基于估计的图密度 ρ 计算抽样边的数量，其次进行 K 次试验，根据概率矩阵对边进行采样。最后选择攻击损失 $\mathcal{L}_{\text{attack}}$ 最小的邻接矩阵作为攻击结果。更多细节见算法 5-11。

算法 5-11　从概率向量到二进制邻接矩阵的随机抽样

输入：	概率向量 $\boldsymbol{a}$，试验次数 K，边密度 ρ，节点数 n
输出：	二元矩阵 $\boldsymbol{A}$
1	将概率向量进行归一化 $\hat{\boldsymbol{a}}=\dfrac{\boldsymbol{a}}{\|\boldsymbol{a}\|_1}$
2	for $k=1$ to K do
3	根据概率向量 $\hat{\boldsymbol{a}}$，进行 $\lfloor \rho n \rfloor$ 次边抽样，得到二元向量 $\boldsymbol{a}^{(k)}$
4	end
5	从 $\boldsymbol{a}^{(k)}$ 中选择一个矢量 $\boldsymbol{a}^*$，产生最小的损失 $\mathcal{L}_{\text{attack}}$
6	将 $\boldsymbol{a}^*$ 转换为二元矩阵 $\boldsymbol{A}$
7	return $\boldsymbol{A}$

图 5-7 显示了 GraphMI 的攻击流程。GraphMI 是一种基于优化的攻击方法，它利用投影梯度下降法在图上寻找“最优”网络拓扑来预测节点标签。该方法结合了图自动编码器模块，参数源自目标模型，处理邻接矩阵和特征矩阵。最后，将优化后的图解释为边概率矩阵，并对二进制邻接矩阵进行采样，完成攻击流程。GraphMI 算法详细过程如算法 5-12 所示。

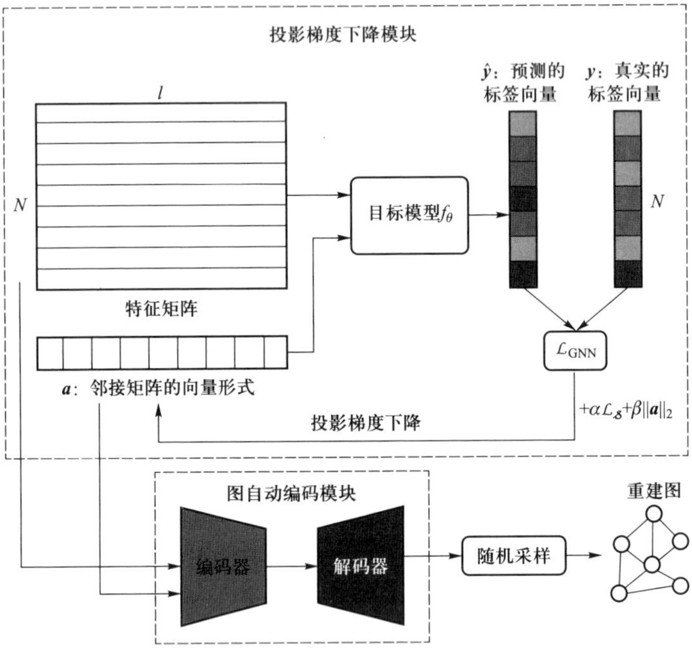

图 5-7　GraphMI 流程图（取自文献[15]）

算法 5-12　GraphMI 算法	
输入：	目标模型 f_θ，节点标签向量 $\boldsymbol{Y}$，节点特征向量 $\boldsymbol{X}$，学习率 η_t，迭代次数 T
输出：	重建的邻接矩阵 $\boldsymbol{A}$
	初始化邻接矩阵的矢量形式 $\boldsymbol{a}^0$ 为 $\mathbf{0}$
	$t=0$
	while $t<T$ do
	执行梯度下降：$\boldsymbol{a}^t=\boldsymbol{a}^{t-1}-\eta_t\nabla\mathcal{L}_{\text{attack}}(\boldsymbol{a})$
	调用梯度投影操作，见式（5-48）
	end

调用图自动编码模块,见式(5-49)
调用随机采样模块,见算法 5-11
return $\boldsymbol{A}$

GraphMI 方法是为从图神经网络中提取私有图结构数据而设计的白盒攻击方法,它能够有效地重建训练图的边,作为 GraphMI 方法拓展形式的 RL-GraphMI 方法在受限的黑盒场景下也实现了较好的效果。

5.4　面向节点分类的对抗攻击实验

本节将在多个常用数据集上对介绍的攻击方法进行实验对比。

5.4.1　实验设置

本实验使用 3 个引文网络数据集 Cora[21]、Citeseer[22]和 Cora-ML[23]以及一个社交网络数据集 Reddit[24]来验证攻击算法的有效性。其中前两个数据集为具有离散属性的网络,后两个数据集为具有连续属性的网络。数据信息如表 5-1 所示。

表 5-1　数据集统计信息

数据集名称	节点数	边数	类别数	特征数
Cora	2708	5429	7	1433
Citeseer	3327	4732	6	3703
Cora-ML	2995	8416	7	2879
Reddit	232 965	11 606 919	42	602

在实验设置方面,目标模型均为两层 GCN 模型,并基本遵循其论文的参数设置,但考虑到各方法适应的场景以及作用原理存在较大差异,在保证其方法的特定参数不变的前提下,对部分参数进行修改,并分别在两种类型的数据集上进行分析。

对于节点层的扰动实验设置如下:对于 Fake Node Attack,本实验通过

Greedy-GAN 算法生成虚假节点，并将超参数 c 设置为 0.1，使其更注重攻击性能，为方便与其他方法进行对比，采用局部攻击的形式，目标节点数为 5，并为每个目标节点连接 3 个度值为 5 的虚假节点。对于 G-NIA，它是一种采用单节点注入的全局逃逸方法，为图中每个节点连接一个虚假节点从而达到整体分类性能下降的效果，本实验采用原论文中单节点攻击的参数设置。对于 GANI，它是一种全局中毒攻击方法，本实验也遵循原论文的参数设置。对于 Cluster Attack，它是一种局部逃逸攻击方法，本实验针对离散属性数据集进行攻击，目标节点数为 5，查询次数为 10。

对于链路层的扰动实验设置如下：对于 FGA，它是一种局部逃逸攻击方法，有 3 种攻击形式，为了和其他局部攻击的方式进行对比，本实验采用直接攻击的形式，即只考虑目标节点周围的边。对于 Meta Attack，它是一种全局中毒攻击方法，本实验采用带有自我训练的元梯度方法 Meta-Self 与上文提到的全局攻击方法进行对比，修改边的预算设置为 1%。对于 EpoAtk，它也是一种全局中毒攻击方法，本实验在评估阶段采用指标函数 Ev_B，即以 one-hot 标签向量中的非零元素索引值是否相同为判断依据，修改边的预算设置为 1%，并采用白盒场景下的实验配置。对于 GraphMI，它是一种全局逃逸攻击方法，为了评估该攻击方法，使用 ROC-AUC 作为衡量标准，本实验采用文献[15]中白盒场景下的配置。

5.4.2 实验结果及分析

由于上述方法在不同场景下的攻击差异较大，故将上述攻击方法在两类攻击场景下分别进行分析对比，即分别在离散属性数据集和连续属性数据集进行攻击实验。

1. 离散属性数据集上的攻击实验

针对节点分类的对抗攻击研究主要集中在离散属性数据集上，因为图数据的节点往往以离散特征（如标签、属性）表示。这类攻击包括修改特征值、植入恶意特征以及生成虚假节点等。表 5-2 显示了上文所提到的算法在离散属性数据集上的定量结果。

通过在离散属性数据集上的实验可以看出，对于局部攻击，对比 Fake Node Attack 和 Cluster Attack 算法，后者在对 5 个节点进行攻击时表现更为突出。这是由于 Cluster Attack 避免了非欧几里得空间的低效搜索，并在两类数据集上分别实现了 93%和 89%的攻击成功率。而 Fake Node Attack 由于采用贪婪算法，计算代价较大，且未充分挖掘节点间的关系，相比之下，Cluster Attack 实现了攻击性能和计算效率的平衡。通过对基于链路层扰动方法 FGA 分析可以发现，在 Cora 与 Citeseer 这样的数据集上，通过梯度去选择修改的边的方式非常有效，只需要修改较少的边就可以导致模型性能显著下降。

表 5-2 节点攻击算法在离散属性数据集上的实验结果

扰动层次	算法名称	评价指标	发生阶段		攻击目标		目标模型成功率/%		数据集成功率/%	
			训练	测试	局部	全局	GCN	(clean)	Cora	Citeseer
节点层扰动	Fake Node Attack	ASR		√	√		—	—	58	68
	G-NIA	Accuracy		√		√	83	72	81	71
	GANI	Accuracy	√			√	83	72	77	70
	Cluster Attack	ASR		√	√		—	—	93	89
链路层扰动	FGA	ASR		√	√		—	—	100	100
	Meta Attack	Accuracy	√			√	83	72	81	71
	EpoAtk	Accuracy	√			√	83	72	79	70
	GraphMI	AUC		√		√	—	—	86	87

对于全局攻击,本章介绍了 5 种方法,其中 G-NIA 作为一种全局逃逸攻击方法,在注入单个虚假节点的情况下对两个数据集的 GCN 分类准确率的影响较小,分别降低了 2%和 1%,但成本最低。而 GANI 作为一种全局中毒方法,通过遗传算法优化邻接选择,实现了更显著的分类准确率下降效果,分别达到 6%和 2%。这证明了更好的邻接选择是实现高性能攻击的关键。Meta Attack 和 EpoAtk 也是全局中毒方法,分别取得了 2%和 1%、4%和 2%的分类准确率下降。Meta Attack 可能由于基于梯度的方法容易陷入局部最优,而 EpoAtk 通过设置评估函数和重组阶段有效避免了这一问题。GraphMI 作为一种无监督全局逃逸方法,重点在于隐私保护,在 Citeseer 数据集上效果更好,可能是因为该数据集提供了更丰富的节点属性信息。

2. 连续属性数据集上的攻击实验

随着深度学习和神经网络的发展,对抗攻击的研究已扩展到连续属性的节点分类任务。在连续属性数据集上的对抗攻击关注于微小扰动,以诱导模型误判或改变分类结果。针对这些数据集的攻击方法包括添加噪声、生成对抗样本和对抗训练等。表 5-3 展示了实验方法在连续属性数据集上的定量结果,反映了这些方法在处理连续属性数据时的有效性和特点。

通过在连续属性数据集上的实验可以看出,对于局部攻击,Fake Node Attack 并未针对连续属性的特征进行处理,故本次实验并未把该方法放在连续属性数据集上进行实验,Cluster Attack 在两个数据集上取得的结果则有较大的差异,原因在于 Reddit 数据集上目标节点的平均度较高。在 GCN 的聚合机制下,大度值节点往往不容易受到攻击，相较于其在离散属性数据集上的性能，其对连续属性数据集的效果有更大的提升空间。

表 5-3　节点攻击算法在连续属性数据集上的实验结果

扰动层次	算法名称	评价指标	发生阶段		攻击目标		目标模型成功率/%		数据集成功率/%	
			训练	测试	局部	全局	GCN	(clean)	Reddit	Cora-ML
节点层扰动	Fake Node Attack	ASR		√	√		—	—	—	—
	G-NIA	Accuracy		√		√	94	85	86	84
	GANI	Accuracy	√			√	94	85	84	80
	Cluster Attack	ASR		√	√		—	—	12	17
链路层扰动	FGA	ASR		√	√		—	—	—	—
	Meta Attack	Accuracy	√			√	94	85	93	84
	EpoAtk	Accuracy	√			√	94	85	89	83
	GraphMI	AUC		√		√	—	—	64	74

对于全局攻击，本章提到的 4 种方法中，GANI 在连续属性数据集上表现最佳。具体而言，在两类数据集上，GANI 使 GCN 的节点分类准确率分别下降了 10%和 5%，显示出其在处理连续属性数据集方面的优势。Meta Attack 虽尝试扩展到节点注入场景，但效果并不理想，其在连续属性数据集上的表现几乎与未扰动的图相同，这可能是由于 Meta Attack 主要针对离散属性数据设计。尽管 EpoAtk 表现优于 Meta Attack，但仍有较大的提升空间。

5.5　本章小结

本章主要讨论了针对网络图中节点分类的对抗攻击方法。节点分类是图网络下游任务中的一个重要应用，涉及利用图中一部分已知标签预测其他节点的标签。网络图通常采用消息传递机制，迭代聚合邻居节点的信息以学习节点表示，但容易受到对抗攻击。当前，对节点分类的攻击主要分为基于节点层的扰动和基于链路层的扰动。本章从节点分类攻击的基本概念开始,逐步深入到各种攻击方法。

随着深度学习和神经网络的发展,对抗攻击的研究已从离散属性数据集扩展至连续属性数据集。然而,最初在离散属性数据集上开发的方法在迁移到连续属性数据集时面临挑战。尽管近期的研究致力于优化这些方法,以适应离散属性和连续属性的数据集,但在两类数据集上的表现仍然不一致,难以做到两者兼顾。

在节点分类攻击研究中,性能评价标准的多样化和精细化是研究深入的关键。我们对现有的对抗攻击方法进行了总结,根据其攻击种类进行了分类,详细信息如表 5-4 所示。由于篇幅限制,不能详细介绍每种方法,感兴趣的读者可查阅相关文献以获取更深入的信息。

表 5-4　算法分类表

算法名称	年份	出处	中毒	逃逸	黑盒	白盒	灰盒	扰动类型
Cluster Attack[8]	2023	IJCAI		√	√			节点注入
NETTACK[10]	2018	KDD	√				√	节点特征修改
POISONPROBE[25]	2019	BigData	√			√		节点特征修改
IG-FGSM[26]	2019	arXiv		√		√		节点特征修改
G-NIA[4]	2021	CIKM		√	√			节点注入
TDGIA[27]	2021	KDD		√	√			节点注入
NICKI[28]	2023	arXiv	√			√		节点注入
G2A2C[29]	2023	AAAI		√	√			节点注入
GUAP[30]	2023	arXiv		√				节点注入
GANI[6]	2022	arXiv	√			√		节点注入
Neighbor Backdoor[31]	2022	arXiv		√	√	√		节点注入
Fake Node Attack[1]	2018	arXiv		√		√		节点注入
NIPA[32]	2020	WWW	√				√	节点注入
GraphMI[15]	2022	TKDE		√		√		增删边
GraD[33]	2023	arXiv	√				√	增删边
FA[34]	2022	ICDM	√				√	增删边

续表

算法名称	年份	出处	中毒	逃逸	黑盒	白盒	灰盒	扰动类型
EpoAtk[13]	2023	Pattern Recognition	√		√	√		增删边
Meta attack[12]	2019	arXiv	√				√	增删边
RL-S2V[35]	2018	ICML		√	√			增删边
FGA[9]	2018	arXiv	√	√		√		增删边
PGD, Min-Max[36]	2019	arXiv	√				√	增删边
GF-ATTACK[37]	2020	AAAI		√	√			增删边
A_{DW}[38]	2019	ICML		√	√			增删边

参考文献

[1] Wang X, Cheng M, Eaton J, et al. Fake node attacks on graph convolutional networks[EB/OL]. arXiv:1810. 10751, 2018.

[2] Carlini N, Wagner D. Towards evaluating the robustness of neural networks[C]//2017 IEEE Symposium on Security and Privacy, IEEE, 2017:39-57.

[3] Madry A, Makelov A, Schmidt L, et al. Towards deep learning models resistant to adversarial attacks[EB/OL]. arXiv:1706. 06083, 2017.

[4] Tao S, Cao Q, Shen H, et al. Single node injection attack against graph neural networks[C]//ACM International Conference on Information and Knowledge Management, 2021:1794-1803.

[5] Sun Y, Wang S, Tang X, et al. Adversarial attacks on graph neural networks via node injections: A hierarchical reinforcement learning approach[C]//Web Conference, 2020:673-683.

[6] Fang J, Wen H, Wu J, et al. GANI: Global attacks on graph neural networks via imperceptible node injections[EB/OL]. arXiv:2210. 12598, 2022.

[7] Holland J H. Genetic algorithms[J]. Scientific American, 1992, 267(1): 66-73.

[8] Wang Z, Hao Z, Wang Z, et al. CLUSTER ATTACK: Query-based adversarial attacks on graphs with graph-dependent priors[EB/OL]. arXiv: 2109. 13069, 2021.

[9] Chen J, Wu Y, Xu X, et al. Fast gradient attack on network embedding[EB/OL]. arXiv:1809.02797, 2018.

[10] Zügner D, Akbarnejad A, Günnemann S. Adversarial attacks on neural networks for graph data[C]//ACM SIGKDD International Conference on Knowledge Discovery and Data Mining, 2018:2847-2856

[11] Waniek M, Michalak T P, Wooldridge M J, et al. Hiding individuals and communities in a social network[J]. Nature Human Behaviour, 2018, 2:139-147.

[12] Zügner D, Günnemann S. Adversarial attacks on graph neural networks via meta learning[EB/OL]. arXiv:1902.08412, 2019.

[13] Lin X, Zhou C, Wu J, et al. Exploratory adversarial attacks on graph neural networks for semi-supervised node classification[J]. Pattern Recognition, 2023, 133:109042.

[14] Fan H, Wang B, Zhou P, et al. Reinforcement learning-based black-box evasion attacks to link prediction in dynamic graphs[EB/OL]. arXiv:2009.00163, 2020.

[15] Zhang Z, Liu Q, Huang Z, et al. Model inversion attacks against graph neural networks[J]. IEEE Transactions on Knowledge and Data Engineering, 2022, 35(9):8729-8741.

[16] Shervashidze N, Schweitzer P, Van Leeuwen E J, et al. Weisfeiler-lehman graph kernels[J]. Journal of Machine Learning Research, 2011, 12(9):2539-2561.

[17] Wu H, Wang C, Tyshetskiy Y, et al. Adversarial examples on graph data: Deep insights into attack and defense[EB/OL]. arXiv:1903.01610, 2019.

[18] Jin D, Yu Z, Huo C, et al. Universal graph convolutional networks[J]. Advances in Neural Information Processing Systems, 2021, 34:10654-10664.

[19] Lim D, Hohne F, Li X, et al. Large scale learning on non-homophilous graphs: New benchmarks and strong simple methods[J]. Advances in Neural Information Processing Systems, 2021, 34:20887-20902.

[20] Thomas N K, Welling M. Variational graph auto-encoders[EB/OL]. arXiv:1611.07308, 2016.

[21] Kunegis J. Konect: The koblenz network collection[C]//International Conference on World Wide Web, 2013:1343-1350.

[22] Sen P, Namata G, Bilgic M, et al. Collective classification in network data[J].

AI Magazine,2008,29(3):93-106.

[23] Bojchevski A, Günnemann S. Deep gaussian embedding of graphs: Unsupervised inductive learning via ranking [EB/OL]. arXiv: 1707.03815,2017.

[24] Hamilton W L,Ying Z,Leskovec J. Inductive representation learning on large graphs[EB/OL]. arXiv:1706. 02216v4,2018.

[25] Takahashi T. Indirect adversarial attacks via poisoning neighbors for graph convolutional networks [C]//IEEE International Conference on Big Data, IEEE,2019:1395-1400.

[26] Wu H,Wang C,Tyshetskiy Y,et al. Adversarial examples on graph data:Deep insights into attack and defense[EB/OL]. arXiv:1903. 01610,2019.

[27] Zou X,Zheng Q,Dong Y,et al. Tdgia:Effective injection attacks on graph neural networks[C]//ACM SIGKDD Conference on Knowledge Discovery and Data Mining,2021:2461-2471.

[28] Sharma A K,Kukreja R,Kharbanda M,et al. Node Injection for Class-specific Network Poisoning[EB/OL]. arXiv:2301. 12277,2023.

[29] Ju M,Fan Y,Zhang C,et al. Let graph be the go board:Gradient-free node injection attack for graph neural networks via reinforcement learning[C]//AAAI Conference on Artificial Intelligence,2023,37(4):4383-4390.

[30] Zang X,Chen J,Yuan B. GUAP:Graph universal attack through adversarial patching[EB/OL]. arXiv:2301. 01731,2023.

[31] Chen L, Peng Q, Li J, et al. Neighboring backdoor attacks on graph convolutional network[EB/OL]. arXiv:2201. 06202,2022.

[32] Sun Y,Wang S,Tang X,et al. Non-target-specific node injection attacks on graph neural networks:A hierarchical reinforcement learning approach[C]//In Proc: WWW,2020:3.

[33] Liu Z,Luo Y,Wu L,et al. Towards reasonable budget allocation in untargeted graph structure attacks via gradient debias [EB/OL]. arXiv: 2304.00010,2023.

[34] Gumbel E J. Statistical Theory Of Extreme Values and Some Practical Applications:A Series of Lectures[M]. Washington:US Government Printing Office,1948.

[35] Dai H,Li H,Tian T,et al. Adversarial attack on graph structured data[C]//International Conference on Machine Learning,2018:1115-1124.

[36] Xu K, Chen H, Liu S, et al. Topology attack and defense for graph neural networks: An optimization perspective[EB/OL]. arXiv: 1906. 04214, 2019.

[37] Chang H, Rong Y, Xu T, et al. A restricted black-box adversarial framework towards attacking graph embedding models [C]//AAAI Conference on Artificial Intelligence, 2020, 34(4): 3389–3396.

[38] Bojchevski A, Günnemann S. Adversarial attacks on node embeddings via graph poisoning[C]//International Conference on Machine Learning, 2019: 695–704.

第 6 章　面向链路预测的对抗攻击

在网络数据挖掘中，链路预测是一项重要任务，它能够预测网络中尚未连接的节点之间是否可能存在边，从而为网络优化和社交推荐提供支持。然而，链路预测也会受到对抗攻击的影响。攻击者可以通过改变网络的拓扑结构来破坏链路预测算法，从而产生错误的预测结果。例如，在推荐系统中，链路预测算法可以帮助系统理解用户之间的关系，利用用户-物品图进行预测，得到更准确的推荐结果[1-3]。对抗攻击则通过构建对抗样本对推荐模型进行扰动，使得模型产生错误预测结果。同样地，对抗攻击对蛋白质-蛋白质相互作用网络也可能带来实质性的影响[4]。例如，链路预测算法可以预测两个蛋白质相互作用的可能性，而对抗攻击可以更改或删除这些预测结果，从而干扰研究人员对蛋白质之间的相互作用及相关研究的理解[5]。

在第 2 章我们深入研究了链路预测，特别关注了与度量相似性相关的指标，这些指标用于评估节点之间的相似性和连接可能性。同时了解了如何使用这些指标来预测网络中尚未连接的节点之间的潜在链路。本章将介绍面向链路预测的各种对抗攻击策略，它们旨在扰乱链路预测算法，从而导致错误的预测结果。在现有的对抗攻击方法中，一类方法是基于节点删除或添加的攻击，尝试改变对链路预测算法影响最大的节点；另一类方法是基于修改节点的连接关系来实施攻击的，这些攻击方法包括注入虚假节点、添加虚假边等。本章主要介绍面向链路预测的对抗攻击的基本概念，并列举了几种经典的对抗攻击方法。

6.1 基本概念

在本章中，使用 $G=(V,E)$ 表示网络的拓扑结构，其中 $V=\{v_i\}_{i=1}^{N}$ 表示网络中的节点集，$E=\{e_j\}_{j=1}^{M}$ 表示网络中的边集，N，M 分别表示节点和边的数量。网络 G 的邻接矩阵表示为 $\boldsymbol{A}\in\{0,1\}^{N\times N}$，如果节点 v_u 和 v_v 之间存在边，则有 $A_{uv}=A_{vu}=1$，否则 $A_{uv}=A_{vu}=0$。此外，定义 $\boldsymbol{X}\in\mathbb{R}^{N\times d}$ 为节点的特征矩阵，其中 d 表示特征的数量。因此，一个网络也可以表示为 $G=(\boldsymbol{A},\boldsymbol{X})$。在现实世界中，网络还涉及一定的动态特性，可以将链路预测算法分为基于静态网络和基于动态网络两种不同类型网络的算法。静态网络是固定的网络，其节点和边在整个时间段内保持不变。而动态网络是指网络中的节点和边会随时间不断改变，因此网络的拓扑结构也会不断变化。

攻击者的目标是修改网络的结构或节点特征，以误导链路预测算法，使其无法准确预测新的链路。具体来说，攻击者可以通过添加或删除节点和边来改变网络的拓扑结构，或者通过修改节点的特征来影响算法的预测结果。攻击的目标是最大化链路预测算法的误差或损失函数 $\mathcal{L}_{\text{train}}$，从而产生错误的预测结果，即

$$\max_{G'}\mathcal{L}_{\text{train}}(G',y) \tag{6-1}$$

式中，G' 表示攻击后的网络，y 表示真实的标签。因此，攻击者需要寻找一种有效的攻击方式，来最大化攻击后网络 G' 的损失函数。在链路预测攻击中，静态网络和动态网络的攻击方式和目标也有所不同。对于静态网络，攻击者主要考虑网络拓扑结构和节点的属性信息。而对于动态网络，攻击者则需要考虑边和节点在时间上的变化，在此基础上进行攻击。

攻击者可以根据以下指标来评价一种攻击算法的优劣。

(1) 攻击成功率(attack success rate，ASR)：攻击成功率表示攻击者成功欺骗模型并获得错误输出的比率。ASR 值越大表示攻击性能越好，其定义如下：

$$ASR=\frac{n_{\text{success}}}{n_{\text{atk}}}\times 100\% \tag{6-2}$$

式中，n_{success}表示攻击成功的样本数，n_{atk}表示所有攻击样本数。

(2) 相对下降(relative drop, Rel. Drop)[6]：相对下降用于评估攻击方法的有效性，在动态链路预测中用 ROC-AUC 进行评估，其定义如下：

$$Rel.\ Drop = \frac{\text{扰动性能} - \text{原始性能}}{\text{原始性能}} \times 100\% \qquad (6-3)$$

根据现有的工作，这里将攻击方法根据扰动对象进行分类，包括基于节点层的攻击、基于链路层的攻击、基于子图(motif)层的攻击和基于混合扰动的攻击，它们分别对应以注入节点的方式修改网络的攻击方法、以增删边或重连边的方式修改网络的攻击方法、修改子图级拓扑结构的攻击方法以及在修改网络拓扑结构的同时对网络的特征进行攻击的攻击方法。

6.2 基于节点层的链路预测攻击

基于节点层的链路预测攻击方法主要以节点注入的攻击方法为主，攻击者可以创建新的节点(用户)，并通过控制这些节点来设计网络以发起攻击。本节将介绍一种基于图神经网络的链路预测模型的特定白盒攻击。具体来说，所有恶意节点都可以添加新的边或删除现有的边，从而扰乱原始图。这里提出了一个新的框架和方法——SAVAGE[7]，SAVAGE 方法将攻击者的目标制定为一个优化任务，在攻击的有效性和所需恶意资源的稀疏性之间进行平衡。

如图 6-1，节点 s 表示链路预测攻击的源节点，节点 t 表示链路预测攻击的目标节点。恶意节点(正方形)和新链路的注入使得系统预测 t 和 s 之间存在连接。通常，这些攻击会损耗分配给攻击者的预算。SAVAGE 方法对恶意资源的数量进行稀疏性约束，避免使用不必要的恶意节点(三角形)，同时保证攻击成功。

具体来说，攻击节点 s 的目标是目标节点 t 和其自身的有向边(t,s)在链路预测模型f预测的有向边中出现的概率最大化，同时所需的“恶意努力”(即恶意资源)最小化。f定义为

$$f(h_u, h_v; \theta_f) = f(g(\boldsymbol{A}_u, \boldsymbol{X}_u; \theta_g), g(\boldsymbol{A}_v, \boldsymbol{X}_v; \theta_g); \theta_f) \qquad (6-4)$$

式中，g 表示图神经网络，h_u表示节点 u 在 g 的嵌入，$\boldsymbol{A}_u$和 $\boldsymbol{X}_u$分别表示子图 G_u中节点的邻接矩阵和特征矩阵，θ_g 表示 g 的可训练参数。因此攻击节点 s 要通过实现以下的目标找到最优扰动 $\tilde{h}_s^* \neq h_s$，使得$f(h_t, \tilde{h}_s^*) \neq f(h_t, h_s)$：

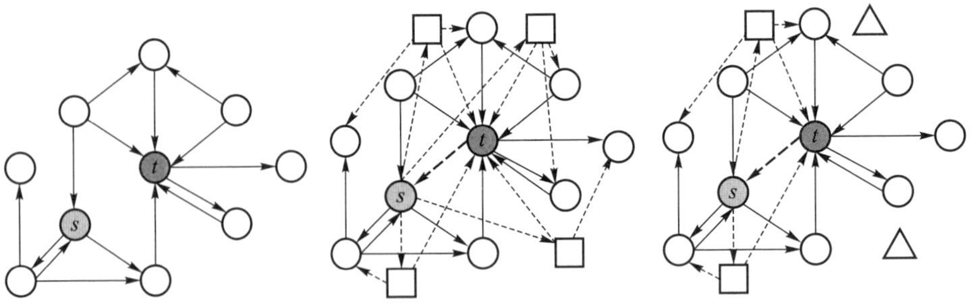

(a) 原始有向图　(b) 一种错误预测节点t和节点s之间链路存在的通用攻击　(c) SAVAGE产生的攻击仍然成功，但使用了更少的恶意资源

图 6-1　SAVAGE 框架(改编自文献[7])

$$\tilde{h}_s^* = \underset{\tilde{h}_s}{\operatorname{argmax}}\{[f(h_t,\tilde{h}_s)-f(h_t,h_s)]-d(\tilde{h}_s,h_s)\} \tag{6-5}$$

式中,$f(h_t,\tilde{h}_s)-f(h_t,h_s)$衡量原始链路预测模型和对抗链路预测模型之间的差异,$d(\cdot,\cdot)$捕获攻击节点将h_s转换为$\tilde{h}_s$所使用的“恶意努力”大小。

为了解决定义的优化问题,这里考虑了由扰动矩阵$\boldsymbol{P}$参数化的函数π:

$$\tilde{h}_{s;\boldsymbol{P}} = g(\pi(\boldsymbol{A}';\boldsymbol{P}),\boldsymbol{X}_s) = g((\boldsymbol{P}\oplus\boldsymbol{A}'),\boldsymbol{X}_s) = g(\tilde{\boldsymbol{A}}_s,\boldsymbol{X}_s) \tag{6-6}$$

式中,$\oplus$表示按元素的矩阵加法运算。扰动矩阵$\boldsymbol{P}\in\{-1,0,1\}^{n\times n}$,$n=|V'|$表示扩充图$G'=(V',E)$的节点总数,这包括攻击者注入原始图的恶意节点集$V^{\mathrm{new}}$,同时保持原始边集$E$不变,因此用邻接矩阵$\boldsymbol{A}'$表示。对于每个节点$i\in V^s\cup V^{\mathrm{new}}$,$j\in V'$,有

$$P_{i,j}=\begin{cases}+1, & (i,j)\in E^+\\ -1, & (i,j)\in E^-\\ 0, & \text{其他}\end{cases} \tag{6-7}$$

式中,E^+表示在i和j之间添加边,E^-表示在i和j之间删除边。

因此,对于一个给定的扰动矩阵$\boldsymbol{P}$,一个具有V^{new}恶意节点的图G',一对源节点和目标节点$s,t\in V$,以及一个固定的基于 GNN 的链路预测模型f,使得$(t,s)\notin E\wedge f(h_t,h_s)=0$,可以计算以下损失函数:

$$\mathcal{L}(\boldsymbol{P}) = l_{\mathrm{adv}}[f(h_t,\tilde{h}_{s;\boldsymbol{P}})] + \beta l_{\mathrm{dist}}(h_s,\tilde{h}_{s;\boldsymbol{P}}) + \gamma l_{\mathrm{new}}(\boldsymbol{v}^{\mathrm{new}}) \tag{6-8}$$

式中,β与γ表示控制两个损失函数重要性的参数。第一个分量l_{adv}在对抗预测目标不满足时进行惩罚,可以计算为

$$l_{\mathrm{adv}}[f(h_t,\tilde{h}_{s;\boldsymbol{P}})] = -\log[f(h_t,\tilde{h}_{s;\boldsymbol{P}})] \tag{6-9}$$

它对应于一个标准的二进制交叉熵，其中要预测的类标签总是1，也就是说，这里想要强制预测 t 和 s 之间存在对抗边。第二个分量 l_{dist} 是一个任意距离函数，它限制了 $\widetilde{h}_{s;\boldsymbol{P}}$ 与 h_s 之间的距离，即 $\widetilde{\boldsymbol{A}}_s$ 必须接近原始的 $\boldsymbol{A}_s$。第三个分量 l_{new} 控制注入原始图中的恶意节点的数量。在实践中，$\boldsymbol{v}^{\text{new}}$ 是一个 $|V^{\text{new}}|$ 维的二进制向量（即掩码），它用于表示攻击者注入的恶意节点，即如果节点 $u \in V^{\text{new}}$ 已添加到网络图中，则 $v^{\text{new}}[u]=1$，否则为0。

最终该方法将求解式(6-5)中定义的目标，并将其框定为以下优化任务：

$$\widetilde{h}_{s;\boldsymbol{P}^*} = \underset{\boldsymbol{P}}{\operatorname{argmin}} \mathcal{L}(\boldsymbol{P}) \tag{6-10}$$

为了使其平滑，这里考虑一个扰动矩阵 $\hat{\boldsymbol{P}}$，其元素在[-1,1]之间，通过应用双曲正切函数(tanh)得到[8,9]。该矩阵表示攻击者在邻接矩阵 $\boldsymbol{A}'$ 中添加或删除边的置信度。因此，这里可以将式(6-10)中的 $\boldsymbol{P}$ 替换为 $\hat{\boldsymbol{P}}$，并通过随机梯度下降等标准的基于梯度的优化方法求解目标。最后，为了得到矩阵 $\boldsymbol{P}$，该方法对 $\hat{\boldsymbol{P}}$ 中的各项进行阈值设置，如下所示：

$$P_{i,j} = \begin{cases} +1, & \hat{P}_{i,j} \geqslant t^+ \\ -1, & \hat{P}_{i,j} \leqslant t^- \\ 0, & \text{其他} \end{cases} \tag{6-11}$$

注意，$\boldsymbol{P} \oplus \boldsymbol{A}'$ 将产生一个离散矩阵，其元素在集合{-1,0,1,2}中，而不是要求的{0,1}。因此，这里通过应用 $clamp_{[0,1]}$ 函数得到最终正确的扰动矩阵 $\widetilde{\boldsymbol{A}}_s$，即 $\widetilde{A}_s[i,j] = clamp_{[0,1]}(P_{i,j}+A'_{i,j})\ \forall\ (i,j)$，其中 $clamp_{[0,1]}(x)=\max(0,\min(x,1))$。

6.3 基于链路层的链路预测攻击

基于链路层的链路预测攻击方法主要有两种，一种通过添加或者删除边来产生扰动，另一种通过重连边来产生扰动。本节主要给出3种针对链路层扰动的攻击方法，并分别加以介绍。

6.3.1 基于增删边的IGA攻击方法

深度神经网络模型的脆弱性也可以通过使用对抗攻击方法生成对抗样本来

表现。这里提出了一种基于训练图自编码器(graph auto-encoder,GAE)[10]中梯度信息的迭代梯度攻击(iterative gradient attack,IGA)[11]。IGA 方法针对现实网络的复杂性和网络攻击的局限性,提出了无限攻击、单节点攻击和距离限制攻击 3 种对抗攻击策略。

具体来说,链路预测对抗攻击由对抗图触发。给定一个图作为输入,链路预测方法可以预测其余未知链路。然后,通过 GAE 生成对抗图来隐藏目标链路,使其无法被预测。在这项工作中,IGA 方法通过 3 个阶段进行:对抗图生成器、对抗攻击和迁移攻击。图 6-2 展示了 IGA 方法的框架。

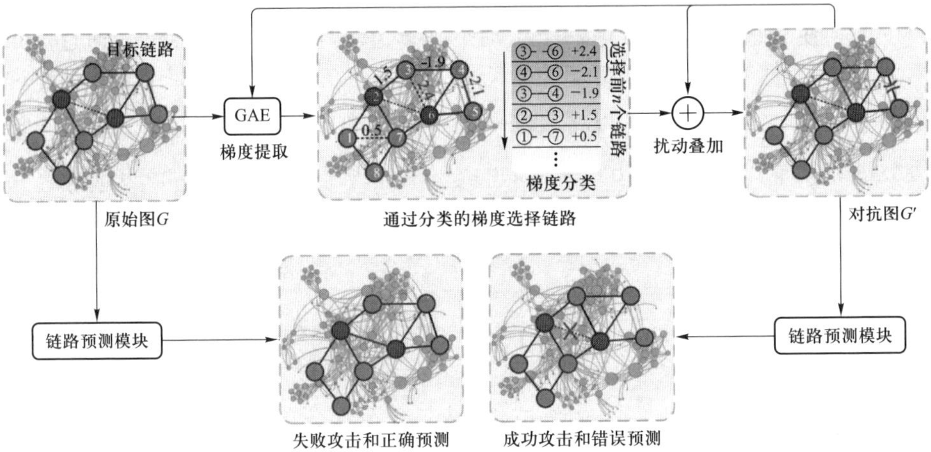

图 6-2　IGA 方法的框架(改编自文献[11])

1. 对抗图生成器

对抗攻击最重要的是如何生成高质量的对抗样本。为了使目标链路不被预测,对抗图生成器为对抗图提供有效但不易察觉的扰动。GAE 利用 GCN[12]同时编码节点结构信息和节点特征信息,其编码器-解码器结构可以有效隐藏节点关系的信息。因此,这里选择 GAE 作为代理模型来实现对抗攻击,采用两层 GCN 作为图卷积的代理神经网络模型。这样 GAE 模型可以利用距离中心节点最多二阶的节点信息。GCN 层提取的每个节点嵌入向量矩阵 $\boldsymbol{Z} \in R^{N\times F}$ 可计算为

$$\boldsymbol{Z}(\boldsymbol{A}) = \overline{\boldsymbol{A}}\sigma(\overline{\boldsymbol{A}}\boldsymbol{I}_N \boldsymbol{W}_{(0)})\boldsymbol{W}_{(1)} \tag{6-12}$$

式中,$\boldsymbol{A}$ 为图的邻接矩阵,$\overline{\boldsymbol{A}} = \tilde{\boldsymbol{D}}^{-\frac{1}{2}}(\boldsymbol{A}+\boldsymbol{I}_N)\tilde{\boldsymbol{D}}^{-\frac{1}{2}}$ 为归一化邻接矩阵,$\boldsymbol{I}_N$ 为单位矩阵,$\tilde{\boldsymbol{D}}_{ii} = \sum_j (\boldsymbol{A}+\boldsymbol{I}_N)_{ij}$ 为节点度的对角矩阵,$\boldsymbol{W}_{(0)} \in R^{N\times H}$ 和 $\boldsymbol{W}_{(1)} \in R^{H\times F}$ 分别为 GCN 的第一层和第二层的权重矩阵,N 为节点数,H 和 F 分别为 GCN 的第一层和第二

层的特征维度。同时,计算每对节点的相似度:

$$\tilde{\boldsymbol{A}} = s(\boldsymbol{Z}\boldsymbol{Z}^{\mathrm{T}}) \tag{6-13}$$

式中,s 为 Sigmoid 函数,$\tilde{\boldsymbol{A}} \in R^{N \times N}$ 为得分矩阵。$\tilde{\boldsymbol{A}}$ 中所有元素的值都在 0 到 1 之间。然后,该方法将阈值设为 0.5,当得分大于阈值时,认为该链路预测结果正确。在 GAE 中,这里为目标链路设计了一个损失函数

$$\mathcal{L} = \sum_{ij} -wA_{ij}\ln(\tilde{A}_{ij}) - (1 - A_{ij})\ln(1 - \tilde{A}_{ij}) \tag{6-14}$$

式中,$w = \left(N^2 - \sum_{ij} A_{ij}\right) / \sum_{ij} A_{ij}$ 为加权交叉熵的权重。与其他深度学习模型类似,GAE 使用梯度下降来优化模型中的参数。同时,根据损失函数,可以计算出 $\mathcal{L}$ 对邻接矩阵 $\boldsymbol{A}$ 的偏导数

$$g_{ij} = \frac{\partial \mathcal{L}}{\partial A_{ij}} \tag{6-15}$$

尽管 GAE 是一个仅用于无向图的链路预测模型,但 GAE 本身无法判断输入图是否为无向图。因此,梯度矩阵通常不是对称的。这里,对于无向图,该方法只保留对称化后的上三角矩阵。梯度矩阵中的值可正可负,其正/负意味着使目标损失最大化的方向是增加/减少邻接矩阵对应位置的值。由于图数据是离散的,该方法只允许添加或删除链路,即只能在邻接矩阵中添加或删除一条链路。与训练 GAE 的梯度下降优化过程一样,对抗图的生成过程也是迭代进行的。在每次迭代中,先提取梯度矩阵并使其对称。然后选择 n 条梯度最大且可同时攻击的链路,重复这些步骤 K 次,得到最终可以欺骗链路预测方法的对抗图。IGA 的伪代码分别在算法 6-1 和算法 6-2 中描述。

2. 对抗攻击

在 IGA 方法中,对抗图是基于 GAE 生成的。沿梯度方向,可以生成具有微小扰动的对抗图。但根据攻击者获得的权限级别或图信息不同,对抗攻击会存在困难。因此,根据攻击者对原始图的了解,该方法定义了 3 种攻击模式。

(1)无限攻击:在该策略中,对链路修改没有任何限制,所有由梯度决定的链路都是有效的,唯一限制的是修改链路的总数。无限攻击的适用场景是攻击者拥有较高的权限。例如,数据发布者希望隐藏一些关键链路,使模型无法检测到它们。由于修改链路的数量得到了很好的控制,因此数据的实用性不会受到破坏。

(2)单节点攻击:在图中,目标链路 E_t 是节点 u 与节点 v 之间的链路,单节点攻击被定义为攻击者只能修改连接到节点 u 或节点 v 的链路,因此至少节点 u 和节点 v 中至少一个可以在无链路修改的情况下得到很好的保护。例如,假设在

欺骗行为中，攻击者希望自己被推荐给目标用户，为了引导推荐系统预测两者之间存在链路，可以使用单节点攻击改变与攻击者节点相连的链路，而不是直接改变目标用户节点的链路。

（3）距离限制攻击：在这种情况下，假设现实世界的图很大，对于攻击者来说，可以改变的链路只能是附近的链路，即有限序列的节点邻居。

3. 迁移攻击

迁移攻击是在攻击者没有目标模型内部信息的情况下进行的。在对抗链路预测攻击中，攻击者可以对未知的链路预测方法进行攻击。这里先通过 IGA 方法生成对抗图，将对抗图输入其他链路预测模型中，然后观察预测输出，以评估攻击性能。

算法 6-1　对抗图生成器

输入：	原始图 G，迭代次数 K，每次迭代中的修改链路数 n
输出：	对抗图 $\hat{G}$，对抗图的邻接矩阵 $\hat{\boldsymbol{A}}^K$

```
在原始图 G 上训练 GAE 模型
通过 Â^0 = A 初始化对抗图的邻接矩阵
for h = 1 to K do
    基于 Â^{h-1} 计算梯度矩阵 g^{h-1}
    将 g^{h-1} 对称得到 ĝ^{h-1}
    P = 构造扰动(Â^{h-1}, ĝ^{h-1}, n)
    Â^{h+1} = Â^h + P
end
return Ĝ, Â^K
```

算法 6-2　构造扰动

输入：	邻接矩阵 $\boldsymbol{A}$，对称梯度矩阵 $\hat{\boldsymbol{g}}^{h-1}$，修改链路数 n
输出：	扰动矩阵 $\boldsymbol{P}$

```
将扰动矩阵 P 初始化为与 A 大小相同的零矩阵
for h = 1 to n do
    基于 Â^{h-1} 计算梯度矩阵 g^{h-1}
```

得到 $\hat{\boldsymbol{g}}^{h-1}$ 中最大梯度的位置 (i,j)
　　if $\hat{g}_{ij}^{h-1}>0$ 且 $A_{ij}=0$ then
　　　　$P_{ij}=1$
　　else if $\hat{g}_{ij}^{h-1}<0$ 且 $A_{ij}=1$ then
　　　　$P_{ij}=-1$
　　else
　　　　继续
　　end
end
$\boldsymbol{P}=\boldsymbol{P}+\boldsymbol{P}^{\mathrm{T}}$
return $\boldsymbol{P}$

6.3.2　基于重连边的 TGA 攻击方法

在网络链路预测中,可以通过对网络结构添加扰动来隐藏目标链路,这可用于许多现实场景,如隐私保护或金融安全。然而之前的工作都没有考虑真实世界系统的动态性。例如,在引文网络中,反映作者研究重点的不同时间段的引文在未来引文预测中应该具有不同的权重[13],动态网络就是在这种情况下设计的。这里提出了一种新的针对动态网络链路预测(dynamic network link prediction,DNLP)的对抗攻击,称为时间感知梯度攻击[14](time-aware gradient attack,TGA),以隐藏目标链路,使其不被预测。得益于深度学习模型 DDNE(deep dynamic network embedding)生成的梯度,TGA 能够在无须大量搜索的情况下找到待修改的候选链路,并以最低成本进行攻击。考虑到网络的动态性,一个动态网络可以定义为一组快照,TGA 分别比较不同快照上的梯度,而不是对所有快照进行简单排序;此外该方法在迭代中搜索候选链路,以充分利用梯度。

具体来说,生成的对抗样本的目标是最小化 DNLP 算法预测的目标链路的概率,可以形式化为

$$\begin{aligned}&\min P(\boldsymbol{A}_t[i,j] \mid \hat{S})\\&\text{s. t. } \hat{S}=S+\Delta S\end{aligned} \tag{6-16}$$

式中,$S=\{\boldsymbol{A}_1,\boldsymbol{A}_2,\cdots,\boldsymbol{A}_N\}$ 表示给定的 N 个图;$\boldsymbol{A}_k$ 表示 G_k 的邻接矩阵;$\hat{S}$ 表示生成的对抗样本;ΔS 表示引入 S 的扰动,即需要修改的链路数。

图 6-3 为 TGA 方法的框架。DDNE 是一个双编码器-解码器[15]。GRU 可以用作编码器,读取输入节点序列,并将节点转换为较低维的表示。解码器由多个全连接层组成,从提取的特征中恢复输入节点。对于节点 v_i,编码过程可以描述为

$$
\begin{gathered}
\overrightarrow{h}_i^k = GRU(\overrightarrow{h}_i^{k-1} + \overrightarrow{S}^k(i,:)) \\
\overleftarrow{h}_i^k = GRU(\overleftarrow{h}_i^{k-1} + \overleftarrow{S}^k(i,:)) \\
h_i^k = [\overrightarrow{h}_i^k, \overleftarrow{h}_i^k],\ k = \{t-N, t-N+1, \cdots, t-1\} \\
c_i = [h_i^{t-N}, h_i^{t-N+1}, \cdots, h_i^{t-1}]
\end{gathered}
\tag{6-17}
$$

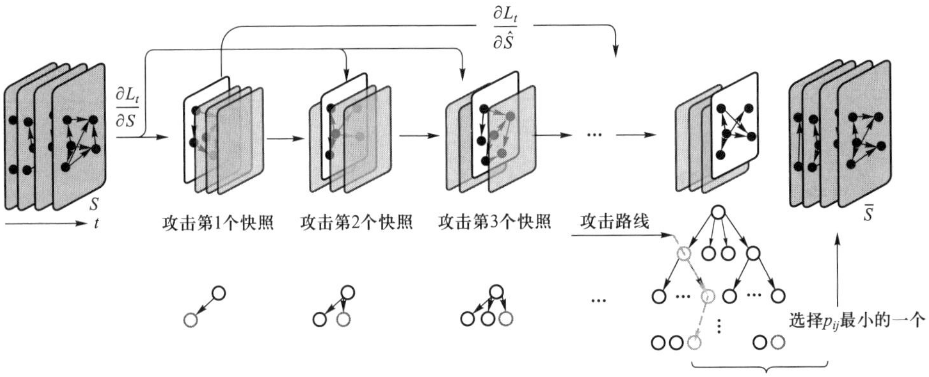

图 6-3　TGA 方法的框架(改编自文献[14])

式中,h_i^k 表示在处理第 k 个快照的节点 v_i 时 GRU 的隐藏状态,c_i 表示所有 h_i^k 在时间序列上的级联。h_i^k 由两部分组成,前向的 $\overrightarrow{h}_i^k$ 和反向的 $\overleftarrow{h}_i^k$。解码器由多层感知器组成,其复杂性可根据数据集的规模而变化。解码过程可以描述为

$$
\begin{gathered}
y_i^{(1)} = \sigma_1(W^{(1)} c_i + b^{(1)}) \\
y_i^{(m)} = \sigma_m(W^{(m-1)} y_i^{(m-1)} + b^{(m)}),\ m = 2,3,\cdots,M
\end{gathered}
\tag{6-18}
$$

式中,M 表示解码器中全连接层的层数,σ_m 表示第 m 个全连接层中应用的激活函数。在训练过程中,DDNE 的目标为使目标函数 $\mathcal{L}_{\text{all}}$ 最小。$\mathcal{L}_{\text{all}}$ 定义为

$$
\mathcal{L}_{\text{all}} = \mathcal{L}_s + \beta \mathcal{L}_c + \gamma \mathcal{L}_{\text{reg}} \tag{6-19}
$$

该目标函数由 3 部分组成:预测快照和真实快照之间的改进 L2 损失 $\mathcal{L}_s$,以学习过渡模式;两个嵌入之间的改进 L2 损失 $\mathcal{L}_c$,以捕获相互作用近似度;正则化项 $\mathcal{L}_{\text{reg}}$,以避免过拟合。在训练 DDNE 时,通过随机梯度下降来计算 $\partial \mathcal{L}_{\text{all}} / \partial W$ 以更新相应权重 W。类似地,在对抗网络生成中可以通过以 $S(i,:)$ 为变量的 $\partial \mathcal{L}_{\text{all}} /$

$\partial S(i,:)$来更新 $S(i,:)$。$\mathcal{L}_{all}$整合了整个网络的信息，使得在预测中贡献最大的链路被包含在 $S(i,:)$中。为了找出目标链路预测中最有价值的链路，这里将损失函数 $\mathcal{L}_t$ 设计为只考虑目标链路，定义如下：

$$\mathcal{L}_t = -(1 - \hat{\boldsymbol{A}}_t[i,j])^2 \tag{6-20}$$

式中，$\hat{\boldsymbol{A}}_t[i,j]$等价于 DDNE 生成的概率 $P(\boldsymbol{A}_t[i,j])$，这可以使时间感知链路梯度$\partial\mathcal{L}_t/\partial S(i,:)$在应用于目标链路攻击时更集中。基于 TGA，这里提出了基于遍历搜索的 TGA(TGA-Tra)和基于贪婪搜索的 TGA(TGA-Gre)两种方法实现攻击。

1. 基于遍历搜索的 TGA 方法

在 TGA-Tra 方法中，先根据$\partial\mathcal{L}_t/\partial S(i,:)$的大小将前 m 个链路分组，然后对 m 个候选链路进行修改。具体来说，在一次迭代中，首先根据每个快照的$|g_{ij}|$对链路进行排序，然后在每个快照中选择前 m 个链路，并通过改变所选链路的链路状态来生成候选对抗样本。如果第 k 个快照上的 v_i 和 v_j 相连，则删除 e_{ij}；反之，如果 v_i 和 v_j 不相连，则添加 e_{ij}。在实现上述步骤时，TGA-Tra 方法将目标快照上的单链路修改视为基本操作，称为 OneStepAttack 方法，如算法 6-3 所示。

在执行攻击时，TGA-Tra 方法迭代地向 $S(i,:)$中添加扰动。在每次扰动中，根据时间感知的链路梯度设计扰动 ΔS，这里选择基于上一次迭代中生成的对抗样本重新计算梯度的方法。首先获得 γ 次迭代中所有可能的对抗样本，其次选择 p_{ij}最小的一个作为最终的对抗样本。图 6-4(a)描述了 TGA-Tra 方法的过程，更多细节在算法 6-4 中给出。

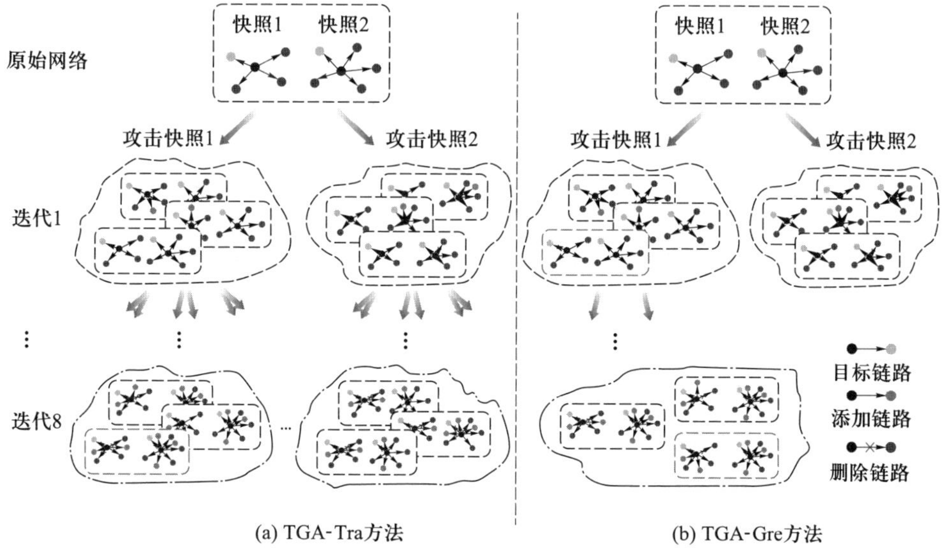

图 6-4 TGA-Tra 和 TGA-Gre 方法的描述(改编自文献[14])

2. 基于贪婪搜索的 TGA 方法

由于 TGA-Tra 方法具有较高的时间复杂度,这在实际情况中难以承受。因此,这里提出了一种贪婪搜索方法,即 TGA-Gre 方法,如图 6-4(b)所示。在每次迭代中,选择实现最小 p_{ij}的方法作为最有效的对抗样本,并将其作为下一次迭代的输入。TGA-Gre 方法的详细信息如算法 6-5 所示。

对于目标链路(i,j),假设每次迭代中 p_{ij}最小,攻击结果最好。它避免了迭代之间的大量比较,因此可以显著地加快整个过程。与 TGA-Tra 方法类似,TGA-Gre 方法也在每次迭代期间比较所有快照中的 g_t,主要区别在于 TGA-Gre 方法在每次迭代中选择一条局部最优链路,使攻击更加有效。

算法 6-3 OneStepAttack 方法

输入:	原始网络 $S(i,:)$,偏导数$\partial\mathcal{L}_t/\partial S(i,:)$,目标快照 k,候选对抗样本数 m
输出:	一组候选对抗样本集 CA
	初始化 $\bar{S}(i,:)=S(i,:)$
	初始化空候选对抗样本集 CA
	初始化 $Q=\{g_k(i,0),g_k(i,1),\cdots,g_k(i,n)\}$并按其梯度大小升序排序
	for $i=0$ to m do
	根据 $Q[i]$获取目标链路
	生成对抗样本并将其添加到 CA 中
	end
	return CA

算法 6-4 TGA-Tra:通过遍历搜索进行攻击

输入:	训练好的 DDNE,原始网络 $S(i,:)$,修改次数 γ,候选对抗样本数 m,快照数 n_s
输出:	对抗样本 $\hat{S}(i,:)$
	初始化候选对抗样本集 $CA=S(i,:)$
	while $\gamma>0$ do
	初始化空集$\overline{CA}$
	for 每个在 CA 中的对抗样本($adv\_example$) do
	for $k=1$ to n_s do

6	$g = \partial \mathcal{L}_t / adv\_example$
7	$\hat{S} = OneStepAttack(adv\_example, g, k, m)$
8	将 $\hat{S}$ 加入 $\overline{CA}$
9	end
10	end
11	$CA = \overline{CA}$
12	$\gamma = \gamma - 1$
13	end
14	for 每个在 CA 中的对抗样本 $(adv\_example)$ do
15	$p(i,j) = DDNE(adv\_example)$
16	end
17	选择 $\hat{S}(i,:)$ 作为 CA 中 $p(i,j)$ 最小的一个
18	return $\hat{S}(i,:)$

算法 6-5 TGA-Gre:通过贪婪搜索进行攻击

输入:	训练好的 DDNE,原始网络 $S(i,:)$,目标链路 (i,j),修改次数 γ,快照数 n_s
输出:	对抗样本 $\hat{S}(i,:)$
1	初始化 $\hat{S}(i,:) = S(i,:)$
2	while $\gamma > 0$ do
3	初始化空候选对抗样本集 CA
4	for $k = 1$ to n_s do
5	$g = \partial \mathcal{L}_t / \hat{S}(i,:)$
6	$\hat{S} = OneStepAttack(\hat{S}(i,:), g, k)$
7	将 $\hat{S}_{temp}(i,:)$ 加入 $\overline{CA}$
8	$p(i,j) = DDNE(\hat{S})$
9	end
10	选择 $\hat{S}(i,:)$ 作为 CA 中 $p(i,j)$ 最小的一个
11	$\gamma = \gamma - 1$
12	end
13	return $\hat{S}(i,:)$

6.3.3 基于增删边的 CLGA 攻击方法

图对比学习是目前最先进的无监督图表示学习框架之一,已表现出与有监督学习方法相当的性能。然而,评估图对比学习是否对对抗攻击具有鲁棒性仍是一个开放的问题,因为大多数现有的图对抗攻击都是有监督学习模型,这意味着它们严重依赖于标签,并且只能用于评估特定场景中的图对比学习。而无监督图表示方法(如图对比学习)很难在真实场景中获取标签,这使得传统的有监督图攻击方法的鲁棒性难以得到测试。

这里提出了一种新的基于梯度的无监督对抗攻击[16],它不依赖于标签进行图对比学习,而是通过计算两个视图邻接矩阵的梯度,用梯度上升翻转边,以最大化对比损失。通过这种方式,可以充分利用图对比学习模型生成的多个视图,在不知道它们标签的情况下选择信息量最大的边,从而适应更多的下游任务模型。

具体来说,该方法设计了一种无目标的中毒攻击,其目的是使图数据中毒,从而降低通过图对比学习学习到的嵌入的整体质量,导致多个下游任务的性能降低。在图对比学习中,使用的对比损失是嵌入质量的自然度量。因此,该方法通过最大化对比损失来毒害图数据。在攻击过程中,只增强边而不增强特征,因为特征是辅助信息,不是所有的图都具有特征。该方法将问题表述为

$$
\begin{aligned}
&\max \mathcal{L}(f_{\theta'}(\boldsymbol{A}_1,\boldsymbol{X}_1),\ f_{\theta'}(\boldsymbol{A}_2,\boldsymbol{X}_2))\\
&\text{s.t.}\ \begin{cases}\theta' = \underset{\theta}{\arg\min}\,\mathcal{L}(f_\theta(\boldsymbol{A}_1,\boldsymbol{X}_1),\ f_\theta(\boldsymbol{A}_2,\boldsymbol{X}_2))\\ (\boldsymbol{A}_1,\boldsymbol{X}_1)=t_1(\hat{\boldsymbol{A}},\boldsymbol{X}),(\boldsymbol{A}_2,\boldsymbol{X}_2)=t_2(\hat{\boldsymbol{A}},\boldsymbol{X}),\|\boldsymbol{A}-\hat{\boldsymbol{A}}\|=\sigma\end{cases}
\end{aligned}
\tag{6-21}
$$

式中,$\mathcal{L}$ 是对比损失,f 是编码器,θ 是编码器中的一组参数,$\boldsymbol{A}$ 和 $\boldsymbol{X}$ 分别是原始图的邻接矩阵和特征矩阵。这是一个双层优化问题,对比损失梯度(contrastive loss gradient attack,CLGA)方法采用元梯度[17],即邻接矩阵的梯度,通过反向传播对比损失获得邻接矩阵的梯度,并更新邻接矩阵以最大化对比损失。

图 6-5 展示了如何获取梯度。具体来说,如果该方法使用一个可微编码器 $f(\boldsymbol{A},\boldsymbol{X})$,如图卷积网络(graph convolutional network,GCN),可以很容易得到两个视图邻接矩阵 $\boldsymbol{A}_1$ 和 $\boldsymbol{A}_2$ 的梯度:

$$
\boldsymbol{\Delta}_1=\frac{\partial\mathcal{L}}{\partial\boldsymbol{A}_1}=\frac{\partial\mathcal{L}}{\partial f(\boldsymbol{A}_1,\boldsymbol{X}_1)}\cdot\frac{\partial f(\boldsymbol{A}_1,\boldsymbol{X}_1)}{\partial\boldsymbol{A}_1}
\tag{6-22}
$$

$$
\boldsymbol{\Delta}_2=\frac{\partial\mathcal{L}}{\partial\boldsymbol{A}_2}=\frac{\partial\mathcal{L}}{\partial f(\boldsymbol{A}_2,\boldsymbol{X}_2)}\cdot\frac{\partial f(\boldsymbol{A}_2,\boldsymbol{X}_2)}{\partial\boldsymbol{A}_2}
\tag{6-23}
$$

在理想情况下,信息量大的边通常对图学习模型贡献更大,因为它们在干净

邻接矩阵上的损失梯度 $\boldsymbol{\Delta}=\partial\mathcal{L}/\partial\boldsymbol{A}$ 通常具有更大的绝对值。为了找到这些边,该方法通过对随机增强 t_1 和 t_2 求导得到 $\boldsymbol{\Delta}$。然而不幸的是,随机增强 t 中可能会包含一些不可微分的策略,如增删节点或提取子图。为了解决此问题,这里不通过 t 进行反向传播,而是只使用 $\boldsymbol{\Delta}_1$ 和 $\boldsymbol{\Delta}_2$ 来帮助选择要翻转的边。此外,因为两个视图的邻接矩阵由于随机增强而与干净邻接矩阵不同,所以这里不能直接使用 $\boldsymbol{\Delta}_1$ 或 $\boldsymbol{\Delta}_2$ 来选择边。这意味着在这两个视图($\boldsymbol{\Delta}_1$ 和 $\boldsymbol{\Delta}_2$)中具有最大梯度的边可能不是原始图中真正重要的边。因此核心挑战在于如何将这两个梯度矩阵 $\boldsymbol{\Delta}_1$ 和 $\boldsymbol{\Delta}_2$ 结合起来,找到信息量最大的边,同时尽可能地减轻随机增强(t_1 和 t_2)带来的偏差。

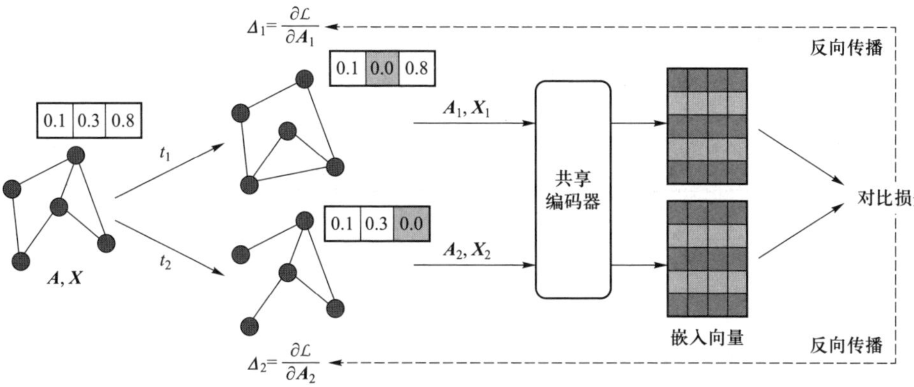

图 6-5 CLGA 方法的框架(改编自文献[16])

这里使用了两个小技巧来解决该挑战。首先,将 $\boldsymbol{\Delta}_1$ 和 $\boldsymbol{\Delta}_2$ 相加,以减轻随机增强带来的偏差

$$\boldsymbol{\Delta}_0=\boldsymbol{\Delta}_1+\boldsymbol{\Delta}_2 \tag{6-24}$$

其次,这里将 K 个随机增强对的梯度相加,进一步缓解一些罕见情况造成的偏差

$$\boldsymbol{\Delta}'=\sum_{k=1}^{K}\Delta_0^k=\Delta_1^k+\Delta_2^k \tag{6-25}$$

式中,对于每个 k,Δ_1^k 和Δ_2^k 由一个任意的随机增强对 t_1^k 和 t_2^k 得到。这里使用 $\boldsymbol{\Delta}'$ 来选择具有最大绝对梯度和正确梯度方向的边进行翻转。

具体而言,如果对于一条边,两个视图中的梯度都为正,表明即使使用随机增强,两个视图都将更倾向于对应项中较小的一个,从而导致较小的对比损失。相反,通过添加此边(如果不存在)来增加对应项的值很可能会增加对比损失。这也适用于梯度均为负的情况。在该方法中,将两个梯度相加以获得更大的绝对值,并且该边将被排列在更高的位置。如果其中一个梯度为正,另一个梯度为负，这通常是由其自身或邻居的随机增强造成。在这种情况下，其梯度中包含的信息更多是关于如何补偿大量增强的邻域，或者如何减轻随机增强所引起的变化。

由于无法判断这条边自身相对于对比损失有多重要，因此 CLGA 方法希望在选择要翻转的边时，这条边会排在较后的位置。该方法通过将两个梯度相加得到一个绝对值比以前小的新值来实现这一点，因此当对所有边进行排序时，它的排名会更低。

为了进一步改进攻击，在每次迭代中，CLGA 方法只选择一条边进行翻转。具体来说，在第一次迭代中，先用干净图训练对比模型，再计算 $\boldsymbol{\Delta}'$ 并选择一条具有最大梯度和正确方向的边。对所选的边进行翻转，并使用新的邻接矩阵在下一次迭代中重新训练对比模型。因此，如果要翻转 100 条边，则需要训练模型 100 次。这个迭代过程可以更好地定位信息边缘。算法 6-6 描述了 CLGA 方法的过程。

算法 6-6 CLGA 方法

输入：干净邻接矩阵 $\boldsymbol{A}$，特征矩阵 $\boldsymbol{X}$，可微编码器 f，随机增强集合 T，增强阈值 σ，迭代次数 K

输出：中毒图 $\hat{\boldsymbol{A}}$

$i=0, \hat{\boldsymbol{A}}=\boldsymbol{A}$
while $i<\sigma$ do
  用 $\hat{\boldsymbol{A}}$ 和 $\boldsymbol{X}$ 训练 f
  $\boldsymbol{\Delta}'=\boldsymbol{0}$
  for $k=1$ to K do
    采样两个随机增强 $t_1^k, t_2^k \in T$
    得到两个视图 $(A_1^k, X_1^k)=t_1^k(\hat{\boldsymbol{A}}, \boldsymbol{X}), (A_2^k, X_2^k)=t_2^k(\hat{\boldsymbol{A}}, \boldsymbol{X})$
    通过 f 前向传递 $(A_1^k, X_1^k), (A_2^k, X_2^k)$ 并计算对比损失 $\mathcal{L}$
    得到 A_1^k, A_2^k 与对比损失相关的梯度 $\Delta_1^k=\dfrac{\partial \mathcal{L}}{\partial A_1^k}, \Delta_2^k=\dfrac{\partial \mathcal{L}}{\partial A_2^k}$
    $\boldsymbol{\Delta}'=\boldsymbol{\Delta}'+\Delta_1^k+\Delta_2^k$
  end
  翻转在 $\boldsymbol{\Delta}'$ 上具有最大绝对梯度和正确方向的一条边，即如果边的索引是 $[m,n]$，则满足 $\hat{\boldsymbol{A}}[m,n]=1, \boldsymbol{\Delta}'[m,n]<0$ 或 $\hat{\boldsymbol{A}}[m,n]=0, \boldsymbol{\Delta}'[m,n]>0$

$\hat{\boldsymbol{A}}[m,n]=1-\hat{\boldsymbol{A}}[m,n]$

冻结所选择的边，并避免在下次迭代中再次翻转

$i=i+1$

end

return $\hat{\boldsymbol{A}}$

6.4　基于子图层的链路预测攻击

基于子图层的链路预测的攻击方法主要以后门攻击为主。本章以此为例，对链路预测模型及其脆弱性进行研究，介绍了一种通过节点注入进行链路预测的后门攻击框架 Link-Backdoor[18]。Link-Backdoor 通过触发器在任意两个节点之间建立链路，即一个设计良好的子图。此外，采用节点注入的策略来构建触发器，而不修改现有数据，满足现实场景中攻击的限制。

Link-Backdoor 攻击的框架如图 6-6 所示。首先，在图中注入节点，选择任意两个没有链路的节点作为目标模型构成触发器，并随机初始化触发器的结构。其次，利用链路预测模型生成的梯度信息作为指导，优化触发器结构和注入节点特征。最后，后门数据参与目标模型即后门模型的训练。值得注意的是，攻击者在黑盒场景中无法访问目标模型，因此这里使用代理模型来生成触发器，并将其注入未知目标模型的训练数据中。在推断阶段，攻击者根据触发器的拓扑结构将目标链路的节点与注入节点连接起来激活后门，从而使后门模型误判不存在的链路。

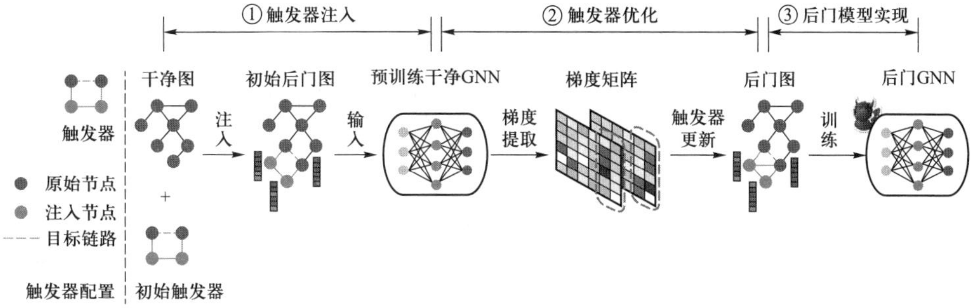

图 6-6　Link-Backdoor 攻击的框架(改编自文献[18])

具体来说,为了实现不修改已有图信息(如节点特征和子图拓扑结构)的后门攻击,该方法采用了由注入节点和目标链路节点组成触发器 g 的策略来避免修改已有图信息。首先,在图 G 中注入 m 个节点,并选择两个未连接的节点作为目标链路节点,形成触发器 g。其次,随机初始化触发器 g 的结构,它可以表述为

$$g = Gen_g(G, m) \tag{6-26}$$

式中,$Gen_g(\cdot)$ 是将目标链路节点与注入节点结合起来的触发器生成函数。然后将触发器 g 注入干净图 G 中,得到后门图 $\hat{G}=(\hat{\boldsymbol{A}}, \hat{\boldsymbol{X}})$:

$$\begin{gathered} \hat{G} = M(G, g) \\ \text{s.t.} \quad |\boldsymbol{A}_g| \leqslant Q_A \, |\boldsymbol{X}_g| \leqslant Q_X \end{gathered} \tag{6-27}$$

式中,$M(\cdot)$ 是将 $g=(\boldsymbol{A}_g, \boldsymbol{X}_g)$ 注入给定 G 的触发器混合函数,Q_A 和 Q_X 分别是触发器中链路和节点特征的最大修改量。

为了确保后门攻击有效,触发器的结构和注入节点特征需要对目标链路产生影响。这意味着需要在扰动限制下寻找合适的触发器结构和节点特征。通过排列组合进行搜索是极其耗时的,可以利用梯度信息快速找出对优化目标有效的节点或链路。因此,利用链路预测模型生成的梯度信息来优化触发器的结构和注入节点的特征[19],由此将触发器优化分为梯度提取和触发器更新两个阶段。

1. 梯度提取

给定预训练的目标链路预测模型,将后门图 $\hat{G}$ 输入链路预测模型 f_θ 中,以获得目标链路的预测结果。这里利用 L2 损失来测量目标链路的预测状态与所选攻击节点之间的距离,该距离作为目标损失函数,可以表示为

$$\mathcal{L}_{\text{atk}} = \frac{1}{N}\sum_{n=1}^{N} \| f_\theta(\hat{G}, E_{T_n}) - \hat{T} \|_2^2 \tag{6-28}$$

式中,E_T 是目标链路,N 是目标链路个数,$\hat{T}$ 是攻击者选择的目标链路状态,f_θ 是目标链路预测模型。根据损失函数,可以计算触发器 g 的结构和特征与 $\mathcal{L}_{\text{atk}}$ 的偏导数

$$grad\ \boldsymbol{A}_g(i,j), grad\ \boldsymbol{X}_g(u,v) = \frac{\partial \mathcal{L}_{\text{atk}}}{\partial \boldsymbol{A}_g(i,j)}, \frac{\partial \mathcal{L}_{\text{atk}}}{\partial \boldsymbol{X}_g(u,v)} \tag{6-29}$$

式中,$\boldsymbol{A}_g$ 和 $\boldsymbol{X}_g$ 分别是触发器 g 的结构矩阵和特征矩阵,$grad\ \boldsymbol{A}_g$ 和 $grad\ \boldsymbol{X}_g$ 分别是它们对应的梯度矩阵。同时,考虑到无向图的邻接矩阵是对称的,将 $grad\ \boldsymbol{A}_g$ 对称化获得 $grad\ \boldsymbol{A}_{\hat{g}}$

$$grad\ \boldsymbol{A}_{\hat{g}}(i,j) = \begin{cases} \dfrac{grad\ \boldsymbol{A}_g(i,j) + grad\ \boldsymbol{A}_g(j,i)}{2}, & i \neq j \\ 0, & i = j \end{cases} \tag{6-30}$$

即触发器的链路梯度矩阵。

2. 触发器更新

在后门攻击中,需要最小化损失函数 $\mathcal{L}_{atk}$,来使模型预测接近选定状态。此外,正(或负)梯度值指示最小化目标损失的方向是减小(或增加)该值。由于图是离散的,因此该方法只在触发器中添加或删除链路,并根据结构梯度矩阵修改触发器的结构。如果触发器 g 中任意两个节点的梯度为正,则删除触发器 g 节点之间的链路;否则,则添加触发器节点之间的链路。注入节点特征的优化类似于触发器的优化结构。该过程可表述为

$$\begin{aligned}\boldsymbol{A}_g^*(i,j) &= F(\boldsymbol{A}_g(i,j) - \mathrm{sign}(grad\ \boldsymbol{A}_{\hat{g}}(i,j))) \\ \boldsymbol{X}_g^*(u,v) &= F(\boldsymbol{X}_g(u,v) - \alpha(\mathrm{sign}(grad\ \boldsymbol{X}_g(u,v))))\end{aligned} \tag{6-31}$$

式中,$\boldsymbol{A}_g^*$ 是触发器 g 的优化结构;$\boldsymbol{X}_g^*$ 是触发器 g 中注入节点的优化特征;α 是特征修改率,当节点特征为 0 或 1 时,$\alpha=1$。

对于白盒场景,该方法首先用干净数据预训练链路预测模型 f_θ,它确保了链路预测模型对触发器优化具有正确的反馈。其次,在图中选择 N 个目标链路,并将触发器注入目标链路中,即目标链路连接到图中的注入节点。再次,该方法将嵌入触发器的链路预测状态修改为攻击者选择的状态 $\hat{T}$。然后,通过链路预测模型生成的梯度信息对触发器的结构和注入节点的特征进行优化。最后,具有触发器的数据(即后门数据)参与后门模型 $f_{\hat{\theta}}$的训练。考虑到模型参数在训练过程中会发生变化,这里将在每个特定的训练时期更新触发器。Link-Backdoor 算法的细节在算法 6-7 中给出。

对于黑盒场景,该方法通过在模型中传递后门数据来实现黑盒后门攻击。先采用单链路预测模型作为代理模型 f_θ,并用干净数据训练代理模型 f_θ。其他步骤与白盒场景基本相同。这里选择 N 个目标链路并将触发器注入目标链路,然后将目标链路的预测状态修改为攻击者选择的状态。接着,利用代理模型生成的梯度信息来优化触发器的结构和注入节点的特征。最后,用代理模型优化的后门数据训练模型 $f_{\hat{\theta}}$。训练完成后,可以得到后门模型 $f_{\hat{\theta}}$。在推断阶段,攻击者可以激活触发器,即目标链路以某种方式连接到注入节点,以使后门模型将目标链路状态预测为攻击者选择的状态 $\hat{T}$。

算法 6-7 Link-Backdoor 算法

输入:	链路预测模型 f_θ,训练图 G_{train},触发集合 $D_{trigger}$,攻击者选择的目标链路状态 $\hat{T}$,模型训练迭代次数 O,触发更新间隔 e,额外节点 m
输出:	后门模型 $f_{\hat{\theta}}$,触发器 g

1	初始化 θ
2	$E_T \leftarrow$ 从 G_{train} 中选择链路
3	$g_o \leftarrow Gen_g(G,m)$
4	将 g_o 加入 D_{trigger}
5	$f_{\hat{\theta}} \leftarrow f_{\theta}, G \in G_{\text{train}}$
6	for $epoch = 1$ to O do
7	if $epoch\% e == 0$ 并且 $epoch > 100$ then
8	$L_{\text{atk}} \leftarrow$ 通过 $L_{\text{atk}} = \dfrac{1}{N}\sum\limits_{n=1}^{N}\left\| f_{\theta}(\hat{G}, E_{T_n}) - \hat{T} \right\|_2^2$ 计算攻击损失
9	$grad\,\boldsymbol{A}_g \leftarrow$ 通过 $grad\,\boldsymbol{A}_g(i,j)$ 计算结构梯度矩阵
10	$grad\,\boldsymbol{A}_{\hat{g}} \leftarrow$ 通过 $grad\,\boldsymbol{A}_{\hat{g}} = \begin{cases} \dfrac{grad\,\boldsymbol{A}_g(i,j) + grad\,\boldsymbol{A}_g(j,i)}{2}, & i \neq j \\ 0, & i = j \end{cases}$ 对结构的梯度 矩阵进行对称化
11	$grad\,\boldsymbol{X}_g \leftarrow$ 通过 $grad\,\boldsymbol{A}_g(i,j), grad\,\boldsymbol{X}_g(u,v) = \dfrac{\partial \mathcal{L}_{\text{atk}}}{\partial \boldsymbol{A}_g(i,j)}, \dfrac{\partial \mathcal{L}_{\text{atk}}}{\partial \boldsymbol{X}_g(u,v)}$ 计算特征的 梯度矩阵
12	$g \leftarrow$ 通过式(6-31)优化触发器
13	$\hat{G} \leftarrow M(G,g)$
14	将 $\hat{G}$ 加入 G_{train}
15	end
16	$\hat{\theta} \leftarrow$ 用 G_{train} 更新 θ
17	end
18	return $f_{\hat{\theta}}, g$

6.5　基于混合扰动的链路预测攻击

　　基于混合扰动的攻击方法是对网络拓扑结构及其节点特征或链路特征同时进行修改。本节主要给出针对混合扰动的攻击方法,并分别加以介绍。

6.5.1 基于节点标签有监督的 VIKING 攻击方法

这里从对抗的角度出发研究网络嵌入算法,并观察网络中毒对下游任务的影响,介绍了一种通过有监督网络中毒对网络嵌入进行攻击的方法——VIKING (supervised network poisoning,监督网络中毒)[20]。该方法重点研究了一种黑盒攻击方法,并通过网络中毒来实现。该方法关注同构无属性网络,即所有节点都代表同一种实体,所有边都是无向无权的。与以往方法不同,该方法在攻击过程中加入了节点标签的监督信息,即在半监督环境下也是非常有效的。

为了专注于攻击图的结构信息,VIKING 方法只通过翻转边(增边或删边)来攻击原始网络链路。学习网络嵌入的目标是对每个节点 $v \in V$ 学习一个表示 $\boldsymbol{Z} = [z_v] \in R^K$。下游函数会将这样的嵌入 $\boldsymbol{Z}$ 会用于执行最终任务。作为攻击者,该方法的目标是翻转邻接矩阵 $\boldsymbol{A}$ 中的一些值,让新的邻接矩阵 $\boldsymbol{A}'$得到学习嵌入 $\boldsymbol{Z}' = [z'_v]$,进而导致下游函数的性能相对更差。在大多数实际情况下,网络上允许的扰动量都是有限的。因此该方法总共确定了 b 次翻转的预算。每次翻转 f 都会改变 $\boldsymbol{A}$,进而这个问题总结为以下双层优化问题:

$$(\boldsymbol{A}')^* = \underset{A'}{\operatorname{argmax}}\, \Delta(\boldsymbol{A}', \boldsymbol{Z}^*) \tag{6-32}$$

$$\boldsymbol{Z}^* = \underset{Z}{\operatorname{argmax}}\, \zeta(\boldsymbol{A}', \boldsymbol{Z}) \tag{6-33}$$

式中,Δ 是针对问题设计的损失函数,ζ 是嵌入算法的损失。为解决这个问题,这里把这个双层优化问题近似地转化为一个单一优化问题,并使用一个简单的暴力解。为实现这一点,该方法将从攻击函数中解耦出嵌入 $\boldsymbol{Z}^*$ 并将其替换为代理。

首先,对于通用攻击框架,添加或删除边会导致邻接矩阵中两个对称项的翻转。VIKING 方法形成一个候选边集,根据需要从中选择一些边进行添加或删除,计算候选边集的过程如下:

(1) 要删除的边:该方法随机标记一条与每个节点相连的边为安全边。在中毒攻击过程中,安全边不被删除。所有非安全边都属于候选边集。这确保了即使从候选边集中删除所有边,也不会在最终网络中引入孤立节点。但如果网络中存在孤立节点,那么它们将保持原状。

(2) 要添加的边:由于原始网络中的所有不存在的边都有可能被添加,因此该方法计算网络互补的邻接矩阵,然后将矩阵上三角部分(以避免重复)中的每条边包含在潜在边添加集中。由于这个集合通常非常大,这里从中随机抽取一定数量的候选边。

如前所述,该方法需要用 b 次边翻转的预算来限制攻击,因此这里将重要性

值 imp_e 分配给候选集的每条边。该重要性值将决定要翻转的前 b 条边，并给出优化后的中毒网络 $\boldsymbol{A}'$（即邻接矩阵）。这里假设有一个想要攻击的节点特征 d（如节点中心度或度值）。该方法将 d 限制为最多具有 D 个可能值的离散变量（在连续值的情况下，可以将其设置为特征的维度），然后将特征矩阵表示为 $\boldsymbol{F} \in \{0,1\}^{|V| \times D}$。这种攻击的关键是观察到嵌入旨在保持嵌入空间中的相似性。因此，该方法的目标是使每个节点的特征值尽可能接近。

为此，VIKING 方法通过与中毒网络 $\boldsymbol{A}'$ 相关联的特征/属性 d 的一些函数（如 θ）来计算每条候选边翻转的 imp_e，即

$$imp_e = C - \theta(\boldsymbol{F},\boldsymbol{A}') \tag{6-34}$$

式中，C 是一个常数，θ 是定义的损失。为计算 θ，该方法通过邻接矩阵与特征矩阵相乘来“聚合”相邻特征，并按元素加权原始节点的特征值（$(\boldsymbol{A} \times \boldsymbol{F}) \circ \boldsymbol{F}$），其中 $\circ$ 表示元素相乘。由于该向量是任意的，这里将用未加权的等价向量（$\boldsymbol{A} \times \boldsymbol{F}$）对其进行归一化，并将距离（L2 范数）与原始图的归一化重要度进行比较，以便将其称为 imp_e。注意，即使 imp_e 用于确定候选边的重要性，它也会在翻转边 e 之后为整个图指定一个值。这些操作总结如下：

$$\theta(\boldsymbol{F},\boldsymbol{A}') = \left\| \left(diag\left(\sum (\boldsymbol{A}' \times \boldsymbol{F}) \right) \right)^{-1} \sum ((\boldsymbol{A}' \times \boldsymbol{F}) \circ \boldsymbol{F}) \right\|_2 \tag{6-35}$$

式中，$\sum$ 是第一个维度上的总和（对于 $G=(V,E)$，得到 $|V| \times 1$ 的向量）。$\boldsymbol{A}'$ 是正好翻转一条边 e 之后的中毒网络，$\boldsymbol{F}$ 是如上定义的特征矩阵。由于该方法将几个翻转的重要性与原始网络 $\boldsymbol{A}$ 进行比较，因此这里将 C 视为原始网络的重要性，即 $C=\theta(\boldsymbol{F},\boldsymbol{A})$。

现在，将双层优化问题转换为单一目标——最小化 imp_e。它是用于代替式（6-32）中嵌入 Z^* 的代理。对于求解目标 $\boldsymbol{\Delta}$，该方法使用以下求解方法：对于每条边翻转 e，为中毒网络 $\boldsymbol{A}'$ 分配一个重要性值 imp_e，然后按照重要性值的降序对候选边集进行排序，并从中挑选前 b 条边，以获得最终的攻击图 $(\boldsymbol{A}')^*$。

该方法构成了 VIKING 方法通用的攻击框架，使用已知的节点重要性度量来替代假设的通用特征 d，如节点度值或节点中心性。因此该框架可用于无监督、半监督或有监督攻击。基于此框架，该方法为特征矩阵 $\boldsymbol{F}$ 提供了一个逻辑选择，$\boldsymbol{F}$ 的理想候选者为量化每个节点同质性的参数。为此，这里为每个节点定义一个社团内-社团间比例 $\eta=\dfrac{n_{\text{same}}(x)}{n_{\text{diff}}(x)}$，其中 $n_{\text{diff}}(x)$ 是 x 的与其不同社团的邻居数量，$n_{\text{same}}(x)$ 是 x 的与其相同社团的邻居数。

算法 6-8 总结了 VIKING 算法。为估计 η，式（6-34）中的 $\boldsymbol{F}$ 替换为给定图的社团标签矩阵 $\boldsymbol{F}_\eta$（即网络中每个节点的社团标签的 one-hot 表示），其中 $\boldsymbol{F}_\eta \in$

$\mathbb{W}^{|V|\times\alpha}$,$\alpha$ 是标签/社团的数量,$\mathbb{W}$是完整数量的集合。通过简单地插入标签,该方法的通用攻击框架自然支持 η 这种特殊计算。这将实现以下目标:

$$(\boldsymbol{A}')^{*} = \underset{A'}{\operatorname{argmax}}(C - \theta(\boldsymbol{F}_{\eta},\boldsymbol{A}')) \tag{6-36}$$

此外,为了将 VIKING 方法扩展到半监督环境中,该方法应用学习的特征矩阵$\boldsymbol{F}'_{\eta}$。这可以使用节点分类的任务来完成。首先,该方法使用嵌入方法生成初始无监督嵌入 $\boldsymbol{Z}_0$,并将这些嵌入与用 x%的真实社团标签训练的逻辑斯谛回归分类器结合使用(取 $x=10$)。其次,使用逻辑斯谛回归来预测$\boldsymbol{F}'_{\eta}$,这是用于代替式(6-36)中的 L 的替代标签矩阵。VIKING 方法选择的边可以被翻转,并且得到的中毒网络可以用于不同的下游任务(如节点分类和链路预测)。

算法 6-8 VIKING 算法

输入:	原始网络的邻接矩阵 $\boldsymbol{A}$,可能的边翻转候选集 CS,翻转预算 b
输出:	中毒网络的邻接矩阵 $\boldsymbol{A}'$

```
for CS 中的所有翻转 f do
    计算 imp_f = θ(F_η, A')
end
根据Δ_f 按降序对 CS 进行排序
选择 top_f = 从已排序的 CS 中的第一个 b 次翻转
将 top_f 应用于 A
return A'
```

6.5.2 基于动态图投影梯度下降的 TD-PGD 攻击方法

图神经网络已被证明容易受到对抗扰动的影响[21],现有的网络图鲁棒性研究主要集中于静态图模型上,动态图模型对对抗攻击的鲁棒性还没有得到充分的研究。该方法设计了一种针对离散时间动态图模型的攻击方法,希望以保持图结构演化的方式扰动输入图序列,提出了一种新的时间感知扰动(time-aware perturbation,TAP)约束[6],它确保在每个时间步引入的扰动仅限于自上一时间步以来图中变化数量的一小部分,并提出了一种基于理论的动态图投影梯度下降方法,以找到 TAP 约束下的有效扰动。

设 $G_1,G_2,\cdots,G_T$ 为原始快照,$G'_1,G'_2,\cdots,G'_T$为相应的扰动快照。同时,M 为该方法想要攻击的受害者动态图模型,f_M 为在给定 $G_{1:t-1}$情况下生成 G_t 的对应节点嵌入函数。攻击者的目标是在每个时间步 $t<T$ 引入结构扰动 $\boldsymbol{S}_t=\boldsymbol{A}_t'-\boldsymbol{A}_t$，从而使目标实体 E_{tg} 在时间步 T 的模型预测效果变差。进一步地说，攻击者解决了以下优化问题：

$$\max_{A_1',A_2',\cdots,A_{T-1}'} \mathcal{L}_{\text{task}}(\hat{y}_{\text{task}}(f_M(\boldsymbol{A}'_{1:T-1})),y_{\text{task}},E_{\text{tg}}) \tag{6-37}$$

式(6-37)使得在每个时间 t 的扰动邻接矩阵 $\boldsymbol{A}_t'$ 上的约束函数 $\mathcal{C}(\boldsymbol{A}'_{1:T-1})$ 成立。这里，$\hat{y}_{\text{task}}$ 为给定任务的预测标签，$\mathcal{L}_{\text{task}}$ 为特定任务的损失。约束函数 $\mathcal{C}$ 设计为确保对抗扰动的不可察觉性。然而，该约束仅限制了攻击者可能引入的扰动总量。当输入为动态扰动时，就像在动态图的情况下一样，扰动应该在输入如何演变的背景下受到约束。因此，需要一种约束，以确保扰动不会破坏动态图的演变趋势。

研究演变比较简单的方法是考虑连续时间步之间输入的变化，对于离散时间输入 $\{x_t\}$，这对应于考虑时间 t 的离散时间微分范数，由 $\mathrm{d}x_t=\|x_t-x_{t-1}\|$ 给出。然后，该方法提出了以下定理：

定理 6-1：在时间步 t 引入 x 的扰动数不得大于 t 处的微分分数的 ϵ 倍，即 $TAP(\epsilon)=\|x_t'-x_t\|\leqslant\epsilon\mathrm{d}x_t,\ \forall t$。

对于动态图，当图结构演变时，该约束变为 $\|\boldsymbol{A}_t'-\boldsymbol{A}_t\|\leqslant\epsilon d\boldsymbol{A}_t$。或者，动态图也可以包括每个节点处的时间演变信号，在这种情况下，该约束变为 $\|\boldsymbol{X}_t'-\boldsymbol{X}_t\|_1\leqslant\epsilon\mathrm{d}\boldsymbol{X}_t$。

在这项工作中，TD-PGD 专注于动态图结构，使得扰动的约束式(6-37)是 TAP 约束。因此，攻击者的优化问题变为

$$\begin{gathered}\max_{A_1',A_2',\cdots,A_{T-1}'} \mathcal{L}_{\text{task}}(\hat{y}_{\text{task}}(f_M(\boldsymbol{A}'_{1:T-1})),y_{\text{task}},E_{\text{tg}})\\ \text{s.t.}\begin{cases}\forall t\in(1,T):\dfrac{\|\boldsymbol{A}'_t-\boldsymbol{A}_t\|}{\|\boldsymbol{A}_t-\boldsymbol{A}_{t-1}\|}\leqslant\epsilon\\ \|\boldsymbol{A}'_1-\boldsymbol{A}_1\|\leqslant\varepsilon_1\end{cases}\end{gathered}\tag{6-38}$$

式中，ε_1 为该优化的给定参数。下面，该方法给出了 TAP 约束对扰动具有的含义：

(1) 在 TAP 约束下进行的扰动保持了结构变化的平均速率。

(2) 在 TAP 约束下进行的扰动保持了嵌入变化的速率。

然而 TAP 约束虽然允许限制扰动对图演化的影响，但尚不清楚如何有效地找到在该约束下使损失函数最大化的扰动。为此该方法提出了两种算法来解决式(6-38)的优化问题。

Greedy 算法：在 TAP 约束下，可以采用贪婪策略来寻找有效的扰动。在这种方法中，基于扰动相对于下游损失的梯度值，以贪婪的方式选择扰动。然而，

这并不能很好地缩放，因为需要找到与所有扰动相对应的梯度值，其时间复杂度将是 $O(T|V|)$，其中 V 表示节点集。因此，该方法将分为两步找到扰动：首先，在每个时间步找到最高梯度扰动；其次，选择最能降低预测概率的扰动。特别地，这里贪婪地选择具有最低概率的扰动，使得在任何时间步都不违反 $TAP(\epsilon)$。算法 6-9 展示了该部分的完整过程。

动态图的投影梯度下降（TD-PGD）算法：由于式(6-38)约束优化具有一般的连续目标，因此 Greedy 算法只是次优的（即使对于更简单的凸目标），没有理论保证。在凸约束下进行优化更标准的方法是使用投影梯度下降（projected gradient descent，PGD）[22]。由于该方法的问题是在离散空间中，首先将其松弛到连续空间中，使用 PGD 找到解；其次随机近似得到离散问题的有效解。特别地，该方法将扰动矩阵 $\boldsymbol{S}_t$ 松弛到一个连续向量 $\boldsymbol{s}_t$，并证明了 $TAP(\epsilon)$ 约束存在一个闭形式的投影算子。算法 6-10 中给出了该方法（TD-PGD）的步骤。

算法 6-9 Greedy 算法

输入：	TAP 变量 ε_t，初始化扰动向量 $\boldsymbol{s}_0$，损失函数 $\mathcal{L}_{\text{task}}$，预测链路存在的概率函数 p_M，真实标签 y_{task}，目标实体 E_{tg}，时间步 T
输出：	扰动矩阵 $\boldsymbol{s}_t$

for 所有 t：$G'_t \leftarrow G_t$，攻击历史 $\boldsymbol{S} \leftarrow \varnothing$
while True do
    for $t=1$ to T do
        $\boldsymbol{s}_t \leftarrow \varnothing$
        for n_{tg} to E_{tg} do
            $grads[v] \leftarrow \partial \mathcal{L}_{\text{task}}(G'_{1:t-1}) / \partial (n_{\text{tg}}, v)$
            按梯度降序选择第一个 v 使得 $(n_{\text{tg}}, v) \notin \boldsymbol{S}$
            将 (n_{tg}, v) 添加至 $\boldsymbol{s}_t$
        $p_M(G'_t \oplus \boldsymbol{s}_t)$
        按 p_M 的降序选择 $\boldsymbol{s}_\tau$ 使得 $\|\boldsymbol{S}_t \oplus \boldsymbol{s}_\tau\| \leqslant \varepsilon_t$
        if not τ then
            break
    $G'_t \leftarrow G_t \oplus \boldsymbol{s}_t$
    将 $\boldsymbol{s}_t$ 添加至 $\boldsymbol{S}_t$
    return $\boldsymbol{s}_t$

算法 6-10　TD-PGD 算法

输入：	TAP 变量 ε_t，初始化扰动向量 $\boldsymbol{s}^{(0)}$，损失函数 $\mathcal{L}_{\text{task}}$，真实标签 y_{task}，目标实体 E_{tg}，时间步 T，初始学习率 η_0，迭代次数 N
输出：	扰动矩阵 $\boldsymbol{s}_t$

```
for i=1 to N do
    梯度下降法：a^(i) = s^(i-1) − η_i ∇ L_task({G_t ⊕ s_t^(i-1); ∀t}, y_task, E_tg)
    投影：for ∀t∈[1,T−1]：s_t^(i) ∏_S(a_t^(i))
S_t ~ Bernoulli(s_t^(N)) 使得对于所有 t 有 S_t ≤ ε_t
return s_t
```

6.6　面向链路预测的对抗攻击实验

本节将对所介绍的面向链路预测的对抗攻击方法在多个数据集上进行实验并分析。考虑到不同方法适用于不同的网络类别，这里将 7 种攻击算法进行分类并在静态网络或动态网络上进行实验。下面将分别对实验所用的数据集和实验设置进行介绍，最后对实验结果进行分析。

6.6.1　静态网络实验结果及分析

1. 实验设置

数据集：本实验使用上述介绍的攻击方法在常见的静态网络数据集上进行实验，包括 Cora[23]、Yeast[24] 和 Facebook[25]，数据集信息如表 6-1 所示。其中，Cora 是一个由科学出版物相互引用组成的引文网络；Yeast 是一个蛋白质-蛋白质相互作用网络；Facebook 是社交网络，节点表示用户，边表示用户之间的好友关系。实验仅考虑无权无向网络。

受害者模型：对于受害者模型，这里选用基于 GNN 的链路预测模型。具体来说，每个模型由两层 GCN 组成。此外，在 IGA 方法和 Link-Backdoor 方法中，在两层 GCN 后添加了一个内积解码器来获得重构图。

表 6-1 静态网络数据集

数据集名称	节点数	边数	平均度	类别
Cora	2708	5429	3.90	7
Yeast	2375	11 693	9.85	—
Facebook	4039	88 234	43.69	4

攻击方法:对于每种方法,本实验具体设置如下:

对于 SAVAGE,该方法涉及一组超参数:惩罚损失 β 和 γ,为保证公平性,本次实验将它们均设置为 0.8。对于 IGA,该方法认为链路扰动大小应该与目标链路的度值 k_t 有关,并且对于不同的目标应该不同,因此为了实现最高的攻击精度,这里设置在每次迭代中修改的链路数 $n=1$,迭代次数 $K=k_t$。对于 CLGA,该方法先生成中毒图,再将其馈送给对比学习框架 GCA,这里将增强阈值设置为边数的 5%,同时在实验中固定 GCA 的超参数,其中两个视图的边下降率分别为 0.3 和 0.4,特征下降率分别为 0.1 和 0.0,并使用学习率设置为 0.01 的 Adam 优化器。对于 Link-Backdoor,在实验中,该方法设置注入节点数为 2,最大触发链路数为 5,中毒比例为 0.1,同时在训练过程中使用早停准则,即如果连续 100 个训练轮次的验证损失没有减少,就停止训练。此外,VIKING 方法使用了图卷积神经网络(GCN)的半监督方法,使用了两层 GCN 网络,中间层的大小等于嵌入维度,最后层的大小相等于社团数,对于所有网络的边翻转预算,这里将其统一设置为 1000。

2. 实验结果及分析

表 6-2 为各链路预测攻击算法在所选数据集上的实验结果汇总,将各个数据集上的最优攻击成功率进行了加粗强调显示。可以看出,不同方法的攻击效果存在一定的差异。考虑到逃逸攻击和中毒攻击方法所攻击的对象不同,这里将 5 种攻击算法分为逃逸攻击和中毒攻击分别进行对比分析。

逃逸攻击包括 SAVAGE、IGA 和 CLGA 共 3 种方法,从表 6-2 可以看到,SAVAGE 方法在 3 个数据集上的攻击成功率优于 IGA 方法和 CLGA 方法。这可能是因为 SAVAGE 方法为节点级的扰动方法,扰动节点对网络拓扑结构的影响更大,从而对链路预测的结果影响也更大。而 IGA 方法和 CLGA 方法为链路级的扰动方法,链路扰动则可能会受到网络结构的限制而难以产生明显的影响。从数据集的角度分析,在 Cora 和 Facebook 数据集中,SAVAGE 方法的性能优于 IGA 方法和 CLGA 方法。在 Yeast 数据集中,3 个方法的性能都非常好,这是因为在这个数据集中,网络拓扑结构较为简单,更容易攻击成功。而中毒攻击包括 Link-Backdoor 和 VIKING 两种方法,由实验结果可以发现,Link-Backdoor 方法在 3 个数据集上的攻击成功率都要优于 VIKING 方法。从攻击方法角度分析,两种方法的实现方式有所不同。Link-Backdoor 方法通过节点注入构建触发器来达到中毒攻击的效果;而 VIKING 方法则是通过有监督学习的方式来污染网络嵌入,从而生成误导性的嵌入向量。因此,Link-Backdoor 方法的攻击方式更加可控,可以在注入节点时针对特定目标产生干扰。而 VIKING 方法是随机挑选节点进行污染,可能会出现一些无意义的中毒攻击,从而导致 ASR 性能指标的表现较差。另外,VIKING 方法会受到中毒节点类别的限制,而 Yeast 数据集并无节点类别属性信息,因此在 Yeast 数据集中该方法并不适用。除此之外,这里引入了第 5 章中基于指标的 EDA 方法,该方法引用了 RA 指数(resource allocation index),但由于其为单特征攻击方法,导致 ASR 性能指标在 Yeast 数据集中表现较差。

表 6-2　链路预测攻击算法在数据集上的实验结果

扰动级别	算法名称	Cora	Yeast	Facebook
节点级	SAVAGE	0. 96	**1. 00**	**1. 00**
链路级	IGA	0. 61	0. 77	0. 56
	CLGA	0. 43	**1. 00**	0. 66
	EDA(单特征)	0. 76	0. 48	0. 39
子图级	Link-Backdoor	**0. 99**	**1. 00**	**1. 00**
混合	VIKING	0. 84	—	0. 90

6. 6. 2　动态网络实验结果及分析

1. 实验设置

数据集:TGA 和 TD-PGD 是专门用于动态网络链路预测的方法,为此本实验选择了 3 个真实世界的动态网络进行实验,分别是 RADOSLAW[26]、UCI[27] 和 Reddit[28]。RADOSLAW 和 UCI 是电子邮件通信网络,若两个用户在某一特定时间有电子邮件,则他们之间有链路存在。Reddit 是一个超链接网络,如果有一个超链接从一个 Reddit 子版块到另一个 Reddit 子版块,则这两个子版块之间有链路存在。表 6-3 显示了数据集的主要信息。

受害者模型:本实验将在 3 个离散时间动态图模型上测试上述方法的性能。

DYSAT[31] 一种基于注意力机制的结构,利用联合结构和时间自注意力机制。EVOLVEGCN[30] 使用循环模型(RNN-LSTM)来演化 GCN 的权重,这里使用 EVOLVEGCN-O 版本进行实验。GC-LSTM[29] 将 GCN 嵌入 LSTM 中对图序列进行编码。

表 6-3 动态网络数据集

数据集名称	节点数	边数	时间步	特征维度
RADOSLAW	167	22 000	13	10
UCI	1900	24 000	13	10
Reddit	35 000	715 000	20	10

攻击方法:本实验选择了 TD-PGD 和 TGA-Gre 两个方法,并与 Degree 和 Random 两个基线方法进行比较。

TD-PGD:基于 TAP 约束的有效投影算子的投影梯度下降方法。TGA-Gre:贪婪地选择损失梯度值最大的扰动。Degree:在每个时间步中,翻转与图中最大度值节点相连的边,同时进行最多 ϵdA_t 次扰动。Random:在每个时间步中随机翻转最多 ϵdA_t 条边。

对于所有实验,将 ϵ 从 0 改变到 1,并固定$\epsilon_1=\min\limits_{t>1}\varepsilon_t:=\epsilon dA_t$。这里展示了对动态链路预测任务的攻击性能,其任务是预测链路(u,v)是否会在未来的时间步出现。因此,攻击者的目标是在过去的时间步中引入扰动,使模型错误地预测未来的链路。这里在一组目标链路的最终快照上测试受害者模型,考虑 3 组 100 个正样本和负样本随机目标。

2. 实验结果及分析

图 6-7 显示了在不同数据集和模型中不同攻击方法的性能。根据结果可以得到,TGA-Gre 和 TD-PGD 方法的性能在 3 个数据集上相对于基线方法 Degree 和 Random 均有显著提升,表明它们能够更好地攻击链路预测模型,同时保证攻击效果的感知性。从攻击方法角度分析,TGA-Gre 和 TD-PGD 分别采用时间感知和梯度的方式对动态网络进行攻击。TGA-Gre 先在网络中选取节点对,然后在指定时间窗口内随机更改某些链路的关系,以最大化攻击效果。TD-PGD 则采用类似深度学习中的梯度下降法,通过不断更新链路的连接权重来优化目标函数,使链路的预测误差加大,从而实现攻击。而 Degree 和 Random 是两种比较简单的链路预测方法,Degree 主要基于节点度值估计链路概率,Random 则是随机连接节点。在复杂的实际网络中,这些方法可能无法解释节点或链路之间的关系,因此 TGA-Gre 和 TD-PGD 这样的攻击方法会更加有效。同时还注意到,TD-PGD 通常具有连续下降的斜率,其性能饱和比其他方法晚。从模型角度分析,在所有数据集上,EVOLVEGCN 与其他 2 个模型相比显示出更大的下降速度,这可能与 EVOLVEGCN 的模型复杂度较低有关。此外,根据实验可以注意到,在 Reddit 数据集上训练的 GC-LSTM 模型,TGA-Gre 和 TD-PGD 攻击方法比基线方法 Random 的攻击效果更差,这与 Reddit 数据集的特点和 GC-LSTM 模型的结构有关。首

先，Reddit 数据集有更加复杂和多样化的链接模式。相比于其他数据集，Reddit 数据集中的链接关系更加密集和复杂，这些链接关系的复杂性可能导致 TGA-Gre 和 TD-PGD 攻击方法难以产生相应的影响。其次，GC-LSTM 模型的建模过程包括 LSTM 和图卷积等多个层级，这会导致模型计算量的增加和难以解释。这使得攻击方法 TGA-Gre 和 TD-PGD 更难获得针对该模型的攻击效果。

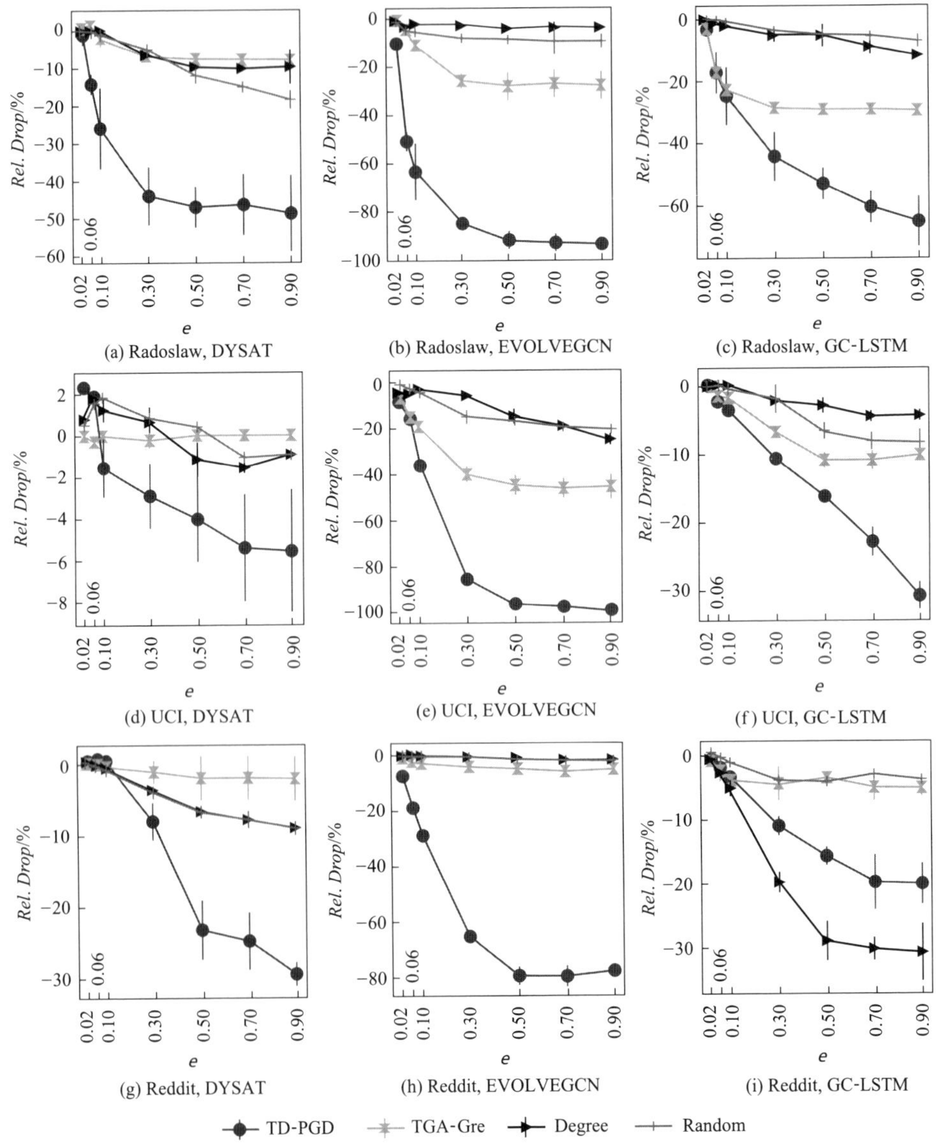

图 6-7　动态链路预测任务的攻击性能(取自文献[6])

6.7 本章小结

本章主要介绍了面向链路预测的对抗攻击方法。链路预测本质上是通过挖掘网络中未连接但可能存在连接的节点对,来预测网络结构的拓扑。而面向链路预测的对抗攻击,是通过修改节点特征或网络拓扑等方面,来迷惑链路预测算法。具体来说,本章阐述了链路预测攻击的基本概念,并从节点层、链路层、子图层和混合扰动 4 个方面详细介绍了现有的方法。

我们将现有的链路预测攻击方法进行了汇总,如表 6-4 所示,包括一些本章没有介绍的方法。

表 6-4　链路预测攻击算法汇总

算法名称	年份	出处	中毒	逃逸	黑盒	白盒	灰盒	扰动类型
SAVAGE[7]	2023	TAI		√		√		注入节点
IGA[11]	2020	TCSS		√		√		增删边
TGA[14]	2021	TKDE		√		√		重连边
RL-LPDG[32]	2021	HPCC		√	√			增删边
CLGA[16]	2022	WWW	√			√		增删边
GGSP/OGSP[33]	2020	Asia CCS		√		√		增删边
Link-Backdoor[18]	2023	TCSS	√		√	√		子图
VIKING[20]	2021	KDD	√		√			混合扰动
TD-PGD[6]	2022	NeurIPS		√		√		混合扰动

参考文献

[1] Chen J,Wu Y,Fan L,et al. Improved spectral clustering collaborative filtering with node2vec technology[C]//International Workshop on Complex Systems and Networks,IEEE,2017:330-334.

[2] Fu C,Zhao M,Fan L,et al. Link weight prediction using supervised learning methods and its application to yelp layered network[J]. IEEE Transactions on

Knowledge and Data Engineering,2018,30(8):1507-1518.

[3] Chen J,Lin X,Wu Y,et al. Double layered recommendation algorithm based on fast density clustering: Case study on yelp social networks dataset[C]// International Workshop on Complex Systems and Networks, IEEE, 2017: 242-252.

[4] Qian X,Feng H,Zhao G,et al. Personalized recommendation combining user interest and social circle[J]. IEEE Transactions on Knowledge and Data Engineering,2013,26(7):1763-1777.

[5] Hirst J D,Sternberg M J E. Prediction of structural and functional features of protein and nucleic acid sequences by artificial neural networks[J]. Biochemistry,1992,31(32):7211-7218.

[6] Sharma K,Trivedi R,Sridhar R,et al. Imperceptible adversarial attacks on discrete-time dynamic graph models[C]//NeurIPS 2022 Temporal Graph Learning Workshop,2022.

[7] Trappolini G,Maiorca V,Severino S,et al. Sparse vicious attacks on graph neural networks[J]. IEEE Transactions on Artificial Intelligence,2023,5(5): 2293-2303.

[8] Srinivas S,Subramanya A,Venkatesh Babu R. Training sparse neural networks [C]//Proceedings of the IEEE Conference on Computer Vision and Pattern Recognition Workshops,2017:138-145.

[9] Lucic A,Ter Hoeve M A,Tolomei G,et al. Cf-gnnexplainer: Counterfactual explanations for graph neural networks[C]//International Conference on Artificial Intelligence and Statistics,2022:4499-4511.

[10] Kipf T,Welling M. Variational graph auto-encoders[C]//NIPS Workshop on Bayesian Deep Learning,2016.

[11] Chen J,Lin X,Shi Z,et al. Link prediction adversarial attack via iterative gradient attack[J]. IEEE Transactions on Computational Social Systems, 2020,7(4):1081-1094.

[12] Kipf T,Welling M. Semi-supervised classification with graph convolutional networks[C]//In International Conference on Learning Representations,2017.

[13] Bai X,Zhang F,Lee I. Predicting the citations of scholarly paper[J]. Journal of Informetrics,2019,13(1):407-418.

[14] Chen J,Zhang J,Chen Z,et al. Time-aware gradient attack on dynamic network link prediction[J]. IEEE Transactions on Knowledge and Data

Engineering,2021:2091-2102.

[15] Li T,Zhang J,Philip S Y,et al. Deep dynamic network embedding for link prediction[J]. IEEE Access,2018,6:29219-29230.

[16] Zhang S, Chen H, Sun X, et al. Unsupervised graph poisoning attack via contrastive loss back-propagation [C]//Proceedings of the ACM WWW Conference,2022:1322-1330.

[17] Zügner D, Borchert O, Akbarnejad A, et al. Adversarial attacks on graph neural networks: Perturbations and their patterns[J]. ACM Transactions on Knowledge Discovery from Data,2020,14(5):1-31.

[18] Zheng H, Xiong H, Ma H, et al. Link-backdoor: Backdoor attack on link prediction via node injection[J]. IEEE Transactions on Computational Social Systems,2023,11(2):1816-1831.

[19] Zügner D, Akbarnejad A, Günnemann S. Adversarial attacks on neural networks for graph data [C]//Proceedings of the 24th ACM SIGKDD International Conference on Knowledge Discovery & Data Mining,2018:2847-2856.

[20] Gupta V,Chakraborty T. VIKING: Adversarial attack on network embeddings via supervised network poisoning[C]//Advances in Knowledge Discovery and Data Mining,Berlin. Springer,2021:103-115.

[21] Ma J, Ding S, Mei Q. Towards more practical adversarial attacks on graph neural networks [J]. Advances in Neural Information Processing Systems, 2020,33:4756-4766.

[22] Bubeck S. Convex optimization: Algorithms and complexity[J]. Foundations and Trends in Machine Learning,2015,8(3):231-357.

[23] Kunegis J. Konect: The koblenz network collection[C]//Proceedings of the 22nd International Conference on World Wide Web,2013:1343-1350.

[24] Von Mering C,Krause R,Snel B,et al. Comparative assessment of large-scale data sets of protein-protein interactions [J]. Nature, 2002, 417 (6887): 399-403.

[25] Leskovec J,Mcauley J. Learning to discover social circles in ego networks[J]. Advances in Neural Information Processing Systems,2012:539-547.

[26] Rossi R, Ahmed N. The network data repository with interactive graph analytics and visualization [C]//Proceedings of the AAAI Conference on Artificial Intelligence,2015:4292-4293.

[27] Opsahl T, Panzarasa P. Clustering in weighted networks[J]. Social Networks, 2009, 31(2): 155-163.

[28] Kumar S, Hamilton W L, Leskovec J, et al. Community interaction and conflict on the Web[C]//Proceedings of the 2018 World Wide Web Conference, 2018: 933-943.

[29] Chen J, Wang X, Xu X. GC-LSTM: Graph convolution embedded LSTM for dynamic network link prediction[J]. Applied Intelligence, 2022, 52(7): 7513-7528.

[30] Pareja A, Domeniconi G, Chen J, et al. Evolvegcn: Evolving graph convolutional networks for dynamic graphs[C]//Proceedings of the AAAI Conference on Artificial Intelligence, 2020: 5363-5370.

[31] Sankar A, Wu Y, Gou L, et al. Dysat: Deep neural representation learning on dynamic graphs via self-attention networks[C]//Proceedings of the 13th International Conference on Web Search and Data Mining, 2020: 519-527.

[32] Fan H, Wang B, Zhou P, et al. Reinforcement learning-based black-box evasion attacks to link prediction in dynamic graphs[C]//2021 IEEE 23rd Int Conf on High Performance Computing & Communications; 7th Int Conf on Data Science & Systems; 19th Int Conf on Smart City; 7th Int Conf on Dependability in Sensor, Cloud & Big Data Systems & Application (HPCC/DSS/SmartCity/DependSys). IEEE, 2021: 933-940.

[33] Lin W, Ji S, Li B. Adversarial attacks on link prediction algorithms based on graph neural networks[C]//Proceedings of the 15th ACM Asia Conference on Computer and Communications Security, 2020: 370-380.

第 7 章　面向图分类的对抗攻击

图分类作为一种基于图结构数据的机器学习任务，其目的是挖掘图的特征和属性并将图划分为对应的类别。图分类任务通过数据挖掘技术学习图的节点级表示并聚合获取图级表示，以用于图分类。基于图分类的对抗攻击场景在现实中具有广泛的应用和意义，例如在社交网络研究中，研究人员将虚假新闻检测建模为图级的二分类任务，通过研究虚假新闻传播网络中的对抗攻击方法，探究恶意攻击偏好和虚假新闻传播模式，能够有效指导如何防范恶意攻击，降低新闻错误分类的风险[1]；在药物研发过程中，图分类被应用于化合物的分类和预测，以帮助研发人员快速筛选具有潜力的化合物，研究这一场景下的对抗攻击可以有效防范攻击者修改分子结构导致模型判别错误，减少由于预测模型受到恶意攻击导致的药物研发失败的风险[2]；在金融领域中，基于图分类的欺诈检测可以帮助金融机构识别可能存在的欺诈行为，研究金融网络中的对抗攻击有助于洞察攻击者的恶意行为和策略，为管理者改进安全策略和防御机制提供指导。因而，面向图分类的对抗攻击研究可以提高这些算法的鲁棒性和应用的安全性。本章主要讲述面向图分类的对抗攻击，先介绍面向图分类的对抗攻击算法的基本概念，再根据攻击者扰动层面的不同分别介绍几种经典的对抗攻击方法。

7.1 基本概念

7.1.1 问题描述

本章主要考虑无向网络图，使用 $G=(V,E)$ 表示网络的拓扑结构，其中 $V=\{v_i\}_{i=1}^{N}$ 表示网络的节点集，$E=\{e_j\}_{j=1}^{M}$ 表示网络的边集，N,M 分别表示节点和边的数量。网络 G 的邻接矩阵表示为 $\boldsymbol{A}\in\{0,1\}^{N\times N}$，如果节点 v_i 和 v_j 之间存在边则有 $A_{ij}=A_{ji}=1$，否则 $A_{ij}=A_{ji}=0$。此外，定义 $\boldsymbol{X}\in\mathbb{R}^{N\times d}$ 为节点的特征矩阵，其中 d 表示特征数。因此，一个网络也可以表示为 $G=(\boldsymbol{A},\boldsymbol{X})$。图分类是指从节点信息以及网络的结构信息获取网络的特征表示并预测数据集中未知网络的标签的任务。图分类训练的学习目的在于最小化预测结果与真实标签之间的信息损失从而实现对网络标签的精准预测。而攻击者的目的与之相反，通过修改网络的拓扑/属性，生成新的网络 $G'=(V',E')=(\boldsymbol{A}',\boldsymbol{X}')$，从而使模型错误分类。根据现有的图分类攻击相关工作，将图分类攻击分为无目标攻击和有目标攻击，其中无目标攻击的目的在于使得分类器将输入图错误分类，可定义为

$$\begin{aligned}&\max_{G'}\ \mathbb{I}\,(f(G')\neq y)\\&\text{s.t.}\quad G'=\mathcal{F}(f,(G,y))\end{aligned}\tag{7-1}$$

式中，$f(\cdot)$ 表示分类模型，y 表示图 G 的标签，$\mathcal{F}(\cdot)$ 表示攻击函数。相应地，有目标攻击的目的在于使得分类器将输入图划分至目标类别，可定义为

$$\begin{aligned}&\max_{G'}\ \mathbb{I}\,(f(G')=y_t)\\&\text{s.t.}\quad G'=g(f,(G,y_t))\end{aligned}\tag{7-2}$$

式中，y_t 表示目标攻击类别。此外，每种攻击方法都存在着攻击预算，当攻击过程中拓扑结构修改过多或攻击后的特征与原始特征偏差太大时，该攻击易被异常检测器识别，因此在施加攻击的时候会添加预算限制，要求攻击者的修改不超过预算 Δ，即

$$|\boldsymbol{A}'-\boldsymbol{A}|+|\boldsymbol{X}'-\boldsymbol{X}|<\Delta\tag{7-3}$$

7.1.2 评价指标

在现有的图分类攻击的工作中，评价指标主要为攻击成功率。攻击成功，即

在设定攻击预算下成功地改变了模型对图的划分类别。攻击成功率(attack success rate,ASR)的计算公式为

$$ASR = \frac{n_{\text{success}}}{n_{\text{attack}}} \times 100\% \tag{7-4}$$

式中,n_{success}表示攻击成功的样本数,n_{attack}表示所有攻击样本数。攻击成功率越高,表明该攻击方法越有效,即能够导致模型对尽可能多的样本预测失效。

此外,在中毒攻击中,研究人员设定了一个特有的攻击算法性能指标——中毒模型和原始模型之间的精度下降率(BAD),用来衡量中毒模型和原始模型对于干净数据集的辨别能力的差距,其计算公式为

$$BAD = Acc_{\text{original}} - Acc_{\text{attack}} \tag{7-5}$$

式中,Acc_{original}表示原始模型对于干净测试集的测试精度,Acc_{attack}表示中毒模型对干净测试集的测试精度。一般来说,模型精度偏离程度越小,表示该中毒攻击算法的隐匿性越强。因而在评估中毒攻击算法性能的时候,需要从多个角度去考虑。

将攻击方法以攻击扰动的层面的不同进行分类,可以分为基于链路层的攻击、基于子图层的攻击及基于混合扰动的攻击。它们分别对应添加/删除边或重连边的方式修改网络拓扑的攻击方法,以添加/删除边或重连边的方式修改子图级拓扑结构的攻击方法,以及在修改网络拓扑的同时对其属性也添加扰动的攻击方法。下面介绍几个较为经典的算法。

7.2 基于链路层的图分类攻击

基于链路层的图分类攻击方法主要可以分为两种,一种通过添加或者删除边来产生扰动,另一种通过重连边来产生扰动。这两种攻击方法的主要区别在于其对攻击隐匿性的定义,前者认为尽量少地添加扰动能够使攻击隐匿性较好,且代价小;而后者认为网络的度值等指标与网络鲁棒性和攻击隐匿性是高度相关的,因此采用重连边的方法进行攻击。本节主要介绍两种经典的基于增删边和重连边的攻击方法。

7.2.1 基于增删边的 RL-S2V 攻击方法

如何有效地攻击图结构是进行图攻击必须解决的问题。首先,与数据连续

的图像不同，图是离散的。其次，与文本相比，图结构的组合性质使它比文本更难攻击。而增删边能够有效地破坏图结构及其连通性，从而影响图学习算法的鲁棒性。强化学习强调依据环境学习策略，其奖励机制符合黑盒攻击场景中只能对模型进行查询的限制。RL-S2V（图 7-1）是针对黑盒攻击场景的攻击算法[3]，其核心在于，结合深度 Q-learning 算法，以顺序添加或删除边为攻击手段，利用目标模型的预测反馈来学习修改图结构。这里介绍对应的马尔可夫决策过程（Markov decision process，MDP）的建模，结合第 7.1.1 小节中的定义，具体建模过程如下。

（1）**动作（action）**：攻击者通过修改网络拓扑结构实施攻击。具体来说，以增删边为攻击手段，假设网络中共有 N 个节点，V 表示节点集，$\boldsymbol{a}_t \in V\times V$ 表示 t 时刻的特定动作。每一次的动作都需从 $O(N^2)$ 的空间中搜索，这导致时间复杂度过高，RL-S2V 将其分解为两个顺序步骤，即每一步仅选择一个节点。

（2）**状态（state）**：修改后的网络 G' 表示当前状态，原始网络 G 表示初始状态，s_t 表示 t 时刻的状态。

（3）**奖励（reward）**：奖励机制用于激励攻击者来欺骗深度学习模型，设置在一个攻击序列结束时获得奖励。本方法以目标模型的预测反馈为奖励，定义如下：

$$R(G') = \begin{cases} 1, & f(G') \neq y \\ -1, & f(G') = y \end{cases} \tag{7-6}$$

式中，$f(\cdot)$ 表示代理模型，y 表示攻击网络的真实标签。

（4）**终止（terminal）**：一旦攻击者修改的边数达到环境设定的条件 K，终止攻击进程。

基于以上设置，整个攻击序列可以表示为 $(s_1, \boldsymbol{a}_1, R_1, s_2, \boldsymbol{a}_2, R_2, \cdots, s_K, \boldsymbol{a}_K, R_K, s_{K+1})$，其中 s_1 即初始状态图 G，s_{K+1} 表示原始网络在修改了 K 条边后的对抗网络，即终止时的状态，详细过程如图 7-1 所示。

在整个决策过程中，除了 R_K 是由模型预测正确与否确定的，其他奖励皆为 0，即 $R_t = 0, \forall t \in \{1, 2, \cdots, K-1\}$。考虑到网络数据的离散性，这是一个有限范围的离散优化问题，此处采用 Q-learning 来求解马尔可夫决策过程。Q-learning 的主要优势就是使用时间差分法进行离线学习并采用贝尔曼方程对马尔可夫决策过程求解最优策略：

$$Q^*(s_t, \boldsymbol{a}_t) = R(s_t, \boldsymbol{a}_t) + \gamma \max_{\boldsymbol{a}'} Q^*(s_{t+1}, \boldsymbol{a}') \tag{7-7}$$

这也暗示了一种贪婪策略：

$$\pi(\boldsymbol{a}_t \mid s_t; Q^*) = \operatorname{argmax}_{\boldsymbol{a}_t} Q^*(s_t, \boldsymbol{a}_t) \tag{7-8}$$

在这个有限时间问题中，本方法将折扣因子 γ 设置为 1。因为直接增删边的

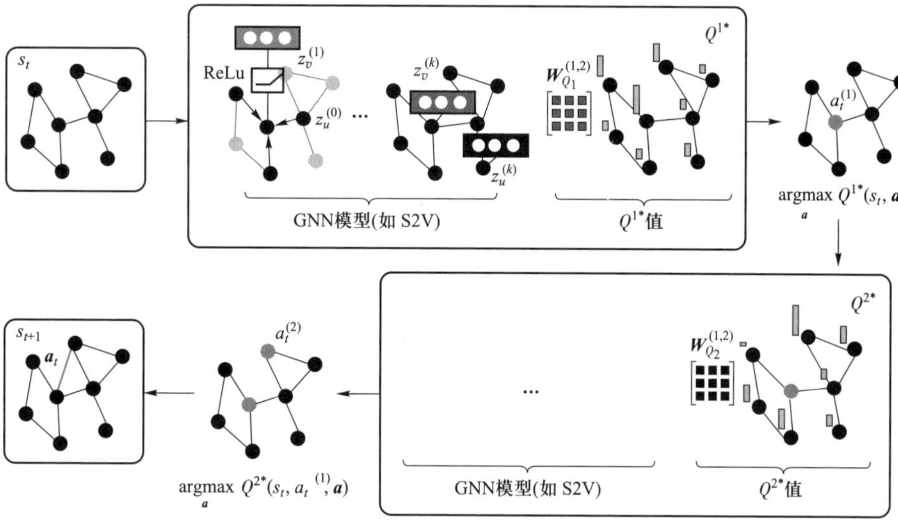

图 7-1 RL-S2V 方法原理图(改编自文献[3])

复杂度较高,因此将动作分解,$\boldsymbol{a}_t=(a_t^{(1)},a_t^{(2)})$,$a_t^{(1)},a_t^{(2)}\in V$。相应地,计算复杂度从原本的 $O(|V|^2)$ 变为 $O(2\times|V|)$,即 $O(|V|)$,分层 Q 函数可以建模为

$$
\begin{aligned}
Q^{1*}(s_t,a_t^{(1)}) &= \max_{a_t^{(2)}}(Q^{2*}(s_t,a_t^{(1)},a_t^{(2)})/Q^{2*}(s_t,a_t^{(1)},a_t^{(2)})) \\
&= R(s_t,\boldsymbol{a}_t) + \max_{a_{t+1}^{(1)}} Q^{1*}(s_t,a_{t+1}^{(1)})
\end{aligned} \tag{7-9}
$$

式中,Q^{1*} 与 Q^{2*} 是基于原始 Q^* 的函数。只有完成$(a_t^{(1)},a_t^{(2)})$的选择动作才是完整的,因此当且仅当选定第二个节点后奖励才是有效的。根据设定,只有最后一个时刻的攻击的奖励是非 0 的,因而可以将贝尔曼方程展开为

$$
\begin{aligned}
Q_{1,1}^*(s_1,a_1^{(1)}) &= \max_{a_1^{(2)}} Q_{1,2}^*(s_1,a_1^{(1)},a_1^{(2)}) \\
Q_{1,2}^*(s_1,a_1^{(1)},a_1^{(2)}) &= \max_{a_2^{(1)}} Q_{2,1}^*(s_1,a_2^{(1)}) \\
&\cdots\cdots\cdots\cdots \\
Q_{K,1}^*(s_K,a_K^{(1)}) &= \max_{a_K^{(2)}} Q_{K,2}^*(s_K,a_K^{(1)},a_K^{(2)}) \\
Q_{K,2}^*(s_K,a_K^{(1)},a_K^{(2)}) &= R(G')
\end{aligned} \tag{7-10}
$$

式中,$Q^*(\cdot)$表示 Q 函数。对于所有样本,RL-S2V 要学习一个通用的 Q^*,并要求学习的 Q 函数在所有 MDP 上可推广:

$$
\max_{\theta} \sum_{i=1}^{N} \mathbb{E}_{t,a=\operatorname{argmax}_{\boldsymbol{a}_t} Q^*(\boldsymbol{a}_t|s_t;\theta)}[R(G_t')] \tag{7-11}
$$

式中，Q^* 由 θ 参数化。Q 函数在攻击过程中对状态图中的节点进行评分，RL-S2V 方法使用图神经网络模型对其进行参数化。具体来说，Q^{1*} 参数化为

$$Q^{1*}(s_t,a_t^{(1)}) = \boldsymbol{W}_{Q_1}^{(1)}\sigma(\boldsymbol{W}_{Q_1}^{(2)\mathrm{T}}[z_{a_t^{(1)}},\mu(s_t)]) \tag{7-12}$$

式中，$\mu(s_t)$ 是图级嵌入，$z_{a_t^{(1)}}$ 是节点 $a_t^{(1)}$ 的嵌入，由 S2V[4] 获得

$$z_i^{(l)} = \mathrm{ReLu}\left(\boldsymbol{W}_{Q_1}^{(3)}x_i + \boldsymbol{W}_{Q_1}^{(4)}\sum_{j\in N(i)} z_j^{l-1}\right) \tag{7-13}$$

式中，l 是卷积层数，x_i 是节点 i 的属性，$\mathcal{N}(i)$ 是节点 i 的邻居集，$z_i=z_i^{(l)}$，$z_i^{(0)}=0$。且 $\mu(s_t)=\mu(G_t'=(V_t',E_t'))$ 是整个状态元组的表示，其计算公式为

$$\mu(s_t) = \sum_{i\in V'} z_i \tag{7-14}$$

而 Q^{1*} 的参数集为 $\{\boldsymbol{W}_{Q_1}^{(i)}\}_{i=1}^4$，$Q^{2*}$ 类似地进行参数化，额外考虑所选节点 $a_t^{(1)}$：

$$Q^{2*}(s_t,a_t^{(1)},a_t^{(2)}) = \boldsymbol{W}_{Q_2}^{(1)}\sigma(\boldsymbol{W}_{Q_2}^{(2)\mathrm{T}}[z_{a_t^{(1)}},z_{a_t^{(2)}},\mu(s_t)]) \tag{7-15}$$

由此攻击者根据所列分层 Q 函数进行学习来优化攻击策略。

7.2.2　基于重连边的 ReWatt 攻击方法

现有的基于图分类的攻击方法的攻击手段大都是增删边，这样即使使用极小的攻击预算也可能会被发现，而重连边的攻击方式能够有效地保证网络的平均度等属性不发生变化，从而达到攻击的隐匿性要求。本小节介绍一种结合深度强化学习的以重连边为攻击手段的攻击方法，称为 ReWatt(rewiring attack)[5]，该方法实现了高效的攻击性能。

ReWatt 方法的核心思想在于攻击的隐匿性。当使用增删边作为攻击手段时，攻击者即使仅修改少量的网络结构，也会使得图的拉普拉斯矩阵的特征值和特征向量发生显著的变化[6]，从而导致攻击易被发现，而重连边能有效缓解这个问题。如图 7-2 所示，ReWatt 方法以重连边为手段，在不改变原始网络一定特性的同时对网络进行攻击。具体来说，选 3 个节点(v_1,v_2,v_3)，其中 v_1,v_2 是相连的，v_1,v_3 是不相连的，且 v_3 为 v_1 的二阶邻居节点；然后断开边(v_1,v_2)，重连边(v_1,v_3)；同时 ReWatt 方法以使目标模型判断错误为目的使用策略梯度[7]的方法进行攻击策略的优化。相比增删边的攻击手段，这样的攻击操作对基于图拉普拉斯算子的特征的扰动会更小。具体来说，ReWatt 方法有以下三点优势：

(1) 重连边操作没有改变节点数、边数和总度值，具有一定的隐匿性。

(2) 重连边操作偏向于改变前几个较小的特征值。许多重要的图属性基于图拉普拉斯矩阵 $\boldsymbol{L}$ 的特征值[8]，例如代数连通性。图 G 的代数连通性指数是其拉普拉斯矩阵的第二小的特征值[9]，代数连通性值越大，图的连通性越强。而基于重连边的攻击操作能够尽量小地改变特征值，令($\alpha_i,\boldsymbol{\lambda}_i$)为矩阵 $\boldsymbol{L}$ 的特征对，

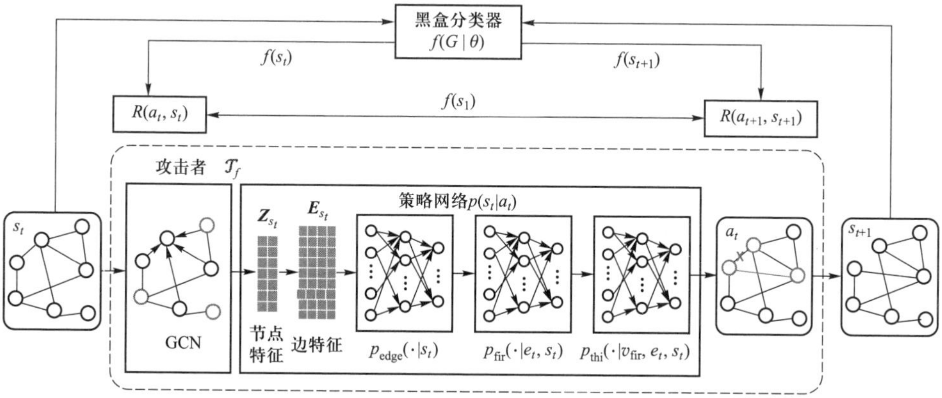

图 7-2 ReWatt 方法原理图(改编自文献[5])

其特征值变化为[10]

$$\begin{gathered}\boldsymbol{\lambda}^{\mathrm{T}}\boldsymbol{L}\boldsymbol{\lambda}=\boldsymbol{P}\rightarrow\boldsymbol{L}+\Delta\boldsymbol{L}=\boldsymbol{\lambda}\boldsymbol{P}\boldsymbol{\lambda}^{\mathrm{T}}+\Delta\boldsymbol{L}\\\boldsymbol{\lambda}^{\mathrm{T}}(\boldsymbol{L}+\Delta\boldsymbol{L})\boldsymbol{\lambda}=\boldsymbol{P}+\boldsymbol{\lambda}^{\mathrm{T}}\Delta\boldsymbol{L}\boldsymbol{\lambda}\end{gathered}\tag{7-16}$$

式中,矩阵 $\boldsymbol{P}$ 为由矩阵 $\boldsymbol{L}$ 的特征值构成的对角矩阵。所以,当添加一条边(v_j,v_k)后,$\Delta\alpha_i=\boldsymbol{\lambda}_i^{\mathrm{T}}\Delta\boldsymbol{L}\boldsymbol{\lambda}_i=(\lambda_{i,j}-\lambda_{i,k})^2$;相应地,当完成一次攻击后,其特征值变化为

$$\Delta\alpha_i=\boldsymbol{\lambda}_i^{\mathrm{T}}\Delta\boldsymbol{L}\boldsymbol{\lambda}_i=-(\lambda_{i,\mathrm{fir}}-\lambda_{i,\mathrm{sec}})^2+(\lambda_{i,\mathrm{fir}}-\lambda_{i,\mathrm{thi}})^2\tag{7-17}$$

图拉普拉斯矩阵的特征值 α_i 可以用来衡量其对应的特征向量 $\boldsymbol{\lambda}_i$ 的“平滑性”[11,12],特征向量的平滑性能够衡量对应节点与相邻节点的差异性,因而特征值较小的特征向量较为平滑。在所提出的重连边操作中,v_{sec} 是 v_{fir} 的直接邻居,而 v_{thi} 是 v_{fir} 的二阶邻居。因此,$\boldsymbol{\lambda}_{i,\mathrm{fir}}-\boldsymbol{\lambda}_{i,\mathrm{thi}}$ 应小于 $\boldsymbol{\lambda}_{i,\mathrm{fir}}-\boldsymbol{\lambda}_{i,\mathrm{can}}$,其中 v_{can} 可以是更远的任何其他节点。相比重连边到任何更远的节点或者在彼此远离的两个节点之间添加边的操作,ReWatt 方法提出的重连边操作(到二阶邻居)倾向于对前几个特征值做出更小的改变。

(3) 重连边操作几乎不会改变拉普拉斯矩阵的秩。令图的节点数为 N,该图拉普拉斯矩阵的秩可以表示为 $N-N_{\mathrm{components}}$(孤立连通片数)。根据代数连通性定义,第二小的拉普拉斯矩阵特征值越大,越难将图分裂。增加边会增强代数连通性,删除边会削弱代数连通性,相比单纯地增删边,重连边操作改变拉普拉斯矩阵秩的风险较小。

基于以上分析,ReWatt 方法的 MDP 建模如下:

(1) **状态**:状态空间包括可能的重连边操作之后生成的所有中间图,修改后的网络 G' 表示当前状态,原始网络 G 表示初始状态 s_1,s_t 表示 t 时刻的特定状态。

(2) **动作**:动作由三部分组成($v_{\mathrm{fir}},v_{\mathrm{sec}},v_{\mathrm{thi}}$),攻击者每次的攻击方式为删除

一条边$(v_{\mathrm{fir}},v_{\mathrm{sec}})$，并重连一条边$(v_{\mathrm{fir}},v_{\mathrm{thi}})$。在攻击序列中，有效动作空间是动态的，因为在不同的时间，初始节点及其邻居节点都不同。

(3) **奖励**：本方法的攻击任务有两个优化项，一个是让模型$f(\cdot)$预测一个不同于真实标签的标签；另一个是用尽量少的步骤攻击成功，即对图结构修改的最小化，提升攻击的隐匿性，因此其奖励为

$$R(s_t,\boldsymbol{a}_t)=\begin{cases}1, & f(s_t)\neq f(s_1)\\ -\dfrac{1}{MK}, & f(s_t)=f(s_1)\end{cases} \tag{7-18}$$

式中，$-1/MK$ 为攻击步数的惩罚项，K 为重连边的攻击预算，M 为状态 s_t 的边总数，换句话说成功奖励由图的大小和攻击预算共同决定。

(4) **终止**：当攻击步数超过攻击预算 K 或者攻击成功时，攻击停止。

具体来说，其攻击流程为一序列动作。在 t 时刻，首先选择一条存在的边(v_1,v_2)；其次选择 v_1,v_2 中的一个节点作为 $v_{\mathbf{fir}_t}$，另一个节点作为 $v_{\mathbf{sec}_t}$；最后从 v_{fir_t} 的二阶邻居 $\mathcal{N}^2_{s_t}(v_{\mathrm{fir}_t})/\mathcal{N}^1_{s_t}(v_{\mathrm{fir}_t})$ 中选择一个节点作为 v_{thi_t}。攻击一次的动作采样概率为

$$p(a_t\mid s_t)=p_{\mathrm{edge}}(e_t\mid s_t)p_{\mathrm{fir}}(v_{\mathrm{fir}_t}\mid e_t,s_t)p_{\mathrm{thi}}(v_{\mathrm{thi}_t}\mid v_{\mathrm{fir}_t},e_t,s_t) \tag{7-19}$$

可以看出，一个动作由 3 个子动作组成，而每个子动作有其对应的策略网络。

为了从边集 E_{s_t} 中选择一条边，使用 GNN 提取节点特征 $\boldsymbol{Z}_{s_t}\in\mathbb{R}^{|V_{s_t}|\times d_Z}$，从而边 $e=(v_i,v_j)$ 的特征可以表示为 $\boldsymbol{\varepsilon}=concat(\boldsymbol{\mu}_{s_t},\boldsymbol{h}(\boldsymbol{Z}_{s_t}[v_i,:],\boldsymbol{Z}_{s_t}[v_j,:]))$，其中 $\boldsymbol{\mu}_{s_t}$是状态 s_t 的图表示，d_z 是 $\boldsymbol{Z}_{s_t}$的特征维度，$\boldsymbol{h}(\cdot,\cdot)$是两个节点的联合表示函数。因而边选择概率可以表示为

$$p_{\mathrm{edge}}(\cdot\mid s_t)=\mathrm{Softmax}(\mathrm{MLP}(\mathcal{E}_{s_t}\mid\theta_{\mathrm{edge}})) \tag{7-20}$$

式中，$\boldsymbol{\mathcal{E}}_{s_t}\in\mathbb{R}^{|E_{s_t}|\times 2d_Z}$指代所有候选边的特征矩阵，$MLP(\cdot\mid\theta_{\mathrm{edge}})$将$\boldsymbol{\mathcal{E}}_{s_t}$映射为$\mathbb{R}^{|E_{s_t}|}$维度的向量。不妨设采样得到的边为 $e_t=(v_{t1},v_{t2})$，v_{fir_t}的概率分布可以表示为

$$p_{\mathrm{fir}}(\cdot\mid e_t,s_t)=\mathrm{Softmax}(\mathrm{MLP}([\boldsymbol{z}_{t1},\boldsymbol{z}_{t2}]^{\mathrm{T}}\mid\theta_{\mathrm{fir}})) \tag{7-21}$$

式中，节点特征 $\boldsymbol{z}_{ti}=concat(\boldsymbol{\varepsilon}_t,\boldsymbol{Z}_{s_t}[ti,:])\in\mathbb{R}^{3d_Z}$。而对于 v_{thi_t}，其候选节点为 $v_c\in N^2(v_{\mathrm{fir}_t})/N^1(v_{\mathrm{fir}_t})$，相对应的特征可表示为 $z_c=concat(\boldsymbol{z}_{t1},\boldsymbol{Z}_{s_t}[c,:])$。所有候选节点的特征可以表示为 $\boldsymbol{Z}_{c,s_t}\in\mathbb{R}^{|N^2(v_{\mathrm{fir}_t})/N^1(v_{\mathrm{fir}_t})|\times 4d_Z}$，$v_{\mathrm{thi}_t}$的采样分布可表示为

$$p_{\mathrm{thi}}(\cdot\mid v_{\mathrm{fir}_t},e_t,s_t)=\mathrm{Softmax}(\mathrm{MLP}(\boldsymbol{Z}_{c,s_t}\mid\theta_{\mathrm{thi}})) \tag{7-22}$$

v_{thi_t}可以根据式(7-22)从候选节点中采样获得，因而动作 $\boldsymbol{a}_t$ 可表示为$(v_{\mathrm{fir}_t},v_{\mathrm{sec}_t},v_{\mathrm{thi}_t})$。

结合重连边操作和上面描述的策略网络，本方法的总体框架可以总结如下：

基于状态 s_t，攻击者使用 GNN 来学习节点和边嵌入，这些节点和边嵌入用作策略网络的输入，以决定下一步的操作。一旦新动作被策略网络采用，它在 s_t 上执行重连边操作并获得状态 s_{t+1}。同时，查询黑盒分类器得到预测 $f(s_{t+1})$，与 $f(s_1)$ 比较得到奖励，反馈至攻击者。

7.3 基于子图层的图分类攻击

基于子图层的图分类攻击方法以后门攻击为主，通过注入木马的形式用触发器(trigger)对样本添加子图层，在攻击过程中选择若干节点进行拓扑结构的修改。本节将介绍一种基于共享触发器的后门攻击方法以及一种基于节点重要性的后门攻击方法。

7.3.1 基于共享触发器的 ER-B 后门攻击方法

后门攻击是一种针对神经网络的攻击策略，主要通过触发器对输入进行攻击，使得模型将其分类至触发器对应的标签。这里介绍一种基于共享触发器的后门攻击算法 ER-B[13]，如图 7-3 所示。

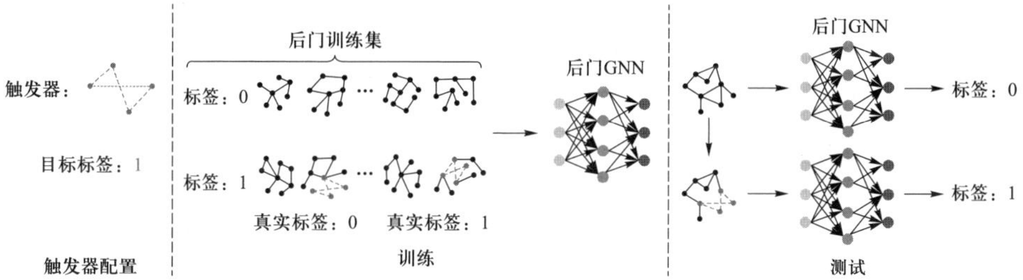

图 7-3 ER-B 方法原理图(改编自文献[13])

假设给定图 G，一个子图由 t 个节点组成，后门攻击将子图注入一个图中，具体来说就是从图中随机均匀地抽取 t 个节点，随机映射到子图中的 t 个节点上，将它们的连接替换为子图。在训练阶段，攻击者向训练集的子集注入子图/触发器，并将这部分子集的标签更改为攻击者选择的目标标签。具有这种注入触发器的训练数据集称为后门训练数据集，而使用后门训练数据集进行训练得到的 GNN 分类器称为后门 GNN。在本方法中，后门训练数据共享同一个触发器，凭借后门攻击的训练方式，后门 GNN 能够将后门训练图与目标标签相关联，从而实现将目标标签与触发器相关联。在测试阶段，攻击者向测试集注入相同的子图/触发器，因而后门 GNN 很可能能够将测试集的标签预测为攻击者设定的目标标签。根据以上分析，后门攻击的性能显然与子图结构的设置紧密相关，换句话说，子图/触发器的设计是后门攻击是否能够成功的关键因素。需要注意的是，使用全连接子图作为触发器是不合理的，主要有以下两个方面的原因：一是大多数真实网络都相对比较稀疏；二是在真实网络中很少见到全连接网络。因此使用全连接网络作为触发器会增大被检测出的风险。因此，本方法提出了随机生成子图作为触发器的方法，主要涉及 4 个参数：触发器大小、触发器密度、触发器生成方法和中毒强度，具体定义如下。

（1）**触发器大小 $\boldsymbol{n}_{size}$ 和触发器密度 $\boldsymbol{\rho}$**：将子图/触发器的节点数设定为触发器大小 n_{size}。当触发器大小设定为 n_{size} 时，触发器中最多可以包含 $n_{size}(n_{size}-1)/2$ 条边，假设 m 表示子图/触发器中真实的边数，可规定触发器密度 $\rho = 2m/n_{size}(n_{size}-1)$。

（2）**触发器生成方法**：触发器生成方法是指生成具有给定大小和密度的子图。生成网络的模型众多，此处采用 3 种常用的生成子图的生成模型，分别为 ER（Erdös-Rényi）随机网络生成模型、小世界（small world，SW）网络生成模型以及优先连接（preferential attachment，PA）网络生成模型（也称为无标度网络生成模型）。根据上述 3 种网络生成模型分别可以设计以下 3 种触发器：

① ER 触发器[14]：ER 随机图在生成过程中需要给定子图的节点数 n_{size}，以及生成过程中任意两个节点之间的连接概率，当连接概率等于触发器密度 ρ 时，生成的子图就是攻击者所期望的结果。

② SW 触发器[15]：小世界网络的一个显著特点是平均聚类系数大，平均路径长度短。生成指定大小和密度的小世界网络的步骤如下：首先，生成含有 n_{size} 个节点的圆环，其中每个节点与它左右相邻的各 $|\mathcal{N}(v)|$ 个节点相连；其次，以固定概率随机重新连接网络中的每条边，即将边的一个端点保持不变，而另一个端点取自于网络中随机选择的一个节点。同时，根据规定，任意两个不同的节点之间至多只能有一条边，且每个节点都不能有边与自身相连。当 $|\mathcal{N}(v)| = (n_{size}-1)\rho$ 时，生成的小世界网络的密度即为 ρ。

③ PA 触发器[16]：优先连接网络生成模型大部分节点的度值都很小，但是个别节点的度值很大，称为 Hub 节点。优先连接网络的生成过程如下：从一个具有 n 个节点的连通网络开始，每次引入一个新的节点，并且与 n 个已经存在的度值相对较大的节点连接，当 $n = ceil\left(\dfrac{n_{size}-\sqrt{n_{size}{}^2-2n_{size}(n_{size}-1)\rho}}{2}\right)$ 时，优先连接网络

的密度满足触发器要求。

(3) **中毒强度**:后门攻击方法是通过将子图注入选定的训练图中,同时将它们的标签更改为触发器标签的方法使模型中毒。因此,中毒强度定义为中毒数据数与所有训练数据数之比。

7.3.2 基于节点重要性的 LIA 后门攻击方法

现有的后门攻击研究中大都着眼于触发器的设计,而没有深入研究触发器注入位置对后门攻击性能的影响[17]。一般来说,一个优秀的触发器注入位置需要具备 3 个指标:首先是高攻击成功率,其次是后门 GNN 对正常图仍有高度识别能力,最后是它的攻击不易被防御者发现。现有的大多数的攻击方法都是随机选择节点作为注入位置[13]的方法,部分研究人员为了实现高攻击成功率并且受攻击的后门 GNN 对正常图仍然具有高度识别能力的目的,使用图匹配[20]的方法找到和触发器具有相似结构的子图结构来作为触发器注入位置,同时也能提高攻击的隐匿性。但其中均匀地随机选择触发器注入位置的方法有可能会导致将触发器注入对分类结果具有较大贡献的子图中,这是极易被检测到的;而基于图匹配方法来获取触发器注入位置的算法大都是计算密集型算法,复杂度较高。为了满足这些指标,Xu 等[17]应用了 GNN 可解释方法来选择最佳的触发器注入位置,并提出了 LIA(least important nodes selecting attack)方法,该方法能够快速选择最优或次优的触发器注入位置并且能够在不容易被发现的情况下实现较高的攻击性能。

面向图分类任务的后门攻击框架如图 7-4 所示。在训练阶段,攻击者向原始训练集的子集注入触发器,并将其标签更改为攻击者选择的目标标签以获得后门训练集,而使用后门训练集训练的 GNN 模型称为后门 GNN。在测试阶段,攻击者向给定的测试图注入相同的触发器实现攻击。

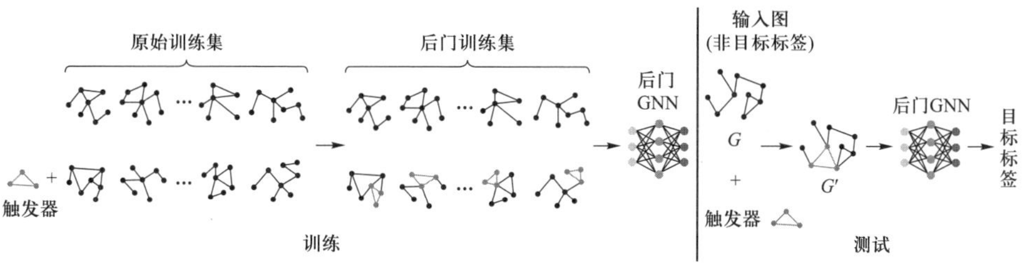

图 7-4 后门攻击框架(改编自文献[17])

为了实现高攻击成功率,LIA 方法引入了节点重要性这一概念。基于节点重要性的 LIA 后门攻击方法的原理如图 7-5 所示,给定一个预训练的 GNN 及其预测结果,通过 GNNExplainer[18],可以计算出每个图的节点重要性。基于节点重要性矩阵,攻击者可以为每个目标图选择最佳的触发器注入位置,然后训练后门 GNN。由于 LIA 方法在注入触发器时考虑了被攻击图的节点重要性,因此选择重要性向量中前 n_{size} 个的节点作为触发器的注入位置。具体来说可以分为两个步骤:

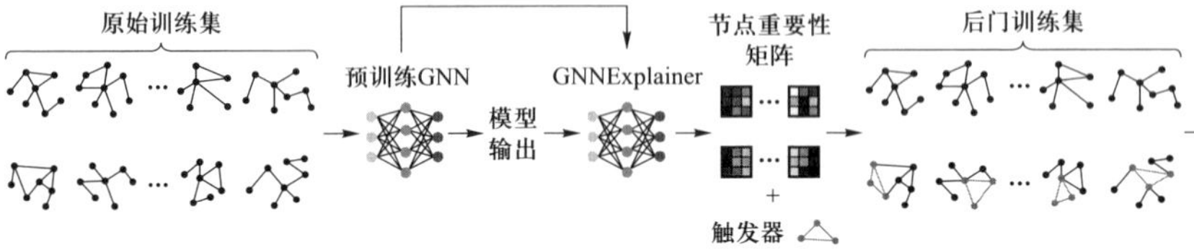

图 7-5　LIA 方法原理图(改编自文献[17])

(1) 使用 GNNExplainer 分析 GNN 的预测结果,以了解图中每个结构对 GNN 分类结果的影响。GNNExplainer 是 GNN 的一种可解释工具,可以用于解释任何基于 GNN 的模型预测。给定一个训练好的 GNN 模型及其预测结果,GNNExplainer 能够返回对模型的一个解释,具体来说就是模型每一个部分(节点)对于分类结果的贡献度或者影响力,可以表示为一个节点重要性矩阵。

(2) 通过 GNNExplainer 获得节点重要性矩阵后,相对于从图中均匀随机地选择若干个节点作为触发器注入位置的方法,节点重要性矩阵能够指导 LIA 方法选择 n_{size} 个最不重要的节点作为触发器注入位置来注入触发器,这能够有效地实现攻击的隐蔽性的目的。在获得触发器注入位置后,LIA 方法通过使用 ER 随机网络生成模型[14]来生成触发器,它沿用了 ER-B[13]方法中的触发器构造方法,生成大小为 n_{size} 密度为 ρ 的触发器。

7.4　基于混合扰动的图分类攻击

基于混合扰动的图分类攻击,即一种同时对网络的拓扑结构及其节点特征或链路特征进行修改的攻击方法。本节将详细介绍一种基于拓扑特征的攻击方法以及一种基于自适应触发器的攻击方法。

7.4.1 基于拓扑特征的 MaxDCC 混合攻击方法

后门攻击在图分类任务中作为一种新的攻击方法,目前的研究仍然存在一些问题:首先,触发器的设计单一,且攻击手段局限于拓扑结构;其次,触发器注入位置的选择具有随机性,即不考虑触发器注入位置在整个图中的重要性以及对攻击成功率的影响;最后,攻击的目标模型单一且不具有普适性。为了解决这些问题,Sheng 等[19]对网络重要拓扑特征进行研究,提出了基于网络拓扑特征的后门攻击方法 MaxDCC。

MaxDCC 方法的核心思想在于根据拓扑特征来选取触发器注入位置,同时基于对样本的统计信息来生成与原始图具有相似拓扑特征的触发器,并结合节点结构特征修改来进行攻击。具体来说,可以将其分为 3 个阶段:触发器生成、攻击节点选择和触发器注入。如图 7-6 所示,首先,攻击者需要生成一个具有特定结构的触发器作为打开模型后门的“钥匙”。其次,攻击者找到攻击效果最明显的节点作为目标。最后,在训练和测试阶段,注入触发器。详细流程如下:

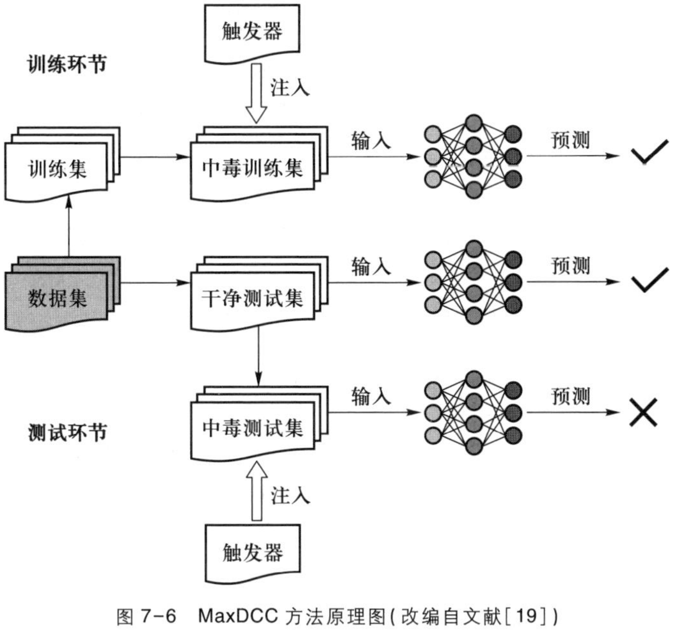

图 7-6 MaxDCC 方法原理图(改编自文献[19])

(1) **触发器生成**:触发器生成可以分解为 3 个步骤,首先,对数据集的拓扑结构指标和节点特征进行统计,获取数据的拓扑结构信息和特征分布,如网络密度等拓扑指标。其次，以上一步获得的拓扑结构信息为依据，攻击者可以使用随机图生成模型生成触发器结构。最后，使用样本的节点标签分布来生成触发器的节点特征对特征进行攻击，同时攻击者会修改被攻击图的标签。下面详细介绍数据集信息统计、随机子图触发器生成以及触发器特征生成 3 个子模块。

① 数据集信息统计：对于具有相同标签的样本，它们之间存在许多相似之处，不同标签的样本也会存在许多的差异。那么以样本间的异同为突破，将触发器与目标标签样本相关联，再将其注入到其他标签的样本中即可实现攻击。假设攻击者只能操纵训练集的小部分样本（如 5%），而目标标签为 $y_t \in Y$，那么样本的平均节点数$\overline{N}_t$ 可表示为

$$\overline{N}_t = \frac{\sum_{i=1}^{|D_{\text{train}}|\times 5\%} N_i}{|D_{\text{train}}| \times 5\%} \tag{7-23}$$

式中，$|D_{\text{train}}|$ 表示训练集的样本总数，N_i 表示样本 i 中的节点数。平均密度 $\overline{\rho}_t$ 可表示为

$$\overline{\rho}_t = \frac{\sum_{i=1}^{|D_{\text{train}}|\times 5\%} \frac{2M_i}{N_i(N_i-1)}}{|D_{\text{train}}| \times 5\%} \tag{7-24}$$

式中，M_i 表示样本 i 中的边数，$N_i(N_i-1)$ 表示基于样本为全连接图假设下的总边数。对于节点特征概率分布向量，先对每个节点标签进行 one-hot 编码获得节点向量，再统计每个标签的节点数。在攻击时，攻击者可以对所有节点向量组成的矩阵的每一列求和，而后进行归一化就能够得到节点标签分布。

② 随机子图触发器生成：触发器模块使用 ER 随机网络生成模型[14]来生成触发器结构。该模型的输入是节点数和密度，节点数表示触发器大小，密度表示触发器中两个节点之间存在边的概率，而输出是随机图 G。相应地，攻击者可以使用数据集信息统计模块中获得的平均节点数 $\overline{N}_t$ 和平均密度 $\overline{\rho}_t$ 作为输入来获得与标签 y_t 相关的触发器 G_t。

③ 触发器特征生成：攻击者通过数据集信息统计模块中获得的节点标签分布向量来生成触发器的特征，如图 7-7 所示。具体来说，根据第一步中获得的节点特征分布，攻击者对该分布进行翻转，即将分布进行排序后，倒置该分布，从而得到翻转的节点标签分布。而后，攻击者使用该分布生成的节点特征作为触发器节点特征进行注入以实现对节点特征的攻击。

（2）**攻击节点选择**：不论是游走方法还是深度学习的图表征方法都是通过学习节点和其邻居的特征来获取信息，所以关键节点在图结构中的信息传输中是必不可少的。MaxDCC 方法通过选择最重要的节点进行攻击以提高攻击成功

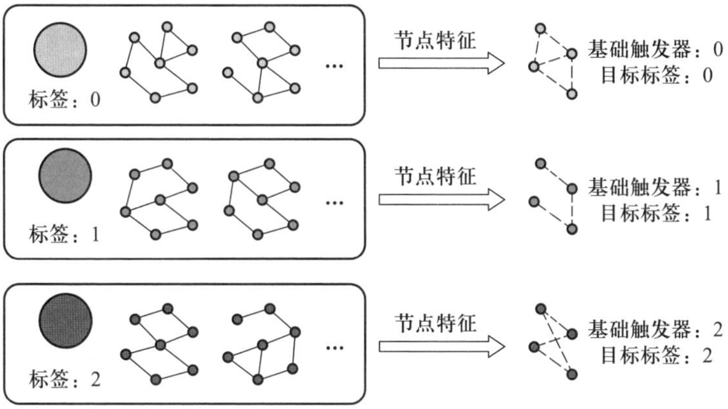

图 7-7 基于拓扑结构和节点特征的触发器生成图(改编自文献[19])

率。具体来说,MaxDCC 方法使用节点的度中心性(degree centrality,DC)和接近中心性(closeness centrality,CC)分别作为节点的局部结构特征和全局结构特征来衡量节点的重要性,它们的定义如下:

① 度中心性:在无向图中,节点 i 的度中心性表示为与节点 i 直接相连的节点数,节点的一阶邻居越多,节点的度中心性越大,该节点在网络中就越重要。节点 i 的度中心性可以表示为

$$DC(i) = \sum_{j \neq i}^{N} (e_{i,j} \in E) \tag{7-25}$$

② 接近中心性:接近中心性指示当前节点与其他节点之间的距离的接近程度。如果该节点与其他节点之间的距离之和越短,接近中心性越高,与其他节点的关系越密切。假设数据集中有多个不连通的分量,不同连通分量之间的节点没有与其他分量通信的路径。不同连通分量的节点数也不同,因此可以将节点 i 的接近中心性表示为

$$CC(i) = \frac{n-1}{N-1}\left(\frac{n-1}{\sum_{j}^{n-1} dis_{i,j}}\right) \tag{7-26}$$

式中,N 代表样本图中所有节点的数目,n 代表节点 i 所在的连通分量中的节点总数,$dis_{i,j}$代表节点 i 和节点 j 之间的距离。

最后将计算得到的度中心性和接近中心性进行归一化以映射到相同的区间得到 DC_{norm}和 CC_{norm},通过混合参数 λ 将两个指标进行混合得到 DCC:

$$DCC = \lambda DC_{\text{norm}} + (1-\lambda) CC_{\text{norm}} \tag{7-27}$$

根据触发器的大小 n_{size},DCC 前 n_{size}个大的节点作为触发器注入节点。

(3) **触发器注入**:在挑选好要注入的节点之后,将触发器注入图中,即将原有节点与边替换为触发子图。具体来说,触发器的注入可以分为两个阶段,即训练阶段和测试阶段。在训练阶段,攻击者选择小部分数据进行攻击,并将其更改为触发器对应的标签,使用中毒数据集进行训练来获得在干净数据上没有预测错误但对于中毒数据预测错误的模型。而在测试阶段,攻击者对所有测试数据注入触发器,使得受到攻击的测试集被错误预测来实现攻击。

7.4.2　基于自适应触发器的 GTA 混合攻击方法

第 7.4.1 节介绍了基于拓扑特征的攻击 MaxDCC,可以看出它的触发器生成器依然是 ER 随机生成器,固定式的触发器结构很难实现高效的攻击。本小节介绍一种对 GNN 的自适应触发器的后门攻击 GTA(graph Trojaning attack)[20],它与下游任务分离。如图 7-8 所示,攻击者通过训练一个自适应的触发器生成器,当样本输入模型时,若样本满足触发条件(如特定子图),则触发器将对样本进行子图级的修改,然后样本输入模型以修改模型参数,实现中毒攻击。与本章介绍的其他后门攻击方法不同的是,GTA 方法在攻击过程中会通过木马 GNN 向触发器生成器反馈以进行优化。

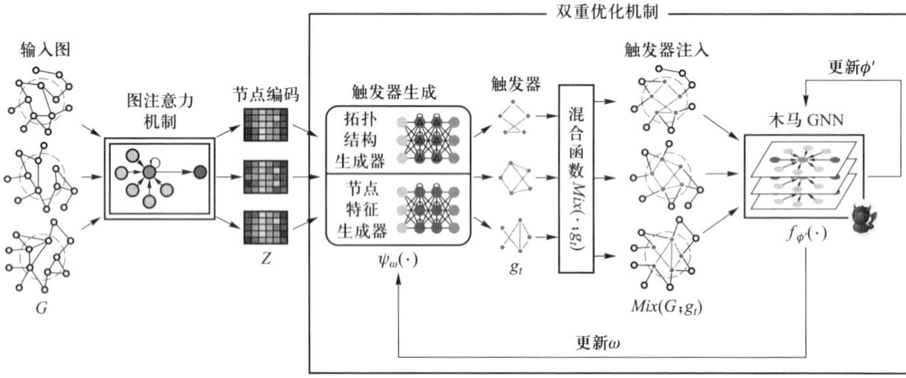

图 7-8　GTA 方法原理图(改编自文献[20])

众所周知,后门攻击目的是使注入了触发器的网络被分类到特定类别(即有效性),同时模型对正常样本的预测依旧正确(即隐匿性)。然而,攻击者在现实场景中无法接触到下游模型,因此无法直接优化攻击方法。另外,触发器 g_t 和木马模型 ϕ'是相互依赖的,所以每次优化 g_t 之前需要优化得到 ϕ'。此外,g_t 的搜索空间太大,且每个图都不一样,攻击方法也需要针对这些问题做出相应的解决方案,设置不同的触发器。

针对上面的难点，本方法进行了以下改进：首先，直接基于中间得到的图表示做优化，而不是基于最后的预测结果；其次，采用交错优化的方式来优化 g_t 和 ϕ'；再次，使用混合函数实施子图替换，来找到和触发器 g_t 最相似的子图 g；最后，针对每个图 G 都会有一个特定的触发器 g_t。

（1）**双重优化**：在双重优化任务中，优化目标为[21]

$$\begin{aligned} g_t^* &= \underset{g_t}{\operatorname{argmin}}\ \mathcal{L}_{\text{atk}}(\phi^*(g_t), g_t) \\ \text{s.t.}\ \ \phi^*(g_t) &= \underset{\phi'}{\operatorname{argmin}}\ \mathcal{L}_{\text{ret}}(\phi', g_t) \end{aligned} \tag{7-28}$$

式中，$\mathcal{L}_{\text{atk}}$ 和 $\mathcal{L}_{\text{ret}}$ 分别为攻击有效性损失和模型准确性损失。这两个损失函数可以表示为

$$\begin{aligned} \mathcal{L}_{\text{atk}}(\phi', g_t) &= \underset{G \in D[\backslash y_t], G' \in D[y_t]}{E} \operatorname{Sim}(f_{\phi'}(m(G; g_t)), f_{\phi'}(G')) \\ \mathcal{L}_{\text{ret}}(\phi', g_t) &= \underset{G \in D}{E} \operatorname{Sim}(f_{\phi'}(G), f_{\phi}(G)) \end{aligned} \tag{7-29}$$

式中，y_t 为目标标签，D 为下游任务数据，$D[y_t]$ 为下游任务数据中属于类别 y_t 的图，$D[\backslash y_t]$ 为下游任务数据中属于其他类别的图，Sim(· , ·)用来衡量两个图表示之间的差异性。由于直接对优化目标求解是非常困难的，因此使用交替对 $\mathcal{L}_{\text{atk}}$ 和 $\mathcal{L}_{\text{ret}}$ 求导的方法来求解，即在第 i 次迭代中，固定 $g_t^{(i-1)}$，通过对 $\mathcal{L}_{\text{ret}}$ 求梯度来优化 $\phi'^{(i)}$，以此迭代 ξ 次后，对 $\mathcal{L}_{\text{atk}}$ 进行求导来优化 g_t，其计算公式为

$$\begin{aligned} & \nabla_{g_t} \mathcal{L}_{\text{atk}}(\phi^*(g_t^{(i-1)}), g_t^{(i-1)}) \\ \approx\ & \nabla_{g_t} \mathcal{L}_{\text{atk}}(\phi'^{(i)} - \xi \nabla_{\phi} \mathcal{L}_{\text{ret}}(\phi'^{(i)}, g_t^{(i-1)}), g_t^{(i-1)}) \end{aligned} \tag{7-30}$$

因为这样的优化过程代价高昂，本方法使用单步展开模型[21]作为 $\phi^*(g_t)$ 的代理模型。

（2）**混合函数**：对于混合函数 $\operatorname{Mix}(G; g_t)$，它通过将子图 g 替换为 g_t 来实现攻击，其生成的 g_t 需要和 g 有相同的节点数，且两者的修改距离很小（增删边数限制）。主要难度在于特定子图的搜索（使用 VF2[22] 进行搜索）和不同图之间攻击子图不同而导致的极大的搜索空间。

（3）**触发器生成**：触发器生成器的功能是为待攻击的图 G 中的子图 g 量身定做一个触发器 g_t 以实施攻击，不妨将其表示为 $\psi_\omega(\cdot)$。具体来说，$\psi_\omega(\cdot)$ 有两层映射，第一层将节点编码映射至触发器图结构，第二层将节点编码映射至触发器节点特征。对于图特征编码，在特征提取中，采用注意力机制[23,24]，计算节点邻居的注意力系数作为邻居节点的权重进行卷积。而后在结构上进行映射，对于一个节点对 $v_i, v_j \in g$，可以根据它们的节点编码特征 z_i, z_j 的参数化余弦相似度来决定是否存在边

$$A'_{ij} = \mathbb{I}_{z_i^{\mathrm{T}} W_c^{\mathrm{T}} W_c z_j \geq \|W_c z_i\| \|W_c z_j\|/2} \tag{7-31}$$

式中，W_c 是可优化的参数，$\mathbb{I} \subseteq \{0,1\}$ 是指示函数，若节点 v_i, v_j 的相似度得分超过拓扑生成器阈值则相连。在特征映射上，节点 i 的特征可以表示为

$$X'_i = \sigma(\boldsymbol{W}_f \boldsymbol{z}_i + b_f) \tag{7-32}$$

式中，W_c, W_f, b_f 都是可优化的参数，映射得到的拓扑结构和节点特征组合起来即为一个完整的 g_t。关于 g 和 g_t 的相互依赖的问题，GTA 采用交错迭代更新的方式，先固定 g 更新 g_t，再由优化了的 g_t 更新 g。具体来说，在第 i 次迭代中，这里用随机选择的 g 初始化，首先根据第 i-1 次迭代中的 $g^{(i-1)}$ 更新触发器 $g_t^{(i)}$，其次根据 $g_t^{(i)}$ 更新选择的子图 $g^{(i)}$。

结合以上模块，算法 7-1 描述了 GTA 方法的攻击流程，其核心在于交替更新木马模型和触发器生成器。本方法主要的优化流程如下：

（1）**周期性重置**：由于在模型准确性训练中，其准确性训练指标是对中毒数据进行拟合，并用梯度下降方法对模型进行更新，随着更新步数的增加，这一训练指标可能会导致后门模型明显偏离在 D 上训练的真实模型，对攻击效果产生负面影响。为了解决这个问题，周期性地（如每迭代 20 次）用基于当前触发器 g_t 的完全训练的真实模型 $\phi^*(g_t)$ 来代替估计。

（2）**子图稳定**：在固定触发器生成函数的情况下，通过多次（如 5 次）运行子图更新步骤来稳定每个 $G \in D[\backslash y_t]$ 的所选子图 g，能够使得收敛更快。

（3）**模型恢复**：一旦木马模型 ϕ' 得到训练，攻击者可以重新采用预训练任务中的模型（不是下游任务中的分类器）。由于触发器的注入，预训练任务中的分类器可能与木马 GNN 不匹配。攻击者可以使用来自预训练任务的训练数据来微调预训练任务中的分类器。这一步使得中毒模型的整体准确性与其预训练模型能够相匹配，从而通过模型检验，达成攻击的隐匿性指标。

算法 7-1　GTA 攻击

输入：	预训练模型 ϕ，下游任务数据 D，目标类别 y_t
输出：	木马模型 ϕ'，触发器生成器参数 ω
	初始化触发器生成器参数 ω
	for $G \in D[\backslash y_t]$ do
	随机采样子图 g
	end
	while 尚未收敛 do

	对 $\nabla_{\phi'}\mathcal{L}_{\mathrm{ret}}(\phi',g_t)$ 进行梯度下降,更新木马模型
	对 $\nabla_{g_t}\mathcal{L}_{\mathrm{atk}}(\phi'-\xi\nabla_{\phi}\mathcal{L}_{\mathrm{ret}}(\phi',g_t),g_t)$ 进行梯度下降,更新触发器生成器参数 ω
	for $G\in D[\setminus y_t]$ do
	使用 $\mathrm{Mix}(G;g_t(g))$ 更新子图 g
	end
	end
	return ϕ',ω

7.5 面向图分类的对抗攻击实验

本节对上述的面向图分类的攻击方法在多个数据集上进行实验。考虑到逃逸攻击和中毒攻击方法所攻击的对象不同,这里将 6 种攻击算法分为逃逸攻击和中毒攻击分别进行对比分析。下面将对实验所用的数据集、实验设置进行介绍,最后对实验结果进行分析。

7.5.1 实验设置

数据集:本实验将介绍的图分类攻击算法应用到现实网络数据集中,具体包括 AIDS[25]、PROTEINS_full[26]、IMDB-BINARY[27] 和 IMDB-MULTI[27],数据集信息表如表 7-1 所示。这里需要说明的是,实验中仅考虑无权无向网络,并结合 ASR,BAD 指标来评估算法性能。对于数据集分割问题,本实验采用 8∶1∶1 的分割比例将数据集划分为训练集、验证集以及测试集,分别用于训练分类器、验证和测试分类器。其中,在攻击过程中,测试集用于验证攻击效果。为了较为公平地进行对比,对于逃逸攻击,全部训练集用来训练攻击模型。同时,对于中毒攻击,中毒数据比例设置为训练数据的 10%。

表 7-1　数据集信息表

数据集名称	图数	平均节点数	平均边数	样本标签及分布
AIDS	2000	15.69	16.20	400[0],1600[1]
PROTEINS_full	1113	39.06	72.82	662[0],449[1]
IMDB-BINARY	1000	19.77	96.53	500[0],500[1]
IMDB-MULTI	1500	13.00	65.94	500[0],500[1],500[2]

受害者模型:对于受害者模型,本实验选用 GCN[28] 和 GIN[29]。两个模型采用相同的分类架构,具体来说包括卷积层、MeanPooling 层、两层全连接层以及 softmax 层,其中模型参数设置如表 7-2 所示。在训练过程中,本实验采用 Adam 优化器,学习率为 0.001,训练轮次为 100,Dropout 率为 0.5。实验结果表明,GCN 和 GIN 在 4 个数据集上的分类性能如表 7-3 所示。

表 7-2　模型参数设置表

模型	数据集名称	卷积层数	隐藏层维度	批量大小
GCN	AIDS	3	128	128
	PROTEINS_full	3	128	128
	IMDB-BINARY	3	128	128
	IMDB-MULTI	3	128	64
GIN	AIDS	4	128	128
	PROTEINS_full	4	128	128
	IMDB-BINARY	4	128	128
	IMDB-MULTI	4	256	64

表 7-3　GCN 和 GIN 在 4 个数据集上的分类精度表

模型	AIDS	PROTEINS_full	IMDB-BINARY	IMDB-MULTI
GCN	0.9850±0.0055	0.7375±0.0640	**0.6980±0.0527**	0.4987±0.0258
GIN	**0.9890±0.0049**	**0.7339±0.0311**	0.6880±0.0519	**0.5133±0.0444**

攻击方法:基于逃逸攻击的方法包含 RL-S2V 和 ReWatt。对于 RL-S2V 方法,它在贪婪策略中使用 struct2vec 作为特征提取器来获取被攻击样本的节点特

征和全局特征，特征空间维度为 128；在提取特征之后通过两层维度为 128 的 Linear 层获得最终的候选动作特征并贪婪选择动作；同时它在有限的攻击次数 K 限制下对数据集进行攻击，本实验将 K 设置为 3，攻击过程中，动作采样的批量大小设置为 128。对于 ReWatt 方法，它在攻击过程中使用 3 层 GCN 作为特征编码器，隐藏层维度为 128；每一个动作由三部分组成，每一个部分的策略网络都由 2 层 Linear 层构成；强化学习过程中使用的学习率为 0.001，并配合 Adam 优化器对策略网络进行更新；同时，它的攻击预算由边攻击比例控制，该比例设置为 3%。

基于中毒攻击的方法包含 ER-B、LIA、MaxDCC 和 GTA。对于 ER-B 方法，它的核心在于 ER 随机图生成模型的设置，这里将触发器的密度设置为 0.8，触发器大小设置为 5，中毒强度也就是中毒数据的比例为 0.1。对于 LIA 方法，其核心思想在于使用 GNNExplainer 来选择触发器注入位置，本实验按照受害者模型的设置预训练代理模型，并结合 GNNExplainer 来获取触发器注入位置，触发器大小和触发器密度分别设置为 5 和 0.8。对于 MaxDCC 方法，其核心在于使用拓扑特征来判断节点重要性并根据节点重要性来选择触发器的注入位置，其中特征权重参数设置为 0.8，触发器的大小设置为 5。对于 GTA 方法，其核心在于使用自适应的触发器生成器来对不同的图生成不同的触发子图，这里的生成器包含 3 层全连接层，触发器大小设置为 5，训练长度为 20，拓扑结构生成器的阈值设置为 0.5。

7.5.2 逃逸攻击实验结果及分析

表 7-4 为逃逸攻击的图分类攻击算法在 4 个数据集上的实验结果汇总，表格中加粗显示的是各个数据集上性能最佳的攻击算法实现的攻击成功率。根据表格的实验结果可以发现：首先，在逃逸攻击实验中，GCN 模型在 4 个数据集上的攻击成功率都比 GIN 模型要低，这表明 GCN 模型比 GIN 模型要更鲁棒，具有更好的抵御逃逸攻击的能力；其次，加粗的数据基本都属于 ReWatt 方法，因此 ReWatt 方法的攻击性能普遍优于 RL-S2V。对于这样的现象，可以考虑从模型本身的特性和攻击方法的特性两个方面进行分析。从模型的角度来看，GCN 模型与 GIN 模型在图上进行节点嵌入时使用的是不同的聚合方式。GCN 模型使用邻居节点的平均值作为节点的表示向量，GIN 模型则将节点自身的特征向量与邻居节点的信息进行拼接后再通过全连接层进行非线性变换。GCN 模型的聚合方式可以保留邻居节点的平均信息，从而保证了模型对邻居节点信息的利用；而 GIN 模型则可能因为过度融合节点信息而导致对邻居节点信息的过度利用，降低了模型的鲁棒性。

表 7-4　逃逸攻击攻击成功率(ASR)表

模型	方法名称	AIDS	PROTEINS_full	IMDB-BINARY	IMDB-MULTI
GCN	RL-S2V	**0.0250±0.0130**	0.2696±0.0450	0.3060±0.0680	0.1867±0.0403
	ReWatt	0.0230±0.0075	**0.2747±0.0519**	**0.3160±0.0615**	**0.4827±0.0392**
GIN	RL-S2V	**0.0900±0.0298**	0.3120±0.0312	0.3107±0.0877	0.2982±0.0405
	ReWatt	0.0320±0.0051	**0.3440±0.0356**	**0.5440±0.0305**	**0.3161±0.0513**

从攻击方法的角度来看,两个方法的区别在于它们攻击策略和寻优算法的不同。在 RL-S2V 方法中,使用增删边为攻击手段,采用贪婪策略根据动作的预测概率选择最优的动作,攻击过程中通过采样攻击序列结合 Q-learning 算法来学习经验,实现攻击性能的提升。而 ReWatt 方法则以重连边为攻击手段并采用了策略梯度的方法,通过训练策略网络来得到更优的动作。因此,从攻击方法的角度来看,两者性能的差异一方面在于攻击手段的不同,RL-S2V 在攻击过程中会选择两个节点,如果它们存在边就选择删除,如果不存在边就添加这条边;而 ReWatt 则是删一条边之后再添加一条边,相比之下它更均衡,攻击手段较为隐蔽,因而它的攻击效果相对于 RL-S2V 也更为稳定。另一方面在于反馈机制的不同,RL-S2V 在进行攻击时,当且仅当一个序列结束时才有非零反馈,中间步骤的奖励都为 0;而 ReWatt 方法选择策略梯度算法作为框架,并在每一步攻击后给予非零反馈,这使得攻击者能够掌握更多的信息,并鼓励攻击者用更少的攻击预算去达成攻击的目的。

7.5.3　中毒攻击实验结果及分析

本实验使用中毒攻击的图分类攻击算法在 4 个数据集上分别对 GCN 模型和 GIN 模型实施攻击,表 7-5 和表 7-6 分别为的攻击成功率和模型精度下降程度的实验结果汇总,其中表 7-5 对最优的攻击成功率进行了加粗强调显示,而表 7-6 则对最小模型精度下降程度使用了加粗强调显示,对最大的模型精度下降程度使用了下划线强调显示。从实验结果中可以发现:(1) 基于混合扰动的攻击方法普遍要比基于拓扑结构扰动的攻击方法更高效,其中 GTA 方法最具攻击性;(2) 在 GIN 模型上的攻击效果普遍比 GCN 模型显著,这在 AIDS 数据集上最为明显,这表明 GCN 模型比 GIN 模型更具鲁棒性,这也与逃逸攻击实验中的现象相符合;(3) 从模型精度下降程度来评价,MaxDCC 方法往往能取得较低的模型精度下降程度,而 LIA 与 GTA 方法虽然有着最优的攻击效果,但在模型精度下降程度上处于劣势;(4) 对于不同目标标签的攻击效果在不同的方法上呈现一致性。

表 7-5 中毒攻击攻击成功率(ASR)表

模型	数据集名称	目标标签	ER-B	LIA	MaxDCC	GTA
GCN	AIDS	0	0. 3325±0. 2614	0. 3985±0. 1650	0. 9730±0. 0103	**1. 0000±0. 0000**
		1	0. 6750±0. 0822	0. 8750±0. 0851	0. 9940±0. 0120	**0. 9950±0. 0100**
	PROTEINS_full	0	0. 5867±0. 0227	0. 6515±0. 0510	0. 8321±0. 0546	**0. 9913±0. 0174**
		1	0. 2716±0. 0683	0. 4074±0. 1046	0. 7393±0. 0831	**0. 9731±0. 0332**
	IMDB-BINARY	0	0. 5040±0. 0991	0. 5080±0. 0854	0. 8300±0. 0261	**1. 0000±0. 0000**
		1	0. 4320±0. 0676	0. 4600±0. 0748	0. 8660±0. 0500	**1. 0000±0. 0000**
	IMDB-MULTI	0	0. 5760±0. 1623	0. 5860±0. 1711	0. 7667±0. 0235	**1. 0000±0. 0000**
		1	0. 5640±0. 0388	0. 5340±0. 1143	0. 9000±0. 0260	**1. 0000±0. 0000**
		2	0. 5760±0. 1516	0. 4860±0. 1283	0. 8520±0. 0265	**1. 0000±0. 0000**
GIN	AIDS	0	0. 9650±0. 0400	0. 9720±0. 0298	0. 9600±0. 0261	**1. 0000±0. 0000**
		1	0. 9900±0. 0122	0. 9950±0. 0100	0. 9940±0. 0073	**1. 0000±0. 0000**
	PROTEINS_full	0	0. 8000±0. 0744	0. 7996±0. 0634	0. 8589±0. 0516	**0. 9387±0. 0524**
		1	0. 5672±0. 2234	0. 5661±0. 1137	0. 6286±0. 0494	**0. 9970±0. 0060**
	IMDB-BINARY	0	0. 6150±0. 0907	0. 5120±0. 0412	0. 8340±0. 0403	**0. 9246±0. 1151**
		1	0. 4400±0. 0566	0. 4720±0. 1478	0. 8880±0. 0160	**1. 0000±0. 0000**
	IMDB-MULTI	0	0. 7620±0. 0194	0. 7900±0. 0616	0. 7640±0. 0137	**1. 0000±0. 0000**
		1	0. 5860±0. 0794	0. 6240±0. 0771	0. 8920±0. 0065	**0. 9961±0. 0078**
		2	0. 7040±0. 0314	0. 5620±0. 1452	0. 8787±0. 0757	**1. 0000±0. 0000**

对于以上实验结果，可以从攻击方法和数据集本身等多个角度进行分析。从攻击方法的角度来看，ER-B 和 LIA 都属于子图级后门攻击方法，且仅对拓扑结构进行扰动；而 MaxDCC 和 GTA 方法则对特征和拓扑结构两者进行扰动，它们可以在多个层面上对模型进行攻击，因而比 ER-B 和 LIA 方法都更高效，其中 GTA 方法设计了自适应触发器生成器实现了最优的攻击性能。而对于模型精度下降程度问题，MaxDCC 方法在攻击前统计了数据集的特征，并在生成触发器的时候使用了这些信息，使得它的方法具有隐匿性，中毒模型对干净数据的辨识能力没有被严重破坏；而 LIA 方法则使用 GNNExplainer 对攻击者进行指导，选择了最不重要的几个节点作为触发器注入位置，这样的攻击不易被检测到，因而它的隐匿性仅次于 MaxDCC 方法；ER-B 方法的触发器是随机生成的，触发器注入位

置也是随机选择的，因而它的随机性很强；GTA 方法虽然设计了生成自适应触发器来进行攻击，但并没有对触发器的隐匿性做完备的考虑，因而模型精度下降程度也最明显。而受数据集本身的影响，对于不同目标标签的攻击成功率会相差较大。如表 7-1 所示，在数据集中，不同标签的样本在数据集中的占比也不同。同时，结合实验结果可以发现，以样本数占比较多的标签为攻击目标相比样本数占比较少的标签会更为容易，即攻击成功率会更高。以 AIDS 为例，其标签为 0 的样本数和标签为 1 的样本数极其不平衡，因而攻击算法以 0 为目标标签时的攻击效果明显弱于以 1 为目标标签时的攻击效果。

表 7-6 中毒攻击模型精度下降程度(BAD)表

模型	数据集名称	目标标签	ER-B	LIA	MaxDCC	GTA
GCN	AIDS	0	0. 0070±0. 0051	0. 0110±0. 0058	**0. 0060±0. 0020**	0. 0187±0. 0106
		1	0. 0290±0. 0136	0. 0260±0. 0097	0. 0080±0. 0060	**0. 0060±0. 0057**
	PROTEINS_full	0	**0. 0357±0. 0098**	0. 0446±0. 0343	0. 0518±0. 0311	0. 0540±0. 0378
		1	**0. 0357±0. 0253**	0. 0446±0. 0219	0. 0536±0. 0246	0. 0575±0. 0345
	IMDB-BINARY	0	**0. 0180±0. 0172**	0. 0460±0. 0080	0. 0280±0. 0172	0. 0694±0. 0535
		1	0. 0360±0. 0185	0. 0400±0. 0283	**0. 0240±0. 0185**	0. 0456±0. 0339
	IMDB-MULTI	0	0. 0573±0. 0278	0. 0627±0. 0662	**0. 0253±0. 0212**	0. 0792±0. 0397
		1	0. 0480±0. 0293	**0. 0280±0. 0098**	0. 0480±0. 0244	0. 0726±0. 0360
		2	0. 0373±0. 0392	0. 0320±0. 0154	**0. 0253±0. 0181**	0. 0621±0. 0442
GIN	AIDS	0	0. 0070±0. 0040	0. 0060±0. 0058	**0. 0040±0. 0037**	0. 0220±0. 0168
		1	0. 0060±0. 0037	**0. 0050±0. 0055**	0. 0110±0. 0073	0. 0119±0. 0066
	PROTEINS_full	0	0. 0250±0. 0221	0. 0357±0. 0246	**0. 0232±0. 0184**	0. 0394±0. 0154
		1	0. 0357±0. 0179	0. 0464±0. 0326	**0. 0232±0. 0145**	0. 0627±0. 0282
	IMDB-BINARY	0	0. 0460±0. 0377	**0. 0160±0. 0224**	0. 0380±0. 0117	0. 0465±0. 0255
		1	0. 0280±0. 0075	**0. 0200±0. 0141**	0. 0320±0. 0075	0. 0663±0. 0439
	IMDB-MULTI	0	0. 0467±0. 0084	0. 1033±0. 0706	**0. 0320±0. 0136**	0. 0791±0. 0513
		1	0. 0720±0. 0586	0. 0387±0. 0265	**0. 0293±0. 0191**	0. 0739±0. 0300
		2	0. 0373±0. 0495	0. 0800±0. 0540	**0. 0360±0. 0233**	0. 0765±0. 0472

7.6 本章小结

本章主要介绍了图数据挖掘领域中多种面向图分类任务的对抗攻击方法，对这些攻击方法进行了合理的分类，并结合实验讨论了各种攻击方法的优点和缺点。现有的图分类攻击方法依照扰动层面分类，可分为了基于链路层的攻击算法、基于子图层的攻击算法和基于混合扰动的攻击算法，它们通过对攻击目标的不同层面注入扰动，从而影响模型实现攻击。在进行攻击实验时，考虑到逃逸攻击和中毒攻击的攻击对象和实施难度的不同，因此我们将逃逸攻击和中毒攻击分别进行实验并对比分析。实验结果表明，在逃逸攻击中，ReWatt 比 RL-S2V 更高效，且更具隐匿性。同时，与其他攻击方法相比，GTA 和 MaxDCC 这一类基于混合扰动的攻击方法同时对网络的拓扑结构和特征进行修改，从而实现了多层次的攻击，获得了最优的攻击性能，这也证明了基于混合扰动的攻击方法的研究具有重要意义。

在本章中，中毒攻击方法占比较大，这是因为目前面向图分类的对抗攻击方法以中毒攻击为主，对于逃逸攻击算法的研究还很匮乏，其攻击性能也有很大的提升空间。虽然中毒攻击相比逃逸攻击具有更好的攻击性能，但是在实际的场景中，中毒攻击往往需要攻击者事先将恶意代码注入受害者的设备中以训练中毒模型，这很难实施。同时，因为要使用中毒数据对模型进行训练，中毒攻击往往需要攻击者有足够的时间来完成攻击，这对攻击者来说也是一项挑战。相比之下，逃逸攻击更具有可操作性。逃逸攻击通常利用已知或未知的漏洞来实现，它的攻击对象是训练样本而非模型，只需要访问模型获得模型的预测结果就能实施攻击，这相对于中毒攻击来说更加灵活。因而对面向图分类的逃逸攻击也是一个很值得探索的研究方向。

如表 7-7 所示我们将现有的图分类攻击方法进行了汇总，其中包括一些本章没有介绍的方法。

表 7-7　算法分类表

算法名称	年份	出处	中毒	逃逸	黑盒	白盒	灰盒	扰动类型
ReWatt[5]	2021	KDD		√	√			重连边
GeneticAlg[3]	2018	ICML		√			√	增删边
GradArgmax[3]	2018	ICML		√		√		增删边
RL-S2V[3]	2018	ICML		√	√			增删边
Hard-Label[30]	2021	CCS		√	√			增删边
Projective Ranking[31]	2022	TKDE		√		√		添加边
TRAP[32]	2022	RAID	√		√			增删边
ER-B[13]	2021	SACMAT	√		√			子图
LIA[17]	2021	WSML	√				√	子图
GTA[20]	2021	USENIX	√				√	混合扰动
MaxDCC[19]	2021	CC-NAW	√		√			混合扰动
GraphAttacker[24]	2021	TNSE	√		√			混合扰动

参考文献

[1] Wang X, Chang H, Xie B, et al. Revisiting adversarial attacks on graph neural networks for graph classification[J]. IEEE Transactions on Knowledge and Data Engineering, 2023, 36(5): 2166-2178.

[2] Zheng H, Xiong H, Chen J, et al. Motif-backdoor: Rethinking the backdoor attack on graph neural networks via motifs[J]. IEEE Transactions on Computational Social Systems, 2023, 11(2): 2479-2493.

[3] Dai H, Li H, Tian T, et al. Adversarial attack on graph structured data[C]//International Conference on Machine Learning, 2018: 1115-1124.

[4] Dai H, Dai B, Song L. Discriminative embeddings of latent variable models for structured data[C]//International Conference on Machine Learning, 2016: 2702-2711.

[5] Ma Y, Wang S, Derr T, et al. Graph adversarial attack via rewiring[C]//Proceedings of the 27th ACM SIGKDD Conference on Knowledge Discovery and Data Mining, 2021: 1167-1169.

[6] Ghosh A, Boyd S. Growing well-connected graphs[C]//Proceedings of the 45th

IEEE Conference on Decision and Control, Piscataway: IEEE, 2006: 6605-6611.

[7] Sutton R S, Barto A G. Reinforcement Learning: An Introduction [M]. Cambridge: MIT Press, 2018.

[8] Chan H, Akoglu L. Optimizing network robustness by edge rewiring: A general framework[J]. Data Mining and Knowledge Discovery, 2016, 30(5): 1395-1425.

[9] Fiedler M. Algebraic connectivity of graphs [J]. Czechoslovak Athematical Journal, 1973, 23(2): 298-305.

[10] Li R C. Matrix perturbation theory [M]//Leslie H. Handbook of Linear Algebra. London: Chapman and Hall/CRC, 2006, 15: 1-18.

[11] Shuman D I, Narang S K, Frossard P, et al. The emerging field of signal processing on graphs: Extending high-dimensional data analysis to networks and other irregular domains [J]. IEEE Signal Processing Magazine, 2013, 30(3): 83-98.

[12] Sandryhaila A, Moura J M F. Discrete signal processing on graphs: Frequency analysis [J]. IEEE Transactions on Signal Processing, 2014, 62 (12): 3042-3054.

[13] Zhang Z, Jia J, Wang B, et al. Backdoor attacks to graph neural networks [C]//Proceedings of the 26th ACM Symposium on Access Control Models and Technologies, 2021: 15-26.

[14] Gilbert E N. Random graphs[J]. The Annals of Mathematical Statistics, 1959, 30(4): 1144-1147.

[15] Watts D J, Strogatz S H. Collective dynamics of 'small-world' networks[J]. Nature, 1998, 393(6684): 440-442.

[16] Barabási A L, Albert R. Emergence of scaling in random networks [J]. Science, 1999, 286(5439): 509-512.

[17] Xu J, Xue M, Picek S. Explainability-based backdoor attacks against graph neural networks [C]//Proceedings of the 3rd ACM Workshop on Wireless Security and Machine Learning, 2021: 31-36.

[18] Ying Z, Bourgeois D, You J, et al. GNNExplainer: Generating explanations for graph neural networks [J]. Advances in Neural Information Processing Systems, 2019, 32: 9240-9251.

[19] Sheng Y, Chen R, Cai G, et al. Backdoor attack of graph neural networks based on subgraph trigger [C]//Collaborative Computing: Networking,

Applications and Worksharing, 2021: 276-296.

[20] Xi Z, Pang R, Ji S, et al. Graph backdoor[C]//USENIX Security Symposium, 2021: 1523-1540.

[21] Franceschi L, Frasconi P, Salzo S, et al. Bilevel programming for hyperparameter optimization and meta-learning[C]//International Conference on Machine Learning, 2018: 1568-1577.

[22] Cordella L P, Foggia P, Sansone C, et al. A(sub)graph isomorphism algorithm for matching large graphs[J]. IEEE Transactions on Pattern Analysis and Machine Intelligence, 2004, 26(10): 1367-1372.

[23] Velickovic P, Cucurull G, Casanova A, et al. Graph attention networks[C]//International Conference on Learning Representations, 2018.

[24] Chen J, Zhang D, Ming Z, et al. GraphAttacker: A general multi-task graph attack framework [J]. IEEE Transactions on Network Science and Engineering, 2021, 9(2): 577-595.

[25] Riesen K, Bunke H. IAM graph database repository for graph based pattern recognition and machine learning[C]//SSPR/SPR, 2008: 287-297.

[26] Borgwardt K M, Ong C S, Schönauer S, et al. Protein function prediction via graph kernels[J]. Bioinformatics, 2005, 21(1): 47-56.

[27] Yanardag P, Vishwanathan S V N. Deep graph kernels[C]//Proceedings of the 21th ACM SIGKDD International Conference on Knowledge Discovery and Data Mining, 2015: 1365-1374.

[28] Kipf T N, Welling M. Semi-supervised classification with graph convolutional networks[C]//International Conference on Learning Representations, 2017.

[29] Xu K, Hu W, Leskovec J, et al. How powerful are graph neural networks? [EB/OL]//arXiv: 1810. 00826, 2018.

[30] Mu J, Wang B, Li Q, et al. A hard label black-box adversarial attack against graph neural networks [C]//Proceedings of the 2021 ACM SIGSAC Conference on Computer and Communications Security, 2021: 108-125.

[31] Zhang H, Yuan X, Zhou C, et al. Projective ranking-based GNN evasion attacks[J]. IEEE Transactions on Knowledge and Data Engineering, 2022, 35(8): 8402-8416.

[32] Yang S, Doan B G, Montague P, et al. Transferable graph backdoor attack [C]//Proceedings of the 25th International Symposium on Research in Attacks, Intrusions and Defenses, 2022: 327-332.

第 8 章　基于图模型的推荐系统攻击

推荐系统(recommendation system,RS)已经成为在线社交平台和电商平台不可或缺的工具,在现代信息和电子商务应用中发挥着重要作用。但推荐系统可能会受到恶意第三方的攻击。本章主要介绍网络图攻击算法在推荐系统中的应用。首先,简单介绍推荐系统的概念、背景知识以及推荐系统攻击方法的分类;其次,着眼于网络图攻击算法在推荐系统场景上的应用,选择基于节点注入和基于增删边这两类经典的基于图模型的推荐系统攻击方法进行详细介绍;最后,从网络鲁棒性的角度来探讨推荐系统的安全性。

8.1 推荐系统简介

推荐系统建立在海量数据挖掘的基础上，为用户提供个性化的决策支持和信息服务。推荐系统是一种信息过滤系统，用于预测用户对物品的“评分”或“偏好”。该系统通常分为召回、排序、重排序等环节，每个环节逐层过滤，最终从海量的物料库中筛选出用户可能感兴趣的物品推荐给用户。

推荐系统更倾向于人们没有明确的目的或者他们的目的是模糊的这一情形，通俗来讲，连用户自己都不知道他想要什么，这正是推荐系统的用武之地。推荐系统利用用户的历史行为、兴趣偏好，或者用户的人口统计学特征来构建推荐算法模型，生成用户可能感兴趣的物品列表。根据推荐算法所用数据的不同分为基于内容的推荐、基于协同过滤的推荐以及混合推荐。其中基于协同过滤的推荐又可以分为基于内存的协同过滤和基于模型的协同过滤。基于模型的协同过滤主要包括贝叶斯网络模型、隐语义模型、图模型和矩阵分解。用户行为数据很容易用二分图表示，其中图中节点表示用户和物品，节点之间的边表示用户与物品的交互行为。因此，很多图算法可以被应用到推荐系统中。本章主要从网络图的角度来介绍推荐系统模型及其安全性。

8.2 基本概念

推荐系统的开放性(即推荐模型通常根据公开可访问的用户数据进行学习)和对在线用户的巨大影响力为攻击者提供了机会和激励。攻击者可以在推荐模型的训练集中注入虚假数据，使模型失效，这种攻击被称为中毒攻击。具体而言，攻击者利用被控用户将精心设计的虚假用户-物品交互关系数据注入训练集，目的是操作针对目标物品的推断表示，使它们与目标用户的表示相似。本节将给出推荐系统攻击的问题描述和评价指标。

8.2.1 问题描述

网络图模型的基本思想是将一组用户行为数据表示为一个二元组(用户,物品)。每个二元组代表用户对物品的操作,这样就可以将数据集构建成一个二分图。给定一个推荐系统用户-物品交互二分图 $G=(V,E)$,其中 $V=V_U\cup V_I$ 由用户节点集 V_U 和物品节点集 V_I 组成。对于每一个二元组(u,i),图中都有一条对应的边 $e=(v_u,v_i)\in E$,其中 $v_u\in V_U$ 和 $v_i\in V_I$ 分别表示用户 u 和物品 i 对应的节点。图 8-1 是一个简单的用户-物品二分图模型,其中不同的用户符号代表用户节点,不同的物品符号代表物品节点,用户节点和物品节点之间的边表示用户与物品的交互行为。例如,图中用户节点 A 与 3 个物品节点相连,说明用户 A 与上述物品产生过交互行为。将用户行为表示为二分图后,就可以在二分图上部署用户个性化推荐算法。

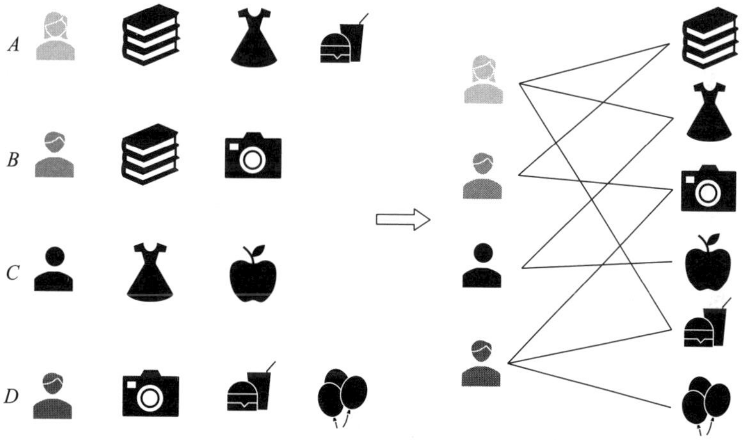

图 8-1 用户-物品二分图模型

推荐算法在提供推荐结果时,一般是给用户一个个性化的推荐列表,这种推荐叫作 Top-k 推荐。根据上述描述,我们进一步详细说明推荐系统攻击的威胁模型。攻击者的目标是向尽可能多的目标用户推广目标物品。具体而言,假设系统向每个用户推荐 k 件物品,攻击者的目标是最大化平均显示率,这表示目标用户的 Top-k 推荐结果中包含目标物品的比例。为了达到攻击目标,攻击者招募受控用户,他们可以访问或评价目标物品和选定的代理物品。另外,注入虚假数据之前和之后的用户-物品交互集分别称为原始数据和被操纵的数据。由于真实用户经常与少量物品交互,因此限制了每个受控用户可以交互的最大物品数。此外,由于攻击者不知道确切的体系结构或目标模型的参数,故而利用本地的代理推荐模型来制造虚假的用户-物品交互,然后直接使用它们来攻击目标系统。这种设计背后的直觉是:如果两个推荐模型都能在给定的数据集上产生满意的推荐结果,那么为其中一个推荐模型生成的中毒样本就可以用来攻击另一个推荐模型。

8.2.2　评价指标

引入命中率 $HR@k$[1] 来评估节点注入攻击的有效性,即目标物品出现在真实用户推荐列表前 k 个的比例。如式(8-1)所示,其中 I_{target} 为目标物品的集合,U 为真实用户的集合。$\delta(u,i)$ 是一个指标函数,如果物品 i 进入用户 u 的推荐列表,则等于 1,否则为 0。

$$HR@k = \frac{1}{|I_{\text{target}}|}\sum_{i \in I_{\text{target}}} \frac{1}{|U|}\sum_{u \in U} \delta(u,i) \tag{8-1}$$

针对攻击下的推荐性能的评价指标还包括精度、召回率和归一化折损累计增益(normalized discounted cumulative gain,NDCG)[2] 等。本章主要使用命中率来展示推荐系统攻击性能。

8.3　基于节点注入的推荐系统攻击方法

基于节点注入的推荐系统攻击方法旨在将伪造的虚假用户或者虚假物品作为恶意节点注入网络图来影响推荐系统性能。在实际应用中,社交网络中的社交机器人场景可以作为推荐系统节点注入攻击的一个经典示例。社交机器人作为一种虚拟用户被投入社交网络中,可以通过自行发布信息和互动评论来参与社交活动,进而实现虚假信息传播和舆论操控等行为。同时,推荐系统的个性化特点可能进一步使用户陷入信息过滤的困境,影响用户的信息获取体验和对信息真实性的判断。社交网络上推荐策略建模与现象分析等内容可参考第 9.2 节。下面将介绍两种经典的基于节点注入的推荐系统攻击方法。

8.3.1　PAGBRS

PAGBRS[3](poisoning attacks to graph-based recommender systems)是一种针对基于图模型的推荐系统的中毒攻击方法。现有的大多数推荐系统攻击目标主要是将目标物品推荐给尽可能多的用户。为了实现这一目标，PAGBRS 设计并精心筛选了具有评分的虚假用户，将其注入推荐系统。为了避免这些虚假用户被检测到，该方法限制了注入虚假用户的数量。PAGBRS 的关键挑战在于如何为虚假用户设置评分，以便将目标物品推荐给更多的真实用户。

为了解决上述挑战，PAGBRS 将中毒攻击定义为一个优化问题（假设注入 m 个虚假用户并为每个虚假用户配置 n 个过滤物品），并且提出解决优化问题的方法。具体而言，损失函数的优化目标设为命中率。设 $\boldsymbol{r}_v$ 为虚假用户 v 的评分向量，其中 r_{vi} 是虚假用户 v 对物品 i 的评分。评分集是一个整数集 $\{0,1,\cdots,r_{\max}\}$，其中 $r_{\max}$ 是最大评分。例如，在许多推荐系统中，$r_{\max}=5$。评分得分为 0 表示用户没有对相应的物品进行评分。从本质上讲，该方法的目标是找出每个虚假用户的评分向量，使目标物品的命中率最大化。可以通过解决以下优化问题来得到评分向量：

$$
\begin{aligned}
&\max\ h(t)\\
&\text{s.t.}\begin{cases}|\boldsymbol{r}_v|_0 \leqslant n+1, & \forall v \in \{v_1,v_2,\cdots,v_m\}\\ r_{vi} \in \{0,1,\cdots,r_{\max}\}, & \forall v \in \{v_1,v_2,\cdots,v_m\}\end{cases}
\end{aligned}
\tag{8-2}
$$

式中，$\{v_1,v_2,\cdots,v_m\}$ 是 m 个虚假用户集；$|r_v|_0$是评分向量 $\boldsymbol{r}_v$ 中非零元素的数量；n 是过滤物品（不包含目标物品）的最大数；$h(t)$ 是命中率，即前 n 个推荐物品中包含物品 t 的真实用户的比例，是由推荐系统在包含 m 个虚假用户的整个用户-物品评分矩阵上计算得到的。不难看出，目标函数 $h(t)$ 与评分变量 $\boldsymbol{r}_v(v\in\{v_1,v_2,\cdots,v_m\})$ 密切相关，且该变量是整数变量。为该优化问题找到一个精确的最优解在计算上是一个 NP 困难问题。为了解决这一计算挑战，该方法引入了几种优化技术：(1) 通过逐一优化虚假用户的评分来代替对 m 个用户的评分进行优化；(2) 使用更易优化的函数来代替目标函数 $h(t)$；(3) 将评分分数放宽为 $[0,r_{\max}]$ 内的连续变量来解决优化问题，再将它们转换为整数评分分数。

假设攻击者要推荐的目标物品是 t，该方法将虚假用户逐个添加到推荐系统中。假设 $G=(U,I,E)$ 是当前用户偏好图，包括真实用户和已添加的虚假用户的评分得分。S 是没有对目标物品 t 进行评分的真实用户的集合。设用户 u 的前 n 个推荐物品的集合为 L_u。攻击者将虚假用户 v 添加到 G 中，连续变量 w_{vi} 表示虚假用户 v 对物品 i 的评分，可以视为边 (v,i) 的权重，权重向量 $\boldsymbol{w}_v$ 表示虚假用户 v 对所有物品的评分。该攻击的目标是找到最优的边权重来最大化目标物品的命中率。在解决优化问题后再将 w_v 转换为整数变量 r_v。

为了更好地解决优化问题，该方法使用随机游走的平稳概率来近似命中率，该概率用于在基于图模型的推荐系统中生成前 n 个推荐物品。在注入了虚假用户 v 的用户偏好图中，为了对真实用户 u 进行推荐，首先从 u 开始随机游走，并计

算其平稳概率分布 $\boldsymbol{p}_u$，其中 p_{ui} 是第 i 项的平稳概率。具体来说，平稳概率分布 $\boldsymbol{p}_u$ 由下式计算得到：

$$\boldsymbol{p}_u = (1-\alpha)\boldsymbol{Q}\boldsymbol{p}_u + \alpha\boldsymbol{e}_u \tag{8-3}$$

式中，α 是重启概率；$\boldsymbol{e}_u$ 是第 u 个元素是1其他元素为0的单位向量；过渡矩阵 $\boldsymbol{Q}$ 是边权 $\boldsymbol{w}_v$ 的函数，其元素 Q_{xy} 是边权与周围邻居边权和的比值。$\boldsymbol{p}_u$ 初始化为一个随机概率分布，然后逐步迭代更新直到式(8-3)收敛。其次，根据平稳概率对未被用户 u 评价的物品进行排序，将平稳概率最大的前 n 个物品组成推荐列表 L_u，并推荐给用户 u。如果目标物品 t 在推荐列表 L_u 中，且对于推荐列表 L_u 中的某个物品 i 有 $p_{ui}<p_{ut}$，那么目标物品 t 命中用户 u，否则目标物品 t 不命中用户 u。

那么，对于单个用户来看，目标函数可以描述为

$$l_u = \sum_{i \in L_u} g(p_{ui} - p_{ut}) \tag{8-4}$$

$$g(x) = \frac{1}{1+\exp(-x/b)} \tag{8-5}$$

式中，g 是 Wilcoxon-Mann-Whitney 损失函数[4]，用来提升排序效果；b 是超参数。根据式(8-4)和式(8-5)可知，目标物品 t 排名越靠前且物品 i 排名越靠后，p_{ui} 越大，p_{ut} 越小，目标损失 l_u 越小。

进一步，面向全部用户的损失函数可以记为

$$l = \sum_{u \in S} l_u \tag{8-6}$$

式中，S 是未对目标物品评分的真实用户集。

在该方法中，每个虚假用户最多对 n 个物品进行评分以避免检测，从本质上限制了虚假用户对物品的评分 $\boldsymbol{r}_v$ 的值。考虑到这一约束，该方法提出以下优化方案：

$$\begin{aligned} &\min F(\boldsymbol{r}_v) = |\boldsymbol{r}_v|_2^2 + \lambda l \\ &\text{s.t.}\ \ r_{vi} \in [0, r_{\max}] \end{aligned} \tag{8-7}$$

式中，r_{vi} 是虚假用户 v 对物品 i 的评分；最小化 $|\boldsymbol{r}_v|_2^2$ 的目的是使每个虚假用户只能对少量物品进行评分；参数 $\boldsymbol{\lambda}$ 用以平衡正则项和损失函数的权重。

进一步，式(8-7)可以用投影梯度下降法(projected gradient descent，PGD)来进行优化训练，得到虚假用户 v 连接全部物品的边的权重 $\boldsymbol{w}_v$。

在求解权重 $\boldsymbol{w}_v$ 后，可以进一步为虚假用户 v 生成评分。首先，假设虚假用户给目标物品提供最大评分。其次，根据权重 w_{vi} 对物品进行排序，并选择权重最高的 n 个物品作为过滤物品，且虚假用户只生成过滤物品的评分分数。此外，对于每个物品，正态分布可以拟合真实用户对该物体的评分，从正态分布中采样一个数字，然后将该数字离散为整数评分。该方法只使用权重来选择物品，而不是它

们的评分分数，因为权重是近似值。从这样的正态分布中为过滤物品生成评分分数，因此虚假用户很可能与更多真实用户相似，进而更有可能向更多真实用户推荐目标物品。

具体来看，推荐系统在用户偏好图中进行随机游走。随机游走从用户开始，每一步以一定的概率（称为重启概率）跳回用户。当随机游走收敛时，每个物品都有一个平稳概率，它本质上表征了物品与用户之间的关系密切程度。最后，系统向用户推荐具有最大平稳概率的前 n 个物品。为了确定每个虚假用户的推荐物品及其评分，PAGBRS 将中毒算法作为一个优化问题列入基于图模型的推荐系统中，其目标函数是目标物品的命中率（即，推荐的物品中包含目标物品的真实用户的比例）。解决这个优化问题会产生具体的虚假用户，从而最大化目标物品的命中率。

8.3.2 GSPAttack

随着图神经网络的兴起，基于图的推荐系统（graph-based recommendation system，GRS）[3,5,6]在过去几年中取得了显著的成功。然而，现有研究表明，GRS 极易受到恶意攻击。攻击者通过注入虚假数据，可以随意地操纵推荐结果。这可能是由于现有的中毒攻击策略要么是模型不可知的，要么是专门为传统的推荐算法（例如，基于邻域的、基于矩阵分解的或基于深度学习的推荐系统）而设计的，而这些算法不适用于 GRS。随着 GRS 的广泛应用，如何设计针对 GRS 的中毒攻击已经成为保证用户体验稳定性的迫切需要。在这里，该方法将专注于使用中毒攻击去操纵 GRS 中的推荐物品排名。与标准的 GNN 相比，由于网络结构的异构性以及用户与物品之间的交互关系，攻击 GRS 更具挑战性。为了克服这些挑战，本节为 GRS 提出了一个基于生成代理的中毒攻击——GSPAttack[7]方法。

为了更直观地了解如何对推荐系统执行中毒攻击，图 8-2 展示了最常见的攻击运行示例。该方法假设攻击遵循一个简单的两步过程：(1) 创建虚假用户，在仔细分析的基础上，人工设计或自动生成虚假用户资料，使其与真实用户资料相似；(2) 注入行为，攻击者将虚假用户的行为注入目标系统，以操纵目标系统向攻击目标靠近。

在图 8-2 中，用户和物品之间的交互使用二分图表示，其中节点表示用户或物品，边表示它们之间的交互。基于 GNN 的推荐系统将通过在图上的特征转化来学习节点（用户和物品）的隐藏表示，这些隐藏的表示后续将用于计算推荐列表。正如图 8-2 所示，攻击者通过操纵虚假用户向图中注入虚假的交互信息（虚线箭头）；通过对一组特定的物品（如帽子和椅子）注入虚假评分，攻击者可以将帽子(低评分)展示在推荐系统的推荐列表中。尽管不同的攻击方法的注入行为可能有所不同,但大多数攻击都遵循相同的过程。

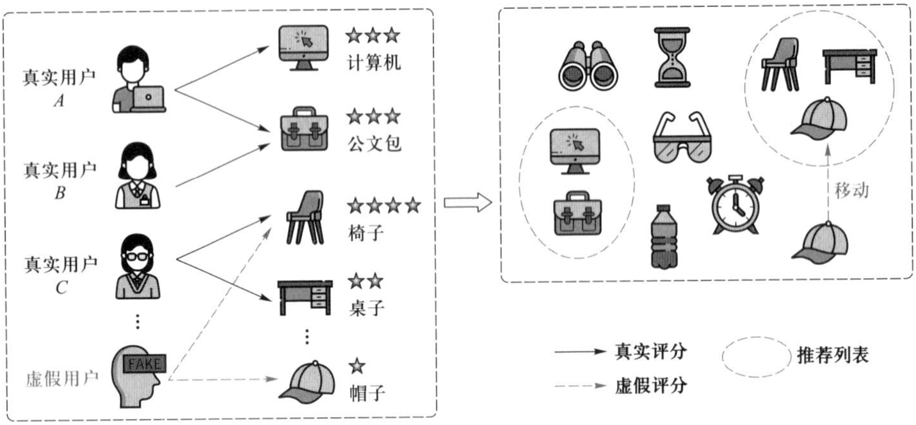

图 8-2 中毒攻击运行示例(改编自文献[7])

基于上述过程,攻击者可以注册一组新用户(将其标记为虚假用户)并操纵他们的行为。由于攻击者的目标是自动生成一些虚假用户并让过滤系统无法察觉,因此在模型训练初期,只对用户生成器进行训练。在经过预先设定的训练轮次后启动攻击,所有虚假用户参与训练,经过充分的优化训练来保证这些虚假用户可以实现与攻击目标的最佳交互。

给定一个以 Θ 为参数的 GRS,中毒攻击旨在通过注入一组恶意用户 $\mathcal{U}^*$ 来推广物品 $i^* \in I$。注意,每个恶意用户将与若干物品交互,这些物品形成注入交互矩阵 $\boldsymbol{R}_*$。我们的目标是生成 $\mathcal{U}^*$ 和 $\boldsymbol{R}_*$,使它们满足以下优化条件:

$$\max_{u \in \mathcal{U} \setminus \mathcal{U}^*} gRec(u_{i^*} \mid \Theta) \tag{8-8}$$

式中,$gRec(u_{i^*} \mid \Theta)$ 是 i^* 出现在用户 u 的推荐列表中的概率。

下面先给出受害者模型。在不失一般性的前提下,采用神经图协同过滤(neural graph collaborative filtering, NGCF)[8] 作为基础推荐模型。NGCF 在很大程度上将图卷积网络[9] 的标准版本的思想调整为协同过滤系统。更准确地,图卷积运算被重新定义为

$$\begin{aligned} h_u^{(k+1)} &= \sigma\left(\boldsymbol{W}_1 h_u^{(k)} + \sum_{i \in N_u} \frac{1}{|N|}\left[\boldsymbol{W}_1 h_i^{(k)} + \boldsymbol{W}_2(h_i^{(k)} \odot h_u^{(k)})\right]\right) \\ h_i^{(k+1)} &= \sigma\left(\boldsymbol{W}_1 h_i^{(k)} + \sum_{i \in N_u} \frac{1}{|N|}\left[\boldsymbol{W}_1 h_i^{(k)} + \boldsymbol{W}_2(h_u^{(k)} \odot h_u^{(k)})\right]\right) \end{aligned} \tag{8-9}$$

式中,$|N| = \sqrt{|N_u| \, |N_i|}$ 是用户集 N_u 和物品集 N_i 基数的对称归一化,$\boldsymbol{W}_1$ 和

W_2 是每层聚合函数的可学习矩阵，$\odot$是内积运算符，$\sigma(\cdot)$是一个非线性函数。

图 8-3 展示了 GSPAttack 算法的总体架构，主要包括两部分：训练阶段和攻击阶段。为了简单起见，训练阶段展示了一个虚假用户的主要工作流，包括 3 个步骤：虚假用户生成、恶意边生成和联合优化。

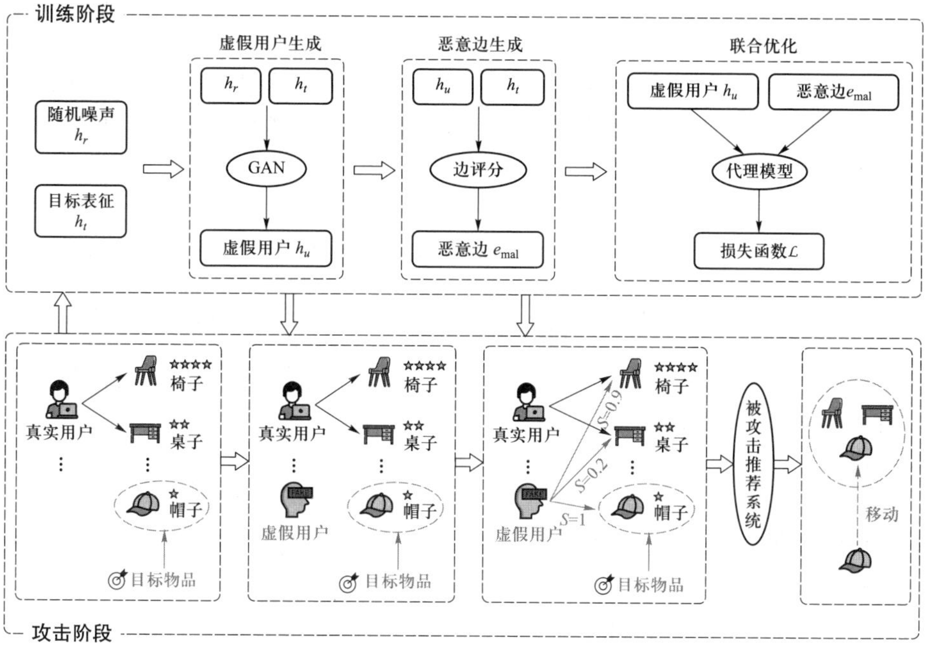

图 8-3 GSPAttack 算法框架（改编自文献[7]）

虚假用户生成。 给定一个具有 n 个用户（$\mathcal{U}$）的推荐系统，$X \in R^{n\times d}$ 是这些用户的特征矩阵，d 是特征维度，生成 m 个虚假用户（$\mathcal{U}^*$）可以使特征矩阵变为 $X' = \begin{bmatrix} X \\ X_{\text{fake}} \end{bmatrix}$。GAN 包含判别器与生成器两部分。本质上，这一操作的基本思想是使用生成器来生成与真实用户相似的虚假用户。进而，构建了一个具有两个全连接层和一个 Softmax 层的神经网络作为判别器，根据 $D(X')$ 中的每个元素来判别一个用户是否是虚假用户。

$$D(X') = \text{Softmax}(\sigma(X'W^{(0)})W^{(1)}) \tag{8-10}$$

为了欺骗判别器，该算法创建了与真实用户具有相似特征的虚假用户。由于判别器的输出是二值化的，这里采用二进制交叉熵损失，定义为

$$\mathcal{L}_{\text{usr}} = \sum_{u \in \mathcal{U}^* \cup \mathcal{U}} L(\widehat{p_u}, y_u) \tag{8-11}$$

式中，$L(\widehat{p_u},y_u)=-(y_u\log\widehat{p_u}+(1-y_u)\log(1-\widehat{p_u}))$，$y_u$和$\widehat{p_u}$分别是真实标签的二值指示器（真实用户或虚假用户）和用户 u 的预测概率。

在判别器收敛后，攻击者使用生成器从随机变量中生成一个虚假用户。攻击的目标是提升目标物品 t 的推荐排名。将随机噪声 r 的表征 h_r 拼接，使用目标物品 t 的表征 h_t 作为生成器的输入，生成的虚假用户 u 被转发到代理模型来获得对应的表征 h_u。

恶意边生成。恶意边生成帮助虚假用户将攻击意图扩散到所需的候选项中。先设计一个简单但有效的基于优化的方法来证明攻击的可行性，再根据流行性偏差提出一个实用的恶意边生成器。

① 基于优化的边生成。恶意边生成可以看作对邻接矩阵进行修改的过程，也就是将虚假用户连接到原始图 G 中来生成扰动图 G'。更准确地来说，这一过程使邻接矩阵 $\boldsymbol{A}$ 转变为了 $\boldsymbol{A}'=\begin{bmatrix}\boldsymbol{A} & \boldsymbol{B}^{\mathrm{T}}\\ \boldsymbol{B} & \boldsymbol{C}\end{bmatrix}$，其中 $\boldsymbol{B}$ 和 $\boldsymbol{C}$ 分别被初始化为零矩阵和单位矩阵。攻击者的目标是找到有助于实现优化目标的 $\boldsymbol{B}$ 和 $\boldsymbol{C}$，从而向尽可能多的用户推荐目标物品。

首先，设计一种基于优化的方法来生成恶意边。该方法专门将虚假用户的恶意边设计为自由变量，并将这些恶意边注入原始图中。其次，将被攻击的图输入代理模型中，并向着式(8-8)所示的优化目标进行优化，直到收敛。值得注意的是，表示恶意边的自由变量是离散变量。为了应对离散变量上随机梯度下降的挑战，该方法采用了 Gumbel-Top-k 技术[10]。尽管基于优化的恶意边生成方法的可行性得到了验证，但从所有可能的边中进行选择仍然给模型训练带来负担。下面介绍一种基于流行度的边生成方法。

② 基于流行度的边生成。人们普遍认为，数据驱动的推荐系统本质上偏向于流行的物品，也就是经常被访问的物品，基于 GNN 的推荐系统也不例外。因此，这里引入了一种有效的方法，只利用流行的物品来生成恶意边。恶意边帮助虚假用户将攻击意图传播到目标物品和适当的候选物品上。由于推荐系统中固有的流行度偏差，故而将候选项限制为一组流行项。由于有限的边注入预算 σ，为每一个虚假用户设计了一个评分模型对候选物品进行评分，然后选择 $k=\sigma$ 个物品来构建恶意边，并使用边的评分分数来衡量候选物品连接到虚假用户对攻击结果的影响。

在图神经网络方法中，网络结构和节点属性在推荐任务中同样重要。在这方面，攻击者将恶意边纳入考量，以获取生成的边与虚假用户特征之间的耦合效应。为此，虚假用户和目标物品的表示被纳入边生成过程，用以指导边生成。首先，虚假用户 u 和目标物品 t 被输入代理模型中，以获取对应的表征 h_u 和 h_t。其次，利用两层神经网络 $\mathcal{F}$ 来计算候选物品的连接概率。最后，使用了 Gumbel-Top-k 技术，也就是 $\mathcal{G}$ 函数来获得离散评分

$$\begin{aligned} e_{\text{mal}} &= G(\mathcal{F}(t,u,G;\theta^*)) \\ \mathcal{F}(t,u,G;\theta) &= \sigma([h_u \| h_t]\boldsymbol{W}_0 + b_0)\boldsymbol{W}_1 + b_1 \end{aligned} \tag{8-12}$$

式中，$\theta=\boldsymbol{W}_0,\boldsymbol{W}_1,b_0,b_1$ 是可学习参数。为了处理离散边不可微分的问题，该方法引入 Gumbel-Top-k 来使在离散样本上的后向传递变得可行。由于 Gumbel-Softmax 技术可以通过 Gumbel 分布 G_i 来探索边选择，进而使用参数 ϵ 来控制探索的强度

$$\text{Gumbel-Softmax}(z,\epsilon)_i = \frac{\exp\left(\dfrac{z_i + \epsilon G_i}{\tau}\right)}{\sum_{j=1}^{n}\exp\left(\dfrac{z_i + \epsilon G_i}{\tau}\right)} \tag{8-13}$$

式中，Gumbel-Top-k 的函数 $\mathcal{G}$ 被定义为

$$\mathcal{G}(z) = \sum_{j=1}^{k}\text{Gumbel-Softmax}(z\, mask_j,\epsilon) \tag{8-14}$$

式中，k 是一个虚假用户可以生成边的最大数量，$mask_j$ 可以避免边被重复选择。

联合优化。在模型训练前，首先要对代理模型执行中毒攻击，从而得到一个中毒图。其次，以端到端的方式共同训练学习过程。神经网络协同过滤被选作 GSPAttack 的代理模型。物品推荐攻击的最终目的是增大目标物品的可见性，因此每当虚假用户 u 和目标物品 t 进行交互时，排名分数的期望$\hat{r}_{ut}$就需要增加。在预算范围内，该攻击可以控制所有虚假用户。为了实现这一目标，如下所述的目标函数被用来显式地提高所有目标物品的排名：

$$\mathcal{L}_{\text{exPR}} = -\sum_{u\in\mathcal{U}^*,t}\log\hat{r}_{ut} \tag{8-15}$$

此外，还需通过最大化以下目标函数来保持受害者模型的真实性能，因为性能的显著下降是一种高度异常的现象，很容易被人类和系统识别。

$$\mathcal{L}_{\text{per}} = -\sum_{u\in\mathcal{U}\cup\mathcal{U}^*,i\in\mathcal{J}} r_{ui}\log\hat{r}_{ui} + (1-r_{ui})\log(1-\hat{r}_{ui}) \tag{8-16}$$

式中，$\hat{r}_{ui}$是在虚假用户 u 和物品 i 之间观察到交互的概率。因此，上述交叉熵函数可以确保$\hat{r}_{ui}$和真实值 r_{ui}之间较高的相似性。进一步，为了捕捉攻击目标和不明显需求之间的耦合效应，这里为 GSPAttack 定义了一个损失函数，以端到端的方式训练模型，而不是单独训练每个模块。各模块使用下面制定的统一损失函数进行联合训练：

$$\mathcal{L} = \mathcal{L}_{\text{usr}} + \alpha\mathcal{L}_{\text{exPR}} + \beta\mathcal{L}_{\text{per}} \tag{8-17}$$

式中，α 和 β 是两个可调节的非负超参数，可以控制每一个模块的权重。

GSPAttack 提出了一种基于 GNN 的端到端的推荐系统序列中毒攻击方法。具体而言,为了确保数据相关性,该方法首先利用用户和物品的表示来学习对代理模型的最佳攻击。该方法自动合成新用户与目标物品而不是修改现有用户的知识。其次生成离散边,将虚假用户关联到一个异构用户图中。最后将中毒图作为优化的输入转移到真正的受害者模型中进行攻击。

8.4　基于边修改的推荐系统攻击方法

基于边修改的推荐系统攻击,主要是指通过修改网络图上的边来影响推荐系统的性能。这里的边修改主要关注的是边的删除和生成策略,例如生成新的用户-物品交互信息、修改原始的交互特征以及生成虚假的物品属性和类别等。下面将重点介绍两种基于边修改的推荐系统攻击算法。

8.4.1　GOAT

为了探索推荐系统的鲁棒性,研究人员提出了各种托攻击(shilling attack)模型[11],并分析了它们的不利影响。原始基于手工规则的攻击简单易行,但却不太有效,而升级后的攻击虽然更强大,但其成本较高且难以部署,因为它们需要获取更多的知识。基于此,本节将介绍一种新的托攻击——基于图卷积的生成式托攻击(graph convolution based generative shilling attack,GOAT)[12],以平衡攻击的可行性和有效性。

GOAT 采用了原始攻击范式(即通过抽样为虚假用户分配物品)和升级攻击范式(即通过基于深度学习的模型生成虚假评分)。该模型部署了一个生成式对抗网络(GAN),学习真实评分分布来生成虚假评分。此外,生成器结合了定制的图卷积结构,该结构利用共同评分物品之间的相关性来平滑虚假评分并增强其真实性。图 8-4 展示了托攻击模型 GOAT 的算法框架。该算法框架主要由 4 部分组成。首先,从物品-物品图中对物品进行采样,以决定哪些物品应该在虚假用户配置文件中进行评分。其次,训练由图卷积驱动的对抗性框架来为这些采样物品生成评分。再次,通过组合采样物品和目标物品来组装虚假用户配置文件。最后,重复上述过程来收集虚假用户配置文件并将其注入真实数据。

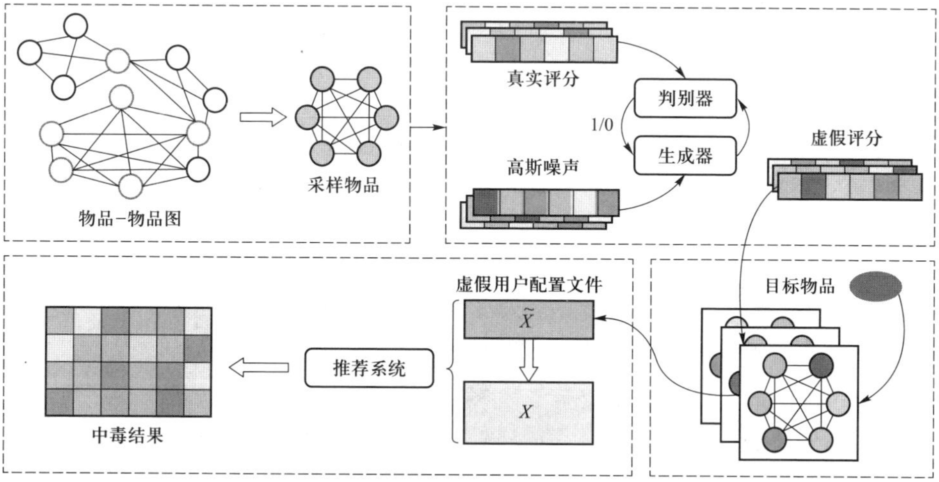

图 8-4 GOAT 算法框架图(改编自文献[12])

虚假用户配置文件生成。用户的评分行为反映了他们的偏好,因此模拟真实用户数据中评分物品的相关性是至关重要的,这样虚假用户就可以影响对真实用户偏好的预测。基于此,GOAT 构建了一个基于用户-物品交互的物品-物品图,并用于对共同评价的物品进行采样,以构建用于攻击模型的虚假用户配置文件。

(1) 物品-物品图的构造。物品-物品图建立在用户-物品交互的基础上,如图 8-5 所示。用户(U)和物品(I)之间的每个交互表示用户对物品进行了评分。这个二分图被转换成一个物品-物品图,它记录了物品之间的共同评分关系,其中每条边表明它们被至少一个用户共同评分。

(2) 从物品-物品图中采样物品。从物品-物品图中分两步采样每个虚假用户的选定项和填充项。选择一个真实的用户配置文件作为模板,在步骤①中确定虚假评分数,在步骤②中从模板用户配置文件中抽取物品。具体步骤如下:

① 随机采样一个真实用户的配置文件u_i,其中至少包含 o_u个评分,其中 o_u是阈值,确保虚假用户不会从评分少于 o_u个物品的冷启动用户中进行采样。用 $k=\min(|u_i|,o_g)$表示虚假评分数,其中 o_g 是生成器的阈值,该阈值限制虚假评分数最多为 o_g。然后,每个虚假用户的配置文件中选定项 I_S 和填充项 I_F 的数量被限制为$[o_u,o_g]$,且 $|I_S|=kp_S$, $|I_F|=k(1-p_S)$,其中 p_S 为所选物品的比例。

② 根据物品阈值 o_i 对u_i 中的物品进行随机抽样。由于评分少的物品对用户相似度测量的影响不大,故确定为选定项的候选物品应至少被评分 o_i 次,并且填充项的候选物品应至少被评分 $o_i=3$ 次。如果u_i 中没有足够的候选人来填写

I_S 和/或 I_F，那么将从整个物品-物品图中选择其他合格的候选物品作为补充（连接到当前物品的物品将被优先考虑）。

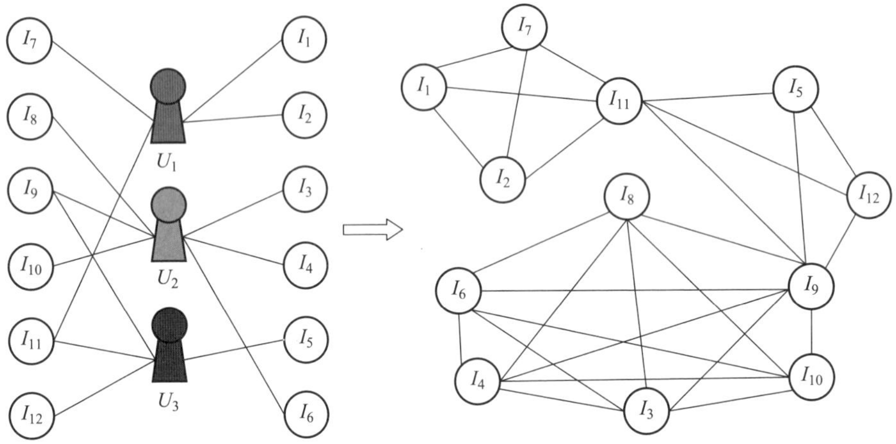

图 8-5　通过用户-物品图构建物品-物品图（取自文献[12]）

在上述步骤之后，可以得到为虚假用户评分的物品集 $I_{\text{fake}}=I_S\cup I_F$。为了更好地理解采样过程，这里提供了一个如图 8-6 所示的示例，该示例基于图 8-5 中的物品-物品图进行说明。首先，设定 $o_u=6$，$o_g=8$，$o_i=2$ 且 $p_S=1/3$。其次，在初始化步骤之后，只有对 6 个物品进行评分的 U_2 才符合要求。因此，模型将伪造一个行为类似 U_2 的虚假用户，然后根据初始设置可得 $k=6$，$|I_S|=2$，$|I_F|=4$。再次，可以通过引用 U_2 的配置文件来构造一个虚假用户配置文件。需要两个选定项，一个选定项是 I_9，另一个选定项是 I_{11}。此外，4 个填充项是从 5 个候选对象集（I_3，I_4，I_6，I_8，I_{10}）中随机抽取的。最后，可以得到 $I_{\text{fake}}=\{I_9,I_{11},I_3,I_4,I_6,I_8\}$。

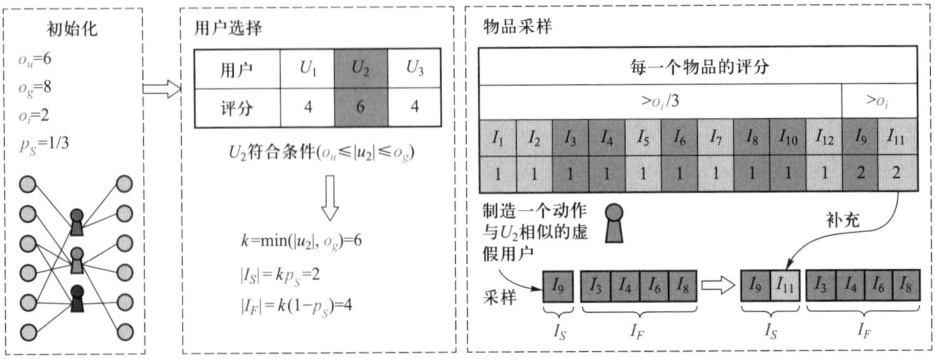

图 8-6　虚假用户采样物品示意图（改编自文献[12]）

采样物品评分生成。虚假用户配置文件生成之后，还需要对采样物品进行评分。在该环节中，采用由图卷积架构驱动的 GAN 来学习真实用户的评分分布。该模型主要包括生成器 G 和判别器 D 两部分。

（1）生成器模型。GOAT 的生成器模型如图 8-7 所示。它被设计成一个图卷积结构，用于为 I_{fake} 中的物品生成评分。具体过程如下：

首先，从高斯分布中采样 k 个噪声作为输入（表示为 $\boldsymbol{Z}$），其中 k 是虚假用户的评分数。

其次，将 $\boldsymbol{Z}$ 分别通过 G_e 和 G_l 转换为评分嵌入 $\boldsymbol{H}$ 和边表示 $\boldsymbol{L}$。G_e 是一个三层网络，假设其输出 $\boldsymbol{H}$ 包含生成的评分信息。G_l 是一个三层网络，其输出 $\boldsymbol{L}_t$ 进一步转换为 $\boldsymbol{L}=\boldsymbol{L}_t\boldsymbol{L}_t^{\mathrm{T}}$，以表示生成的物品之间的边权重。$\boldsymbol{H}$ 的每一行对应一个物品的评分，$\boldsymbol{L}$ 的每一行包含当前物品和其他物品之间的边权重。

再次，将共同评分物品之间的聚合视为加权求和，以获得卷积评分嵌入 $\boldsymbol{R}_{t_1}$。$\boldsymbol{R}_{t_1}$ 的每一行都是一个物品的评分嵌入，它聚合了邻居生成的评分。这里最多考虑二阶邻居，这表明相邻的物品不仅直接由同一用户共同评价，而且由两个偏好有交集的用户间接共同评价。

最后，使用单层网络 G_r 将 $\boldsymbol{R}_{t_1}$ 转换为 $\boldsymbol{R}_{t_2}$，模型将 $\boldsymbol{R}_{t_2}$ 每一行的平均池化 $\boldsymbol{R}$ 作为生成的虚假评分。

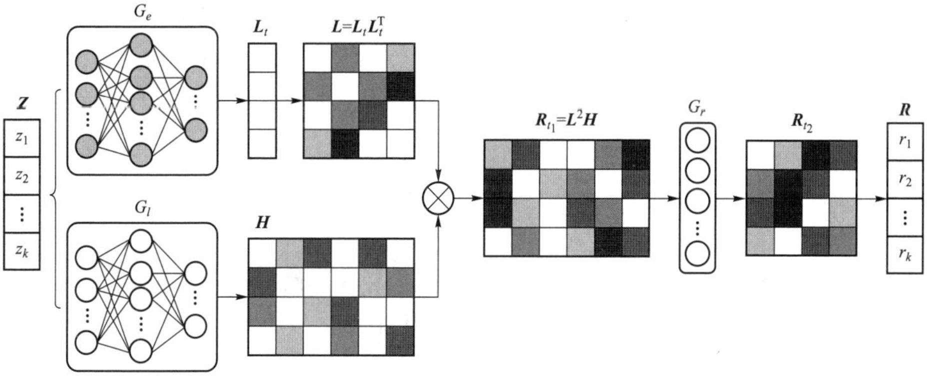

图 8-7　GOAT 的生成器模型 G（取自文献[12]）

（2）判别器模型。GOAT 的判别器模型如图 8-8 所示，它将真实用户配置文件与虚假用户配置文件区分开来，并强化 G 以生成更真实的用户资料和评分。判别器模型 D 只包含一个简单的 4 层网络 D_r，其输入是该物品在 I_{fake} 中的评分向量。D_r 会将输入转换成 $\boldsymbol{R}_{t_3}$，每行包含一个值，用于判断相应的评分是真还是假，它将数据集中每个物品的平均评分视为真，而生成的评分为假。然后，模型取 $\boldsymbol{R}_{t_3}$ 的平均值来得到最终结果 d，其中真实用户配置文件的 d 值应尽可能接近 1。

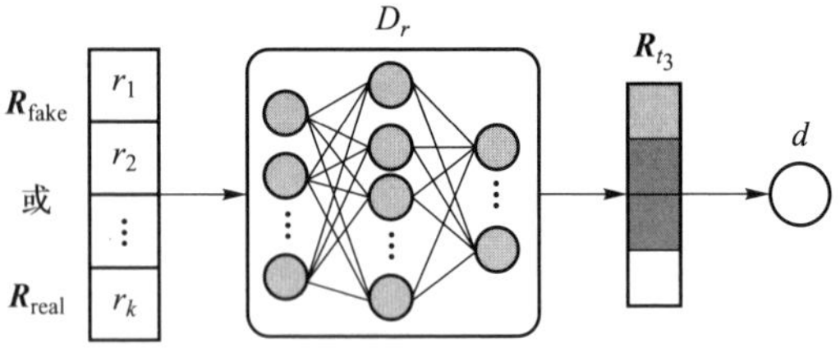

图 8-8　GOAT 的判别器模型 D（取自文献[12]）

（3）损失函数设计。由于经典的交叉熵损失函数通常会导致优化的崩溃，故而遵循 wGAN-GP[13] 的设置来优化模型。wGAN-GP 的损失函数如下所示：

$$loss = \mathbb{E}_{z \sim N(0,1)}[D(G(z))] - \mathbb{E}_{X \sim P_{\text{data}}}[D(X)] + \lambda [\,|\nabla_{\hat{X}} D(\hat{X})|_2 - 1]^2 \tag{8-18}$$

式中，Z 为从 $N(0,1)$ 中采样的噪声；X 为真实值，$\hat{X}=\epsilon X+(1-\epsilon)G(Z)$，$\epsilon$ 服从均匀分布。另外，G_e 和 G_l 中隐藏单元的个数分别为 128、256、64 和 128、256、32，G_r 中隐藏单元的个数为 128，D_r 中隐藏单元的个数为 1024、512、256 和 1。除了 D_r 的第一层和第三层使用 Sigmoid 激活函数外，模型中的其余激活函数都是 $\alpha=0.2$ 的 LeakyReLU。此外，受梯度惩罚的启发，该方法在训练 G 时增加了一个额外的正则化项作为评分惩罚，而不是将异常评分列入正常范围，评分惩罚迫使 G 生成正常评分，同时欺骗 D。更具体地说，这里使用 $loss_{\text{D}}$ 和 $loss_{\text{G}}$ 来优化 D 和 G：

$$loss_{\text{D}} = D(G(Z)) - D(X) + + \lambda [\,|\nabla_{\hat{X}} D(\hat{X})|_2 - 1]^2 \tag{8-19}$$

$$loss_{\text{G}} = - D(G(Z)) + \psi\left[\frac{1}{k}|G(Z) - X|^2\right] \tag{8-20}$$

式中，λ 和 ψ 分别为梯度惩罚和评分惩罚的超参数。然后通过梯度下降法对模型进行优化，直到损失函数同时达到局部极小值。

综上所述，GOAT 使用真实用户配置文件作为模板，生成虚假用户配置文件，它是一个更强大、更智能的攻击模型。

8.4.2　DQN-Rank

在推荐系统中引入知识图谱（knowledge graph，KG）作为辅助信息可以提高系统的推荐准确率。知识图谱本质上是一个异构网络，由现实世界中具有不同物理含义的实体（节点）和它们之间的多个关系（边）组成，通常使用一个依次代表头部实体、关系与尾部实体的三元组(h_i, r_j, t_j)来表示和存储。这些关系有时也被称为事实(fact),因为构建实体之间关系所需的知识是从现实世界中获得的。知识图谱可以从实体关系中提取知识,具有强大的问题分析能力。在基于知识图谱的推荐系统中,将实体和关系转化为向量时,采用知识图谱嵌入技术对知识规则进行解释。该技术具有良好的推荐性能,可以解释推荐结果的优势。DQN-Rank[14]是一种面向基于知识图谱的推荐系统攻击方法,该方法通过添加虚假数据或伪造事实来影响知识图谱,从而增加物品的曝光率。为了解决攻击过程中攻击组合寻优的问题,该方法将知识图谱结构建模为一个连续的决策过程,并引入深度 Q-learning 算法来识别连续决策过程中使攻击效果最大化的组合(删除边)。

首先,假设推荐系统攻击的主要目标是向尽可能多的用户推荐目标物品,并向每个用户推荐 k 个物品。其次,可以使用一般指标命中率 $hit(i)$ 来表示在攻击发生后,在其 Top-k 推荐中包含目标物品的用户比例(式(8-1))。命中率的增加意味着目标物品比其他物品更能满足用户的偏好。为了达到这一目的,攻击者主要通过改变目标物品为头部实体的事实来改变知识图谱的结构。如图 8-9 所示,系统的目标是预测实体和用户之间交互的可能性。这里,实体 I_1 是目标物品。攻击者的目的是通过修改边来修改推荐系统对实体 I_1 的预测。但是,在资源有限和防止攻击被发现的前提下,对结构的改变通常是有限的,因此这里假设攻击者最多可以增加或减少 N 个事实。在这些考虑的基础上,攻击问题可以用以下公式来解释:

$$\begin{aligned} &\max\ hit(i) \\ &\text{s.t.}\ \ |(h_i,\boldsymbol{r}_j,t_j)| \leqslant N,(h_i,\boldsymbol{r}_j,t_j) \in C_i \end{aligned} \tag{8-21}$$

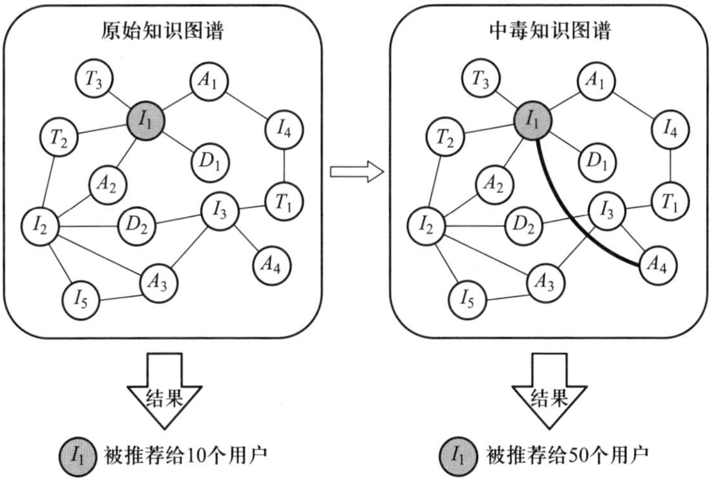

图 8-9　对基于知识图谱的推荐系统进行中毒攻击的示例(改编自文献[14])

式中，$|(h_i,\boldsymbol{r}_j,t_j)|$ 是攻击三元组的数量，$C_i=\{h_i\}\times\{(\boldsymbol{r}_j,t_j)\}$ 是攻击物品 i 的所有增删候选项的集合，$\{h_i\}$ 和 $\{(\boldsymbol{r}_j,t_j)\}$ 分别是攻击物品 i 在知识图谱中的头部实体和所有可能的尾部实体对，×是笛卡尔乘积符号。

图 8-10 展示了 DQN-Rank 的总体结构。在白盒场景下，通过推荐模型的训练机制，得到了知识图谱三元组。攻击者的目标是识别 N 个添加的虚假数据或删除的事实以更改知识图谱。由于存在过多的攻击组合，该方法将攻击策略设置为一个优化问题，该问题可以做出连续的决策，并使用连续优化来执行对潜在修改的离散搜索。为了构建一个训练良好的推荐系统，该方法使用了深度 Q-learning 算法[15]，并设计了一个 Q-network，该网络负责估算不同知识图谱结构和攻击动作下的攻击效果。每次攻击后，为了改变知识图谱，攻击者向推荐系统提供一个中毒知识图谱。训练推荐系统获取推荐结果变化，并对攻击动作的效果进行反馈。通过这一过程，攻击系统不断积累信息，将信息存储在重放内存中，更新 Q-network，最终为攻击者选择最优的攻击组合。

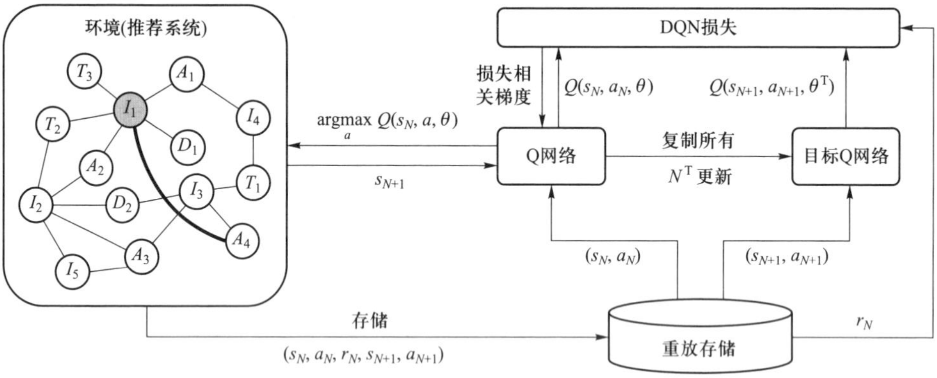

图 8-10　系统框图(改编自文献[14])

为了进一步解释提出的框架，下面提供一个攻击前后的操作示例。如图 8-11 所示，在评分记录中，用户点赞了几部由汤姆·汉克斯主演的电影，这表明推荐系统可能会向用户推荐汤姆·汉克斯主演的其他电影。当学习到原始知识图谱中的关系，用户的推荐将与图 8-11 中相似。然而，通过学习将虚假数据添加到知识图谱中，如图 8-12 所示，可以确保与汤姆·汉克斯无关的不受欢迎的电影出现在推荐列表中，从而增加这些电影的曝光度，进而获得相应的商业利润。该方法也可以删除事实，有类似的效果。该方法提出的攻击模型可以基于当前推荐情况和指定物品进行预测，每次添加一个虚假数据或删除一个事实后与其环境进行交互，连续攻击 N 次。通过使用深度强化学习和奖励最大化的训练方法，该攻击模型可以识别出可以最大化攻击效果的组合。

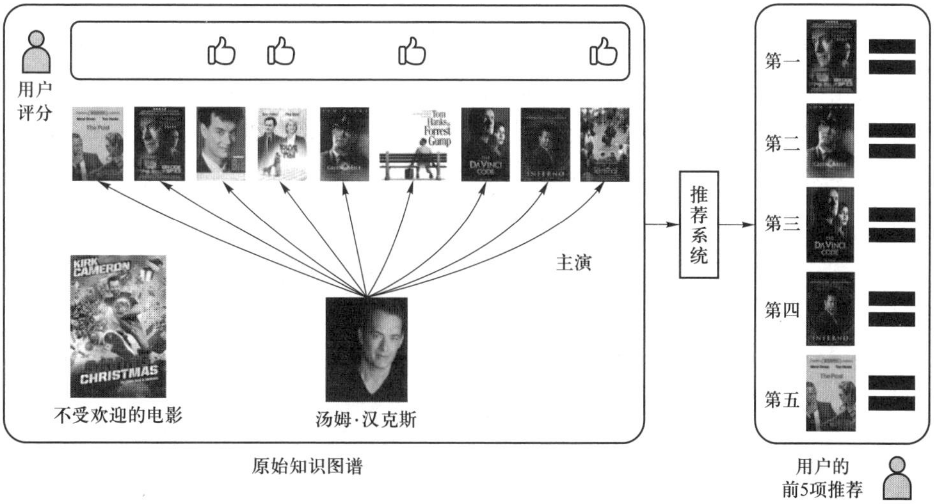

图 8-11　攻击前的操作示例(改编自文献[14])

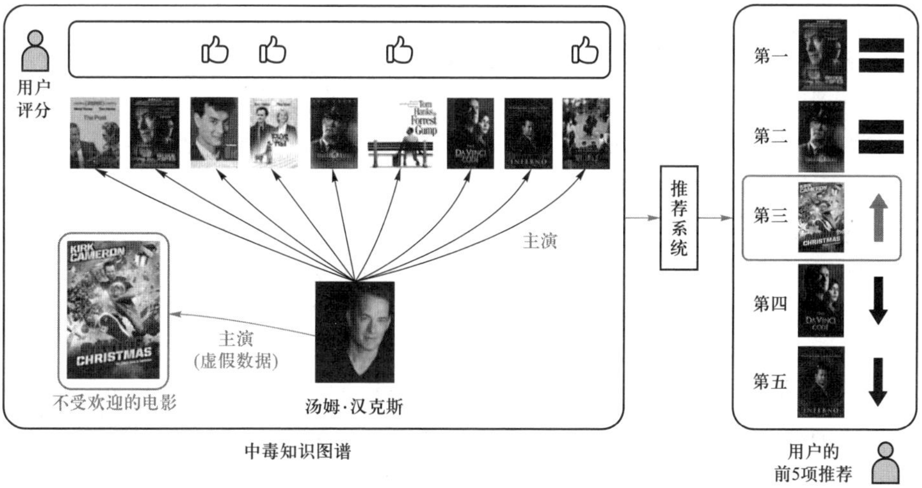

图 8-12　攻击后的操作示例(改编自文献[14])

给定原始知识图谱和目标推荐模型推荐系统，该方法可以将攻击过程建模为有限马尔可夫决策过程(Markov decision process，MDP)。该 MDP 的轨迹如下：$(s_1, a_1, r_1, s_2, a_2, r_2, \cdots, s_N, a_N, r_N, s_{N+1})$，其中 s_N 表示在第 N 个时间点观察到的知识图谱的状态，a_N 和 r_N 分别表示攻击者在第 N 个时间点选择的动作和奖励。深度 Q-learning 的框架如图 8-13 所示。网络将知识图谱的当前状态和执行的攻击动作输入框架中,进一步,攻击者将采用最大化攻击效果的攻击。基于有限马尔可夫决策假设,未来取决于现在,每个选择取决于当前知识图谱的状态。因此可以假设错误的边选择污染了知识图谱的状态(即目标物品的实体嵌入发生了变化)。可以通过实体嵌入或污染知识图谱的变化来估计推荐列表的变化,从而通过持续决策来找到最优攻击组合。该 DQN 框架中的每个组件设计如下。

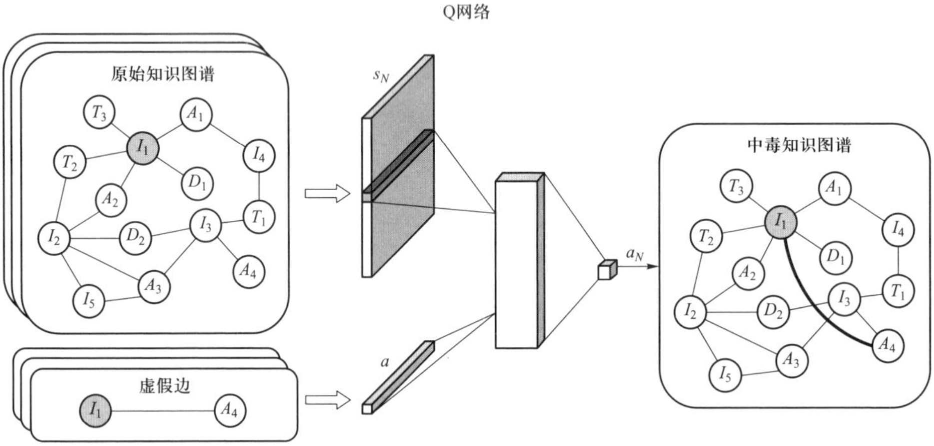

图 8-13　深度 Q-learning 框架(改编自文献[14])

状态设计。该方法设定以基于知识图谱的推荐系统为环境,使用代理观察通过知识图谱训练获得的嵌入。通过知识图谱中的复杂边,可以了解某些实体对推荐系统效果的影响。例如,一部由汤姆·汉克斯主演的电影受到很多人的喜爱,因此,目标物品 i 被链接到汤姆·汉克斯可能会被推荐给更多的人。如前所述,代理观察到以目标物品 i 为中心的本地 KG 结构。对于目标物品 i,其对应的实体嵌入 e_i 将作为种子嵌入 KG 中,然后扩展 1-hop 和边三元组。进一步,将得到的全连接三元组(h,r,t)作为删除的候选事实。接下来,可以收集 KG 中所有可能的尾部实体对,并删除目标实体的现有尾部实体。保留的集合可以看作是一个可以添加的初步事实。获得的添加和删除的三元组的矢量表示被合并到一个矩阵中以表示目标物品 i 为种子的 KG 结构。状态可以定义如下:

$$
state(\widehat{\mathcal{KG}}_N) = \boldsymbol{e}_i^h \| \boldsymbol{r}_j \| \boldsymbol{e}_j^t \| Y
$$

$$
Y = \begin{cases} 1, & (h_i, \boldsymbol{r}_j, t_j) \in \mathcal{KG} \\ 0, & (h_i, \boldsymbol{r}_j, t_j) \notin \mathcal{KG} \end{cases} \tag{8-22}
$$

式中,$\mathcal{KG}$ 表示原始图,$\widehat{\mathcal{KG}}_N$ 表示一个被扰动后的图(在 N 时刻,从 $\mathcal{KG}$ 中添加或

删除一些边），Y 表示表明该三元组是否存在的标签。

动作设计。代理模型在中毒攻击任务中的责任是确定具体事实的增删。这里可以使用连续决策来确定攻击组合；进一步，选择单个攻击动作执行攻击。在攻击动作空间中，必须选择一个攻击动作来执行。因此，可以应用一个离散的动作空间，然后让代理选择。由于动作空间输入设计类似于状态空间，所以可以使用三元实体、关系嵌入和动作标记来表示添加或删除事实的动作。具体来说，动作可表示为

$$action(\widehat{\mathcal{KG}}_N) = \boldsymbol{e}_i^h \| \boldsymbol{r}_j \| \boldsymbol{e}_j^t \| A$$
$$A = \begin{cases} -1, & (h_i, \boldsymbol{r}_j, t_j) \in \mathcal{KG} \\ 1, & (h_i, \boldsymbol{r}_j, t_j) \notin \mathcal{KG} \end{cases} \tag{8-23}$$

式中，$\widehat{\mathcal{KG}}_N$ 是一个被扰动后的图（在 N 时刻，从 $\mathcal{KG}$ 中添加或删除一些边）；A 是攻击者对该三元组的动作，如果图已经有三元组，则攻击者执行删除操作，使其为负；相反，如果图中没有该三元组，则将其添加到图中。

奖励函数设计。攻击者的目的是欺骗目标推荐模型。在初步实验中，在 MDP 结束时只收到非零奖励；在修改的中间步骤中没有收到任何奖励，这将使训练过程相当缓慢。此外，在这种状态下，想要获得每个攻击动作的奖励是不可能的。这是因为同时可以选择多个动作。而且，每次选择一个动作时，都必须进行推荐模型训练，这不可能在有限的时间内完成。基于上述限制和推荐系统的机制，该方法设计了两种基于攻击效果的奖励方案，并通过比较攻击前后的推荐变化来判断奖励。在第一个奖励设计中，使用推荐模型的输出来预测用户与物品交互的可能性。针对攻击目的，希望当 KG 发生变化时，推荐模型为每个目标用户提供了比攻击前更高的目标物品预测交互概率。因为更高的概率值意味着用户更有可能购买目标物品，该物品更有可能出现在推荐列表中。在这种情况下，攻击者选择的操作获得一个正值奖励；否则，它会得到负值奖励。这被称为得分奖励，可表示为

$$score(state(\widehat{\mathcal{KG}}_N), action(\widehat{\mathcal{KG}}_N)) = \sum_{u \in U_i, v = i} \tilde{y}_{u,v} - \hat{y}_{u,v} \tag{8-24}$$

式中，$\hat{y}_{u,v} = \boldsymbol{\sigma}(f_{\mathcal{RS}}(u,v))$ 表示基于原始 KG 的推荐系统的预测结果，$\tilde{y}_{u,v}$ 表示基于中毒 KG 的推荐系统经过新训练后的预测结果。第二次奖励基于攻击目标和评估指标，可以使用最直接的方法来考虑每个目标用户对目标物品的排名是否有所提高。当选择的行动提高了排名，获得一个正值奖励，称为排名奖励，计算公式可表示为

$$rank(state(\widehat{\mathcal{KG}}_N), action(\widehat{\mathcal{KG}}_N)) = -\sum_{u \in U_i, v = i} \tilde{L}_{u,v} - \hat{L}_{u,v} \tag{8-25}$$

式中，$\hat{L}_{u,v} = sort(\{\hat{y}_{u,v}\})$ 表示攻击前目标物品 i 在提供给用户 u 的推荐列表中的

排名；$\widetilde{L}_{u,v}$表示攻击后的排名，攻击后排名越低，表示攻击效果越好。观察推荐系统可以发现，排名奖励包括得分奖励。由于用户和目标物品预测可能性的变化，推荐列表会略微变化，但不能保证会有实质性变化，因为只考虑用户和目标物品之间的变化。当用户更有可能与其他物品互动时，目标物品就很难与之互换。直接观察排名的优点在于，排名不仅考虑用户和目标物品，还考虑用户和其他物品的似然得分。只有当排名高于攻击前排名时，才能获得正值奖励，因此，攻击系统实质上提高了物品排名。

强化学习最关键的部分是确定奖励最大化的最佳策略。因为问题设置是一个离散优化问题，第一个直觉就是使用 Q-learning，因为 DQN 在离散操作空间中表现出高采样效率和稳定的性能。Q-learning 是一种与贝尔曼方程相关的离散策略优化，DQN 采用了基于值的方法。最优行动价值函数是所有策略的最大值，可表示为

$$Q^*(s_N,a_N)=\max_{\pi}Q^{\pi}(s_N,a_N)=\mathbb{E}\left[r(s_N,a_N)+\gamma\max_{a_{N+1}}Q^*(s_{N+1},a_{N+1})\mid s_N,a_N\right] \tag{8-26}$$

式中，γ 是折扣因子，考虑了未来的最佳攻击效果。因为该系统限制攻击者可以进行的结构修改，所以没有考虑过大攻击组合的攻击能力。此外，想要在有限的攻击中获得一定程度的攻击效果，折扣因子可以被用来减少依赖遥远行为的影响。

针对设定的攻击目的，对双 DQN 算法的训练方法进行了调整。模型的输入是单个攻击动作的状态(即添加或删除边)，输出是该状态下单个动作的预期攻击效果。通常，DQN 算法只需要状态作为其输入，并输出足够的概率值作为可执行操作数。然而，由于本研究中强调的任务的性质，许多操作可以同时执行。如果使用上述方法同时输出所有动作概率值，那么模型参数会太大而无法收敛。在网络训练过程中，该模型使用 ϵ-greedy 策略。在此策略中，攻击动作可以随机选择，这通常被称为探索(exploration)。此外，使用此策略，可以使用当前模型参数来找到最佳操作，这被称为利用(exploitation)。随着训练时间的增加，选择一种探索行为的可能性变小，从而增加了训练过程的稳定性。经过一段时间的训练，模型会更接近最优策略。此外，由于模型输入和每个选择的攻击措施的特征，环境(即目标推荐系统)必须重新训练。为了加快模型的训练时间，采用了记忆召回方法$(s_N,a_N,r_N,s_{N+1},a_{N+1})$。因此，当在相同的状态下选择相同的动作时，就不再与环境交互。假设代理将在下一时刻观察相同的状态，并使用随机的采样来训练模型，从而减少在训练过程中等待代理选择动作的时间。训练过程的损失函数可表示为

$$(\theta)=\mathbb{E}\left[\left(r(s_N,a_N)+\gamma\max_{a_{N+1}}Q(s_{N+1},a_{N+1},\theta)-Q(s_N,a_N,\theta)\right)^2\right] \tag{8-27}$$

通过遵循上述算法步骤，该框架可以对基于 KG 的推荐系统执行有效的中毒攻击。

总结来说，该方法设计了一种基于深度 Q-learning 的中毒攻击策略，将选择最有效攻击组合的过程转化为深度强化学习的逐步训练。随后，提出了两种奖励机制来确定最优的扰动组合。攻击者通过攻击相应的 KG 来影响基于 KG 的推荐系统，相较于攻击前，特定物品可以被推荐给更多的人。

8.5 基于图模型的推荐系统攻击实验

本节将上述攻击方法应用于真实的数据集中来验证攻击的有效性，并给出相应的实验设置与攻击实验结果。

8.5.1 实验设置

（1）数据集

本实验引入了 Douban、Ciao、Amazon Instant Video（Amazon-Video）、Amazon-Reviews、MovieLens-100k（MovieLens）和 Fund 等广泛使用的真实数据集来评估上述攻击方法。其中，Douban 是来自豆瓣电影网站的数据集，它来自一个中国非常流行的社交媒体网站。Ciao 是一个来自英国非常流行的物品评价网站的数据集。Amazon Instant Video（Amazon-Video）是来自亚马逊网站的数据集。Amazon-Review 是一个来自亚马逊网站的手机评分数据集。MovieLens-100k（MovieLens）是一个广泛使用的电影推荐数据集，来自一个公共数据仓库。Fund 是一个基金相关的数据集，它包括基金交易记录、客户信息和基金信息，由产学研合作基金销售机构提供。表 8-1 展示了上述数据集的具体统计数据。

表 8-1 数据统计表

数据集名称	用户数	物品数	交互数	用户平均交互数	三元组数
Douban [12]	2848	39 586	894 887	314.22	—
Ciao [12]	7375	105 114	284 086	38.52	—
Amazon-Video[3]	5073	10 843	48 843	9.62	—

续表

数据集名称	用户数	物品数	交互数	用户平均交互数	三元组数
Amazon-Review [5]	13 174	5970	103 593	7.86	—
MovieLens [3]	943	1682	100 000	106.04	—
MovieLens [5]	6040	3706	1 000 209	165.60	—
MovieLens [14]	6036	2347	753 772	124.88	20 195
Fund [14]	90 218	2368	698 140	7.74	6312

(2) 基线方法

我们选择了两个基线方法,即无攻击和随机攻击,与下述 4 种方法进行对比。

无攻击(none):没有任何攻击操作下的推荐命中率。

随机攻击(random attack):

① PAGBRS:在这种攻击中,攻击者对整个用户-物品评分矩阵中的评分进行正态分布拟合。对于每个虚假用户,攻击者随机均匀地选择 n 个项目作为填充物品。其次,对于每个填充物品,攻击者从正态分布中采样一个数字并将其离散化作为评分。

② GSPAttack:攻击者在目标系统中随机选择一个用户,将其属性作为虚假用户的属性,稍加修改即可。攻击者随机选择 μ 个填充物品与虚假用户相连。

③ GOAT:攻击者在具有正态分布评分的物品中随机选择物品作为攻击目标,进行增删边。

④ DQN-Rank:随机攻击在 KG 上随机选择目标物品为头部实体的三元组进行边的添加或删除。使用该方法的攻击者首先确定在相应的攻击干扰级别下可以添加和删除的干扰事实的比例。

(3) 实验设置

本实验使用上述数据集验证了基于节点注入和基于增删边的推荐系统攻击方法的有效性。具体的实验设置如下:

PAGBRS[3]:该攻击方法的目标是为多种基于图模型的推荐系统设计中毒模型。该模型的重启概率设为 0.3,超参数 $\lambda=0.01$,推荐列表数 $N=10$,过滤物品最大数 $n=10$。此外,在推荐系统中,虚假用户数(即攻击规模)是真实用户的 3%。此外,训练方法和其他参数设置被设定为默认值。

GSPAttack[5]:该方法选择 NGCF(neural graph collaborative filtering)[8]作为代理模型,嵌入维数、学习率和训练时间分别设置为 64、0.01 和 100。GSPAttack 通过改变攻击规模来验证不同攻击规模下的攻击性能。此外,训练方法和其他参数设定为默认值。

GOAT[12]:该方法的代理模型为对抗性个性化排名(adversarial personalized ranking),通过对抗性训练来增强贝叶斯个性化排名(Bayesian personalized ranking)。此外,该方法的首要任务是确定 o_u、o_u 和 o_i 的值。为此,该方法设置在 Douban 数据集上 $o_u=8$,$o_g=35$ 且 $o_i=8$;在 Ciao 上 $o_u=6$,$o_g=18$ 且 $o_i=8$。此外,Douban 和 Ciao 数据集上分别只有 45%和 21%的物品被用于托攻击模型训练。最后,将两个数据集上的其他参数设置为:被选物品的比例 $p_S=0.3$,两个数据集上的惩罚系数 λ 和 ψ 都为 10。数据集中 70%的数据用于训练,30%的数据用于测试,其中托攻击模型在训练集上进行训练,测试集用于检测攻击下推荐系统的性能。此外,由于 Ciao 数据集具有较强的稀疏性,所以 GAN 仅用于 Ciao 数据集。

DQN-Rank[14]:该方法的代理模型是 MKR[16],一种用于知识图谱推荐的多任务特征学习方法。该模型提供了高度准确的电影推荐,被选择作为白盒攻击的目标。该方法采用基于深度 Q-learning 连续决策的攻击策略,其默认参数设置如下:重放的最大内存为 500,训练批大小为 50,每 20 个训练轮次后将 Q-network 参数复制到目标网络。为了检验实验假设并在可接受的时间内获得攻击组合结果,攻击事件的数量被设置为 200。此外,为了减少重新训练推荐模型所花费的时间,在连续决策过程中与环境交互时的训练轮次被设置为 10。此外,实验还限制攻击者可以执行的攻击动作的次数为 3、5 和 7;攻击动作包括增边与删边。攻击预算是指攻击者执行改变图结构动作的次数。例如,$N=3$ 表示攻击者可以增加或删除 3 组三元组。攻击预算越大,攻击就越容易被检测到。因为攻击者通常会努力避免被发现,所以对较低攻击预算的情况进行讨论是有必要的。本实验使用真实数据作为构建 KG 的基础并进行了 10 次训练,每次随机选择 1 个目标物品,以确定模型的平均性能。

8.5.2　实验结果及分析

本小节展示了上述方法在不同数据集上的命中率 $HR@10$,如表 8-2 所示。我们展示了 4 种方法在相同攻击预算下与无攻击和随机攻击的性能差异。总体而言,上述 4 种中毒攻击算法的确可以有效提升目标物品出现在 Top-10 推荐列表的占比。由于数据集的差异,我们对上述方法的攻击效果分别进行分析。

PAGBRS 是一种基于梯度下降的节点注入算法。为了确定每个虚假用户的关联物品及其评分,该方法将中毒攻击作为一个优化问题引入基于图的推荐系统,解决这个优化问题会产生具体的虚假用户,从而最大化目标物品的命中率。相较于无攻击,该节点注入方法在 Amazon-Video 和 MovieLens 数据集上的命中率分别提升至 156.11 倍和 7.64 倍。但是相较于随机攻击,该方法的攻击效果提升程度较小,这可能与优化算法陷入局部最优有关。

表 8-2　不同方法在不同数据集上的攻击效果

方法	数据集	
攻击预算(5%)	Amazon-Video[3]	MovieLens[3]
无攻击	0.0019	0.0022
随机攻击	0.2692	0.0052
PAGBRS[3]	**0.2966**	**0.0168**
攻击预算(1%)	Amazon-Review[5]	MovieLens[5]
无攻击	—	—
随机攻击	0.1450	0.1980
GSPAttack[5]	**1.0000**	**0.8950**
攻击预算(5%)	Douban[12]	Ciao[12]
无攻击	—	—
随机攻击	0.0041	0.0440
GOAT[12]	**0.8866**	**0.4758**
攻击预算(5%)	Fund[14]	MovieLens[14]
无攻击	0.0604	0.0061
随机攻击	0.0727	0.0069
DQN-Rank[14]	**0.1010**	**0.0230**

GSPAttack 是一种基于 GNN 的端到端的推荐系统攻击算法。与随机攻击相比,GSPAttack 的攻击性能有了很明显的提升。此外,在 Amazon-Review 数据集上,该方法实现了 100%的命中率。在 MovieLens 数据集上,也实现了 89.50%的命中率。

GOAT 也是一种基于 GNN 的边增删攻击算法。与随机攻击相比,GOAT 也展现了与 GSPAttack 相似的攻击性能提升效果。实验结果显示,在 Douban 数据集上,该方法实现了 88.66%的命中率;在 Ciao 数据集上,该方法实现了 47.58%的命中率。

DQN-Rank 是一种基于深度强化学习的攻击算法。相较于无攻击,该方法在两个数据集上的命中率分别达到了 1.67 倍和 3.77 倍。相较于随机攻击,该方法也实现了 1.39 倍和 3.33 倍的命中率。

8.5.3 推荐系统攻击方法一览表

我们收集了近五年基于图模型的推荐系统攻击算法,汇总如表 8-3 所示。

表 8-3 基于图模型的推荐系统攻击算法汇总

方法	年份	期刊/会议	中毒	逃逸	黑盒	灰盒	白盒	攻击策略
PAGBRS[3]	2018	ACSAC	√				√	注入节点
GSPAttack[5]	2023	ACM Trans Inf Syst	√			√	√	注入节点
GOAT[12]	2021	Information Science	√		√			修改边
DQN-Rank[14]	2022	NCA	√		√		√	修改边
SAShA[17]	2020	Semantic Web	√		√	√	√	修改语义特征
Reverse Attack[18]	2021	ACM SIGSAC CCS	√		√			修改边特征
KGAttack[19]	2022	KDD	√		√			注入节点
Node-Masking[20]	2023	AAAI	√		√		√	节点掩蔽

8.6 本章小结

推荐系统是许多网站服务的重要组成部分,可以帮助用户找到符合他们兴趣的物品。多项研究表明,推荐系统很容易受到中毒攻击的影响。通过向推荐系统中注入虚假数据,推荐系统即可按照攻击者的意愿进行推荐。然而,如何为基于图模型的推荐系统设计优化的虚假数据仍然是一个值得研究的问题。本章主要介绍了基于图模型的推荐系统攻击方法。我们首先对推荐系统进行了简单介绍;其次给出了推荐系统攻击的基本概念,主要包括问题描述和评价指标;再次从节点注入和增删边两个角度介绍了图攻击算法在推荐系统上的应用;最后展示了以上方法在对应数据集上的推荐系统攻击实验结果;还收集了近年基于图模型的推荐系统攻击算法,并对其进行了分类汇总。虽然上述攻击方法展示出了较好的攻击性能，但目前基于图模型的推荐系统攻击算法相对较少，无论是在算法性能提升上还是在应用场景限制上，仍有很大的研究空间。

参考文献

[1] Burke R, O'Mahony M P, Hurley N J. Robust collaborative recommendation [M]. Ricci F, Rokach L, Shapira B. Recommender Systems Handbook, 2nd ed. Berlin: Springer, 2015: 961-995.

[2] Herlocker J L, Konstan J A, Terveen L G, et al. Evaluating collaborative filtering recommender systems[J]. ACM Transactions on Information Systems, 2004, 22(1): 5-53.

[3] Fang M, Yang G, Gong N Z, et al. Poisoning attacks to graph-based recommender systems[C]//Proceedings of the 34th Annual Computer Security Applications Conference, 2018: 381-392.

[4] Backstrom L, Leskovec J. Supervised random walks: Predicting and recommending links in social networks[C]//Proceedings of the Fourth ACM International Conference On Web Search and Data Mining, 2011: 635-644.

[5] Qiu R, Huang Z, Li J, et al. Exploiting cross-session information for session-based recommendation with graph neural networks[J]. ACM Transactions on Information Systems, 2020, 38(3): 1-23.

[6] Yang J, Ma W, Zhang M, et al. LegalGNN: Legal information enhanced graph neural network for recommendation[J]. ACM Transactions on Information Systems, 2021, 40(2): 1-29.

[7] Thanh T N, Quach N D K, Nguyen T T, et al. Poisoning GNN-based recommender systems with generative surrogate-based attacks[J]. ACM Transactions on Information Systems, 2023, 41(3): 1-24.

[8] Wang X, He X, Wang M, et al. Neural graph collaborative filtering[C]// Proceedings of the 42nd International ACM SIGIR Conference On Research and Development in Information Retrieval, 2019: 165-174.

[9] Kipf T N, Welling M. Semi-supervised classification with graph convolutional networks[C]//Proceedings of the 5th International Conference on Learning Representations, Toulon, France, 2017.

[10] Kool W, Van Hoof H, Welling M. Stochastic beams and where to find them:

The Gumbel-Top-k trick for sampling sequences without replacement[C]// International Conference on Machine Learning,2019:3499-3508.

[11] Gunes I, Kaleli C, Bilge A, et al. Shilling attacks against recommender systems: A comprehensive survey[J]. Artificial Intelligence Review, 2014, 42(4):767-799.

[12] Wu F, Gao M, Yu J, et al. Ready for emerging threats to recommender systems? A graph convolution-based generative shilling attack[J]. Information Sciences,2021,578:683-701.

[13] Gulrajani I,Ahmed F,Arjovsky M,et al. Improved training of wasserstein gans[J]. Advances in Neural Information Processing Systems,2017,30:5769-5779.

[14] Wu Z W,Chen C T,Huang S H. Poisoning attacks against knowledge graph-based recommendation systems using deep reinforcement learning[J]. Neural Computing and Applications,2022,34(4):3097-3115.

[15] Mnih V,Kavukcuoglu K,Silver D,et al. Human-level control through deep reinforcement learning[J]. Nature,2015,518(7540):529-533.

[16] Wang H,Zhang F,Zhao M,et al. Multi-task feature learning for knowledge graph enhanced recommendation[C]//The World Wide Web Conference, 2019:2000-2010.

[17] Anelli V W, Deldjoo Y, Di Noia T, et al. SAShA: Semantic-aware shilling attacks on recommender systems exploiting knowledge graphs[J]. European Semantic Web Conference,2020,5:307-323.

[18] Zhang Y, Yuan X, Li J, et al. Reverse Attack: Black-box attacks on collaborative recommendation[C]//Proceedings of the 2021 ACM SIGSAC Conference on Computer and Communications Security,2021:51-68.

[19] Chen J, Fan W, Zhu G, et al. Knowledge-enhanced black-box attacks for recommendations[C]//Proceedings of the 28th ACM SIGKDD Conference on Knowledge Discovery and Data Mining,2022:108-117.

[20] Wang Y,Liu Y,Shen Z. Revisiting item promotion in GNN-based collaborative filtering:A masked targeted topological attack perspective[C]//Proceedings of the Thirty-Seventh AAAI Conference on Artificial Intelligence and Thirty-Fifth Conference on Innovative Applications of Artificial Intelligence and Thirteenth Symposium on Educational Advances in Artificial Intelligence, 2023,37:15206-15214.

第 9 章　复杂网络上的级联失效

前面关于网络鲁棒性的研究均假设网络是静态的，忽略了网络部分节点或边的失效引起其他节点或边失效的动态过程。在现实生活中，网络系统发生的微小故障往往会通过组件之间的相互作用（这些组件通常在逻辑上或物理上相互关联）而传播，引发连锁反应，最终导致系统规模的级联失效。研究表明，在电力网络、交通网络、通信网络等真实系统中均可能发生级联失效。例如，在电力网络中，当某条输电线路停止工作时，电流根据基尔霍夫定律重新分配，导致剩余的输电线路电力过载[1]。2003 年美加大停电就是由输电线路故障引发的，并演变成美国东北部地区与加拿大东部地区的大规模停电，影响了 5000 万人并直接造成了逾 250 亿美元的经济损失[2]。在交通网络中，城市轨道交通系统作为最重要的基础设施之一，一旦出现蓄意攻击、设备故障或拥塞等情况，将严重影响整个系统的运行[3]。在通信网络中，网络组件经常发生故障，尤其是链路故障[4,5]。2012 年 10 月的亚马逊网络由于数据收集代理中的内存泄漏漏洞导致服务中断，影响了包括 Reddit、Foursquare 与 Pinterest 等在内的众多网站[6]。对于这些系统，预防其发生级联失效至关重要。鉴于此，研究基于级联失效的网络鲁棒性问题已成为复杂系统和复杂网络领域的一项关键任务。在本章中,我们首先介绍关于单层网络、多层网络与真实网络中的一些经典级联失效模型,并解释不同的动力学传播机制如何导致系统的突然崩溃;其次列举几个真实网络上的级联传播过程,读者可以看到这些物理模型是如何应用到真实数据中的。

9.1　单层网络上的级联失效

早期关于级联失效的研究主要集中在单层或孤立网络上。当网络中的一个或少数节点失效时,可能引发与之直接或间接相联系的其他节点失效,从而在网络内部产生级联反应,最终导致整个网络崩溃。根据级联失效产生的原因,大致上可分为以下两种情况:(1) 节点或边上负载的重分配导致过载,进一步引发级联失效(负载模型);(2) 直接拓扑依赖导致级联失效(拓扑模型)。例如,如果一个节点失效,那么依赖于它的所有节点也会失效,或者当失效的邻居节点数达到一定阈值而导致某节点失效。负载模型与拓扑模型之间的主要区别在于,前者对失效的顺序有依赖;而对于后者,最终结果仅取决于网络的拓扑结构。下面我们将重点介绍负载模型和拓扑模型的一些经典研究。

9.1.1　基于负载容量的级联失效模型

在许多现实情况下,需要考虑网络中某些物理量的流动(以节点上的负载为特征)。Motter 等[7]提出了基于负载的级联失效模型,对于负载可以在节点之间重新分布的网络,故意(或随机)攻击可以导致一连串的过载失效,进而导致整个或大部分网络崩溃。

1. 模型构建

对于给定的网络,假设在每个时间步,信息或能量等相关量会在每对节点之间进行交换,并沿着连接它们的最短路径传输。定义节点 i 处的负载 L_i 为通过该节点的最短路径的总数。节点的容量是节点可以处理的最大负载。在实际网络中,容量受到成本的严重限制。因此可假设节点 i 的容量 C_i 与其初始负载 L_i 成比例

$$C_i = (1 + \alpha)L_i, \quad i = 1,2,\cdots,N \tag{9-1}$$

式中,常数 $\alpha \geqslant 0$ 是容差参数,N 是初始节点数。当所有节点都正常运行时,整个

系统可在自由流状态下运行。然而,当一些节点被移除,会引发最短路径的重新分布,从而导致部分节点的负载发生变化。当某些节点的负载超过其容量,则会致使其失效。整个动力学过程根据以下步骤进行更新:

① 构造网络,计算每个节点 i 的初始负载 $L_i^{(0)}$。一个节点可以承受的最大容量记为 C_i。

② 移除单个节点(随机移除/目标移除),并重新计算剩余节点的负载。负载 $L_i>C_i$ 的节点将被销毁并从网络中移除。

③ 再次重新计算剩余节点的负载,删除值超过 C_i 的节点。

④ 重复这个过程,直到不再有节点因过载而失效。

上述级联失效的动态过程示意图如图 9-1 所示。下面我们重点关注随机失效和故意攻击引发的级联效应。随机失效是指从网络中随机选择一个节点作为触发器,而在故意攻击中,选择负载最高或度最大的节点作为触发器。考虑一个无标度网络(无自相连和重复边),其度分布满足

$$P(k) \sim k^{-\gamma} \tag{9-2}$$

式中,k 是度,γ 是分布指数。级联造成的损坏程度用最大连通集团的相对大小 G 来量化

$$G = \frac{N'}{N} \tag{9-3}$$

式中,N 和 N'分别是级联发生前后最大连通集团中的节点数。

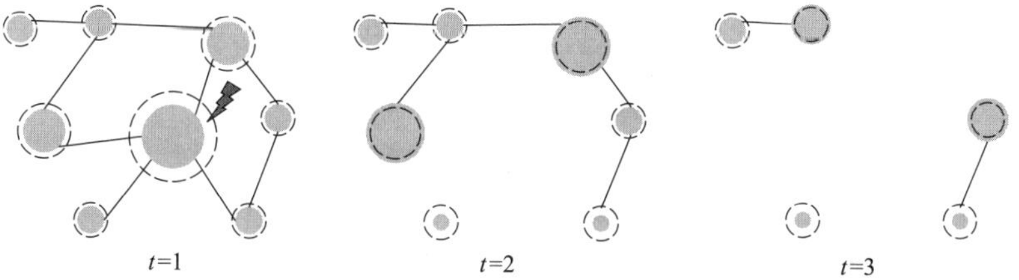

图 9-1 基于负载容量的级联失效示意图。节点(灰色圆圈)半径代表负载,即经过该节点的最短路径的数量,黑色虚线圆圈的半径代表其容量。在步骤 $t=1$ 中,一个节点发生失效,这将改变其余节点的负载。在之后的步骤中,如果某个节点的负载超过其容量,则该节点会失效并被删除

2. 实验分析

图 9-2(a)显示了无标度网络上级联失效发生后最大连通集团的相对尺寸 G 随容差参数 α 的函数关系。在随机失效情形下,G 值接近于 1。但在故意攻击下,即使 α 很大,G 值也会显著降低(当 $\alpha=1$ 时,G 下降了约 20%)。这一结果非常直观,因为在随机失效的情况下,触发器可能是许多负载较小的节点之一(因此影响会很小),而在故意攻击的情况下,它是一个负载非常大的节点,会引发可观的负载

重分配。此外,可以看出 α 值越小,造成的损害越大。特别地,相较于基于度的攻击,基于负载的攻击更明显(当 $\alpha=0.2$ 时,G 下降了 60%以上)。图9-2(b)显示了均质网络(每个节点的度为 3)上的级联失效结果。为了进行有意义的比较,在图 9-2(b)中进一步展示了具有相同平均度(约为 3)的无标度网络上的结果。可以看出,在均质网络上,直到 α 小于 0.05,系统都不会因随机失效或故意攻击而发生级联失效。而对于异构(无标度)网络,α 取相同的值($\alpha=0.05$),由攻击关键节点触发的级联可以使最大连通集团大小减小到原来的 10%以下,如图 9-2(b)所示。因此,可以得出结论:在目标攻击下同质网络似乎比异质网络更健壮。

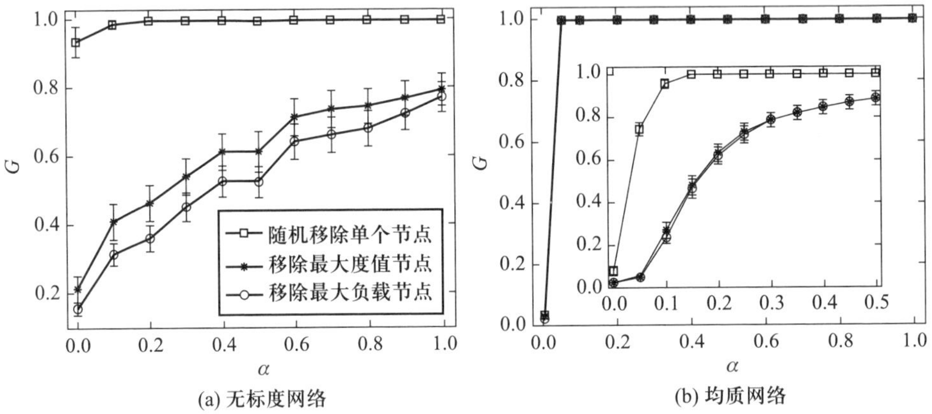

图 9-2　网络中最大连通集团的相对大小 G 随容差参数 α 的变化关系(取自文献[7])

9.1.2　基于简单守恒和分布定律的动态流模型

在 Motter 的经典模型中,节点负载的重分配过程是与时间无关的,即不连续地转换到新(受扰动的)网络的稳态负载,忽略了到达新稳态负载分布的暂态过程(因此这类模型被称为静态过载失效模型[8-10])。基于此,Simonsen 等[11]提出了动态过载失效模型,考虑了负载如何到达新稳态的时间历史。他们使用了一个简单的流模型,以较少的参数涵盖了网络拓扑、流守恒和节点相邻链路上的负载分布等特点。

1. 模型构建

假设一个由 N 个节点组成的网络,用矩阵 $\boldsymbol{W}$ 表示,其元素 $W_{ij}\geqslant 0(i,j=1,2,\cdots,N)$ 表示从节点 j 到 i 的(有向)边权重($W_{ij}=0$ 表示没有连接)。将相对权重 $T_{ij}=W_{ij}/w_i$ 定义为传递矩阵 $\boldsymbol{T}$ 的元素,其中 $w_j=\sum_{i=1}^{N}W_{ij}$ 为节点 j 的总权重值。这

些元素描述了 t 时刻到达节点 j 的总流量 $c_j(t)$ 在相邻边上的分布。假设流在时间步 $t+1$ 到达邻近节点 i，我们有 $c_i(t+1)=\sum_{j=1}^{N}T_{ij}c_j(t)+j_i^{\pm}$[12]，其中添加了可能的源头项（$\boldsymbol{j}_i^{\pm}>\mathbf{0}$）或者汇聚项（$\boldsymbol{j}_i^{\pm}<\mathbf{0}$）。利用矢量表示法，网络流方程可表示为

$$\boldsymbol{c}(t+1)=\boldsymbol{T}\boldsymbol{c}(t)+\boldsymbol{j}^{\pm} \tag{9-4}$$

如果 $\boldsymbol{j}^{\pm}=\mathbf{0}$ 时，式(9-4)的平稳解是一个常量向量，分量为 $c_i^{(0)}(\infty)\sim 1/\sqrt{N}$。当存在源项（$\boldsymbol{j}^{\pm}\neq\mathbf{0}$），其稳态解可表示为 $\boldsymbol{c}(\infty)=\boldsymbol{c}^{(0)}(\infty)+(\mathbf{1}-\boldsymbol{T})^{+}\boldsymbol{j}^{\pm}$，其中 $(\mathbf{1}-\boldsymbol{T})^{+}$ 为奇异矩阵 $\mathbf{1}-\boldsymbol{T}$ 的广义逆[13]。因此，边 $j\to i$ 上的总有向流在时间 t 可表示为 $C_{ij}(t)=W_{ij}c_j(t)$，边（无向）负载 $L_{ij}(t)$ 可定义为 $L_{ij}(t)=C_{ij}(t)+C_{ji}(t)$。

区别于 Motter 等的工作，Simonsen 等假设从节点 j 到 i 的边会发生过载，当边负载 $L_{ij}(t)$（与时间相关）超过边容量 C_{ij}，且至少持续一段时间 τ（定义为过载暴露时间）。边容量的定义类似于式(9-1)，为

$$C_{ij}=(1+\alpha)L_{ij} \tag{9-5}$$

式中，L_{ij} 为原始网络中链路 ij 的稳态负载。注意，当 $\tau\to\infty$，模型回到静态情形。

2. 实验分析

定义 $G(\alpha)$ 为级联失效（由一条链路的随机失效引发）后，网络的最大连通集团中边（或节点）的存留比例。图 9-3 显示了美国供电网络上发生级联失效后，不同过载暴露时间下 $G(\alpha)$ 随容差参数 α 的变化关系。可以看出，静态和动态过载失效模型之间存在显著差异。特别地，如图 9-3 中的插图所示，当 $\tau=0$ 时，两者之间的差异 ΔG 最高达到了 80%。只有在容差参数 α 很大时（$\alpha\geqslant 50\%$），两者

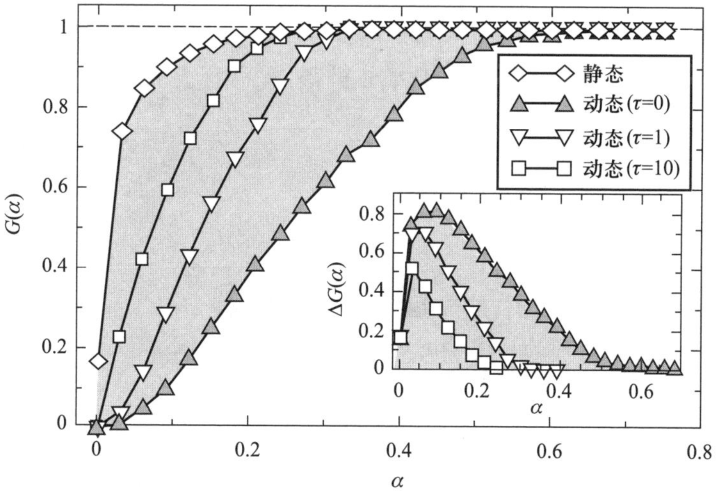

图 9-3　美国西北部供电网络的鲁棒性，该网络由 4941 个节点组成，平均度为 2.67。这里 $G(\alpha)$ 表示级联失效停止后，网络的最大连通集团中边（或节点）的存留比例（取自文献[7]）

之间的差异才变得很小。

9.1.3　基于局部加权流重分配规则的级联失效模型

真实网络的边往往具有权重，且这种权重特征在某些动力学过程中可能起到重要作用[14,15]。基于此，Wang 等[16]提出了一种在加权网络上具有局部加权流量再分配规则（LWFRR）的级联模型。该模型可以用来模拟因特网上信息流传输的情形：在传输线路发生拥塞后，信息流会被重路由以绕过它，这将导致其他线路的流量增加。由于较高流量的边具有更宽的流量传输带宽，因此被重路由的信息流会优先选择高容量的边，以保持流量的正常传输，避免进一步拥塞。

1. LWFRR 模型构建

假设边 ij 的权重为$w_{ij}=(k_ik_j)^{\theta}$，其中 θ 为可调参数，用于控制边权重的强度，k_i 和 k_j 分别为节点 i 和 j 的度。真实权重网络的经验证据支持了这一假设[17]。假设潜在的级联失效是由某个微小的初始攻击触发的，例如删除某条边 ij。接着该边上的流量会被重新分配到与 ij 相邻的其他边上（图 9-4）。设其中一条边 im 分配到的附加流量ΔF_{im}与其权重成正比：

$$\Delta F_{im}=F_{ij}\frac{w_{im}}{\sum\limits_{a\in\Gamma_i}w_{ia}+\sum\limits_{b\in\Gamma_j}w_{jb}} \tag{9-6}$$

式中，Γ_i 和Γ_j 分别为 i 和 j 的相邻节点的集合。如果边 ij 在断开之前没有接收到额外的流量，则 $F_{ij}=w_{ij}$。每条边 im 都有一个权重阈值，定义为边可以传输的最大流量。在实际网络中，阈值受到成本的限制。因此，可自然地假设阈值与其权重成正比，即有Tw_{im}，其中参数 $T>1$。如果

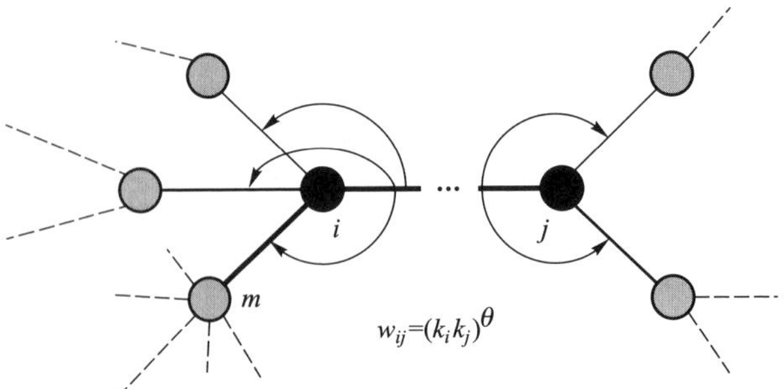

图 9-4　基于 LWFRR 的级联模型。边ij 被破坏，其上的流量被重新分配到连接 ij两端的相邻边上。在这些相邻边中，具有较高流量的边将接收到较高的流量（取自文献[16]）

$$F_{im} + \Delta F_{im} > Tw_{im} \quad (9-7)$$

则边 im 将被破坏,并导致流 $F_{im}+\Delta F_{im}$ 被进一步重新分配。在级联失效过程停止后,根据雪崩规模来衡量网络级联程度,其定义为在整个过程中累积断裂的边数。

在模型中,假设最初只删除一条边 ij。然后在级联过程结束后计算 s_{ij},这里 s_{ij} 表示删除 ij 导致的总断裂边数。为了量化整个网络的鲁棒性,采用归一化雪崩 $S_N = \sum_{ij} s_{ij}/N_{\text{edge}}$,其中 N_{edge} 为网络的总边数。

2. 实验分析

图 9-5 显示了 BA 和 NW 网络上 S_N 与参数 T 的关系。BA 和 NW 网络分别通过优先连接机制[18]和通过将边随机添加到规则环图[19]来构建。可以看出不同的网络上都存在临界阈值 T_c,它可以用作网络对级联失效的鲁棒性的度量。当 $T>T_c$ 时,不发生级联失效,系统保持其正常功能;当 $T=T_c$ 时,网络处于稳定与不稳定之间的临界状态,任何微小的外界扰动或内部变化都可能导致级联失效的发生;当 $T<T_c$ 时,S_N 突然从 0 增加,出现级联失效,导致整个或部分网络停止工作。因此,T_c 是避免级联失效的最小保护强度值,T_c 值越小,网络对级联失效的鲁棒性越强。进一步地,图 9-5(b)和图 9-5(c)分别展示了 BA 和 NW 网上 T_c 与参数 θ 之间的关系,发现在不同的边密度下,$\theta=1$ 处的鲁棒性水平最强。而在有关同步的一项工作中[20],研究发现 $\theta=-1$ 是加权网络中同步的最佳选择。这种区别源于级联过程和同步过程的动力学差异性。

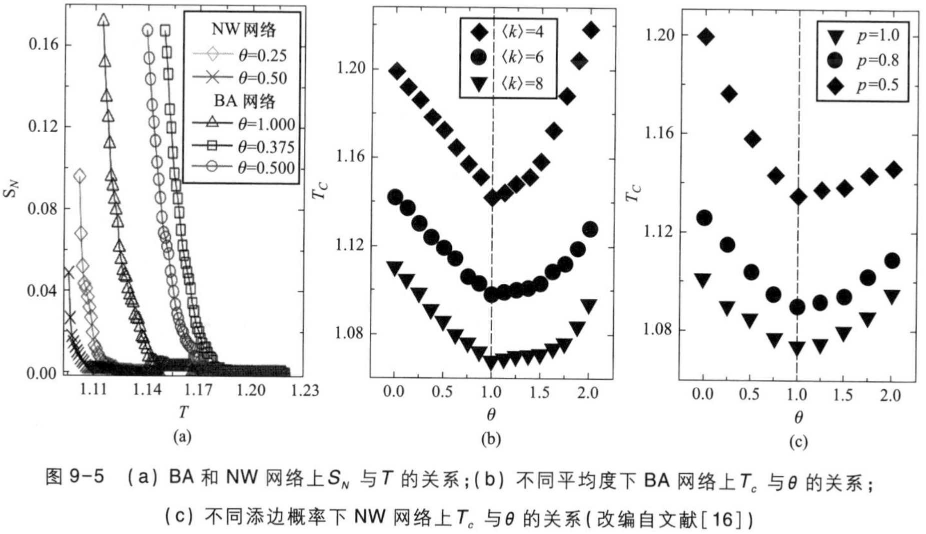

图 9-5 (a) BA 和 NW 网络上 S_N 与 T 的关系;(b) 不同平均度下 BA 网络上 T_c 与 θ 的关系;(c) 不同添边概率下 NW 网络上 T_c 与 θ 的关系(改编自文献[16])

9.1.4　基于拓扑的级联失效模型

前面介绍了几个典型的负载模型，接下来主要介绍拓扑模型。其中一个经典模型是 Parshani 等[21]提出的一个基于不同边类型的级联失效模型。该模型考虑了这样一个事实，即许多实际网络需要通过使用两种不同类型的关系来正确描述，例如连接边和依赖边。其中连接边使节点能够协同工作，而依赖边将一个网络元素的失效与其他网络元素的失效绑定在一起。

1. 模型构建

考虑一个包含 N 个节点的网络，网络中的节点通过连接边随机连接，其度分布为 $P(k)$，平均度为 $\langle k\rangle$。此外，假设节点之间通过依赖性连接的规则如下：(1) 一个节点只能有一条依赖边；(2) 如果节点 i 依赖于节点 j，则节点 j 也依赖于节点 i。我们假设拥有依赖边的节点比例为 q。当网络中的节点失效时，会引发如下两个过程（图 9-6）：

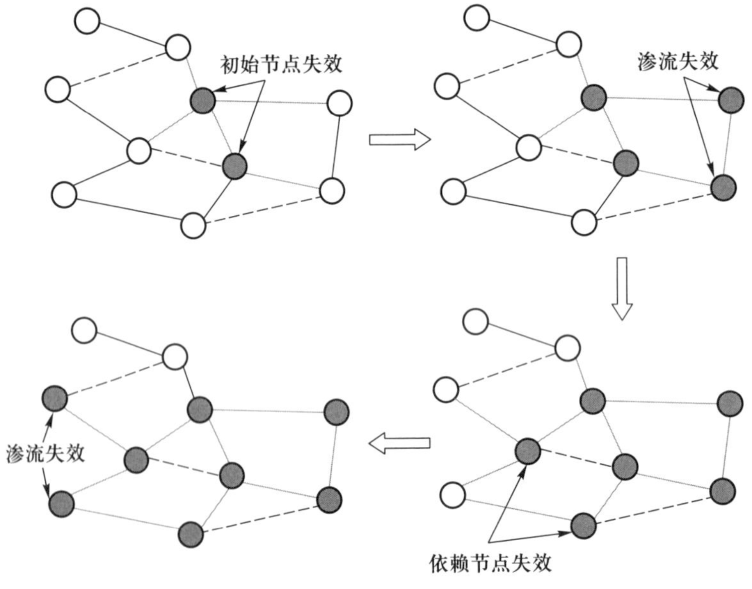

图 9-6　渗流过程和依赖过程引起的失效之间的协同作用的演示。网络包含两种类型的链路：连接边（实线）和依赖边（虚线）（取自文献[21]）

(1) 渗流过程：与失效节点有连接边的节点，如果没有通过连接边与最大连通集团相连，则都会失效。

(2) 依赖过程：与失效节点有依赖边的节点都会失效，即使它们通过连接边与网络相连。

一方面，考虑 $q=1$ 的情形。注意每个时间步包括渗流过程和依赖过程导致的级联失效。我们希望可以将到时间步为 n 时累积失效的过程等效为从初始网络中单次随机移除 r_n 比例的节点。删除节点后的剩余节点比例为 $\beta_n=1-r_n$。此时新网络的最大连通集团由剩余节点中的 $g(\beta_n)$ 部分组成，它占原始网络的比例为 $\alpha_{n+1}=\beta_n g(\beta_n)$。假设初始阶段，先移除 $r_0=1-p$ 比例的节点。由于渗流过程，这一初始移除将导致更多节点从最大连通集团中被移除。渗流过程结束后，保持正常功能的节点比例为 $\alpha_1=\beta_0 g(\beta_0)$。剩余 $1-\alpha_1$ 的失效节点会导致依赖于它们的节点发生失效。此时与失效节点存在依赖边的节点幸存下来的概率是 α_1，因此由于依赖关系而进一步失效的新节点比例为$\delta_1=\alpha_1(1-\alpha_1)$。所以累积的失效，包括初始失效的节点数$1-\beta_0$以及$\delta_1$，可等效为从初始网络中单次随机移除 $r_1=(1-\beta_0)+(1-\alpha_1)\beta_0$ 比例的节点（见文献[21]）。移除后的剩余节点比例是 $\beta_1=1-r_1=\beta_0\alpha_1=\beta_0^2 g(\beta_0)$。以此类推，可得到每步迭代后网络中剩余节点的比例

$$
\begin{aligned}
\beta_0 &= p \\
\beta_1 &= p^2 g(\beta_0) \\
\beta_2 &= p^2 g(\beta_1) \\
&\cdots\cdots \\
\beta_n &= p^2 g(\beta_{n-1})
\end{aligned}
\tag{9-8}
$$

另一方面，考虑 $0<q<1$ 的情形，可得到 $\beta_n=qp^2 g(\beta_{n-1})+p(1-q)$。进一步地，网络中最大连通集团的节点比例可计算为 $\alpha_{n+1}=\beta_n g(\beta_n)=p\{1-q[1-pg(\beta_n)]\}g(\beta_n)$。为了确定级联结束时的系统状态，令 $n\to\infty$。这个极限必须满足等式$\beta_n=\beta_{n+1}$，因为在级联结束时，网络中的连通集团不再进一步分裂。令 $\beta_n=\beta_{n-1}=x$，可以得到

$$x=p^2 qg(x)+p(1-q) \tag{9-9}$$

式(9-9)可以通过直线 $y=x$ 与曲线 $y=p^2 qg(x)+p(1-q)$ 的交点进行图解。临界条件对应于 $1=p^2 q\dfrac{\mathrm{d}g}{\mathrm{d}x}(x)$，由此可得到网络失效的临界值以及最大连通集团的临界大小。

2. 实验分析

图 9-7(a)显示了规则网格、ER 网络和无标度(SF)网络上级联失效结束时最大连通集团的节点比例 α_∞ 随参数 p 的变化关系，其中空心符号和实心符号分别对应 $q=0$ 和 $q=1$ 的情形。可以看出，不同的网络上均能观察到一级相变($q=1$)。此外，还可以观察到当网络中同时存在连接边和依赖边时(对应于 $q=1$)，度分布广的网络更容易发生级联失效(BA 网络对应的 p_c 最大，ER 网络次之，规则网格最小)。而当网络中没有依赖边时(对应于 $q=0$)，情况刚好相反，此时具有

更广泛度分布的网络对随机失效的鲁棒性更高。图 9-7(b)比较了具有相同平均度的 ER 网络和 SF 网络上临界点 p_c 随 q 的变化关系，可以发现当 q 较大(即网络中依赖节点数更多)时，SF 网络比 ER 网络更容易发生随机级联失效。

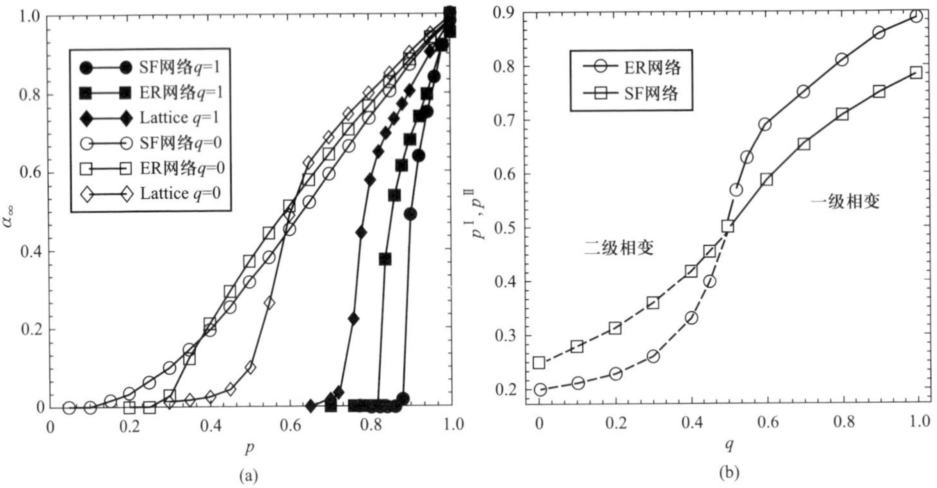

图 9-7　(a) 规则网格、ER 网络和 SF 网络上级联失效结束时最大连通集团的节点比例α_∞ 随参数p 的变化关系。(b) 具有相同平均度的 ER 网络和 SF 网络上临界点p_c 随q 的变化关系。(取自文献[21])

9.1.5　其他工作

与以上介绍的模型相关的研究还有很多。例如，在负载模型的研究中，Zhao 等[22]考察了二维欧几里得网络上的级联失效过程；Kornbluth 等[23]将初始移除条件从一个节点扩展到有限比例的节点。而关于拓扑模型的研究主要集中在 Bootstrap 和 k 核渗流模型。此外，一些研究在上述模型中考虑了真实电力网络的特性，如基尔霍夫定律、线路阻抗或电抗、线路容量和基于流量的分析等。这些模型能部分反映电力网络级联失效的特点。早期的研究[24]从发电机节点、输电线路和配电节点(负载)3 个方面对电力网络进行了建模，并对其脆弱性进行了分析。Crucitti 等[25]给出的模型考虑了动态再分配流和失效节点对网络的影响。Bompard 等[26]结合电力特性和复杂网络，提出熵度、净容量等新指标，并被广泛用于分析电力网络的脆弱性和识别关键部件[27-29]。

9.2 多层网络上的级联失效

真实世界中的网络通常不是孤立存在的，它们往往相互耦合在一起，相互依赖。例如，电力网络需要通信网络进行通信和调度，需要铁路交通运输网络输送能源和物资，同时又可以为通信网络和铁路交通运输网络提供电力支持。一旦某个网络节点(或边)遭受攻击并失效，它会通过网络之间的耦合传递到其他网络中，导致另一个网络中的节点失效。在本节中，我们将根据网络间的不同耦合方式介绍多层网络上的级联失效。

9.2.1 一对一耦合网络上的级联失效模型

相互依赖网络的一个基本特性是一个网络中节点的失效可能导致其他网络中依赖节点的失效。一个网络中很少一部分节点的失效可能导致由几个相互依赖的网络组成的系统完全崩溃。2010 年，Buldyrev 等[30]提出了一个框架来理解这种受级联失效影响的相依网络的鲁棒性。

(1) 网络构建

不失一般性，考虑具有相同节点数 N 的两个网络 A 和 B。网络 A 中节点 $A_i(i=1,2,\cdots,N)$ 的功能取决于网络 B 中节点 B_i 提供关键资源的能力，反之亦然。网络 A 和网络 B 的度分布分别为 $P_A(k)$ 和 $P_B(k)$。如果节点 A_i 因受到故意攻击或随机失效而停止工作，则节点 B_i 也会停止工作；同理，如果节点 B_i 停止工作，则节点 A_i 也将停止工作。通过双向边 $A_i \leftrightarrow B_i$ 表示这种依赖关系，该双向边定义了网络 A 的节点和网络 B 的节点之间的一一对应关系(图 9-8)。

随机移除网络 A 中 $1-p$ 比例的节点，并移除这些节点在网络 A 中的所有边(图 9-8(a))。由于网络之间的依赖性，B 网络中所有通过边 $A_i \leftrightarrow B_i$ 与网络 A 中的移除节点相连的节点也必须被移除(图 9-8(b))，网络 B 中被移除节点的所有边也随之被移除。当节点和边按顺序被移除时，每个网络分裂成一些规模不等的连通子图，称为集群(cluster)。网络 A 中的集群和网络 B 中的集群是不同的，因为每个网络的连接方式不同。网络 A 中的一组节点 a 和网络 B 中相应的一组节点 b 会形成一个相互连接的集合，如果(1) a 中的任意一对节点可通过属于 a 的节点和网络 A 中的边组成的路径相连接；(2) b 中的任意一对节点可通过属于

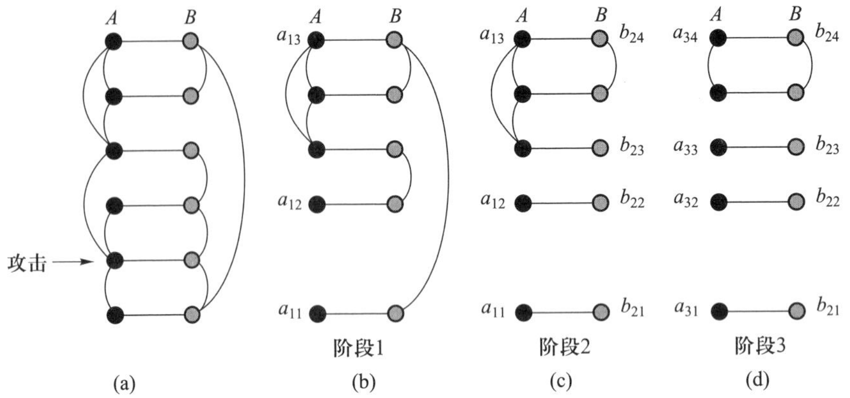

图 9-8 模拟一系列失效的迭代过程。水平直线表示网络之间的耦合边，圆弧线表示网络A和B的内部边。(a) 网络A中的一个节点被移除（"攻击"）；(b) 阶段 1：网络B中的依赖节点也被移除，网络A分成 3 个a_1集群，即a_{11}、a_{12}和a_{13}；(c) 阶段 2：移除网络B连接到孤立的a_1集群的边，网络B分成 4 个b_2集群，即b_{21}、b_{22}、b_{23}和b_{24}；(d) 阶段 3：移除网络A连接到孤立b_2集群的边，网络A分成 4 个a_3集群，即a_{31}、a_{32}、a_{33}和a_{34}；这些与b_{21}、b_{22}、b_{23}和b_{24}一致，并且不会发生进一步的连边移除和网络中断。因此，每个相连的b_2、a_3是互连集群，其中最大的集群b_{24}和a_{34}构成了巨分支（取自文献[30]）

b 的节点和网络 B 中的边组成的路径相连接。我们称相互连接的集合为互连集群，它不能通过添加其他节点来扩大且仍满足上述条件。只有互连集群才可能正常工作（即不会失效）。

为了得到互连集群，定义 a_1 集群为移除 $1-p$ 比例的节点后网络 A 中的集群，这是级联失效的第 1 个阶段。接着定义 b_1 集合为通过 $A\leftrightarrow B$ 边与"a_1 集群"相连的 B 节点集。根据互连集群的定义，所有连接不同 b_1 集合的边都需要被移除，此时 b_1 集合会分裂成一些不同的集群，称为 b_2 集合（图 9-8(c)）。这是级联失效的第 2 个阶段。在第 3 阶段，我们以类似的方式确定所有的 a_3 集群（图 9-8(d)），以及所有 b_4 集群。重复上述过程，直到整个网络没有进一步分裂和边移除时，级联失效停止。

（2）理论分析

在随机移除 $1-p$ 部分节点之后，第一阶段的失效是由 $N_0\equiv pN$ 节点组成的子图 A_0的碎片化引起的。A_0的巨分支 A_1 占 A_0的比例为 $g_A(p)$。因此，A_1 中的节点数为

$$N_1 = N_0 g_A(p) = p g_A(p) N \equiv \mu_1 N \tag{9-10}$$

由于网络 B 中的每个节点都依赖于网络 A 中的一个节点，因此网络 B 中相同比例的节点仍然有效。此外，网络 B 中依赖于网络 A 中与 A_1 断开连接的节点相对于网络 B 中的连接是完全随机的。因此，可以应用生成函数的方法，并找到

网络 B 的巨分支 B_2 相对于子集 A_1 的比例 $g_B(\mu_1)$。巨分支 $B_2 \subset A_1$ 中的节点数为

$$N_2 \equiv \mu_2 N = g_B(\mu_1)N_1 = g_B(\mu_1)\mu_1 N = pg_A(p)g_B(\mu_1)N \tag{9-11}$$

因此,第二阶段失效后功能节点的比例为

$$\mu_2 = pg_A(p)g_B(\mu_1) = \mu_1 g_B(\mu_1) \tag{9-12}$$

第三阶段的失效是由于移除 $N_1 - N_2 = [1-g_B(\mu_1)]N_1$ 导致巨分支 A_1 进一步破碎造成的,这些节点不属于 B_2。从 A_1 中删除这些节点相当于从 A_0 中删除相同比例的节点(因为在初始攻击阶段被删除的所有节点都不属于 B_2,A_1 和 A_0)。因此,必须从网络 A 中移除的节点总数为 A_0 中的 $[1-g_B(\mu_1)]N_0$ 个节点加上最初被攻击的节点数 $(1-p)N$,即 $[1-pg_B(\mu_1)]N$。因此,第三阶段失效对网络 A 的影响相当于随机攻击,其中 p 被 $\mu_2' = pg_B(\mu_1)$ 取代。因此,巨分支 $A_3 \subset B_2$ 中的节点数为

$$N_3 \equiv \mu_3 N = \mu_2' g_A(\mu_2')N \tag{9-13}$$

按照这种方法,可以在级联失效过程中构建巨分支的序列:$A = B \supset A_0 = B_0 \supset A_1 \supset B_2 \supset A_3 \supset \cdots \supset A_{2m-1} \supset B_{2m} \supset A_{2m+1}$。该序列的每个巨分支中的节点数为 $N > pN \equiv N\mu_0 > N\mu_1 > \cdots > N\mu_{2m+1}$,其中,$\mu_n(n=0,1,\cdots,2m+1)$ 可通过以下递推关系得到:

$$\begin{aligned}
\mu_0 &\equiv \mu_0' \equiv p \\
\mu_1 &\equiv \mu_1' \equiv \mu_0' g_A(\mu_0') \\
\mu_2 &= \mu_1' g_B(\mu_1') \\
\mu_2' &= pg_B(\mu_1') \\
\mu_3 &= \mu_2' g_A(\mu_2') \\
\mu_3' &= pg_A(\mu_2') \\
&\cdots\cdots\cdots\cdots \\
\mu_2' &= pg_B(\mu_{2m-1}') \\
\mu_{2m} &= \mu_{2m-1}' g_B(\mu_{2m-1}') \\
\mu_{2m}' &= pg_B(\mu_{2m-1}') \\
\mu_{2m+1} &= \mu_{2m}' g_A(\mu_{2m}') \\
\mu_{2m+1}' &= pg_A(\mu_{2m}')
\end{aligned} \tag{9-14}$$

当 $n \to \infty$ 时,可得到稳态最大互连集群 μ_∞,此时有 $\mu_{2m+1} = \mu_{2m} = \mu_{2m-1}$。这一条件可导致以下关于两个未知数 x 和 y 的方程组,其中 $\mu_\infty = xg_B(x) = yg_A(y)$:

$$\begin{cases} x = g_A(y)p \\ y = g_B(x)p \end{cases} \tag{9-15}$$

对于度为泊松分布的 ER 网络,问题可以显式求解。设网络 A 的平均度为

$\langle k\rangle_A=a$,网络 B 的平均度为 $\langle k\rangle_B=b$,则

$$G_{A1}(x)=G_{A0}=\exp[a(x-1)] \tag{9-16}$$

$$G_{B1}(x)=G_{B0}=\exp[b(x-1)] \tag{9-17}$$

据此式(9-15)变为

$$\begin{cases} x=p[1-f_A] \\ y=p[1-f_B] \end{cases} \tag{9-18}$$

式中

$$\begin{cases} f_A=\exp[ay(f_A-1)] \\ f_B=\exp[bx(f_B-1)] \end{cases} \tag{9-19}$$

消去 x 和 y,得到一个关于 f_A 和 f_B 的方程组

$$\begin{cases} f_A=\mathrm{e}^{-ap(f_A-1)(f_B-1)} \\ f_B=\mathrm{e}^{-bp(f_A-1)(f_B-1)} \end{cases} \tag{9-20}$$

引入一个新变量 $r=f_A^{1/a}=f_B^{1/b}$,将式(9-20)简化为一个方程

$$r=\mathrm{e}^{-p(r^a-1)(r^b-1)} \tag{9-21}$$

可以用图形解出任意 p,临界情况对应于切向条件

$$1=\frac{\mathrm{d}}{\mathrm{d}r}\mathrm{e}^{-p(r^a-1)(r^b-1)}=p[ar^a+br^b-(a+b)r^{a+b}] \tag{9-22}$$

此时临界值 $r=r_c$ 满足超越方程

$$r=\exp\left[-\frac{(1-r^a)(1-r^b)}{ar^a+br^b-(a+b)r^{a+b}}\right] \tag{9-23}$$

临界值 $p=p_c$ 可通过式(9-22)求得

$$p_c=[ar_c^a+br_c^b-(a+b)r_c^{a+b}]^{-1} \tag{9-24}$$

当 $a=b$ 时,$f_A=f_B=f$,且临界值 $f=f_c$ 满足等式

$$f_c=\exp\left[\frac{f_c-1}{2f_c}\right] \tag{9-25}$$

可得到 $f_c=0.284\ 67$,$p_c=2.4554/a$,以及巨分支中节点的临界比例

$$\mu_\infty(p_c)=p_c(1-f_c)^2=\frac{1.2564}{a} \tag{9-26}$$

对于具有幂律分布 $P_A(k)\sim k^{-\lambda_A}$ 的无标度网络,我们知道当 $\lambda_A\leqslant 3$,$N\to\infty$ 时,$p_c\to 0$。但令人惊讶的是,在双层网络中,p_c 在 $\lambda_A>2$ 时仍然是有限的。这一结论的具体推导可见文献[30]。

(3) 实验结果

考虑两个 ER 网络的情况,设其平均度分别为 $\langle k\rangle_A$ 和 $\langle k\rangle_B$。随机移除网络

A 中 $1-p$ 比例的节点，并遵循形成 a_1集群、b_2集群、a_3集群、…、b_{2k}集群和 a_{2k+1}集群的迭代过程，如上所述。在级联失效的每个阶段 n 之后，我们确定最大 a_n集群或 b_n集群的节点比例 μ_n。在过程结束时，μ_n 收敛到 μ_∞，即随机选择的节点属于最大互连集群的概率。当 $N\to\infty$ 的时候，概率u_∞ 收敛到定义良好的函数$u_\infty(p)$，其在阈值 $p=p_c$ 处具有阶跃不连续性，其中当 $p<p_c$ 时，$u_\infty(p_c)=0$；当 $p\geqslant p_c$ 时，$u_\infty(p_c)>0$。这种行为是一阶相变的特征，与二阶相变（例如单层网络上的渗流相变）截然不同。对于有限的 N 和接近 p_c 的 p，在特定网络实现中存在巨分支的概率为 $p_\infty(p,N)$。当 $N\to\infty$ 时，$P_\infty(p,N)$ 收敛到 Heaviside 阶跃函数 $\theta(p-p_c)$，如图 9-9(a)所示，模拟结果与理论分析一致。

对于具有幂律度分布的两个相互依赖的无标度网络，其度分布为$P_A(k)=P_B(k)\propto k^{-\lambda}$，研究发现巨分支的存在条件与单个网络中的结果截然不同。对于 $\lambda\leqslant 3$ 的单个无标度网络，只要 $p>0$，巨分支都存在。然而，对于相互依赖的无标度网络，当 $2<\lambda\leqslant 3$ 时，存在临界值 $p_c\neq 0$，当 $p<p_c$ 时不存在巨分支。此外，研究发现在相互依赖的网络上，度分布越广，对应的临界值 p_c 值越大，这与单层网络的结果相反。这是因为在相互依赖的网络中，一个网络中的大度值节点可能会与另一个网络的小度值节点相连，导致这些 hub 节点变得很脆弱。此外，具有相同平均度的更广的度分布意味着有更多的小度值节点。由于小度值节点更容易断开连接，因此广泛的度分布对于相互依赖的网络反而是一种劣势。图 9-9(b) 比较了具有不同 λ 值的无标度网络、ER 网络和随机规则网络的实验结果，证实了这种行为。

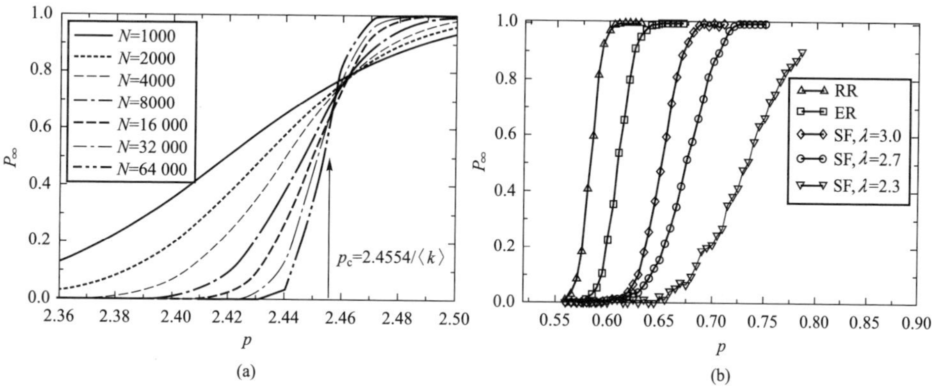

图 9-9 (a) 耦合 ER 网络中，不同N 值下，巨分支存在的概率P_∞ 与p 的关系图。当$N\to\infty$ 时，曲线收敛到阶跃函数。p_c 的理论预测如箭头所示；(b) 耦合无标度网络(SF)、耦合 ER 网络和耦合随机规则网络(RR)中P_∞ 与P 的关系图($\langle k\rangle=4$ 和$N=50\ 000$)(取自文献[30])

最后值得一提的是，上述工作中两个相互依赖的耦合网络节点是一一对应的。然而，在现实世界中，这种假设可能并不成立。网络 A 中的单个节点可以依赖于网络 B 中的多个节点，并且只要网络 B 中至少一个支持节点不失效，它也不会失效。考虑到这一情形，Shao 等将关于耦合网络的工作从一对一的依赖关系扩展到一对多的依赖关系，提出了一种更普遍的理论框架，具体可参考文献[31]。

9.2.2 基于网络的网络的多层级联失效模型

在许多实际系统中，两个以上的网络相互依赖。例如，不同的基础设施结合在一起，如水和食品供应、通信、燃料、金融交易和发电站等。基于此，Gao 等[32]发展了一套由 n 个相互依赖的网络，称为网络的网络(network of network，NON)，组成的系统的鲁棒性理论。

(1) 模型构建

在 NON 中每个节点本身就是一个网络，每条边代表一对网络之间的部分依赖。假设 NON 的每个网络 $i(i=1,2,\cdots,n)$ 由通过边相互连接的 N_i 个节点组成。对于两个网络 i 和 j，如果网络 i 中有一定比例节点$q_{ji}(q_{ji}>0)$直接依赖于网络 j 的节点，则这两个网络形成部分依赖对(partially dependent pair)，如图 9-10(b)所示。这里，依赖对通过从网络 j 指向网络 i 的单向依赖边建立。如果$q_{ij}=q_{ji}=1$，则部分依赖对变为完全依赖。

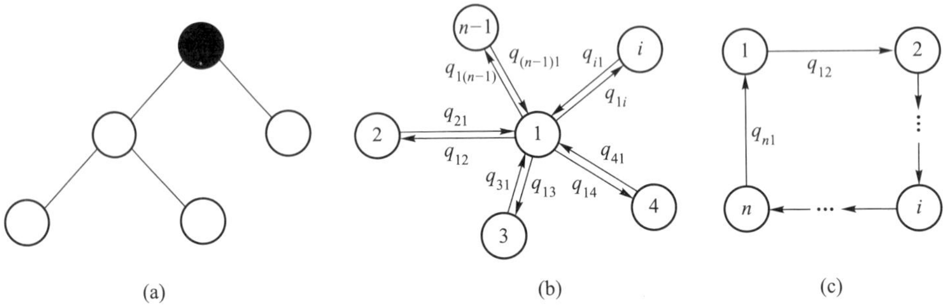

图 9-10 (a) 由 5 个完全相互依赖的网络组成的树形 NON 示意图；(b) 部分相互依赖的星形 NON 示意图，其中网络 1 中$q_{i1}>0$比例的节点依赖于网络i 中的节点；(c) 部分相互依赖的环形 NON 示意图(取自文献[32])

假设在遭受攻击或失效之后，每个网络 i 中只剩下一小部分节点 p_i。同时只有属于每个网络 i 的巨分支的节点能维持正常功能。这一假设会导致级联失效：网络 i 中不属于其巨分支的节点发生故障，导致依赖于网络 i 节点的其他网络中的节点出现故障,这些节点的故障导致网络 i 中节点的进一步故障,依次类推。我们的目标是探究在级联失效结束时每个网络中保持正常功能的节点比例$P_{\infty,i}$与 p_i 和q_{ij}的关系。

假设 NON 中所有网络内部都是随机连接的,其度分布为$P_i(k)$,其中 k 是网络 i 中节点的度。进一步假设网络 i 中的每个节点 a 可能仅依赖于网络 j 中的一个节点 b(唯一性条件),如果网络 i 中节点 a 依赖于网络 j 中的节点 b,而网络 j 中节点 b 依赖于网络 i 中的节点 c,则节点 a 必须与节点 c 重合(无反馈条件)。

由此可得到一个与电阻网络的基尔霍夫方程类似的迭代方程组。该方程组有 n 个未知数 x_i,表示删除受初始攻击影响的所有节点以及依赖于其他网络中失效节点的节点后,网络 i 中幸存的节点比例。然而,x_i 没有考虑到由于网络 i 的内部连接导致节点的进一步失效。每个网络的最终巨分支可以从方程$P_{\infty,i}=x_i g_i(x_i)$中得到,其中 $g_i(x_i)$是网络 i 的剩余节点中属于巨分支的节点比例。函数 $g_i(x_i)$可以用度分布$P_i(k)$的生成函数 $G_i(z)=\sum_k^{N_i} z^k P_i(k)$ 及其归一化导数 $H_i(z)=G_i'(z)/G_i'(1)$ 表示:$g_i(x_i)=1-G_i(1-x_i(1-f_i))$,其中辅助变量$f_i$ 满足方程 $f_i=H_i(1-x_i(1-f_i))$。

未知项 x_i 满足 n 元方程组

$$x_i = p_i \prod_{j=1}^{K} (q_{ji} y_{ji} g_j(x_j) - q_{ji} + 1) \tag{9-27}$$

式中,乘积考虑了通过部分依赖边与网络 i 相互连接的 K 个网络,变量

$$y_{ji} = \frac{x_j}{q_{ij} y_{ij} g_i(x_i) - q_{ij} + 1} \tag{9-28}$$

表示在考虑了与网络 j 相连的所有网络(网络 i 除外)造成的破坏后,网络 j 中保留的节点比例。由于无反馈条件,必须排除网络 i 的损坏。注意在没有反馈条件的情况下,$y_{ji}=x_j$,式(9-27)变得简单许多。

(2) 实验结果

考虑两种可求解的情形:(1) 树形 NON 完全依赖(图 9-10(a));(2) 星形 NON 部分依赖(图 9-10(b))。从图 9-11 可以看出,对于 n 个相互依赖的网络,当 $n\geq 2$,耦合增加时自然会出现级联失效,而且此时相变为一级相变,而不是单个网络中出现的经典的二级相变($n=1$)。这些发现表明,单个网络的渗流理论是相互依赖网络渗流的极限情况。最后,值得一提的是,这里提出的理论框架为研究 NON 的不同拓扑的渗流提供了可能性。

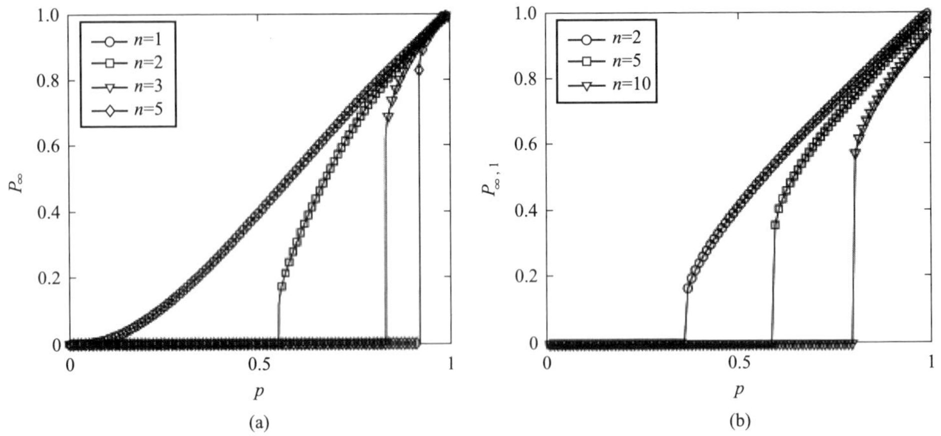

图 9-11 对于不同数量n 的交互网络，级联失效结束时节点比例P_∞与初始节点比例p 的关系，(a) 对于完全相互依赖的(q =1)树形 SF NON；(b) 对于部分耦合(q =0.8)的星形 ER NON(取自文献[32])

9.2.3 其他工作

关于多层网络上级联失效的研究近十多年已得到了广泛关注。研究发现，网络与网络之间的耦合模式对级联失效动力学有着强烈的影响。除了前面介绍的网络之间强依赖的情形(即相互依赖的一组节点，其中一个节点失效时，其余节点也立即失效)，还有一些研究考虑了弱依赖的情况，此时网络中某个节点的失效可能不会导致另一个网络中与之依赖的节点完全失效，而是造成一定程度的损害[33]。研究发现在弱依赖的情况下，多层网络在级联失效过程中会表现出更为丰富的相变现象[34]。此外，还有很多研究将一些更现实的因素融入上述这些经典模型中，例如考虑了度相关性、边重叠、聚类、有向网络、空间嵌入效应以及双曲相互依赖网络等，感兴趣的读者可进一步阅读文献[35]。

9.3 真实网络上的级联失效

9.3.1 交通网络在级联失效下的鲁棒性

Su 等[36]将级联失效分析扩展到实际交通网络系统，即北京的地铁和公交网络。选取至少有 6 个共同节点的 227 个地铁节点和 924 个公交节点。该网络可视为一个加权无向图 G,加权边 e_{ij}的值度量相邻节点 i 和 j 之间的影响,节点容量 $C_i=(1+\alpha)L_i$(L_i 为所有最短路径经过它的概率,容量参数 $\alpha\in[0,1]$代表容差容量的控制参数)。如果一个节点从依赖地铁网络中删除(由于失效或攻击),它会影响其他节点之间的最短路径,进而改变许多节点的负载。如果某节点的负载大于其自身容量,那么该节点将过载,其相邻边的效率将降低。远程节点将重新选择其最短路径。这种负载调整将被一再触发,直到所有剩余节点的负载小于其容量。通过以上定义,可以模拟出在相关网络中初始移除一个节点时人流重新分配的动态过程。

由一个节点失效引发的级联失效模型如图 9-12 所示,假设网络 B 中的节点 3 在 $t=0$ 时受到攻击,那么网络 S 中的节点 3 在 $t=1$ 时也将失效。接着,网络 S 中的节点 1、2 在下一时间 $t=2$ 时都失效。这可能会导致所连接网络中某些相关节点的拥塞,以及两个网络之间的过载失效。需要注意的是,过载的节点不会被删除,而是将降低效率 $e_{B_{ij}}$,这个效率在每个时间 t 根据式(9-29)进行迭代:

$$e_{B_{ij}}(t+1)=\begin{cases}e_{B_{ij}}(0), & L_{B_i}(t)\leqslant C_{B_i}\\ e_{B_{ij}}(0)\dfrac{C_{B_i}}{L_{B_i}(t)}, & \text{其他}\end{cases} \tag{9-29}$$

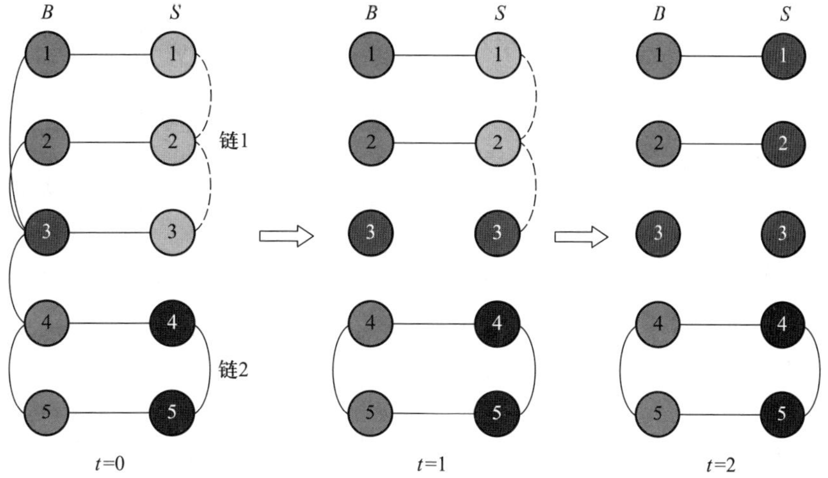

图 9-12 地铁网络 S 和公交网络 B 中的级联失效示意图(网络 S 中节点 1、2 和 3 属于依赖链 1,节点 4 和 5 属于依赖链 2)(取自文献[36])

假设通过相互连接的节点 i 和 j 所花费的时间 t_{ij} 与边的效率成反比,因此定义为 $t_{ij} \sim \frac{1}{e_{ij}}$。在这里,假设通过地铁网络和公交网络中的边所花费时间的初始值分别为 $t_S=1, t_B=2$,通过地铁节点和附近(距离小于公交网络中两连接节点距离的一半)公交节点边所需时间的初始值为 $t_{BS}=0.5$,假设所有的用户都沿着两个节点之间的最短时间路径移动,可以得到

$$T_{ij}=t_{ik_1}+t_{k_1k_2}+\cdots+t_{k_mj}=\frac{1}{e_{ik_1}}+\frac{1}{e_{k_1k_2}}+\cdots+\frac{1}{e_{k_mj}} \tag{9-30}$$

式中,$k_1, k_2, \cdots, k_m$ 是从节点 i 到节点 j 的路径上的节点。所有通过节点 i 和 j 之间的路径的效率 E_{ij} 可以定义为它们之间最短时间路径效率的调和均值,即

$$E_{ij}=\frac{1}{T_{ij}}=\frac{1}{\frac{1}{e_{ik_1}}+\frac{1}{e_{k_1k_2}}+\cdots+\frac{1}{e_{k_mj}}} \tag{9-31}$$

整个网络的鲁棒性可由网络的平均传输效率来衡量,即

$$E(G)=\frac{1}{N(N-1)}\sum_{i\neq j\in G}E_{ij}=\frac{1}{N(N-1)}\sum_{i\neq j\in G}\frac{1}{\frac{1}{e_{ik_1}}+\frac{1}{e_{k_1k_2}}+\cdots+\frac{1}{e_{k_mk_j}}} \tag{9-32}$$

图 9-13 展示了网络效率与容量参数 α 之间的关系。从图 9-13(a)中可以看到,增加地铁网络(α_S)和公交网络(α_B)的容差参数后,在随机移除地铁节点(NR_B 攻击)时,交通系统效率迅速增长到一个常数。然而,对于随机移除公交节点(NR_S 攻击),效率是逐渐增长的(图 9-13(b))。在 NR_B 攻击下,交通系统的整体效率在 α_S 不变的情况下,随着 α_B 的增加,在小区域内迅速恢复效率,反之亦然(图 9-13(c))。因此,交通系统对 NR_B 攻击具有较强的鲁棒性。对于 NR_B 攻击,存在一个小的临界阈值 α_0。当 $\alpha_0 \approx 0.1$ 时,存在非平衡相变;当 $\alpha<\alpha_0$ 时,网络效率随容差参数的增加而迅速增加;当 $\alpha>\alpha_0$ 时,网络效率会立即恢复。也就是说公交网络容差参数的小幅增加可以快速降低交通压力。这就解释了为什么在高峰期增加一些公交车可以缓解交通拥堵的压力。在图 9-13(d)中,对于 NR_S 攻击,容差参数也存在一个很小的临界阈值 $\alpha_0 \approx 0.1$。当 $\alpha_S<\alpha_0$ 和 $\alpha_B=0.1$ 时的网络效率低于 $\alpha_B<\alpha_0$ 和 $\alpha_S=0.1$ 时的网络效率,然而,当 $\alpha_S<\alpha_0$ 和 $\alpha_B<\alpha_0$ 时的网络效率分别大于 $\alpha_S>\alpha_0$ 和 $\alpha_B>\alpha_0$ 时的网络效率。并且,两种模式均随容差参数的增大而逐渐增大。因此,随着 α_S 和 α_B 的增加,交通系统的效率逐渐恢复。如果公交车数量有限,增加公交车的数量可以缓解交通堵塞。但是当 $\alpha>\alpha_0$ 时,增加地铁网络的容差参数,可以极大地缓解交通拥堵(图 9-13(d))。

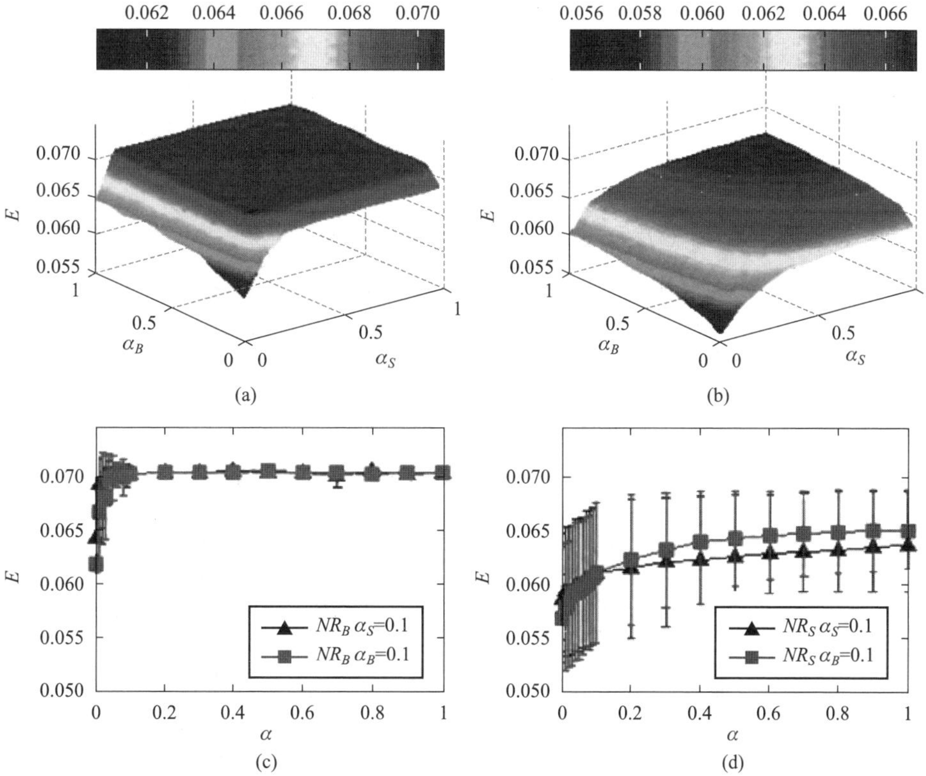

图 9-13 (a) 随机移除公交网络中的节点(NR_B 攻击);(b) 随机移除地铁网络中的节点(NR_S 攻击)情况下,交通系统总体效率作为地铁网络(α_S)和公交网络(α_B)的容差参数的 3D 曲线图;(c)和(d)分别是(a)和(b)的一些对应截面(取自文献[36])

9.3.2 金融网络在级联失效下的鲁棒性

Lee 等[37]考虑了金融网络的级联失效过程。他们使用了若干个国家从 2002 年到 2006 年的国内生产总值(GDP)数据(来自国际货币基金组织世界经济展望数据库 2008 年 10 月版),贸易数据来自 2007 年联合国国际商品贸易统计年鉴。该数据集包含 2002 年至 2006 年同时期每个国家的贸易伙伴名单和相应的进出口贸易额。与 GDP 数据处理方法一致,Lee 等使用了两国之间具有代表性的贸易额的 5 年平均值,若 5 年数据不可用,则使用可用年份数据的平均值。为了构建全球宏观经济网络(GMN),他们只考虑了在数据集中有 GDP 和贸易数据的国家,构造的 GMN 是由 100 多个国家组成的有向加权网络。

从理论角度来看,经济危机蔓延可以被定义为级联失效或雪崩过程[38-42]。

沿着这个方向，Lee 等[37]介绍了基于 GMN 的危机扩散模型，如图 9-14 所示。每个节点具有容量 C_i，每条边具有权重 W_{ij}（图 9-14(a)）。

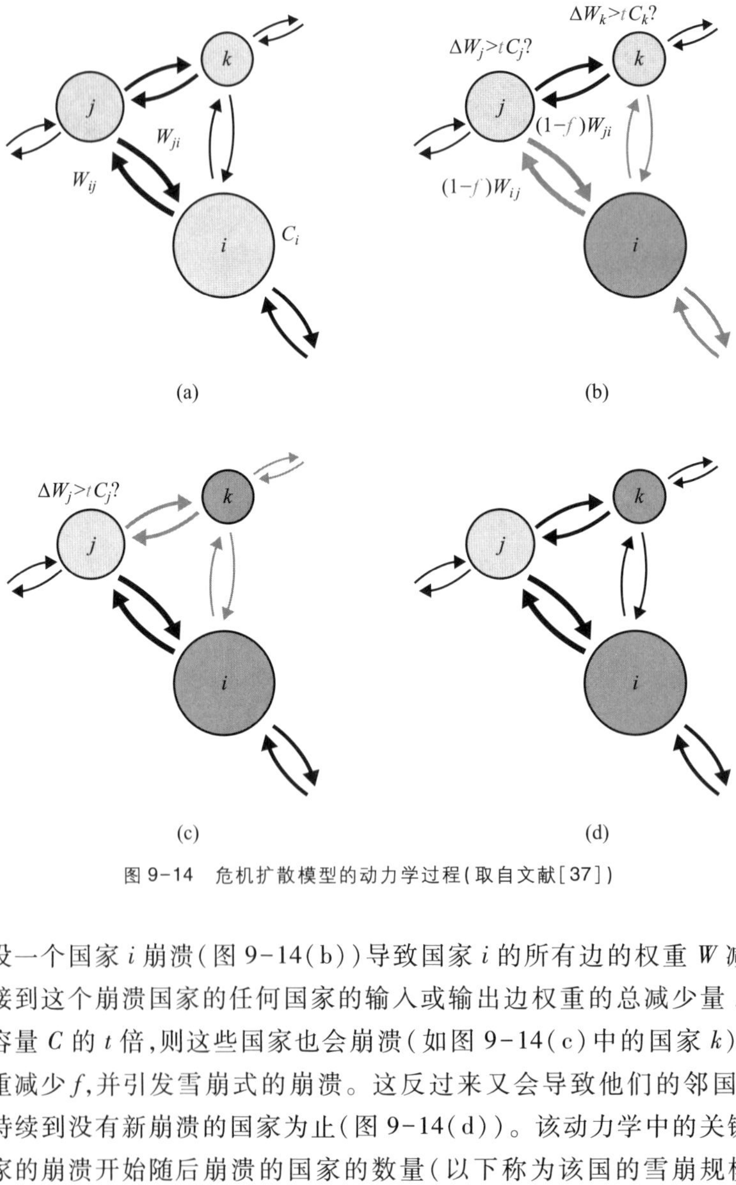

图 9-14　危机扩散模型的动力学过程（取自文献[37]）

假设一个国家 i 崩溃（图 9-14(b)）导致国家 i 的所有边的权重 W 减少了 f。如果连接到这个崩溃国家的任何国家的输入或输出边权重的总减少量 ΔW 超过其节点容量 C 的 t 倍，则这些国家也会崩溃（如图 9-14(c)中的国家 k），从而使其边权重减少 f，并引发雪崩式的崩溃。这反过来又会导致他们的邻国崩溃，雪崩一直持续到没有新崩溃的国家为止（图 9-14(d)）。该动力学中的关键量是从给定国家的崩溃开始随后崩溃的国家的数量（以下称为该国的雪崩规模 A），以及所有初始节点的雪崩规模分布[43] $P(A)$。

雪崩规模可以用来评估单个国家作为危机中心的潜在影响。模型的动力学取决于参数比 f/t。根据参数 f/t 的值，所有国家的雪崩规模分布 $P(A)$ 的形式在性质上有所不同。当 f/t 太小时,不会出现大的雪崩,因此 $P(A)$ 会随着 A 而迅速衰减。相反,当 f/t 太大时,会出现过多的全局雪崩。在这两者之间,存在一个临界点 $f/t \approx 7$,在该临界点处,$P(A)$ 变得类似幂律分布[43],系统表现出最广泛的雪崩范围(图 9-15)。

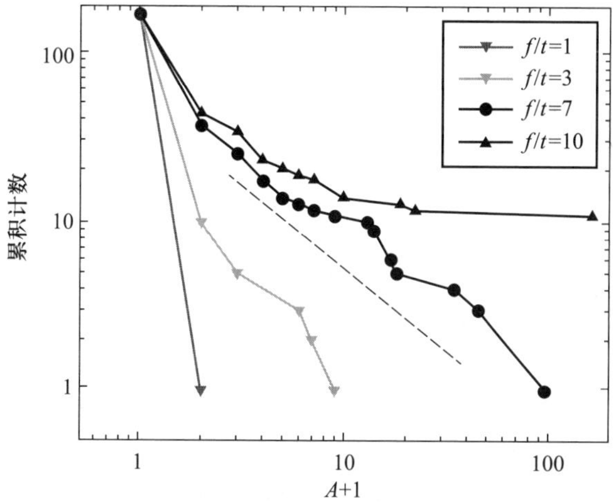

图 9-15 雪崩规模累积分布(在关键参数 f/t =7 处,曲线在对数尺度上变为直线,斜率为-1(虚线),表示幂律关系 $P(A) \sim A^{-2}$)(取自文献[37])

研究发现,危机可以通过国家间的贸易直接传播,也可以通过国家间的弱连接间接传播。为了定量地评估这种影响,将完整的雪崩过程分为 4 个子过程:(1) 一步到位的直接雪崩,包括因起始国的直接影响而崩溃的国家;(2) 由通过直接级联过程崩溃的国家组成的多步直接雪崩;(3) 由通过间接级联崩溃的国家组成的间接雪崩以及(4) 由间接雪崩国家的影响而崩溃的国家组成的残余雪崩。对于大多数雪崩规模 $A>10$ 的国家,间接雪崩占总雪崩的一半以上。这表明,危机扩散并不总是线性扩散,而可能以高度纠缠的方式发生。

9.4 本章小结

本章主要讨论了复杂网络上的级联失效模型。首先,我们介绍了单层网络上的级联失效模型,主要包括负载模型和拓扑模型两类。其次,介绍了基于多层网络的级联失效的相关工作，重点介绍了双层网络领域的开篇之作——由Buldyrev 等提出的双层网络模型。最后探讨了级联失效在交通和金融等领域的应用。尽管这方面的研究已取得了巨大进展，但是仍存在许多未解决的问题。例如，目前仍比较缺乏用于发展更真实的级联失效模型的实际数据；此外，目前的绝大部分工作，特别是基于多层网络的级联失效模型，仅考虑了不同层之间网络结构的依赖性，而忽略了动力学的依赖性。真实的多层网络系统极为复杂，这方面的研究仍是一个非常具有挑战性的课题。

参考文献

[1] Almassalkhi M, Hiskens I. Impact of energy storage on cascade mitigation in multi-energy systems[C]//IEEE Power and Energy Society General Meeting Piscataway: IEEE, 2012: 1-8.

[2] Minkel J R. The 2003 northeast blackout - five years later[J]. Scientific American, 2008, 13: 1-3.

[3] Jin J G, Lu L, Sun L, et al. Optimal allocation of protective resources in urban rail transit networks against intentional attacks[J]. Transportation Research Part E: Logistics and Transportation Review, 2015, 84: 73-87.

[4] Fu X, Yao H, Yang Y. Cascading failures in wireless sensor networks with load redistribution of links and nodes[J]. Ad Hoc Networks, 2019, 93: 101900.

[5] Xu S, Xia Y, Ouyang M. Effect of resource allocation to the recovery of scale-free networks during cascading failures[J]. Physica A: Statistical Mechanics and its Applications, 2020, 540: 123157.

[6] Adegoke A, Osimosu E. Service availability in cloud computing: Threats and best practices[EB/OL]. Semantic Scholar, 2013-12-30[2023-11-30].

[7] Motter A E, Lai Y C. Cascade-based attacks on complex networks[J]. Physical Review E, 2002, 66(6): 065102.

[8] Motter A E. Cascade control and defense in complex networks[J]. Physical Review Letters, 2004, 93(9): 098701.

[9] Crucitti P, Latora V, Marchiori M. Model for cascading failures in complex networks[J]. Physical Review E, 2004, 69(4): 045104.

[10] Bakke J Ø H, Hansen A, Kertész J. Failures and avalanches in complex networks[J]. Europhysics Letters, 2006, 76(4): 717.

[11] Simonsen I, Buzna L, Peters K, et al. Transient dynamics increasing network

vulnerability to cascading failures [J]. Physical Review Letters, 2008, 100(21):218701.

[12] Eriksen K A, Simonsen I, Maslov S, et al. Modularity and extreme edges of the Internet[J]. Physical Review Letters, 2003, 90(14):148701.

[13] Ben-Israel A, Greville T N E. Generalized Inverses: Theory and Applications [M]. Berlin: Springer, 2003.

[14] Motter A E, Zhou C, Kurths J. Network synchronization, diffusion, and the paradox of heterogeneity[J]. Physical Review E, 2005, 71(1):016116.

[15] Zhou C, Kurths J. Dynamical weights and enhanced synchronization in adaptive complex networks[J]. Physical Review Letters, 2006, 96(16):164102.

[16] Wang W X, Chen G. Universal robustness characteristic of weighted networks against cascading failure[J]. Physical Review E, 2008, 77(2):026101.

[17] Barrat A, Barthelemy M, Pastor-Satorras R, et al. The architecture of complex weighted networks [J]. Proceedings of the National Academy of Sciences, 2004, 101(11): 3747-3752.

[18] Barabási A L. Scale-free networks: A decade and beyond[J]. Science, 2009, 325(5939):412-413.

[19] Newman M E J, Watts D J. Scaling and percolation in the small-world network model[J]. Physical Review E, 1999, 60(6):7332.

[20] Korniss G. Synchronization in weighted uncorrelated complex networks in a noisy environment: Optimization and connections with transport efficiency[J]. Physical Review E, 2007, 75(5):051121.

[21] Parshani R, Buldyrev S V, Havlin S. Critical effect of dependency groups on the function of networks [J]. Proceedings of the National Academy of Sciences, 2011, 108(3):1007-1010.

[22] Zhao J, Li D, Sanhedrai H, et al. Spatio-temporal propagation of cascading overload failures in spatially embedded networks[J]. Nature Communications, 2016, 7(1):10094.

[23] Kornbluth Y, Barach G, Tuchman Y, et al. Network overload due to massive attacks[J]. Physical Review E, 2018, 97(5):052309.

[24] Albert R, Albert I, Nakarado G L. Structural vulnerability of the North American power grid[J]. Physical Review E, 2004, 69(2):025103.

[25] Crucitti P, Latora V, Marchiori M. Model for cascading failures in complex networks[J]. Physical Review E, 2004, 69(4):045104.

[26] Bompard E, Napoli R, Xue F. Analysis of structural vulnerabilities in power transmission grids [J]. International Journal of Critical Infrastructure Protection, 2009, 2(1): 5-12.

[27] Zhu Y, Yan J, Tang Y, et al. Joint substation-transmission line vulnerability assessment against the smart grid [J]. IEEE Transactions on Information Forensics and Security, 2015, 10(5): 1010-1024.

[28] Zhu Y, Yan J, Sun Y, et al. Revealing cascading failure vulnerability in power grids using risk-graph [J]. IEEE Transactions on Parallel and Distributed Systems, 2014, 25(12): 3274-3284.

[29] Yan J, He H, Sun Y. Integrated security analysis on cascading failure in complex networks [J]. IEEE Transactions on Information Forensics and Security, 2014, 9(3): 451-463.

[30] Buldyrev S V, Parshani R, Paul G, et al. Catastrophic cascade of failures in interdependent networks[J]. Nature, 2010, 464(7291): 1025-1028.

[31] Shao J, Buldyrev S V, Havlin S, et al. Cascade of failures in coupled network systems with multiple support-dependence relations[J]. Physical Review E, 2011, 83(3): 036116.

[32] Gao J, Buldyrev S V, Havlin S, et al. Robustness of a network of networks[J]. Physical Review Letters, 2011, 107(19): 195701.

[33] Kong L W, Li M, Liu R R, et al. Percolation on networks with weak and heterogeneous dependency[J]. Physical Review E, 2017, 95(3): 032301.

[34] 贾春晓，李明，刘润然. 多层复杂网络上的渗流与级联失效动力学[J]. 电子科技大学学报，2022，51(1)：148-160.

[35] Valdez L D, Shekhtman L, La Rocca C E, et al. Cascading failures in complex networks[J]. Journal of Complex Networks, 2020, 8(2): 1-23.

[36] Su Z, Li L, Peng H, et al. Robustness of interrelated traffic networks to cascading failures[J]. Scientific Reports, 2014, 4(1): 5413.

[37] Lee K M, Yang J S, Kim G, et al. Impact of the topology of global macroeconomic network on the spreading of economic crises[J]. PloS One, 2011, 6(3): 18443.

[38] Watts D J. A simple model of global cascades on random networks [J]. Proceedings of the National Academy of Sciences, 2002, 99(9): 5766-5771.

[39] Motter A E, Lai Y C. Cascade-based attacks on complex networks [J]. Physical Review E, 2002, 66(6): 065102.

[40] Goh K I, Lee D S, Kahng B, et al. Sandpile on scale-free networks[J]. Physical Review Letters,2003,91(14): 148701.

[41] Kinney R,Crucitti P,Albert R,et al. Modeling cascading failures in the North American power grid[J]. The European Physical Journal B-Condensed Matter and Complex Systems,2005,46(1): 101-107.

[42] Delli Gatti D, Gallegati M, Greenwald B C, et al. Business fluctuations and bankruptcy avalanches in an evolving network economy[J]. Journal of Economic Interaction and Coordination,2009,4: 195-212.

[43] Bak P. How Nature Works: The Science of Self-Organized Criticality[M]. Berlin: Springer,1996.

第 10 章 网络上传播动力学的控制

传播是复杂系统和复杂网络中涉及的核心动力学行为之一。第 9 章主要讨论了网络上的故障传播导致的级联失效问题。事实上,实际网络中传播现象极为丰富。其中,有些传播具有危害性,例如疾病的传播、虚假信息的扩散等;而有些传播则具有积极意义,例如新产品的推广或新观念的普及。这些传播行为与我们的日常生活息息相关,且都深刻体现了其广泛而深远的影响力。相应地,如何有效控制网络上不同的传播动力学行为,已成为一个重要的研究课题。本章将重点介绍复杂网络上几类常见的传播动力学控制策略,具体包括流行病传播的控制、社交网络上回音室效应的调控以及虚假信息传播的干预。限于篇幅,本章只对部分具有代表性的工作进行介绍。而对于复杂网络上回音室的建模,最近已引发广泛关注,感兴趣的读者可深入阅读相关文献。

10.1　流行病的免疫与控制

为应对大规模的全球性流行病，对流行病的传播进行控制是一项刻不容缓的任务。由于疾病是在具有连接结构的人群中进行扩散的，基于复杂网络的流行病传播控制已成为当前的一个重要研究领域。其主要研究思路是通过选择一些关键节点进行免疫来有效抑制流行病的传播。基于此，研究人员提出了一系列的免疫策略，本节将对其中一些经典方法进行介绍。

10.1.1　经典的流行病模型

为了更好地理解后面有关流行病控制的研究，先简要介绍一些经典的流行病传播模型。流行病模型通常根据个体处于疾病的不同阶段划分为不同的类别[1]，常见的阶段如易感态（用 S 表示），感染态（用 I 表示），恢复态（用 R 表示）和潜伏态（用 E 表示）等。根据个体状态的组合，经典的流行病模型包括 SIS、SIR、SIRS 和 SEIR 等（图 10-1）。其中，SIS 模型包含 S、I 两种个体状态，两种状态依据以下反应式进行状态转换：

$$\begin{cases} S + I \xrightarrow{\beta} 2I \\ I \xrightarrow{\mu} S \end{cases} \tag{10 - 1}$$

式中，β 和 μ 分别表示个体的感染和恢复概率。在 SIS 模型中，当 β 值足够大或 μ 值足够小时，感染过程可以动态持续下去。

SIR 模型[1]包含 S、I 和 R 三种个体状态，该模型假设处于 R 态的个体永远不会再次被感染。具体地，模型依据下式进行状态转换：

$$\begin{cases} S + I \xrightarrow{\beta} 2I \\ I \xrightarrow{\mu} R \end{cases} \tag{10 - 2}$$

很多流行病建模的工作均基于 SIS 和 SIR 模型。然而上述两种模型研究往往停留于理论层面，为了更好地适应真实流行病的生物特性，研究人员定义了更贴合实际的模型，例如 SIRS、SEIR 模型。其中，SIRS 模型[1]考虑到处于恢复态（R）的个体具有的免疫能力会有一定几率消失，转换式如下：

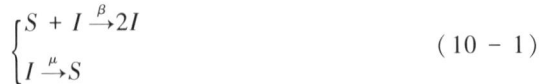

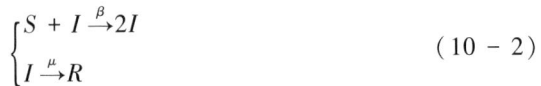

$$\begin{cases} S + I \xrightarrow{\beta} 2I \\ I \xrightarrow{\mu} R \\ R \xrightarrow{\eta} S \end{cases} \tag{10-3}$$

式中,η 是处于恢复态个体失去免疫抗体的速率,使其再次易感。另外,SEIR 模型是 SIR 模型的一个变种,新增了疾病处于潜伏期的阶段。潜伏态(E)表示已经感染了该疾病,但还不具备传染能力的个体。SEIR 模型[1]转换式如下:

$$\begin{cases} S + I \xrightarrow{\beta} E + I \\ E \xrightarrow{\gamma} I \\ I \xrightarrow{\mu} R \end{cases} \tag{10-4}$$

在新型冠状病毒大流行期间,由于现实场景的复杂性,研究人员基于上述流行病模型的基础上,引入了更多复杂因素,包括不同类型场景地点(工作、生活和学习场所)[2]、防疫与经济发展的权衡[3]、人口的年龄结构[4]以及其他相关流行病状态(如无症状感染者)[5,6]等。在本节中,我们主要基于 SIS、SIR 等经典流行病模型(图 10-1),回顾一些基于全局或局部网络结构信息的免疫策略,以及当前结合前沿机器学习算法的流行病控制研究。

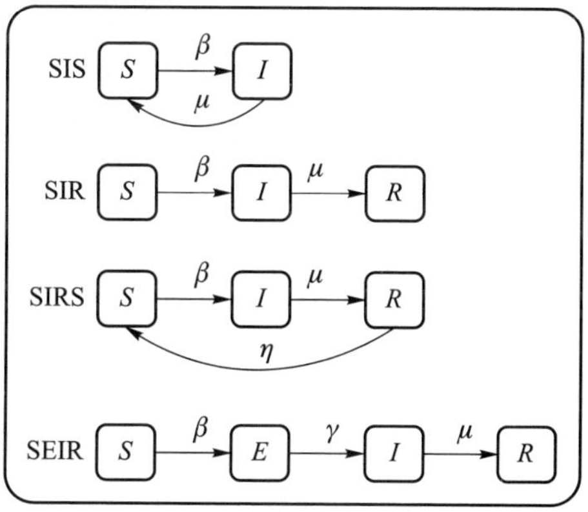

图 10-1 几种经典的流行病模型(其中箭头代表不同个体阶段之间的转换方式,状态转换根据各自的概率随机发生)(取自文献[1])

10.1.2 选择性免疫

(1) 随机免疫

随机免疫是最简单的免疫策略[7],即在网络中随机引入比例为 g 的免疫节点,以获得均匀的免疫密度。免疫后的节点不会被感染,也不会将疾病传给邻居。考虑 SIS 模型,给定一个有效传染率 $\lambda=\beta/\mu$(不失一般性,假设恢复率 $\mu=1$)。在均匀的随机网络中,可以近似认为每个节点的度值 $k\approx\langle k\rangle$,因此,根据平均场理论,可得到感染节点密度 $\rho(t)$ 随时间的演化方程

$$\frac{\mathrm{d}\rho(t)}{\mathrm{d}t}=-\rho(t)+\lambda\langle k\rangle\rho(t)[1-\rho(t)] \tag{10-5}$$

式中,$\langle k\rangle$ 为平均度。右边第一项表示单位时间内感染节点恢复的数量,第二项则表示易感节点转化为感染节点的数量。令 $\frac{\mathrm{d}\rho(t)}{\mathrm{d}t}=0$ 可得

$$\rho(\infty)[-1+\lambda\langle k\rangle(1-\rho(\infty))]=0 \tag{10-6}$$

根据式(10-6),系统处于稳态时的感染节点密度 $\rho(\infty)$ 存在两个实数解,一个 $\rho(\infty)=0$ 为平凡解,另一个 $\rho(\infty)>0$ 为非平凡解,疾病能够扩散出去的必要条件为有效传染率 λ 大于爆发阈值 $\lambda_c=1/\langle k\rangle$。当 $\lambda>\lambda_c$ 时,系统处于活跃态,即疾病能够扩散出去并引起大流行;当 $\lambda<\lambda_c$ 时,系统处于吸收态,即疾病无法扩散出去并终将消亡;当 $\lambda=\lambda_c$ 时,系统处于平衡态。

在均匀的随机网络下,引入比例为 g 的免疫节点后,式(10-5)中的 λ 变为 $(1-g)\lambda$,可得系统处于稳态时

$$\begin{cases}\rho(\infty)=0, & g>g_c\\ \rho(\infty)\sim g_c-g, & g\leqslant g_c\end{cases} \tag{10-7}$$

式中,$g_c=(\lambda-\lambda_c)/\lambda$ 为临界免疫值,即比例 g 超过 g_c 时,系统处于稳态时的感染节点密度为 0。

对于异质度分布的随机网络,大小度值的节点分布存在显著的统计差异,为此可采用异质平均场理论。假设度值相同的节点在结构特征和动力学行为上是完全等价的。令 $\rho_k(t)$ 为度值为 k 的节点在 t 时刻的感染节点密度,可得到 $\rho_k(t)$ 随时间的演化方程

$$\frac{\mathrm{d}\rho_k(t)}{\mathrm{d}t}=-\rho_k(t)+\lambda k[1-\rho_k(t)]\Theta(t) \tag{10-8}$$

式中,$\Theta(t)=\frac{1}{\langle k\rangle}\sum_k^N P(k)k\rho_k(t)$ 为任意选取一条边,该边指向感染节点的概率;$P(k)$ 为度分布。同理,等号右边第一项表示单位时间内度值为 k 的感染节点恢复的数量,第二项则表示度值为 k 的易感节点转化为感染节点的数量。根据系统稳定时 $\frac{\mathrm{d}\rho_k(t)}{\mathrm{d}t}=0$,可以得到关于 Θ 的自洽方程

$$\Theta=\frac{1}{\langle k\rangle}\sum_k^N kP(k)\frac{\lambda k\Theta}{1+\lambda k\Theta} \tag{10-9}$$

式中,$\Theta=0$ 始终为式(10-9)的解。为了保证另一个非平凡解存在($\rho_k(t)>0$)必须满足以下不等式:

$$\frac{\mathrm{d}}{\mathrm{d}\Theta}\left(\frac{1}{\langle k\rangle}\sum_{k}^{N}kP(k)\frac{\lambda k\Theta}{1+\lambda k\Theta}\right)\bigg|_{\Theta=0}\geqslant 1 \tag{10-10}$$

最终得到在异质度分布的随机网络下,爆发阈值 $\lambda_c=\langle k\rangle/\langle k^2\rangle$。同理,将式(10-10)中的感染速率 λ 变为 $(1-g)\lambda$,可得

$$1-g_c=\frac{1}{\lambda}\frac{\langle k\rangle}{\langle k^2\rangle} \tag{10-11}$$

然而在满足度分布 $P(k)\sim k^{-\gamma}$ 且 $2<\gamma\leqslant 3$ 的异质网络中,$\langle k^2\rangle\to\infty$,$g_c\to 1$。换句话说,只有免疫所有节点($g_c=1$),才能保证疾病无法扩散出去。因此,随机免疫策略在异质网络上的效果不甚理想。

(2)目标免疫

对于异质网络来说,目标免疫是一种简单有效的免疫策略[8]。在该方案中,逐步免疫具有最大度值的节点。具体步骤为:首先,对所有网络中的节点依据度值进行降序排序;其次,选取前 gN 个节点(N 为网络节点总数)进行免疫。

当网络节点总数 N 很大时,考虑引入一个度值上限 $k_t(g)$,当节点的度值满足$k>k_t(g)$时被选为免疫节点。那么,免疫节点比例 g 为

$$g=\sum_{k>k_t(g)}^{N}P(k) \tag{10-12}$$

由于截断度值 $k_t(g)$ 的存在,未免疫节点的度平均值和方差分别为 $\langle k\rangle_t=\sum_{m}^{k_t(g)}kP(k)$ 和 $\langle k^2\rangle_t=\sum_{m}^{k_t(g)}k^2P(k)$,$m$ 表示异质网络中节点的最小度值。在这种假设下,任意一条边指向免疫节点的概率为

$$p=\frac{\sum\limits_{k>k_t(g)}^{N}kP(k)}{\sum\limits_{k}^{N}kP(k)} \tag{10-13}$$

所有与免疫节点相连的边可认为是被移除的,可得到新的节点度分布为

$$P_g(k)=\sum_{q\geqslant k}^{k_t}P(q)\binom{q}{k}(1-p)^k p^{q-k} \tag{10-14}$$

新节点度分布导致未免疫节点的度平均值和方差发生了改变,比例 p 的边被移除,$\langle k\rangle_g=\langle k\rangle_t(1-p)$,$\langle k^2\rangle_g=\langle k^2\rangle_t(1-p)^2+\langle k\rangle_t p(1-p)$。由上文可知,异质网络的爆发阈值为 $\lambda_c=\langle k\rangle/\langle k^2\rangle$。当度值 $k>k_t(g)$ 的节点被免疫后,可得

$$\frac{\langle k^2\rangle_{g_c}}{\langle k\rangle_{g_c}}\equiv\frac{\langle k^2\rangle_t}{\langle k\rangle_t}[1-p(g_c)]+p(g_c)=\lambda^{-1} \tag{10-15}$$

免疫临界比例 g_c 由式(10-15)给出。特别地,对于 BA 网络,度分布 $P(k) \sim k^{-3}$,平均度 $\langle k \rangle = 2m$,在连续近似下可得免疫节点的比例 g 与截断度值 k_t 有关

$$g = 1 - \int_m^{k_t} P(k)\,\mathrm{d}k = m^2 k_t^{-2} \tag{10-16}$$

根据式(10-16)得到 $k_t = mg^{-1/2}$,所以式(10-13)可以转化为

$$p = \frac{1}{2m}\left(1 - \int_m^{k_t(g)} kP(k)\,\mathrm{d}k\right) = g^{1/2} \tag{10-17}$$

同样地,当 $k_t = mg^{-1/2} \rightarrow \infty$ 时,容易得到 $\langle k \rangle_t \simeq 2m$,$\langle k^2 \rangle_t \simeq 2m^2 \ln(k_t/m) = 2m^2 \ln g^{-1/2}$。将 $\langle k \rangle_t$ 和 $\langle k^2 \rangle_t$ 代入式(10-15),可得目标免疫情况下免疫阈值的近似解

$$g_c \simeq \exp(-2/m\lambda) \tag{10-18}$$

式(10-18)清楚地表明,目标免疫策略在 BA 网络中十分有效,在大部分的有效传染率 λ 范围内,临界免疫值 g_c 都是比较小的。在这种情况下,目前的结果可以推广到任意幂指数 γ 的无标度网络中。

给定有效传染率 $\lambda = 0.25$,图 10-2(a)显示了在 WS 网络(均匀的随机网络)上采用随机和目标免疫两种策略,感染率比值 ρ_g/ρ 与免疫比例 g 的关系。可以观察到临界免疫值 $g_c \simeq 0.385$。由于在 WS 网络中 $k \approx \langle k \rangle$,因此目标免疫和随机免疫的效果重合。图 10-2(b)显示在 BA 网络上,目标免疫的临界免疫值 $g_c \simeq 0.16$,远远小于随机免疫策略。

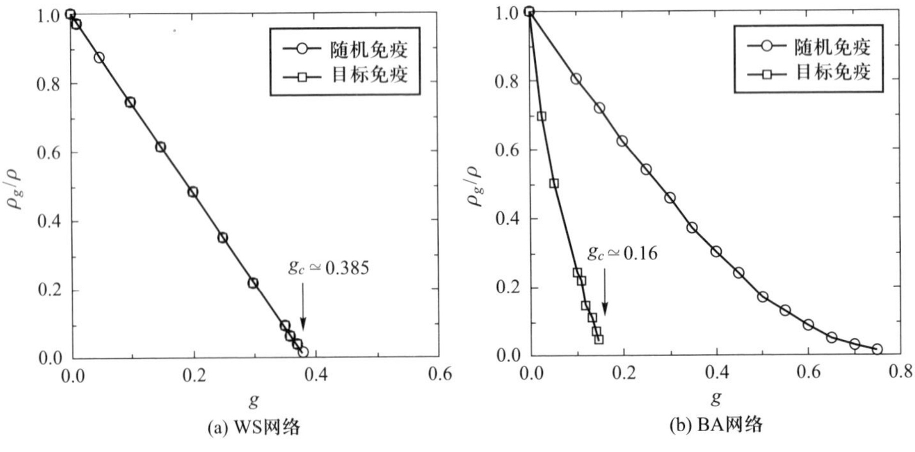

图 10-2　给定有效传染率 $\lambda = 0.25$,随机免疫和目标免疫两种策略下感染率比值 ρ_g/ρ 与免疫比例 g 的关系图(取自文献[7])

基于度值的目标免疫策略核心思想是免疫网络中有影响力的节点,使得接

触网络碎片化，从而使疾病更难到达其他部分的节点。在此思想的指导下，其他中心性指标，如介数中心性、接近中心性、特征向量中心性、PageRank 等，均可用于设计目标免疫策略。

为了对比目标免疫策略的性能，Shams 比较了基于不同节点重要性指标在疫苗接种阈值 q_c 方面的效率[9]。如图 10-3 所示，可以观察到，PageRank（HP）在所有网络上表现出了最好的免疫性能，介数中心性（HB）紧随其后，而特征向量中心性（HE）和接近中心性（HC）的性能则不尽人意。同时，尽管 HD 在小世界网络中的性能较弱，但该方法在无标度和 ER 随机网络中表现良好。

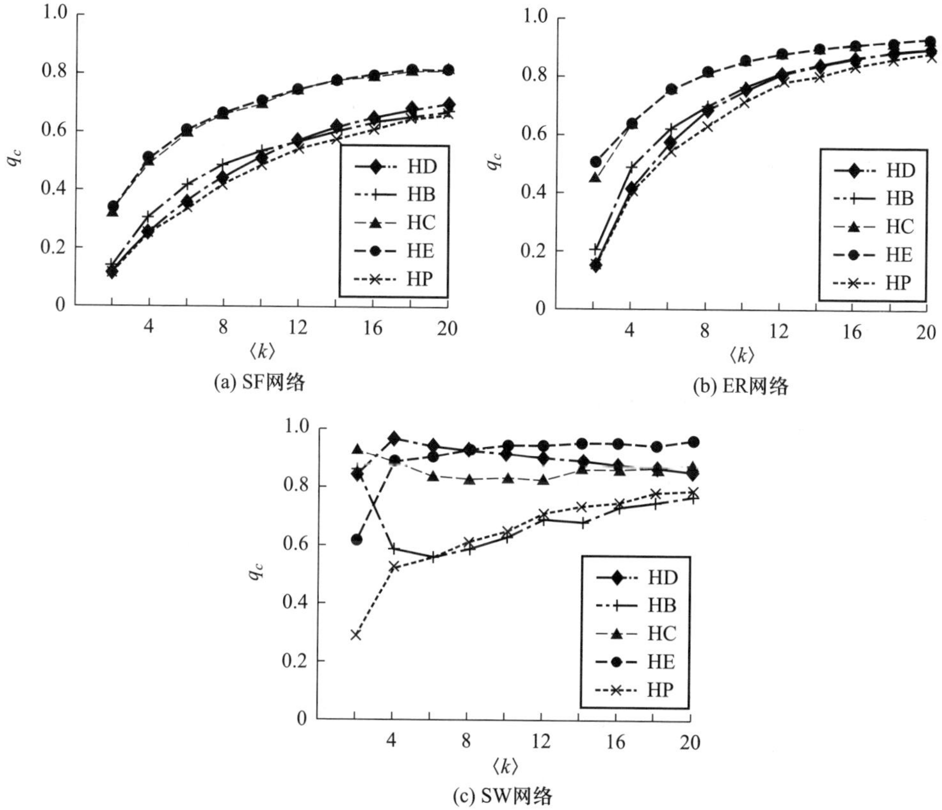

图 10-3　疫苗接种的临界阈值 q_c 与平均度 $\langle k \rangle$ 的关系曲线（取自文献[9]）

除了直接计算每个节点的重要性进行免疫，还可以采用自适应的方法，即选择免疫节点过程中的每一步重新计算未被免疫节点的中心性[10-12]。虽然自适应方法更有效，但它们通常需要更多的全局拓扑信息，同时计算复杂度更高，适合于较小的网络。

虽然目标免疫策略原则上是非常有效的，但在实际应用方面有一个重要缺点是，计算节点中心性时需要完整的网络拓扑信息，这在实际应用中是很难获取的。为了解决缺乏全局网络拓扑信息场景下的免疫问题，研究人员提出了几种不同的策略，这些策略只需要局部的网络拓扑信息。

（3）熟人免疫

Cohen 等[13]提出著名的“熟人免疫”策略，可以在较低的免疫比例下取得较好的效果，且不需要全局网络拓扑信息。具体步骤如下：首先，从节点数为 N 的网络中随机选取比例 p 的节点，并保证这些节点至少与其他节点存在一条边；其次，对于随机选取的每一个节点，在其邻居节点中随机选取一个作为免疫对象。基于渗流理论，Cohen 等开发了一个理论框架来确定临界比例 p_c 和免疫阈值 g_c。

基于树近似理论，从生成簇的一条随机边开始，跟踪流行病传播过程中一个可能的分支。假设 $n_l(k)$ 表示第 l 层中度值为 k 的节点数，第 $l+1$ 层中度值为 k' 的未免疫节点数为

$$n_{l+1}(k') = \sum_{k}^{N} n_l(k)(k-1)p(k' \mid k, s_k)p(s_{k'} \mid k', k, s_k) \tag{10-19}$$

式中，$(k-1)$ 表示第 l 层度值为 k 的节点在第 $l+1$ 层有 $k-1$ 个新邻居节点，$p(k' \mid k, s_k)$ 表示从度值为 k 的未免疫的节点出发通过边到达度值为 k' 节点的概率，s_k 表示度值为 k 的节点处于未免疫状态的概率，$p(s_{k'} \mid k', k, s_k)$ 表示到达的节点也处于未免疫状态的概率。利用贝叶斯定理可得

$$p(k' \mid k, s_k) = \frac{p(s_k \mid k, k')p(k' \mid k)}{p(s_k \mid k)} \tag{10-20}$$

假设网络是度不相关的，则通过边到达度值为 k' 的节点的概率为

$$\phi(k') = p(k' \mid k) = k'P(k')/\langle k \rangle \tag{10-21}$$

在一次特定的免疫尝试中，随机选取一个度值为 k 的节点，其某个特定熟人邻居未被选择的概率为 $1-1/(Nk)$，在所有的 Np 次尝试中

$$v_p(k) = \left(1 - \frac{1}{Nk}\right)^{Np} \approx \mathrm{e}^{-p/k} \tag{10-22}$$

然而，假设邻居度值未知，则平均概率变为 $v_p = \langle v_p(k) \rangle$。那么度值为 k' 的节点处于未免疫状态的概率为

$$p(s_{k'} \mid k') = \langle v_p(k) \rangle^{k'} \tag{10-23}$$

但是当已知一个邻居节点的度值为 k' 时，则有

$$p(s_k \mid k, k') = \mathrm{e}^{-p/k'} \times \langle \mathrm{e}^{-p/k} \rangle^{k-1} \tag{10-24}$$

由于度值已知的邻居节点被免疫并不能提供关于节点免疫概率的进一步信息，因此满足

$$p(s_k \mid k,k') = p(s_k \mid k,k',s_{k'}) \tag{10-25}$$

将式(10-21)、式(10-23)和式(10-24)代入式(10-24)中,可得

$$p(k' \mid k,s_k) = \frac{\phi(k')\mathrm{e}^{-p/k'}}{\langle \mathrm{e}^{-p/k} \rangle} \tag{10-26}$$

将式(10-24)、式(10-25)和式(10-26)整合进式(10-23)中,可得

$$n_{l+1}(k') = n_l(k') \sum_k^N \phi(k)(k-1)\nu_p^{k-2}\mathrm{e}^{-2p/k} \tag{10-27}$$

如果式(10-27)的总和大于等于1,则分支过程将永远持续下去,而如果总和小于1,则免疫处于次临界状态,并且疫情被阻止。因此,可以得到一个关于 p_c 的关系式

$$\sum_k^N \frac{P(k)k(k-1)}{\langle k \rangle} v_{p_c}^{k-2}\mathrm{e}^{-2p_c/k} = 1 \tag{10-28}$$

无标度网络的度分布为 $P(k) \sim k^{-\gamma}$,同时,免疫阈值 g_c 可以由未免疫节点的比例得到

$$g_c = 1 - \sum_k^N P(k)p(s_k \mid k) = 1 - \sum_k^N P(k)v_{p_c}^k \tag{10-29}$$

图 10-4 清晰地反映了在无标度网络中根除疾病所需的免疫阈值 g_c,熟人免疫无论对于高 γ 值还是低 γ 值都比随机免疫更有效。

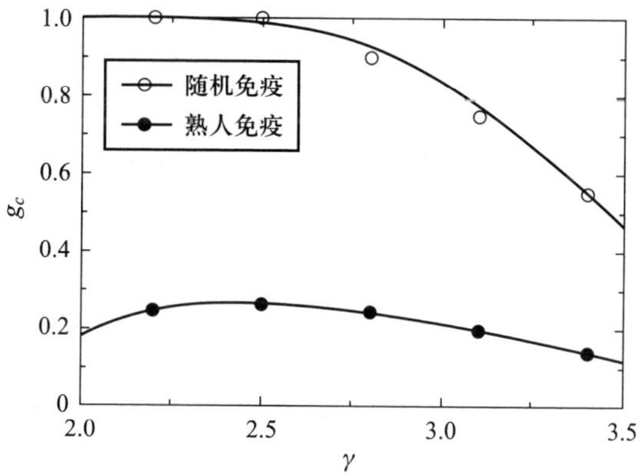

图 10-4 在 SIS 模型下,免疫阈值 g_c 随 BA 网络的幂指数 γ 的变化曲线(改编自文献[13])

(4) 有限信息的目标免疫

Liu 等[14]考虑了有限信息条件下的目标免疫策略。假设 $G(V,E)$ 是一个网络,其中 V 和 E 分别是节点和边的集合,网络总节点数 $N=|V|$。假设免疫团队只了解网络中部分节点的有限信息。具体而言,随机选择 n 个节点,将其中度值最大的节点进行免疫。图 10-5 为有限信息与全局的目标免疫对比示意图。如

图 10-5(a)所示，在全局网络结构信息可知场景下，可选择度值最大的节点 u 进行免疫。如图 10-5(b)所示，在只知道网络中 3 个节点的度值信息场景下，即 v_1, v_2, v_3。此时，度值最大的节点 v_3 被免疫。

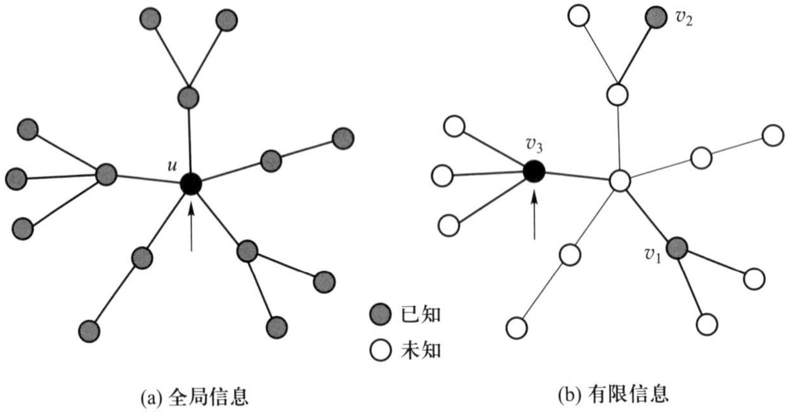

图 10-5　有限信息与全局的目标免疫对比示意图(灰色节点表示能够观察到其度值信息的节点，而白色节点是未知的)(取自文献[14])

先讨论一般的情况，假设 $P(k)$ 是网络的度分布，$F(k)=\sum_{s=0}^{k}P(s)$ 是随机选择节点的度值小于等于 k 的累积概率。进一步，在迭代渗流过程中的任意时间 t，假设剩余节点的原始度(包括免疫邻居)分布为 $P(k,t)$，则在 t 时刻免疫节点的度分布为

$$P_r(k,t)=F(k,t)^n-F(k-1,t)^n\equiv\Delta[F(k,t)^n] \qquad (10-30)$$

式中，$F(k,t)$ 为 $P(k,t)$ 的累积分布。当 $k=0$ 时，式(10-30)变为 $P_r(0,t)=F(0,t)^n$，因此，定义 $F(k=-1,t)=0$；当 $k\geqslant 0$ 时，式(10-30)均成立。

在有限信息的目标免疫中，每个节点的免疫改变剩余节点的度分布为

$$N(k,t+1)=N(k,t)-P_r(k,t) \qquad (10-31)$$

式中，$N(k,t)$ 是 t 时刻度值为 k 的节点数，$P_r(k,t)$ 是 t 时刻免疫的节点具有度值 k 的可能性。将式(10-31)代入式(10-30)得到

$$N(k,t+1)=N(k,t)-\Delta[F(k,t)^n] \qquad (10-32)$$

将式(10-32)连续极限化，可得

$$\frac{\partial N(k,t)}{\partial t}=-\Delta[F(k,t)^n] \qquad (10-33)$$

将式(10-33)代入 $N(k,t)=(N-t)P(k,t)$，可得

$$-P(k,t)+(N-t)\frac{\partial P(k,t)}{\partial t}=-\Delta[F(k,t)^n] \qquad (10-34)$$

同时，将 $P(k,t)=\Delta F(k,t)$ 代入式(10-34)，可得

$$\Delta\left[-F(k,t)+(N-t)\frac{\partial F(k,t)}{\partial t}+F(k,t)^{n}\right]=0 \tag{10-35}$$

注意到 $F(k=-1,t)=0$，因此，当 $k=-1$ 时，式(10-35)成立。类似地，这意味着，对于 $k=0$，同样对于任何 $k\geqslant 0$，式(10-35)也成立。从而得到了简单的常微分方程

$$(N-t)\frac{\partial}{\partial t}F(k,t)=F(k,t)-F(k,t)^{n} \tag{10-36}$$

由于初始条件 $F(k,t=0)=F(k)$，求解式(10-40)，可得

$$F(k,t)=(1+(F(k)^{1-n}-1)\times \mathrm{e}^{(n-1)\log[(N-t)/N]})^{-1/(n-1)} \tag{10-37}$$

式(10-37)等价于

$$F_{p}(k)=(1+(F(k)^{1-n}-1)p^{n-1})^{-1/(n-1)} \tag{10-38}$$

式中，$F_p(k)$ 为免疫 $1-p$ 部分节点后度值的累积分布。当 $n=1$ 时，式(10-36)的解是 $F_p(k)=F(k)$；当 $n\to 1$ 时，式(10-38)收敛于 $F(k)$。

随机选择一条边，指向一个不在巨分支中的节点的概率为

$$1-v=\sum_{k=0}^{\infty}\frac{kP(k)}{\langle k\rangle}P(\Theta\mid k)(1-v^{k-1}) \tag{10-39}$$

式中，$P(\Theta\mid k)$ 为给定一个节点的度值 k，该节点被占用的概率。根据贝叶斯定理，注意到 $P(k)P(\Theta\mid k)=P(\Theta)P(k\mid\Theta)=pP_p(k)$。因此，式(10-39)变为

$$1-v=\frac{p}{\langle k\rangle}\sum_{k=0}^{\infty}kP_{p}(k)(1-v^{k-1}) \tag{10-40}$$

巨分支大小为

$$\begin{aligned}P_{\infty}&=\sum_{k=0}^{\infty}P(k)P(\Theta\mid k)(1-v^{k})\\&=p\sum_{k=0}^{\infty}P_{p}(k)(1-v^{k})\end{aligned} \tag{10-41}$$

在临界态时，对式(10-40)两边求导，代入 $v=1$，表示存在 $v<1$ 的第一个解的位置，而不是只存在 $v=1$ 的解。因此，临界条件是

$$1=\frac{p_c}{\langle k\rangle}\sum_{k=0}^{\infty}k(k-1)P_{p_c}(k) \tag{10-42}$$

基于式(10-40)、式(10-41)和式(10-42)，图 10-6 展示了在 ER 网络上的模拟和理论结果。首先，对巨分支大小 P_∞ 进行分析。对于 $n=1$ 的情况，有限信息下的目标免疫将退化为经典的随机免疫，而对于 $n\to\infty$ 则对应于目标免疫。

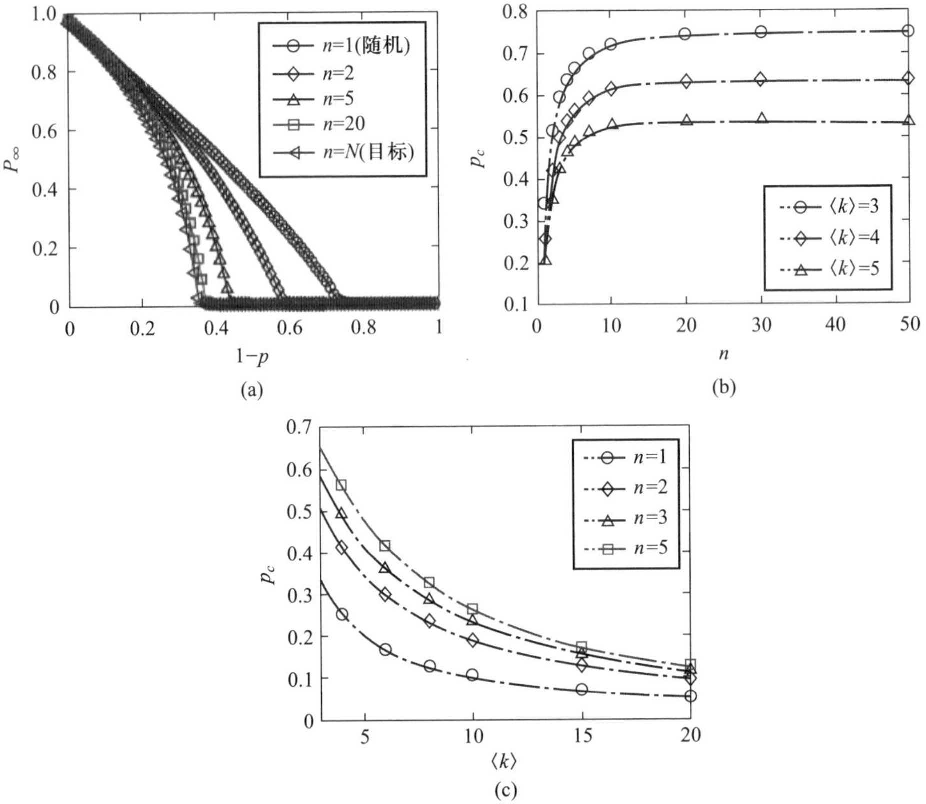

图 10-6　ER 随机网络上的模拟和理论结果。(a) 在不同有限的可观节点数 n 下，巨分支大小 P_∞ 随免疫节点比例 $1-p$ 的变化关系图，网络平均度 $\langle k\rangle=4$；(b) 免疫阈值 p_c 与可观节点数 n 的变化关系图；(c) 在不同有限的可观节点数 n 下，免疫阈值 p_c 与 ER 随机网络平均度 $\langle k\rangle$ 的变化关系图(改编自文献[14])

图 10-6(a)为不同可观节点数 n 的有限信息目标免疫下，巨分支大小 P_∞ 随 $1-p$ 的变化曲线。随着可观节点数 n 从 1 增加到 N，有限信息目标免疫从随机免疫转变为目标免疫，当 $n=20$ 时，有限信息目标免疫的效果已经接近于目标免疫。其次，图 10-6(b)为有限信息免疫的免疫阈值 p_c 与可观节点数 n 的关系图，可以发现 $n=10$ 足以达到与完整信息的目标免疫类似的结果。图 10-6(c)显示了在固定可观节点数 n 下，免疫阈值 p_c 随平均度 $\langle k\rangle$ 的变化。总的来说，图上显示的模拟结果与理论结果吻合得很好。

10.1.3　基于机器学习的流行病控制

前面几小节的内容回顾了基于流行病模型的免疫工作，然而它们往往只考

虑感染人数比例 ρ 和免疫节点比例的临界值 p_c 作为免疫效率的衡量指标。在现实场景中，疫情使人们面临着挽救生命还是恢复经济的两难选择。疾病会通过日常通勤传播，如果要控制疾病的传播，就必须切断作为现代经济支柱的日常流动。Song 等[15]通过结合图神经网络和强化学习(Reinforcement learning, RL)方法，开发了双目标强化学习疫情控制代理框架 DURLECA，以搜索有效的移动控制策略来避免流行病的爆发，如图 10-7 所示。框架的奖励函数能够精确捕捉疫情控制和城市流动性保持之间的自然权衡关系。此外，在探索策略中适当地纳入流行病专家知识，以便指导和稳定策略探索过程。

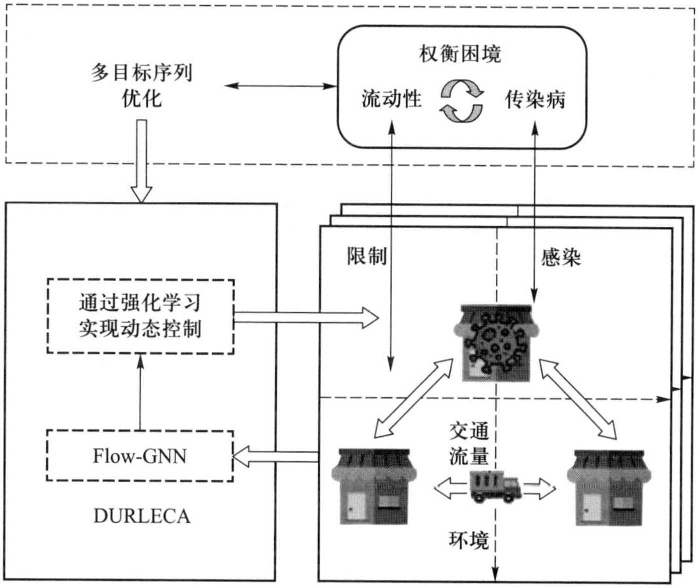

图 10-7 加强疫情防控体系示意图(改编自文献[15])

人口流动建模。将时间步 τ 时刻的城市流动性需求建模为流动性矩阵 $\boldsymbol{M}_d^{\tau}$，其元素 $M_{i,j}^{\tau}$ 表示区域间流动性需求，即需要从 i 到 j 移动的人数。根据 $\boldsymbol{M}_d^{\tau}$ 和流行病信息，城市政府确定了一个在时间步 τ 时移动配额矩阵 $\boldsymbol{p}^{\tau}$，其中 $p_{i,j}^{\tau}$ 是分配给从 i 到 j 移动需求的配额率，$M_{p,i,j}^{\tau}$ 是允许的区域间流动性，$\boldsymbol{M}_p^{\tau}$ 是允许的城市间流动性。$\boldsymbol{M}_d^{\tau}$，$\boldsymbol{M}_p^{\tau}$ 和 $\boldsymbol{p}^{\tau}$ 是 $K\times K$ 矩阵，其中 K 是所研究城市的区域数。

流行病建模。在经典的 SIR 模型基础上，加入住院态(用 H 表示)，处于 H 态的人表现出感染症状，因此将被隔离或住院，同时不会参与城市流动，也不会导致新的感染，新的模型被命名为 SIHR 模型，在框架中使用该模型来捕捉感染在城市流动中的动态传播过程。用 $E_i^{\tau}=\{S_i^{\tau},I_i^{\tau},H_i^{\tau},R_i^{\tau}\}$ 表示区域 i 的流行病状态，其中每个元素分别表示 i 在 τ 时刻的易感人群、感染人群、住院人群和恢复人群。用 $E_{v,i}^{\tau}=\{S_i^{\tau}+I_i^{\tau},H_i^{\tau},R_i^{\tau}\}$ 来表示 i 在 τ 时刻的可见状态，其中健康的人无法与有感染无症状的人区分。用 N_i^{τ} 表示 i 在 τ 时刻的总人口数。

流行病状态 E_i^{τ} 在每个时间步内进行更新。对于每个时间步 τ，将 τ 分成两个子步骤：人口流动和感染过程。在人口流动发生的子步骤中，使用 $E_i^{s,\tau}$ 表示停留人口的流行病状态，而 $E_i^{m,\tau}$ 表示新到达人口的流行病状态。在人口流动发生子步骤的整体流行病状态，表示为 $\hat{E}_i^{\tau}$，其中 $\hat{S}_i^{\tau},\hat{I}_i^{\tau},\hat{H}_i^{\tau},\hat{R}_i^{\tau}$ 是 $\hat{E}_i^{\tau}$ 的元素。在感染过程的子阶段，停留在 i 的人会相互感染，同时，新来者也会相互感染。$\beta_i^{s,\tau}$，$\beta_i^{m,\tau}$ 分别为停留人群和流动人群的感染率，γ_i^{τ} 为住院率，θ_i^{τ} 为恢复率。在所有时间步所有区域使用一组参数 $\{\beta^{s},\beta^{m},\gamma,\theta\}$ 进行简化。

多目标顺序控制问题。基于上述人口流动和流行病模型来制定动态区域间移动控制问题，以最小化感染人数和最大化流动保持，如下所示：

$$\boldsymbol{M}_p^{\tau}=\mathcal{T}(\boldsymbol{M}_d^{\tau},\boldsymbol{p}^{\tau}),\ E_p^{\tau+1}=\mathcal{E}(\boldsymbol{M}_p^{\tau},E_p^{\tau}) \tag{10-43}$$

$$P^{t,T}=\underset{P}{\operatorname{argmax}}\sum_{\tau=t}^{T}\mathcal{O}(\boldsymbol{M}_P^{\tau},E_P^{\tau}) \tag{10-44}$$

式中，E_P^{τ} 是所有流行病状态的集合；$\mathcal{O}$ 是目标函数；$\mathcal{T}$ 是移动控制函数，满足 $\partial^2\mathcal{O}/\partial M_p\partial E_p<0$，目的是维持疫情控制和流动性保持之间的权衡。

疫情控制框架 DURLECA。双目标强化学习疫情控制框架（DURLECA）是一个 GNN 增强的强化学习智能体，用于估计区域感染风险并确定流动配额，如图 10-8 所示。在每个时间步 τ，DURLECA 从环境中获得一个观测 E_v^{τ}。根据 E_v^{τ} 和需求流动性 $\boldsymbol{M}_d^{\tau},\boldsymbol{M}_d^{\tau+1},\boldsymbol{M}_d^{\tau+2},\boldsymbol{M}_d^{\tau+3}$，强化学习智能体对式（10-44）中的优化问题进行控制。强化学习的动作被定义为流动限制 $\boldsymbol{p}^{\tau}$，用于确定在 τ 时刻每个区域间移动的配额率。

由于动作空间是连续的，DURLECA 采用深度确定性策略梯度（deep deterministic policy gradient，DDPG）智能体搜索移动控制策略，如图 10-8 所示。DDPG 智能体由 critic 网络和 actor 网络组成，critic 网络的目的是在估计控制行为所获得的预期奖励，actor 网络搜索最佳行动，通过最大化 critic 网络的输出，为所有区域间流动提供配额率。critic 和 actor 网络都必须很好地捕捉区域间流动的图性质，其中区域是由 OD（origin-destination）流连接的节点。因此，我们在 GraphSAGE[16] 的基础上设计了一个新颖的 GNN 架构 Flow-GNN，使 GNN 可以描述由区域感染聚集驱动的流行病在区域间流动上的传播过程。

在不损失一般性的情况下，设置流动传染率 $\beta_m=1/8$，停留传染率 $\beta_s=1/80$，住院率 $\gamma=1/80$，恢复率 $\theta=1/80$。在没有干预的情况下，疫情初期估计基本再生

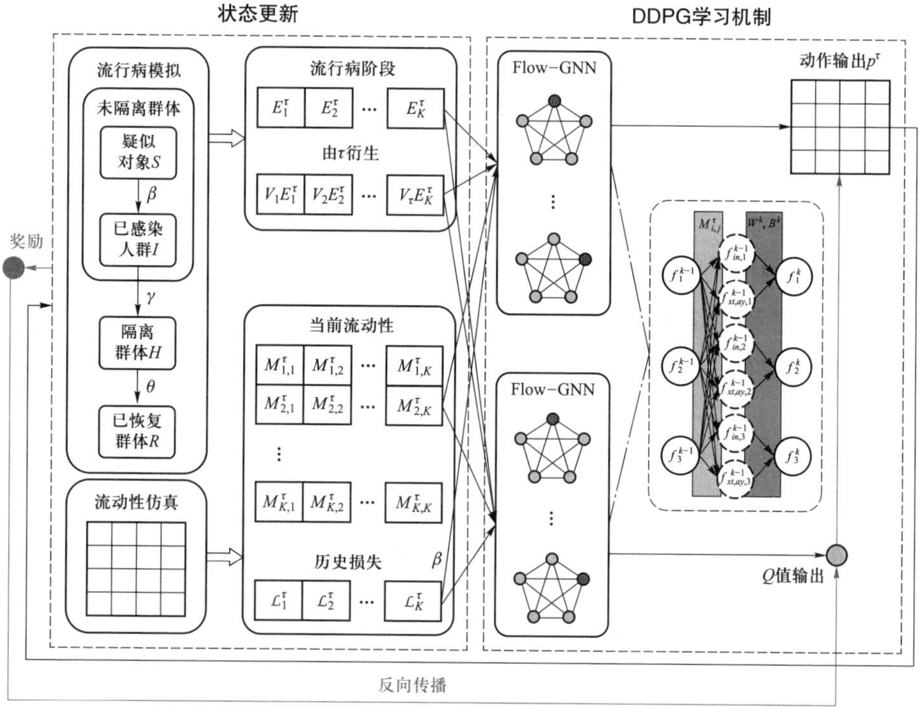

图 10-8　基于图强化学习疫情控制框架 DURLECA 的示意图(改编自文献[15])

率 R_0 为 2.1。将 t_{start} 定义为决策者发现疫情并开始干预的时间。在训练过程中,使用 Adam 优化器训练 40 万步,学习率为 0.0001。考虑到训练的随机性,对 DURLECA 使用不同的随机种子对每组配置训练 5 次,并选择获得最佳 episode 奖励的 DURLECA 作为结果报告。

如图 10-9 所示,与基线相比,DURLECA 不仅抑制了流行病传播,并保留了

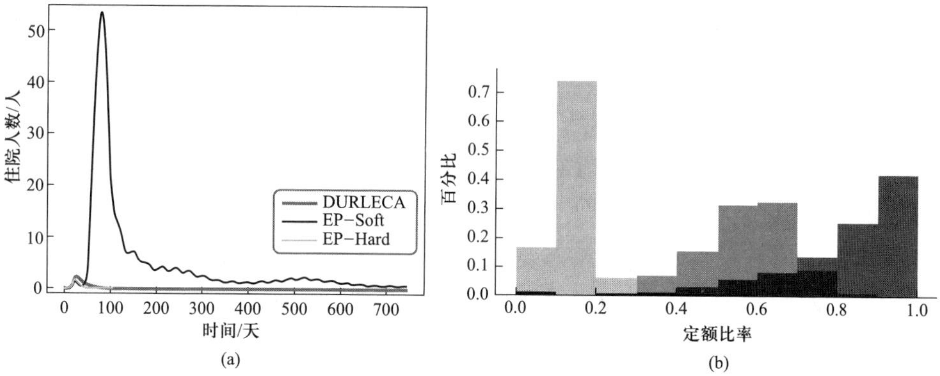

图 10-9　当 $t_{start}=20$ 时,DURLECA 和基线进行模拟可视化(改编自文献[15])

大量的流动性。DURLECA 的住院人数较少,这保证了住院需求不会超过大多数国家的能力。同时,DURLECA 还将总感染人数抑制在一个较低的水平,大约占总人口的 1%。

10.2　意见的形成与调控

10.2.1　经典的意见动力学模型

意见动力学模型是一种用于描述和分析人类意见形成、传播和演变的数学模型。它可以通过数学和计算方法来模拟和预测人们在社会交互中是如何形成和改变意见的。

最经典的意见动力学模型为 DeGroot 模型[17],简要介绍如下:考虑群体 N 中的个体 i,假设个体 i 总是无条件地信任他的邻居们 $j \in \mathcal{N}(i)$。个体 i 对其邻居 j 的信任程度表示为w_{ij},如果 i 和 j 为朋友关系,那么$w_{ij}=w_{ji}>0$,反之$w_{ij}=0$。权重矩阵表示为 $\boldsymbol{W}=(w_{ij})_{N\times N}$,其中对于所有个体 i 满足 $\sum_{j=1}^{N} w_{ij}=1$。基于上述假设,DeGroot 模型的意见更新规则如下:

$$x_i(t+1)=\sum_{j=1}^{N} w_{ij}x_j(t) \tag{10-45}$$

式中,$x_i(t)\in[0,1]$表示个体 i 在 t 时刻的意见值。

DeGroot 模型的一个主要扩展是由 Friedkin 和 Johnsen[18,19] 提出,被称为 Friedkin-Johnsen 模型。该模型假设个体 i 的意见演化受到其初始观念的影响

$$x_i(t+1)=d_i\sum_{j=1}^{N} w_{ij}x_j(t)+(1-d_i)x_i(0) \tag{10-46}$$

式中,$d_i\in[0,1]$表示个体 i 对人际影响的易感性。因此,$(1-d_i)$代表个体 i 对初始意见 $x_i(0)$的固执程度。如果 $d_i=0$,个体 i 完全拒绝与他人交流,所以他的意见永远不会改变;如果 $d_i=1$,个体 i 则无视初始意见,只受到邻居个体意见的影响。

实证研究表明,社交互动中最重要的特征包含两方面,一是同质性,即个体往往倾向于与具有相似观念的个体互动;二是社会影响,即互动使得个体意见趋同。一类反映上述两类特征的意见动力学模型为有界置信模型(bounded confidence models),它通过阈值规则实现同质性,即只有意见在置信范围内的个

体才能相互作用。两个代表模型是 Deffuant - Weisbuch (DW) 模型[20] 和 Hegselmann-Krause(HK)模型[21]。两者都将群体中 N 个个体的意见建模为连续变量 $x_i \in [0,1]$，$\forall i$，主要区别在于 DW 模型考虑个体成对交互和异步更新，而在 HK 模型中，每一步，所有个体都通过取符合置信规则的邻居个体当前意见平均值来同步更新他们自身的意见。

DW 模型由以下更新规则定义：

$$\begin{cases} x_i(t+1) = (1-\mu)x_i(t) + \mu x_j(t) \\ x_j(t+1) = (1-\mu)x_j(t) + \mu x_i(t) \end{cases} \tag{10-47}$$

式中，$\mu \in [0,0.5]$ 为收敛参数。只有当 $|x_i(t)-x_j(t)|<\epsilon$ 时，式(10-51)才会发生更新，其中 ϵ 为有界置信水平。

在 HK 模型中，需要先构建个体 i 在 t 时刻邻居节点的置信集合：

$$I_i(t) = \{j \mid |\sigma_i(t) - \sigma_j(t)| < \epsilon\} \tag{10-48}$$

个体 i 的意见将由其邻居的意见平均值形成：

$$x_i(t+1) = \frac{1}{|I_i(t)|}\sum_{j \in I_i(t)}^{N} x_j(t) \tag{10-49}$$

式中，$|\cdot|$ 表示封闭集合的基数。

10.2.2 社交网络上极化现象的产生

由第 10.2.1 小节可知，意见动力学主要存在两种普适性特征：(1) 意见同质化(opinion homogenization)，在社交网络中，个体会受到社交网络中邻居的影响，并最终趋于一致。(2) 同质性聚集(homophily clustering)，社会联系随着时间的推移而演变，个体倾向于联系那些具有相似观念的人。因此，具有相似观念的个体最终聚在一起形成社团。

基于上述特征，Baumann 等[22]提出一个简单的意见动力学模型。考虑一个由 N 个节点组成的系统，每个节点由一维意见变量 $x_i(t) \in [-\infty, +\infty]$ 来表示，并用 $\sigma(x_i)$ 表示节点意见的极性，$|x_i|$ 这一绝对值量化了意见的相对强度，$|x_i|$ 越大，表示节点 i 的立场越极端。假设意见动力学完全由节点之间的相互作用驱动，并用 N 个耦合常微分方程组来描述：

$$\dot{x}_i = -x_i + K\sum_{j=1}^{N} A_{ij}(t)\tanh(\alpha x_j) \tag{10-50}$$

式中，$K>0$ 表示个体之间的社会互动强度，$\alpha>0$ 控制 S 形影响函数 $\tanh(\alpha x_j)$ 的形状。$\tanh(\alpha x_j)$ 的奇函数性质及其非线性保证了个体 j 在其自己的意见极性 $\sigma(x_j)$ 上能够影响他人，这种影响随着个体意见强度 $|x_j|$ 单调增加，并且极端意见的社会影响是有限的。

根据式(10-50)，节点 i 的邻居是由时变邻接矩阵 $\boldsymbol{A}(t)$ 确定的，如果在 t 时刻有从节点 j 到节点 i 的输入，则 $A_{ij}(t)=1$，反之 $A_{ij}(t)=0$。社交媒体上的信息流通常是不对称的，不对称程度取决于所考虑的社交媒体平台。在模型中考虑以一定概率 r 反向输入，即个体 i 与 j 建立连接时，个体 j 将更新其意见，但只有满足概率 r 才会反向产生连接，同时个体 i 才会更新意见。式(10-50)中的参数 α 调节个体的意见和其对他人施加的社会影响之间的非线性程度。对于小 α，温和个体对其他人的社会影响较弱。相比之下，对于大 α，即使是持温和意见的个体也可以对他人施加强大的社会影响。因此，参数 α 可以认为是话题的争议性。经验表明，争议是推动在线社交媒体辩论中两极分化和回音室出现的重要因素。

与之前在静态图上提出类似机制的建模工作不同，该模型将交互动力学 $A_{ij}(t)$ 编码为活动驱动(activity-driven，AD)网络。这里，每个个体 i 被赋予一个活跃概率 $a_i \in [\epsilon, 1]$，代表个体 i 与 m 个不同的随机其他个体产生连接的可能性。根据经验，个体活跃概率通常假设遵循幂律分布 $F(a) \sim a^{-\gamma}$。参数集(ϵ, γ, m)完全编码了基本的 AD 动力学。在初始化的 AD 网络中是通过随机均匀选择建立连接，而后续演化过程则由意见同质化假设决定

$$p_{ij} = \frac{|x_i - x_j|^{-\beta}}{\sum_j^N |x_i - x_j|^{-\beta}} \tag{10-51}$$

式中，指数 β 控制连接概率随意见距离的幂律衰减。

在实验中，使用大小为 $N=1000$ 个节点的系统。对于每次实验，每个节点的意见初始化均匀分布在区间 $x_i \in [-1, 1]$ 中，同时将 AD 参数设置为 $m=10$、$\epsilon=10^{-2}$ 和 $\gamma=2.1$，并将互动性概率固定为 $r=0.5$，社会互动强度 $K=3$。在实验中发现了 3 种不同的动力学行为。如图 10-10(a)所示，当争议性参数 $\alpha=0.05$ 和幂指数 $\beta=2$ 时，所有个体的意见都收敛于零，从而达到中立共识。而争议性值 $\alpha=3$ 较大时会破坏共识状态的稳定，并导致激化，同时在缺乏同质性($\beta=0$)的情况下，个体随机均匀地选择其相互作用伙伴，所有意见都将偏向某一边，如图 10-10(b)所示。同质性($\beta>0$)的引入极大地改变了这一局面：在与志同道合的个体反复互动的驱动下，每个个体强化了他们自身的意见，并在中立共识的相对两侧分成两个阵营，如图 10-10(c)所示。

进一步地，将实验结果与推特上 3 个不同的两极分化数据集[23-25]进行对比，其中包含关于特定讨论主题的推文，包括堕胎、奥巴马医改和枪支管制。在两极分化的数据集中，一个显著特征是更活跃的用户往往表现出更极端的意见。图 10-11(a)显示了用户的活跃率 a 关于意见 x 的关系图。对于所有 3 个不同的主题，活跃率 a 都向着意见空间的极端方向上升。该模型很好地再现了这种 U 型

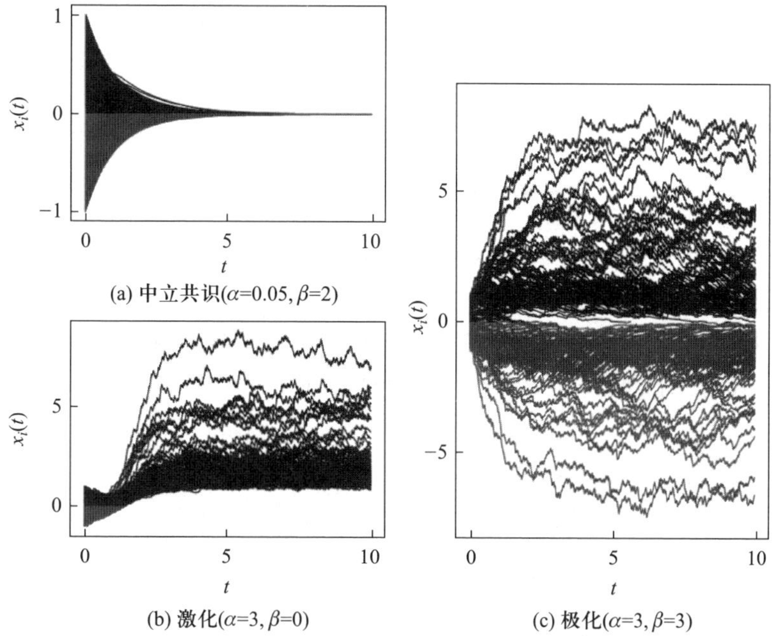

图 10-10 节点意见的时序演化过程。(K =3 和 r =0.5)(改编自文献[22])

关系的特征,如图 10-11(b)所示。这一发现表明,虽然大多数用户的活跃率和意见值都很低,接近中立共识,但一些非常活跃的用户会采取更极端的意见,原因是他们的意见会通过与志同道合的个体互动而得到加强。

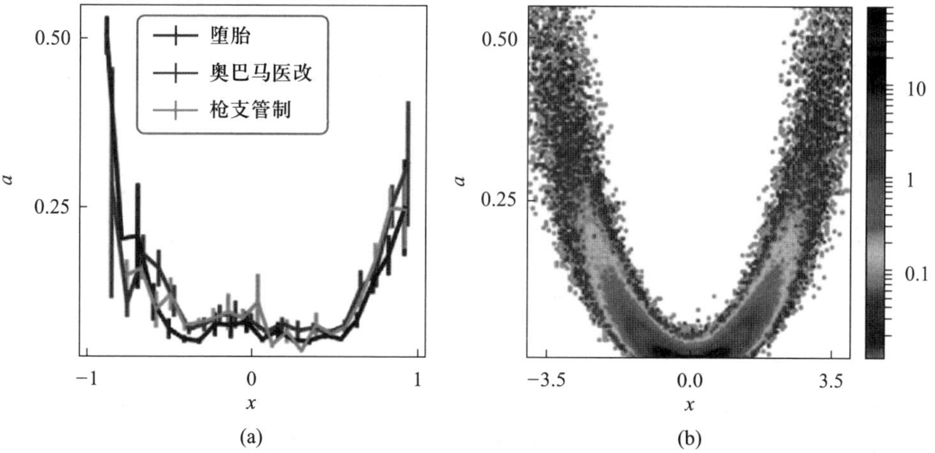

图 10-11 节点活跃率 a 与意见值 x 的关系图。(a) 三个数据集的用户平均活跃率 a 和其政治倾向 x 的关系图;(b) K =3、α =3、β =1 和 r =0.65 参数条件下,模拟 10^3 次后得到的意见极化状态的活跃率-意见值密度图(改编自文献[22])

回声室效应是通过群体中意见分布与交互网络拓扑结构的对应关系来识别。在网络层面上,这转化为用户意见 x_i 和其最近邻居的平均观念 $\langle x_i \rangle^{NN} \equiv k_i^{-1} \sum_j^N a_{ij} x_j$ 之间的相关性,其中 a_{ij} 表示聚合交互网络的(静态)邻接矩阵, $k_i \equiv \sum_j^N a_{ij}$ 表示节点 i 的度。图 10-12 显示了推特数据和模型在 $(x, \langle x \rangle^{NN})$ 平面上用户密度的热力图。图 10-12(a)中的交互网络是通过聚合时间网络的 45 个快照获得的,其中系统处于极化状态。模型(图 10-12(a))和推特数据(图 10-12(b)—(d))都清楚地反映了两个特点,一是具有相近观念的用户会聚集在一起形成高密度的用户群体,二是具有相反意见的群体构成了两个回音室。

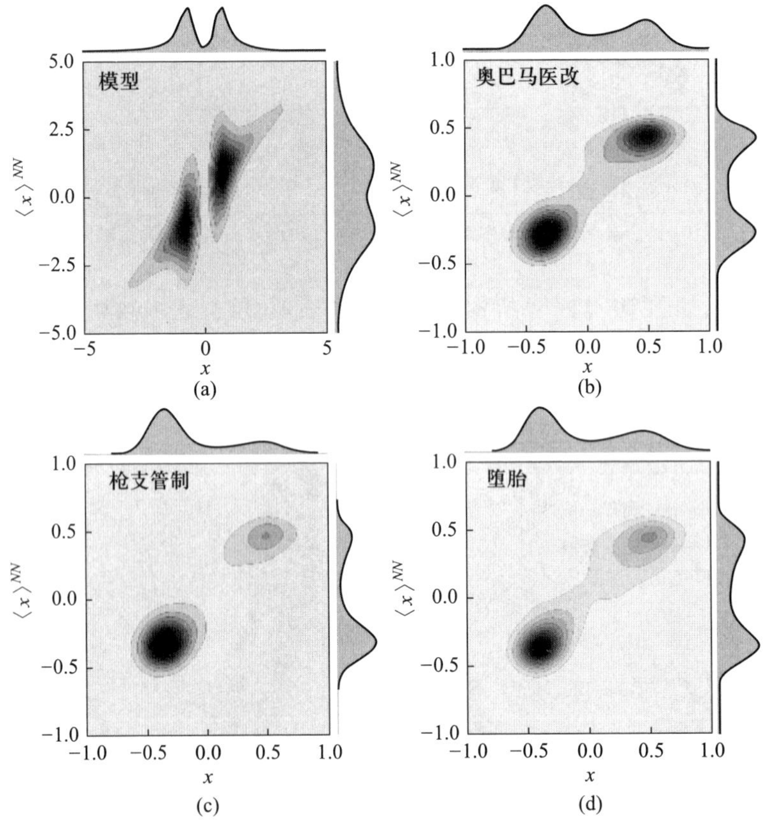

图 10-12　回音室现象。(a) 最近邻居的平均意见 $\langle x \rangle^{NN}$ 与用户意见 x 的等值线图,在 $K=2.5$、$\alpha=4.5$、$\beta=2$ 和 $r=0.65$ 参数条件下,通过进行 200 次模拟得到。(b)—(d) 在 3 个 Twitter 真实数据上也反映出回音室现象,颜色代表用户的密度:颜色越浅,用户数就越多。意见分布 $P(x)$ 和最近邻居的平均意见分布 $P_{NN}(x)$ 的边际分布分别绘制在 x 轴和 y 轴上(改编自文献[22])

10.2.3 推荐算法对回音室的影响

随着政治辩论从线下转移到在线社交平台，两极分化的现象逐渐加剧。在这种情况下，社交平台会通过设计推荐算法向用户推荐新链接。以往的工作主要研究了算法如何影响个人推送上出现的信息及随后的两极分化，以及社交匹配[26]或链接推荐算法[27]对于用户参与在线社交网络方式的影响。这些算法通常基于未来关系建立的可能性或相似的兴趣，来向社交平台用户推荐新的“朋友”。

一些模型通过基于意见相似性的交互形成来解释两极分化的出现[21,22]。Santos 等[28]关注基于“结构相似性”的重连边机制，这里定义为基于完全依赖于网络结构的共同特征的相似性，这与更广泛的同质性概念形成了鲜明对比。相比之下，基于结构相似性的重连边机制在用户建立联系之前无法轻易获得相关用户意见和兴趣信息的情况下，限制性更小。受相关模型的启发[22]，假设一个由 N 个节点组成的网络群体，这些个体通过社会影响来调整他们的意见。每个个体 i 的属性都是一个实数 $x_i \in (-\infty, +\infty)$，这表示个人对某一话题的立场。在 $t+1$ 时刻个体 i 的意见更新为

$$x_i(t+1) = \gamma x_i(t) + K\sum_{j}^{N} A_{i,j}\tanh(\alpha x_j(t))/k_i \tag{10-52}$$

在没有社会强化的情况下，个体意见 x_i 会随着因子 $0<\gamma<1$ 而衰减，而 $\gamma>1$ 则表示个体具有强烈的主见。根据邻接矩阵 $\boldsymbol{A}$，个体将会受到邻居的影响，K 表示社会互动强度。同时可以正式定义“极化”和“激化”的概念：假设观念的两极分化水平可由意见值的标准偏差（$P=SD(x_0, x_1, \cdots, x_N)$）给出，节点 $i(R_i)$ 的激化程度是由其绝对意见值（$R_i=|x_i|$）决定，用意见的平均值 $\left(R=\sum_{i}^{N} R_i/N\right)$ 表示总体（R）的激化程度。

同时，体现社交联系的网络会随着时间的推移而变化，个人可以打破并形成新的联系。虽然这个过程取决于个人决策，但正如前文中提到的，如今，在线社交平台使用链接推荐算法来建议新的边，而公共邻居数可能是预测两个节点之间缺失链路并推荐它的最简单的衡量标准。受该指标的启发，假设节点 i 将与 j 形成一个新的边，其概率取决于结构相似性

$$s_{i,j} = \frac{\left(|N_i \cap N_j|(1-2\epsilon)+\epsilon\right)^{\eta}}{\sum_{k}^{N}\left(|N_i \cap N_k|(1-2\epsilon)+\epsilon\right)^{\eta}}. \tag{10-53}$$

式中，N_i 表示节点 i 的邻居集合，$N_i \cap N_j$ 表示 i 和 j 之间的公共邻居数，ϵ 表示噪声项。在每个时间步中，边将被随机删除，新边将以 $s_{i,j}$ 的概率创建。参数 $\boldsymbol{\eta}$ 决定

了结构相似性如何影响新链接的形成。如果 $\eta=0$，链接的添加不考虑结构相似性。如果 $\eta>0$，在节点 i 和 j 之间形成边的概率将是结构相似性的递增函数。

正如之前研究[22]所观察到的，社会影响力（α，或称争议性参数）决定了个体是达到中立共识状态还是激化状态。如图 10-13(a)所示，如果只有极端意见才能产生社会影响（低 α），那么群体将趋向于一种中立共识状态，在这种状态下，每个节点的意见属性趋向于零。如果温和的意见也能具有强大的社会影响力（高 α），那么意见的绝对值就会随着时间的推移而增长（意见会变得激进），如图 10-13(b)所示。如果重连边受到结构相似性的强烈影响（高 η），不同的独立集群就会出现，每个集群都可以收敛到不同的意见，如图 10-13(c)所示。这种重连边的过程在某种程度上旨在模拟链接推荐算法的效果，稳态时会产生一种高度集群的社交网络拓扑，同时不同集群容易维持并产生两极分化。

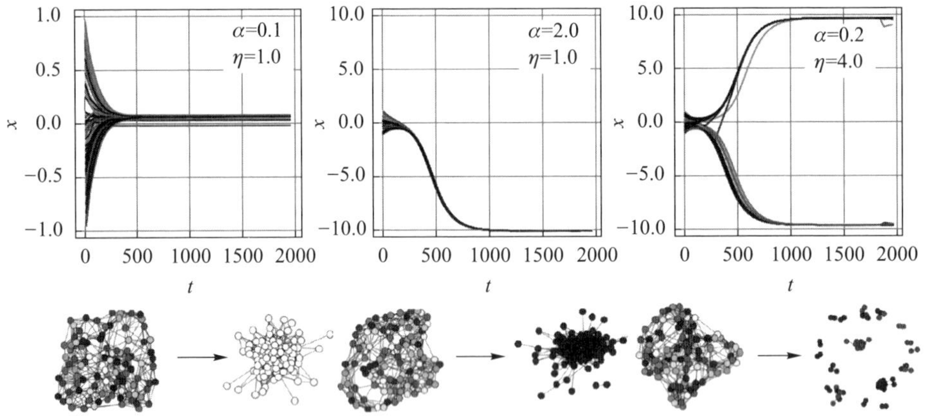

(a) 中立共识　　(b) 激化　　(c) 极化

图 10-13　意见动力学中社会影响力（α）和基于结构相似度的重连（η）的影响（$N=100,\epsilon=0.00,K=0.1,\gamma=0.99,\langle k\rangle=10$）（改编自文献[28]）

图 10-14 展示了(α,η)参数平面上群体意见绝对值的平均值和群体意见的标准差。如果 α 和 η 都很高，极端化和极化的现象可能会出现。如图 10-13 所示，高 η 导致网络中出现定义明确、孤立的集群，不同的集群可以维持相反的意见。在图 10-14 中可观察到，当 $\alpha<0.15$ 时，可以确定一个低极化和低激化的区域，在该区域群体达成了中立共识；当 $\alpha>0.15$ 且 $\eta<2$（近似）时，可以观察到图 10-13(b)所示的低极化、高激化状态；当 $\alpha>0.15$ 且 $\eta>2$（近似）时，可以观察到图 10-13(c)中所示的高极化、高激化状态，其中群体中的意见收敛到具有两个明确峰值的分布。

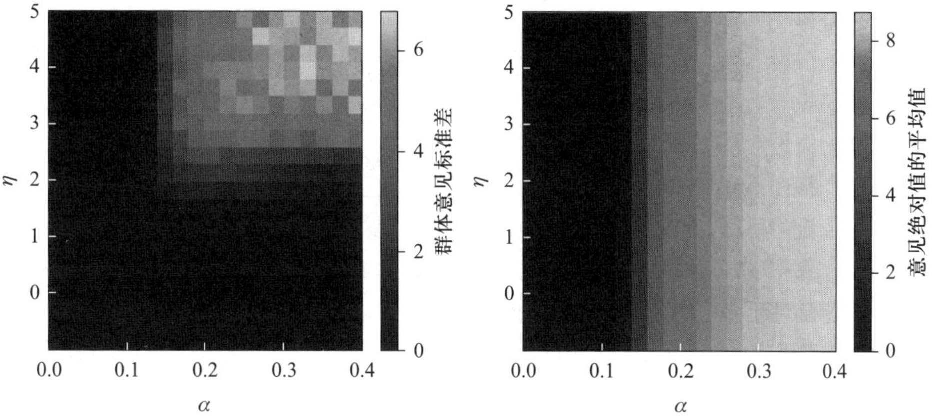

(a) 极化 (b) 激化

图 10-14 基于结构相似性的高强度重连边(η)和高社会影响力(α)情况下出现极化与激化现象。(改编自文献[28])

10.2.4 社交网络上的去极化策略

在社交网络上,用户经常与志同道合的人互动。这种选择性地接触意见可能会导致回音室。当回音室形成时,意见分布通常呈现双峰特征,在相对的两侧有两个峰值[29]。由于社交媒体网络中回音室形成意味着不同的社团之间缺乏沟通,Currin 等[30]提出了一种机制来避免回音室的产生,通过向每个个体输入随机采样的其他个体意见来打散已形成的回音室。这种机制被称为随机动态引导 $\mathcal{R}$(random dynamical nudge,RDN),旨在推动一个极化意见系统向正态分布转变,其中大多数互动都发生在接近中立共识的地方。RDN 的实际意义可以理解为鼓励不同社团之间的对话和互动可能有助于使社交网络去极化。

为了研究意见动力学和 RDN 的影响,Currin 等采用了活动驱动模型[22]。意见动力学的演化过程由以下等式给出:

$$\dot{x}_i = -x_i + K\left(\sum_{j=1}^{N} A_{ij}(t)\tanh(\alpha x_j)\right) + D\mathcal{R} \tag{10-54}$$

式中,$\mathcal{R}$ 是强度为 D 的随机动态引导项,其他参数的描述见第 10.2.2 小节。如果活跃节点具有与其他节点相互作用的平等机会($\beta=0$),那么网络可能变得激化,所有节点具有相同的立场,如图 10-15(c)和图 10-15(d)所示。如果相互作用偏向于具有相似意见的人($\beta=3$),这可能导致意见的两极分化和回音室的形成,其中大多数节点对二元问题持温和立场,如图 10-15(a)和图 10-15(b)所示。

为了量化干预对意见分布的影响,Currin 等制定了一个度量 Λ_x,它给出了意

见分布的极化峰之间的距离

$$\Lambda_x = \underset{x>0}{\mathrm{argmax}} \frac{f}{w} - \underset{x<0}{\mathrm{argmax}} \frac{f}{w} \tag{10-55}$$

式中，f 是根据 Sturges[31] 和 Freedman-Diaconis [32] 区间估计方法的最小值确定的宽度为 w 的区间内的意见频率，其中 $w=\min\left(\frac{\underset{x_R}{\max}-\underset{x_R}{\min}}{\log_2 N+1}, 2\frac{IQR}{N^{\frac{1}{3}}}\right)$，$x_R$ 是一个意见子集（$x>0$ 或 $x<0$），IQR 是 x_R 四分位差。峰值距离 Λ_x 可以直观地理解为回音室的极化程度。对于 Λ_x 接近 0 时，意见的分布是正态的和去极化的；对于较大的 Λ_x，群体的意见呈现两极分化（图 10-15(f)）。

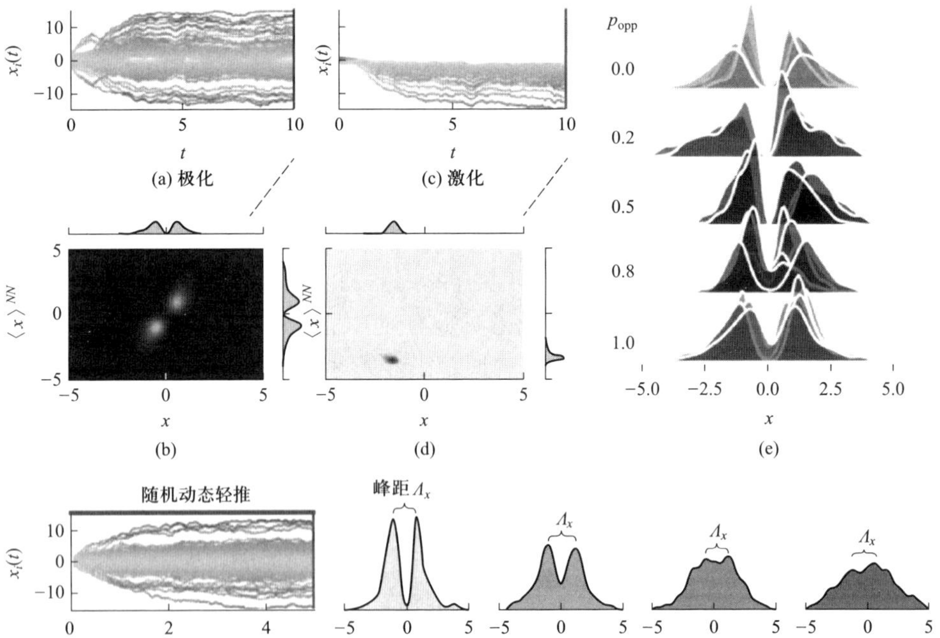

图 10-15　添加 RDN 项可以防止网络两极分化。对于（a）极化（$\beta=3$）和（c）激化（$\beta=0$）状态，在 $N=1000$ 网络中动力学模型的意见 $x_i(t)$-时间 t 的演化图。（b）（d）分别为 $t=10$ 时，意见与最近邻居平均值 $\langle x\rangle^{NN}$ 的热力图。（e）p_{opp} 似乎并不有效，相反，许多模拟产生了 $t=10$ 的激化网络（每个 p_{opp} 单独绘制 5 个模拟）。（f）引入了一种随机动态引导机制，它可以使得群体网络以强度 D 进行去极化，极化程度由峰值距离 Λ_x 表示（$m=10, K=3, \alpha=3, r=0.5$）（改编自文献[30]）

直观地说，随机取反同质性因子 β 应该会增加个体与持相反意见的个体的互动机会,从而防止双峰分布。然而,一些个体与持相反意见的人进行互动的趋势增加,不足以改变总体网络动力学行为。假设 p_{opp} 表示随机翻转同质性因子(β)以与持相反意见的人进行更多互动的概率。如图 10-15(e)所示,无论与相反意见个体相互作用的概率 p_{opp} 如何,都会发现回音室保持原样。在很多情况下,网络的意见变得激进,甚至更加两极分化。这可能是由于随着 p_{opp} 的增加,β 对相互作用的影响逐渐减弱,使得当 $p_{opp}=0.5$ 时的相互作用情况与 $\beta=0$ 时相似。换句话说,个体不再与持类似意见的其他人互动,而是随机与其他人互动($\beta=0$),这会导致激化状态。因此,仅仅增加与持相反意见的个体相互作用的概率不足以去极化。

基于以上观察,设计一个有效的 RDN 项

$$\mathcal{R} = \sqrt{n}\left(\langle X_n \rangle_i - \langle X \rangle\right) \tag{10-56}$$

式中,$\langle X_n \rangle_i$ 是个体 i 采样样本(大小为 $n<<N$)的意见平均值,而$\langle X \rangle$是所有意见的真实平均值。

如图 10-16(a)所示,一开始允许系统变得极化,直到 $t=10$,然后在相等的时间内施加 RDN 项(直到 $t=20$),最后通过再次移除 RDN 项来验证其作用。通过检查不同时间点的意见分布(图 10-16(b)),可以发现添加 RDN 可使现有的回

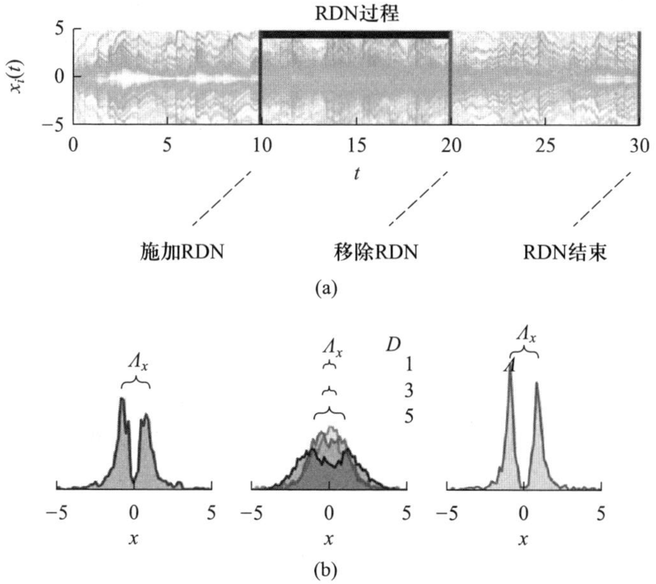

图 10-16 RDN 项对现有回音室的去极化效果。随着时间的推移,1000 个个体的意见(a)不使用 RDN 直到 $t=10$,使用 RDN 到 $t=20$,最后不使用 RDN 直到 $t=30$。(b)在 $t=10$、$t=20$($D\in\{1,3,5\}$)和 $t=30$ 的时刻,个体意见的核密度估计(每个试验 5 次)。峰值距离(Λ_x)在施加 RDN 项时减小(改编自文献[29])

声室去极化。删除 RDN 会导致系统快速回归。这一结果表明,RDN 不仅防止了回音室的形成,而且也可以对现有的回音室进行去极化。

10.3　谣言的控制

社交网络已经广泛融入我们的日常生活。在线社交网络中的用户不仅可以传播积极的内容(思想、观点、创新与兴趣等),还可以传播谣言等负面信息。事实表明,谣言的传播速度很快,且会造成严重后果。为了提供高质量的服务和准确的信息,平台方制定有效的策略来阻止或限制谣言的影响至关重要。控制谣言在社交网络中的传播是一个热门但具有挑战性的研究课题[33]。目前,谣言控制的研究方向大致可分为以下 3 种:(1) 基于节点的谣言控制方法。这种方法通常根据一定的标准选择网络中最具影响力的节点,并将这些有影响力的节点从原始网络中删除,从而限制谣言的传播。(2) 基于边的谣言控制方法。这种方法通常会删除在信息传播中起关键作用的一组边,从而尽可能减少谣言的传播。(3) 基于辟谣信息的谣言控制方法。这种方法是基于一种假设,即用户一旦接受了积极信息,就不会接受谣言。更具体地说,它识别节点的子集并传播积极信息,以便尽可能多的用户接受积极信息。接下来,我们基于以上分类简要介绍这 3 种方法。

10.3.1　基于节点的谣言控制方法

基于节点的谣言控制方法通常是基于某些指标选择网络中有影响力的节点,并从原始网络中删除这些节点,达到限制谣言传播的目的。对于如何高效找到合适的节点集,研究人员进行了大量尝试。Yan 等[34]提出了一种两阶段的谣言最小化算法 GCSSB,其中包括生成候选集(generating candidate set)和选择阻塞者(selecting blocker)两个阶段。该方法通过封锁节点,达到谣言传播最小化的目的。

给定一个有向社交网络 $G=(V,E,p)$ 和谣言源集 S,$\mathcal{M}$ 表示 IC 模型,V 表示节点集,$E\subseteq V\times V$ 表示节点之间的关系,边 (u,v) 的 p_{uv} 代表 u 激活 v 的概率,$\mathcal{B}$ 表示阻塞者集,k 表示阻塞者数。我们对网络上的节点进行排序。排序的目的是确定候选阻塞者集,减少下一阶段贪婪算法的耗时。直观上,我们通常会选择传播

能力强的节点作为阻塞者,因此如何衡量节点的传播能力成为一个关键问题。为了衡量节点的传播能力,定义一个向量

$$\boldsymbol{\sigma} = \boldsymbol{I} + \boldsymbol{AI} + \cdots + \boldsymbol{A}^r\boldsymbol{I} \tag{10-57}$$

式中,$\boldsymbol{A}$ 表示网络的邻接矩阵,$\boldsymbol{I}$ 表示单位列向量,$1 \leqslant r \leqslant |V|$。$A_{ij}^r$表示节点 i 通过长度为 r 的路径激活节点 j 的近似概率,因此 $\boldsymbol{\sigma}$ 表示其总概率。将 $\boldsymbol{\sigma}$ 按降序排序并选择顶部的 αk 个节点作为阻塞者的候选集 C,其中 α 表示阈值参数。在选择阻塞者阶段,根据之前已经确定的候选集 C,使用基于最大边际效益的贪婪算法准确地选择 k 个阻塞者。定义在模型 $\mathcal{M}$ 下种子集 S 激活 $v \in V$ 的概率

$$Pr_{\mathcal{M}}(v,S) = \begin{cases} 1, & v \in S \\ 0, & N^{\text{in}}(v) = \varnothing \\ 1 - \prod\limits_{u \in N^{\text{in}}(v)} (1 - Pr_{\mathcal{M}}(u,S)p_{uv}), & \text{其他} \end{cases} \tag{10-58}$$

式中,$N^{\text{in}}(v)$表示指向 v 的邻居节点集,$Pr_{\mathcal{M}}(u,S)p_{uv}$表示模型 $\mathcal{M}$ 下 u 成功激活 v 的概率。那么,谣言影响最小化问题(minimizing influence of rumor,MIR)的目标是找到一个具有 k 个节点的阻塞者的集合 $\mathcal{B}$,定义如下:

$$\mathcal{B}^* = \underset{\mathcal{B} \subseteq V \backslash S,\ |\mathcal{B}| = k}{\operatorname{argmin}} \sum_{v \in V \backslash S \cup \mathcal{B}} Pr_{\mathcal{M}}(v,S) \tag{10-59}$$

基于上述定义给出边际效益的定义如下:对于任意节点 x 都满足 $x \in V\backslash S$,那么 S 关于 x 的边际效益的计算公式为

$$\Delta(x \mid S) = \sum_{v \in V \backslash S} Pr_{\mathcal{M}}(v,S) - \sum_{v \in V \backslash \{S \cup \{x\}\}} Pr_{\mathcal{M}}(v,S) \tag{10-60}$$

对于任何节点 $x \in C$,那么 S 关于 x 的最大边际效益的计算公式为

$$\begin{aligned} x^* &= \underset{x \in C}{\operatorname{argmax}}\, \Delta(x \mid S) \\ &= \underset{x \in C}{\operatorname{argmax}} \Big(\sum_{v \in V \backslash S} Pr_{\mathcal{M}}(v,S) - \sum_{v \in V \backslash \{S \cup \{x\}\}} Pr_{\mathcal{M}}(v,S) \Big) \end{aligned} \tag{10-61}$$

根据定义,GCSSB 算法步骤为,定义一个空集,即 $\mathcal{B} = \varnothing$。在每次迭代中,计算候选集中每一个节点的边际效益,将具有最大边际效益的节点 x_t 添加到当前集合 $\mathcal{B}$ 中。迭代算法直到选择出 k 个阻塞者。具体如算法 10-1 所示。

算法 10-1　GCSSB 算法

输入:	社交网络 $G=(V,E,p)$,谣言源集 S,谣言传播模型 $\mathcal{M}$,候选集 C,阻塞者数 k
输出:	阻塞者集 $\mathcal{B}$
1	$\mathcal{B}_0 \leftarrow \varnothing, \Delta(x \mid S) = 0$ for $x \in C$
2	for $t = 1$ to k do

for each $x \in C$ do

$$\Delta(x \mid S) = \sum_{v \in V \setminus \{S \cup \mathcal{B}_t\}} Pr_{\mathcal{M}}(v,S) - \sum_{v \in V \setminus \{S \cup \mathcal{B}_t \cup \{x\}\}} Pr_{\mathcal{M}}(v,S)$$

end for

$$x^* = \underset{x \in C}{\operatorname{argmax}}\ \Delta(x,S)$$

$\mathcal{B}_t \leftarrow \mathcal{B}_t \cup \{x^*\}$

$C \leftarrow C \setminus \{x^*\}$

end for

$\mathcal{B} \leftarrow \mathcal{B}_t$

return $\mathcal{B}$

为了与所提方法进行比较，选择出度（out-degree，OD）、介数中心性（betweenness centrality，BC）和PageRank（PR）等启发式方法作为对比方法。给定有向网络 $G=(V,E,p)$，从 V 中随机均匀地选取1%的节点组成谣言源集 S。特别地，以两种方式设置 p，因为实际数据集缺乏传播概率 p。为网络上的每条边分配统一的传播概率 $p=0.5$；或者为每条边分配一个三元模型 $p=TRI$，即从 $\{0.1,0.01,0.001\}$ 中随机选择一个值，对应高、中、低传播概率。对于阈值参数 α，在实验中设置为固定值6。

实验数据集分为两类，生成网络和真实网络。更具体地说，对于生成网络，使用ER模型，随机连接概率 $\eta=0.5$，生成数据集Synthetic；对于现实网络，分别从SNAP和KONECT网络数据网站上收集3个不同规模的网络数据集Wiki Vote、Twitter Lists和Google+。表10-1列出了这些数据集的主要信息。

表 10-1　生成网络和现实网络数据集的信息表

数据集名称	节点数	边数	全局聚类系数	最大度值	直径
Synthetic	2000	10 000	—	62	6
Wiki Vote	7115	103 663	0.14	875	7
Twitter Lists	23 370	33 101	0.02	239	15
Google+	23 628	39 242	0.03	2771	8

阻塞者集大小 k 和总激活率之间的关系如图10-17所示。通过实验，可以观察到总激活率随着 k 的增加而降低。

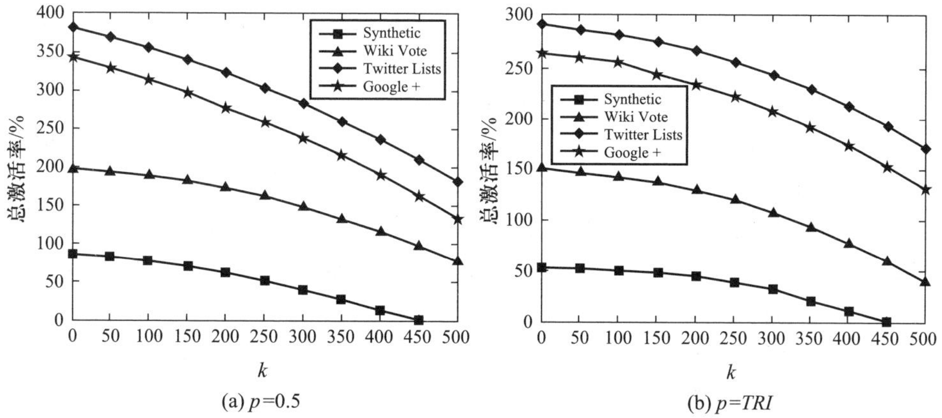

图 10-17 总激活率随阻塞集大小k的变化曲线(改编自文献[34])

将 GCSSB 方法与其他方法(OD、BC 和 PR)进行比较,实验结果如图 10-18 所示。在两个子图中,总激活率随着 k 的增加而降低。可以观察到 GCSSB 方法的总激活率是最低的,因此验证了其有效性。在对比方法中,PR 的性能最好,而 OD 的性能最差。

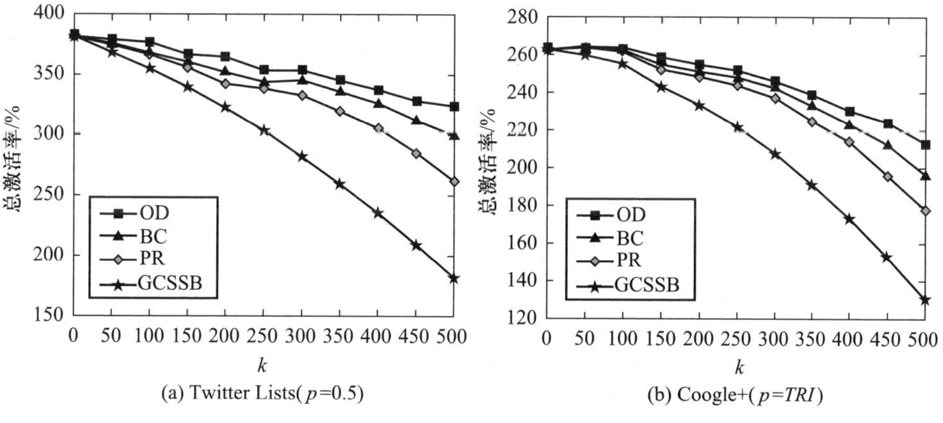

图 10-18 GCSSB 方法与其他方法的对比图(改编自文献[34])

除此之外,基于节点的谣言控制方法还可以在模型中考虑谣言的全球流行程度、对潜在传播者的吸引力和谣言接受者的接受概率 3 种实际场景因素[35],同时在传统的谣言影响最小化目标函数中增加阻塞时间约束,实现在不牺牲在线用户体验的情况下优化谣言控制策略;或者可以提出接触指标来量化每个用户的影响力[36],根据用户的影响力将用户划分到不同的组,从而实现相应的谣言控制措施,同时将成本控制在一定范围内。

10.3.2　基于边的谣言控制方法

在 GCSSB 方法中，算法的目标是移除节点来实现对谣言的控制。当这些节点被移除时，边亦会被移除。然而，由于每个节点可以通过多条边连接到其他节点，这可能导致大量边被移除，从而会显著地改变网络结构。基于边的谣言控制方法旨在通过识别一组要移除的关键边来解决这一问题，从而最大限度地减少谣言的传播。Kimura 等[37]提出了一种基于贪婪策略有效找到阻塞边的近似解决方案。

假设谣言从网络中的任何节点产生，并在 IC 模型下通过网络扩散。为了防止其在网络中传播，我们的目标是通过适当删除固定数量的边来最大程度地减少网络的污染程度。这里，网络的污染程度是衡量谣言在网络中传播程度的指标。在本小节中，$G=(V,E)$ 表示一个图，其中 V 和 E 分别表示网络的节点集和边集，$v\in V,e\in E$。可将平均谣言污染程度定义为

$$c_0(G)=\frac{1}{|V|}\sum_{v\in V}\sigma(v;G) \tag{10-62}$$

可将最坏谣言污染程度定义为

$$c_+(G)=\max_{v\in V}\sigma(v;G) \tag{10-63}$$

式中，$\sigma(A;G)$ 表示一个节点集 A 对图 G 的污染程度，即传播结束时网络中的激活节点数。特别地，$\sigma(v;G)$ 表示图 G 上节点 v 的污染程度。在网络 $G=(V,E)$ 上定义污染最小化问题：给定一个正整数 K，其中 $K<|E|$，找到 E 的子集 D^*，其中 $|D^*|=K$，使得 $c(G(D^*))\leqslant c(G(D))$，对于任何 $D\subset E$ 且 $|D|=K$。$c=c_0$ 的污染最小化问题称为平均污染最小化问题，$c=c_+$ 的污染最小化问题称为最坏污染最小化问题。如算法 10-2 所示，通过以下贪婪算法可近似解决给定图 $G_0=(V_0,E_0)$ 上的污染最小化问题。

算法 10-2　谣言污染最小化的贪婪算法

输入：	图 $G_0=(V_0,E_0)$，移除边数 K
输出：	移除边集 D_K，对抗网络 G_K
1	初始化一个 E_0 的子集 D，且 $D\leftarrow\varnothing$
2	初始化 $G=(V,E)$，令 $V\leftarrow V_0$ 且 $E\leftarrow E_0$
3	选择一条边 $e_*\in E$；最小化 $c(G(e))$，$e\in E$

4	更新集合 D，令 $D \leftarrow D \cup \{e_*\}$
5	更新集合 $G=(V,E)$，令 $E \leftarrow E \setminus \{e_*\}$
6	如果 $\lvert D \rvert < K$，则返回步骤 3
7	设置 $D_K \leftarrow D, G_K \leftarrow G$
8	return D_K, G_K

为了实现该算法，对于算法 10-2 中的给定图 $G=(V,E)$，需要计算边的污染程度：

$$e_* = \underset{e \in E}{\operatorname{argmin}}\, c(G(e)) \tag{10-64}$$

在该算法中，可以通过对图 $G(e)$ 应用键渗流方法并根据式(10-62)或式(10-63)来估计每个 $e \in E$ 的 $c(G(e))$。即可以通过执行算法 10-2 中的步骤 3 来估计贪心解 D_K：

（1）通过直接执行键渗流方法 $\lvert E \rvert$ 次估计 $c(G(e)), e \in E$，其中 $\lvert E \rvert$ 表示集合 E 中边的数量。

（2）对于任何 $e \in E$，找到的 $e_* \in E$，均满足 $c(G(e_*)) \leqslant c(G(e))$。

然而，朴素贪心策略对于大型网络来说并不实用。因此，我们在键渗流方法的基础上提出了更有效的方法来估计满足式(10-64)中的 $e_* \in E$。

具有占据概率 $\{p_e; e \in E\}$ 的键渗流过程是随机过程，其中每条边 $e \in E$ 被独立声明为占用，概率为 p_e。对于正整数 M，执行 M 次键渗流过程，并对由占用的边构造的 M 个图进行采样：

$$G^m = (V, E^m), \qquad m = 1, 2, \cdots, M \tag{10-65}$$

对于任何 $v \in V$，定义 $s(v; G, M)$ 如下：

$$s(v; G, M) = \frac{1}{M} \sum_{m=1}^{M} \lvert F(v; G^m) \rvert \tag{10-66}$$

对于任意图 $\tilde{G} = (\tilde{V}, \tilde{E})$ 和任意节点 $v \in \tilde{V}$，$F(v; \tilde{G})$ 代表图 $\tilde{G}$ 上节点 v 可到达的所有节点的集合。如果沿着图 $\tilde{G}$ 上的边存在从 u 到 v 的路径，则称在图 $\tilde{G}$ 上节点 v 到节点 u 是可达的。

已知，在图 G 上具有传播概率 $p_e, e \in E$ 的 IC 模型可以精确地映射到在图 G 中具有占据概率 $\{p_e; e \in E\}$ 的键渗流过程上，并且如果 M 足够大，节点 $v \in V$ 的影响程度 $\sigma(v; G)$ 可以很好地近似为 $s(v; G, M)$：

$$\sigma(v; G) \simeq s(v; G, M) \tag{10-67}$$

将每个图 G^m 分解为强连通组件（strongly connected component，SCC），如下所示：

$$V = \bigcup_{j=1}^{J^m} SCC(u_j^m ; G^m) \tag{10-68}$$

式中，J^m 是图 G^m 的强连通组件数，节点 u_j^m 是 V 的元素，并且 $SCC(u_j^m ; G^m)$ 表示包含节点 u_j^m 的图 G^m 的强连通组件。如果 $v \in SCC(u_j^m ; G^m)$，那么

$$|F(v;G^m)| = |F(u_j^m ; G^m)| \tag{10-69}$$

因此通过计算 $|F(u_j^m ; G^m)|$，$j=1,2,\cdots,J^m$ 与式(10-69)，我们能有效地计算所有节点 $v \in V$ 的 $|F(v;G^m)|$。一旦计算得到 $|F(v;G^m)|$，$v \in V$，$m=1,2,\cdots,M$，可以根据式(10-66)计算所有节点 $v \in V$ 的 $s(v;G,M)$，并通过式(10-67)最终估计得到节点 v 的污染程度 $\sigma(v;G)$。

算法 10-2 中的步骤 3 具体如下：首先，在图 $G=(V,E)$ 上执行 M 次键渗流过程，$G^m=(V,E^m)$，$m=1,2,\cdots,M$，其中 M 为给定的正整数。其次，计算

$$B_M(e) = \{m \in \{1,2,\cdots,M\} ; e \notin E^m\} \tag{10-70}$$

式中，$B_M(e)$ 表示图 G 上键渗流过程的 M 次试验的子集，且 e 不是被移除的边。在这里，考虑对任意 $e \in E$ 的图 $G(e)=(V,E \backslash \{e\})$ 执行键渗流过程 $|B_M(e)|$ 次

$$\{G(e)^m ; m = 1,2,\cdots,|B_M(e)|\} \tag{10-71}$$

假设 M 足够大，使得 $|B_M(e)|$ 也足够大。通过式(10-67)，可以得到

$$\sigma(v;G(e)) \simeq s(v;G(e),|B_M(e)|) \tag{10-72}$$

为了有效地估计 $c(G(e)$，$e \in E$，而不需要对每个 $e_* \in E$ 在图 $G(e)$ 上应用键渗流方法，可以选择计算下式：

$$\bar{s}_M(v,e) = \frac{1}{|B_M(e)|} \sum_{m \in B_M(e)} |F(v;G^m)| \tag{10-73}$$

简化为下式计算所需边：

$$\bar{s}_M(v,e) \to \sigma(v;G(e)) \tag{10-74}$$

对于足够大的 M，可以近似为

$$\sigma(v;G(e)) \simeq \bar{s}_M(v,e) \tag{10-75}$$

因此，通过式(10-62)和式(10-63)，对给定图 $G=(V,E)$ 估计满足式(10-64)的 $e^* \in E$，对于平均污染最小化问题(即 $c=c_0$)可以表示为

$$e_* = \underset{e \in E}{\operatorname{argmin}} \left(\frac{1}{|V|} \sum_{v \in V} \bar{s}_M(v,e) \right) \tag{10-76}$$

对于最坏污染最小化问题(即 $c=c_+$)可以表示为

$$e_* = \underset{e \in E}{\operatorname{argmin}} \left(\max_{v \in V} \bar{s}_M(v,e) \right) \tag{10-77}$$

即通过式(10-77),完成算法 10-2 的步骤 3 获得 K 条所需的边。

将所提出的方法与其他 3 种对比方法进行比较,对比方法分别为介数中心性(betweenness)、出度(out-degree)和随机(random)方法。图 10-19(a)和图 10-19(b)分别显示了 blog 网络的平均污染度 c_0 与被阻塞边数 K 的函数关系。其中,图 10-19(a)将所提方法($K=500$)与节点出度、边出度和随机方法进行比较,而图 10-19(b)将所提方法与介数中心性方法进行比较,所提方法性能最好,介数中心性方法则紧随其后。其他三种方法在 blog 网络中比这两种方法差很多。同理如图 10-20 所示,对于最坏谣言污染最小化问题,基于贪婪策略的方法性能也是最好的。

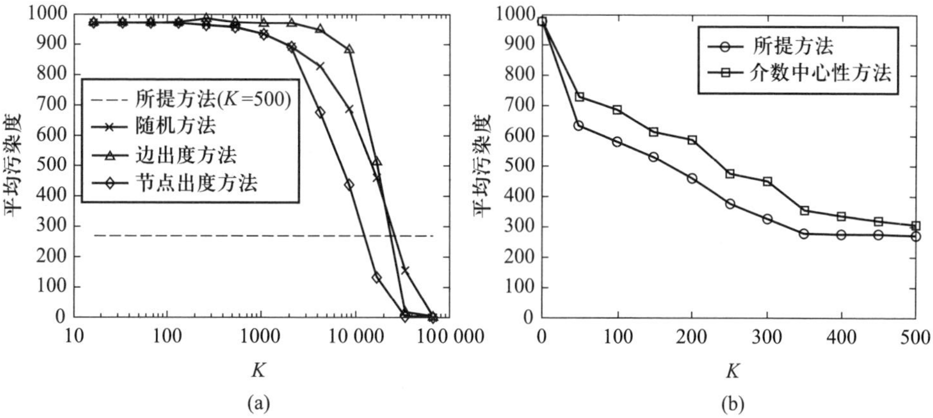

图 10-19 在 blog 网络上针对平均谣言污染最小化问题(改编自文献[37])

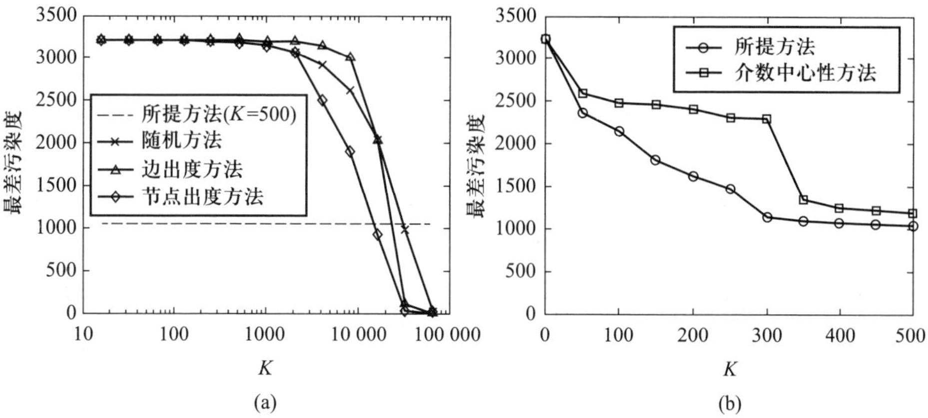

图 10-20 在 blog 网络上针对最坏谣言污染最小化问题。(a) 所提出的方法在 $K=500$ 时与对比方法的性能比较;(b) 提出的方法与介数中心性方法进行性能比较(改编自文献[37])

除此之外，基于边阻塞的方法还可以通过模拟信息的传播来计算每个节点对信息流的贡献度[38]，通过删除、添加或修改网络边来减少信息传输路径的长度，从而降低谣言的传播速度和影响力；或者通过结合网络拓扑和节点活跃性等因素[39]，在社交网络中识别关键边，并通过删除这些边来最小化负面影响等。

10.3.3　基于辟谣信息的谣言控制方法

第 3 种谣言控制方法是针对谣言发布辟谣信息，使积极信息被尽可能多的节点采用，与前两种谣言控制方法相比，这一种策略是对谣言的间接控制。Budak 等[40]考虑了多活动独立级联（multi-campaign independent cascade model，MCICM）模型。该模型包含谣言活动和通过网络传播辟谣信息的限制活动，这两种活动之间相互竞争。MCICM 模型对网络中同时演化的两个级联扩散进行建模。令 C（谣言活动）和 L（限制活动）表示两个级联。级联 L（或 C）的初始活动节点集由 $A_L(A_C)$ 表示。当节点 v 在步骤 t 中第一次在活动 L（或 C）中变得活跃时，它有一次机会激活活动 L（或 C）中的每个当前不活跃的邻居 w，激活成功的概率是 $p_{L,v,w}$（或 $p_{C,v,w}$），并且假设在同一步骤中，w 的其他邻居没有尝试激活 w。如果有两个或多个节点试图在给定的时间步长内激活 w，那么最多只能有一个节点成功。

假设这两个活动有一个自然的顺序，一个是谣言，而另一个是辟谣信息，如果谣言和辟谣信息同时到达节点 w，辟谣信息就会生效。一旦某个节点在一个活动中变为活跃状态，它就不会再变为非活跃状态或更改其当前状态，并且该过程将持续到没有非活跃的节点存在。同时，我们还考虑了另一种扩散模型，即每条边被激活的概率与活动类型无关。在这种设置中，只将一个概率 $p_{v,w}$ 与每条边 $e_{v,w}$ 相关联。无论哪种信息到达节点 v，v 都以概率 $p_{v,w}$ 将该信息转发给其邻居 w。将此模型称为活动无关独立级联模型（campaign-oblivious independent cascade model，COICM）。

该方法重点关注在两个活动的信息级联结束时，最大限度地减少最终处于活动 C 的节点数。我们将这个问题称为传播抑制（eventual influence limitation problem，EIL）问题。这一问题可通过爬山算法近似求解。算法 10-3 提供了该贪婪算法的伪代码，该算法适用于给定网络 G、对抗节点集 S_a、延迟 r 和预算 k（即在活动 L 中最初激活的节点数）的情况。

算法 10-3 选择初始激活节点集的贪婪算法

输入：	网络 $G=(N,E)$，C 活动信息源集 A_C，延迟时间 r，活动 L 的激活节点数 k
输出：	活动 L 的初始激活节点集 A_L

```
初始化 A_L ← ∅, R
for i = 1 to k do
    for 每个节点 v ∈ N − A_L do
        s_v = 0
        for j = 1 to r do
            s_v += InfLimit(G, S_a, r, A_L, v)
        end for
        s_v = s_v / r
    end for
    A_L = A_L ∪ { argmax_{v ∈ V−A_L} { s_v } }
end for
return A_L
```

将提出的算法与其他 3 种对比方法进行了对比实验，对比方法分别是度中心性(degree centrality)、寻找早期感染者(early infectees)和寻找最大感染者(largest infectees)。如图 10-21 所示，所采用的数据集是具有 12 814 个节点和 184 482 条边的 Santa Barbara 网络 2008 年快照 SB08。在限制活动 L 具有高有效性且 $p_{C,v,w}$ 值为 0.1 时，对 MCICM 模型的 4 种方法进行了实验对比。纵轴表示采

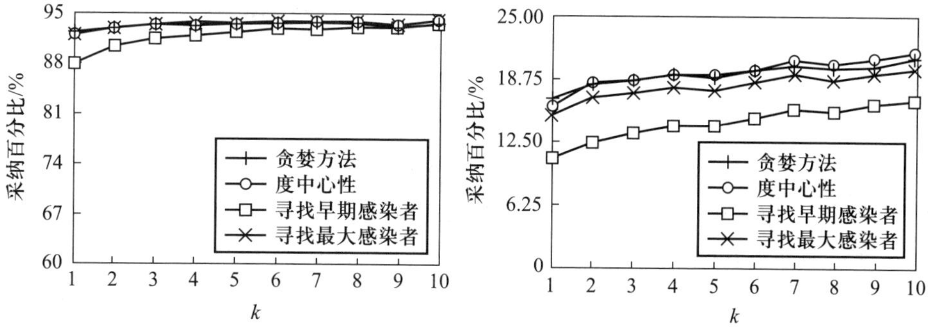

(a) 延迟为20%　　(b) 延迟为50%

图 10-21　基于 MCICM 模型在 SB08 数据集上的实验结果(取自文献[40])

纳 L 的百分比,横轴表示 L 中初始激活的节点数。图 10-21(a)显示了延迟为 20%的情况,即限制活动 L 的延迟与活动 C 的持续时间之比为 0.2。在这种情况下,所有方法都表现良好,保护了大部分节点。图 10-21(b)显示了在延迟为 50%的情况下,所有方法的性能。这里省略了延迟为 70% 的情况,因为所有方法都表现不佳,尤其是度中心性的采纳百分比接近于 0。对于 MCICM 模型而言,当 L 具有高有效性时,最大的决定因素是限制活动 L 开始的时间;当 L 提前启动时,所有方法都表现良好;而当延迟较大时,所有方法都表现不佳。

图 10-22 是基于 COICM 模型的 4 种方法的实验结果。图 10-22(a)表明,当延迟为 20% 时,最大感染者和度中心性的表现与贪婪方法类似。比较图 10-21(a)和图 10-22(a),可以观察到高有效性的重要性,因为对于后者平均 72% 的节点可以用 10 个激活节点来保护,而前者即使只用一个激活节点也能持续保护 90%~95%的节点。图 10-22(b)展示了限制活动 L 的延迟为 20%且 C 起始节点的度值大于 40 的情况。当 C 的起始节点是一个大度值节点时,所有的方法都不那么有效,因为大度值节点很可能在早期就将谣言传播给了更多的人,在这种情况下,当 L 开始时,大部分群体已经被谣言覆盖。

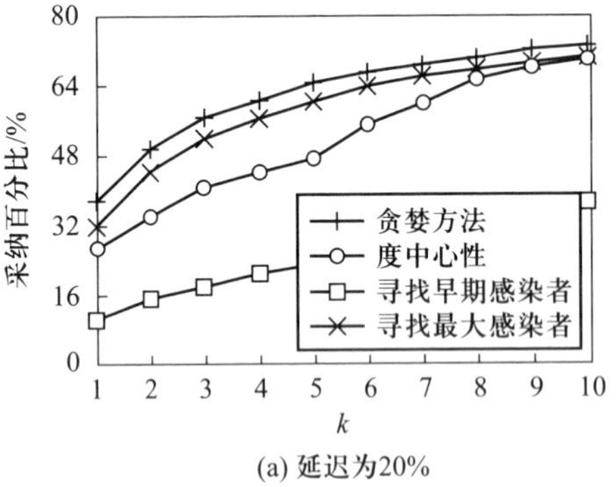

(a) 延迟为20%

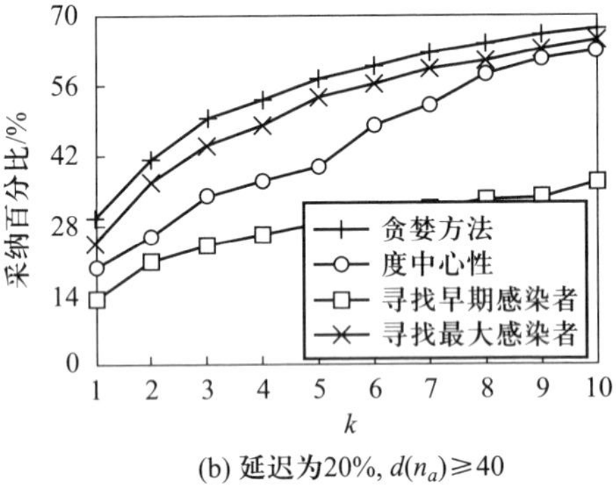

(b) 延迟为20%, $d(n_a)\geqslant 40$

图 10-22　基于 COICM 模型在 SB08 数据集上的实验结果(取自文献[40])

除此之外,Hosni 等[41]提出了一种新的传播模型 HISB,该模型描述了多重在线社交网络中谣言的传播。基于该模型,他们从网络推理的角度并运用生存理论,提出了一种真相运动策略,以最大限度地减少多重在线社交网络中谣言的影响。该策略通过在检测到谣言后立即选择最有影响力的节点并开展真相活动来提高对谣言的认识来降低谣言的影响。He 等[42]提出了一种实时优化策略,能够在预期时间段内以最小成本抑制谣言的传播,避免谣言传播对社会造成危害,同时提出了脉冲策略,能够定期在网络中传播积极信息。

10.4 本章小结

本章重点关注了3种不同的网络传播动力学,包括流行病传播、意见演化和谣言传播。关于流行病传播,首先讨论了随机免疫、目标免疫和熟人免疫等经典工作;其次简述了有限信息下的目标免疫策略。这些工作往往只考虑单目标因素,即控制感染人数。在现实情况下,同时还要考虑经济因素。因此,我们也讨论了结合强化学习框架的流行病多目标控制框架。关于意见演化,我们着重讨论了观点极化的产生机制,包括意见同质化机制和链接推荐算法的影响,同时简述了去极化的策略。最后,关于谣言传播,我们主要从节点层面的控制、边层面的控制以及传播辟谣信息三方面介绍了相关工作。

参考文献

[1] Pastor-Satorras R, Castellano C, Van Mieghem P, et al. Epidemic processes in complex networks[J]. Reviews of Modern Physics, 2015, 87(3): 925.

[2] Faucher B, Assab R, Roux J, et al. Agent-based modelling of reactive vaccination of workplaces and schools against COVID-19 [J]. Nature Communications, 2022, 13(1): 1414.

[3] Pangallo M, Aleta A, del Rio-Chanona R M, et al. The unequal effects of the health–economy trade-off during the COVID-19 pandemic[J]. Nature Human Behaviour, 2023: 1–12.

[4] Zeng L, Zeng Y Q, Tang M, et al. Quantitative assessment of the effects of resource optimization and ICU admission policy on COVID-19 mortalities[J]. Physical Review Research, 2022, 4(3): 033209.

[5] Zhang X, Ruan Z, Zheng M, et al. Epidemic spreading under mutually independent intra-and inter-host pathogen evolution [J]. Nature Communications, 2022, 13(1): 6218.

[6] Colizza V, Vespignani A. Invasion threshold in heterogeneous metapopulation networks[J]. Physical Review Letters, 2007, 99(14): 148701.

[7] Pastor-Satorras R, Vespignani A. Immunization of complex networks [J].

Physical Review E,2002,65(3):036104.

[8] Dezső Z, Barabási A L. Halting viruses in scale-free networks[J]. Physical Review E,2002,65(5):055103.

[9] Shams B. Using network properties to evaluate targeted immunization algorithms [J]. Network Biology,2014,4(3):74.

[10] Miller J C, Hyman J M. Effective vaccination strategies for realistic social networks[J]. Physica A: Statistical Mechanics and its Applications, 2007, 386(2):780-785.

[11] Schneider C M, Mihaljev T, Herrmann H J. Inverse targeting: An effective immunization strategy[J]. Europhysics Letters,2012,98(4):46002.

[12] Schneider C M, Mihaljev T, Havlin S, et al. Suppressing epidemics with a limited amount of immunization units [J]. Physical Review E, 2011, 84(6):061911.

[13] Cohen R, Havlin S, Ben-Avraham D. Efficient immunization strategies for computer networks and populations [J]. Physical Review Letters, 2003, 91(24):247901.

[14] Liu Y, Sanhedrai H, Dong G G, et al. Efficient network immunization under limited knowledge[J]. National Science Review,2021,8(1):229.

[15] Song S, Zong Z, Li Y, et al. Reinforced epidemic control: Saving both lives and economy[EB/OL]. arXiv:2008. 01257,2020.

[16] Hamilton W, Ying Z, Leskovec J. Inductive representation learning on large graphs[J]. Advances in Neural Information Processing Systems,2017,30.

[17] DeGroot M H. Reaching a consensus[J]. Journal of the American Statistical association,1974,69(345):118-121.

[18] Friedkin N E, Johnsen E C. Social influence and opinions[J]. Journal of Mathematical Sociology,1990,15(3):193-206.

[19] Friedkin N E, Johnsen E C. Influence networks and opinion change[J]. Advances in Group Processes,1999,16(1):1-29.

[20] Deffuant G, Neau D, Amblard F, et al. Mixing beliefs among interacting agents [J]. Advances in Complex Systems,2000,3(1):87-98.

[21] Rainer H, Krause U. Opinion dynamics and bounded confidence: Models, analysis and simulation[J]. 2002.

[22] Baumann F, Lorenz-Spreen P, Sokolov I M, et al. Modeling echo chambers and polarization dynamics in social networks[J]. Physical Review Letters,2020,

124(4):048301.

[23] Garimella K, De Francisci Morales G, Gionis A, et al. Political discourse on social media: Echo chambers, gatekeepers, and the price of bipartisanship [C]//Proceedings of the 2018 World Wide Web Conference, 2018:913-922.

[24] Garimella V R K, Weber I. A long-term analysis of polarization on Twitter [C]//Proceedings of the International AAAI Conference on Web and Social Media, 2017, 11(1):528-531.

[25] Garimella K, Morales G D F, Gionis A, et al. Quantifying controversy on social media[J]. ACM Transactions on Social Computing, 2018, 1(1):1-27.

[26] Terveen L, McDonald D W. Social matching: A framework and research agenda [J]. ACM Transactions on Computer-Human Interaction, 2005, 12(3): 401-434.

[27] Li Z, Fang X, Sheng O R L. A survey of link recommendation for social networks: Methods, theoretical foundations, and future research directions[J]. ACM Transactions on Management Information Systems, 2017, 9(1):1-26.

[28] Santos F P, Lelkes Y, Levin S A. Link recommendation algorithms and dynamics of polarization in online social networks[J]. Proceedings of the National Academy of Sciences, 2021, 118(50).

[29] Brooks H Z, Porter M A. A model for the influence of media on the ideology of content in online social networks[J]. Physical Review Research, 2020, 2:023041.

[30] Currin C B, Vera S V, Khaledi-Nasab A. Depolarization of echo chambers by random dynamical nudge[J]. Scientific Reports, 2022, 12(1):9234.

[31] Sturges H A. The choice of a class interval[J]. Journal of the American Statistical Association, 1926, 21(153):65-66.

[32] Freedman D, Diaconis P. On the histogram as a density estimator: L_2 theory [J]. Zeitschrift für Wahrscheinlichkeitstheorie und Verwandte Gebiete, 1981, 57(4):453-476.

[33] Chen B L, Jiang W X, Chen Y X, et al. Influence blocking maximization on networks: Models, methods and applications[J]. Physics Reports, 2022, 976: 1-54.

[34] Yan R, Li D, Wu W, et al. Minimizing influence of rumors by blockers on social networks: Algorithms and analysis[J]. IEEE Transactions on Network Science and Engineering, 2019, 7(3):1067-1078.

[35] Wang B, Chen G, Fu L, et al. Drimux: Dynamic rumor influence minimization with user experience in social networks[J]. IEEE Transactions on Knowledge and Data Engineering, 2017, 29(10): 2168-2181.

[36] Yao X, Gu Y, Gu C, et al. Fast controlling of rumors with limited cost in social networks[J]. Computer Communications, 2022, 182: 41-51.

[37] Kimura M, Saito K, Motoda H. Blocking links to minimize contamination spread in a social network[J]. ACM Transactions on Knowledge Discovery from Data, 2009, 3(2): 1-23.

[38] Khalil E B, Dilkina B, Song L. Scalable diffusion-aware optimization of network topology[C]//Proceedings of the 20th ACM SIGKDD International Conference on Knowledge Discovery and Data Mining, 2014: 1226-1235.

[39] Yao Q, Zhou C, Xiang L, et al. Minimizing the negative influence by blocking links in social networks [C]//Trustworthy Computing and Services: International Conference, Berlin: Springer, 2015: 65-73.

[40] Budak C, Agrawal D, El Abbadi A. Limiting the spread of misinformation in social networks[C]//Proceedings of the 20th International Conference on World Wide Web, 2011: 665-674.

[41] Hosni A I E, Li K, Ahmad S. Minimizing rumor influence in multiplex online social networks based on human individual and social behaviors[J]. Information Sciences, 2020, 512: 1458-1480.

[42] He Z, Cai Z, Yu J, et al. Cost-efficient strategies for restraining rumor spreading in mobile social networks[J]. IEEE Transactions on Vehicular Technology, 2016, 66(3): 2789-2800.

第 11 章　网络同步控制

在复杂网络中，存在着一种有趣的集体性行为——同步。所谓的同步是指网络中的多个节点或子系统，它们具有不同的初始条件，通过相互作用或外部控制，使得它们的状态在时间的演化过程中逐渐趋于一致，最终达到某种相同的状态或动态行为[1,2]。在我们的生活中，同步现象随处可见。例如，在自然界中，夜间萤火虫在同一时间同步闪烁，蚂蚁和蜜蜂组成整齐的阵形移动；在社交网络上，不同意见的用户最终达成一致；甚至在我们自己的身体内部，人体的脉搏跳动的频率与心脏跳动的频率也大致相符[3,4]。

早在 17 世纪，荷兰物理学家惠更斯发现了同步现象，并巧妙地运用同步的概念，设计了钟摆时钟，这为航海提供了极为精确的时间测量工具。这一创新是历史上首次成功将同步现象应用到实际中，大大提高了人类导航的准确性。然而，在实际情况中，一些同步现象可能会对我们的健康和安全造成危害。对于一些神经系统疾病，如癫痫、帕金森病、阿尔茨海默病等，同步失调可能导致神经元的异常活动，进而引发严重的神经系统障碍；对于互联网领域，周期信息的同步可能会导致网络通信中的信息拥堵，对在线服务、数据传输和用户体验造成负面影响，这种拥堵现象可以干扰正常的网络通信，对经济和社会活动产生不利影响。

过去几十年,同步一直受到广泛研究,涵盖了物理学、控制理论、数学和理论生物学等多个领域[5-7]。研究人员提出了多种不同类型的同步定义,包括完全同步、簇同步、指数同步、外同步和有限时间同步等[8-12]。本章仅讨论完全同步。在完全同步发生时,网络中的所有节点最终达到完全一致状态[12]。1990 年,Pecora 和 Carroll[13]将混沌系统看作网络中的节点,系统间的相互作用看作节点之间的边,提出了用驱动响应方法来解决混沌同步问题。他们发现,这种网络的完全同步性能取决于节点的动力学函数以及节点之间的内部相互作用函数,并提出了主稳定性函数(master stability function,MSF)。主稳定性函数将全局同步性与网络拉普拉斯矩阵的谱特性联系起来,为同步性提供了客观标准。

基于主稳定性函数分析框架,复杂网络同步性分析可以转化为对极值特征值界限的分析,但在不同网络初始状态下,网络节点可能无法自发地达到一致状态。在这种情况下,网络节点无法通过自身网络特性实现最终同步,因此需要对其内部结构进行相应的改变或在外部施加激励。研究人员提出了许多有效的同步控制策略,主要分为基于网络拓扑结构的同步控制方法和基于动力学的同步控制方法[14]。前者侧重于通过调整网络的连接结构来实现同步。包括添加或删除连接、改变连接权重等手段,以影响网络的同步性。后者采用自适应控制、反馈控制、牵制控制等方法来实现同步。这些方法在实际应用中取得了显著的效果,为复杂动态网络的同步控制提供了有力支持。

11.1　复杂网络同步判据

本节将深入探讨单层网络和双层网络同步的判据。目前常见的复杂网络同步判据方法有:主稳定函数方法[13]、李雅普诺夫函数方法[14]与连接图稳定性方法[15]。在众多同步判据中,我们将专注于主稳定函数方法的应用,深入剖析其在复杂网络同步性研究中的重要性,揭示其在复杂网络同步性分析中的独特价值。

11.1.1　单层网络同步判据

为简单起见,我们考虑时间连续系统,假设由 N 个节点耦合形成的动力学网络状态方程描述如下:

$$\dot{x}_i = f(\boldsymbol{x}_i) - \sigma \sum_{j=1}^{N} \mathcal{L}_{ij} H(\boldsymbol{x}_j) \tag{11-1}$$

式中，$\boldsymbol{x}_i=[x_{i1},x_{i2},\cdots,x_{in}]^{\mathrm{T}}\in R^n$ 是网络节点 i 的状态变量；$f(x_i)$ 是网络节点 i 的动力学方程；σ 是网络的耦合强度；$H(x_j)$ 是状态向量 $\boldsymbol{x}$ 的任何线性或者非线性映射，即状态向量 $\boldsymbol{x}$ 的内部耦合函数。$\boldsymbol{\mathcal{L}}=\{\mathcal{L}_{ij}\}$ 是映射网络节点之间交互的拉普拉斯矩阵。如果节点 i 与节点 j 之间有边，则 $\mathcal{L}_{ij}=-1$，否则为 0，有

$$\mathcal{L}_{ii}=-\sum_{i\neq j}^{N}\mathcal{L}_{ij} \tag{11-2}$$

由于拉普拉斯矩阵每一行的和均为 0，因此在这个网络中所有节点存在一个完全同步的状态，即

$$x_1(t)=x_2(t)=\cdots=x_N(t)=s(t) \tag{11-3}$$

这是动力学网络状态方程(11-1)的解，在这种同步状态下，$s(t)$ 也接近 $\dot{x}_i=f(x_i)$ 的解，即 $s=f(s)$。在式(11-3)的状态空间中，所有节点都在孤立节点的同一解上唯一演化，称为同步流形(synchronization manifold)。

当所有节点最初设置在同步流形时，它们将保持同步。现在的关键问题是同步流形在小扰动的情况下是否稳定。假设动力学网络状态方程(11-1)满足如下条件(主稳定函数必须满足以下条件)：

(1) 所有节点动力学函数完全相同；

(2) 各个节点之间的耦合函数完全相同；

(3) 同步流形是不变流形；

(4) 在同步流形附近可以作线性变化。

在这些假设下对式(11-1)在同步解 $s(t)$ 上作线性变化，令 $\xi_i(t)=x_i(t)-s(t)$，则得到变分方程

$$\dot{\xi}_i=Df(s)\,\xi_i-\sigma DH(s)\sum_{j=1}^{N}\mathcal{L}_{ij}\delta\,\xi_j \tag{11-4}$$

式中，$\boldsymbol{Df}(s)$ 和 $\boldsymbol{DH}(s)$ 分别是节点动力学函数 $f(x)$ 和内部耦合函数 $H(s)$ 在 $s(t)$ 处的 Jacobian 矩阵，令 $\boldsymbol{\xi}=[\xi_1,\xi_2,\cdots,\xi_N]$，则式(11-4)可以写为

$$\dot{\boldsymbol{\xi}}=\boldsymbol{Df}(s)\boldsymbol{\xi}-\sigma\boldsymbol{DH}(s)\boldsymbol{\xi}\boldsymbol{\mathcal{L}}^{\mathrm{T}} \tag{11-5}$$

令 $\boldsymbol{\mathcal{L}}^{\mathrm{T}}=\boldsymbol{P}\mathrm{diag}[\lambda_1,\lambda_2,\cdots,\lambda_N]\boldsymbol{P}^{-1}$，其中 $[\lambda_1,\lambda_2,\cdots,\lambda_N]$ 是网络拉普拉斯矩阵的特征值。再令 $\boldsymbol{\eta}=[\eta_1,\eta_2,\cdots,\eta_N]=\boldsymbol{\xi}\boldsymbol{P}$，则式(11-5)可以转换为

$$\dot{\eta}_k=[\boldsymbol{Df}(s)-\sigma\lambda_k\boldsymbol{DH}(s)]\eta_k,\quad k=2,3,\cdots,N \tag{11-6}$$

判断同步流形稳定的一个常用判定条件是式(11-6)的李雅普诺夫指数全为负数。当矩阵 $\boldsymbol{\mathcal{L}}$ 为非对称矩阵时，其特征值为复数，故主稳定函数可写为

$$\dot{y}=[\boldsymbol{Df}(s)-\alpha\boldsymbol{DH}(s)]y \tag{11-7}$$

在给定节点动力学函数 $f(s)$ 和内部耦合函数 $H(s)$ 后，主稳定函数式(11-7)的拉普拉斯指数 $L_{\max}$ 是变量 α 的函数。我们将 $L_{\max}<0$ 所对应的 α 取值范围

(α_1,α_2)称为同步化区域 SR。如果耦合强度 σ 和拉普拉斯矩阵到所有非零特征值到乘积全部落入主稳定区域，式(11-1)就到达同步。根据同步区域的不同情况，我们可以把网络分为以下 4 种类型(图 11-1)：

(1) Ⅰ型网络：同步区域有界，即 $\alpha_1<\sigma\lambda_2<\sigma\lambda_3<\cdots<\sigma\lambda_{max}<\alpha_2$。此时只要拉普拉斯矩阵的最大特征值与最小非零特征值之比 R 满足式(11-8)，网络就可以同步。

$$R=\frac{\lambda_N}{\lambda_2}<\frac{\alpha_2}{\alpha_1} \tag{11-8}$$

此时比值 R 就可以作为网络同步能力的判据。R 值越小，式(11-7)越容易被满足，网络的同步化能力就越强。

(2) Ⅱ型网络：同步区域无界，即 $\alpha_1<\sigma\lambda_2<\sigma\lambda_3<\cdots<\sigma\lambda_N$。此时只需满足 $\sigma\lambda_2>\alpha_1$ 网络就可以达到同步。

(3) Ⅲ型网络：同步区域是有界区域和无界区域的并集。此时网络很难达到同步，因为要使得所有特征模块均落入同步化区域是非常困难的。

(4) Ⅳ型网络：同步区域为空集，此时对于给定的 $f(x)$ 和 $H(s)$，无论网络结构如何，耦合强度 σ 多大，网络都不能达到同步。

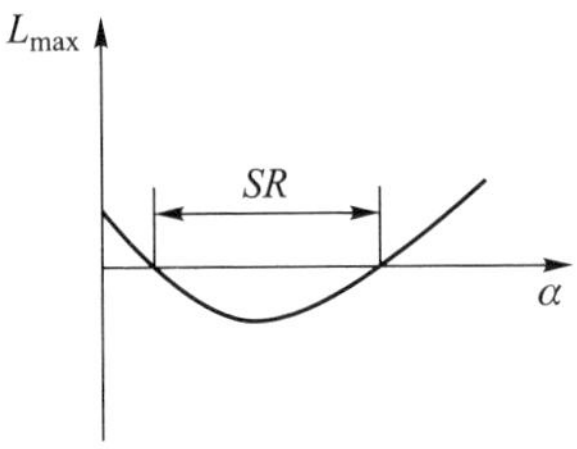

(a) Ⅰ型

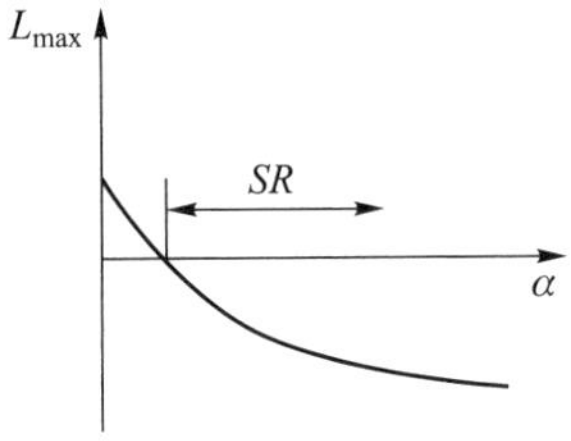

(b) Ⅱ型

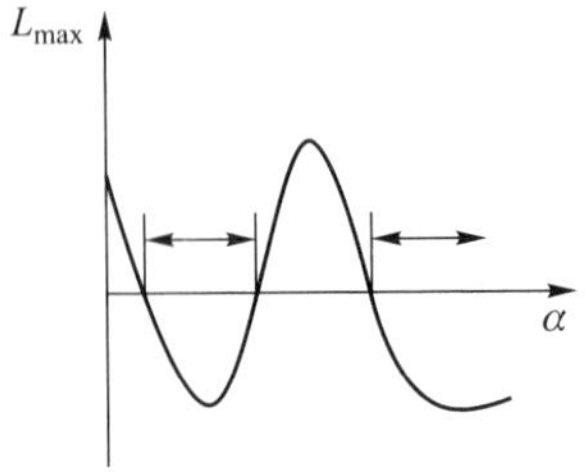

(c) Ⅲ型

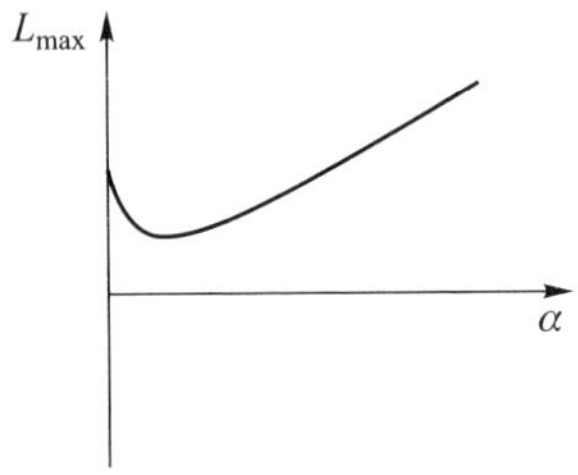

(d) Ⅳ型

图 11-1　4 种网络类型

11.1.2　双层网络同步判据

对于一个 $M=2$ 层的网络，每层包含 N 个节点，n 维节点 $\boldsymbol{x}_i^{\alpha}$($\alpha$ 层中的第 i 个

节点)的动态微分方程描述如下:

$$\frac{\mathrm{d}\boldsymbol{x}_i^\alpha}{\mathrm{d}t}=f(\boldsymbol{x}_i^\alpha)-\sigma_1\sum_{j=1}^{N}\mathcal{L}_{ij}^\alpha H_1(\boldsymbol{x}_j^\alpha)-\sigma_2\sum_{\beta=1}^{M}w_i^{\alpha\beta}H_2(\boldsymbol{x}_i^\beta) \tag{11-9}$$

式中,$1\leqslant i\leqslant N$,$1\leqslant\alpha\leqslant M$,$\boldsymbol{x}_i^\alpha\in\mathrm{R}^n$ 是 α 层中的第 i 个节点的状态向量,$f(\cdot)$:$\mathrm{R}^n\to\mathrm{R}^n$ 是节点 $\boldsymbol{x}_i^\alpha$ 的动力学方程,H_1:$\mathrm{R}^n\to\mathrm{R}^n$ 和 σ_1 分别是层内节点相互交互的内部耦合函数和层内耦合强度,H_2 和 σ_2 分别是层间节点相互交互的内部耦合函数和层间耦合强度。$\boldsymbol{\mathcal{L}}^\alpha$ 是 α 层的耦合矩阵,如果层内节点 i 和 j 有边($i\neq j$),则 $\mathcal{L}_{ij}^\alpha=-1$,否则 $\mathcal{L}_{ij}^\alpha=0$,有

$$\mathcal{L}_{ii}^\alpha=-\sum_{j=1,i\neq j}^{N}\mathcal{L}_{ij}^\alpha \tag{11-10}$$

如果节点 $\boldsymbol{x}_i^\alpha$ 和 $\boldsymbol{x}_i^\beta$ 有边($\alpha\neq\beta$),则$w_i^{\alpha\beta}=-1$,否则$w_i^{\alpha\beta}=0$,有

$$w_i^{\alpha\alpha}=-\sum_{\beta=1,\alpha\neq\beta}^{M}w_i^{\alpha\beta} \tag{11-11}$$

双层网络的拉普拉斯矩阵称为超拉普拉斯矩阵$\boldsymbol{\mathcal{L}}$,它可以分解为两部分:层内超拉普拉斯矩阵$\boldsymbol{\mathcal{L}}^L$ 和层间超拉普拉斯矩阵$\boldsymbol{\mathcal{L}}^I$,即

$$\boldsymbol{\mathcal{L}}=\boldsymbol{\mathcal{L}}^L+\boldsymbol{\mathcal{L}}^I \tag{11-12}$$

对于$\boldsymbol{\mathcal{L}}^L$,可以用各个层内拉普拉斯矩阵的直和来表示,即

$$\boldsymbol{\mathcal{L}}^L=\begin{pmatrix}\boldsymbol{\mathcal{L}}^1 & \cdots & 0\\ \vdots & & \vdots\\ 0 & \cdots & \boldsymbol{\mathcal{L}}^M\end{pmatrix}=\bigoplus_{\alpha=1}^{M}\boldsymbol{\mathcal{L}}^\alpha \tag{11-13}$$

对于$\boldsymbol{\mathcal{L}}^I$,它的值为层间拉普拉斯矩阵$\boldsymbol{\mathcal{L}}^I$ 与 $N\times N$ 的单位矩阵 $\boldsymbol{I}$ 的 Kronecker 积

$$\boldsymbol{\mathcal{L}}^I=\boldsymbol{\mathcal{L}}^I\otimes\boldsymbol{I} \tag{11-14}$$

在双层网络中,同步呈现多层次的复杂现象,其同步类型大致可分为:完全同步、层内同步与层间同步[16]。完全同步是指不同层的节点最终的同步状态完全一致,如图 11-2(a)所示;层内同步是指同一层内的节点达到一致的同步状态,不同层的节点最终同步状态不同,如图 11-2(b)所示;层间同步是指层与层之间连接的节点对达到相同的同步状态,而层内节点的同步状态可能不同,如图 11-2(c)所示。

根据主稳定函数方法,将式(11-9)在 $\mathbf{1}_M\otimes\mathbf{1}_N\otimes S$ 处作线性变化,得到变分方程

$$\dot{\xi}=[\boldsymbol{I}_{M\times N}\otimes Df(s)-\sigma_1(\boldsymbol{\mathcal{L}}^L\otimes H_1)-\sigma_2(\boldsymbol{\mathcal{L}}^I\otimes H_2)]\xi \tag{11-15}$$

式中,$\xi=x-\mathbf{1}_M\otimes\mathbf{1}_N\otimes S$,$\boldsymbol{I}_{M\times N}$是 $M\times N$ 的单位矩阵。假设$\boldsymbol{\mathcal{L}}^L$ 和$\boldsymbol{\mathcal{L}}^I$ 是对称矩阵,经过对角化和解耦后,可以得到多层网络主稳定函数方程

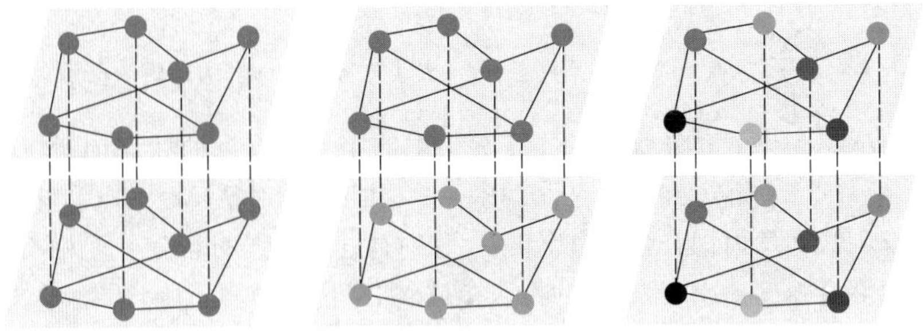

图 11-2　双层网络 3 种同步类型

$$\dot{y}=[Df(s)-\sigma_1 DH_1-\sigma_2 H_2]y \quad (11-16)$$

令 λ^L 和 λ^I 分别为 $\mathcal{L}^L$ 和 $\mathcal{L}^I$ 的特征值，满足 $(\lambda^L)^2+(\lambda^I)^2\neq 0$。当 $\lambda^L\neq 0$ 且 $\lambda^I=0$ 时，对于任意层间耦合强度 $\sigma_2\in[0,+\infty]$，都不存在层间耦合，式(11-16)可简化为

$$\dot{y}=[Df(s)-\sigma_1 DH_1]y \quad (11-17)$$

当 $\lambda^L=0,\lambda^I\neq 0$ 时，对于任意层间耦合强度 $\sigma_1\in[0,+\infty]$，都不存在层内耦合，式(11-16)可简化为

$$\dot{y}=[Df(s)-\sigma_2 H_2]y \quad (11-18)$$

在第 11.1 节中，我们已经介绍过单层网络同步流形稳定的必要条件是式(11-6)的李雅普诺夫指数全为负数，即 $L_{\max}(\alpha)<0$。与单层网络类似，对于多层网络，判断网络同步流形稳定的必要条件是式(11-16)的李雅普诺夫指数全为负数，即$L_{\max}(\sigma_1,\sigma_2)<0$。我们将 $L_{\max}$ 为负值对应的(α_1,α_2)取值范围称为同步区域 SR_{σ_1,σ_2}。由式(11-16)、式(11-17)、式(11-18)可以分别得到 3 个同步稳定区域：

$$SR_{\sigma_1,\sigma_2}=\{(\sigma_1,\sigma_2)\mid L_{\max}(\sigma_1,\sigma_2)<0\} \quad (11-19)$$

$$SR^{\text{Intra}}_{\sigma_1,\sigma_2}=\{(\sigma_1,\sigma_2)\mid L_{\max}(\sigma_1,\sigma_2)<0\} \quad (11-20)$$

$$SR^{\text{Inter}}_{\sigma_1,\sigma_2}=\{(\sigma_1,\sigma_2)\mid L_{\max}(\sigma_1,\sigma_2)<0\} \quad (11-21)$$

式中，SR_{σ_1,σ_2} 为联合同步区域，$SR^{\text{Intra}}_{\sigma_1,\sigma_2}$ 为层内同步区域，$SR^{\text{Inter}}_{\sigma_1,\sigma_2}$ 为层间同步区域。这 3 个区域的交集为多层网络的完全同步区域。也就是说，当网络的所有非零特征值都在 3 个区域的交集区域时，多层网络就可以达到完全同步。

根据主稳定函数方法，网络是否能够实现同步不仅取决于网络结构，还取决于节点动力学函数和内部耦合函数。换句话说，节点动力学、网络拓扑和内部耦合函数是研究网络同步的 3 个基本要素。后两者最为受关注，前者一般被设定为某种特定的混沌系统，如 Lorenz 系统、Chen 系统、Chua 电路与 Rössler 系统等[16]。复杂网络系统可能具有各种典型的同步区域，如有界、无界、空集和多个不相连区域的并集。在一般情况下,大多数的网络都属于Ⅰ型网络或Ⅱ型网络。因此可以用比值 $R=\lambda_N/\lambda_2$ 或 λ_2 来刻画网络的同步性。对于Ⅰ型网络,R 值越小,网络的同步性越强;对于Ⅱ型网络,λ_2 值越大,网络的同步性越强。

11.2 单层网络的同步控制

单层网络的同步性是引人注目的研究焦点,其同步性不仅与网络同配性紧密相连,还深受网络权重和平均最短路径等因素的调控。这一独特关系使得我们能够通过精准掌握这些关键变量,从而控制网络的同步性。

11.2.1 基于网络同配性的同步控制

Jalan 等[17]采用了重连边方法,通过改变网络同配性来优化网络同步性。为了量化网络的度相关性,算法采用皮尔逊度相关系数[18]作为指标:

$$r=\frac{\left[N_c^{-1}\sum_{i=1}^{N_c}j_ik_i\right]-\left[N_c^{-1}\sum_{i=1}^{N_c}\frac{(j_i+k_i)^2}{2}\right]}{\left[N_c^{-1}\sum_{i=1}^{N_c}\frac{(j_i)^2+(k_i)^2}{2}\right]-\left[N_c^{-1}\sum_{i=1}^{M}\frac{(j_i+k_i)^2}{2}\right]} \tag{11-22}$$

式中,j_i、k_i 分别为第 i 条边的两端节点的度值,N_c 为网络中的总边数。可得,当 $-1\leqslant r\leqslant 0$ 时,网络同配;当 $0\leqslant r\leqslant 1$ 时,网络异配。在同配网络中,大度值节点更倾向于连接大度值节点;在异配网络中,大度值节点更倾向于连接小度值节点。

具体步骤如下:

(1) 随机选择:随机选择网络中的两条边,并按照节点的度值排序。

(2) 重连边:以概率 p 重新连接两个大度值节点,以概率 $1-p$ 重新连接其他两个节点。通过调整参数 p,可以生成具有不同 r 值的网络。

(3) 随机引入边:当 r 值非常高时,可能导致网络分裂成互不连接的子图。为了避免这种情况并确保节点同步性不受影响,在所有断开的子图之间随机引入一些边,以确保它们之间连接起来。

Jalan 等在 SF 网络和 ER 网络上进行了实验。如图 11-3 所示,网络直径 D 与同步性指标 R 之间存在相似的趋势,即网络直径 D 较小的网络表现出更好的同步性。在 SF 网络中，r 与 R 之间的关系表现为非单调趋势，当 $r \leqslant -0.4$ 时减小 r，或当 $r \geqslant -0.4$ 时增加 r 都会导致网络同步性减弱。而在 ER 网络中，r 与 R 呈正相关，增大 r 能导致网络同步性减弱。

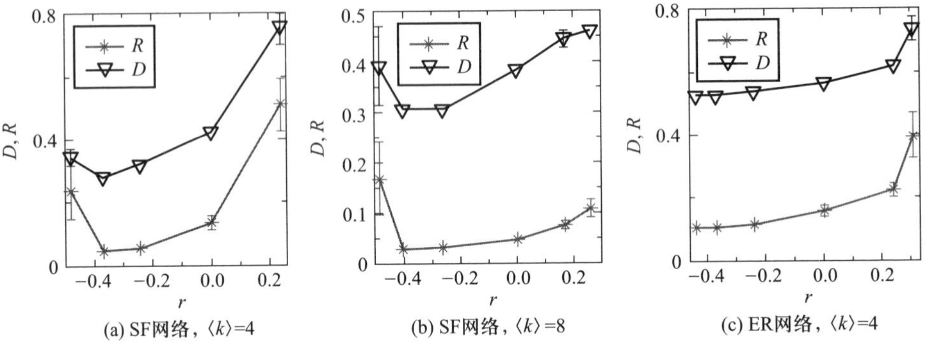

图 11-3　网络直径与同步性指标随度相关系数的变化曲线(取自文献[17])

此外，值得注意的是，当 $r \leqslant -0.4$ 时，ER 网络与 SF 网络表现出不同的行为。因为在大小为 N 且平均度为 $\langle k \rangle$ 的 SF 网络中，约有 $N/2$ 个节点的度值为 $\langle k \rangle/2$。因此，将这些小度值节点重新连接在一起导致了网络结构的剧烈变化。相比之下，ER 网络的度分布相对均匀，缺乏大量极小度值节点，因此度相关性的变化不会导致太大的结构变化，这也可以从直径 D 的变化中看出。对于 ER 网络，从不相关的节点连接方式到高度相关的连接方式并不会显著改变直径(图 11-3(c))。而在 SF 网络中，改变节点连接方式会导致网络结构发生显著变化(图 11-3(a))。

Zou 等[19]考虑到局部同配性，通过重新连接最小度值节点来控制网络同步性，使用微扰理论来估计 $\boldsymbol{\lambda}_N$。其中 $\boldsymbol{\lambda}_N$ 表达式可以估计如下：

$$\lambda_N \cong k_N + \sum_{j \neq N}^{N} \frac{A_{Nj}^2}{k_N - k_j} \tag{11-23}$$

式中，二阶项可以展开为 $\sum\limits_{j \neq N}^{N} (A_{Nj})^2 \left(\frac{1}{k_N} + \frac{k_j}{k_N^2} + \cdots \right) = 1 + \frac{k_N^{\mathrm{ave}}}{k_N} + \cdots$，$k_N^{\mathrm{ave}}$ 是节点 N 的邻居的平均度。对于大的 N 值来说 $\frac{k_N^{\mathrm{ave}}}{k_N} << 1$，因此 $\lambda_N \cong k_N + 1$。这意味着 λ_N 的值取决于 $k_{\max}$。由于特征向量的退化，传统的非简并微扰论不能直接用于估计 λ_2。对此 Zou 等通过删除边的方法解决了这个问题，并得到了分析估计的表达式：

$$\lambda_2 \cong \min \left((k_i - 1) + \sum_{j \neq i}^{N} \frac{A_{ij}^2}{(k_i - 1) - k_j} \bigg|_{k_i = k_{\min}} \right) \tag{11-24}$$

式中，$k_{\min}$为原始网络的最小度，A_{ij}用于表示节点 i 与节点 j 是否存在连边。对于给定网络，节点度值是确定的，因此 λ_2 的值仅受网络中最小度值且 $\sum_{j\neq i}^{N}\frac{A_{ij}^2}{(k_i-1)-k_j}$ 值最小的节点的影响。

式(11-24)提供了一个很好的策略在保持网络度序列的情况下来控制同步性。一方面，如果最小度值节点与度值相似的节点连接，则 λ_2 会减小，同步性会削弱。另一方面，如果最小度值节点与大度值节点连接，则 λ_2 会增大，同步性会增强。这里使用文献[20]中描述的具有 Rössler 动力学的 BA 网络来验证该策略的有效性，其中耦合强度 $c=0.03$。在网络 $G1$ 中，$\lambda_2=7.6$，$\lambda_N=45.6$，同步区域 $S=(-5.44,-0.199)$，$-c\lambda_2=-0.228\in S$，$-c\lambda_N=-1.368\in S$，那么，对于该网络的每个特征值 $-c\lambda_i\in S$。根据以上分析，$G1$ 中的每个节点将实现同步(图 11-4(a)—图 11-4(c)显示了节点的同步过程)。根据上述策略，最小度值节点重新连接具有相似性的节点，得到新的网络 $G2$。$G2$ 的特征值 $\lambda_2=2.6$，$\lambda_N=45.6$，$-c\lambda_2\notin S$，$-c\lambda_N\in S$。$G2$ 中的节点将无法实现同步(图 11-4(d)—图 11-4(f)显示了节点的同步过程)。

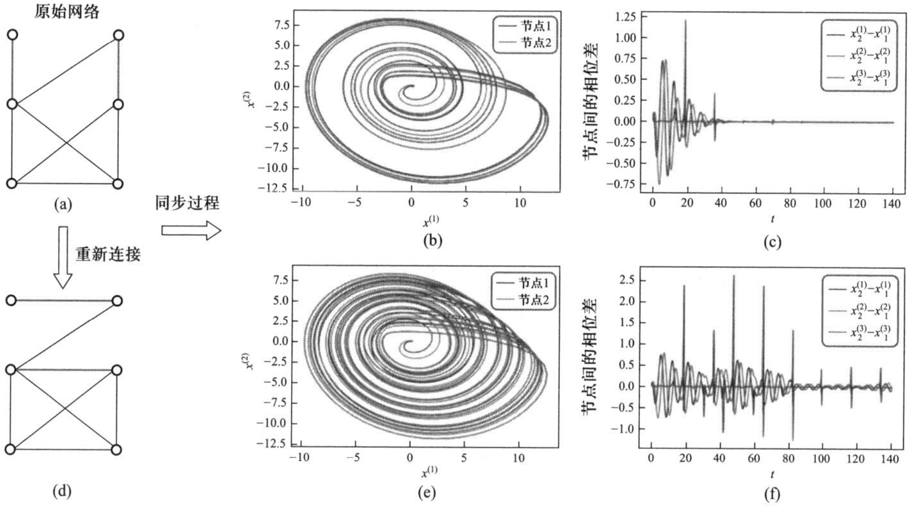

图 11-4 通过重新连接度值最小的节点连接来控制 SF 网络的同步性(取自文献[19])

我们进一步将工作扩展到分析显示真实世界的网络：耦合神经网络，其中耦合强度 $c=0.1$。已经通过实验观察到脑电图中同步节律的存在。此外，实验结果表明某些类型的神经元同步与一些疾病存在关联，如帕金森病、特发性震颤和癫痫[21]。本实验的网络来自真实数据集[22]。将数据转为无向网络，如图 11-5 所示。

根据 MSF，同步区域 $S=(-\infty,-0.23)$。由于只存在一个最小度值节点，因

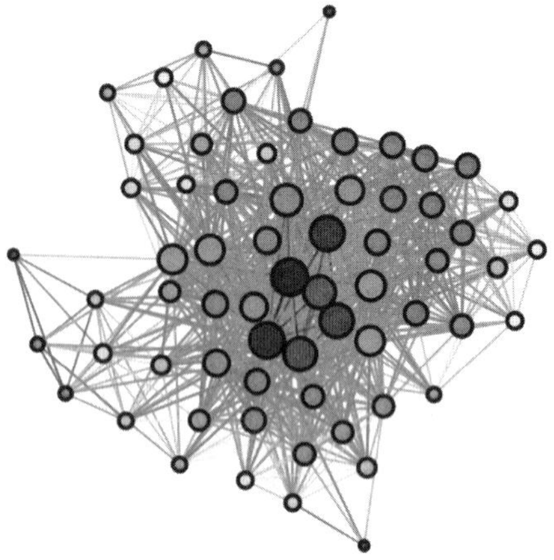

图 11-5　根据真实数据生成的神经网络(节点的大小由节点的度进行加权,$k_{\min}=3$,$k_{\max}=45$,$\langle k\rangle=22.46$)(取自文献[19])

此不会发生特征向量的退化,所以 $\lambda_2 \cong k_i + \sum_{j\neq i}^{N} \frac{A_{ij}^2}{k_i - k_j} \mid_{k_i=k_{\min}} \cong 2.8726$。$\lambda_2$ 的实际值为 2.8842,估计值对比真实值的相对误差为 0.402%。由于$-c\lambda_2 \in S$,系统能实现同步,过程如图 11-6(d)—图 11-6(f)所示。重新连接最小度值节点后,λ_2 变为 2.286,$-c\lambda_2 \notin S$,表示系统失去同步,如图 11-6(a)—图 11-6(c)所示。因此重新连接具有最小度值的节点是增强或减弱整个网络同步性的有效策略。

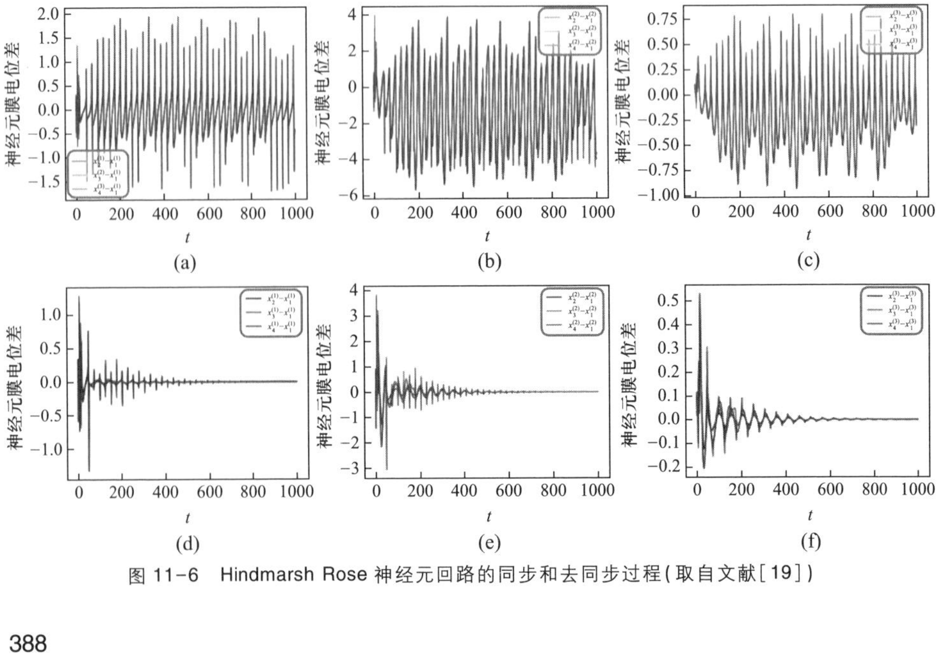

图 11-6　Hindmarsh Rose 神经元回路的同步和去同步过程(取自文献[19])

11.2.2 基于权重策略的同步控制

Motter 等[23]将注意力转向了网络的权重，研究了以度这一局部特征量为加权策略下有向权重网络上的同步性。假设加权网络同步状态方程如下：

$$\dot{x}_i = f(x_i) - \sigma \sum_{j=1}^{N} G_{ij} H(x_j) \tag{11-25}$$

式中，G_{ij}是权重矩阵元素，加权策略表示如下：

$$G_{ij} = \frac{L_{ij}}{k_i^{\beta}} \tag{11-26}$$

式中，β 是可调参数。当 $\beta \neq 0$ 时，网络边是加权且是有向的；当 $\beta = 0$ 时，网络边是不加权且无向的。尽管矩阵 $\boldsymbol{G}$ 可能存在不对称性，但矩阵 $\boldsymbol{G}$ 的所有特征值都是非负实数。

Newman 等在随机无标度网络[24]、具有预期序列的无标度网络[25]、不断增长的无标度网络[26]和小世界网络[27]上进行了数值模拟。如图 11-7 所示，在 4 个不同类型的网络中，当 $\beta \leqslant 1$ 时，减小 β，或者当 $\beta \geqslant 1$ 时，增加 β 可以减弱网络的同步性。如图 11-7(a)和图 11-7(d)所示，对于随机无标度网络和小世界网络，可以通过增加度分布的异质性来削弱网络同步性。

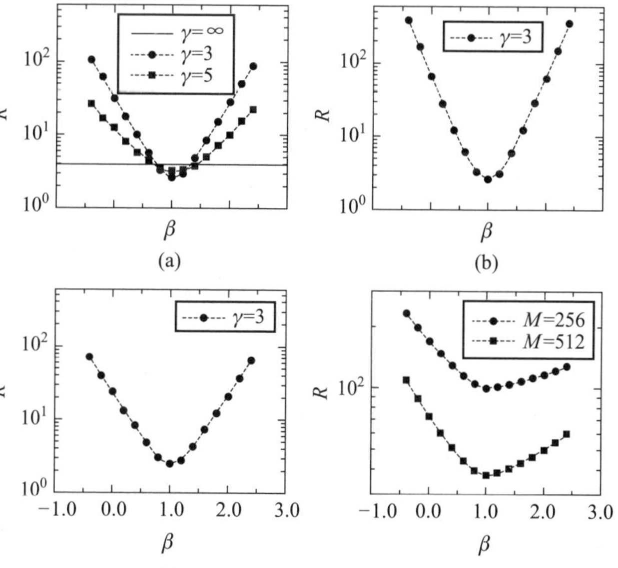

图 11-7 特征比 R 作为 β 的函数：(a)当 $k=10$ 时的随机无标度网络；(b)当 $\gamma=3$ 且 $k=10$ 时的无标度网络；(c)当 $\gamma=3$ 和 $k=\tilde{k}_{\min}$ 时的无标度网络；(d)当 $k=3$ 时的小世界网络(取自文献[23])

在证明了加权网络表现出更好的同步性之后，Newman 等转向成本问题，证明了在最大同步性点（$\beta=1$）处，权重网络所涉及的总成本最小。权重网络所涉及的总成本 C 定义为在同步区域内所有定向链路的总强度的最小值：

$$C=\sigma_{\min}\sum_{i=1}^{N}k_i^{1-\beta} \tag{11-27}$$

式中，$\sigma_{\min}=\alpha_1/\lambda_2$ 为网络同步所需的最小耦合强度，α_1 是主稳定函数第一次变负的点。当 $\beta=1$ 时可以得到 $C=N\alpha_1/\lambda_2$。如图 11-8(a) 所示，在异构网络中与未加权耦合（$\beta=0$）的情况相比，加权耦合（$\beta=1$）时的成本显著降低。当 γ 减小，度分布变得更加不均匀时，差异变得更加显著。当 $\beta=1$ 时，无标度网络的成本与具有相同平均度的随机齐次网络的成本一致。如图 11-8(b) 所示，成本 C 在 $\beta=1$ 处有一个最小值。它表明最大的同步性和最小的成本恰好发生在同一点。因此，降低成本是增强加权网络同步性的一个重要优势。

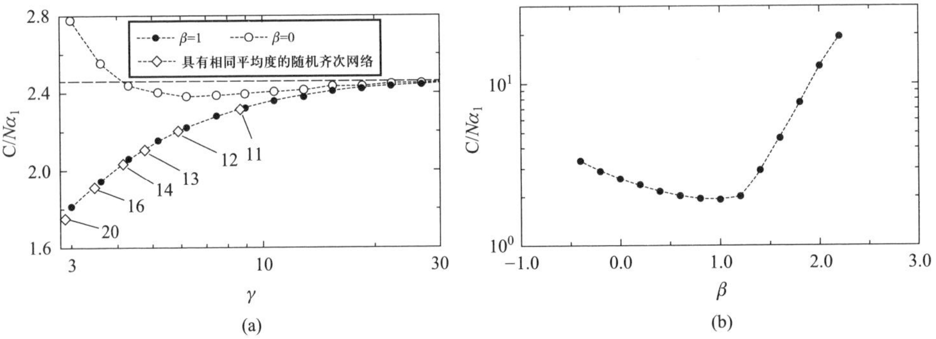

图 11-8　(a) 归一化成本 $C/N\alpha_1$ 与随机无标度网络指数 γ 的关系图；(b) 归一化成本 $C/N\alpha_1$ 与 β 的关系图（网络为 $\gamma=3$ 的随机无标度网络）（取自文献[23]）

Li 等[28]提出了一种新的基于通信邻居图的加权策略，该策略同时利用了局部和全局拓扑特性，如度中心性、介数中心性和接近中心性。通信邻居图定义如下：$G(V,E)$ 是无环无向网络，节点数 $|V|=N$。对于 G 中的节点，$SP(i,j)$ 是 i 与 j 之间的最短路径。节点 i 经过节点 j 的通信邻居图用 $\Pi_{i\to j}$ 表示。如果 $SP(i,u)>SP(j,u)$，则节点 u 属于 $\Pi_{i\to j}$。图 11-9 为两个相邻节点的通信邻居图示例。如果节点 i 想要与 $\Pi_{i\to j}$ 中的节点进行通信，则极有可能通过节点 j 进行通信。显然，当网络密集而不是很大时，通信的效率是极高的。需要注意的是，通信邻居图是不对称的，一般情况下 $\Pi_{i\to j}$ 与 $\Pi_{j\to i}$ 是不同的。

桥边是连接图中两个连通分量的边。删除桥边会使图的连通分量的数量发生变化。网络无法同步的瓶颈往往出现在桥边，如图 11-10 所示，权重的限制导致桥边的输出信息量小于输入信息量。度中心性、介数中心性和接近中心性较

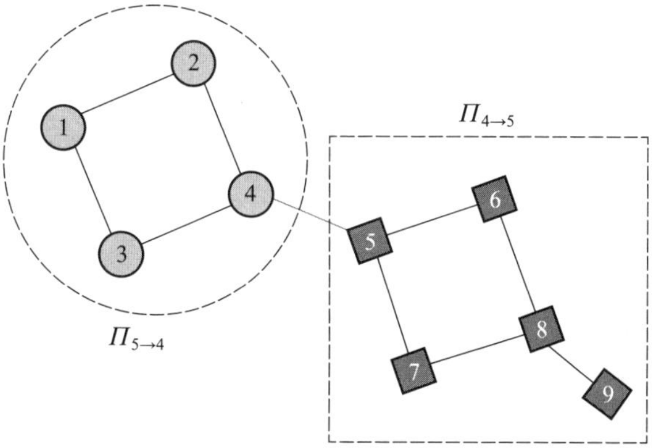

图 11-9 通信邻居图示例。节点 4 和节点 5 之间的边对应通信邻居(取自文献[28])

高的节点很可能在网络中拥有较高的信息吞吐量,因此很可能成为瓶颈。

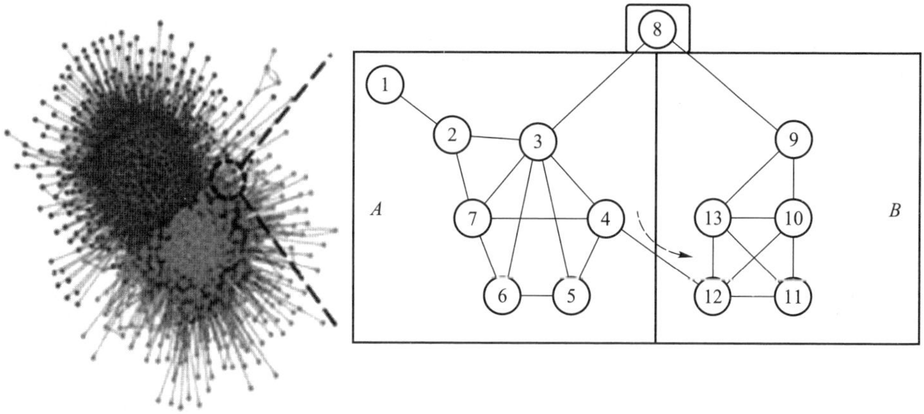

图 11-10 节点 4 和节点 12 之间的边是桥边。社团之间重叠的节点也是影响同步的瓶颈,如图中突出显示的节点 8(取自文献[28])

Li 等假设节点成为这种瓶颈的可能性与节点的某个特征量成正比,将该特征量设为 γ(包括度中心性、介数中心性和接近中心性)。为了增强网络同步性,Li 等赋予了这些中心性度量适当的权重,节点 u 的加权特征量如下:

$$\gamma(u)=\left(\frac{k_u(\varepsilon+B_u)}{\tilde{C}_u}\right)^{\alpha} \tag{11 - 28}$$

式中,k_u、B_u、$\tilde{C}_u$分别为网络 G 中节点 u 的度中心性、介数中心性和接近中心性的倒数。设置 ε 为 0.01,以避免出现 $\gamma=0$ 的情况。网络中节点 j 到节点 i 的权

值为

$$W_{ij} = \frac{\sum_{u \in \Pi_{i \to j}} \gamma(u)}{\sum_k \sum_{u \in \Pi_{i \to j}} \gamma(u)} = \frac{\sum_{u \in \Pi_{i \to j}} \left(\frac{(\varepsilon + B_u) k_u}{C_u} \right)^{\alpha}}{\sum_k \sum_{u \in G^{i \to k}} \left(\frac{(\varepsilon + B_u) k_u}{C_u} \right)^{\alpha}} \tag{11-29}$$

这一加权策略强化了具有较高 γ 值的节点的路径，从而降低了这些节点成为瓶颈的可能性。同时通过采用归一化策略，负载得以均匀分布。所提出的加权策略的唯一调整参数是 α，通过改变 α 来控制网络同步性（特征值比 R）。Li 等在无标度网络模型上进行了实验。图 11-11(a) 显示了无标度网络上平均度 $\langle k \rangle$、权重参数 α 和特征值比 R 的函数图。当 $\alpha=1$ 时，$\langle k \rangle$ 无论为何值，都满足 $R<2$，这比文献[29-31]所提出的策略效果要好得多。无论 α 值如何，加权过程都显著提高了网络同步性。当 $\langle k \rangle$ 较小时，由于网络的度值和节点的 γ 值具有高度异质性，α 值越大，对于网络同步性的控制效果越好。图 11-11(b) 显示了无标度网络上异质参数 β、权重参数 α 和特征值比 R 的函数图。对于每个选择的 β，由于网络是无标度的，节点的 γ 值也具有高度异质性，调整参数 α 对网络同步性的控制效果显著。此外，随着网络异质性的减小，即 β 值的增大，所得加权网络的同步性略有恶化。综上所述，该加权策略仅由参数 α 调整，可以很容易地实现对网络同步性的控制。

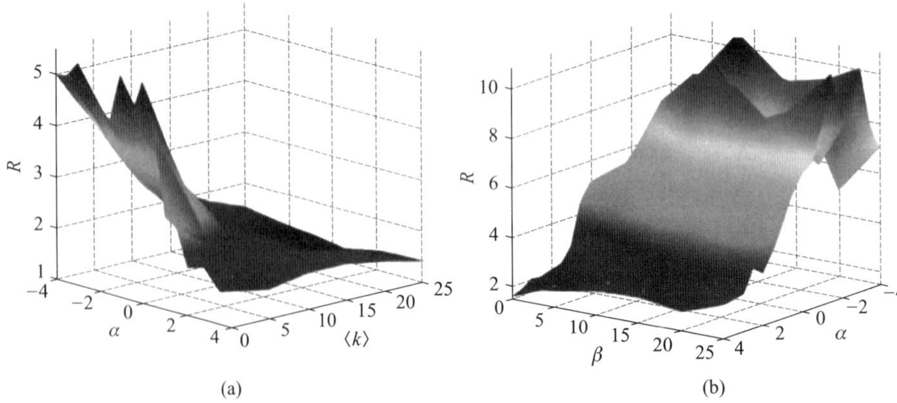

图 11-11　(a) 对于 $N=500$，幂律指数 β 为 0 的无标度网络，其特征值比 R 作为 $(\alpha, \langle k \rangle)$ 的函数；(b) 对于 $N=500$，$\langle k \rangle=4$ 的无标度网络，其特征值比 R 作为 (α, β) 的函数（取自文献[28]）

11.2.3　基于平均最短路径的同步控制

Xuan 等[32]提出了对称网络的概念，通过最小化平均最短路径来获得最优同步性网络。研究表明所提出的控制算法能使网络有卓越的鲁棒性，非常好的负载均衡能力和强同步性。具体步骤如下：

(1) 初始化：生成一个具有固定节点数 N 和平均度 $\langle k \rangle$ 的规则网络，如图 11-12(a)所示。

(2) 邻居节点交换：随机选择两个节点 i 和 j，分别与它们的邻居 w 和 v 相连，需要满足 i、j、w 和 v 是 4 个不同的节点，并且节点 i 和节点 v 之间以及节点 j 和节点 w 之间没有边，如图 11-12(a)所示。然后改变它们的邻居关系，即将节点 w 与节点 j 相连，将节点 v 与节点 i 相连，并删除原始的节点 w 与节点 i 之间以及节点 v 与节点 j 之间的边，如图 11-12(b)所示。这确保了在网络操作过程中每个节点的度值 k 和网络大小 N 保持不变。

(3) 连通性控制：如果在交换邻居节点后网络仍然不连通，则重复步骤(2)；否则，继续执行步骤(4)。

(4) 同步控制：在时间 $t+1$ 计算新的平均最短路径 $D(t+1)$ 值。只有当新的配置在距离上是有利的，也就是说只有当 $D(t+1)<D(t)$ 时才接受新配置，否则不会变化，并回到步骤(3)。同时，将 $D(t+1)$ 设为 $D(t)$，然后 $t=t+1$。

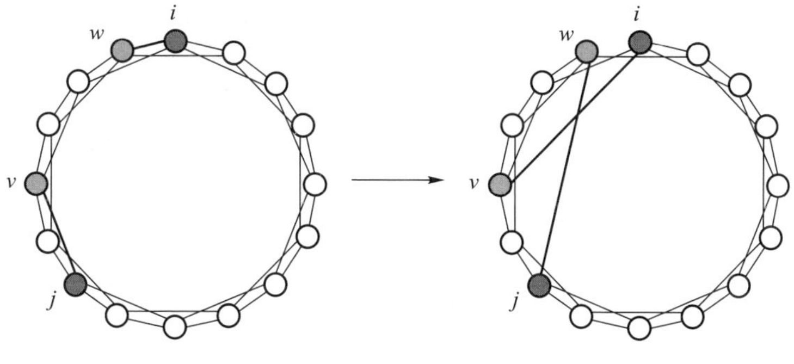

图 11-12 邻居节点交换示意图(取自文献[32])

当连续失败了 F 次之后，控制算法停止。设置 $F=N(N-1)k^2/2$，平均而言，每对节点都可以更改其邻居 k^2 次。算法衍生出的最优对称网络拓扑结构如图 11-13 所示。

一般来说，平均最短路径长度小和异质性低会使网络具有较强的同步性。然而，在网络的优化过程中，网络仍然是同质的，因此可以预期，随着优化的进行，平均最短路径长度缩短时，同步性会增强。如图 11-14 所示，它们之间的关系可以近似表述为一个线性函数，即 $R\sim L$。这表明，最小化平均最短路径长度的最佳对称网络与 Donetti 等[33]推导出的同质纠缠网络非常接近。

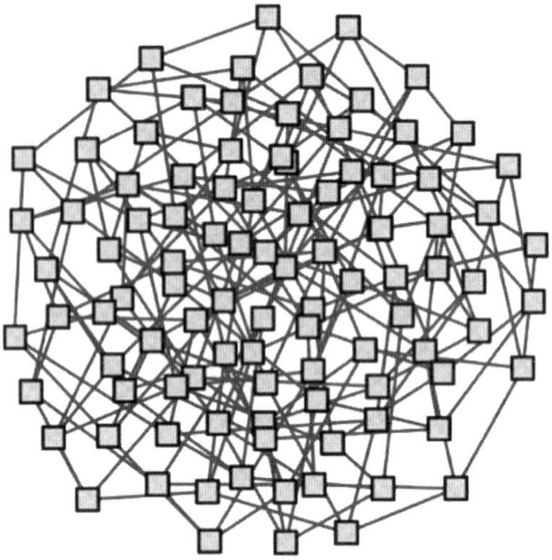

图 11-13　最优对称网络拓扑结构（$N=100, E=200$）（取自文献[32]）

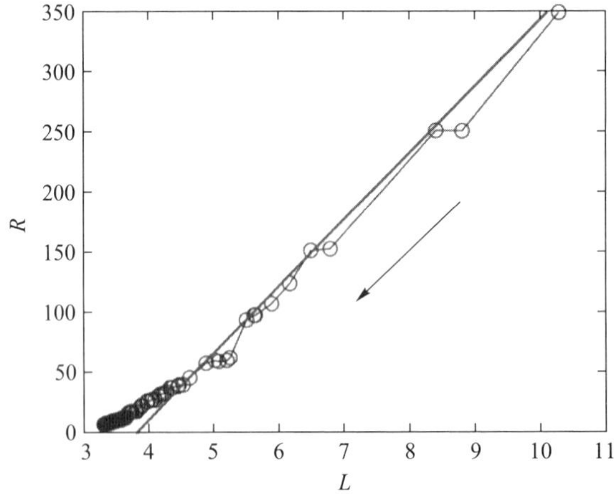

图 11-14　优化过程中过渡网络的特征值比 R 与平均最短路径长度 L 之间的关系（取自文献[32]）

Tang 等[34]考虑调整加边数和加边距离控制 NW 小世界网络的平均最短路径长度来优化网络的同步性。考虑一个包含 N 个节点的无向无权环状网络，节点按逆时针或顺时针排列，分别标记为 1 到 N。节点 i 和节点 j 之间的距离 d_{ij} 定义为

$$d_{ij}=\min(j-i,\operatorname{mod}(i+N-j,N)) \quad \text{s.t. } j>i \tag{11-30}$$

式中，mod(x,y)为取余函数。由于网络拓扑是无向的，因此连接是对称的($d_{ij}=d_{ji}$)。等距随机加边是从以下节点集中随机选择 m 对节点并添加 m 条新边：

$$\left\{i,j=1,2,\cdots,N \mid d_{ij}=d, 1<d\leqslant\left[\frac{N}{2}\right]\right\}$$

有些研究[35,36]认为通过增加边数 m，可以缩短平均路径长度，从而提高小世界网络的同步性。然而，文献[34]研究表明，这些结论并不总是正确的。文献[34]考虑了节点数 $N=1000$ 的环形网络，从所有可能的节点中随机选取 m 个距离为 d 的节点对，然后用一条新边连接每个节点对。图 11-15 显示了距离 d 对生成的小世界网络的平均路径长度 P_s 的影响。可以看到，平均路径长度并不总是随着 m 的增加而显著减少。当 m 大于某一阈值时，存在某些 d 值，使平均路径长度达到饱和。例如，随着 m 从 40 增加到 300(差异很大)，$d=250$，平均路径长度从 65.7685 减少到 63.5979(差异很小)。距离 d 的这些值正好对应于 λ_2(或 R)的最小值(图 11-16)，但在平均路径长度 P_s 的曲线中对应于 $1/R$ 的最大值。

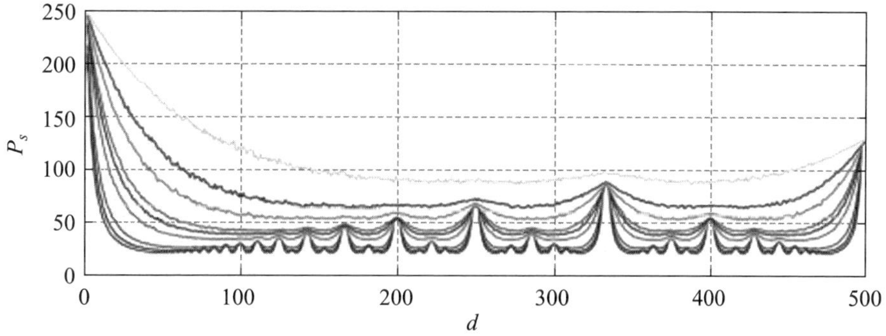

图 11-15 $N=1000$，P_s 随 d 的变化关系(从下向上：m 分别为 10、20、30、40、50、60、80、100、150、200、250、300)(取自文献[34])

在环形网络进行相同的加边操作。然后，对于每个得到的网络，计算其相应的拉普拉斯矩阵的特征值。如图 11-16 所示，对于表征网络同步性的两种标准，即 1/R，模拟的小世界网络的同步性始终与距离 d 相关，网络同步性作为 d 的函数不是单调的，而是波动的。此外，随着增加边数 m 的增加，波动变得更剧烈。最引人注目的是，当 m 大于某个阈值时，存在一些距离 d，使得 λ_2 的值接近饱和，即不会通过添加更多这样距离的边而进一步。

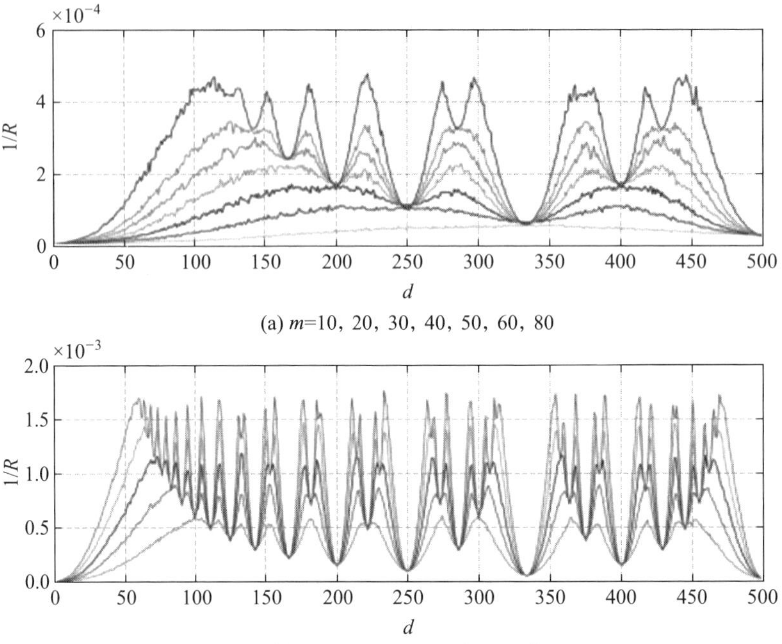

(a) m=10, 20, 30, 40, 50, 60, 80

(b) m=100, 150, 200, 250, 300

图 11-16 $N=1000$, $1/R$ 对于 d 的函数(取自文献[34])

11.3 双层网络的同步控制

在本节,我们将考虑双层网络的同步控制。双层网络作为现实系统的更贴切模型,其同步机制不仅承载着单层网络的特性,更涵盖了层间协同的复杂性,包括层间相关性、层间耦合强度以及层间连接比等因素。

11.3.1 层间相关性

对于双层网络,如果一层中的大度值节点倾向于连接另一层中的大度值节点,则这些网络被称为正相关(PC);如果一层中的大度值节点倾向于连接另一层中的小度值节点被称为负相关(NC);随机连接则称为随机相关(RC)。

Aguirre 等[37]研究了层间节点在双星形网络系统的同步性中发挥的作用，发现正相关模式将带来最佳同步性。假设双星形网络层间仅有一条连接，每个星形网络由 N 个节点构成，一个大度值节点(H)与其他 $N-1$ 个小度值节点(L)相连，层内耦合强度都为w_{intra}，层间耦合强度为$w_{\text{inter}}=aw_{\text{intra}}$，令$w_{\text{intra}}=1$，$w_{\text{inter}}=a$。此网络可以有 3 种不同的层间连接策略：

(1) HH：大度值节点和大度值节点连接。

(2) LL：小度值节点和小度值节点连接。

(3) HL：大度值节点和小度值节点连接。

图 11-17 中的虚线分别表示大度值节点相连和小度值节点相连。对于Ⅱ型网络，完全同步取决于(加权)拉普拉斯矩阵的特征值。系统的对称性允许简化拉普拉斯矩阵的特征多项式，从而得到与 HH 策略相关的特征值为

$$\lambda_{N,2}=\frac{N}{2}+a\pm\sqrt{\left(\frac{N}{2}\right)^2+a^2+(N-2)a} \tag{11-31}$$

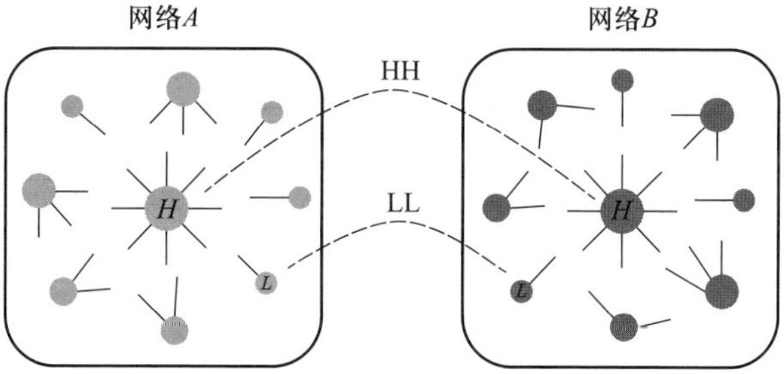

图 11-17 两个星形网络互连的示意图(取自文献[37])

式(11-31)可以得出增强层间耦合强度 a 会提高网络的同步性(增加 λ_2)。LL 和 HL 策略也具有相同的特性(LL 和 HL 策略情况较为复杂，详见文献[37])。此外，将式(11-31)与 LL 和 HL 策略得到的方程进行比较，可以发现在有意义的 N 和 a 值范围内(即 $N>2$，$a>0$)，$\lambda_2^{\text{HH}}>\lambda_2^{\text{HL}}>\lambda_2^{\text{LL}}$。因此，对于Ⅱ型网络，最佳策略始终是连接大度值节点，即 HH 策略。

对于Ⅰ型网络而言，比值 $R=\lambda_N/\lambda_2$ 可以作为网络同步能力的判据。通过双星形系统的全代数解可以证明，在有意义的 N 和 a 值范围内，$R_{\text{HH}}<R_{\text{HL}}<R_{\text{LL}}$。因此，HH 策略是优化双星形网络同步性的最佳策略。并且，网络具有一个最优的层间边权重 a_{sync}，能够最小化特征值比 R。在两个星形网络的情况下，这一事实很容易验证，因为对于所有的连接策略，当 a 趋近无穷大时，R 的极限等于当 a 趋近 0 时的极限，而且对于所有 $N>2$，R 的极限都等于无穷大。

图 11-18 显示了在 3 种连接策略和不同网络拓扑结构下网络同步性随边的权重 a 变化的情况。尽管对于复杂拓扑结构无法找到封闭的分析表达式，但可以对此类网络的拉普拉斯矩阵进行数值计算，从而得出与复杂网络相同的结论。在所有情况下，HH 策略导致更高的同步性，这表明数值研究的结果具有普遍适用性。

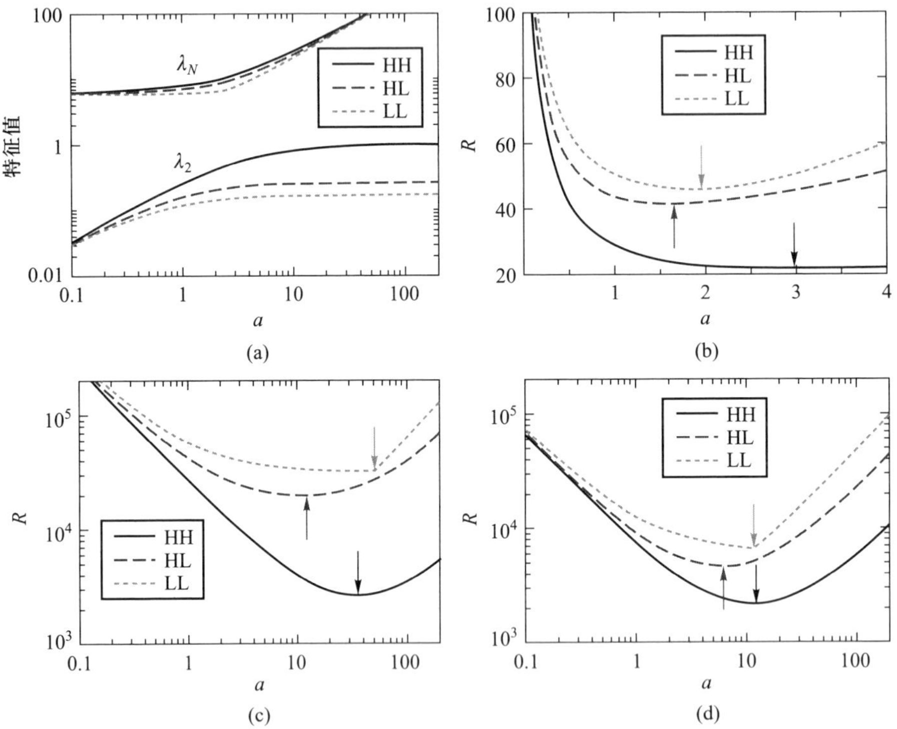

图 11-18　(a) 两个各有 6 个节点的星形网络的 λ_2 和 λ_N；下列网络的特征比率 R：(b) 两个星形网络 ($N=6$)，(c) 两个无标度网络 ($N=500$) 和 (d) 两个 ER 网络 ($N=500$)。曲线的最小值（箭头）对应于最大同步性[30]。图 (a)(b) 为分析结果，图 (c)(d) 为数值结果（取自文献[37]）

Li 等[38]则是研究了带有两条层间连接的双星形网络的同步性。研究表明，连接模式对双星形网络系统实现同步的能力有着重大影响，连接大度值节点是实现同步的最有效方式，而连接小度值节点则是最不有效的。在所考虑的双星形网络中，每一层网络都由 N 个节点组成，层与层之间有两条连接，层间耦合强度为 a。此网络可以有 3 种不同的层间连接策略。

（1）HH-LL：大度值节点和大度值节点连接，小度值节点和小度值节点连接。

（2）HL-LH：大度值节点和小度值节点连接，小度值节点和大度值节点连接。

(3) LL-LL:小度值节点和小度值节点连接,小度值节点和小度值节点连接。

对于 HH-LL 连接策略,拉普拉斯矩阵的 λ_2 和 λ_N 是式(11-32)的最小和最大根:

$$\begin{aligned}&\lambda^5+(-2N-4a-2)\lambda^4+(N^2+6Na+4N+4a^2+8a+1)\lambda^3\\&+(-2N^2a-2N^2-4Na^2-10Na-2N-8a^2-8a)\lambda^2\\&+(2N^2a+N^2-8Na^2+8Na+4a^2+4a)\lambda-4Na^2-4Na=0\end{aligned} \tag{11-32}$$

对于 HL-LH 连接策略,拉普拉斯矩阵的 λ_2 和 λ_N 是式(11-33)的最小和最大根:

$$\begin{aligned}&\lambda^5+(-2N-4a-2)\lambda^4+(N^2+6Na+4N+4a^2+8a+1)\lambda^3\\&+(-2N^2a-2N^2-4Na^2-10Na-2N-8a^2-8a)\lambda^2\\&+(N^2a^2+2N^2a+N^2+4Na^2+8Na+8a^2+4a)\lambda-4Na^2-4Na=0\end{aligned} \tag{11-33}$$

对于 LL-LL 连接策略,拉普拉斯矩阵的 λ_2 和 λ_N 是式(11-34)的最小和最大根:

$$\begin{aligned}&\lambda^5+(-2N-4a-2)\lambda^4+(N^2+8Na+4N+4a^2+4a+1)\lambda^3\\&+(-4N^2a-2N^2-8Na^2-8Na-2N-4a)\lambda^2\\&+(4N^2a^2+4N^2a+N^2+4Na+8a^2+4a)\lambda-8Na^2-4Na=0\end{aligned} \tag{11-34}$$

图 11-19 显示了在双星形网络中 λ_2 和 R 随 a 的变化情况。其中图 11-19(a)和图 11-19(b)是根据 3 种不同连接模式下网络的相应拉普拉斯矩阵数值计算得出的,图 11-19(c)和图 11-19(d)是根据式(11-32)—(11-34)分析获得的。可以看到,在所有情况下,HH-LL 连接模式导致最高的 λ_2 和最低的特征比 R,而 LL-LL 模式导致最低的 λ_2 和最高的 R。因此,HH-LL 连接模式是最佳同步选项,而 LL-LL 是最差的同步选项。

11.3.2 层间耦合强度

Li 等[39]在双层哑铃网络上验证了层间耦合强度是控制同步性的关键因素。双层哑铃网络可以很好地演示公司或政府不同部门之间的信息传递,即同步问题。双层哑铃网络其中的一层结构如图 11-20 所示。每一层包含 $2N+3$ 个节点,其中一个中心节点(即公司主席,黑色节点)连接另外两个节点(即部门主管,深灰色节点),这两个节点分别与另外 N 个外围节点(即部门员工,浅灰色节点)完

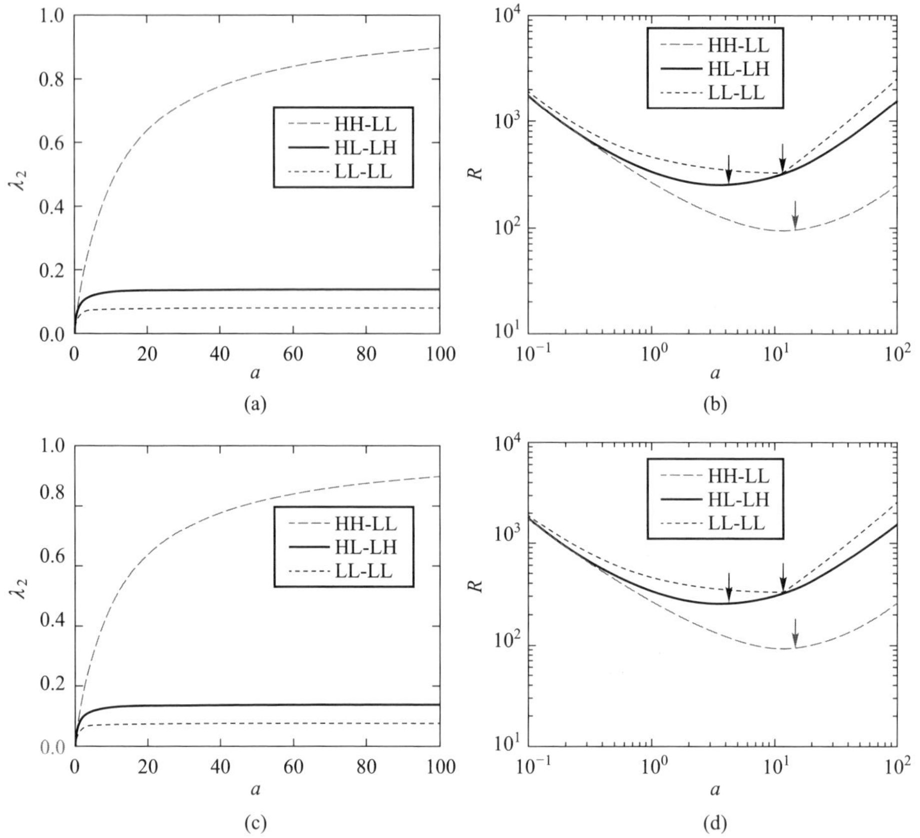

图 11-19　由两条链接组成的双星形网络同步性分析。(取自文献[38])

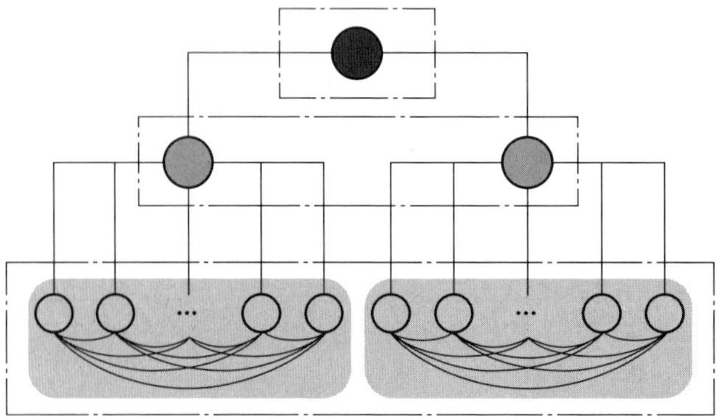

图 11-20　双层哑铃网络的一层结构示意图(取自文献[39])

全相连。这 N 个外围节点也是完全相连的，而代表公司主席的节点与代表部门员工的节点之间没有直接连接。更重要的是，两个哑铃层通过特定的模式连接，这种一对一的层间连接过程可以被看作是在公司内部，或者在两家公司之间通过主席、主管和员工进行的在线和离线信息传递。

在实际中，哑铃网络有两种常见的层间耦合模式：单链路耦合和双链路耦合。

如图 11-21(a)所示，单链路耦合有 3 种链接策略，假设每层的层内耦合强度都为 a，层间耦合强度为 d。

对于链接策略Ⅰ，拉普拉斯矩阵的 λ_2 和 λ_N 是式(11-35)的最小和最大根：

$$\lambda^3 - (Na + 4a + 2d)\lambda^2 + (2Na + 2Nd + 3a + 4d)a\lambda - 2a^2d = 0 \tag{11-35}$$

对于链接策略Ⅱ，拉普拉斯矩阵的 λ_2 和 λ_N 是式(11-36)的最小和最大根：

$$\begin{aligned}&\lambda^6 - (3Na + 7a + 2d)\lambda^5 + (3N^2a + 16Na + 4Nd + 18a + 14d)a\lambda^4\\&+ (N^2a + 8Na + 2Nd + 13a + 10d)a\lambda^3\\&+ (2N^3a + 10N^2a + 6N^2d + 20Na + 32Nd + 13a + 42d)a^3\lambda^2\\&- (2N^2a + 4N^2d + 5Na + 18Nd + 3a + 20d)a^4\lambda\\&+ 2a^5d(N + 1) = 0\end{aligned} \tag{11-36}$$

对于链接策略Ⅲ，拉普拉斯矩阵的 λ_2 和 λ_N 是式(11-37)的最小和最大根：

$$\begin{aligned}&\lambda^5 - 2(Na + 3a + d)\lambda^4 + (N^2a + 4Na + 2Nd + 17a + 10d)a\lambda^3\\&+ (2N^2a + 7Na - 6Nd + 3a - 8d)2a^2\lambda^2\\&+ (3Na^2 + 4Nad + 8a^2 + 10ad - 2d^2)a^2\lambda\\&+ a^4(2d^2 - 2d - a) = 0\end{aligned} \tag{11-37}$$

如图 11-21(b)所示，双链路耦合有 7 种链接策略：$x_1y_1 \circ x_2y_2$、$x_1y_1 \circ x_3y_3$、$x_1y_1 \circ x_4y_4$、$x_1y_1 \circ x_5y_5$、$x_1y_1 \circ x_6y_6$、$x_3y_3 \circ x_4y_4$、$x_3y_3 \circ x_5y_5$。在双链路策略下，网络对应的特征方程是高阶多项式，因此很难导出 λ_2 和 λ_N 作为 d 的函数的显式表达式。可以通过一些简化的数值解近似表示，以减少计算和时间复杂度。

图 11-22 显示了双层哑铃网络系统的 λ_2 和 R 随层间耦合强度 d 的变化情况。其中，N 设为 3，这意味着每个哑铃层的节点数为 9。其中图 11-22(a)和图 11-22(b)是根据式(11-35)—式(11-37)分析获得的。从图 11-22(a)可以看到，对于任何单链路策略，当 d 较小时，λ_2 快速增加，并且当 d 达到一定值时增加减慢。如果双层哑铃网络的同步区域无界，则其同步性可以在较小值时随着 d 的增加而快速增强，并最终在 d 足够大时几乎趋于平稳。从图 11-22(b)中可以

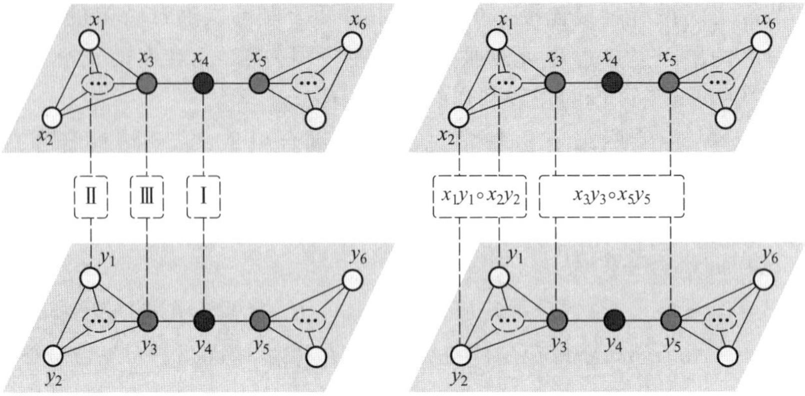

(a) 单链路　　(b) 双链路

图 11-21　双层哑铃网络层间耦合模式示意图(取自文献[39])

看到,对于任何单链路策略,R 先在 d 较小时减小,后随着 d 的增大而单调增大。如果双层哑铃网络的同步区域有界,则在单链路策略下其同步性先增强,后达到最大,最后被削弱。

图 11-22(c)和图 11-22(d)是根据双层网络的拉普拉斯矩阵数值计算得出的。从图 11-22(c)中可以看到,对于任何层间耦合强度 d,$\lambda_2^{x_1y_1\circ x_5y_5} \approx \lambda_2^{x_1y_1\circ x_6y_6} \approx \lambda_2^{x_3y_3\circ x_5y_5} > \lambda_2^{x_1y_1\circ x_4y_4} \approx \lambda_2^{x_3y_3\circ x_4y_4} > \lambda_2^{x_1y_1\circ x_3y_3} > \lambda_2^{x_1y_1\circ x_2y_2}$。无论采用何种双链路策略方式,同步性均快速增加,并在一定 d 后达到稳定。根据双层哑铃网络达到最强同步性的连接方式可知,不同部门成员之间层间耦合的选择有利于网络同步性的提升。从图 11-22(d)中可以看到,对于任何层间耦合强度 d,$R^{x_1y_1\circ x_2y_2} > R^{x_1y_1\circ x_3y_3} > R^{x_3y_3\circ x_4y_4} \approx R^{x_1y_1\circ x_4y_4} \approx R^{x_3y_3\circ x_5y_5} \approx R^{x_1y_1\circ x_6y_6} \approx R^{x_1y_1\circ x_5y_5}$。这反映了相对于其他策略,连接策略 $x_1y_1\circ x_2y_2$ 和 $x_1y_1\circ x_3y_3$ 在同步区域有界的情况下具有较差的同步性能。

Wei 等[40]研究了一个层间节点完全连接的双层网络上的同步控制。在计算特征值 λ_2 和 λ_N 时,考虑到在双层网络上计算高维矩阵的特征值非常耗时,Wei 等采用了 Kelner 等[41]提出的算法,此算法可以在近线性时间内求解对称对角占优线性系统,这对于计算大规模矩阵的特征值是理想的。在不同的层间连接模式下(RC、PC 与 NC),设置层间连接比例 γ 为 1,即每个层中的节点与另一层中的对应节点相连接。

图 11-23 显示了在 RC 层间连接模式下 ER-ER、WS-WS、BA-BA 双层网络的 λ_2、$\log_2 R$ 随层间连接权重 ω 的变化情况。其中,层间连接比例 γ 设为 1,即每个层中的节点与另一层中的对应节点相连接。从图 11-23(a)中可以看到,当 ω 较小时,λ_2 迅速从零增加,然后缓慢增加,最终几乎趋于某个上限值。λ_2 的高值对

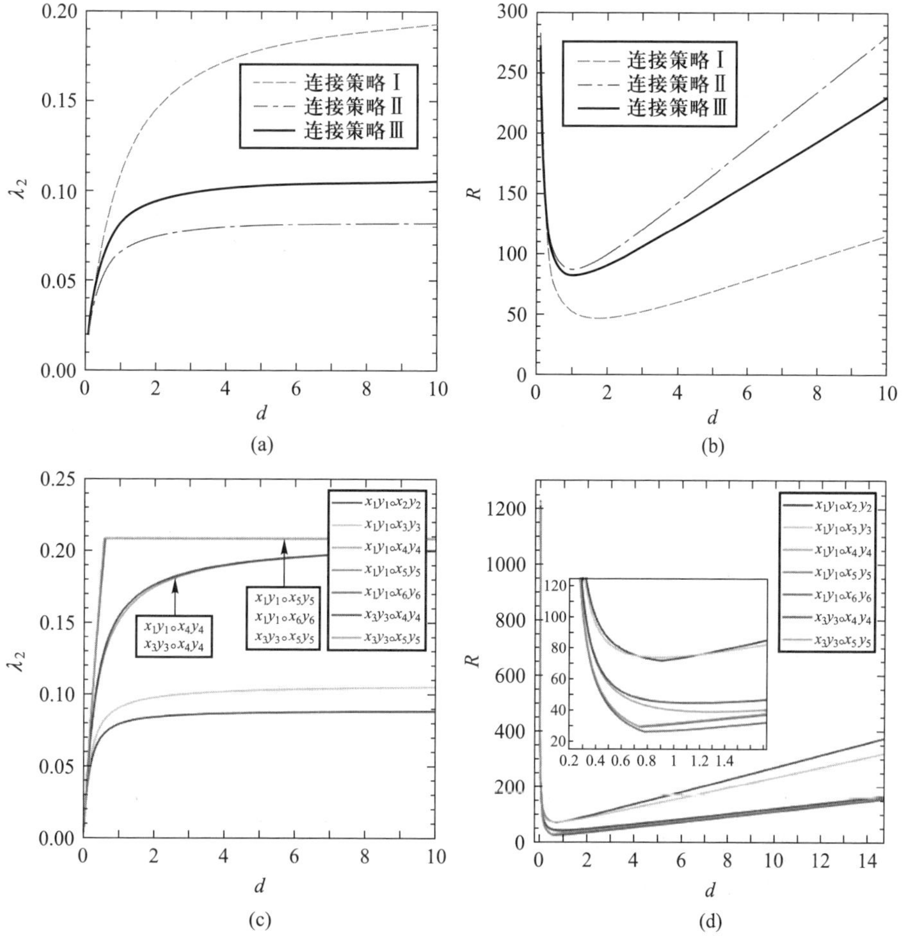

图 11-22　在单链接耦合和双链接耦合模式下不同层间耦合强度d 的哑铃系统同步性(取自文献[39])

应于Ⅰ型网络的良好同步性,较低的 λ_2 值表明网络中存在几乎断开连接的组件。换句话说,同步性在 ω 较低时几乎是线性增强的,而在 ω 较高时几乎不变。如果增加层间连接权重会增加成本,那么在某个最优值处设置 ω 将是实际操作中最大化网络同步性并最小化所需成本的实用策略。

从图 11-23(b)中可以看到,在初始阶段,$\log_2 R$ 随着 ω 从零上升开始急剧下降。在较大的层间权重下,$\log_2 R$ 达到其最小值,然后随着 ω 的不断增加而增加。换句话说,对于Ⅱ型网络,增加层间连接权重将提高小权重下的同步性,并降低大权重下的同步性。因此,存在一个最优值 ω,用于最大化Ⅱ型网络的同步性。

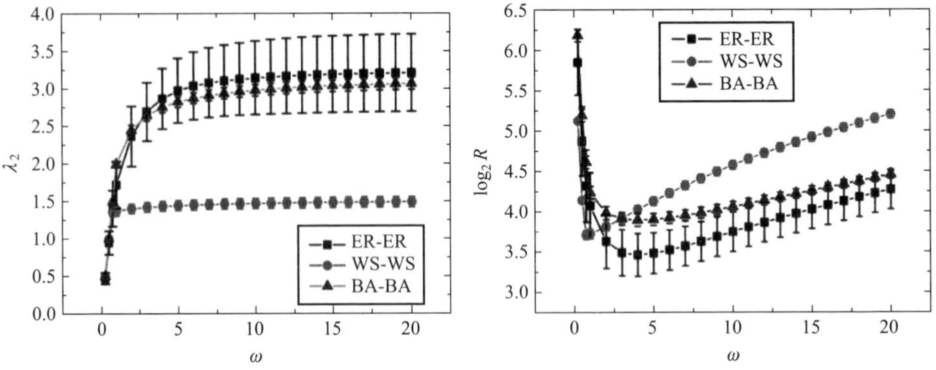

(a)　　(b)

图 11-23　对于 3 种双层网络模型，随着层间连接权重 ω 的变化，(a) 最小非零特征值 λ_2 和 (b) 对数特征比 $\log_2 R$，其中层间连接比例 γ 为 1，且采用 RC 连接模式（取自文献[40]）

如图 11-24、图 11-25 与图 11-26 所示，在 PC、NC 层间连接模式下，实验结果与 RC 模式一致。

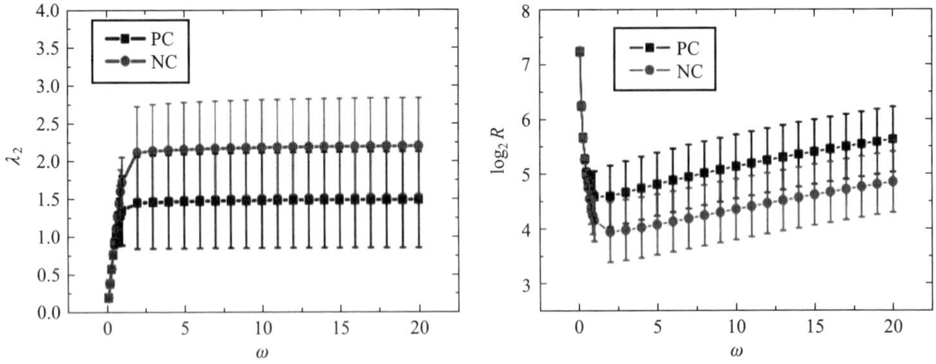

(a)　　(b)

图 11-24　ER-ER 双层网络，随着层间连接权重 ω 的变化，(a) 最小非零特征值 λ_2 和 (b) 对数特征比 $\log_2 R$，其中层间连接比例 γ 为 1（取自文献[40]）

简而言之，对于具有一对一层间连接的Ⅰ型或Ⅱ型双层网络，它们均存在最大的同步性。对于Ⅰ型网络，这发生在无约束的层间连接权重下，而对于Ⅱ型网络，则发生在某个有限的权值。

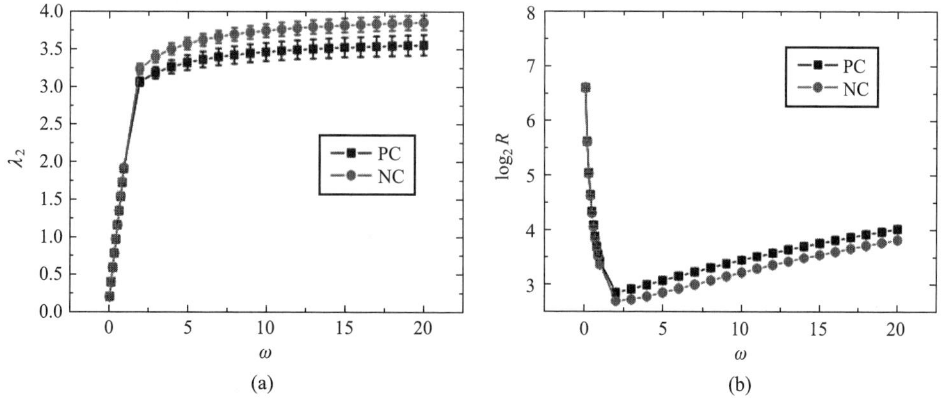

图 11-25 WS-WS 双层网络，随着层间连接权重ω 的变化，(a)最小非零特征值λ_2 和(b)对数特征比 $\log_2 R$，其中层间连接比例 γ 为 1(取自文献[40])

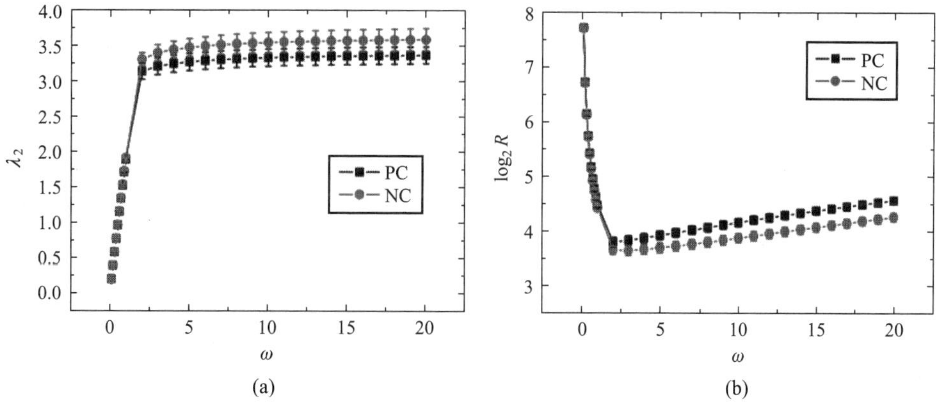

图 11-26 BA-BA 双层网络，随着层间连接权重ω 的变化，(a)最小非零特征值λ_2 和(b)对数特征比 $\log_2 R$，其中层间连接比例 γ 为 1(取自文献[40])

11.3.3 层间连接比

Wei 等[40]继续研究了通过改变层间连接比来控制同步性。在 RC 层间连接模式下，层间边权重 ω 被固定为 1，与层内边权重相同。随机生成 50 个双层网络，计算网络最小非零特征值 λ_2 和对数特征比$\log_2 R$，并计算它们的平均值和标准偏差，结果绘制在图 11-27 上。

如图 11-27(a)所示，对于每个网络模型，λ_2 随着连接比例 γ 的增加而线性增长，这表明更多的层间连接导致了Ⅱ型网络同步性的线性增强。图 11-27(b)

显示，当 γ 相对较小时，$\log_2 R$ 随着 γ 的增加迅速下降，然后继续下降，但下降速率要小得多。这表明，对于 I 型网络，当层间连接较少时，增加一些连接可以显著提高网络同步性。然而，当存在足够的层间连接时，增加更多的连接仍然有利于提高双层同步性，但效果不那么显著。

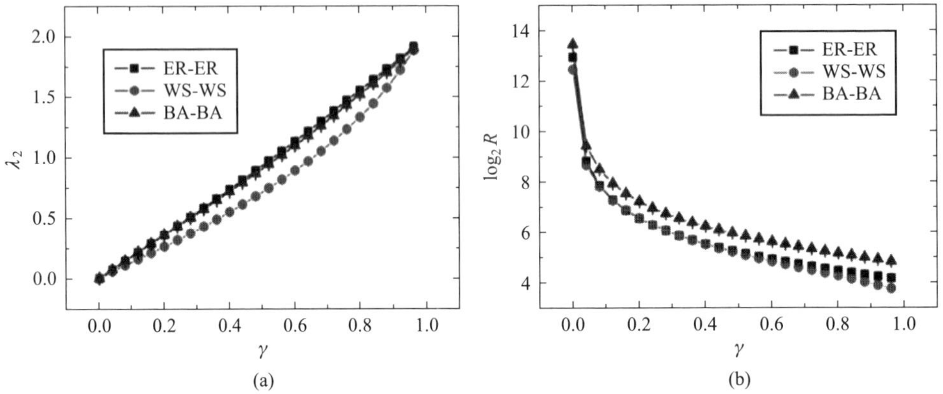

图 11-27　对于 3 种双层网络模型，随着层间连接比例 γ 的变化，(a) 最小非零特征值 λ_2 和 (b) 对数特征比 $\log_2 R$，其中连接权重 ω 为 1，且采用 RC 连接模式（取自文献[40]）

一般而言，层间连接可以促进层间交流，但过多的连接可能并不显著增强同步性。相反，如果增加更多连接会带来成本，这种过度可能是有害的。以两个城市之间的道路网络为例。在初始阶段，两个城市之间可能只有少数道路，因此，建设一定数量的城际道路对促进城际交通非常重要。然后，在满足基本交通需求后，建设更多的道路可能不会显著加速交通，但会增加建设成本。

Feng 等[42]研究了不同双层网络下层间连接比对网络同步性的影响，考虑两个节点数 $N \geqslant 3$ 完全相同的全连接网络组成的双层网络，其中层间边数为 m，层内耦合强度为 a，层间耦合强度为 b，理论推导出

$$\lambda_2 = \frac{Na + 2b + \sqrt{(Na + 2b)^2 - 8mab}}{2}, \quad 1 \leqslant m \leqslant N \tag{11-38}$$

$$R = \begin{cases} \dfrac{Na + 2b + \sqrt{(Na + 2b)^2 - 8ab}}{Na + 2b - \sqrt{(Na + 2b)^2 - 8ab}}, & m = 1 \\[2ex] \dfrac{2(Na + 2b)}{Na + 2b - \sqrt{(Na + 2b)^2 - 8mab}}, & 1 < m \leqslant N \end{cases} \tag{11-39}$$

当 $b = a, m \neq M$ 时，通过式(11-38)和式(11-39)推导出

$$\lambda_2 = (N + 2 - \sqrt{(N + 2)^2 - 8m})a/2 \tag{11-40}$$

$$R=\begin{cases}\dfrac{N+2+\sqrt{(N+2)^2-8}}{N+2-\sqrt{(N+2)^2-8}}, & m=1\\ \dfrac{2(N+2)}{N+2-\sqrt{(N+2)^2-8m}}, & 1<m<N\end{cases} \tag{11-41}$$

通过网络进行数值模拟。设置 $N=1000$,$a=b=1$,改变 m,结果如图 11-28 所示。当同步区域无界时,λ_2 随着 m 的增加而增加,增加 m 可以优化网络同步性。当同步区域有界时,R 随着 m 的增加而减小,增加 m 可以优化网络同步性。

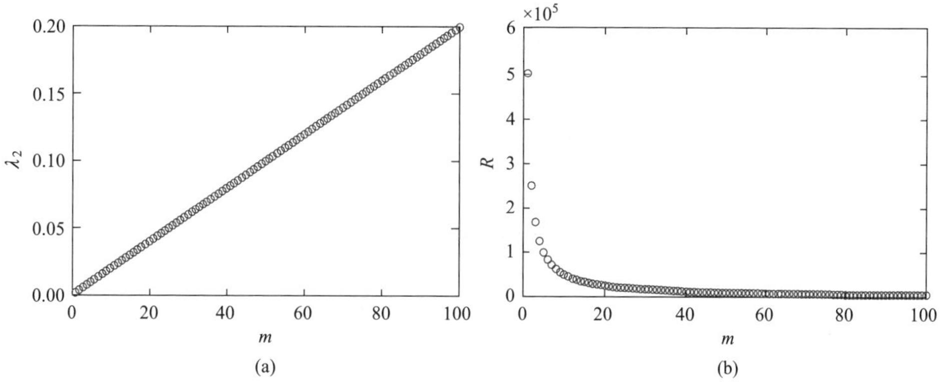

图 11-28　λ_2,R 分别随双层网络数 m 变化($b=a$,$m\neq M$)(取自文献[42])

当 $b\neq a$,$m=M$ 时,通过式(11-38)和式(11-39)推导出

$$\lambda_2=2b \tag{11-42}$$

$$R=1+\frac{Na}{2b}=1+\frac{ma}{2b} \tag{11-43}$$

通过网络进行数值模拟。设置 $a=5$,$b=1$,改变 m 或 N,结果如图 11-29 所示。当同步区域无界时,λ_2 随着 m 或 N 的增加而不变,改变 m 对网络同步性没有影响。当同步区域有界时,R 随着 m 或 N 的增加而增加,减小 m 可以优化网络同步性。

当 $b=a$,$m=M$ 时,通过式(11-38)和式(11-39)推导出

$$\lambda_2=2a=2b \tag{11-44}$$

$$R=1+\frac{N}{2}=1+\frac{m}{2} \tag{11-45}$$

通过网络进行数值模拟。设置 $a=1$,$b=1$,改变 m 或 N,结果如图 11-30 所示。当同步区域无界时,λ_2 随着 m 或 N 的增加而不变,改变 m 对网络同步性没有影响。当同步区域有界时,R 随着 m 或 N 的增加而增加,减小 m 可以优化网络同步性。

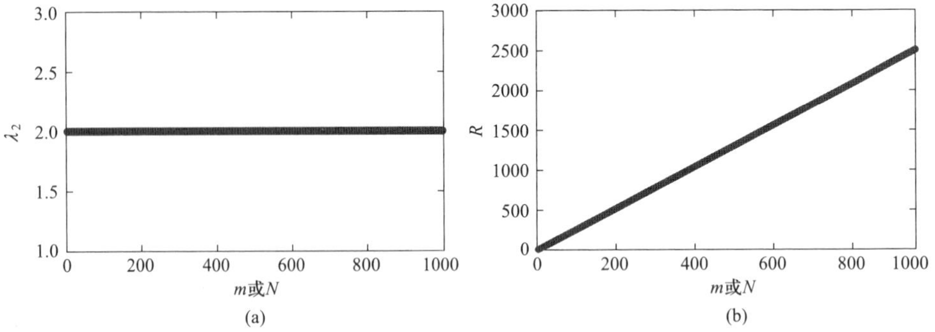

图 11-29　λ_2, R 分别随 m 或 N 变化（$b\neq a$，$m=M$）（取自文献[42]）

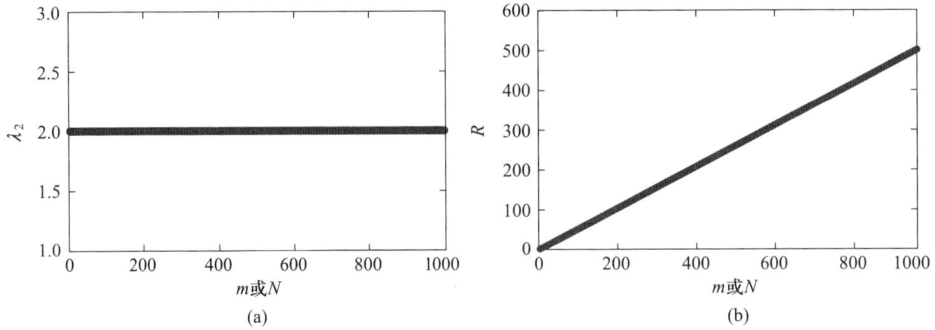

图 11-30　λ_2, R 分别随 m 或 N 变化（$b=a$，$m=M$）（取自文献[42]）

当 $b\neq a, m\neq M$ 时，λ_2 和 R 为式(11-38)和式(11-39)所示。通过网络进行数值模拟。设置 $N=1000, a=5, b=1$，改变 m 或 N，结果如图 11-31 所示。当同步区域无界时，λ_2 随着 m 的增加而增加，增加 m 可以优化网络同步性。当同步

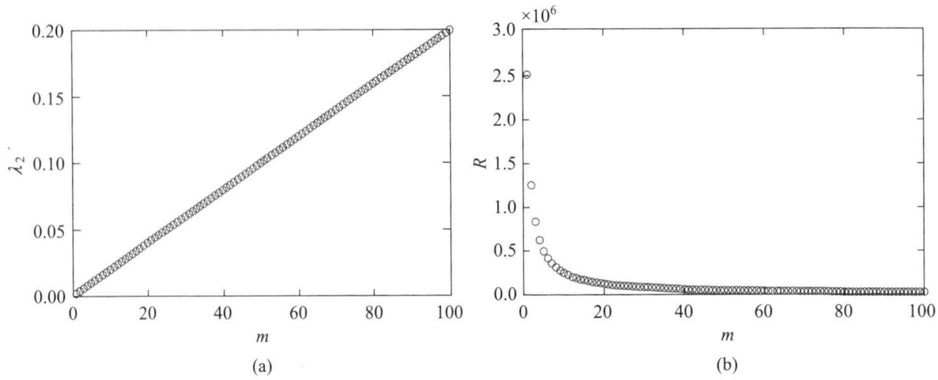

图 11-31　λ_2, R 分别随 m 变化（$b\neq a$，$m\neq M$）（取自文献[42]）

区域有界时,R 随着 m 的增加而减小,增加 m 可以优化网络同步性。

11.4 本章小结

本章介绍了关于复杂网络同步的相关研究。一开始,我们介绍了主稳定函数方法。根据主稳定函数方法,可以通过判断一个网络的拉普拉斯矩阵的所有特征值是否落在该网络的同步区域来判断网络的同步性。复杂网络的同步区域可分为无界同步区域、有界同步区域、多个不相连区间的并集同步区域及空区域。值得注意的是,同步区域完全由节点动力学函数、内部耦合函数决定,与网络自身拓扑结构无关。而网络同步能力与拓扑结构相关。

随后,我们将重心转向复杂网络同步的控制,包括单层和双层网络上同步的控制。需要注意的是,我们的重点是基于网络拓扑结构来控制网络同步。大多数双层网络同步的研究结论可以直接推广到多层网络上,然而目前建立多层网络模型的理论和拓展其实际应用方面,仍然存在许多待研究的问题。在处理具有大量数据特征的时变网络并进行同步控制方面,面临着极大的挑战。主要原因是由于理论模型与实际数据存在差距。随着理论模型逐渐逼近现实系统,未来可能会有更好的应用前景。

参考文献

[1] Ghosh D, Frasca M, Rizzo A, et al. The synchronized dynamics of time-varying networks[J]. Physics Reports, 2022, 949: 1-63.

[2] Arenas A, Díaz-Guilera A, Kurths J, et al. Synchronization in complex networks[J]. Physics Reports, 2008, 469(3): 93-153.

[3] 汪小帆, 李翔, 陈关荣. 复杂网络理论及其应用[M]. 北京: 清华大学出版社, 2006.

[4] Buck J, Buck E. Mechanism of rhythmic synchronous flashing of fireflies: Fireflies of Southeast Asia may use anticipatory time-measuring in synchronizing their flashing[J]. Science, 1968, 159(3821): 1319-1327.

[5] Motter A E, Zhou C, Kurths J. Network synchronization, diffusion, and the paradox of heterogeneity[J]. Physical Review E, 2005, 71(1): 016116.

[6] He Z, Yao C, Yu J, et al. Perturbation analysis and comparison of network synchronization methods[J]. Physical Review E,2019,99(5):052207.

[7] 汪小帆,李翔,陈关荣. 网络科学导论[M]. 北京:高等教育出版社,2012.

[8] Lü L, Li C, Bai S, et al. Synchronization of uncertain time-varying network based on sliding mode control technique[J]. Physica A:Statistical Mechanics and its Applications,2017,482:808-817.

[9] Tong L,Liang J,Liu Y. Generalized cluster synchronization of Boolean control networks with delays in both the states and the inputs[J]. Journal of the Franklin Institute,2022,359(1):206-223.

[10] He X,Zhang H. Exponential synchronization of complex networks via feedback control and periodically intermittent noise[J]. Journal of the Franklin Institute,2022,359(8):3614-3630.

[11] Arellano-Delgado A,López-Gutiérrez R M,Méndez-Ramírez R,et al. Dynamic coupling in small-world outer synchronization of chaotic networks[J]. Physica D:Nonlinear Phenomena,2021,423:132928.

[12] 吕金虎. 复杂网络的同步:理论,方法,应用与展望[J]. 力学进展,2008,38(6):713-722.

[13] Pecora L M,Carroll T L. Synchronization in chaotic systems[J]. Physical Review Letters,1990,64(8):821.

[14] 张峥,朱炫颖. 复杂网络同步控制的研究进展[J]. 信息与控制,2017,46(1):103-112.

[15] 魏娟. 两层复杂网络的同步与超扩散[D]. 武汉:武汉大学,2019.

[16] Tang L,Wu X,Lü J,et al. Master stability functions for complete,intralayer, and interlayer synchronization in multiplex networks of coupled Rössler oscillators[J]. Physical Review E,2019,99(1):012304.

[17] Jalan S,Kumar A,Zaikin A,et al. Interplay of degree correlations and cluster synchronization[J]. Physical Review E,2016,94(6):062202.

[18] Newman M E J. Mixing patterns in networks[J]. Physical review E,2003,67(2):026126.

[19] Zou M,Guo W. Local assortativity affects the synchronizability of scale-free network[J]. IEEE Systems Journal,2022:2145-2155.

[20] Milanese A,Sun J,Nishikawa T. Approximating spectral impact of structural perturbations in large networks[J]. Physical Review E,2010,81(4):046112.

[21] Milton J,Jung P. Epilepsy as a Dynamic Disease[M]. Berlin:Springer,2003.

[22] Amunts K, Lepage C, Borgeat L, et al. BigBrain: An ultrahigh-resolution 3D human brain model[J]. Science, 2013, 340(6139): 1472-1475.
[23] Motter A E, Zhou C, Kurths J. Network synchronization, diffusion, and the paradox of heterogeneity[J]. Physical Review E, 2005, 71(1): 016116.
[24] Newman M E J, Strogatz S H, Watts D J. Random graphs with arbitrary degree distributions and their applications[J]. Physical Review E, 2001, 64(2): 026118.
[25] Chung F, Lu L, Vu V. Spectra of random graphs with given expected degrees [J]. Proceedings of the National Academy of Sciences, 2003, 100(11): 6313-6318.
[26] Liu Z, Lai Y C, Ye N, et al. Connectivity distribution and attack tolerance of general networks with both preferential and random attachments[J]. Physics Letters A, 2002, 303(5-6): 337-344.
[27] Newman M E J, Moore C, Watts D J. Mean-field solution of the small-world network model[J]. Physical Review Letters, 2000, 84(14): 3201.
[28] Li H J, Bu Z, Wang Z, et al. Enhance the performance of network computation by a tunable weighting strategy[J]. IEEE Transactions on Emerging Topics in Computational Intelligence, 2018, 2(3): 214-223.
[29] Jalili M, Rad A A, Hasler M. Enhancing synchronizability of weighted dynamical networks using betweenness centrality[J]. Physical Review E, 2008, 78(1): 016105.
[30] Chavez M, Hwang D U, Amann A, et al. Synchronization is enhanced in weighted complex networks[J]. Physical Review Letters, 2005, 94(21): 218701.
[31] Wang X, Lai Y C, Lai C H. Enhancing synchronization based on complex gradient networks[J]. Physical Review E, 2007, 75(5): 056205.
[32] Xuan Q, Li Y, Wu T J. Optimal symmetric networks in terms of minimizing average shortest path length and their sub-optimal growth model[J]. Physica A: Statistical Mechanics and its Applications, 2009, 388(7): 1257-1267.
[33] Donetti L, Hurtado P I, Munoz M A. Entangled networks, synchronization, and optimal network topology[J]. Physical Review Letters, 2005, 95(18): 188701.
[34] Tang L, Lu J, Chen G. Synchronizability of small-world networks generated from ring networks with equal-distance edge additions[J]. Chaos: An Interdisciplinary Journal of Nonlinear Science, 2012, 22(2): 023121.
[35] Nishikawa T, Motter A E, Lai Y C, et al. Heterogeneity in oscillator networks:

Are smaller worlds easier to synchronize? [J]. Physical Review Letters, 2003,91(1):014101.

[36] Zhao M, Zhou T, Wang B H, et al. Relations between average distance, heterogeneity and network synchronizability [J]. Physica A: Statistical Mechanics and its Applications,2006,371(2):773-780.

[37] Aguirre J, Sevilla-Escoboza R, Gutierrez R, et al. Synchronization of interconnected networks: The role of connector nodes[J]. Physical Review Letters,2014,112(24):248701.

[38] Li Y, Wu X, Lu J, et al. Synchronizability of duplex networks[J]. IEEE Transactions on Circuits and Systems II: Express Briefs, 2015, 63 (2): 206-210.

[39] Li J,Luan Y,Wu X,et al. Synchronizability of double-layer dumbbell networks [J]. Chaos: An Interdisciplinary Journal of Nonlinear Science, 2021, 31(7):073101.

[40] Wei X, Emenheiser J, Wu X, et al. Maximizing synchronizability of duplex networks[J]. Chaos:An Interdisciplinary Journal of Nonlinear Science,2018, 28(1):013110.

[41] Kelner J A,Orecchia L,Sidford A. et al. A simple,combinatorial algorithm for solving SDD systems in nearlylinear time[C]//In Proceedings of the forty-fifth annual ACM symposium on Theory of computing,2013,6:911-920.

[42] Feng S, Wang L, Sun S, et al. Synchronization properties of interconnected network based on the vital node[J]. Nonlinear Dynamics,2018,93:335-347.

网络科学与工程丛书　图书清单

序号	书名	作者	书号
1	网络度分布理论	史定华	9 787040 315134
2	复杂网络引论——模型、结构与动力学（英文版）	陈关荣　汪小帆　李翔	9 787040 347821
3	网络科学导论	汪小帆　李翔　陈关荣	9 787040 344943
4	链路预测	吕琳媛　周涛	9 787040 382327
5	复杂网络协调性理论	陈天平　卢文联	9 787040 382570
6	复杂网络传播动力学——模型、方法与稳定性分析（英文版）	傅新楚　Michael Small　陈关荣	9 787040 307177
7	复杂网络引论——模型、结构与动力学（第二版，英文版）	陈关荣　汪小帆　李翔	9 787040 406054
8	复杂动态网络的同步	陆君安　刘慧　陈娟	9 787040 451979
9	多智能体系统分布式协同控制	虞文武　温广辉　陈关荣　曹进德	9 787040 456356
10	复杂网络上的博弈及其演化动力学	吕金虎　谭少林	9 787040 514483
11	非对称信息共享网络理论与技术	任勇　徐蕾　姜春晓　王景璟　杜军	9 787040 518559
12	网络零模型构造及应用	许小可	9 787040 523232
13	复杂网络传播理论——流行的隐秩序	李翔　李聪　王建波	9 787040 546057
14	网络渗流	刘润然　李明　吕琳媛　贾春晓	9 787040 537949
15	复杂网络上的流行病传播	刘宗华　阮中远　唐明	9 787040 554809

（续表）

序号	书名	作者	书号
16	一种统一混合网络理论框架及其应用	方锦清 刘强 李永	9 787040 560114
17	图机器学习	宣琦	9 787040 576399
18	逻辑网络的采样控制（英文版）	刘洋 卢剑权 孙靓洁	9 787040 610499